Programmable
Logic
Controller

PLC 제어

이론과 실습

홍진기

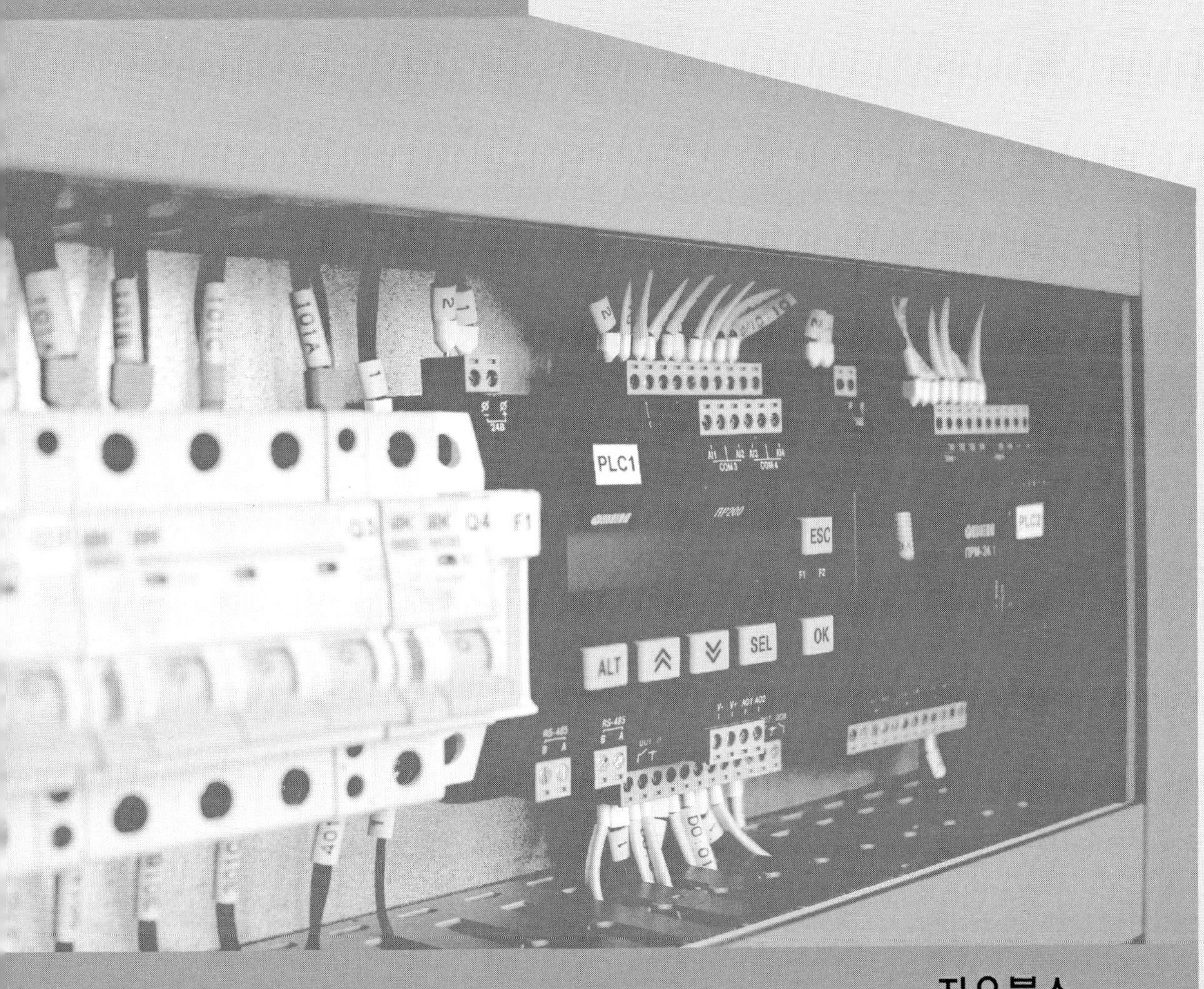

지우북스

머리말

25년 전 스승이신 문명룡 교수님과 처음으로 PLC 교육을 받으러 갈 때가 주마등처럼 스칩니다. 새로운 기술을 배우고 습득하면서 산업체 근로를 하고 이제는 학생들을 가르치면서 이렇듯 스승의 가르침을 내어 줄 수 있어서 더없이 기쁩니다.

PLC는 시퀀스의 최종본입니다. 릴레이 시퀀스에서 진화한 기술은 논리시퀀스를 지나 컴퓨터 프로그래밍이 가능한 PLC 시퀀스로 그 영역이 확대되고 깊어졌습니다.

이 책에서 PLC 기초 지식을 습득한다면 작게는 전기 관련 실기 등의 자격취득이 원활할 것이며 크게는 공장자동화(FA), 인공지능(AI) 등의 산업체 전문기술 분야의 엔지니어로 활동할 수도 있다고 말씀드릴 수 있겠습니다.

PLC 기종은 독일의 지멘스, 일본의 미쓰비시 등과 같은 유명한 회사의 기종이 산업체의 핵심 부분을 차지하고 있습니다. 하지만 근래에 와서는 LS산전의 GLOFA-GM, XGT 등과 같은 국내 메이커가 성장하고 있어 다행입니다.

기종은 다르지만 그 명령어 습득과정과 프로그래밍 방법은 대동소이하니 하나의 기종으로 숙달하면 다른 기종 또한 이해하기가 어렵지 않을 것입니다.

IEC 국제표준에 맞춘 GLOFA-GM3를 중점적으로 설명하고 추후 다른 기종들의 학습자료를 만들어 보완하도록 하겠습니다.

작은 지식을 엮어서 소중하고 귀한 제자들과 관심이 있는 분들에게 펴낼 수 있도록 지도 편달해 주신 스승이신 문명룡 교수님과 전주비전대학 백영선 사장님의 은혜에 감사드립니다.

그리고 지우북스 서철종 대표님, 명지현 팀장님, 관련 출판부에게 감사 인사 올립니다.

마지막으로 책을 엮는다고 작업실에서 두문불출한 저를 너그러운 맘으로 이해해준 김은아, 홍지명, 지원, 지우에게 용서를 빌며 마무리합니다.

2023.01.18.

지평선 자락에서 저자 올림

목차

제5장 논리 시퀀스 139

제6장 PLC 195

제7장 GLOFA PLC의 개요 223

제11장 기본 프로그램 작성 379

제12장 라이브러리 441

제13장 펑션 명령어 471

제 1 장

제어

1.1 정의

제어란 인간의 욕구를 충족하기 위한 모든 전기장치, 기계 또는 제어계의 동작을 생각한 대로 조작(Operation)하기 위한 방법과 수단이다. 그러므로 제어(Control)라는 용어는 조정(Regulation)과 지시(Indication)도 포함한 넓은 의미로 사용되는 경우가 많다.

1.2 분류

제어는 제어대상을 조작하는 방법에 따라 미리 설정된 조건에 의거하여 자동적으로 장치를 동작시키는 자동제어(Automatic control), 수동과 자동을 조합시킨 반자동제어, 시스템이나 장치를 사람이 직접 제어하는 수동제어(Manual control), 어떤 장치로 원격지점에서 제어하는 원격제어(Remote control)로 나눌 수 있다.

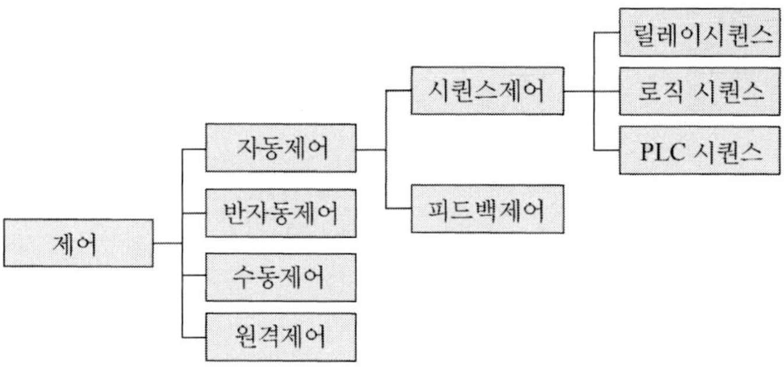

그림 1.1 제어의 분류

자동제어는 제어하고자 하는 목표량의 비교 검출을 할 수 있는지의 여부에 따라 단지 미리 설정된 순서에 의해 동작되는 시퀀스 제어와 목표량에 맞추어 제어를 비교 판단하는 피드백제어로 나눌 수 있다.

시퀀스 제어는 제어에 사용되는 장치에 따라 유접점 릴레이를 사용하는 릴레이 시퀀스, 그리고 무접점 논리소자를 사용하는 로직 시퀀스, PLC 시퀀스로 나눌 수 있다.

1.3 제어회로의 4대 구성요소

전기적 제어회로를 구성하는 요소는 전원, 개폐기, 도선, 부하의 네 가지이다. 이들은 부하에 전류를 흐르게 하기 위해 절대로 필요한 것이며 이들 상호 간의 연결에 대해서는 배선도를 그린다든지 접속도에 상세하게 명기하는 등의 방법으로 표시할 수가 있다.

1) 제어 전원

직류, 교류, 저압, 고압, 단상, 3상, 반파정류, 전파정류, 회전형 발전기, 정지형 발전기, 전지, 인버터, 접지형, 비접지형 등이 있다.

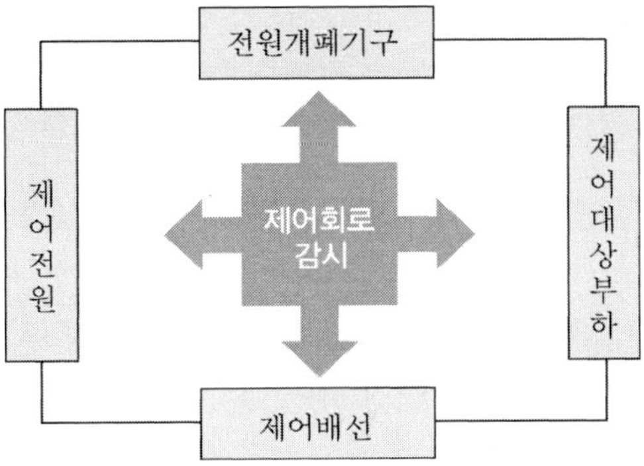

그림 1.2 제어회로의 구성

2) 전원 개폐기구

제어회로에서 취급하는 개폐기구는 비교적 작은 전류를 개폐할 수 있는 것으로 흔히 일반적으로 스위치, 브레이커라고 하는 것이다.

3) 제어배선

전류가 흐르는 경로는 도선이며 제어회로 전용의 단심, 다심 케이블, 시일드선 등이 다수 사용되고 있다.

4) 제어대상 부하

부하에는 유도부하, 무유도부하, 역기전력부하, 스태틱 부하, 다이나믹 부하, 지상부하, 진상부하 등의 구별이 있다.

이상 네 가지 요소를 이어 회로가 구성되는데 각각의 부분의 상태를 감시하는 것도 중요한 일이다.

자동제어 일반 용어

이 규격은 광공업에서 일반적으로 사용되는 자동제어 용어 중 중요한 용어와 그 뜻에 대하여 규정한다.

용어	설명	대응 영어
제어	어떤 목적에 적합하도록 대상이 되어 있는 것에 필요한 조작을 가하는 것	control
자동제어	제어 장치에 의해서 자동적으로 행하여지는 제어	automatic control
수동제어	사람에 의해서 행하여지는 제어	manual control
피이드백 제어	피이드백에 의하여 제어량을 목표치와 비교하여, 그들을 일치시킬 수 있도록 정정 동작을 행하는 제어 비고 : 피이드 백이란, 닫힌 루우프를 형성하여 출력 측의 신호를 입력 측으로 되돌리는 것을 말한다.	feedback control
피이드 포워드 제어	외란(外亂)의 정보에 의해서, 그 영향이 제어계에 나타나기 전에 정정 동작을 행하는 제어	feedforward control
시퀀스 제어	미리 정해놓은 순서에 따라 제어의 각 단계를 차례차례 진행시키는 제어 비고 : 시퀀스 제어에서는 다음 단계에서 행할 제어 동작이 미리 결정되어 있어, 앞 단계에서의 제어 동작을 끝낸 직후, 또는 동작 후 일정 시간이 경과된 후에, 다음 동작으로 이행하는 경우와, 제어 결과에 따라서 다음에 행할 동작을 선정하여 다음 단계에 이행하는 경우 등이 조합되어 있는 것이 많다.	sequential control, sequence control
정치(定値)제어	목표치가 일정한 제어	fixed command control
추종(追從)제어	목표치가 변화하는 제어	follow-up control
프로그램 제어	목표치가 미리 정해놓은 대로 변화하는 제어 비고 : 프로그램 제어의 보기로서는, 온도를 시간의 경과에 따라, 지정하는 열처리로, 어니일링 등의 제어가 있다. 넓은 뜻의 프로그램 제어에서는, 목표치의 변화에 관계없이 제어의 순서 등을 지정하는 수도 있다.	program control
비율제어	2개 이상의 양 사이에 어떤 비례관계를 가지는 제어	ratio control
카스케이드 제어	피이드백 제어에 있어서 1개의 제어 장치의 출력신호에 의거 다른 제어 장치의 목표치를 변화시켜 행하는 제어	cascade control

용어	설명	대응 영어
샘플데이터 제어	제어계의 일부를 샘플링에 의해서 얻어진 간헐적인 신호를 사용하는 제어 비고 : 연속 신호로부터 어떤 순간의 데이터를 샘플링하여 출력신호로 하는 요소를 샘플러라고 하고, 이를 사용하여 간헐적인 출력신호를 뽑아내는 것을 샘플링이라 한다. 여기서 말하는 순간이란, 짧은 시간폭을 가지는 것도 있다.	sampled-data control, sampling control
최적 제어	제어 대상의 상태를 자동적으로 원하는 최적 상태가 되도록 하는 제어 비고 : 최적 제어란, 제어 상태 또는 제어 결과를 주어진 기준에 따라 평가하여, 그 평가 성적이 보다 더 좋아지도록 제어의 목적을 달성하고자 하는 제어방식을 총칭한다. 제어계가 놓인 환경이 변화하여, 제어계의 특성이 변화하는 경우, 이들의 변화에 적응하여 제어장치의 특성이 어떤 필요조건에 만족 될 수 있도록 변화시키는 제어를 적응 제어라 한다. 적응 제어도 최적 상태에 목표점에서는 최적 제어가 되지만, 제어장치의 적응성을 강조하고자 할 때에는 적응 제어라는 용어를 사용하는 일이 많다.	optimalizing control, optimum control, optimal control, optimizing control
계산기 제어	제어 장치 속에 전자계산기를 집어넣어, 전자계산기의 고도의 기능을 이용하는 제어	computer control
수치 제어	공작물에 대한 공구의 위치를 그것에 대응하는 수치 정보로서 지령하는 제어 비고 : 수치제어는 공작기계를 대상으로 하여, 사용되는 경우가 많지만, 제도, 포선(布線) 검사 등에도 사용된다. NC로 약칭하는 경우가 많다.	numerical control
프로세스 제어	공저의 상태에 관한 여러 가지 양, 보기를 들면 온도, 유량, 압력, 조성, 품질, 효율 등의 제어	process control
서어보기구 서어보계	물체의 위치, 방향, 자세 등을 제어량으로 하여, 목표치의 임의의 변화에 추종할 수 있도록 구성된 제어계 비고 : 서어보 기구에서는 피이드백 제어를 행하는 것이 보통이다.	servomechanism servo system
제어계	제어 대상, 제어장치 등의 계통적인 조합	control system
자동 제어계	제어가 자동으로 되는 제어계	automatic control system
제어 대상	제어의 대상이 되는 것으로써, 기계, 공정, 시스템 등의 전체 또는 그 일부가 여기에 해당된다.	controlled system

용어	설명	대응 영어
제어 장치	제어 대상에 조립되어 제어를 하는 장치	control device, controller
검출부	제어장치에 있어서 제어 대상, 환경 등으로부터 제어에 필요한 신호를 얻어내는 부분	detecting element
조절부	제어장치에 있어서 목표치에 의한 신호와 검출부로부터의 신호에 의거, 제어계가 소정의 작동을 하는데 필요한 신호를 만들어서 조작부에 보내주는 부분	controlling element
조작부	제어장치에 있어서 조절부 등으로부터의 신호를 조작량으로 바꾸어 제어 대상을 작동시키는 부분 비고 : 서어보 기구 등에서는 조작부를 명확히 할 수 없는 경우가 많다.	final controlling element
자동 조절계	제어 편차에 따라서, 제어 대상을 제어하는 데 필요한 신호를 만들어 내는 기능을 가지고, 지시기록을 하는 장치 비고 : 지시기록을 행하지 않는 것을 조절기라 한다. 또한, 자동 조절계를 조절계라고 약칭할 때가 많다.	automatic controller
계장	측정장치, 제어장치 등을 장비하는 일	instrumentation
목표치	제어계에 있어서, 제어량이 그 값을 가지도록 목표로써 주어지는 값 비고 : 정치(定置)제어에서는, 이를 설정치라고도 한다.	desired value, command, set point
제어량	제어 대상에 속하는 양 중에서, 그것을 제어하는 일이 목적으로 되어 있는 양	controlled variable
제어 편차	목표치와 제어량의 차 비고 : KSA3001(품질관리 용어)에서는 오차(error)는 측정치와 참값과의 차, 편차(deviation)는 측정치와 그 기대치와의 차라고 정의되어 있으나, 자동제어에 있어서는 제어 편차를 목표치와 제어량의 차라고 정의한다.	error, deviation
조작량	제어계에 있어서 제어량을 지배하기 위해서 제어 대상에 가하는 양	manipulated variable, control input
외란(外亂)	제어계의 상태를 교란시키는 외적 작용	disturbance
응답	제어계 또는 그 요소의 입력의 변화에 응하는 출력의 시간적 변화의 모양	response
과도 응답	입력이 어떤 정상상태에서 다른 상태로 변화했을 때, 출력이 정상상태에 도달할 때까지의 응답	transient response
임펄스 응답	입력이 임펄스 상태로 변화했을 때의 응답	impulse response

용어	설명	대응 영어
스텝 응답	입력이 어떤 일정한 값에서 다른 일정한 값으로 순간적으로 변화했을 때의 응답	step response
램프 응답	입력이 어떤 시각으로부터, 일정한 속도로 변화되어 갈 경우의 응답	ramp response
오우버슈트	스텝 응답에 있어서 출력이 최종값을 넘은 다음, 최초로 취하는 극값(極値)과 최종값과의 간격	overshoot
상승시간	스텝 응답에 있어서, 출력이 그 최종 변화량의 10~90%(5~95%의 경우도 있음)로 변화하는 데 소요되는 시간 비고 : 최종 변화량의 몇 %에서 몇 %까지인가를 명확히 부가할 필요가 있다. 그 외 스텝응단에 있어서 출력이 최종 변화량의 1/2에 달했을 때의 변화속도로서, 온 변화를 완료하는 데 요하는 시간으로 간주하는 수도 있으므로 주의해야 한다.	rise time
헌팅 난조(亂調)	제어계가 불안정해서 제어량이 주기적으로 변화는 좋지 못한 상태	hunting
주파수 응답	정현파 입력을 가했을 경우의 정상상태에 있어서 출력의 입력에 대한 진폭비(gain) 및 위상차가 입력 주파수에 따라 변화하는 상태 비고 : 제어계 또는 제어요소가 비선형 특성(非線型 特性)을 가지고 있을 경우에는 정현파 입력에 대한 출력이 반드시 정현파로 된다는 것은 아니며, 비뚤어진 파형으로 되는 수가 많다. 이런 경우에는, 입력 주파수와 같은 주파수의 출력 성분에 대한 진폭비 위상 차를 구하는 것으로 한다.	frequency response
정상 편차	과도 응답에 있어서 충분하 시간이 경과하여 제어 편차가 일정한 값으로 안정되었을 때의 그 값 비고 : 정상 편차에 있어서 입력인 경우를 위치 편차 또는 오프셋, 램프 입력의 경우를 속도편차, 일정 가속도 입력인 경우를 가속도 편차라 한다.	steady-state error, steady-state deviation
비례동작	입력에 비례하는 크기의 출력을 내는 제어 동작 비고 : P 동작이라 약칭할 때도 있다.	proportional control action
비례 게인	비례동작에 있어서 입력 변화분에 대하여 출력 변화분의 비	proportional gain
비례대	비례동작에 있어서 출력이 유효 변화폭의 0~100%로 변화하는 데 요하는 입력의 변화폭(%) 비고 : 비례대는 무차원화(無次元化)한 비례 게인의 역수(%)에 상당한다.	proportional band
적분 동작	입력의 시간 적분치에 비례하는 크기의 출력을 내는 제어동작	integral control action

용어	설명	대응 영어
적분 시간	PI 동작(비례, 적분 각 동작은 조합한 것) 또는 PID 동작(비례, 적분, 미분의 각 동작을 조합한 것)에 있어서 스텝상(狀)의 입력이 가해졌을 경우, 비례동작에 의한 출력과 적분동작에 의한 출력이 동등하게 될 때까지의 시간 비고 : 적분 시간의 역수를 리세트율이라 한다.	integral time, rest time
미분 동작	입력의 시간 미분치에 비례하는 크기의 출력신호를 내는 제어 동작 비고 : D 동작이라 약칭할 때도 있다.	derivative control action
미분 시간	PD 동작(비례, 미분 각 동작을 조합한 것) 또는 PID 동작에 있어서 램프상(狀)으로 변화하는 입력신호가 가해졌을 경우, 비례동작에 의한 출력과 미분동작에 의한 출력이 동등하게 될 때까지의 시간	derivative time, rate time
개폐 동작	조작량 또는 조작량을 지배하는 신호가 입력의 크기에 따라 2개의 정해진 값 중 어느 한 개를 취하는 동작 비고 : 개폐는 전개(全開), 전폐(全閉)를 뜻하고 있지만, 반드시 전개, 전폐가 되지 않을 경우에도 개폐동작이라 한다.	on-off control action

제2장

자동제어

2.1 정의

자동제어란 제어의 판단이나 조작이 사람에 의해서 이루어지는 것이 아니라, 기계, 기구 장치 등에 의해서 이루어지는 제어로, 냉장고가 온도를 스스로 판단하여 운전과 정지를 반복해서 일정한 온도로 유지하는 것을 자동제어의 예라 말할 수 있다.

2.2 분류

자동 제어계는 그 계의 성격, 용도, 구성, 동작 등에 따라 분류되며, 그 응용되는 분야도 대단히 광범위할 뿐만 아니라, 제어 이론의 급속한 발전과 실제 적용이 확대됨에 따라 제어의 명칭이 늘어나고 있다. 따라서 여러 분류 중에 본 책에서는 아래의 그림과 같이 자동제어를 분류하고자 한다.

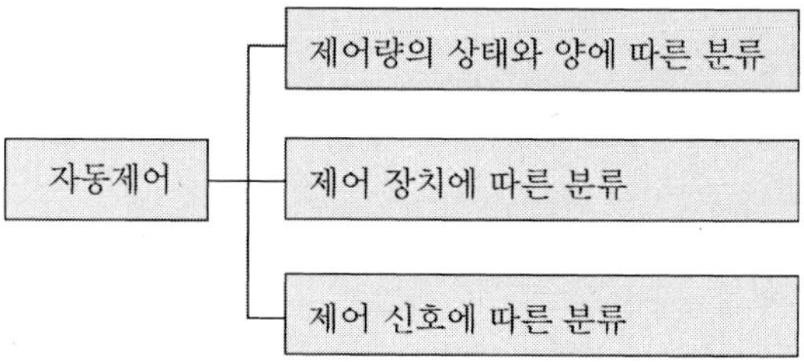

그림 2.1 자동제어의 분류

1 제어량의 상태와 양에 따른 분류

제어를 제어량의 상태와 양에 따라 분류하면 아래 그림과 같이 분류할 수 있다.

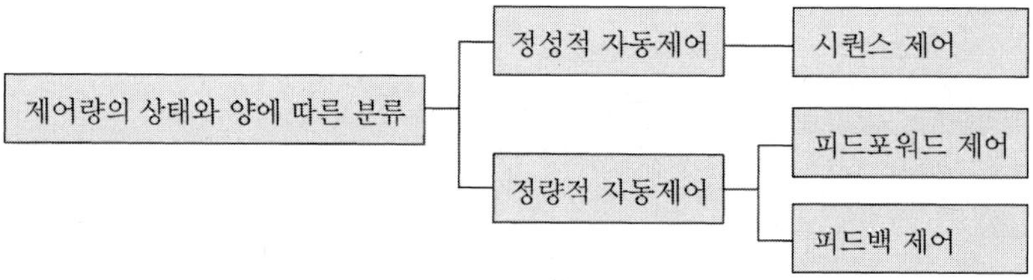

그림 2.2 제어량의 상태와 양에 따른 분류

1) 정성적 자동제어

스위치를 ON/OFF 하는 것처럼 두 동작 가운데 어느 한 동작에 의하여 제어 명령이 내려지는 자동제어를 말하며, 제어량의 상태에 따라 제어가 이루어지므로 제어량의 크기에는 관계가 없다.

정성적 자동제어의 대표적인 제어로는 미리 정해진 순서에 따라 제어가 이루어지는 시퀀스 제어가 있다.

2) 정량적 자동제어

온도, 압력, 위치, 전압 등과 같은 물리량의 연속 정보에 의한 제어이며 제어 명령의 내용이 무한개의 정보값을 갖는 제어를 말한다. 이 제어는 제어량과 상태를 모두 갖는다.

정량적 자동제어의 대표적인 제어로는 피드백 제어와 피드포워드 제어가 있다.

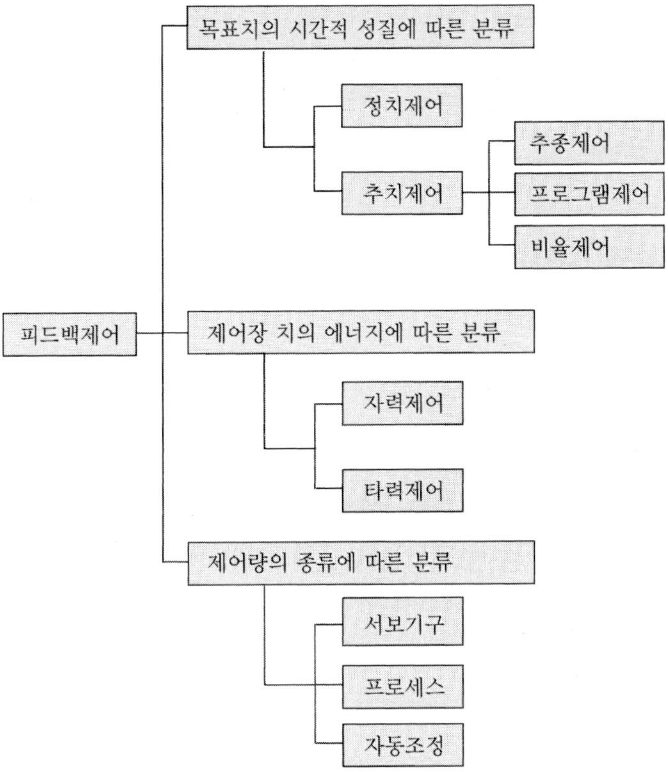

그림 2.3 피드백 제어의 분류

※ 목표치의 시간적 성질에 따른 분류

(1) 정치제어(constant-value control)

목푯값이 시간에 대하여 변화하지 않는 제어를 말하며, 이 경우 목푯값을 설정값이라고도 하고, 프로세스 제어, 자동 조정이 이에 속한다.

(2) 추치제어

출력의 변동을 조정하는 동시에 목푯값에 정확히 추종하도록 설계한 제어계로써 서보 기구가 그 대표적인 예이며, 다음의 세 가지가 있다.

① 추종제어(follow-up control)

목푯값이 시간에 따라 임의로 변화하는 경우의 제어로써 대공포의 포신 제어, 자동 아날로그 선반 등이 있다.

② 프로그램 제어(program control)

목푯값이 미리 정해진 변화를 할 때의 제어로써 열처리 노의 온도 제어, 무인 운전 열차 등이 이에 속한다.

③ 비율제어(proportion control)

목푯값이 다른 양과 일정한 비율 관계를 가지고 변환하는 경우의 제어로써, 보일러의 자동 연소 제어, 암모니아의 합성 프로세스 제어 등이 이에 속한다.

※ 제어장치의 에너지에 따른 분류

(1) 자력 제어(direct control)

조작부를 움직이는데 별도로 보조 동력을 필요로 하지 않고 조절기로부터의 제어 신호 자체를 이용하는 제어로써 구조가 간단하고, 동작이 확실하며 염가이다. 예를 들면 플로트에 의한 액위 제어, 바이메탈에 의한 온도 제어 등이 있다.

(2) 타력 제어(indirect control)

조작부를 움직이는데 별도로 보조 동력을 이용하고 있는 제어로써, 자력 제어에 비하여 구조가 복잡하고 가격이 비싸지만 정보 처리, 조작력, 조작 속도명에서 자력 제어보다 우수한 장점이 있다. 보통 공기, 유압, 전기 등의 보조 동력을 사용하고 위치 서보, 노의 온도 제어 등이 이에 속한다.

※ 제어량의 종류에 따른 분류

(1) 서보 기구(servo mechanism)

물체의 위치, 각도(자세, 방향) 등을 제어량으로 하고 목푯값의 임의의 변화에 추종하는 것과 같이 구성된 제어 장치를 서보 기구 또는 서보계(servo system)라 한다. 응용 예로써 공작기계, 공업 로봇(robot), 로켓(rocket), 비행기 및 선박의 방향 제어계, 미사일 발사대의 자동 위치 제어계, 추적용 레이더, 센서 기록계 등이 있다.

(2) 프로세스 제어(process control)

어떤 장치에 원료를 넣어 이것에 물리적, 화학적 처리를 가하여 목적하는 제품을 만드는 공정을 프로세스라 하며 온도, 유량, 압력, 레벨(level), 효율 등의 공업 프로세스의 상태량을 제어량으로 하는 제어를 프로세스 제어라고 한다. 이것은 작은 수조의 온도 제어에서부터 대단위 화학 플랜트(Plant)나 동력 플랜트에 이르기까지 널리 사용되고 있다.

(3) 자동 조정(automatic regulation)

제어량은 회전수, 압력, 전압, 주파수, 온도 등이 있지만, 목푯값은 장기간 계속하여 고정시키고 있다. 증기 기관의 조속기는 자동 조정의 한 예이다.

3) 정성적 제어와 정량적 제어의 차이

제어방식 / 항목	정성적 제어	정량적 제어
제어방식	미리 정해진 순서에 따라 제어의 각 단계를 차례로 진행하며 궤환을 동반하지 않는다.	피드백 제어에 의해 제어량을 목푯값과 비교하여 일치하도록 정정동작을 하는 제어이다.
회로구성	반드시 폐회로가 되는 것은 아니다(열린 회로이다).	반드시 폐회로이다.
외부명령	인간이 작업 명령(입력명령)을 지령하고 중요한 위치에 있다.	목푯값이 제어명령과 출력명령에 의존한다.
명령처리	명령처리가 있으며, 명령처리부가 제어장치의 중심을 이룬다.	명령처리가 없으며 조절부가 제어장치의 중심을 이루고, 검출값과 목푯값에 의거하여 판단을 내린다.
정보	불연속이며 디지털 정보와 디지털 신호로 나타낸다.	연속적이며 아날로그 정보와 아날로그 신호로 나타낸다.

2 제어장치에 따른 분류

제어를 제어 장치에 따라 분류하면 릴레이 제어와 프로그램 제어로 분류할 수 있다.

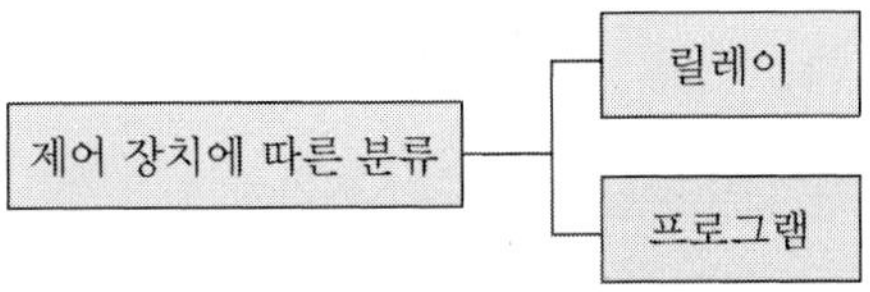

그림 2.4 제어 장치에 따른 분류

1) 릴레이 제어

제어 장치에 릴레이가 사용되는 제어를 말하며, 보통 시퀀스에서 많이 사용하고 있다.

2) 프로그램 제어

릴레이의 단점을 보완하고자 나타난 제어로 프로그램을 제어장치에 입력하여 제어하는 방식이다.

3 제어신호에 따른 분류

어떤 동작 신호에 따라 조작량을 제어 대상에 주어 제어 편차를 감소시키는 동작을 말하며, 이 제어 동작에 따라 분류하면 다음과 같다.

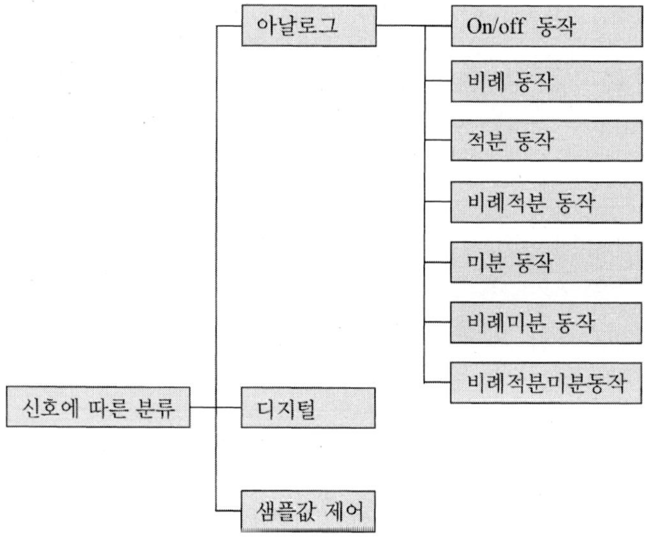

그림 2.5 제어 신호에 따른 분류

1) 아날로그 제어

제어량이 목푯값과 일치하는가를 항상 비교하여 편차가 있을 때는 수시로 수정하여 늘 제어량이 목푯값과 일치하도록 하는 것을 말한다.

① ON-OFF 동작

제어량이 설정값에서 어긋나면 조작부를 전폐하여 운전을 정지하거나 반대로 전개하여 운동을 시동하는 것으로서 제어 결과가 사이클링(cycling)을 일으키며 오프셋(offset)을 일으키는 결점이 있다. 특히 응답 속도가 빨라야 하는 제어계는 사용 불능이며 프로세스 제어의 대부분에 이용된다.

② 비례동작(P 동작)

설정값과 제어 결과, 즉 검출값 편차의 크기에 비례하여 조작부를 제어하는 것으로 정상 오차를 수반한다. 사이클링은 없으나 오프셋을 일으킨다.

③ 적분 동작(I 동작)

오차의 크기와 오차가 발생하고 있는 시간에 둘러싸인 면적, 즉 적분값의 크기에 비례하여 조작부를 제어하는 것으로 오프셋을 소멸시킨다.

④ 비례 적분 동작(PI 동작, 비례 reset 동작)

비례동작에 의해 발생하는 오프셋을 소멸시키기 위해 적분 동작을 부가시킨 제어 동작으로써 제어 결과가 진동적으로 되기 쉽다.

⑤ 미분 동작(D 동작, rate 동작)

제어 오차가 검출될 때 오차가 변화하는 속도에 비례하여 조작량을 가감하는 동작으로써 오차가 커지는 것을 미연에 방지한다.

⑥ 비례 미분 동작(PD 동작)

제어 결과에 빨리 도달하도록 미분 동작을 부가한 동작이다.

⑦ 비례 적분 미분 동작(PID 동작)

허비 시간이 큰 제어 대상인 경우 비례 적분 동작이 베어 결과가 진동적으로 되기 쉬우므로 이 결점을 방지하기 위한 것으로 온도 제어, 농도 제어 등에 사용된다.

2) 디지털제어

제어량과 목푯값을 항상 비교는 하나 그 편차가 어느 값 이상일 때만 조작 동작을 하는 경우나 또는 제어량과 목푯값과의 비교를 일정한 시간 간격을 두고 하여 편차가 있을 때는 즉시 조작하는 경우로써 릴레이형(일명 개폐형 : on-off type) 제어계가 이에 속하며, 열조정, 온도 조정, 수위면 조정 등에 사용된다. 예를 들면 냉동기, 전기다리미, 난방용 보일러 등이 있다.

3) 샘플값 제어(sampled-data control)

제어 신호가 계속적으로 측정한 샘플값일 때 샘플값 제어라 한다. 샘플값은 제어계의 일부에서 반드시 펄스(pulse) 열로 전송된다. 샘플값 제어의 좋은 예가 주사 레이터(radar tracking)이다. 이 종류의 레이더는 매 회전마다 한 번씩 요구되는 부채꼴 부분을 검사한다. 따라서 그 주어진 방향만을 생각하면 이 레이더의 출력은 주사 빈도와 동일한 빈도를 갖는 샘플 신호이다. 다른 하나의 예로써는 원격 레이터의 출력은 주사 빈도와 동일한 빈도를 갖는 샘플 신호이다. 다른 하나의 예로써는 원격 제어되는 비행체가 기지로 정보를 전송할 경우, 만일 온도, 방위, 자계의 세기를 전송하기 위하여 별개의 채널을 사용하는 대신 1개의 채널을 사용하여, 3조 중 1초씩 각각의 정보량을 전송한다면 도착 신호는 샘플 제어 신호이다. 즉, 각각은 이산된 시각에 나타난다. 이들의 시각을 샘플링 시점(sampling instant)이라 한다.

2.3 자동제어의 구성

자동제어는 제어량의 상태와 크기에 따른 분류에 의해 시퀀스 제어와 피드백 제어 그리고 피드포워드 제어로 나눌 수 있다. 시퀀스 제어는 작업 도중 오차가 발생하여도 제어량이 수정되지 않은 개회로 제어(Open loop control)로 바꾸어 말할 수 있으며, 피드백제어는 기계 스스로 제어의 필요성을 판단하여 목푯값에 일치하도록 오차를 검출하여 동작을 하는 폐회로 제어(Closed loop control)이다. 따라서 자동제어의 구성은 시퀀스 제어와 피드백 제어의 구성으로 알아볼 수 있다.

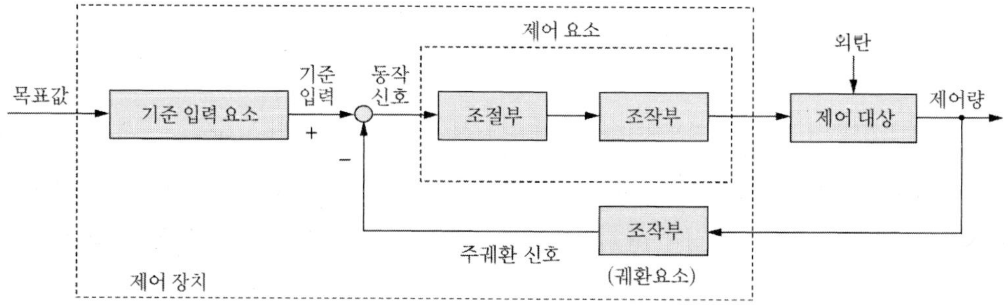

그림 2.6 자동제어의 구성

(1) 목푯값(command desired value)

궤환 제어계에 속하지 않는 신호이며, 외부에서 제어량이 그 값에 맞도록 제어계에 주어지는 신호로써 희망값, 설정값이라고도 한다.

(2) 기준 입력(reference input)

제어계를 동작시키는 기준으로써 직접 폐회로에 가해지는 신호로 목푯값에 대하여 일정한 관계를 가진다.

(3) 주궤환 신호(primary feedback signal)

제어량을 목푯값과 비교하여 동작 신호를 얻기 위해 궤환되는 신호이다.

(4) 동작 신호(actuating signal)

기준 입력과 주궤 환량과의 차로써, 제어계의 동작을 일으키는 원인이 되는 신호이다.

(5) 기준 입력 요소(reference input element)

목푯값에 비례하는 기준 입력 신호를 발생하는 요소로서 설정부라고 한다.

(6) 제어 요소(control element)

동작 신호를 조작량으로 변환하는 요소이며, 조절부와 조작부로 되어 있다.

(7) 조절부(controlling means)

기준 입력과 검출부 출력과의 합이 되는 신호를 받아서 제어계가 정해진 작용을 하는데 필요한 신호를 만들어 조작부에 보내는 부분으로 제어 장치의 중심을 이룬다.

(8) 조작부(final control element)

조절부로부터 받은 신호를 조작량으로 바꾸어 제어 대상에 보내 주는 부분이다.

(9) 제어 대상(controlled system)

제어량을 발생시키는 장치로써 제어계에서 직접 제어를 받는 장치이다.

(10) 조작량(manipulated variable)

제어 요소가 제어 대상에 주는 양이다.

(11) 외란(disturbance)

제어량에 바람직하지 않은 영향을 주는 외적 입력이다.

(12) 제어량(controlled variable)

제어 대상의 양, 즉 측정되어 제어되는 것을 말하며 출력량이라고도 한다.

(13) 궤환 요소(feedback element)

제어량에서 주궤환을 생성하는 요소이며, 검출부(detecting means)라고도 한다.

(14) 제어 편차(controlled deviation)

목푯값에서 제어량을 뺀 값으로 이 신호가 그대로 동작 신호가 되기도 한다.

(15) 비교수(comparator)

목푯값과 제어에서 인출 신호를 비교해서 제어 동작을 일으키는 데 필요한 정보를 가진 신호를 만들어 낸다.

(16) 제어 장치(controller, control device)

제어를 하기 위하여 제어 대상에 부착시켜 놓은 장치로 기준 입력 요소, 제어 요소, 궤환 요소가 이에 속한다.

(17) 변환기(transducer)

한 형태의 에너지를 다른 형태의 에너지로 변환하는 장치를 말한다. 예를 들면 제어계의 응용에서 가장 많이 사용되는 변환기의 하나가 전위차계이다. 전위차계에서의 기계적 위치는 전압으로 변환된다.

(18) 편차 검출기(error detector)

궤환요소가 변환기로 구성되고 입력에도 변환기가 필요할 때에 제어계 일부를 편차 검출기라 한다.

❶ 시퀀스 제어

제어 명령을 일단 가하면 제어 대상이 어떻게 동작하는지에 무관하게 조작을 실행하는 제어계를 총칭하는 것으로, 제어량이 궤환되지 않는 시스템이다. 즉, 제어 명령에서 제어동작까지 순차적으로 실행하여 마무리하는 형태의 제어방식으로 제어계에서 가장 간단한 시스템으로 구성할 수 있으며, 저렴하게 제작하여 운용할 수 있으나, 정확성과 다양성 및 유연성이 부족하여 아주 간단한 제어계에만 적용하고 있는 실정이다. 시퀀스 제어계의 많은 부분이 이러한 구조를 가지고 있다. 신호전달 계통을 보면, 제어명령 → (명령처리부) → 동작신호 → (제어대상)→제어량의 구성을 가지며, 제어량을 검출하여 동작 신호를 변환시킬 수 있는 궤환 경로가 존재하지 않는다.

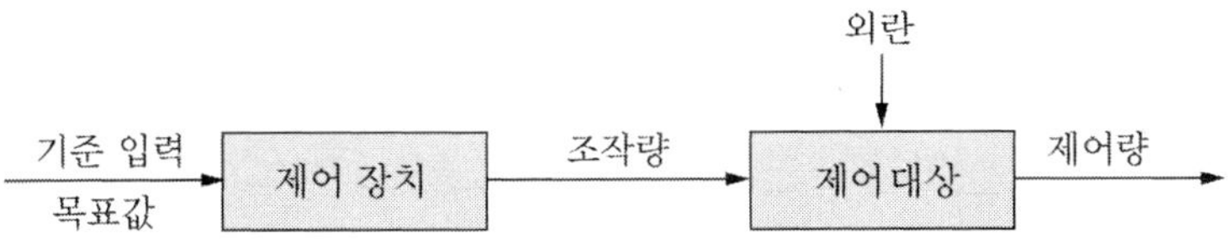

그림 2.7 시퀀스 제어의 구성

❷ 피드백 제어

신뢰성과 정확성을 가지는 제어를 하기 위해 제어 명령을 가하고 제어계의 출력이 목표와 일치되는지를 항상 비교하여, 일치하지 않을 때에는 그 차에 비례하는 동작 신호가 제어계에 다시 보내져서 그 오차를 수정하도록 하는 궤환 경로(feedback path)를 가지고 있는 제어계이다.

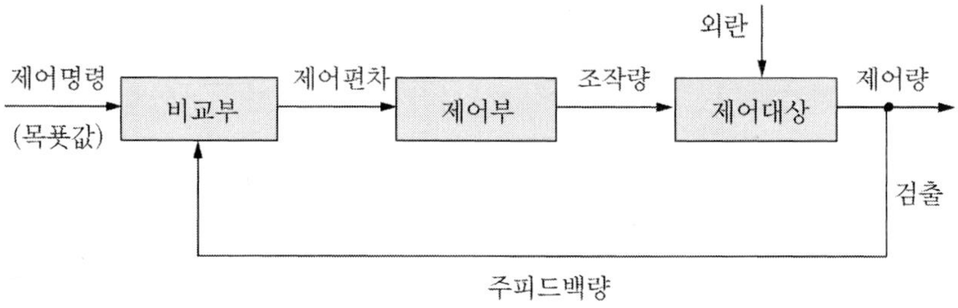

그림 2.8 피드백 제어의 구성

3 피드포워드 제어

피드포워드 제어는 외란을 검출하여 이에 의한 영향을 없애도록 조작을 가하는 것이다. 따라서 피드포워드 제어만에 의해서 정량적 제어를 행하려고 하면 모든 외란을 검출하여 그 영향을 제거하기 위한 대책을 세워야 한다. 이는 실제로 큰 제약이 된다. 그렇지만 피드백 제어와 비교하면 외란에 가해짐으로써 발생하는 제어량의 변동을 예측하여 바로 수정동작을 개시하기 때문에 제어동작의 속도와 안정성의 측면에서 뛰어난 특징을 갖게 되어 최근 피드백제어와 병용하여 고성능의 제어계를 실현하려는 곳에 많이 사용된다.

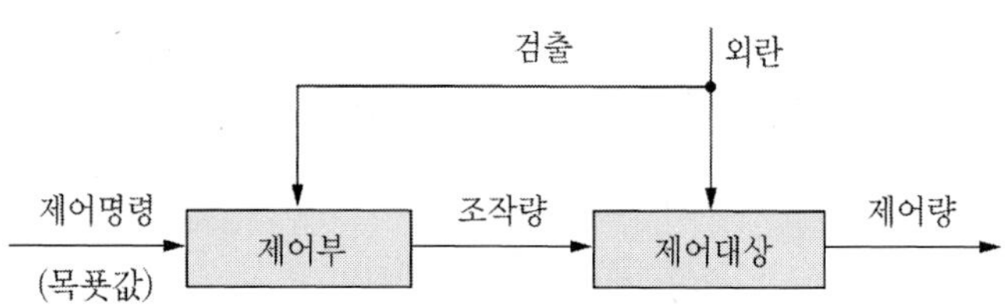

그림 2.9 피드포워드 제어의 구성

2.4 자동제어의 특징

자동제어의 특징을 장점과 단점으로 나누어 설명하도록 한다.

(1) 장점

① 생산 품질의 향상이 현저하며 균일한 제품을 얻을 수 있다.

② 원료, 연료 및 동력을 절약할 수 있으며 인건비를 감축할 수 있다.

③ 생산 속도를 상승시키고 생산량을 크게 증대시킬 수 있다.

④ 노동 조건의 향상 및 위험한 환경의 안정화를 기한다.

⑤ 생산 설비의 수명을 연장시킬 수 있고, 설비의 자동화로 생산 원가를 절감할 수 있는 점을 들 수 있다.

(2) 단점

① 자동제어의 설비에 많은 비용이 들고, 고도화된 기술이 필요하다.

② 제어 장치의 운전, 수리 및 보관에 고도의 지식과 능숙한 기술이 필요하다.

③ 설비의 일부에 고장이 있어도 전 생산라인에 영향을 미치는 점을 들 수 있다.

2.5 자동제어의 응용 분야

자동제어의 응용 분야는 산업화가 급속히 진행됨에 따라 거의 모든 곳에 사용고 있어 그 실례를 찾는다는 것은 따로 언급할 필요가 없지만 교육적인 면에서 굿이 사용처를 밝히면 다음과 같다.

① 가정
냉장고, 세탁기, 전기밥솥, 가스레인지, 선풍기, 에어컨, 온수가열기 등

② 생산 제조 공업 분야
기계, 전기, 화학, 섬유, 제철 공업 등에서 공정 및 기계 장치의 자동화

③ 전력 분야
전력 계통의 자동제어, 화력 발전소의 보일러 제어 등

④ 교통, 운수 분야
자동 열차 제어 장치(ATS), 열차 집중 제어 장치, 자동 교통 신호 장치 등

⑤ 기타
유·무선 통신, 원자력, 우주, 항공, 선박 및 미사일 산업 분야 등

제3장

시퀀스sequence

3.1 정의

미리 정해놓은 순서 또는 일정한 논리에 의하여 정해진 순서에 따라 제어의 각 단계를 순차적으로 진행하는 제어를 말한다. 따라서 이 제어는 원인과 결과가 명확히 정해져 있으며, 순서에 따라 계속 진행하는 제어로 궤환이 없는 열린 회로로 만들어진다.

3.2 분류

시퀀스 제어를 분류하면 아래와 같이 분류할 수 있다.

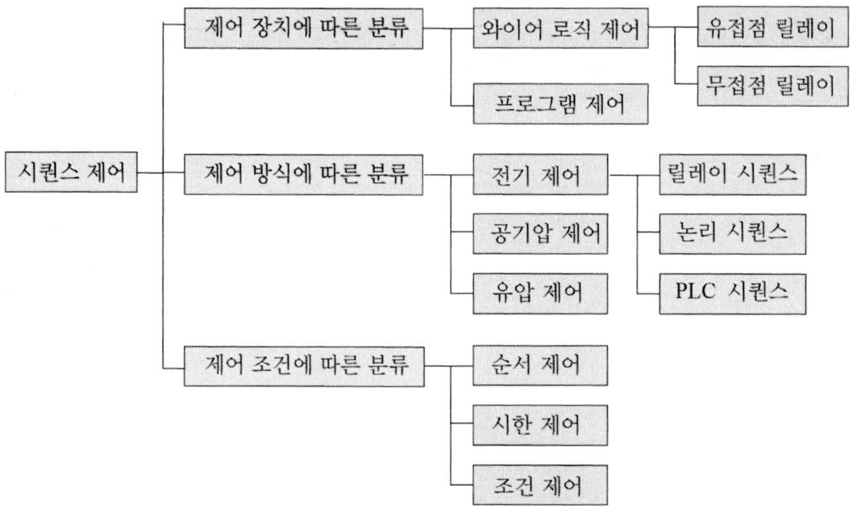

그림 3.1 시퀀스 제어의 분류

1 제어 장치에 따른 분류

시퀀스를 제어 장치에 따라 분류하면 다음과 같이 분류할 수 있다.

1) 와이어 로직 제어형(Wired logic type)

배선에 따라 논리를 만드는 것으로 시퀀스 회로를 유접점 전자계전기 또는 무접점 계전기와 그 사이의 배선에 따라 구성되는 제어를 말한다. 따라서 와이어 로직형 회로를 만들기 위해서는 전개 접속도를 만들어 회로에 따라 계전기를 배치하고 배선을 한다. 그러므로 회로를 변경할 경우에는 계전기 배선의 추가나 변경이 필요하다.

2) 프로그램 제어형(Program type)

복잡한 제어명령을 미리 기억시켜 놓은 기기 속에 프로그램을 입력시켜 시퀀스 회로를 만드는 것으로써, 프로그램 내용이 개개의 시퀀스에 따라 바뀌게 된다. 다시 말하면, 작업명령 또는 검출신호에 의하여 제어명령을 꺼내어 쓸 수 있도록 한 것이다. 여기서 프로그램이라 함은 일의 처리순서, 기계를 동작시키는 순서라고 볼 수 있다.

3) 와이어 로직 제어와 프로그램 제어의 비교

	와이어 로직 제어형	프로그램 제어형
구성	계전기 배선으로 조립	하이드는 표준품
제어장치	전용(시방대로)	중·대규모
사양변경 및 추가	어렵다	용이하다
제작 일수	길다	짧다
고도의 제어	불가능	가능
보수성	어렵다	용이하다
신뢰성	설계제조에 관계된다	좋다
경제성	소규모에서 유리	중·대 규모에서 유리

❷ 제어방식에 따른 분류

1) 전기

사용되는 기기와 발달 과정에 따라서 분류하면 일반적으로 다음과 같이 나눌 수 있다.

① 릴레이 시퀀스(Relay Sequence)

② 논리 시퀀스(Logic Sequence)

③ PLC 시퀀스(Programmable Logic Controller)

2) 공기압식

공기압 제어 밸브를 이용한 회로에 의한 제어를 말한다.

3) 유압식

유압 제어 밸브를 이용한 회로에 의한 제어를 말한다.

③ 제어 조건에 따른 분류

제어의 조건에 따라 분류하면 다음과 같이 나눌 수 있다.

1) 순서제어

미리 정해진 순서에 따라 검출기를 사용해서 일정 동작 종료를 확인하고 다음 동작으로 이행하는 방식이다. 그러기 위해서는 기억 기구와 판단 기구인 리밋 스위치, 레벨 스위치 등의 검출기가 필요하고 타이머 등의 시한 기구는 없어도 좋다. 공작기계의 프로그램 제어는 그 일례이다.

2) 시한제어

미리 정해진 순서에 따라 타이머 등을 이용하여 시간에 의해 각 동작이 진행되어 가는 제어방식이다. 기억 기구와 시한 기구를 갖고 있다. 빌딩 내의 각종 공기 조화용 전동기의 시동, 정지 제어와 네온사인의 점멸 등은 그 일례이다.

3) 조건제어

검출기의 신호에 의해 다음의 동작을 미리 정해진 조건에 따라 판단하면서 새로운 명령이 만들어져 제어되어 가는 방식이다. 판단 기구만을 갖고 있다. 엘리베이터의 제어는 그 일례이다.

실제 사용되고 있는 시퀀스 제어에는 이상의 3종류의 제어방식이 조합되어 있는 것이 많다.

3.3 구성

시퀀스 제어의 일반적인 구성은 인간이 작업 명령을 주어 지시하는 입력, 입력의 내용을 분석 처리하여 제어명령을 내는 제어 장치, 제어 명령을 받아 제어 대상을 조작하거나 작동하게 하는 출력으로 크게 나눌 수 있다.

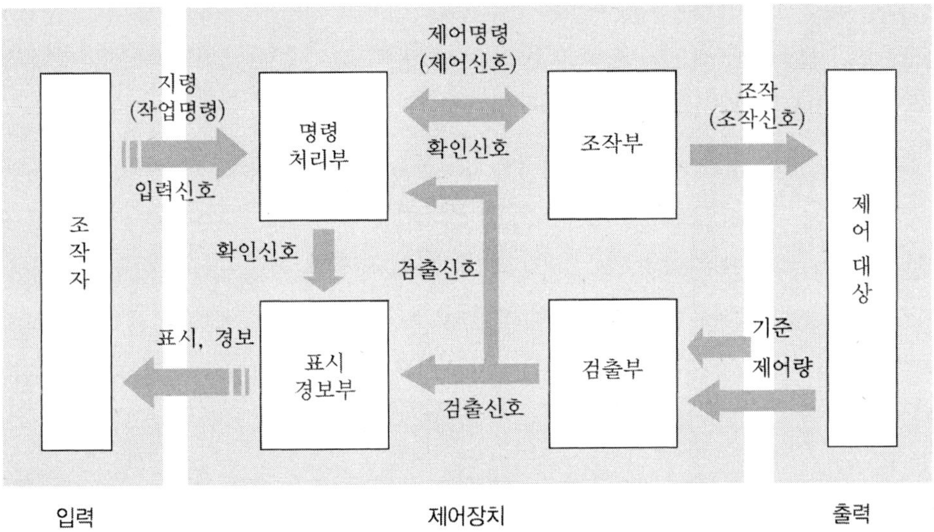

그림 3.2 시퀀스 제어의 구성

하지만 이것은 본 책에서의 분류이므로 일반적으로 다른 서적에서는 다른 견해를 보일 수 있으므로 유의해서 숙지하도록 한다.

1 입력

입력은 제어하고자 하는 제어 대상에 제어 명령을 입력하는 것으로 그 주체는 조작자에 의한다.

1) 조작자

일반적으로 제어를 하고자 하는 주체를 일컫는 말로 지령부라고도 하며 인간이 작업명령을 지시하는 지령을 주는 부분으로 일반적으로 스위치의 개폐를 행한다.

2) 작업명령

제어계의 외부에서 주어지는 통상적인 명령신호를 말한다.

2 제어장치

1) 명령 처리부(command processing unit)

인간의 두뇌에 대응하는 곳으로, 작업명령이 주어졌을 때, 제어 대상이 적당한지를 판단 처리해서 조작부에 제어 명령을 내는 부분이다. 기억 기구, 시한 기구, 판단 기구, 계산 기구 등을 갖추고 있고, 또 전술한 바와 같이 순서제어, 시한제어, 조건제어의 제어 기능을 갖고 있으므로 제어 회로부, 논리회로부라고도 한다. 일반적으로 명령처리부에 사용하는 소자에 따라 전자계전기를 이용한 것을 유접점 시퀀스 제어 회로, 다이오드나 트랜지스터 등의 반도체 스위치를 이용한 것을 무접점 시퀀스 제어 회로라고 부르는 경우가 많다.

2) 제어명령

제어 대상을 어떻게 제어하는가를 나타내는 신호를 말한다.

3) 조작부(actuator)

시퀀스 제어에서는 인력에 의하여 직접 기계나 장치를 조작하는 대신 제어 장치에 그 조작을 가한다. 그때에 제어 대상과 직접 결합하여 조작을 대행하는 부분이 제어부 중의 조작부이다. 이 조작부는 명령처리부에서 보낸 제어신호를 제어 대상인 개개의 기기에 조작신호를 부여하는 것이다.

4) 조작신호

제어 대상을 조작하는 신호를 말한다.

5) 표시·경보부(Indicator)

제어 대상 또는 기타 부분의 상태를 필요에 따라 표시하거나 경보를 발생시키는 부분으로 그 출력에 따라 제어 대상을 직접 구동하지는 않으나 관리자와 기계 장치와의 통신 수단으로서 중요한 역할을 한다.

6) 제어량

제어하고자 하는 목적의 상태를 말한다.

7) 기준량

검출의 기준을 나타내는 신호를 말한다.

8) 검출부(Detector)

제어 장치에 있어서 제어 대상, 환경 등에서 제어에 필요한 신호를 꺼내는 부분으로, 인간의 시각, 촉각 등의 감각에 대응하여, 제어되는 대상 기기, 장치가 지시대로 동작하고 있는지 어떤지를 확인해서 그 상태를 검지하여, 전기 신호등으로 변환하는 부분이다. 피드백 제어에 있어서 검출부와 같은 작용을 한다.

9) 검출신호

검출부에서 나오는 신호를 말한다.

③ 출력

조작부에서 나온 조작신호를 받아 외부로 나타내는 회로를 일컫는다.

1) 제어 대상(Controlled system)

제어의 대상이 되는 것으로서 기계, 시스템 등의 전체 또는 그 일부로 직접적인 일을 하는 부분이다.

3.4 시퀀스 제어 기기의 구성

시퀀스 제어 장치는 기본적으로는 전류(신호)의 흐름에 따라 지령부, 명령처리부, 조작부, 검출부, 표시·경보부로 구성된다.

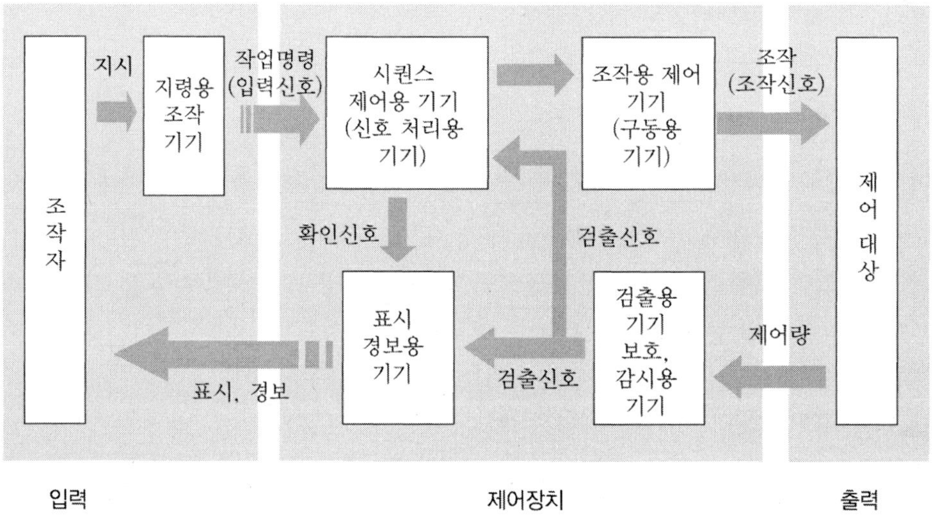

그림 3.3 시퀀스 제어 기기의 구성

❶ 지령용 조작 기기

조작자인 인간이 시퀀스 제어계에 지령을 발해 의지를 전하는 기기로 텀블러 스위치, 누름 버튼 스위치 등, 각종의 조작용 스위치가 있다.

① 누름 버튼 스위치

② 텀블러 스위치

③ 토글 스위치

④ 캠 스위치

⑤ 드럼 스위치

⑥ 풋 스위치

❷ 시퀀스 제어용 기기

기호 처리용 기기라고도 하며, 작업명령의 지령 신호와 검출기에서의 검출 신호 및 보호 감시용 기기에서의 상태 신호를 받아, 제어 대상에게 적당한지를 판단 처리하여 제어 신호를 발생해서 조작부에 제어 명령을 내는 일련의 기기이다. 명령처리부의 구성에는 전자계전기, 타이머 등의 유접점 기기와 무접점 릴레이, IC에 의한 무접점 제어 소자가 사용되고 있다.

1) 유접점

① 전자 릴레이
② 미니어처 릴레이
③ 와이어스프링 릴레이
④ 마이크로 스위치 릴레이
⑤ 리드 릴레이
⑥ 수은접점 릴레이
⑦ 타이머

2) 무접점

① 무접점 릴레이
② IC

❸ 조작용 기기

구동용 기기라고도 하는 것이다. 명령처리부를 구성하고 있는 시퀀스 제어 기기에서 발생되는 제어 신호는 작으므로, 제어 대상을 직접 구동할 수 있는 전류와 전압으로 증폭해야만 한다. 그 역할을 하는 것이 조작용 기기이다. 전자 접촉기, 전자 밸브 등의 유접점식과 무접점식의 솔리드 스테이트 릴레이(SSR)가 있다.

1) 유접점

① 전자 접촉기

② 전자 개폐기
③ 전자 밸브
④ 차단기

2) 무접점

① 솔리드 스테이트 릴레이(SSR)

4 검출용 기기

제어 장치에서 제어 대상에 흐르는 정보에 대해 제어 대상에서 제어 장치에 흐르는 정보를 발생시켜, 제어 대상의 동작 상태를 검출하는 기기이다. 검출기기로써 동작 레벨, 위치를 검출하는 리밋 스위치, 플로트 스위치를 비롯, 온도와 압력을 검출하는 각종의 센서가 있다. 검출 물체와의 접촉의 유무에 따라 유접촉 센서, 무접촉 센서로 분류된다.

1) 유접점

① 리밋 스위치
② 마이크로 스위치
③ 플로트 스위치
④ 압력 스위치

2) 무접점

① 근접 스위치
② 광전 스위치

5 보호 감시용 기기

전동기 등과 같이 보호 대상의 기기가 이상 상태로 되었을 때, 이상에 의해 생기는 전류와 전압 및 온도의 변화를 검출하여 보호하는 기기이다. 서멀 릴레이, 누전 보호기 등 각종의 기기가 있다.

① 서멀 릴레이
② 3E 릴레이
③ 누전 보호기

6 표시·경보용 기기

표시·경보용 기기는 시퀀스 제어 장치의 상태를 표시·경보를 말하기 위한 기기로, 조작자는 이것에 의해 운전 상태와 동작의 이상을 알 수가 있다. 표시·경보용 기기에는 표시등과 같이 시각적인 것에서부터 벨·버저 등 음에 의한 청각적인 것이 있다.

1) 시각

① 표시등
② 플리커
③ 전압계 전류계

2) 청각

① 벨
② 버저

3.5 시퀀스 제어의 장단점

1 장점

① 제품의 품질이 균일화되고 향상되어 불량품이 감소된다.

② 생산 속도를 증가한다.
③ 생산 능률이 향상된다.
④ 작업의 확실성의 향상된다.
⑤ 생산 설비의 수명이 길어진다.
⑥ 수동 조작을 위한 작업 인원이 불필요하여 인건비가 감소, 경제성이 향상된다.
⑦ 노동 조건이 향상된다.
⑧ 위험방지 및 작업장 환경이 청결해진다.

2 단점

① 실제로 장치에 연결하여 그 동작을 실행해 보기 전에는 프로그램을 확정시킬 수 없으며, 현장에서의 수정변경이 많아지게 된다.
② 릴레이 회로의 변경을 위해서는 납땜이나 결선작업 등의 특수 기능을 필요로 하게 되므로 전기기술자가 아니면 작업변경이 곤란하다. 따라서 생산라인을 변경하기까지는 운전방안의 변경, 시퀀스 회로의 설계, 결선도 작성, 제조, 검사, 시험, 현장 시운전의 단계를 거쳐야 하므로 많은 시간이 소요된다.
③ 자동화 시스템에는 릴레이의 사용 개수가 많아지고 접촉 신뢰성의 한계 때문에 몇 개의 릴레이가 고장을 일으켜도 전체 시스템이 정지되는 사태가 발생한다.
④ 다품종 소량 생산 방식에서는 프로그램을 자주 변경하여야 하고 이때는 제어장치의 배선도 변경하여야 하는데 그 작업이 복잡하다.

3.6 전기 접속도

1 접속도의 정의

접속도의 정의를 살펴보면 아래와 같다.

(1) 접속도(connection diagram or wiring diagram)

장치 기기 기구의 각 부분 간, 상호 간의 전기적 접속 관계를 표시한 도면이다.

(2) 배선도

실체도에 의한 전개로 시퀀스에서 설비나 장치의 기능을 전기적으로 실제 물체 중심으로 연결하여 배치하는 것을 말하며 설비, 장치의 동작기능을 이해하는 데 매우 편리한 그림이다. 제어기기의 배치를 그림기호에 의해 표시함으로써 배선의 접속 관계를 각 기기의 단자 간 배선으로써 구체적으로 명시한 도면이다.

(3) 전개 접속도(schematic diagram or elementary wiring diagram)

장치 기기 기구의 각 부분 간, 상호 간의 전기적 접속 관계를 표시한 도면이다.

(4) 단선 접속도(single-line or one-line Diagram)

전기기기 전반의 계통과 전기적 접속 관계 구성을 간단하게 단선으로 표시한 도면이다.

(5) 복선 접속도(double-line diagram)

단선 접속도에서 단선으로 표시한 곳을 복선으로 표시한 접속도이다.

(6) 상호 접속도(inter-connection diagram)

기기 상호 간 및 장치와 외부와의 전기적 접속 관계를 표시한 접속도이다.

(7) 논리회로도

논리회로로 구성된 시퀀스도로 종래의 접점이 있는 전자릴레이에 반하여 트랜지스터, 다이오드, IC 등의 반도체를 주로 이용하고 있어 무접점 시퀀스라고 한다. 이론적으로는 전자릴레이와 같지만, 실제로는 회로구성이 전혀 다르고, 시퀀스 표현 방법도 달라 그 표현 방법으로 논리적인 해석 수단을 고안하게 된 것이다.

(8) 블록선도(Block Diagram)

시퀀스 제어를 구성하고 있는 기기, 장치의 연계와 동작 순서를 블록도를 사용하여 나타낸 것으로 그림기호를 사용하지 않고 4각이나 화살표로 문자나 명칭 또는 약호로 나타낸다. 시퀀스 제어 시스템의 설계에서 그 구체화와 진도에 따라 개념 설계, 기능 설계, 상세 설계의 단계가 있으며 이 각 설계 단계의 설계 의도를 표현하는 수단으로서 플로차트와 함께 사용된다.

블록선도는 다음 사항을 명확하게 나타내어야 한다.

① 제어의 개념을 이해하기 쉬울 것
② 기능의 분담이 확실할 것
③ 입출력 관계가 분명할 것
④ 제어장치를 설계하는 경우에 계통을 이해하기 쉽도록 할 것

(9) 플로차트(Flow Chart)

블록선도의 일종으로서 제어계의 동작의 관련성 및 작업의 순서를 나타낸 것으로 시퀀스 설계에서 설계 의도를 하나의 순서와 흐름으로 표현하는 방식이다. 따라서 유선도(flow diagram)라고도 한다. 또 시퀀스도는 플로차트를 기초로 해서 작성된다.

플로차트는 그 목적에 따라서 다음과 같은 종류의 표현 방법이 있다.

① 동작, 표시의 기본을 표현하는 것
② 동작, 표시, 운전 모드, 조작 장소 등을 표현하는 것
③ 다시 부분적으로 로직 시퀀스의 심벌을 사용하여 표현하는 것

기호	명칭	설명
—	흐름선 (flow line)	기호끼리의 연결을 나타내며, 교차와 결합의 2가지 상태가 있다.
═	병행처리 (parallel mode)	둘 이상의 동시 조작 개시 또는 종료를 나타낸다.
○	결합자 (connector)	플로차트 다른 부분으로부터의 입구 또는 다른 부분의 출구를 나타낸다.
▭	단자 (terminalinterrupt)	플로차트의 단자를 표시하며, 개시, 종료, 정지, 중단 등을 나타낸다.
□	처리 (process)	모든 종류의 작동 조작 등 처리기능을 나타낸다.

기호	명칭	설명
◇	판단 (decision)	몇 개의 경로에서 어느 것을 선택하는가의 판단 또는 YES, NO 중의 선택 등을 나타낸다.
⬭	준비 (preparation)	프로그램 자체를 바꾸는 등의 명령 또는 변경을 나타낸다.
▽	병합 (merge)	두 개 이상의 집합을 하나의 집합으로 결합하는 것을 나타낸다.
△	추출 (extract)	하나의 집합 중에서 한 개 이상의 특정 집합을 빼내는 것을 나타낸다.
▱	입출력 (input/output)	입·출력 기능이 0이냐 1이냐를 나타낸다. 즉, 정보의 처리를 가능하게 한다.
▭	카드 (punched card)	펀칭 카드를 매개체로 하는 입출력 기능을 나타낸다.

❷ 전개 접속도의 분류

시퀀스 도를 그리는 방법은 그 목적에 따라 다음과 같이 3가지로 분류할 수 있다.

1) EWD(elementary wiring diagram) 방식

기기용 기능원리를 표시하는 방식으로 EWD 방식은 제어 동작을 이해하기 쉽도록 각 기기의 기구적 기계적인 관계를 무시하고 자동제어의 동작 순서에 따라서 좌에서 우로 또는 위에서 아래로 순서적으로 기재한 것이다. 장점으로는 동작 순서에 따라 평면적으로 그려갈 수 있으며 기기의 위치 관계는 무시할 수 있으므로 작도에 편리하다. 또한 동작 순서 설명을 한번에 쉽게 알 수 있다.

2) CWD(control wiring diagram) 방식

기기 상호의 연결을 표시하는 방식으로 EWD 방식에 의한 시퀀스가 동작기능을 주체로 하여 제어 동작을 표시한 것에 비하여 CWD 방식에서는 각 전기기기 및 제어 기구의 설치 장소를 무시하고 그리는 것이 아니라 각 제어기구의 설치 장소와 그 사이를 접속하는 케이블을 주로 하여 표시한 것이다. 장점으로는 케이블 배선 계획, 외부 케이블과의 연결 관계 및 제어기구의 설치장소가 분명해진다. 외부케이블의 접속도가 없어도 유지보수가 용이하며 제작자에 의한 영향이 없다.

3) ECWD(elementary control wiring diagram) 방식

ECWD 방식은 EWD 방식과 CWD 방식의 장점을 채택하기 위하여 고안된 방식으로 장치, 배전반 및 이에 관련되는 기기 기구의 동작을 중심으로 이들의 경계와 제어회로의 설명과 동시에 케이블의 접속을 구체적으로 병기한 것이다.

3 전기접속도의 종류

전기접속도의 종류를 살펴보면 아래 표와 같이 나타낼 수 있다.

원리적인 접속도	원리도
개요를 표시하는 접속도	단선 접속도, 계통도, 배선도(배전도, 구조도), 블록 다이어그램
작용, 기능을 표시하는 접속도(EWD)	전개접속도, 동작 설명도, 상태천이도, 논리회로도, 동작 순서표, 진리표, 블록 다이어그램, 플로차트, 타임차트
구체적인 제작용 접속도	복선접속도
구체적인 배선용 접속도(CWD)	정면 접속도, 이면접속도, 내부 접속도, 외부접속도, 총합 접속도, 상호 접속도
ECWD	

1) 종합 접속도

기구와 전선 및 다른 기기 사이를 종합화한 접속도를 말한다. 제어반, 전인반, 스위치 조작빈, 계기반, 현장조작반 등 점재하는 반이나 기구의 관계 위치를 밝히고 접속을 나타낸 것으로 반 사이의 배선공사나 보수, 점검에 이용된다. 이 도면으로 배선계통에서 운전계통까지 종합적으로 전기회로를 이해할 수 있으나, 복잡한 전기계통에 있어서는 도면이 복잡해져서 오히려 도면 읽기가 곤란해진다. 이 때문에 제어회로는 생략하고, 외부에 나가서는 인출단자만을 기입하여 오히려 리미트 스위치라든가 조작반, 계기반, 현장조작반으로의 접속을 중점적으로 나타내는 것에 이용 가치가 있다.

2) 주회로 접속도

배전반의 배선을 포함하지 않고 주회로의 전기적 접속 관계만을 나타낸 접속도이다. 제어반의 주회로는 비교적 단순하고 접속도 안에서 차지하는 비율이 크지 않기 때문에 많이 사용되지 않는다.

3) 정면 접속도

배전반, 제어반 또는 기구의 정면 배선을 정면에서 본 것, 또는 반쇠면 배선은 정면에서 투시한 접속도이다.

4) 이면 접속도

배전반, 제어반 또는 기구의 배선을 이면에서 본 접속도이다. 제어반에 설치된 전기부품이 실제에 가까운 설치 위치에서 전기접속을 나타낸 것으로, 전선의 접속단자 기호, 전선의 종류, 전선의 굵기, 색별 및 배선경로까지 기입한다. 이 도면은 주로 반 내의 전기 배선작업에 쓰이는 것으로, 배선작업자가 실지 작업에 있어서 가장 배선하기 쉬운 상태의 부품배치로 접속을 나타낼 필요가 있는데, 그 때문에 이 도면을 실체 배선도라고도 한다. 실제로는 반의 정면에서 전기부품의 접속단자가 노출되는 일은 적기 때문에 이면 접속도를 이용하는 일이 많다. 이것은 최근 특히 잘 쓰이는 플러그인 식의 릴레이의 접속이 이면접속이기 때문이나, 표면접속의 릴레이도 있고 특히 외부배선용 단자는 표면에서 배선함으로 정면 접속도가 된다. 이들 도면은 배선작업용, 점검용, 보안용으로서 매우 유용한 것이나 전기제어의 계통, 동작 순서, 종합적인 기능, 조작 방법 등을 이해하는 데는 별로 유용하지 못하지만 제도나 배선 공작에는 유용하다.

5) 기구 내부 접속도

기구 내부의 전기접속 관계를 나타낸 것을 기구 내부 접속도라 한다. 계기, 릴레이, 자동제어장치, 전원장치 등 제어반에 설치되는 전기기구의 내부접속을 나타낸 것으로 이면 접속도, 정면 접속도에 나타내는 기구는 단자만 나타내고, 내부의 접속은 표시하지 않는 일이 많기 때문에 특히 기구의 내부접속을 나타내어 동작을 알 필요가 있을 때에 한해서 사용된다. 이와 같은 기구의 내부접속은 이면, 정면 접속의 여백에 참고용으로써 기입하는 일도 있으나, 보통은 표준적인 기구가 많기 때문에 카탈로그나 설명서 등으로 이것에 대응하고, 실제로 도면을 작성하는 일은 적다.

4 시퀀스도 전개의 기본

시퀀스도는 전개 접속도를 명시하는 표지를 최상위에 두고 이어 장치 전체의 개요를 표시하는 단선 접속도를 놓고 다음에 복선(3선) 접속도를 배열해 간다. 그 후에 제어, 조작, 보호회로를 그린 제어전개 접속도를 배열한다. 그리고 최후에 심벌, 기구번호 또는 기기 구성표 등의 시퀀스 속에 기재되어 있는 기기, 기구 등의 일람표를 붙인다.

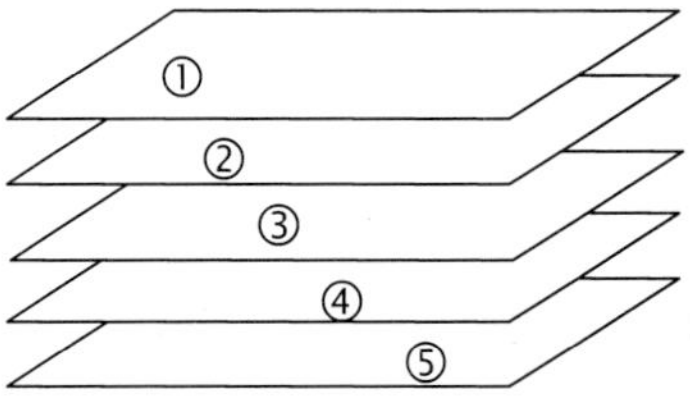

그림 3.4 기본 시퀀스 전개도

① 전개 접속도(표지) : 다음 페이지 이후의 도면 내용을 지시한다.
② 단선 접속도 : 간단한 경우 생략이 가능하다.
③ 복선(3선) 접속도 : 주회로를 주체로 한다.
④ 제어 전개 접속도 : 제어, 조작, 계측 보호 회로가 주체가 된다.
⑤ 기기 구성표, 심벌 일람표 : 생략할 수 있다.

제4장

릴레이 시퀀스

4.1 릴레이 시퀀스 정의

유접점 시퀀스라고도 하며 제어계에 사용되는 논리소자로써 기계적 접점을 지닌 유접점 계전기, 즉 전자 계전기에 의해서 구성되는 시퀀스 제어회로를 말한다.

4.2 릴레이 시퀀스 구성

릴레이 시퀀스의 구성은 시퀀스의 구성과 같으나 사용자의 이해를 쉽게 하기 위해 아래와 같이 구성으로 나타내었다. 물론 검출부가 출력으로 구분되기는 하나 신호(기계적 변위, 전압·전류 변위, 열변위, 광변위)를 검출하는 입력회로도 있으므로 본 책에서는 검출부를 입력회로로 설정하도록 한다.

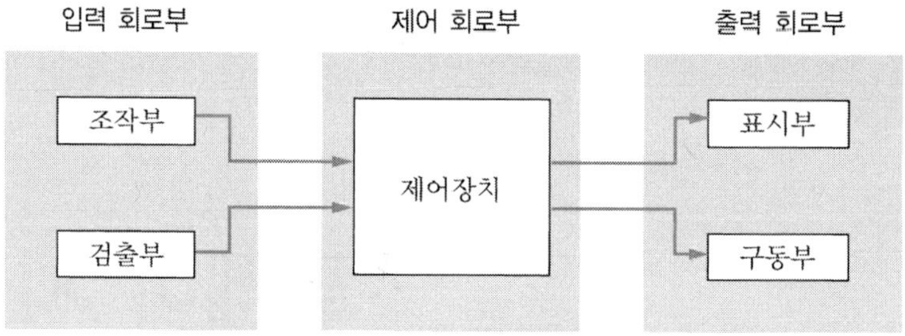

그림 4.1 릴레이 시퀀스의 구성

1) 조작부(Actuator)

제어 대상을 직접 제어하는 부분으로 인력 또는 기타의 힘에 의해 직접 움직여지는 부분을 말한다. 조작부에 사용되는 기기로는 누름 버튼 스위치, 컨트롤 스위치 등이 있다.

2) 검출부(Detector)

제어량을 비교하기 쉬운 물리량으로 변환하는 부분으로 조정상태인가를 표시하는 신호를 발생하는 부분으로 검출부에서 사용되는 기기로는 마이크로 스위치, 리미트 스위치, 플로트 스위치, 프레셔 스위치, 써모스탯 등이 있다.

3) 제어장치(Commend processing unit)

작업명령, 검출신호 및 사전에 기억하고 있는 신호로부터 제어명령을 만드는 부분으로 기억, 시한, 판단, 계수 기능을 가지고 있으며, 사용되는 기기는 전자 릴레이(미니추어 릴레이, 파워릴레이), 전지 계전기, 다이미 등이 있다.

4) 표시부

조작부, 제어장치, 구동부의 상태를 표시하는 부분으로 표시램프, 카운터, 미터류 등이 사용된다.

5) 구동부

제어하고자 하는 대상이 되는 것으로 모터, 전자 클러치, 솔레노이드 등을 사용한다.

4.3 시퀀스에 사용되는 기기

1 개폐 접점의 종류와 개폐 상태

명령·처리부에 전자계전기를 이용하여 논리회로를 구성한 것을 유접점 시퀀스 제어라고 부르고 있다. 시퀀스 제어 장치에는 전자계전기 외에 각종의 스위치류가 사용된다. 따라서 접점의 「ON」, 「OFF」, 「개」, 「폐」라는 「2위치 신호」가 유접점 시퀀스 제어의 기본이 되므로, 접점의 동작 상태를 나타내는 방법이 중요하다. 그래서, 개폐 접점의 가동부는 다음과 같은 상태로 나타낸다.

① 접점부가 전기 에너지에 의해 구동되는 것은 그 구동부의 전원, 그 외의 에너지원이 모두 분리된 상태로 나타난다.

② 접점부가 수동에 의해 조작되는 것은 그 조작부에 손을 대지 않는 상태로 나타난다.

①, ②의 상태에서 개폐 접점은 a 접점, b 접점, c 접점의 3종류로 나누어진다.

접접 종류	정의	접점의 상태	비고
a 접점	전기 등의 에너지가 가해지거나, 수동 조작으로 닫히는 (ON) 접점이다.	• 항상 열려있는 접점 • arbeit contact (일하는 접점)	• 메이크 접점(make contact) . 회로를 만드는 접점 • 상개 접점(NO) : Normally open contact
b 접점	전기 등의 에너지가 가해지거나, 수동 조작으로 열리는 (OFF) 접점이다.	• 항상 닫혀있는 접점 • break contact (끊어지는 접점)	• 브레이크 접점 • 상폐 접점(NC) : Normally close contact
c 접점	a 접점과 b 접점을 하나로 하여 한쪽의 가동접점부를 공통으로 한 접점이다.	• change-over contact (전환접점)	• 브레이크 메이크 접점(break make contact) • 트랜스퍼 접점(transfer contact) : 옮기는 접점

2 입력 회로부에 사용되는 기기의 구조

작업 명령의 지령을 내는 입력회로 기기에는 보통 스위치가 사용되고 있다. 스위치에는 많은 종류가 있지만 수동으로 조작했을 때의 접점의 동작 상태의 차이를 수동 조작 자동 복귀 접점, 유지형 접점, 수동 조작 잔류 접점의 3가지로 분류할 수가 있다.

종류	그림기호		동작의 개요	대표적 스위치
	a 접점	b 접점		
수동조작 자동복귀 접점	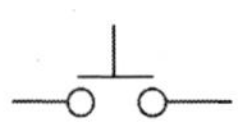		조작하고 있는 동안에만 접점이 개폐하고, 손을 떼게 되면 조작 부분과 접점은 원래의 상태로 되돌아간다.	푸시 버튼 스위치
유지형접점 (수동접점)	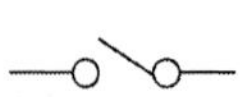		조작 후, 손을 떼어도 조작부분과 접점은 그대로 상태를 계속 유지한다.	스냅 스위치
조작스위치 (잔류접점)	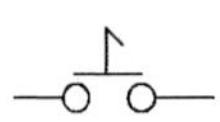	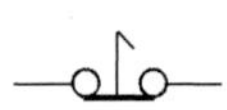	조작 후, 손을 떼어도 접점은 그대로 상태를 계속 유지하나, 조작 부분은 원래의 상태로 되돌아간다.	CS 스위치

1) 수동조작 자동복귀

푸시버튼을 손으로 누르고 있는 동안에만 접점이 열리거나 닫히고 손을 떼면 스프링 등의 힘으로 자동적으로 원래의 상태로 되돌아가는 접점을 수동조작 자동복귀 접점이라고 한다(간단하게 자동복귀 접점이라고 한다).

수동조작 자동복귀 접점의 대표적인 스위치가 누름 버튼 스위치이다. Push Button switch의 머릴 글자를 따라서 그림기호에는 "PBS" 또는 약해서 "PB"의 문자 기호를 부기한다.

2) 유지형 접점

조작 후, 손을 떼어도 조작 부분(푸시 버튼이나 핸들)과 접점은 그대로의 상태를 유지하며 대표적인 스위치로는 토글 스위치가 있다. 이 스위치는 조작해서 손을 떼더라도 조작 레버와 접점은 그대로의 상태을 유지할 수 있는 유지형 접점을 가진 스위치로 손끝으로 직선적인 왕복 운동이 가능한 핸드 모양의 조작 레버로 조작한다. Toggle switch의 머리 글자를 따서 “TGS”의 문자 기호를 이용한다. 스냅 스위치(snap switch)라고도 부르는 머리글자 “S”의 문자 기호로 표시하기도 한다. 일반적으로 접점의 단자는 NO 접점(a 접점), NC 접점(b 접점)과 공통단자(common의 머리글자를 따서 C의 문자 기호를 사용한다), C의 단자가 1조로 되어 있다. 그러나 NC 단자 또는 NO 단자와 공통단자 C로 구성되어 있는 토글 스위치도 있다.

3) 조작스위치 잔류 접점

조작 후, 손을 떼면 접점은 그대로의 상태를 계속 유지하나 조작 부분(푸시버튼이나 핸들)은 원래의 상태로 되돌아간다.

4) 스위치의 접점 용량

스위치 접점이 전압이나 전류의 값을 개폐할 수 있는 용량을 말한다. 스위치 접점 용량을 초과하여 사용할 경우 접점이 용해하거나 열화를 촉진하는 원인이 될 수 있으며, 불필요하게 용량이 큰 스위치를 사용하면 비경제적이고 접촉 불량이 발생되는 경우도 있으므로 적정 용량을 사용하도록 한다. 접점 용량을 초과 사용하지 않기 위한 주의사항으로는 아래와 같다.

① 직류 회로와 교류 회로의 접점 용량이 다르다.

② 부하의 종류에 따라 상당히 큰 돌입 전류가 흐른다.

③ 아크(불꽃)의 흡수 회로를 설치하여 접점을 보호하도록 한다.

직류 회로에서는 접점의 개폐 시에 과도현상에 의하여 아크(불꽃)가 발생하기 쉬우며 이 때문에 접점이 용해하거나 변형하여 수명이 단축된다. 따라서 동일한 스위치를 사용하여도 교류 개폐 용량에 비하여 직류 개폐 용량이 적으므로 주의하여야 한다(예 : 교류 10 A 250 V의 스위치는 직류 0.5 A 125 V 밖에는 사용하지 못한다). 따라서 전원 회로의 개폐에서는 직류 측에서 개폐하는 것보다 교류 측에서 개폐하는 것이 효율적이다.

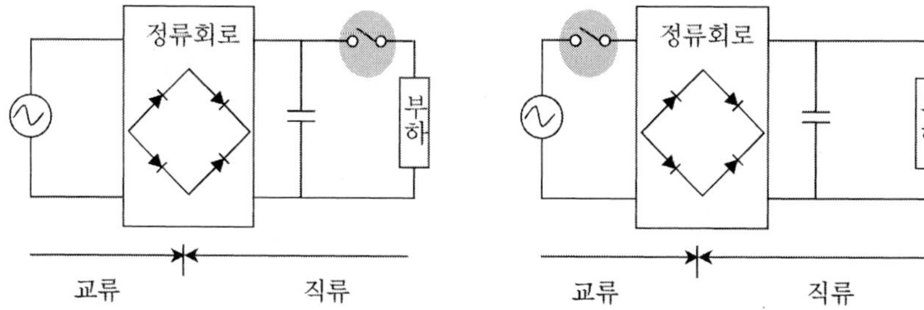

부하의 종류에 의해서 전압을 가한(회로가 닫힌) 순간에 정상값보다도 수십 배의 돌입 전류가 흐르거나 전압을 제거(회로가 열린) 순간에 가한 전압의 수십 배 정도인 유도 기전력이 발생하여 접점 사이에 불꽃이 생기는 일이 있다.

① 저항 부하

온수기, 온풍기, 히터 등은 돌입 전류가 그다지 큰 값은 아니다.

② 유도 부하

모터나 솔레노이드 등과 같이 코일부를 가진 부하로 상당히 큰 기동전류나 유도 기전력이 발생한다.

③ 램프 부하

백열전등의 경우는 정상값의 10~15배인 돌입 전류가 흐른다. 또한 수은등 등은 정상값의 수십 배인 돌입 전류가 3~5분간 흐른다.

④ 콘덴서 부하

매우 짧은 시간이나 정상값의 수십 배인 돌입 전류가 흐른다.

일반적으로는 돌입 전류의 지속시간은 0.01~0.02[s]라는 시간을 가지므로 돌입 전류의 값에 알맞는 접점 용량을 갖는 스위치를 사용할 필요는 없으나 정상값의 1.2~1.5배 정도의 스위치 접점 용량을 사용한다. 동시에 유도 부하의 경우에는 유도 기전력에 의한 불꽃(아크)을 흡수하는 회로를 설치하여 접점을 보호하고 열화를 가급적 방지하도록 한다.

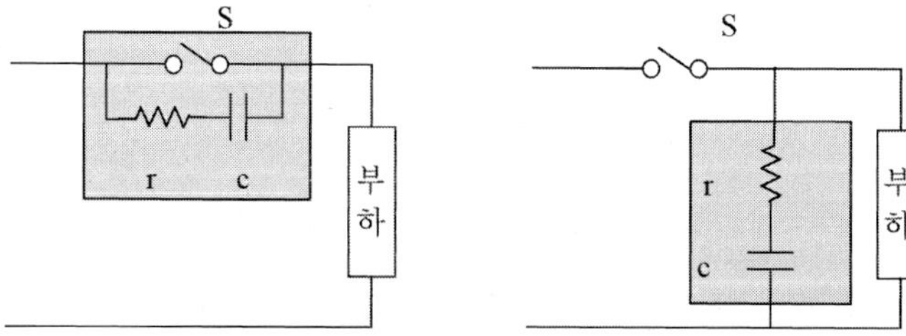

AC/DC 공용으로 사용하며, r값은 수십~수백[Ω] 내에서, C값은 0.1~0.5[μF] 사이에서 적절한 크기로 사용한다.

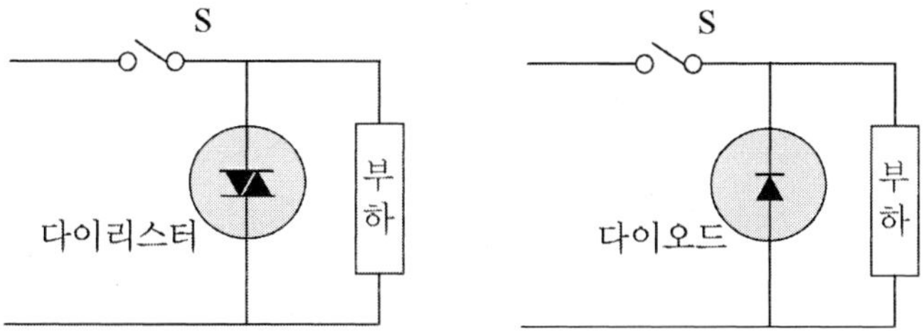

5) 푸시 버튼 스위치의 종류와 용도

종류	형식	동작	용도
보통 푸시버튼 스위치	평형	푸시버튼을 누르고 손을 떼면 복귀된다.	일반적으로 흔히 사용되고 있는 보통형으로 기동·정지용으로 사용한다.
	돌출형		돌출되어 있으므로 작업 장갑을 낀 채로 작업할 수 있으며 기동·정지용으로 사용한다.
	버섯형		작업 장갑을 낀 채로 조작할 수 있다. 눈에 띄기 쉽고 조작이 용이하기 때문에 비상·정지용으로 사용한다.
	램프형		램프를 가지고 있어 표시램프 겸용으로 사용한다.
나사식 스위치	손잡이형	손잡이를 돌려 동작하며, 손을 떼어도 복귀하지 않는다.	2노치는 ON, OFF 또는 자동 전환용 3노치는 정전, 정지, 역전 또는 자동 전환용
		손잡이를 돌려 동작하며, 손을 떼면 복귀한다.	2노치는 ON, 전환용 3노치는 우측에서 기동, 손을 떼어 중앙으로 복귀, 좌측에서 정지, 손을 떼어 중앙으로 복귀 등
	레버형	레버를 돌려 동작하며, 손을 떼어도 복귀하지 않는다.	
		레버를 돌려 동작하며 손을 떼면 복귀한다.	
	키형	전용의 키를 삽입하여 동작시킨다.	상동 키를 가지고 있는 책임자만이 운전할 수 있다.
나사식 푸시버튼 스위치	레버형	레버를 좌·중·우 또는 좌·우로 돌려 푸시버튼을 누른다.	레버를 우로 한 후에 눌러 기동, 운전한다. 레버를 좌로 한 후에 누르면 정지, 휴지한다.
	셀렉트 링형	링을 좌우로 돌려 푸시버튼을 누른다.	링을 좌로 한 후에 눌러 촌동, 링을 우로하고 누르면 연속운전을 한다.

3 제어회로부 기기의 구조

시퀀스 제어용 기기는, 작업명령의 지시에 따라 지령 신호와 검출기로부터의 검출 신호 및 보호 감시의 상태 신호를 받아 제어 명령을 발하는 기능을 가진 논리회로를 구성하는 기기이다. 논리회로 전자계전기와 같은 유접점 기기를 이용해서 구성하는 유접점 제어 기기와 다이오드, 트랜지스터 등의 반도체를 이용해서 구성하는 무접점 제어 회로로 대별된다. 다이오드와 트랜지스터 등의 반도체를 이용한 논리소자에 대해서는 논리 시퀀스 부분에서 다시 설명하기로 한다. 여기서는 유접점으로 논리회로를 구성하는 데에 이용하는 대표적인 제어 기기인 전자계전기와 타이머에 대해 설명한다.

1) 전자계전기

산업화가 급속히 발전됨에 따라 생산 공정의 기계나 장치 등에 기존에 사용하였던 검출 스위치나 조작 스위치의 조합회로보다 복잡한 판단 기능을 갖춘 제어가 요구되었다. 따라서 보다 높은 판단기능을 수행할 수 있는 논리회로 소자를 만들게 되었는데 이 소자를 전자계전기라고 하며 논리회로를 구성하는 데 대표적으로 사용한다.

그림 4.2 전자계전기

(1) 전자계전기의 동작에 이용하는 용어

① 여자(勵磁)

코일에 전류를 흘려 전자력을 만드는 것을 '여자'한다고 한다. 코일이 여자되면 전자계전기의 접점을 개폐하므로, 코일이 '부세(付勢)'한다고도 한다.

② 소자(素子)

코일에 전류가 흐르고 있는 것을 끊어 전자력을 없애는 것을 '소자'한다고 말한다. 코일의 전자력이 없어지면, 전자계전기가 개폐 동작을 하지 않게 되므로 코일이 '소세(消勢)' 했다고 말한다.

(2) 구조

전자계전기는 전자력을 이용해서 접점의 동작에 따라 기계적으로 전기회로를 개폐하는 것이다. 따라서 전자계전기의 구조는 전자력을 만드는 코일부, 회로의 개폐를 하는 가동 접점과 고정 접점에 의한 접점부로 구성되어 있다. 그리고 코일부와 접점부는 전기적으로 절연되어 있다.

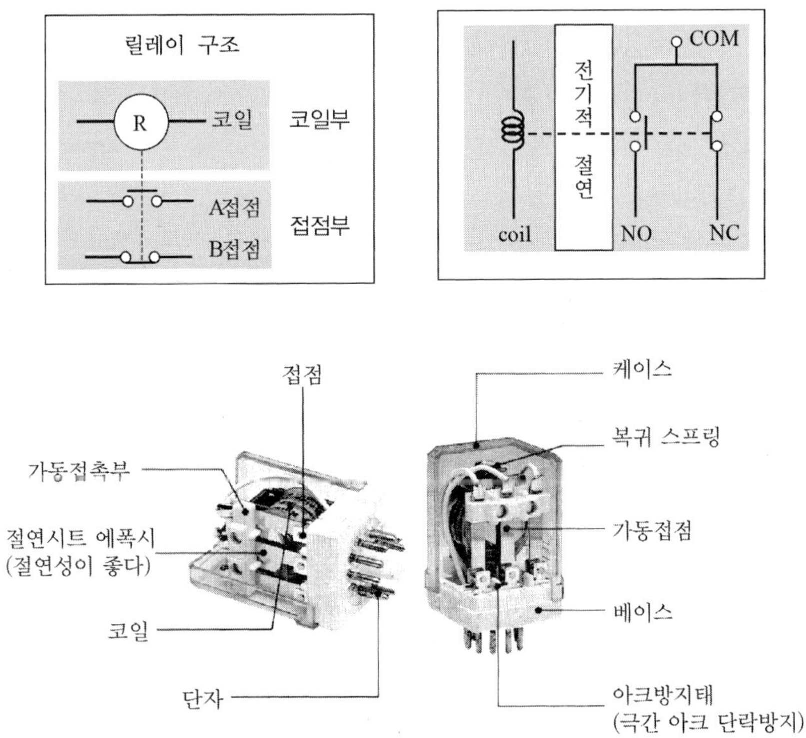

그림 4.3 전자계전기의 내부 구조도

① 코일부

외부로부터 전원을 받아 여자되면 전자력을 만드는 부분으로 이 만들어진 전자력으로 접점을 개폐한다.

② a 접점

전자계전기의 코일에 전류가 흐르고 있지 않는 복귀 상태에 있을 때 접점이 「개로·OFF」해 있고, 전자 코일에 전류를 흘려 여자하는 동작 상태가 되며, 접점이 「폐로·ON」된다. 즉, 전자 코일이 소자하여, 복귀되어 있을 때 「개로해 있는」접점이다. a 접점의 구조를 한 전자 계전기의 그림 기호는 전자 코일을 ○로 그려 나타내어, Relay의 머리 문자 R을 부기한다.

③ b 접점

전자계전기의 코일에 전류가 흐르고 있지 않는 복귀 상태에 있을 때, 접점이 「폐로·ON」 되어 있고, 전자 코일에 전류를 흘려 여자된 동작 상태가 되며, 접점이 「개로·OFF」 된다. 즉, 전자 코일이 여자하면, 「개로」하고, 전자 코일이 소자하면 「폐로」하는 접점이다.

④ c 접점

a 접점(NO 접점)과 b 접점(NC 접점)이 공통의 가동 접점에 의해 개폐 동작이 이루어지는 구조로 되어 있는 것이다. 전환접점 또는 트랜스퍼 접점이라고 한다. 전자 코일이 소자해 있는 상태에서는 공통단자 C와 NO 단자 사이는 「개로·OFF」 되어 있고, 공통 단어 C와 NC 단자 사이는 「폐로·ON」 되어 있다. 또 전자 코일이 여자되어 동작하면 공통단자 C와 NO 단자 간이 「개로·OFF」 된다. 이와 같은 기능을 가진 전자계전기이므로, 전자계전기를 a 접점으로써 동작 기능을 갖게 하고 싶을 때는 C-NO 단자를, b 접점으로써 동작 기능을 갖게 하고 싶을 때는 C-NC 단자를 사용한다.

(3) 동작

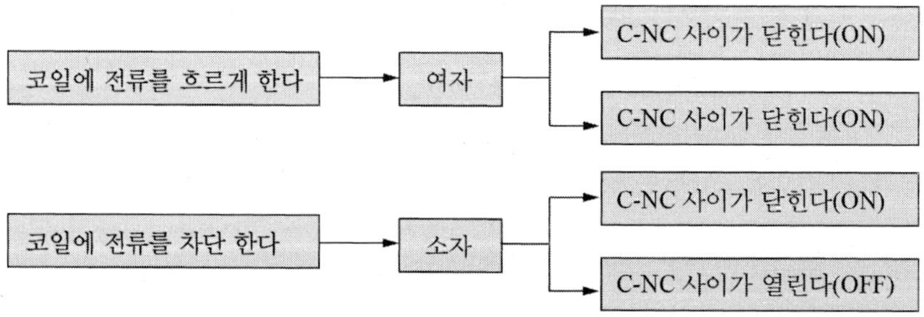

(4) 기능

① 전자 릴레이의 대표적인 기능으로 릴레이의 코일의 여자에 요하는 전압, 전류의 값보다 매우 큰 값의 회로를 개폐하는 능력을 가지고 있다(증폭기능). 코일에 흐르는 전류를 입력, 접점의 전류개폐능력을 출력이라고 생각하면 작은 입력으로 큰 출력을 얻을 수 있다.

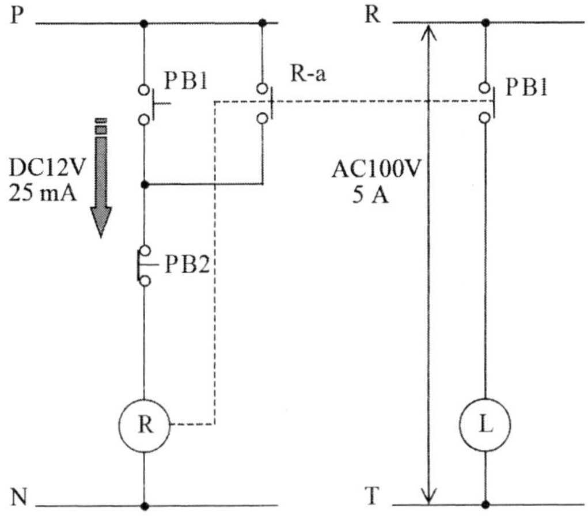

② 하나의 신호로 여러 개의 회로를 동시에 개폐할 수 있다(증설기능).
릴레이의 출력접점은 용이하게 여러 개로 할 수 있으므로 회로의 차단, 접속, 전환 등의 전달을 동시에 다수에 할 수 있다.

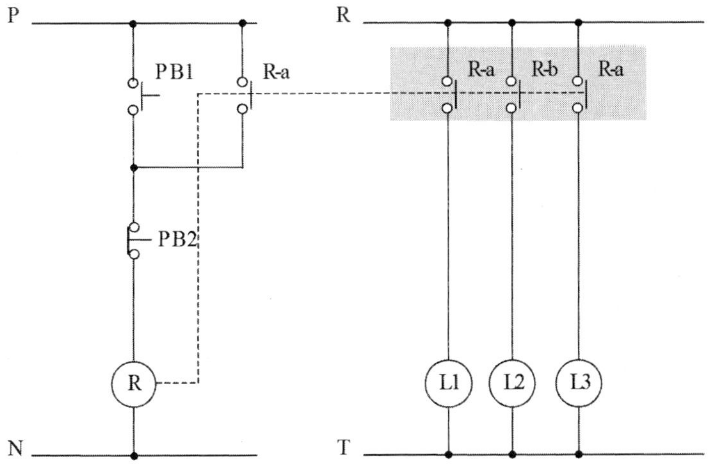

③ a 접점밖에 없는 스위치를 등가적으로 b 접점을 가진 회로로 변환하는 기능을 가지고 있다. 기능 릴레이는 코일부(전자석)와 접점부는 전기적으로 절연되어 있기 때문에 각각 다른 성격의 신호를 취급할 수가 았다. 교류 ↔ 직류, 주파수 변환 또는 b 접점의 사용에 의한 입력과 반대의 관계 신호를 얻는 등의 신호반전을 할 수 있다.

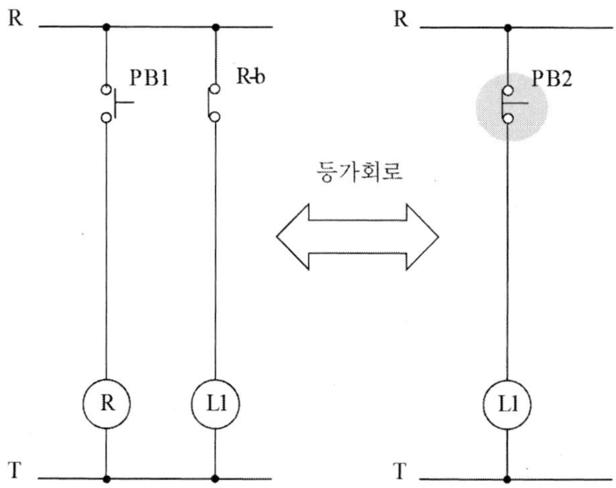

④ 여러 개의 릴레이를 조합하여 판단기능을 가진 논리회로를 만들 수 있다.

(5) 종류

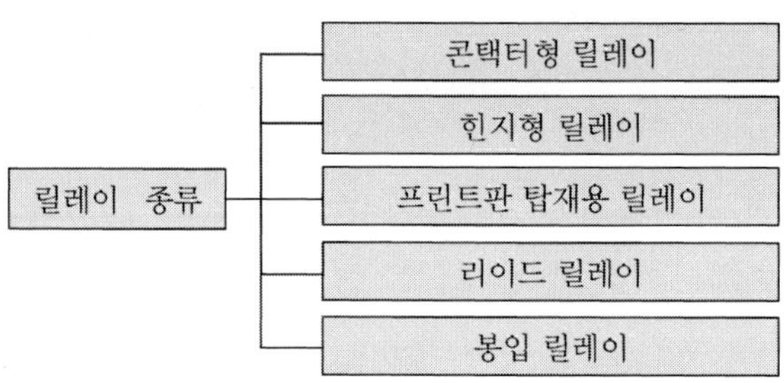

① 콘택터형 전자릴레이

플랜저(Plunger)형 릴레이라고 하는 명칭으로 많이 사용하고 있지만 이러한 것은 구조에 따라 붙여진 것이다. IEC 규격에는 콘택터형 릴레이라고 명칭되어 있으나 일반적으로는 플랜저형 마그네트를 사용하고 있는 것에서 플랜저형 릴레이라고 불린다.

② 힌지(hinge)형 릴레이

일반적으로 릴레이라고 하면 이 종류의 릴레이를 말한다. 시퀀스용, 가정용, 통신기용 등 광범위하게 사용한다. 치수는 비교적 소형으로 투명한 커버로 씌운 구조의 것이 많고 단자부는 일반적으로 플러그인(Plug in) 타입이다.

콘택터형 릴레이와의 비교는 다음과 같다.

	힌지형 릴레이	콘택터형 릴레이
구조	• 힌지형 전자석 • 1점 차단접점 • 접촉 압력, 접점 갭이 작다	• 플랜저형 전자석 • 2점 차단 접점 • 접촉압력, 점점 갭이 크다.
성능	• 기계적으로 수명이 길다. • 경부하 개폐용으로 사용된다. • 소비전력이 작다. • 절연설계는 250 V 이하로 사용된다. • 소형이고 방진 커버부가 있다.	• 전기적으로 수명이 길다. • 비교적 큰 부하개폐에 적합하다 • 소비전력이 힌지형보다 크다. • 고레벨 절연설계 600 V 사용 가능하다. • 구조가 견고하고, 힌지형보다 대형에 사용한다.
부착·접속	• 플러그인 구조로 교환용이며, 각종 소켓, 배선방식, 종류 풍부하고 납땜, 와이어 래핑, 프린트 기판용, 나사단자 등 각종 배선 공간이 협소를 커버한다.	• 표면형, 나사 단자 접속 • 배선이 용이하다.

③ 프린트판 탑재용 릴레이

구조적으로는 힌지형 릴레이의 범위에 포함되는 것으로 생각되지만 프린트판에 직접 탑재된 구조의 것이며 가이드 릴레이나 평형 릴레이 등이라고 불리는 것이다.

④ 리드 릴레이(Reed relay)

접점부가 유리관에 봉입된 리드 스위치를 사용한 릴레이로 일반적으로 소형, 경량이며 접점부가 주위 환경에 영향을 받지 않는다는 장점이 있다.

⑤ 봉입 릴레이

접점부만 봉입한 리드 릴레이와는 달리 릴레이 전체를 봉입한 것으로 허메틱 실 릴레이(hermetic seal relay)가 있다. 이 릴레이는 금속제 케이스 안에 릴레이 전체를 넣어서 봉입한 것이므로 기밀성과 신뢰성이 높아 항공기, 인공 위성용 등에 사용된다.

2) 한시 계전기(타이머)

전자 코일에 전류를 흘리면, 순간적으로 접점이 개폐 동작을 하는 전자계전기와 달리, 입력을 주더라도 미리 정정된 시간이 지나고 접점이 개폐 동작을 하는 것이 한시 계전기이다. 우리들이 시간을 표현하는 데에 10시 30분이라고 할 때와 40분간과 같이 시간의 간격으로 말할 때가 있다. 전자가 시각이고, 후자가 시한이다.

어떤 시간차(시한)를 인위적으로 만들어 접점의 개폐 동작이 가능한 계전기라는 의미에서 한시 계전기(Time-lag relay)라고 하고 간단히 타이머(timer)라고 한다.

(1) 타이머의 동작 특성

① ON 딜레이 타이머의 동작

콘덴서와 가변저항이 직렬로 접속된다. 콘덴서의 충전전압이 제너 다이오드의 제너 전압이 될 때까지는 가변저항기에 전류가 흐르지만 제너 전압 이상으로 충전되면 가변저항에 전류가 흐르지 않게 되어 출력신호가 발생된다. 즉 콘덴서가 제너 전압 이상으로 충전될 때까지 동작이 지연된다.

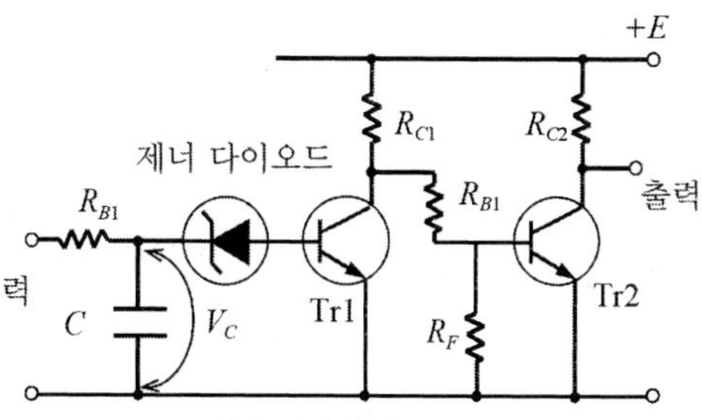

V_C : 콘덴서 단자전압

그림 4.4 ON 딜레이 타이머의 동작 원리

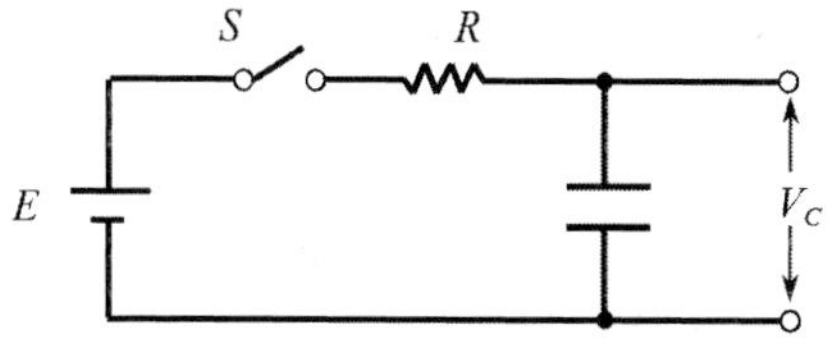

V_C : 콘덴서 단자전압

그림 4.5 CR 회로의 충전 특성 회로

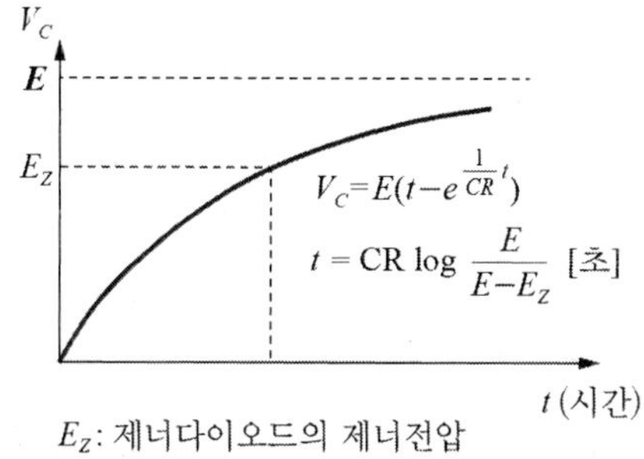

E_Z: 제너다이오드의 제너전압

그림 4.6 CR 회로의 충전 특성 곡선

② OFF 딜레이 타이머의 동작

콘덴서와 가변저항이 병렬로 접속된다. 콘덴서의 전압이 제너다이오드의 제너 전압 이하로 방전되면 가변저항에 전류가 흐르게 되어 출력신호가 제거된다. 즉, 콘덴서가 제너 전압 이하로 방전될 때까지 복귀가 지연된다.

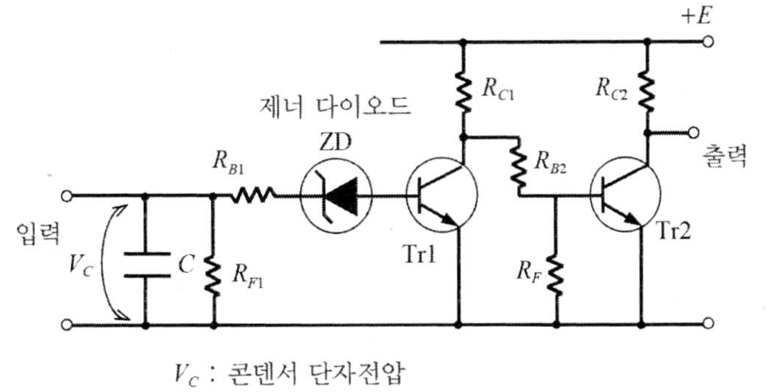

그림 4.7 OFF 딜레이 타이머의 동작 특성 곡선

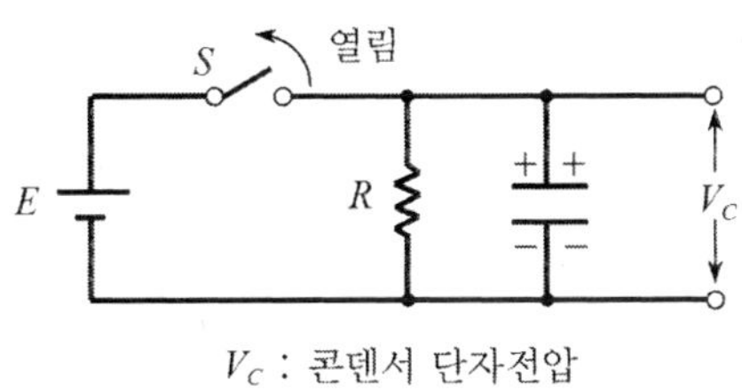

그림 4.8 CR 회로의 충전 특성 회로

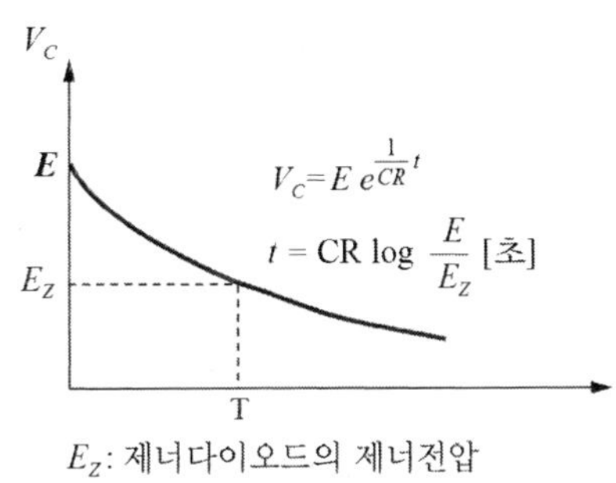

그림 4.9 CR 회로의 충전 특성 곡선

(2) 타이머 종류

타이머는 시간차인 시한을 갖게 하는 방법에 따라 기계식 타이머, 전자식 타이머, 제동식 타이머 등이 있다.

① 기계식 타이머

별명 모터식 타이머라고도 불리우며, 소형 동기 전동기의 회전력을 감속 장치를 통하고 캠 기구에 의해 마이크로 스위치의 접점을 개폐, 동작시키는 것이다. 정정 시한은 손잡이를 돌려 지표를 세트한다. 동작시간이 짧은 것부터 긴 것까지 용이하게 구성할 수 있으므로 일반적으로 사용되는 타이머이다.

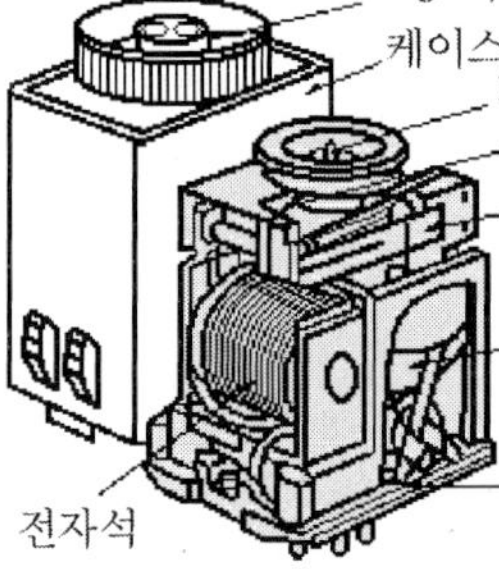

그림 4.10 모터식 타이머

② 전자식 타이머

별명 CR식 타이머라고 불리는 것으로 CR 회로의 충방전 특성을 이용하여, 증폭, 출력 회로에 트랜지스터 회로를 사용하여 시간 딜레이의 출력을 꺼내서, 전자계전기의 접점을 개폐, 동작시키는 구조로 되어 있다. 소형으로 장수명의 특징을 갖고 있다. 정정 시간은 짧은 것이 많다.

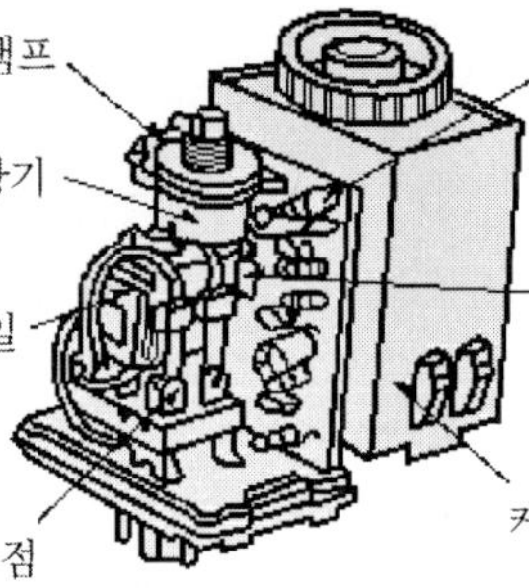

그림 4.11 전자식 타이머

③ 제동식 타이머

제동식 타이머는 기체와 액체의 유체 저항을 이용하고 시간 딜레이를 취해 접점의 개폐, 동작을 시키는 구조로 되어 있다. 일반적으로 공기를 이용한 공기식 타이머가 사용되고 있다. 구조가 간단하다. 그다지 정도(精度)가 요구되지 않는 분야에 사용된다.

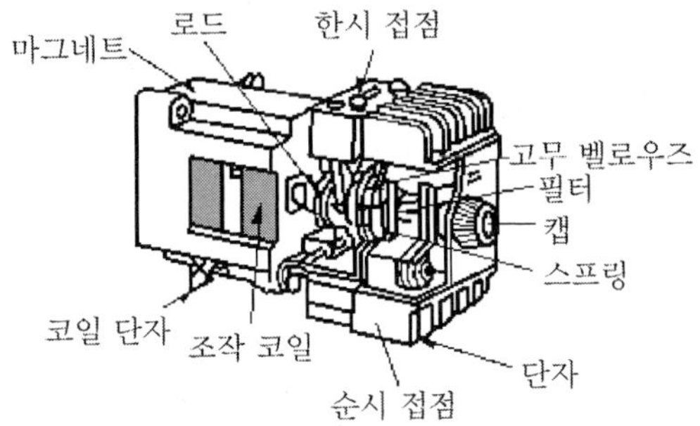

그림 4.11 공기식 타이머 내부 구조

④ 기타 타이머

지연릴레이, 퓨우즈형, 플러그인형, 카운터 타이머 등이 있다. 이들 타이머는 사용 목적과 용도에 따라 적절히 선정하는 것이 좋다.

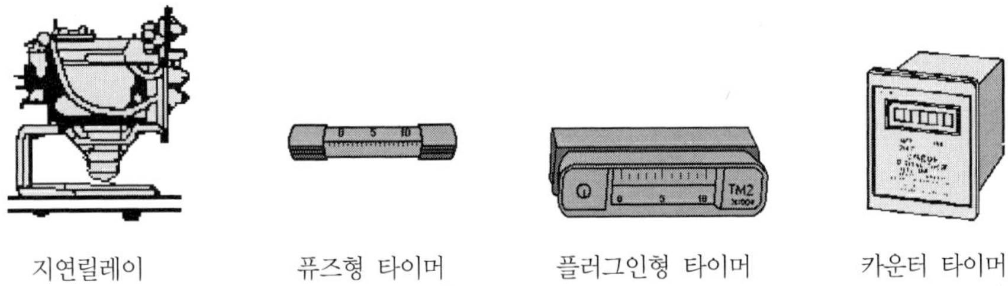

그림 4.12 기타 타이머

(3) 타이머의 접점

a, b, c의 접점은 전자코일의 전원이 인가되는 순간 접점이 동작하므로 순시접점이라고 한다. 그리고 접점의 동작에 시간이 지연이 발생되는 것을 한시 접점이라고 한다. 아래의 그림에서 보는 바와 같이 화살표 방향으로 진행하면 순시동작 방향이고 화살표의 방향과 반대 방향으로 진행하면 한시동작 방향이다. 그림은 순시동작 한시복귀 접점의 예이다.

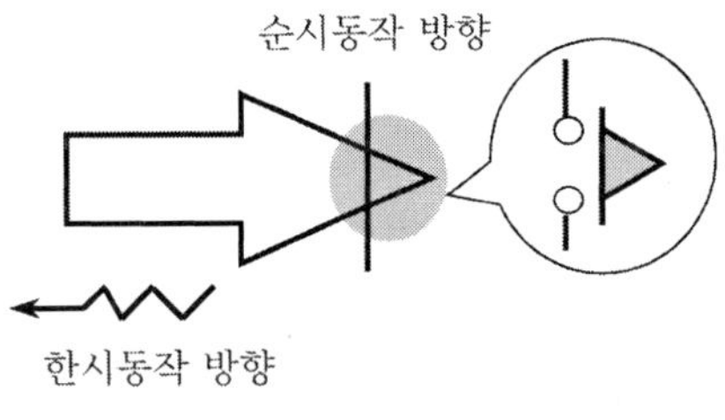

① 한시동작 순시복귀 접점

온 딜레이 타이머에 사용되는 한시 동작 순시 복귀 접점은 타이머의 전원단자 t-r에 전원이 인가되고, 설정시간이 경과되면 a 접점은 닫히고, b 접점은 열리게 되어 한시 동작을 하고, t-r에 전원이 제거되는 순간 a 접점은 열리고 b 접점은 닫히게 되어 순서 복귀를 하게 된다.

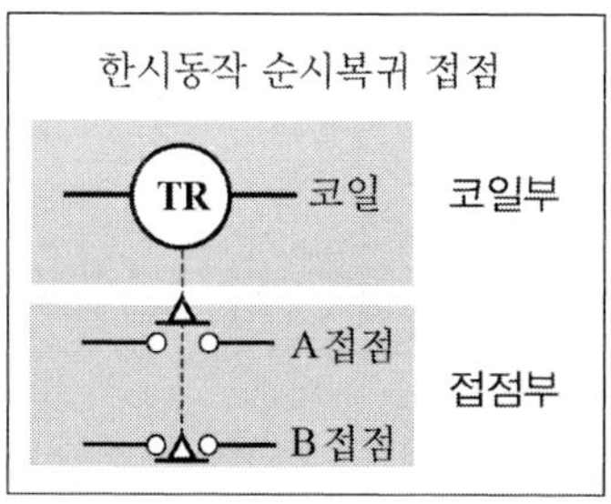

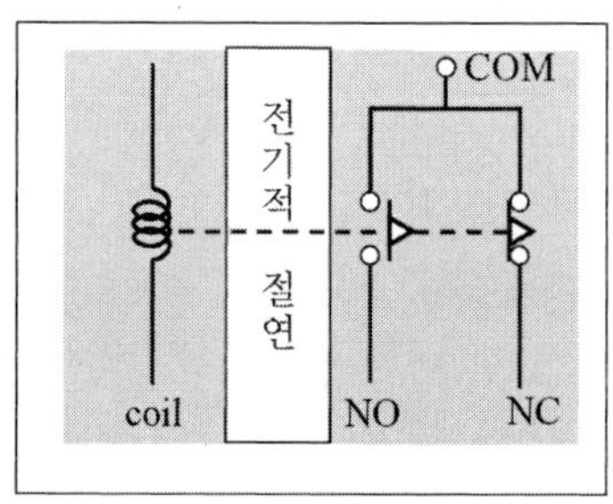

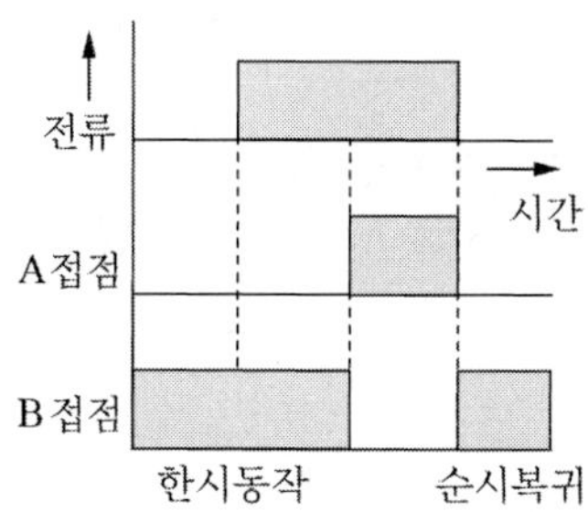

② 순시동작 한시복귀 접점

off 딜레이 타이머에 사용되는 순시동작 한시복귀 접점의 동작은 타이머의 전원 t-r에 전원이 인가되는 순간 a 접점은 닫히고, b 접점은 열리게 되어 순시동작을 하게 되고, 타이머의 전원 t-r이 제거되고, 설정시간이 경과되면 a 접점은 열리고, b 접점은 닫히게 되어 한시복귀를 하게 된다.

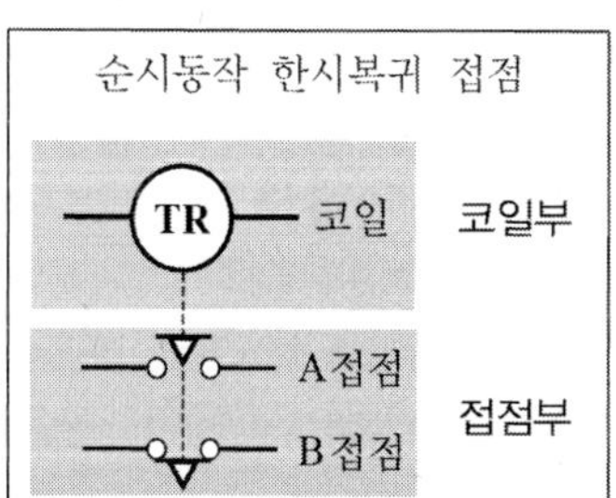

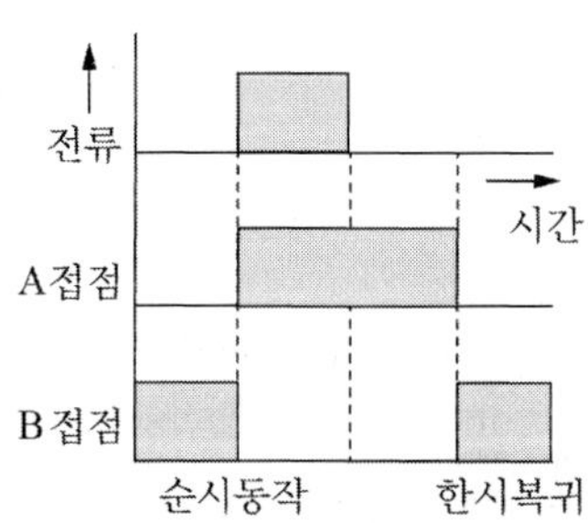

다. 한시동작 한시복귀 접점

한시동작 한시복귀 접점은 타이머의 전원 t-r에 전원이 인가되고, 설정시간이 경과되면 a 접점은 닫히고, b 접점은 열리게 되어 한시 동작을 하고, 타이머 전원 t-r이 제거되고 설정시간이 경과되면 a 접점은 열리고, b 접점은 닫히게 되어 한시복귀를 하게 된다.

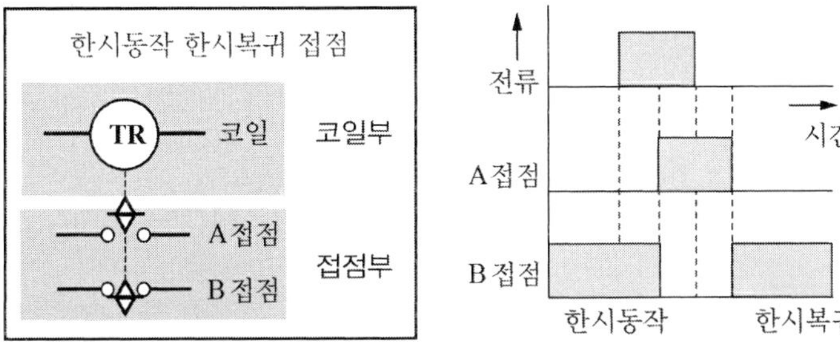

(4) 타이머의 내부 구조 및 베이스의 구조

타이머의 내부접속도와 베이스의 구조는 릴레이와 비슷하지만 접점은 순시접점과 한시접점이 있다.

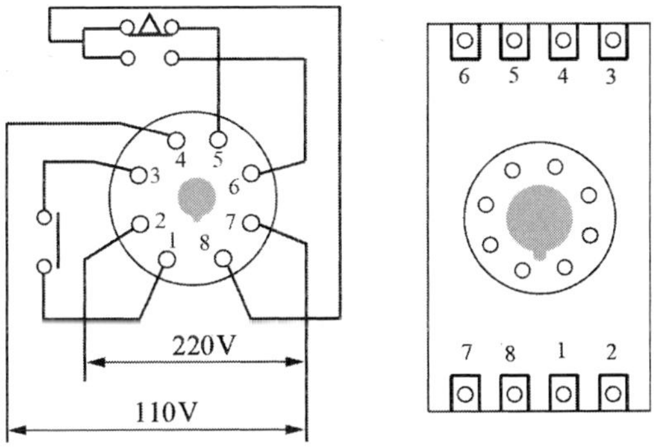

그림 4.13 타이머 내부접속도와 타이머 소켓

온 딜레이 타이머의 내부접속도이다. 단자 1, 4를 연결하면 순시 a 접점, 단자 8, 5를 연결하면 한시동작 b 접점, 단자 8, 6을 연결하면, 한시동작 a 접점이 된다. 단자 2와 7은 전원 220 V 단자이다. 전원단자 2, 7에 전압이 인가되는 순간 순시 a 접점인 단자 8과 6은 닫히고, 한시동작 b 접점인 단자 8과 5는 열린다. 전원이 제거되는 순간 모든 접점은 원래의 상태로 복귀된다. 화면 오른쪽 그림은 타이머의 베이스이다. 타이머나 릴레이를 베이스에 부착할 때는 반드시 홈을 확인하고 부착하여야 한다.

4 조작용 기기의 구조

조작용 기기는 제어 명령대로, 제어 대상에 직접 작용해서 조작하는 것이다. 따라서 조작을 행하기 위해 제어 신호를 증폭하여, 큰 에너지로 조작을 행해야만 한다. 전동기 등 주회로의 큰 전력 개폐를 행하려면 전자 접촉기, 전자 개폐기가 사용된다.

1) 전자 접촉기

MC(electromagnetic contactor)의 동작 원리는 전자석에 의한 흡인력을 이용하여 접촉부를 동작시키며 주회로의 전류와 같이 대전류의 개폐나 전동기의 빈번한 시동, 정지 등의 각 선로에 전자 접촉기의 접점을 넣어서 모든 선로를 개폐한다.

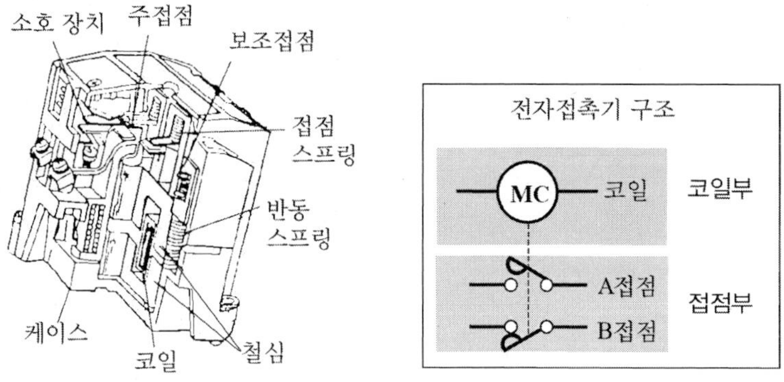

즉 고정된 철심에 코일을 감아 전류를 흘리면 철심이 자화되어 전자석이 되고 가동부의 가동철심을 흡입함으로써 접점을 ON/OFF 하는 기능을 가지고 있는 개폐기를 말한다. 또한 이 계전기는 보조접점을 가지고 적은 전류용량의 제어회로를 구성함으로써 주접점의 대전류제어가 가능해진다.

즉 여자에 필요한 전압, 전류값보다 매우 큰 값의 회로를 개폐하는 능력을 가지고 있으며 하나의 신호로 여러 개의 회로를 동시에 개폐할 수 있다.

2) 전자개폐기(MS)

전자접촉기(MC)와 열동 계전기(THR) 그리고 외함을 총칭해 말하고 과부하 계전기(OL)는 과부하 전류히터(Th)와 열동 계전기(THR)의 조합을 말한다.

전자개폐기(4a형) 구조

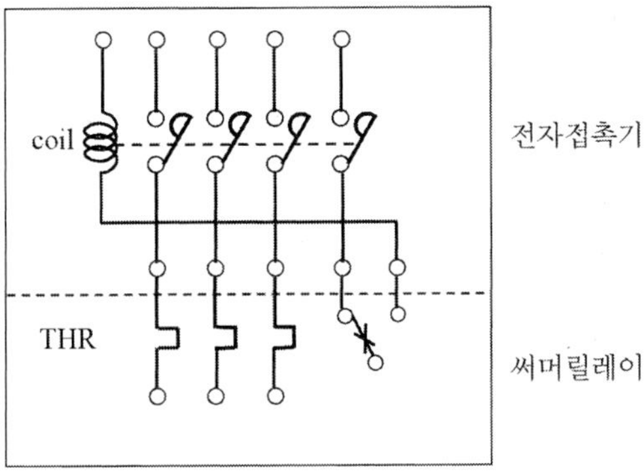

전자 접촉기·전자 개폐기는 전동기를 사용하고 있는 곳에는 반드시 이용되고 있는 조작기기이다. 전자 접촉기는, 원리적으로는 일반적으로 이용되는 전자계전기와 같지만 대전류 용량의 개폐를 행하기 때문에 접점 용량과 내압이 큰 구조의 계전기이다. 이 계전기는 접점 기구부와 전자코일에 의한 조작 자석으로 되어 있고, 접점 기구부는 대전류 용량을 개폐하는 주접점과 자기유지용 등의 소전류 용량을 개폐하는 보조접점을 갖고 있다.

전자 접촉기는 Electromagnetic contactor의 머리글자를 따고 "MC"의 문자 기호를 부기해서 나타낸다. 전자 접촉기를 사용할 때는 정격 사용 전압 또는 최고 사용 전류에 있어서 최대 적용 전동기의 정격 출력[㎾]인 것을 선정한다.

조작 기기는 제어 명령대로, 제어 대상을 조작하기 위해 안전 대책을 강구해 두는 것이 중요하다. 그 안전 대책의 하나인 과전류 계전기를 갖춘 전자 접촉기가 전자 개폐기이다.

전자 개폐기에 비치한 과전류 계전기는, 부하에 이상한 과전류가 흐르면 동작해서 전동기를 안전하게 유지하는 것으로 그 대표적인 것으로써 열동식 계전기(서멀 릴레이)가 있다.

3) 열동 계전기의 동작

전동기 등과 같이 큰 전력을 취급하는 회로에서는 이상이 발생해서 과대한 전류가 흐르면 큰 사고로 연결될 우려가 있다. 이 때문에 전동기에는 보호 장치를 하여 안전을 유지할 필요가 있다. 단락 사고에 의한 단락전류에 대해서는 퓨즈나 배선용 차단기를 주회로에 넣어 보호한다. 그것과는 별도로 부하의 이상에 의해 발생하는 과부하전류의 증가를 검지하고 작동해서 보호하는 장치가 필요하다. 그 보호 장치의 대표적인 것이 열동 계전기이다.

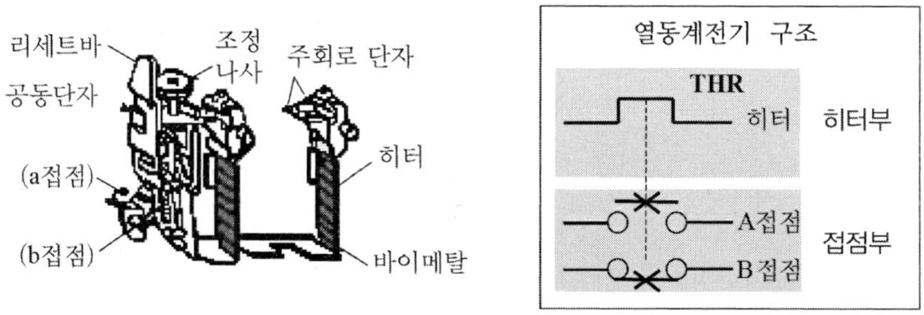

그림 4.14 열동 계전기의 내부구조

열동 계전기는 히터와 바이메탈을 조합한 열동 소자와 바이메탈의 만곡 변위에 의해 동작하는 접점 기구로 구성되어 있다. 부하 전류가 증대하면 히터는 전류의 2승에 비례해서 발열하고 바이메탈이 가열되어, 만곡해서 접점을 열어 부하를 보호한다. 접점은 설정된 값 이상의 전류가 흘렀을 때 바이메탈의 만곡 변위에 의해 개폐하는 a 접점과 b 접점을 비치하고 있다. 복귀는 수동으로 행하는 수동 복귀 방식이다.

(1) 접점의 동작

부하전류 증대 ➡ 히터 가열 ➡ B접점 동작 ➡ MC 소자 ➡ 주회로를 연다

① a 접점은 전술한 바와 같이 항상 열려있는 접점이다. 열동 계전기가 동작했을 때 접점이 폐로하는 것으로, 표시등, 벨, 버저 등을 접속해서, 열동 계전기가 동작하고 있는 것을 알리는 경보용 접점으로 사용한다.

② b 접점은 닫혀있는 접점이다. 제어회로의 전자 접촉기의 전자 코일과 직렬로 접속하고, 열동식 계전기가 동작을 해서 접점이 열리면, 전자 접촉기의 전자 코일에 전류가 흐르지 않고 소자하므로, 주회로에 접속되어 있는 전자 접촉기의 주접점이 열려 주회로를 차단한다.

(2) 열동 계전기의 소자 수와 나타내는 방법

① 열동 계전기는 내장되어 있는 과전류 소자가 1소자, 2소자, 3소자인 것이 있다. 열동 계전기는 Thermal relay의 머리글자를 따서 "THR"의 문자 기호를 이용하는데, 그림기호와 문자 기호의 나타내는 방법으로 열동 계전기의 의미가 다르다.

(3) 열동 계전기의 동작 특성

열동 계전기의 특성은 주위 온도 40[℃]를 기준으로 하여 다음과 같이 규정되어 있다.

① 전동기의 전부하 전류값을 통해, 온도가 일정하게 된 후, 그 전류값의 2배의 전류를 통해 4분이내에서 동작할 것

② 전동기의 전부하 전류값의 5배의 전류에서 45초 이내에서 동작할 것

③ 전동기의 전부하 전류값의 1배의 전류를 통하더라도 동작하지 않고, 온도가 일정해진 후, 통전 전류를 점증하여 전부하 전류치의 1.25배 이하에서 동작한다.

열동 계전기(서멀 릴레이)는 전동기의 크기에 따라 규격이 있으므로 사용자는 사용하는 전동기의 전부하 전류값이 그 계전기 특성 곡선의 설정 범위 내의 중심이 되도록 열동 계전기를 선택한다.

4) 조작용 기기와 함께 주회로에 사용하는 기기

(1) 퓨즈

과전류가 흐르면 용단되어 회로를 보호하며 전선로의 단락사고 등에 의한 과대 전류에 대해서는 즉시 용단되어 회로를 보호하나 부하의 이상 등에 의한 정상 전류의 증대에 대해서(과부하 보호)는 별로 유효하지 못하다.

A종과 B종이 있으며 용단 특성은 다음과 같다.

① A종 퓨즈 : 정격전류의 1.1배의 전류에서 용단하지 않을 것

② B종 퓨즈 : 정격전류의 1.3배의 전류에서 용단하지 않을 것

퓨즈의 정격전류[A]	용단 시간의 한도	
	A종 정격전류의 1.35배에서 B종 정격전류의 1.6배에서	정격전류의 2배에서
1～30	60	2
31～60	60	4
61～100	120	6
100～200	120	8
정격전류값에서는 동작하지 않을 것		

※ 주위온도 40℃를 기준

(2) 배선용 차단기

어느 선로에 과전류가 흘러도 모든 선로를 동시에 차단한다. 수동 ON/OFF 조작이 가능하다. 작동하면 핸들이 ON, OFF의 중간 위치에 정지하고 차단이 된 것을 표시한다(작동한 경우 그 원인을 제거하고 핸들을 일단 OFF로 하며, 그 후 ON 조작을 하면 원래 상태로 복귀한다).

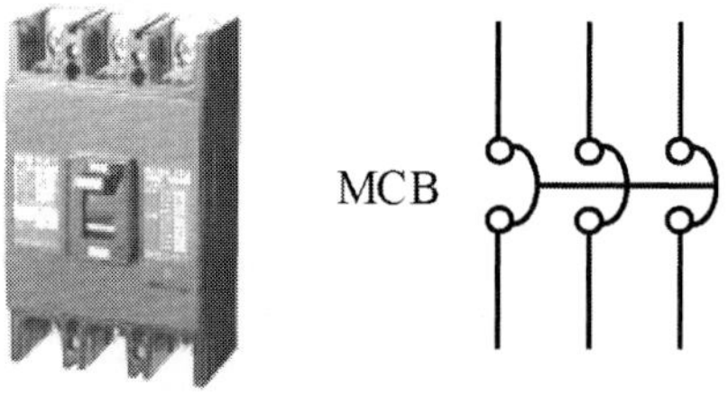

배선용 차단기의 정격전류[A]	동작시간의 한도	
	정격전류의 1.25배에서	정격전류의 2배에서
30 이하	60	2
30 초과 50 이하	60	4
650 초과 100 이하	120	6
100 초과 255 이하	120	8
정격전류값에서는 동작하지 않을 것		

※ 주위온도 40℃를 기준

기동전류나 일시적인 과전류로는 동작하지 않는 특성(지연 트립 특성)이 있으나 차단기의 정격전류를 배전선의 정격전류 이하로 선택하면 회로보호를 할 수 있다.

5 검출용 기기

검출용 기기는 인간의 눈과 귀 등의 감각에 상당하는 작용을 하는 것이다. 물체의 유무, 위치, 액면, 온도, 압력 등의 상태를 자동적으로 검지, 신호로 변환하여 명령처리부를 구성하는 시퀀스 제어 기기에 전달하는 기기이다. 검출 물체와의 접촉 유무의 검출 방법에 따라 유접촉 검출 스위치와 무접촉 검출 스위치로 대별된다.

1) 검출기의 종류와 문자 기호의 나타내는 방법

(1) 유접촉 검출 스위치

① 리밋 스위치 (LS : Limit switch)

작동편이 있는 스위치로 검출하려는 물체에 의하여 이 작동편이 눌려서 접점이 개폐한다. 작동편은 수동조작 스위치의 푸시버튼부에 해당하는 것으로 액추에이터(actuator)라고 불린다.

접점	a 접점	b 접점
기호	LS	LS

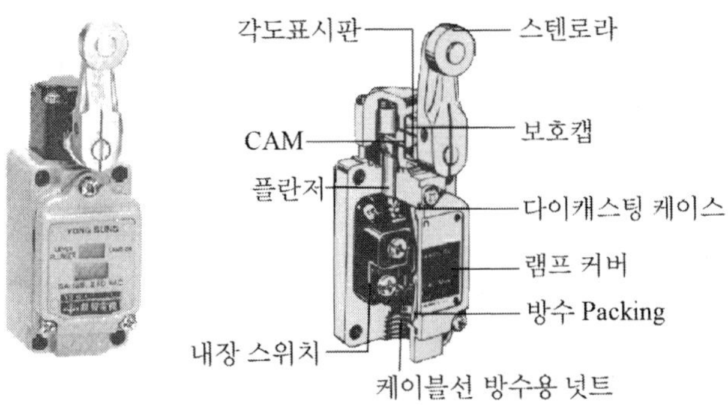

그림 4.15 리밋 스위치 내부 구조

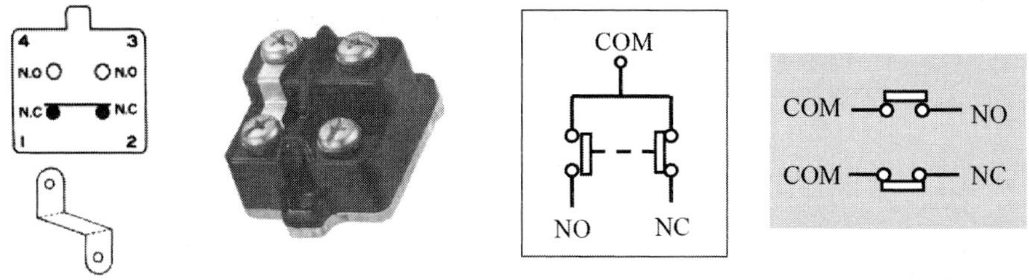

COMMON 단자1번, 4번

그림 4.16 리밋 스위치의 접점 구조

리밋 스위치는 셔터의 전폐, 전개(全開)의 위치를 검지하거나 벨트 컨베이어 상의 제품이 소정 위치에 온 것을 검지하는 것과 같이 위치의 검출기로써 가장 기본적인 것이다. 기기의 운동 행정 중의 정해진 위치에서 동작하는 검출 스위치라고 정의되어 있다. 또 주파수 50 Hz 및 60 Hz의 교류 500 V 이하, 직류 250 V 이하의 전로에 사용하는 정격 통전 전류 20 A 이하의 일반 공업용 리밋 스위치에 대해 규정하고 있다. 리밋 스위치의 구조는 본체에 마이크로 스위치를 이용하고, 작동체인 액추에이터로 만들어져 있으며 물, 기름, 진애 등에서 보호하기 위해 금속 등의 케이스 내에 봉입되어 있다. 액추에이터는 작동체의 움직임을 정확하게 전달하는 중요한 부분이므로 작동체의 검출에 적당한 구조이어야만 한다. 따라서 액추에이터에는 많은 종류가 있다. 작동체의 구조에 적당한 형상, 방식인 것을 선택해서 사용한다.

리밋 스위치는 공통 접점, C 단자(COM 단자), b 접점(상시 폐로 접점)인 NC(상시 개로 접점), NO 단자를 비치하고 있다. 리밋 스위치는 냉장고 내부등, 자동차 실내등, 컨베이어 벨트, 자동 셔터에 사용되며, 물체에 직접 접촉하여 접점이 개폐하므로 손상되기 쉬운 물건이나 가벼운 물체에는 반응하지 않을 수 있으므로 주의해서 사용하도록 한다.

② **압력 스위치** (PRS : Pressure switch)

압력에 의한 다이어그램이나 불돈관의 변위로 마이크로 스위치를 동작시킨다. 압축기, 펌프 등 유체의 압력을 검지한다.

기체 또는 액체의 압력이 예정치에 달했을 때 동작하는 검출 스위치, 기계식(다이어드램형, 벨로스형, 부르돈관), 전자식(스트레인게이지, 압전기형)이 있다.

③ 속도 스위치 (SPS : Speed switch)

기기의 속도가 예정치에 달했을 때 동작하는 검출 스위치

④ 온도 스위치(THS : Thermal switch)

더어미스터, 열전대, 바이메탈 등을 측온체로 사용하고 온도 변화를 검지하여 접점을 개폐(또는 전압 출력)을 한다. 전열기기, 냉난방 기기, 온수기 등의 온도제어나 모터, 히터 등의 과열 방지용에 사용한다.

⑤ 액면 스위치

급·배수 탱크의 액면을 제어할 경우에 사용한다.

- 플로트 스위치 (FLTS : Float switch)

  액체의 표면에 위치한 플로트(부자)의 부력에 의해, 액위의 예정 위치에서 접점 기구를 동작시킨다.

- 플로 스위치 (FLS : Flow switch)

  기체, 액체가 흘렀을 때 또는 유량이 예정치에 달했을 때 동작하는 검출 스위치

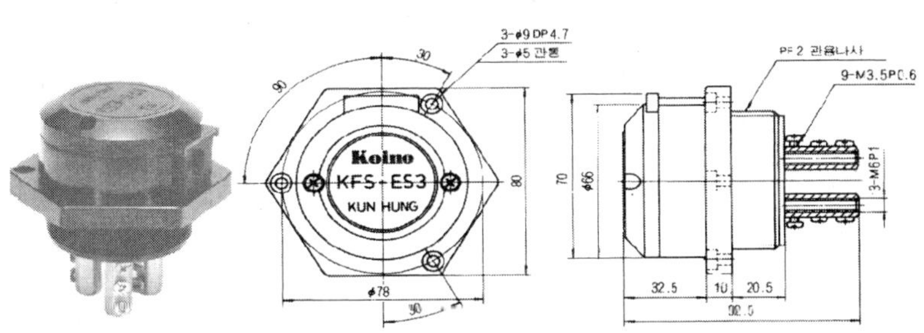

그림 4.17 플로 스위치

(2) 무접촉 검출 스위치

① 광전 스위치 (PHOS : Photoelectric switch)

- 빛을 매체로 해서, 물체의 유무와 상태변화를 무접촉으로 검출하는 스위치
- 동작원리는 투광기에서 조사된 광량의 변화를 수광기로 받아 광전 변환소자에 의해 전기량으로 변환해서 스위치를 동작시킨다.

접점	a 접점	b 접점
기호	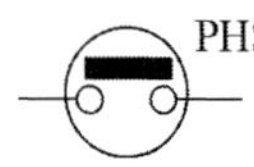	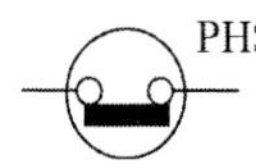

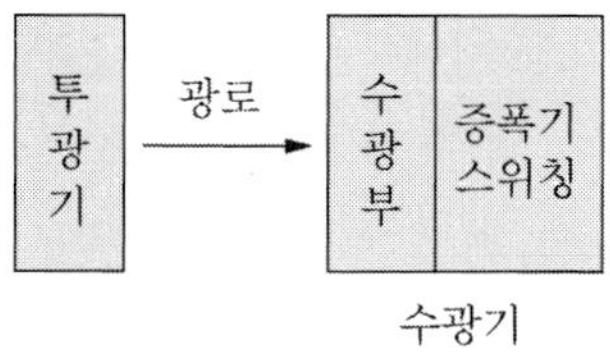

- 투광기 : 광원으로써 발광 다이오드나 백열전구 등을 내장하고 있어 빛을 방사한다.
- 수광부 : 포토트랜지스터나 CdS 등의 광전 변환 소자를 내장하고 광량 변화를 전기신호로 변환한다.
- 증폭기, 스위칭 : 수광부로부터 신호를 증폭하고 어떠한 레벨에 도달하면 ON, OFF 동작을 행한다.
- 장점 : 빛을 차단하는 모든 물체에 사용이 가능하며 광전식이므로 응답속도가 빠르다. 검출거리를 길게 취할 수 있다
- 단점
  - 진동이 있는 곳에서는 광축이 벗어나 동작이 불안전하게 되기 쉽다.
  - 외란광(다른 빛)에 의한 오동작을 하기 쉽다.
  - 청결성을 유지해야 한다(투수광기 면의 더러움에 의한 동작 불안정을 일으키기 쉽다).
- 종류
  - 투과형 : 투광기와 수광기를 마주 보게 설치하여 그 광로 사이에 물체가 들어가 빛을 차단하면 작용하는 것

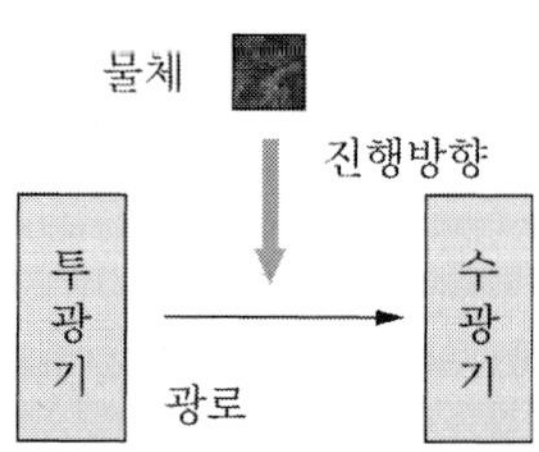

  - 반사형 : 투광기와 수광기를 동일한 케이스 내에 조입하고 물체로부터의 반사광을 받아서 작용하는 것

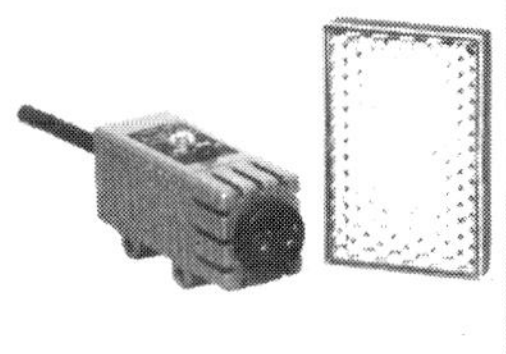

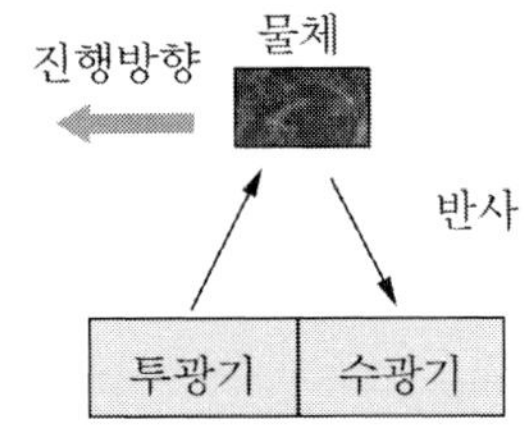

- 복사형 : 투광기가 없는 수광기만의 광전 스위치로 물체로부터 복사광을 받아서 작동하는 것

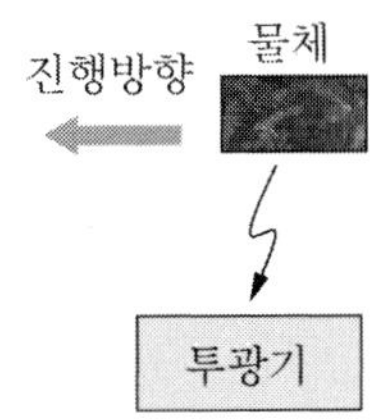

② 근접 스위치 (PROS : Proximity switch)

- 광전스위치와 동일하게 물체에 접촉하지 아니하고 물체의 유무나 위치를 검출하는 스위치이다.

접점	a 접점	b 접점
기호	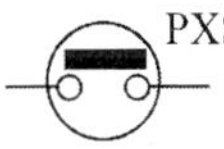	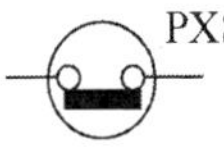

- 발신회로나 브리지 회로를 내장하고 금속체나 자성체가 접근하였을 때 전계나 자계의 변화를 검지하여 접점을 개폐한다.

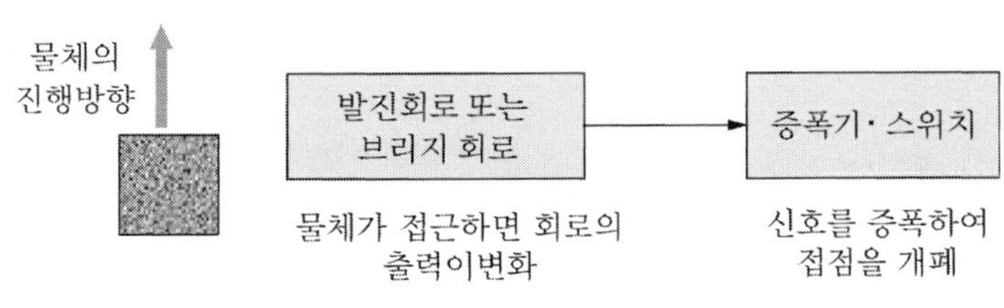

• 동작 설명

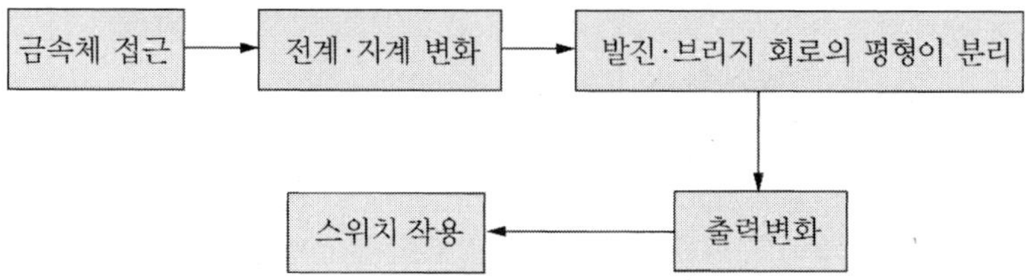

• 특징

- 전계나 자계에 영향을 주지 않는 물체(비금속)의 검지는 할 수 없다.

• 용도

- 엘리베이터(각 층의 금속라벨로 검출), 제품의 일정량 포장(금속추에 의한 검출), 탱크의 유량(금속 플로우트의 위치에 의한 검출)
- 물체가 근접했을 때 무접촉으로 검출하는 스위치
- 동작 원리는 전계와 자계를 이용해서 물체의 유무, 위치를 검출해서 동작시킨다. 리드 스위치형, 고주파 발진형이 있다.

③ 레벨 스위치 (LVS : Level switch)

대상물의 정해진 위치를 검출하는 스위치

6 표시·경보용 기기의 구조

시퀀스 제어 기기의 동작 또는 회로 상태의 표시에는 운전 상태를 표시하는 동작 상태 표시와 고장을 표시하는 경보표시로 대별할 수 있다.

1) 동작 상태 표시

동작 상태 표시란, 시퀀스 제어 기기의 운전, 정지, 개폐기의 개폐 상태, 액면, 압력 등의 상한, 하한의 상태, 운전 순서의 상태 등을 표시하는 것이다. 이 동작 상태 표시에는 일반적으로 표시등이 사용된다.

(1) 표시등의 종류

표시등은 기기의 동작 또는 회로의 상태를 표시하기 위한 램프로 파일럿 램프라고도 한다. 광원에는 백열전등이 이용되어 교류 600 V 또는 직류 250 V 이하의 회로에 사용되고 있다. 표시등은 점등 방식에 따라 다음의 3종류가 있다.

① 전전압식 표시등
이 표시등은 회로 전압을 직접 전구에 가하는 방식으로 480 V 이하에서 사용한다.

② 저항기 붙이 표시등
이 표시등은 표시등에 직렬 저항기를 넣어, 전압을 내리는 구조로 되어 있다.

③ 변압기 붙이 표시등
이 표시등은 소형 전원용 변압기로 전압을 내려서 사용하는 구조로 되어 있다. 변압기의 정격 2차 전압은, 원칙적으로 5.5 V, 15 V, 20 V이다.

(2) 표시등 글로브의 색별과 기호의 나타내는 방법

표시등은 일반적으로 signal lamp의 머리글자를 따서 "SL"의 문자 기호를 사용하고 있다. 그러나 회로의 동작 상태에 따라 표시등 글로브를 별색하고, 그림기호에 색별의 문자 기호를 부기해서 그려 나타낸다.

표시 종류	램프의 색깔	영문 약호
전원표시	백색	WL(White lamp) PL(Pilot lamp)
운전표시	적색	RL(Red lamp)
정지표시	녹색	GL(Green lamp)
경보표시	오렌지색	OL(Orange lamp)
고장표시	황색	YL(Yellow lamp)

2) 경보표시의 종류

시퀀스 제어 시스템의 기기와 장치가 고장 나거나 이상이 발생했을 때, 조작자에게 주의를 환기하기 위한 것으로 표시등, 버저, 벨을 이용해서 경보 회로를 구성한다. 경보 회로는 경도의 이상일 때 주의를 촉구하는 경고장 경보와 중도의 고장일 때에 주의를 발하는 중고장 경보인 경우가 있다.

① 경고장 경보
운전을 정지할 정도의 중대 고장은 아니지만 조작자에게 주의를 줄 필요가 있는 정도의 경보이다. 고장 표시등을 점멸시킴과 동시에 버저 경보를 발한다.

② 중고장 경보
운전 정지를 긴급하게 행하는 중대 고장일 경우의 경보이다. 벨 경보를 발함과 함께 고장 표시등을 점멸시킨다.

시퀀스 제어 시스템은 전동기 등의 제어 대상이 되는 기기와 그것을 제어하는 시퀀스 제어 기기로 구성되어 있다. 시퀀스 제어 기기는 지령용 조작 기기, 신호 처리용 기기, 조작용 기기, 검출용 기기, 보호 감시용 기기, 표시·경보용 기기로 그룹화되어 다종다양한 기기가 사용되고 있다.

3) 표시용 기기의 종류

사용목적	표시기기	사용 예	비고
상태 표시	표시등	• 전원표시등 • 자동 운전 표시등, 수동 운전 표시등 • 프로세스 표시(그래픽 패널)	시각
경보 표시	표시등	• 고장의 발생을 점등, 소등 또는 플리커 점등하여 알린다.	청각
	어난시에이터 릴레이	• 고장의 발생, 고장위치, 내용 등을 표시 기억하고 벨, 램프 등을 제어한다.	
	플리커 릴레이	• 어난시에이터 릴레이와 조합하여 사용하고 램프를 단속 점등(플리커)시킨다.	
	기계식 고장 표시기	• 고장의 발생으로 표시판이 낙하하여 표시하고 고장 확인을 수동에 의해서만 복귀시키게 하여 주로 중고장시의 표시에 사용한다.	
	벨, 부저	• 고장의 발생을 신속하게 알리기 위해 사용한다. 일반적으로는 소음 방지를 위하여 부저 스톱 버튼에 의해 타종을 정지시켜 복구 작업을 할 수 있는 회로로 되어 있다.	

7 구동기기

제어 대상에 직접 조작을 가하는 것으로 사람의 손에 해당하는 기기로 모터, 솔레노이드, 전자 밸브, 실린더 등이 있다.

조작 기기	동작	
모터	• 전기에너지를 기계적인 회전 에너지로 변환하는 것으로 동력원으로 가장 많이 사용한다.	M Motor
솔레노이드	• 코일에 전류를 흐르게 하여 전자석을 만들고 그의 흡인력으로 가동편을 움직이게 하여 인장이나 압출 등의 직선 운동을 행하는 것이다. • 제품이나 부품의 구분을 행한다.	SOL solenoid
전자밸브	• 전자석의 흡인력을 이용하여 밸브를 개폐시켜 공기나 오일, 물 등의 유체 제어를 한다. • 실린더와 조합으로 사용한다.	SV Solenoid value
실린더	• 오일, 공기압에 의해 내장의 피스톤을 움직인다. • 일반적으로 전자 밸브와 조합하여 제품이나 재료의 권상이나 압출 조작 등을 한다.	

1) 솔레노이드

인장운동을 행하는 것을 풀형, 압출운동을 행하는 것을 푸시형이라고 부른다.

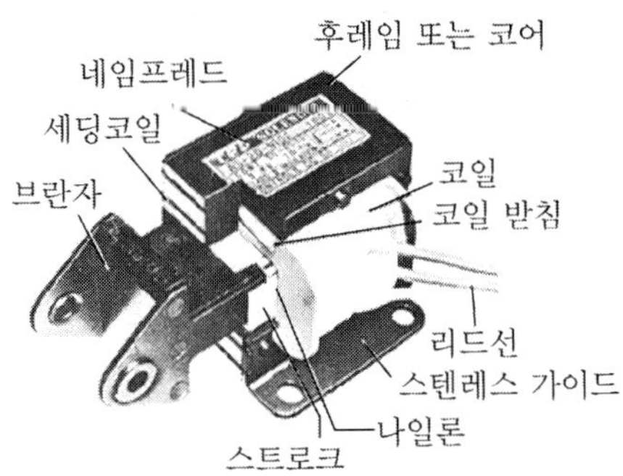

2) 전자 밸브 : 유체의 단속이나 방향을 제어

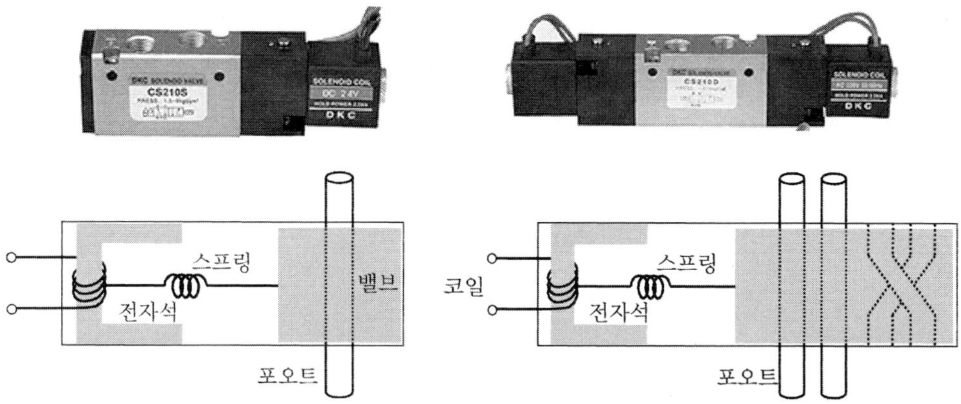

3) 실린더

4.4 시퀀스 회로를 그리는 방법

일반적으로 시퀀스 회로라 함은 전개 접속도로 그 방식이 EWD 방식을 가리키는 경우가 많다. CWD 방식보다 EWD 방식이 간단하며 이해하기 쉽기 때문에 본 책에서는 EWD 방식으로 회로를 그리는 방법을 설명하도록 한다.

1 시퀀스 회로에 대한 기본 지식

시퀀스도를 그릴 경우에 사용자들이 일반적으로 알아야 하는 사항은 다음과 같다.

① 주회로와 보조회로의 심벌의 크기와 굵기를 차별해서 그리도록 한다(에너지가 큰 주회로 기기는 에너지가 작은 보조회로보다 크고 굵게 그려야 한다).

② 대형기기가 소형 기기보다는 커야 한다(전자 릴레이, 모터 등).

③ 회전기 계전기류의 원은 램프의 원보다 커야 한다.

④ 고장표시 회로, 경보 회로를 꼭 설치해야 한다.

그리고 회로를 구성할 경우 릴레이나 스위치 등을 많이 사용하는데 다음과 같은 상황을 주의해서 사용하도록 한다.

① 릴레이나 부하를 직렬로 접속하지 않는다.

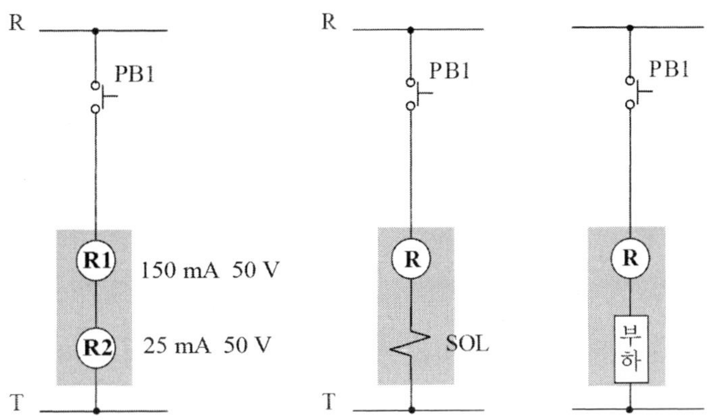

② 접점의 전류용량에 주의한다.

- 직류회로와 교류회로의 접점 용량은 다르다.
- 부하의 종류에 따라 상당히 큰 돌입전류가 흐른다.
- 아크(불꽃)의 흡수 회로를 설치하여 접점을 보호한다.

③ 릴레이나 스위치의 단자 한쪽을 공통으로 접속한다.

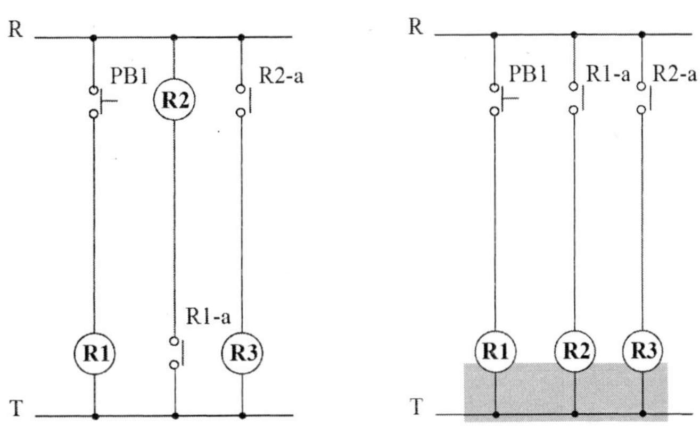

회로상에서는 릴레이 R1의 a 접점을 2개 사용하였으나 각각 분리하여 표시한다. 그러나 실제로는 동일한 릴레이 R1의 접점이며, 기구적으로는 동일한 케이스 내에서 매우 근접한 위치에 있다. 이 때문에 접점의 개폐에서 아크(불꽃)에 의하여 전원이 단락될 경우가 생긴다.

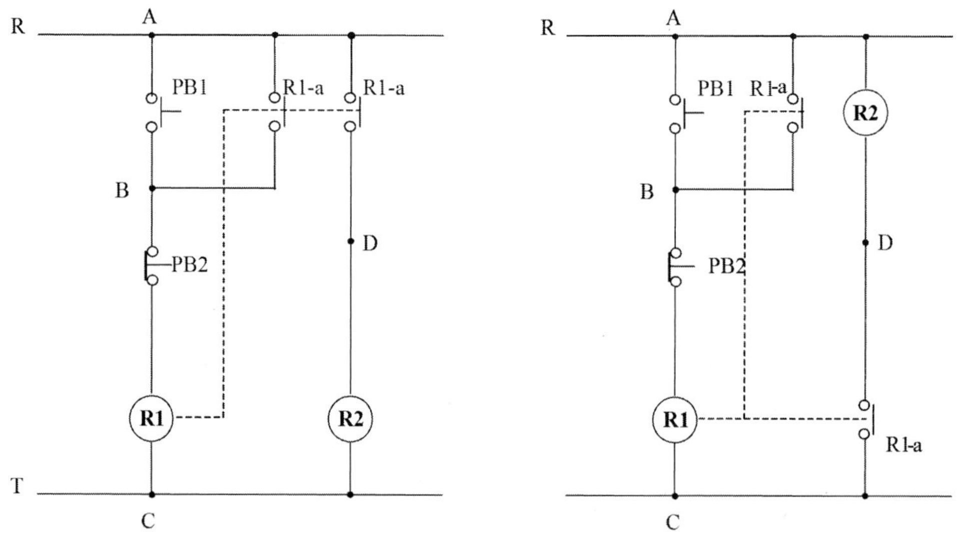

이 경우 단자 한쪽을 공통으로 접속하면 접점 사이가 단락하여도 전원의 단락을 예방할 수 있다. 또한 단자 한쪽이 공통으로 접속되지 않으면 보수나 점검이 복잡해지며 많은 시간이 소요되고 전원 단락 사고를 유발할 수 있다.

1) 시퀀스에서 심벌이 표시하는 기기의 상태

시퀀스도에 사용하는 전기기구는 정지상태를 나타내고 전기회로는 모든 전원을 끊은 상태로 나타내며 기기의 상태는 아래와 같이 그리도록 한다.

① 전원, 기타의 에너지가 모두 끊어져 있는 상태
② 수동조작의 것은 그 수동조작부에 손을 대지 않은 상태
③ 제어해야 될 기기 또는 전기회로가 정지하고 있을 때의 상태, 복귀를 요하는 것은 복귀된 상태, 가령 고장표시기라면 복귀되어 있는 상태, 수전 차단기라면 주접점이 개로되어 있는 상태, 전자 접촉기라면 그 주접점이 열려있는 상태
④ 자동, 수동 절환개폐기와 같이 두 개 이상 다른 상태가 거의 대등의 내용을 가지는 것은 그 중 임의의 상태, 수동 전환위치에 휴지, 정지, OFF 위치가 있는 것은 그 상태

2) 시퀀스 회로의 심벌과 기기의 명칭에 대한 유의 사항

① 모든 기기 종류는 전기용 심벌을 사용해서 그리도록 한다.

② 시퀀스도의 모든 기기 종류를 나타내는 심벌은 전원을 투입하기 전에 상태 즉, 동작하기 전의 상태로 그리도록 한다.

③ 시퀀스도의 모든 기기 종류는 기구적 관련을 생략하고 접점이나 전자코일 등과 같은 부분으로 그리도록 한다.

④ 시퀀스도의 모든 기기 종류는 각 부분이 동작 사항에 따라 분산되어 나타나므로 각 기기의 명칭을 나타내는 문자기호를 첨부하고 그 관련된 명칭을 정확히 기재하도록 한다.

⑤ 시퀀스도의 기기 명칭을 나타내는 문자기호로는 시퀀스 제어기호 또는 자동제어 기구번호를 사용하도록 한다.

2 시퀀스도 그리는 방법

시퀀스도는 전동기 등의 동력원인 주회로와 주회로를 조작하는 보조회로(조작 회로라고 한다)로 대별할 수 있다. 시퀀스도는 그림기호를 이용해서 기기의 동작을 기능을 중심으로 전개식으로 표현하므로 전개 접속도라고도 불리고 있다. 시퀀스도의 그리는 방법에는 기재하는 요소 및 이것을 연결하는 접속선 내의 신호 또는 에너지가 흐르는 방향의 기준에 따라 세로 그리기 방법과 가로 그리기 방법이 있다.

1) 세로 그리기 방법의 시퀀스도

세로 그리기 방법은, 요소의 접속선 방향이 대부분 상하 방향으로 신호, 에너지의 흐름이 위에서 아래로 흐르는 방법으로 다음의 순서로 그리면 좋다.

① 주회로는 왼쪽, 제어회로는 오른쪽에 그린다.

② 제어회로의 전원모선을 상하의 횡선으로 그린다.

③ 접속선은 제어 전원 모선 간에 종선의 직선으로 그리고, 동작 순서에 좌에서 우로 그린다.

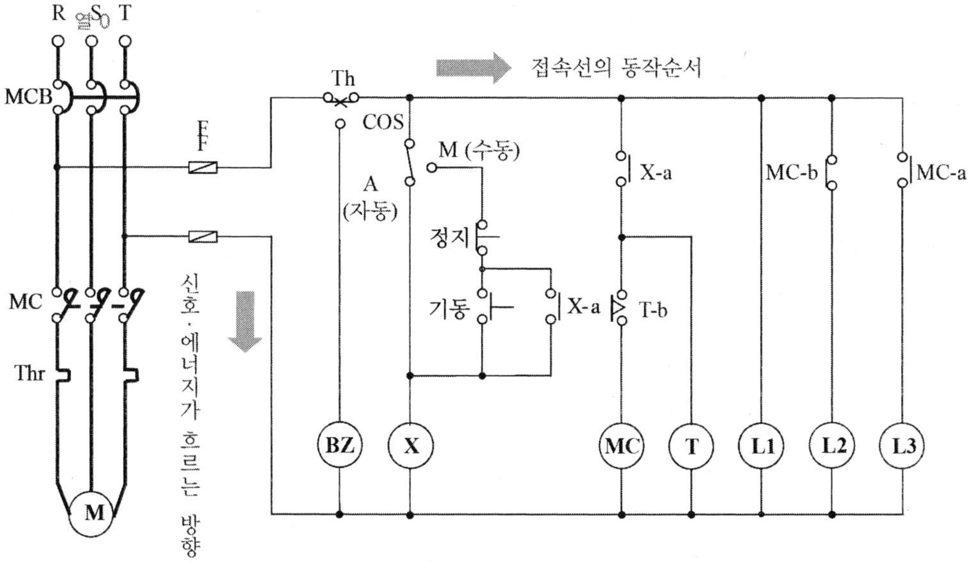

2) 가로 그리기 방법 시퀀스도

가로 그리기 방법은, 요소 접속선의 방향이 대부분 좌우 방향으로 신호, 에너지의 흐름이 좌에서 우로 흐르는 도시법이다. 아래의 순서로 그리면 된다.

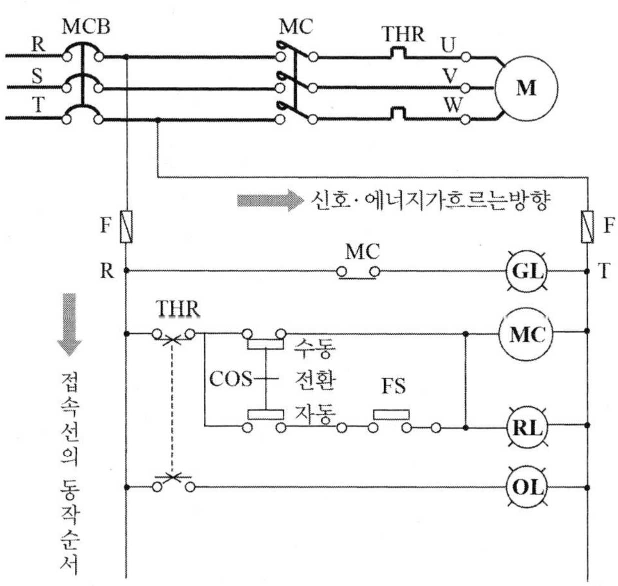

전동기 플로트(FLOT) 스위치에 의한 자동 운전회로

① 주회로는 상부에, 제어회로는 하부에 그린다.
② 제어 회로의 제어 전원 모선을 좌우의 종선으로 그린다.
③ 접속선은 제어 전원 모선의 사이에 횡선의 직선으로 그리고 동작순서로 상부에서 하부로 그린다.

3) 주회로의 기기의 역할과 그리는 방법

주회로를 구성하는 기기의 역할은 다음 표와 같다.

명칭	역할
배선용 차단기 (MCB)	• 회로에 흐르는 단락전류나 과부하전류를 차단하고 회로의 배선 및 직렬기기를 보호한다. • 프레임사이즈/트립전류 • = 단락보호 / 과부하보호 • 전로를 개폐한다.
퓨즈 (F)	• 배선용 차단기와 마찬가지로 단락전류나 과부하 전류를 차단하여 회로의 배선 및 직렬기기를 보호한다.
누전차단기 (ELCB)	• 전로의 지락전류를 검출하여 고속차단하며 감전, 누전 사고를 방지한다. • 과전류차단기로는 검출되지 않는 작은 전류를 검출하여 차단 전류의 지락사고를 방지한다.
마그네트 스위치 (MS)	• 모터 등을 기동, 정지시킨다. • 모터 등을 과부하에서 보호한다.

전동기 등의 대전력을 소비하는 부하의 회로를 주회로라고 부르고, 그의 나타내는 방법은 다음과 같다.

(1) 상의 순서와 문자 기호의 나타내는 방법

동력원으로, 일반적으로 3상 유도 전동기가 사용되므로 주회로는 3상 교류 회로로 나타낸다. 세로 그리기 방법에 의한 시퀀스도에서는 주회로는 좌측으로부터 제1상(L1 또는 R), 제2상(L2 또는 S), 제3상(L3 또는 T)의 순으로 그려 나타낸다. 또 가로 그리기 방법의 시퀀스도에서는 주회로는 상측으로부터 제1상(L1 또는 R), 제2상(L2또는 S), 제3상(L3 또는 T)의 순으로 그려 나타낸다. 배선을 행할 때는 상의 순서를 확실하게 하기 위해서 도체, 또는 배서 단부에 별색을 하고 있다.

상순	문자기호		별색
	IEC 규격	JEM 규격	
제1상	L1	R	적
제2상	L2	S	백
제3상	L3	T	청

(2) 전원의 상 순서와 3상 유도 전동기의 회전 방향을 나타내는 방법

3상 교류의 상은, 제1상, 제2상, 제3상의 상회전으로 되어 있다. 또 전동기 단자의 기호 U, V, W와 전원의 상 기호 L1, L2, L3를 각각 L1(또는 R)-U, L2(또는 S)-V, L3(또는 T)-W가 되도록 접속한다. 이와 같은 접속을 표준 회전 방향이라고 한다.

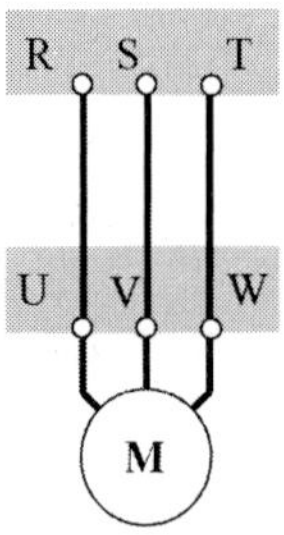

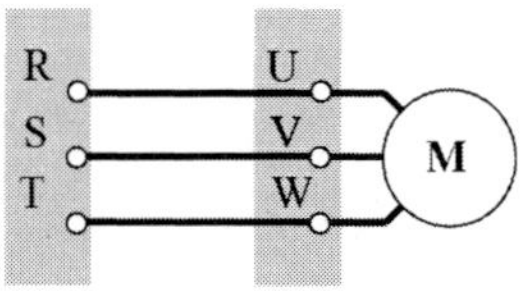

(3) 손잡이 개폐기의 그리는 방법

손잡이 개폐기는 전동기 등의 시동과 정지를 위해 사용하는 개폐기로, 조작하기 쉬운 위치에 시설해야만 한다. 손잡이 개폐기에는 상자 개폐기, 전류계붙이 상자 개폐기, 배선용 차단기가 있다.

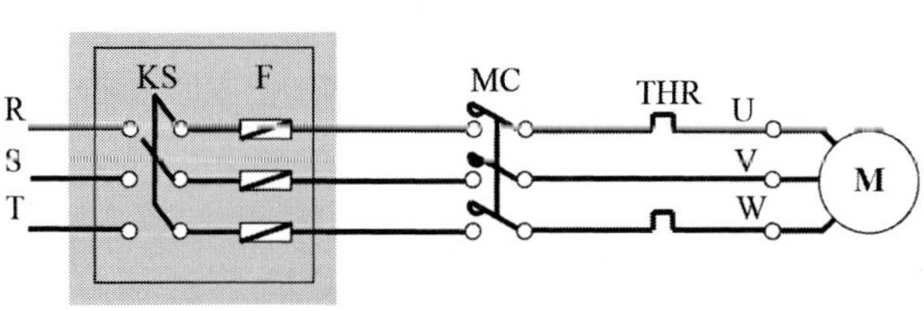

상자 개폐기를 사용하여 그린 주회로

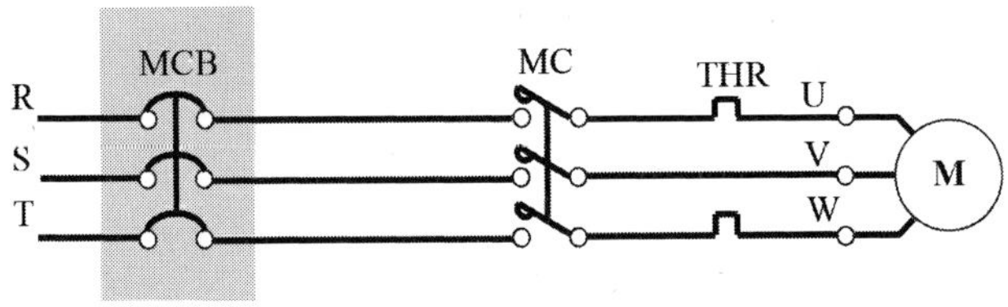

배선용 차단기를 이용하여 그린 주회로

(4) 과전류 보호 장치

주회로는 큰 전력을 취급하므로, 단락 사고 등에 의한 과전류에서 회로를 보호해야만 한다. 그 보호 장치로써 퓨즈나 배선용 차단기가 사용된다.

① 퓨즈의 그리는 방법

회로에 이상이 생겨 과대한 전류가 흐르면 퓨즈(기호 F)가 용단되어 회로를 보호한다. 전동기용 퓨즈의 용단 특성은 시간 내에 용단하도록 기술 기준에 규정되어 있다. 따라서, 회로의 단락 사고에 의한 큰 전류(단락전류)에 대해서는 용단되어 회로를 보호한다. 전동기가 과부하가 된 경우의 과부하전류에는 유효하지 않다. 과부하전류에 대해서는 열동식 계전기를 이용해서 보호한다. 퓨즈는 F의 문자 기호를 부기해서 그려 나타낸다.

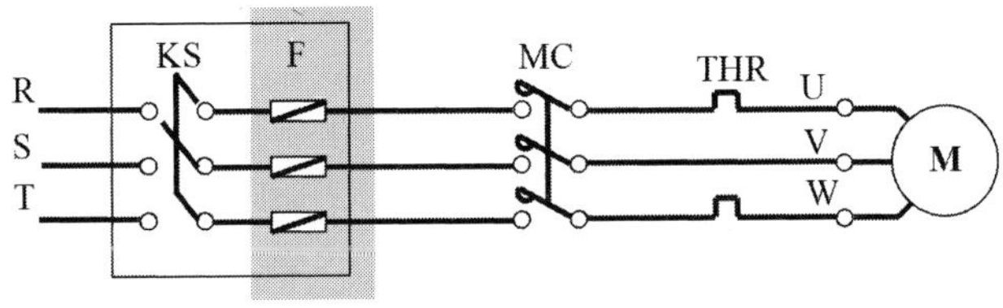

② 배선용 차단기의 그리는 방법

단락전류에 의해 퓨즈가 용단되면 그때마다 교체해야 한다. 그러나 배선용 차단기는 그럴 필요 없이 수동으로 「ON」「OFF」조작으로 가능하다. 주 회로의 어느 선로에 과전류가 흐르더라도 모든 선로를 동시에 차단한다. 배선용 차단기는 Molded-case circuit breaker의 머리 글자를 따서 “MCCB”의 문자 기호를 부기한다. 그러나 Miniature circuit breaker의 약호를 이용해서 “MCB”를 부기하는 경우도 있다.

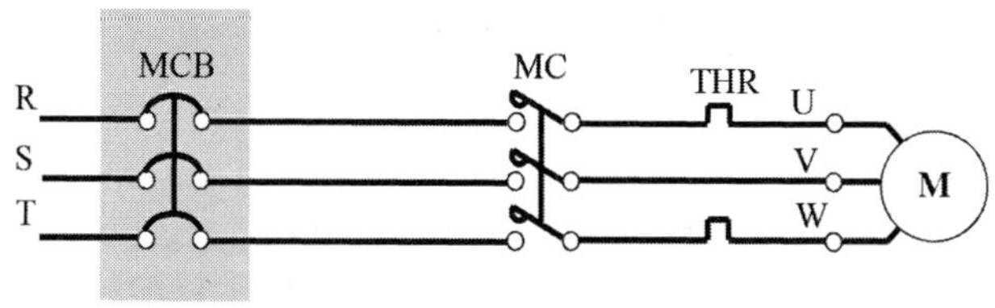

배선 차단기는 동작 특성이 규정되어 있다. 또한 배선용 차단기는 주파수 50 Hz, 또는 60 Hz의 교류 전압 600 V 이하, 직류 250 V 이하의 보호에 이용된다. 정격전류 2500 A 이하의 것으로 프레임의 크기와 정격전류의 크기에 따라 분류되고 있다.

4) 제어회로의 기기와 그리는 방법

(1) 제어 전원 모선의 그리는 방법

주회로의 3상 교류 회로에서 제어 전원 모선을 취할 경우에는 제1상 L1(R)상, 제2상 L2(S) 상에서 취하는 방법과 제1상 L1 (R) 상, 제3상 L3(T) 상에서 취하는 방법의 두 가지가 있다.

① 제1상 L1(R) 상, 제2상 L2(S) 상에서 제어 전원을 취하는 방법

L1 상과 L2 상에서 제어 전원을 취하는 방법은 일반적으로 간단해서 소용량의 시퀀스 회로인 경우이다. 제2상 L2(S) 상은 접지 측 전원이므로 퓨즈는 넣지 않는다. 제1상 L1(R) 상에만 퓨즈를 넣어 제어회로의 단락 사고에 대한 보호를 하고 있다.

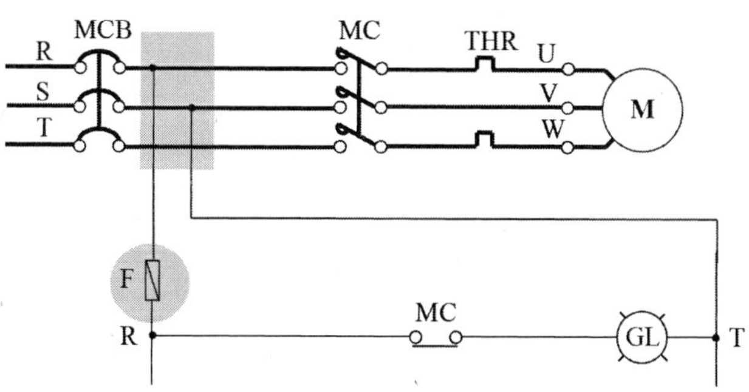

② 제1상 L1(R) 상, 제3상 L3(T) 상에서 제어 전원을 취하는 방법

상과 상에서 제어 전원을 취할 경우는 용량이 커서 복잡한 시퀀스 회로의 구성일 때에

사용하는 방법이다. L1(R) 상, L3(T) 상에, 각각 퓨즈를 넣어 제어회로를 보호한다.

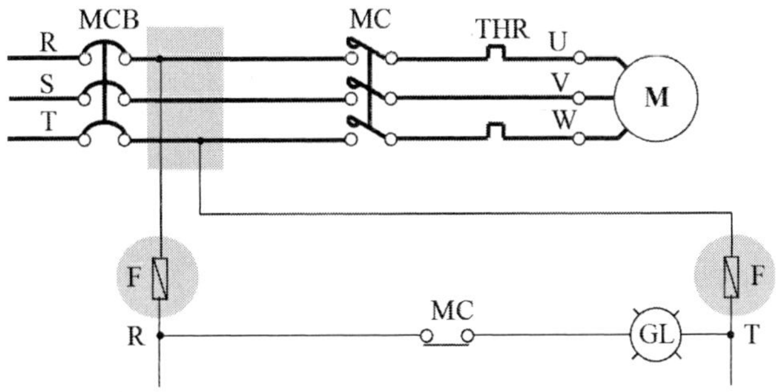

전원을 생략하고 제어 전원 모선을 표시할 경우에 전원을 생략하고 제어 전원 모선을 표시하는 것에는 교류 제어 전원 모선과 직류 제어 전원 모선에는 문자 기호의 표시가 다르다.

① 교류 제어 전원 모선의 나타내는 방법

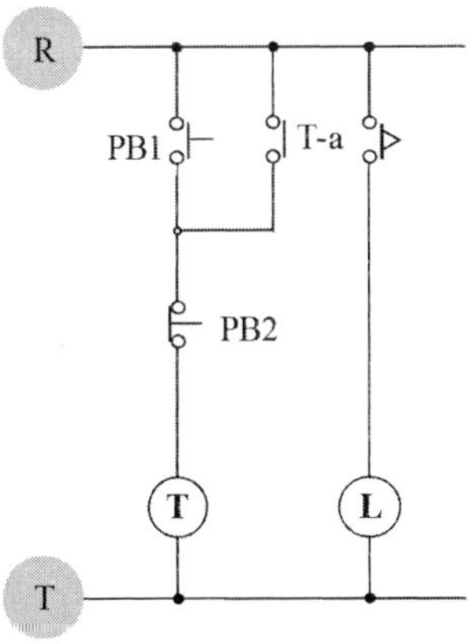

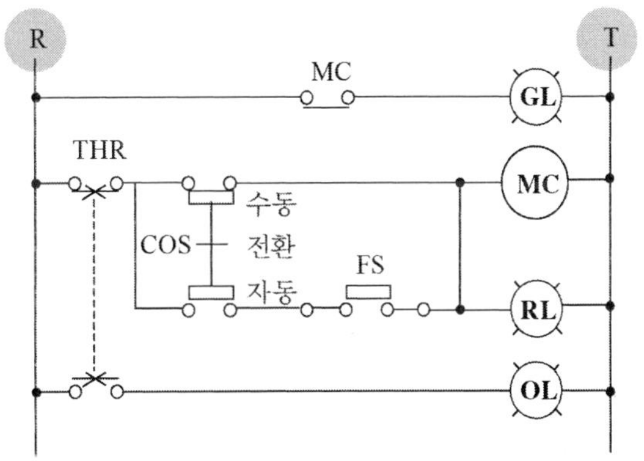

세로 방식의 시퀀스도에서는 모선 상부에 L1(R) 상을 모선 하부에 L2(S) 상 또는 L3(T) 상으로써 문자 기호를 기입한다.

가로 방식의 시퀀스도에서는 모선 좌측에 L1(R) 상을, 모선 우측에 L2(S) 상 또는 L3(T) 상으로 문자 기호를 기입한다.

② 직류 제어 전원 모선의 나타내는 방법

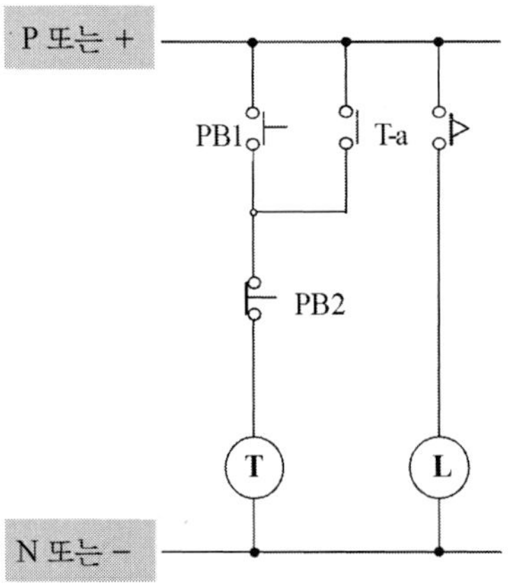

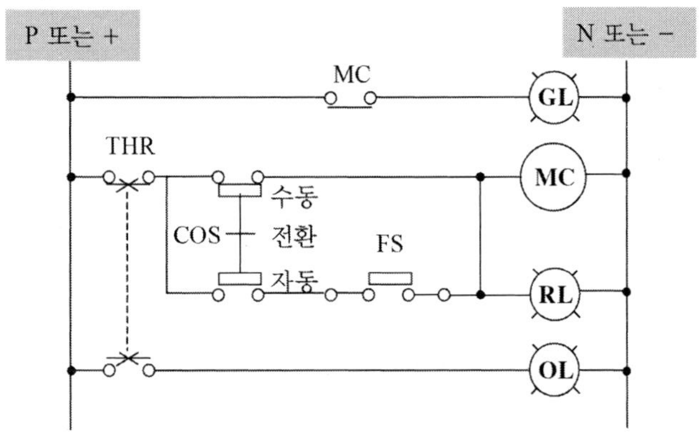

• 세로 방식의 시퀀스도에서는 모선 상부에 플러스극 P(+)를 모선 하부에 마이너스극 N(-)으로 기입한다.

• 가로 방식의 시퀀스도에서는 모선 좌측에 플러스극 P(+)를 모선 우측에 마이너스극 N(-)으로 기입한다.

(2) 접속선과 기기의 나타내는 방법

접속선과 기기의 그리는 방법은 다음의 원칙에 따라 그리도록 한다.

① 접속선은 상하 또는 좌우의 전원선 사이에 곧은 직선으로 그리고 되도록 상하나 좌우로 왕복하지 않도록 그린다.

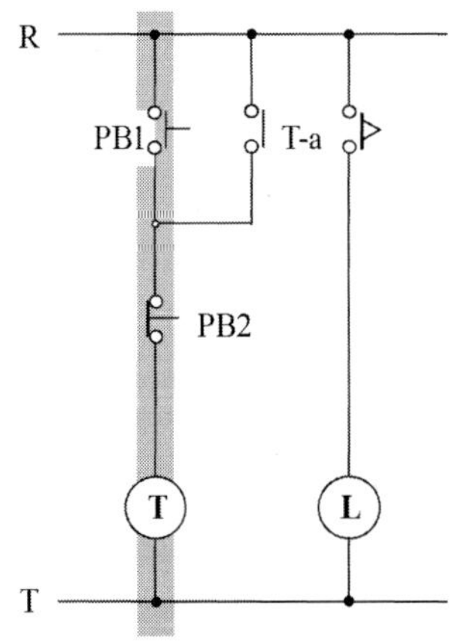

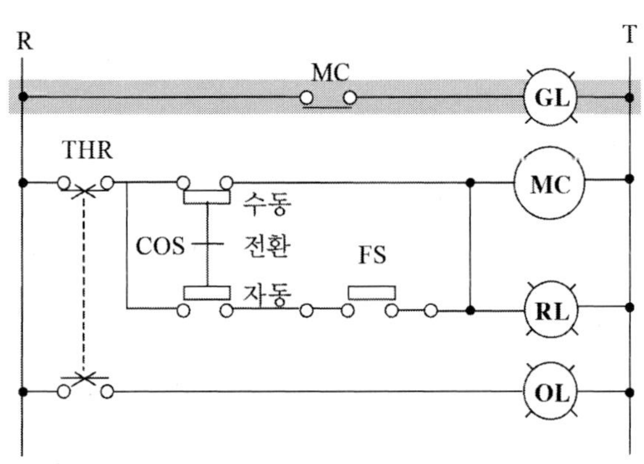

② 시퀀스도의 모든 접속선은 실제의 기기 배치에 관계 없이 동작의 순서에 따라 좌에서 우로 상에서 하로 나란히 그리도록 한다.

③ 시퀀스도의 회로는 주회로와 보조회로로 나누며, 주회로는 단선결선도나 복선결선도로 그려 정확히 구별되도록 그린다.

④ 시퀀스도의 보조회로 또는 제어회로 부분에 기기 상호 간을 연결하는 도선은 실선으로 그리도록 하며, 실선의 굵기를 달리하여 주회로와 보조회로를 정확히 구별할 수 있도록 한다.

⑤ 시퀀스도의 도선의 분기는 접속점을 정확히 표현하기 위해 검은색 점을 찍어 그리도록 하며, 2개의 분기점이 생길 경우에는 그 교차점에 검은색 점을 찍어 그리도록 한다.

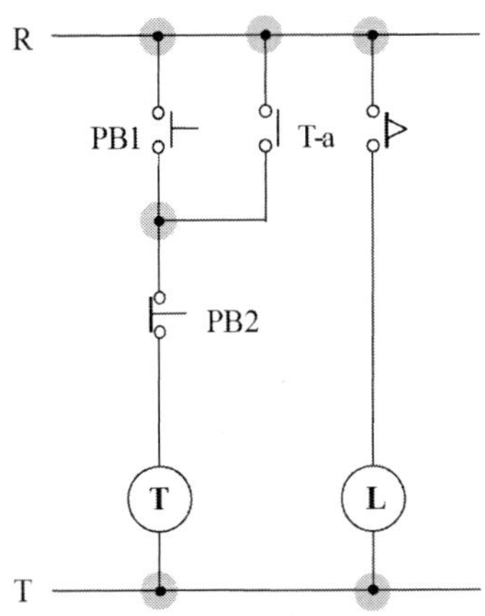

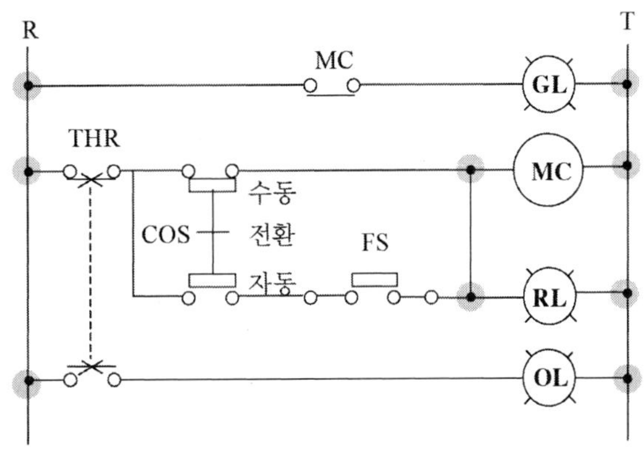

⑥ 시퀀스도의 두 도선이 교차하는 교차지점에 검은색 점이 표시되지 않으면 이 두 선은 실제로는 접속되지 않은 것이다.

⑦ 전자 코일 및 벨, 버저, 표시등 등의 기기를 그릴 때의 접속 위치는 세로 그리기 방법에서는 하측의 제어 전원 모선 (교류에서는 L2 상, 또는 L3상, 직류에선 N측) 측에, 가로 그리기 방법일 때는 우측의 제어 전원 모선에 직접 연결되도록 그려 나타내야만 한다.

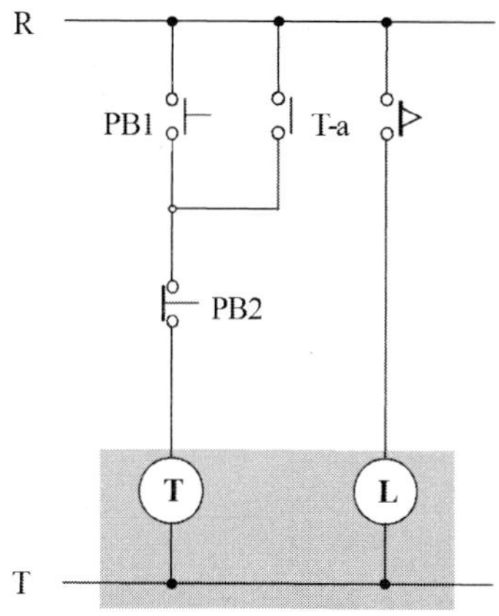

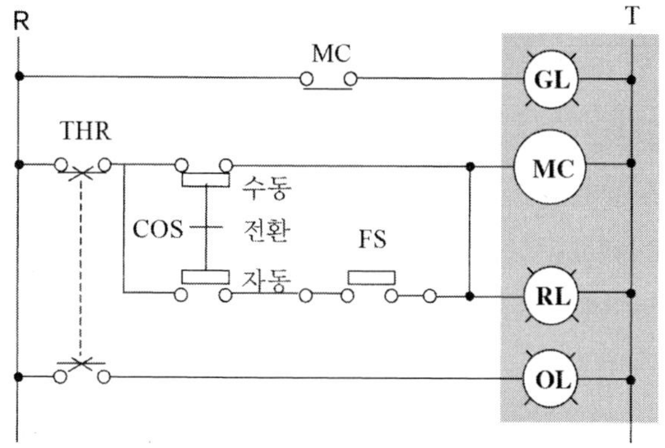

(3) 접점군의 접속 위치

접속선에 배치하는 접점군은 세로 그리기 방법에서는 제어 전원 모선의 상측(교류에서는 L1상, 직류에서는 P극)에 접속하고, 가로 그리기 방법에서는 제어 전원 모선의 좌측에 반드시 접속한다.

접점의 한쪽 단자가 공통으로 접속되어 있지 않은 경우는, 다른 상간의 전압이 가해져, 접점이 개폐할 때 아크 등에 의해 전원의 단락 사고의 원인이 된다. 또 회로의 보수·접점이 불편해지기도 한다. 전원의 한쪽에 공통으로 접속하는 방법을 취하도록 한다.

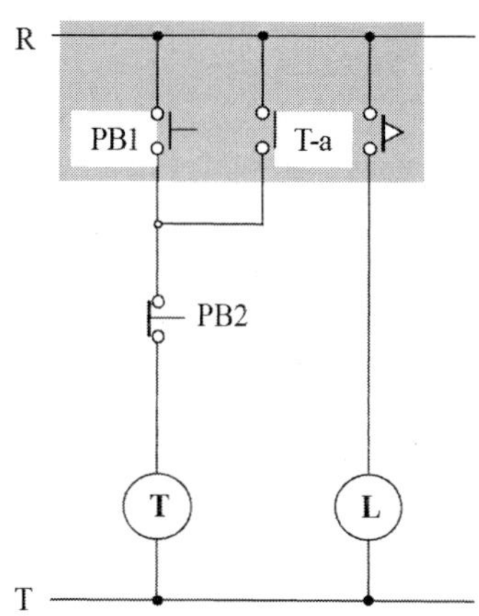

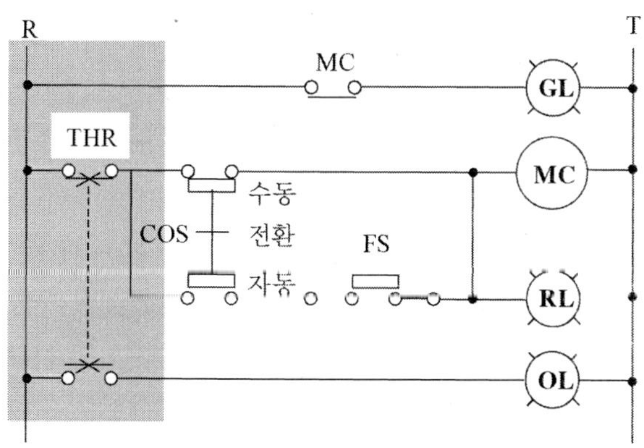

(4) 접점과 소속 기기의 나타내는 방법

시퀀스도는 기기의 기구적 관련은 모두 생략하고 동작을 기능 중심으로 나타내어 동작 순서에 따라 나란히 그려 가게 된다.

① 점선에 의한 표시법

동일 도면 내에서 접점과 소속하는 기기의 관계와 동작을 점선으로 나타내는 방법이다. 전자코일 MC와 보조접점 MC-a를 내장하고 있는 전자 접촉기에서 전자 코일 MC의 여자에 의해 접점 MC-a는 폐로하고, 소자에 의해 접점 MC-a는 복귀하는 것과 같이 동작의 관련도 한눈에 알 수 있다.

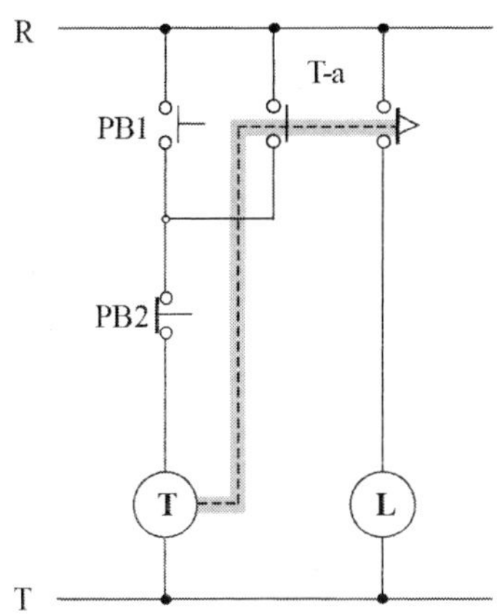

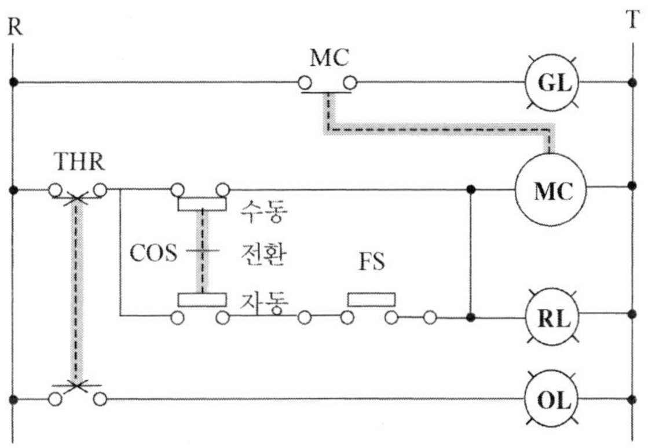

② 지번제의 의한 표시법

제어 모선에 번지를 부기하여 각 릴레이의 접점이 어디에서 사용하고 있는가를 a 접점과 b 접점을 구별하여 이 번지로 표시하는 방법이다.

조작 기기나 전자 접촉기, 표시등은 이러한 것을 사용하는 복석을 명시해 둔다.

회로의 동작을 표시하거나 보수, 점검 등을 행할 때의 보조 수단이 된다.

제어 전원 모선의 위치에 1, 2, 3……등의 번지를 매겨, 접속선에 배치되어 있는 각 계전기 등의 접점의 사용 위치를 a 접점, b 접점으로 구별을 해서 번호로 표시하는 방법이다.

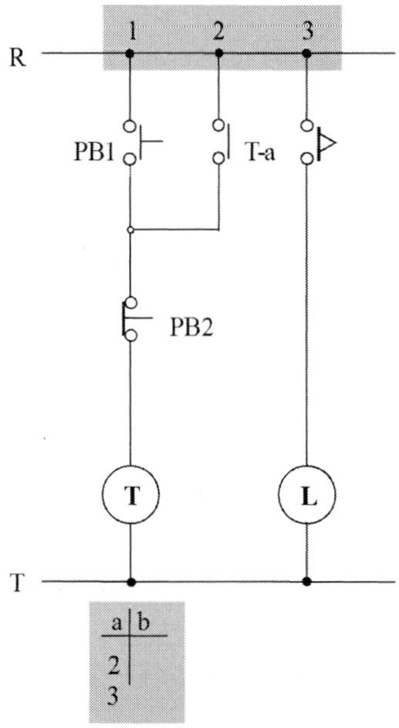

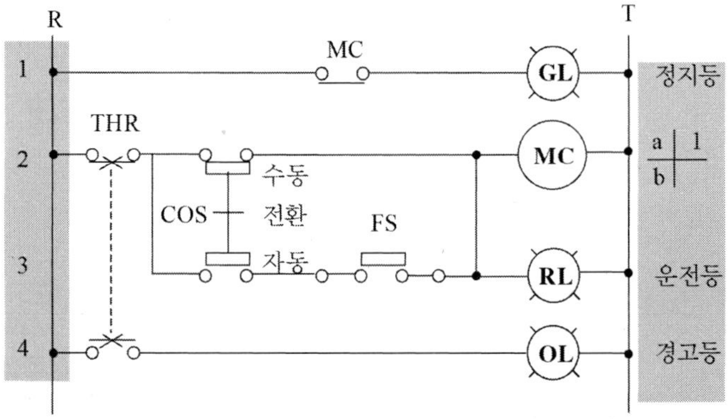

지번제에 의한 접점의 사용 위치 표시법은 시퀀스도가 복잡하게 되더라도 소속 접점의 접속위치를 명확하게 나타낼 수가 있으므로 회로의 동작을 조사하거나 보수·점검할 때 대단히 편리하다.

❸ 시퀀스 회로도 작성의 예

1) 주회로와 보조 회로를 만든다.

제어에서는 컨베이어나 공작, 기계 등의 동력원으로써 사용되는 모터나 열원이 되는 히터 등 큰 전력을 소비하는 부하의 회로를 개폐해야 한다. 이러한 큰 전력을 소비하는 회로를 제어할 때는 램프의 점멸 제어일 때와 같이 릴레이를 사용할 수가 없다.

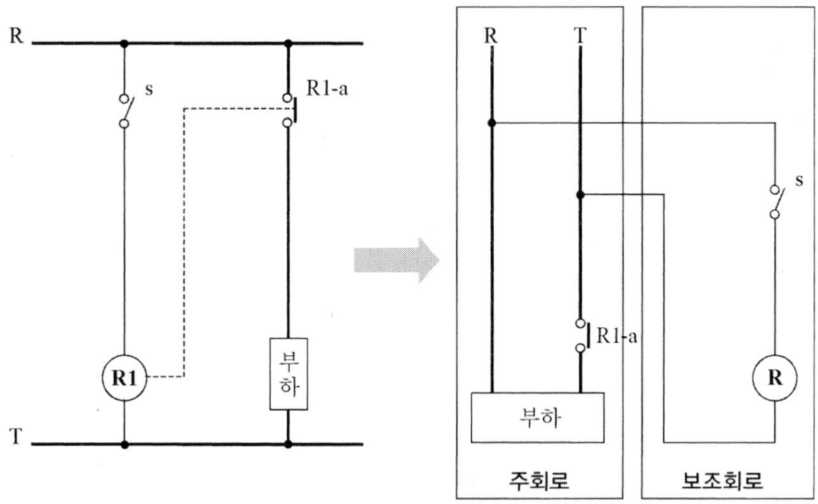

릴레이의 여자 전류는 적으나 대전력을 소비하는 부하 회로에서는 운전 중은 물론 기동 시에는 운전 중의 수 배인 큰 전류가 흐른다. 따라서 사용하는 전선도 배선 회로의 전압강하나 발열 등의 관계에서 안전성을 고려하여 충분히 굵은 선을 사용해야 한다. 따라서 시퀀스도에 표시할 경우에도 동일한 제어 모선을 사용하지 않고 동력원의 모터 등 대전력을 소비하는 부하회로와 조작 스위치나 릴레이의 여자 회로를 구분하여 표시하도록 한다. 그리고 굵은 선으로 나타낸 대전력을 소비하는 부하회로를 주회로라고 하며, 이것에 대해서 릴레이 등의 여자 회로를 이 주회로의 개폐 조작에 필요한 회로라는 것에서 조작회로 또는 보조회로라고 한다.

2) 전자 접촉기를 사용한다.

주회로에서는 상당히 큰 전력을 취급하기 때문에 그의 개폐를 하는 릴레이의 접점 용량에도 문제가 있다. 따라서 주회로 등의 대전력 개폐를 하기 위하여 접점 용량이나 내압 등을 특별하게 고려하여 만든 전자 접촉기를 사용한다. 전자 접촉기의 원리는 일반 릴레이와 같다.

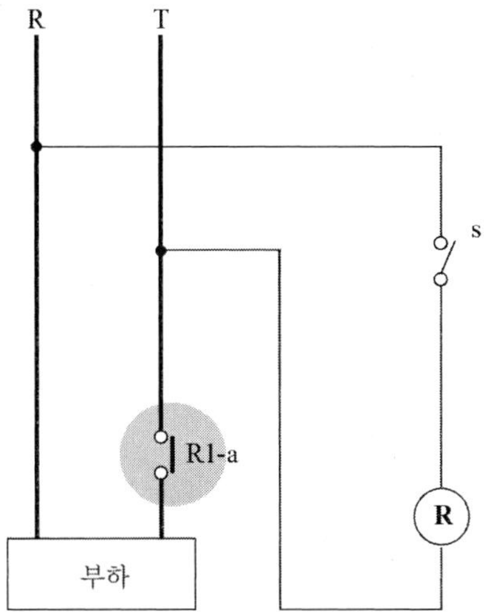

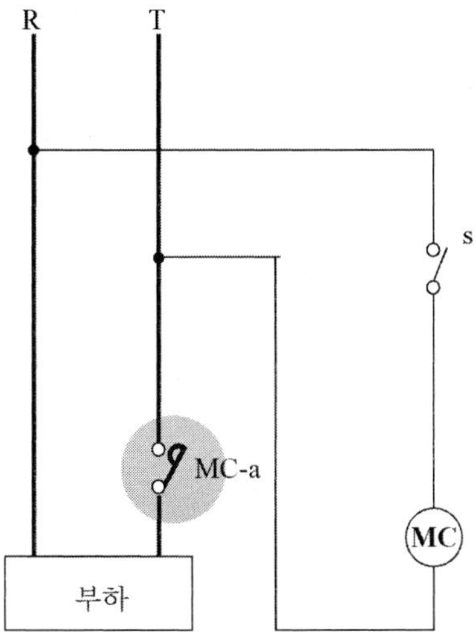

주회로의 개폐를 행할 경우는 한편의 선로만을 개폐하면 기기에 접촉된 경우에 감전 등의 염려가 있으므로 각 선로에 각각 접촉기의 접점을 넣어서 동시에 개폐하도록 한다.

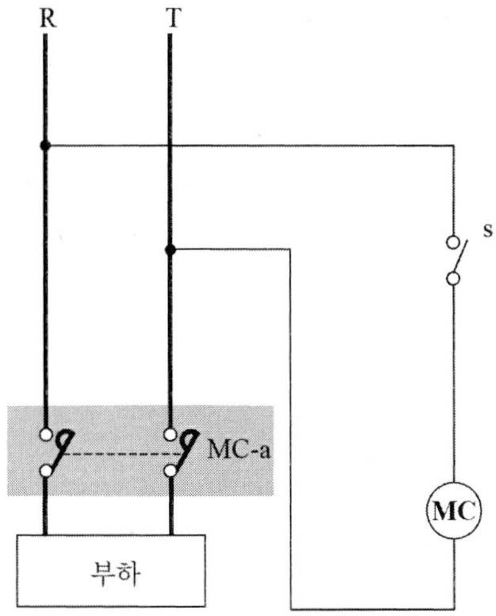

또한 동력원으로써 사용하는 모터 등은 일반적으로 3상 모터를 사용한다. 이러한 경우에도 3상 교류의 각 선로에 전자 접촉기의 접점을 넣어서 개폐한다.

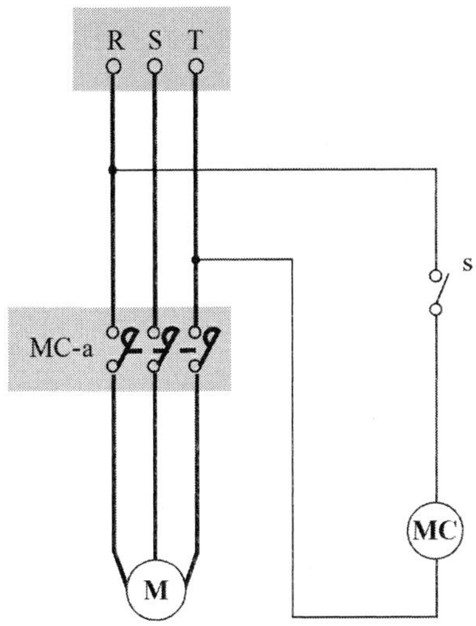

3) 보조 회로의 전원을 인출한다.

주회로에 3상 교류를 사용한 경우, 조작 회로의 전원은 3상 교류의 2선간에서 얻을 수 있다(단상 전원을 인출한다). 단, 조작 회로에 사용하는 기기는 주회로의 전압(200 V)과 동일한 전압으로 동작하는 기기를 사용하게 된다. 또한 제어가 복잡하게 되어 조작회로의 사용기기가 많게 되면 주회로와는 별개의 전원을 사용하는 일이 있다.

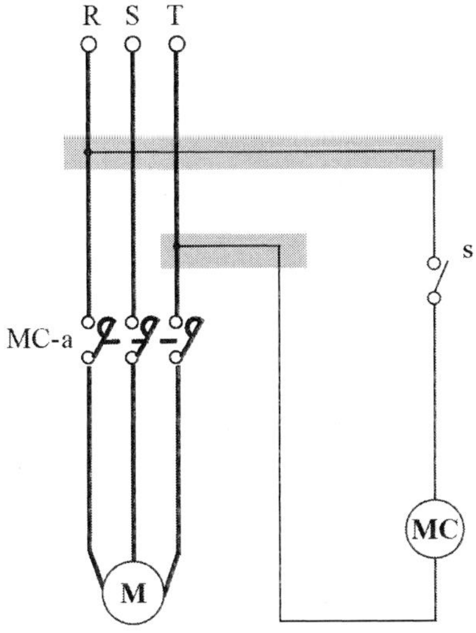

4) 스위치의 선정을 고려한다.

정전이 발생하여 스위치를 끊는 것을 잃어버리면 다시 전원이 투입되면 스위치가 연결된 상태이므로 기계가 동시에 동작하여 매우 위험한 상황이 발생할 수 있다. 따라서 S(유지형 스위치)를 정전 등이 발생하면 자동적으로 OFF 상태가 되는 기능을 가진 회로로 구성되기 위한 수동조작 자동복귀 스위치를 사용한다.

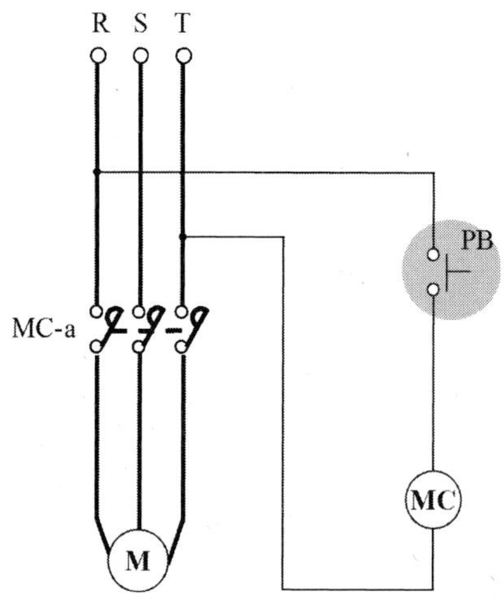

5) 전원을 유지하는 회로를 만든다.

수동복귀 스위치 PB는 자동복귀해서 전원을 계속 유지할 수 없다. 따라서 전원을 계속 유지하는 회로를 만들어야 하는데 이런 회로를 자기유지 회로라 한다.

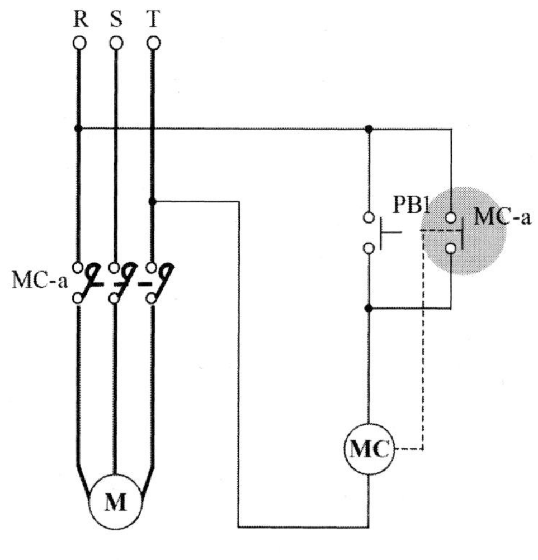

전자 접촉기는 주회로 개폐용 접점 이외에 일반적으로 자기 유지용 보조접점을 가지고 있으므로 자기유지접점을 PB와 병렬로 연결하여 사용한다.

6) 수동으로 모터를 정지할 회로를 만든다.

원하는 제어를 모두 마치거나 어떠한 이유로 잠시 회로를 정지할 경우에 손쉽게 부하를 정지하거나 제어할 수 있는 회로를 구성해야 한다. 부하를 제어하기 위해 직접 부하 측에 스위치를 설치하는 것보다 MC를 소자시키는 스위치를 보조회로의 전원에 넣어서 안전한 회로를 구성하도록 한다.

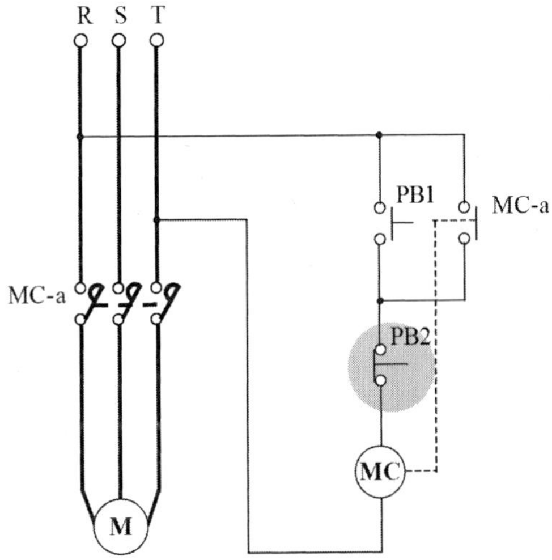

7) 주회로 보호장치를 설치한다.

대전력을 취급하는 주회로에서는 부하의 기기나 배선로에 이상이 생겨서 전류가 흘렀을 경우 큰 사고로 연결될 염려가 있기에 안전성을 고려하여 보호장치를 부착한다. 퓨즈를 주회로의 각 선로에 삽입해 두면 전선로에 이상이 발생하여 과대한 전류가 흘렀을 경우 퓨즈가 용단되어 회로를 보호할 수 있다.

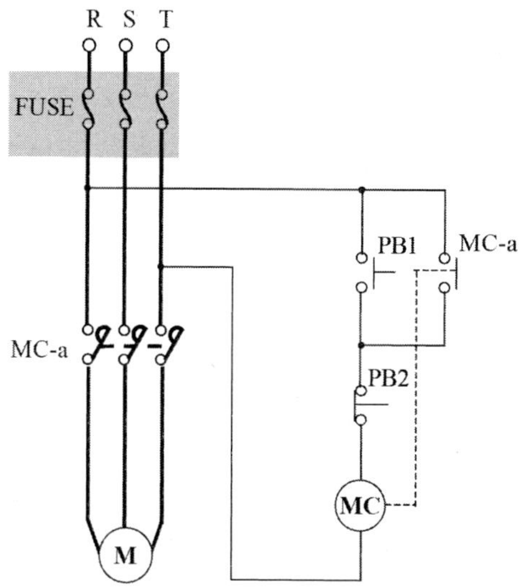

이같이 퓨즈는 전류 보호장치로써 가장 염가로 간단한 것이나 3상 회로에서는 1개 선로의 퓨즈만이 용단되었을 경우에 다른 2선로를 통하여 단상 운전을 계속하는 이상현상이 생기는 일이 있다. 따라서 릴레이 시퀀스에서는 모든 선로를 동시에 차단하는 배선용 차단기를 사용하고 있다. 배선용 차단기는 회로차단기(Circuit Breaker)라고 하며 과전류가 흐르면 전자력에 의하여 순시에 접점이 열려서 회로를 보호한다.

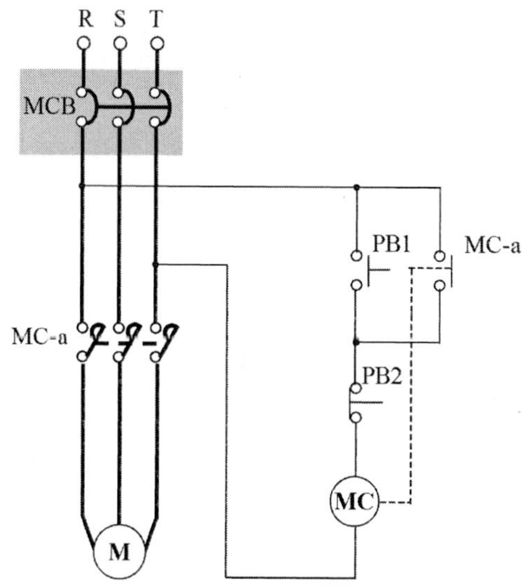

MCB 또는 MCCB(Molded Case Circuit Breaker)라고 불리는 배선용 차단기는 어느 선로에 과전류가 흘러도 모든 선로를 동시에 차단한다. 퓨즈가 용단한 경우, 그때마다 교환을 해야하나 배선용 차단기는 교환하지 않아도 된다.

다음과 같은 조작을 하는 배선용 차단기도 있다.

① 수동으로 ON/OFF 조작을 할 수 있다.

② 가동(자동차단)하면 핸들이 ON과 OFF의 중간 위치에 정지하여 차단된 것을 표시한다.

③ 작동(자동 차단)한 경우, 그의 원인을 제거하여 핸들을 일단 OFF로 하고 그 후 ON 조작을 행하는 것에 의하여 원래 상태로 복귀한다.

8) 과전류 보호장치를 설치한다.

퓨즈나 배선용 차단기를 주회로에 삽입하는 것에 의하여 과전류에 대한 보조 대책은 일단은 되는 것이나 모터 등의 부하는 기동 시와 정상 운전 시와의 전류값에 큰 차이가 있다. 이는 새로운 문제를 발생시킨다.

예를 들면 모터의 경우 기동 시에는 정상 운전 전류의 5~10배 정도 크기인 전류가 흐른다. 이 때문에 정상 운전 시의 전류값에 적당한 퓨즈나 배선용 차단기를 사용하면 기동 시의 큰 전류에 의하여 작동하게 되어 회로를 열게 한다. 반대로 기동 시의 큰 전류값에 알맞게 하면 운전 중에 부하에 이상이 발생하여 정상전류를 초과하는 전류가 흐르게 되어도 이전에는 작동하지 않게 된다. 여기서 퓨즈나 배선용 차단기는 전원회로의 단락 사고 등에 의한 과전류에 대한 보호장치로써 사용하고 있는 것과는 달리 부하의 이상에 의한 정상전류의 증가를 검출하여 작동하는 보호장치가 필요하게 된다. 이 부하의 이상에 의한 정상전류의 증가를 검출하여 작동하는 보호장치는 일반적으로 과전류 보호장치라고 하며 그 대표적인 것으로 서멀 릴레이(thermal Relay)가 있다.

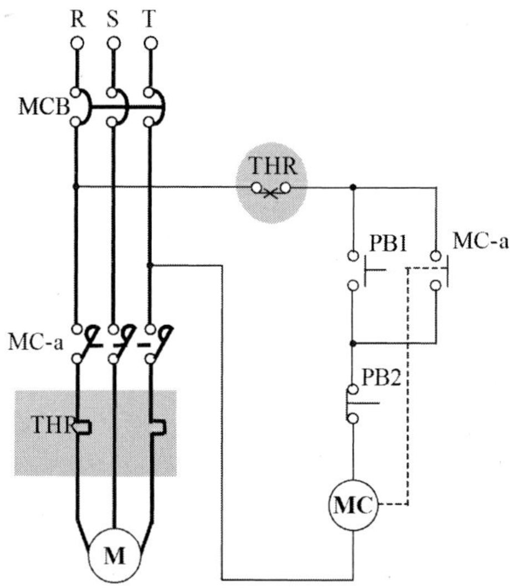

서멀 릴레이는 과전류 보호 계전기라고도 부르며 히터와 바이메탈 a 접점, b 접점으로 구성되어 있다. 서멀 릴레이가 작동하는 전류값은 다이얼에 의하여 모터 등의 정격 전류값에 알맞게 되어 있다. 그리고 부하 전류의 증대에 따르는 히터의 발열 상태를 바이메탈에 의하여 검출하고 자동적으로 접점을 열리게 하여 부하를 보호한다.

① 히터 : 부하 전류가 흐르면 발열한다.

② 바이메탈 : 히터에 의하여 가열되어 완곡(변위)한다.

③ 접점 : 설정값 이상의 전류가 흘렀을 때 바이메탈의 변위에 의하여 개폐하는 a 접점과 b 접점이 있으며 다음과 같이 사용한다(복귀는 수동으로 한다).

- a 접점 : 경보용 접점으로 서멀 릴레이가 작동하는 것을 알리는 램프의 점등용 등에 사용한다.
- b 접점 : 조작회로에 삽입하여 전자 접촉기의 여자 회로를 열리게 한다.

또한 최근에는 모터 등의 과전류 보호만이 아니고 3상 회로 중의 어는 것인가가 1상이 개방 상태가 된 경우에도 자동적으로 접점이 열리는 기능(결상보호)을 가진 서멀 릴레이도 있다.

또한 a 접점을 경보용 접점으로 사용하며, 램프나 부저 회로를 구성해두면 서멀 릴레이가 작동한 것을 알 수 있다.

이같이 전원회로의 단락사고에 대해서는 퓨즈나 배선용 차단기를 또한 부하의 이상에 의한 정상전류의 증가에 대해서는 서멀 릴레이를 사용하여 회로를 보호한다.

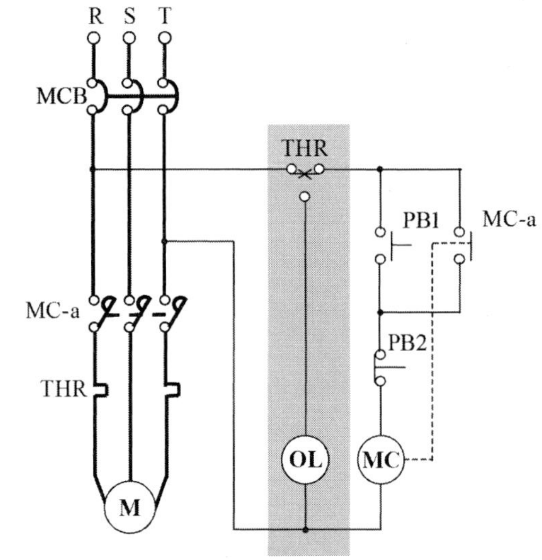

9) 표시·경보 회로를 설치한다.

전기는 눈에 보이지 않는 것이므로 사용자가 지금 전원이 들어오는지 그렇지 않은지를 판별하기란 쉽지 않다. 따라서 모든 회로에는 전원 투입 여부나 부하의 운전의 유무를 판별해 주는 표시 회로와 이상 발생으로 인한 경보회로를 반드시 설치하도록 한다.

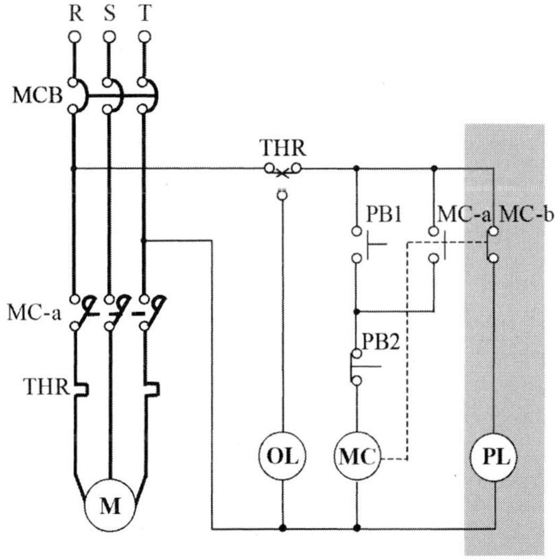

10) 시퀀스도를 쉽게 이해하도록 지번제를 표시한다.

도면을 잘 그렸다고 해도 다른 사람이 그 도면을 쉽게 이해하지 못한다면 그 도면은 쓸모가 없다고 할 것이다. 따라서 모든 사람이 쉽게 이해하고 판독할 수 있도록 제어 모선에 번지를 표시하여 회로에서 사용하고 있는 릴레이나 계전기의 접점을 구별하여 표시하는 것이 지번제이다. 그리고 회로에서 사용하는 조작기기의 사용 목적을 명시하여 회로 동작 사항을 명확히 알리려는 데 그 목적이 있으므로 회로에 지번제를 활용하도록 한다.

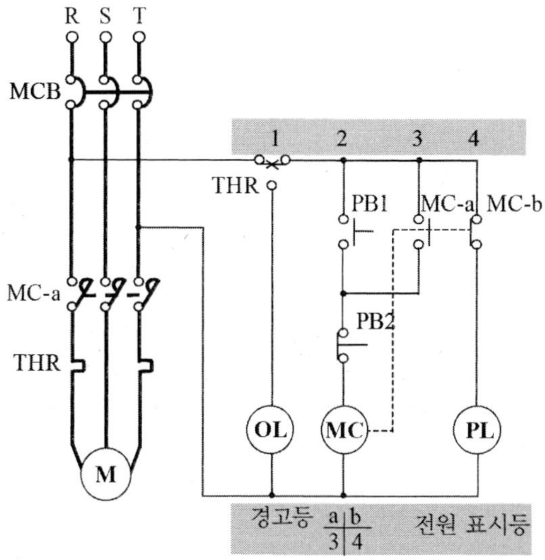

4.5 시퀀스도에 사용하는 그림기호 표현 방법

시퀀스도는 시퀀스 제어계에 이용되는 기기, 기구, 장치의 각 부분 간 및 상호 간의 전기적 접속 관계를 나타내어 동작의 이해를 용이하게 한 접속도이다. 여기서는 시퀀스도를 그려 표시하기 위해 필요한 심벌의 조합에 대해 다음의 그림기호, 문자 기호, 제어 기구 번호의 3가지 나타내는 방법을 설명한다.

① 그림기호(graphical symbols)

기기, 기구를 단순하게 그리기 쉽게 도형으로 나타낸 것이다.

② 문자 기호(letter symbols)

기기, 기구의 명칭을 영어의 머리글자 조합에 의해 나타낸 것이다.

③ 제어 기구 번호(device number)

기구의 종류를 1~99의 숫자와 알파벳의 보조 기호를 조합함으로써 표시한다.

1 전기용 그림기호를 나타내는 방법

① 그림기호의 크기를 바꾸는 것은 자유이지만, 되도록 상이한 형으로 해야만 한다.

② 선의 두께를 바꾸는 것도 자유이다. 예를 들면 주요 기기와 보조 기기를 구별하거나 주회로와 제어회로를 구별하기 위해 같은 기호이더라도 선의 굵기를 바꿔 표현해도 된다.

③ 각 그림기호의 우견(右肩)에 IEC가 붙어 있는 것은 IEC 규격에 정합해 있는 것을 나타내어 참고로 하고 있다. 이 마크는 실제로 전기용 그림기호로 쓸 경우에는 기입하지 않는다.

④ 전기용 그림기호는 기본 그림기호, 전력용 그림기호, 전기 통신용 그림기호의 3부분으로 나누어져 있다.

- 기본 그림기호는 일반적으로 널리 전기 회로도에 적용한다.
- 전력용 그림기호는 주로 전기 기계 기구의 전기 접속 관계를 나타내는 도면에 적용한다.
- 전기 통신용 그림기호는 주로 전기 통신계에 있어서 장치 및 기기의 전기접속 관계를 나타내는 도면에 적용한다.

⑤ 전력용 접점으로서 a 접점(메이크 접점). b 접점(브레이크 접점)을 도시하고 있는데 ㄴ(갈고리 모양)은 접점이 폐로 상태에 있는 것을 나타내는 데에 사용하고 b 접점(브레이크 접점)인 것을 나타내는 데에 사용하는 것이 아니다.

2 시퀀스 제어에 이용되는 문자 기호

1) 문자 기호의 구성법

문자 기호는 일반 산업의 설비, 장치 및 기기의 시퀀스 제어계에 있어서 전기 계통의 전개 접속도에 주로 이용된다.

(1) 품목 기호의 배열과 지정

품목이란 시퀀스도 속에서 사용되는 전기 기기, 기구, 부품, 유닛 등 제어계를 구성하는 요소를 말한다.

① 품목 기호

품목의 구별, 동일 품목의 식별 등이 가능하도록 품목에 붙이는 기호를 말하고 다음의 4개의 블록으로 분류한다.

② 표현 방법

품목의 기호는 표시 부호를 사용해서 표현한다.

표시 부호는 주로, 블록 간의 구분에 이용하여 (=, +, -, :) 4종으로 한다. 단, 표시 부호는 도면상의 주에 따라 생략 또는 교체한다.

도면상 여백이 적을 때, 또는 품목 기호 일부분의 블록으로 그 품목의 식별이 가능한 경우는 (=, +, -, :)의 표현 방법의 불필요한 블록은 생략해도 좋다. 또 표현 순서는 변경해도 좋지만, 일련의 도면 내에서는 같은 순서로 한다. 각 블록에 기입되는 부호는 알파벳(A)과 아라비아 숫자(N)로 한다.

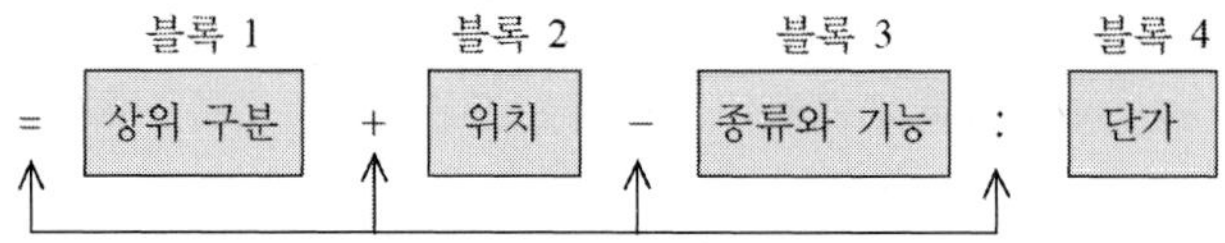

품목이란 전기기구, 기구, 부품, 유닛등 제어계를 구성하는 요소를 말하며 품목 기호란 품목의 구별, 동일 품목의 식별 등에 기호를 할당하는 기호를 말하며 표시 부호는 기호의 지정에 사용하는 부호로서 주로 블록 간의 구분에 사용된다.

일반기능의 지정용 문자 부하(블럭 3C에 해당)

부호	일반기능	부호	일반기능	부호	일반기능
A	보도	K	촌동	U	
B	운동의 방향	L		V	속도(가속, 제동)
C	계산	M	주	W	가산
D	미분	N	측정	X	승산
E		P	비례	Y	아날로그
F	보호	Q	상태(발진,정지,제한)	Z	디지털
G	시험	R	복귀, 소거		
H	신호	S	기억, 기록		
J	적분	T	시한, 지연		

㉠ 상위 구분의 지정 (블록 1)

표시부호 블록 1

= 상위 구분

어떤 품목이 설비, 장치, 기기, 시스템, 장소 등의 일부에 포함되지 않을 때 이들의 설비, 장치, 기기, 시스템, 장소 등을 그 품목의 상위 구분이라고 한다. 상위의 구분 지정은 일반적으로 문자의 조합이 이용된다.

㉡ 위치의 지정(블록 2)

표시 부호 + 블록 2(위치)

위치란 그 품목이 실치, 또는 배치되어있는 물리석인 위치를 발한다. 위치의 지정은 품목의 물리적인 위치를 신속하게 발견하는 것이 목적으로 물리적 위치를 나타내는 연속된 숫자 또는 좌표를 나타내는 문자를 이용해서 지정한다.

표시부호 블록 2

\+ 위치

일반적으로, 좌표를 나타내는 문자와 숫자를 교대로 나란히 지정하는데, 숫자만이라도 좋다.

㉢ 종류와 기능의 지정(블록 3)

표시부호	3 A	3 B	3 C
–	A	N	A(N)
	종류	숫자	기능

종류와 기능이란, 품목이 갖는 특유의 작용, 성질, 용도를 말한다. 종류와 기능의 지정은 원칙적으로 3부분(3A, 3B, 및 3C)으로 이루어진다. 부분 3B는 반드시 표시하지만, 부분 3A 또는 3C 혹은 그 양쪽은 부분 3B가 부족하므로 생략해도 좋다.

- 부분 3A는 품목의 종류에 대한 정보를 주는 것으로, 하나 또는 그 이상의 문자로 이루어져 있다.
- 부분 3B는 이 부분만이라도 그 품목을 식별할 수 있는 숫자, 또는 부분 3A, 3C가 같은 문자로 나타나 있는 복수의 품목을 구별하는 숫자이다.
- 부분 3C는 품목의 기능에 대한 정보를 주는 것이다.

㉣ 단자 기호의 지정(블록 4)

표시부호	블록 4
:	단가

품목의 단자를 명기할 경우는 블록 4에 지정된 표시 부호와 함께 도면상에 표시한다.

(2) 품목 지정의 예

① 전(全) 플랜트 속에서 그 품목의 위치를 지시하기 위해 상위 지정이 이용되고 있는 완전한 품목 명치의 예

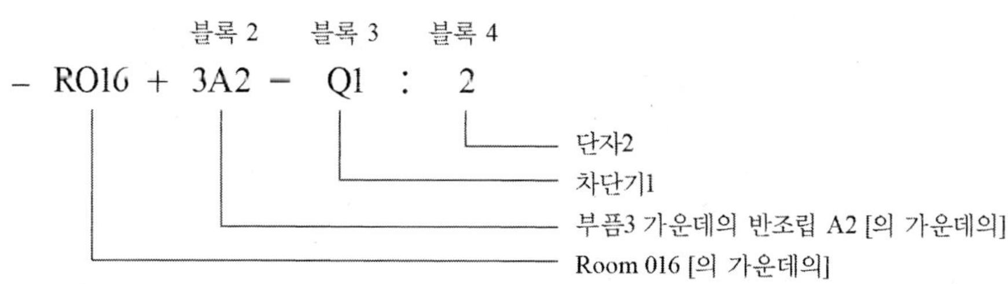

② 전(全) 플랜트 속에서 그 품목의 용도를 나타내기 위해 상위 지정이 이용되고 있는 품목 명칭

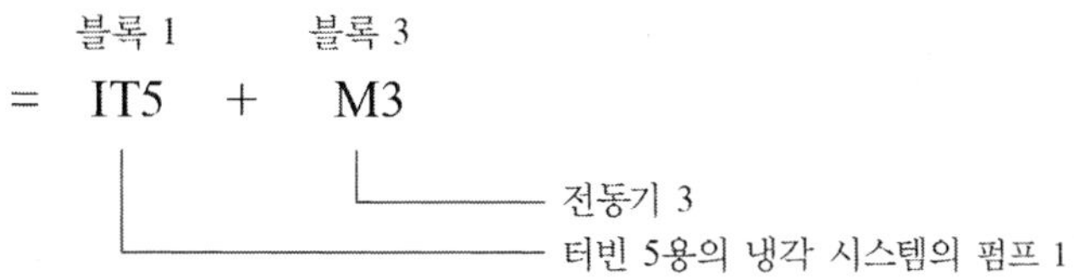

(3) 문자 기호의 예

문자 기호를 이용할 경우는 기기 또는 장치를 나타내는 기기 기호와 기기 또는 장치 완수 기능 등을 표시하는 기능 기호의 2종류로 하고, 양자를 조합해서 이용할 때는 다음과 같이 그려 나타낸다.

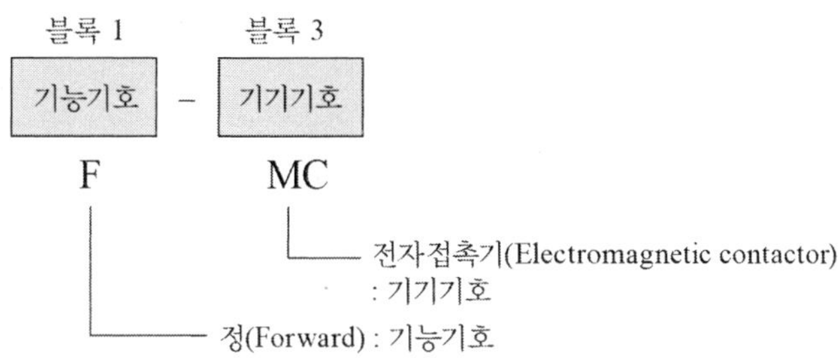

❸ 제어 기구 번호의 구성과 표시 방법

제어 기기에 정해진 1부터 99까지의 기본 기구번호와 기구의 종류, 성질, 용도 등을 나타내는 경우에 붙이는 알파벳의 보조 기호 및 동일 장치 내에서 동일인 것이 2개 이상 있을 경우에 붙이는 보조 기호로 구성되어 있다. 문자 기호 대신에 사용하는 것으로 디바이스·넘버라고 한다.

1) 기구번호의 구성방법

(1) 기본 기구번호만으로 기기의 용도 등을 표현할 수 있을 경우

예) 3 ← 조작 스위치(기기를 조작하는 것)

(2) 기본 기구번호-기본 기구번호의 조합에 의한 경우

단독의 기본 기구번호만으로 용도·종별을 표현할 수 없는 경우는 우선 기구 자신이 무엇인

가를 나타내는 기종명의 기본 기구번호를 먼저 나타낸다. 다음에 용도·종별을 나타내는 기본 기구번호를 붙여서 나타낸다. 숫자와 숫자 사이는 하이픈을 사용한다.

예) 43 - 95

[기종명] 전환 스위치 - [용도·종별] 주파수 계전기

기구 명칭 : 주파수 계전기 전환 스위치

(3) 기본 기구번호 - 보조 기호의 조합인 경우

기본 기구번호만으로 기기의 용도·종별을 표현할 수 없는 경우는, 기종명의 기본 기구번호를 먼저 나타내고 다음에 용도, 성질, 종류를 나타내는 보조 기호를 붙여 나타낸다. 기본 기구번호와 보조 기호와의 사이에는 하이픈은 사용하지 않는다.

예) 88 A

보기용 접촉기[기본 기구 번호] 공기 압축기[보조기호]

기구 명칭 : 공기압축기용 접촉기

(4) 기본 기구번호-기본 기구번호 – 보조 기호의 조합인 경우

예) 3 - 52G (조작 스위치 - 교류 차단기 · 발전기[보조기호])

기구 명칭 : 발전기 차단기용 조작 스위치

(5) 기본 기구번호 – 보조 기호 – 보조 기호의 조합인 경우

기본 기구번호 외에, 보조 기호가 2종류 이상 필요한 경우는, 다음 순으로 붙여 나타낸다. 일반적으로 기구번호에 붙이는 보조 번호의 기본 순서는 다음과 같다.

예) 20 WC (기구 명칭 - 냉각수 밸브)

2) 기타 구성 표시 방법

① 특별히 호, 회선, 전압 계급별을 나타낼 필요가 있는 경우에는 기본 기구번호에 100 및 100의 배수를 붙여 나타낸다.

(예) “1” 대신에 “101”, “201”, “301”과 같이 필요한 종별만 계열(系列)을 나눠 나타낸다.

② 먼 쪽 제어 등에 사용할 경우, 특별히 기구번호를 구별하고 싶을 때는 기본 기구번호에

900부터 차례로 100의 배수를 붙여 나타낸다.

(예) "1" 대신에 "901"부터 역으로 "801", "701" …… 과 같이, 필요한 구분수 만큼 계열을 나눠 나타낸다.

4.6 릴레이 시퀀스 특징

1) 장점

① 개폐기 부하 용량이 크다.
② 과부하에 견디는 힘이 크다.
③ 전기적 노이즈에 대해 안정하다.
④ 온도특성이 양호하다.
⑤ 입력과 출력이 분리될 수 있다.
⑥ 독립된 다수의 출력 회로를 동시에 얻을 수 있다.
⑦ 동작상태의 확인을 쉽게 할 수 있다.

2) 단점

① 소비전력이 비교적 크다.
② 접점이 소모되므로 수명에 한계가 있다.
③ 동작 속도가 늦다.
④ 기계적 진동·충격 등에 비교적 약하다.
⑤ 외형의 소형화에 한계가 있다.

4.7 시퀀스 기본회로

1 자기유지 회로

1) 정의

계전기 자신의 접점에 의하여 회로를 구성하고 기동을 유지하는 회로를 말하며 복귀 신호를 주어야 복귀하는 회로를 자기유지 회로(self hold circuit) 라고 말한다. 이 회로는 일단 입력이 한 번이라도 들어오게 되면 해제신호가 있을 때까지 출력을 유지하는 회로로써 기동신호와 복귀신호를 동시에 입력할 경우에 기동신호가 우선하여 신호를 내는 회로를 기동 우선 자기유지 회로라고 하고 리셋신호가 우선하여 출력을 내는 회로를 정지 우선 자기유지 회로라고 한다.

2) 릴레이 시퀀스 회로도

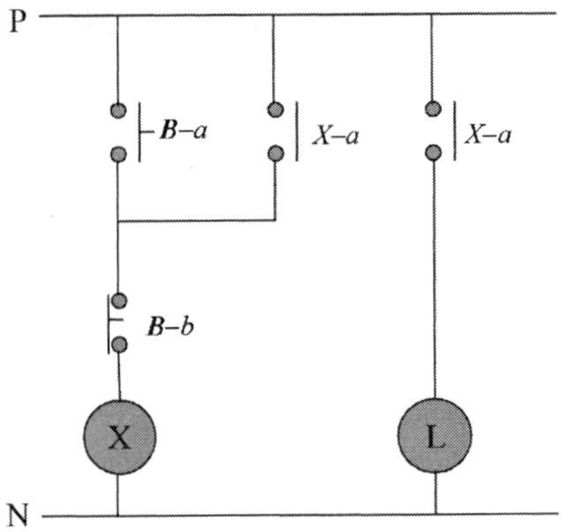

정지우선 자기유지 회로

3) 회로 설명

① PB-a를 누르면 릴레이 X가 여자되어 램프 L이 점등된다.

② PB-b를 누르면 릴레이 X가 소자되어 램프 L이 소등된다.

③ PB-a와 PB-b를 동시에 눌러도 PB-b가 우선되는 회로이다.

4) 논리회로도

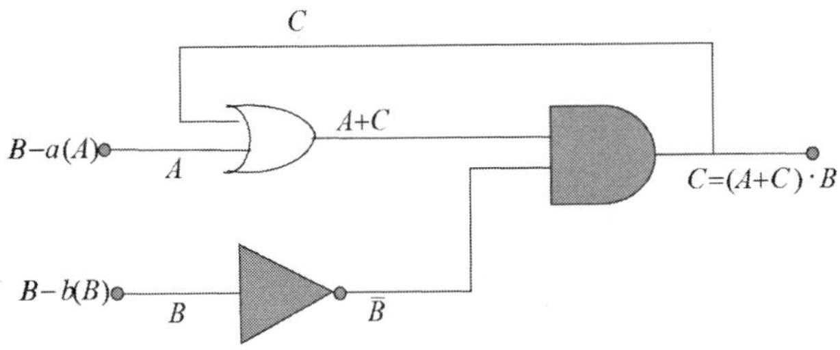

정지우선 자기유지 논리회로

5) 논리식 및 진리표

논리식	$Y=(X_1+Y)\cdot\overline{X_2}$	
진리표		
입력		출력
X_1	X_2	Y
0	0	0
1	0	1
0	1	0
1	1	0
복귀우선의 자기유지 회로의 경우		

6) 타임차트

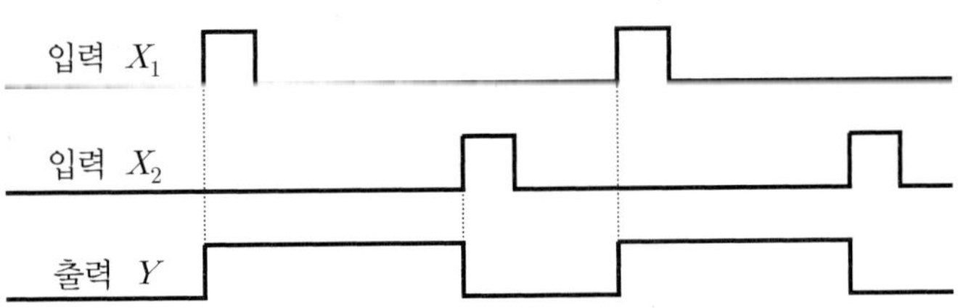

7) 기타

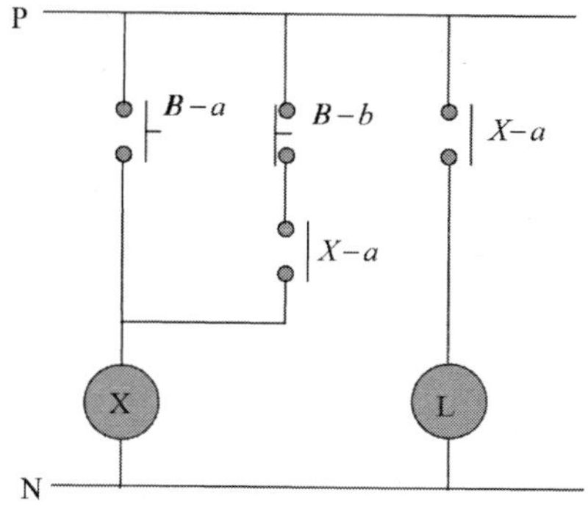

기동우선 자기유지 회로

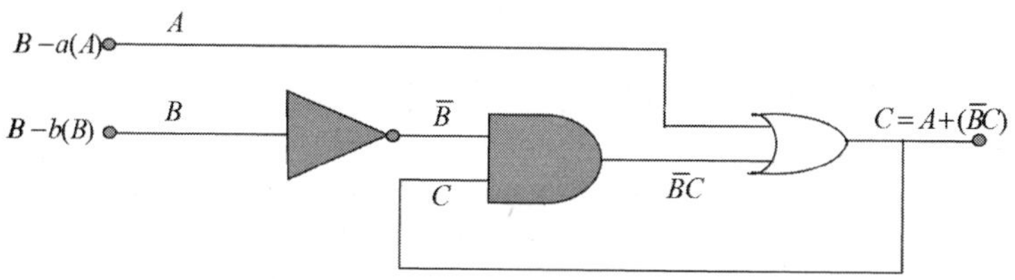

기동우선 회로 자기유지 논리회로

9) PLC 회로

정지우선 자기유지 회로를 GMWIN의 LD(ladder diagram)를 작성한 것이다. 이 프로그램에서는 변수 명에 "-"를 입력할 수 없다. 따라서 PB-a 스위치를 PB1으로 PB-b 스위치를 PB2로 변수 지정했다.

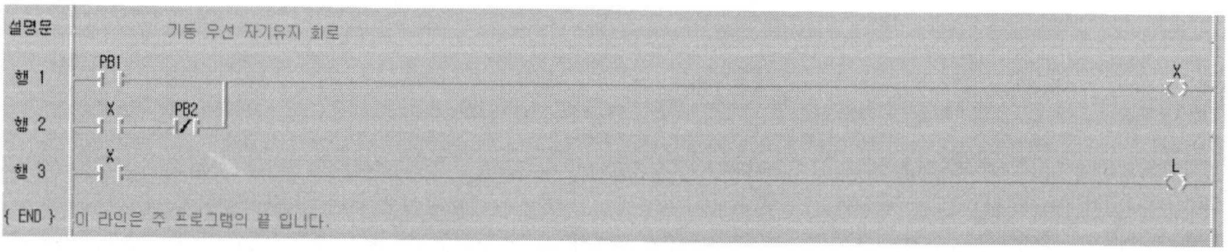

❷ 금지회로(inhibit circuit)

1) 정의

금지회로란 금지(NOT) 입력이 있으면 출력이 나타나지 않는 회로로써 AND 회로의 한 입력에 금지 입력으로써 NOT 회로를 조합시켜 이 금지 입력이 “1”이 되고 있는 동안은 절대로 AND 회로의 출력이 “1”이 되지 않는 회로를 말하며 인히비트 회로라고도 불린다.

2) 릴레이 시퀀스 회로도

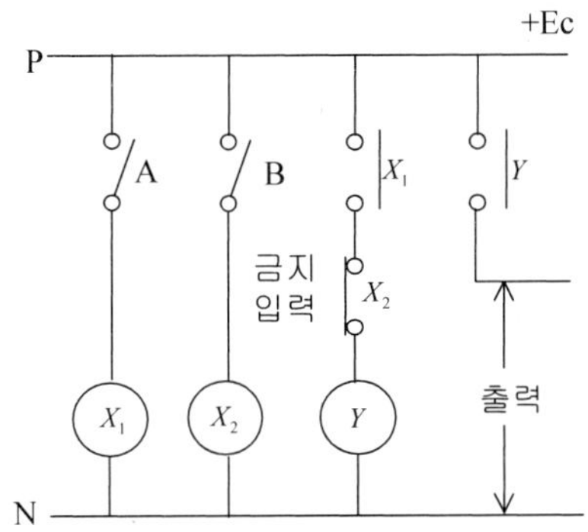

릴레이 금지회로

3) 회로 설명

① 스위치 A를 누르면 릴레이 X1과 Y가 여자되어 출력에 전압이 인출된다.

② 스위치 B를 누르면 릴레이 X2가 여자되어 릴레이 Y가 소자되어 출력에는 전압이 인출되지 않는다. 이러한 스위치 B를 금지 입력이라 한다.

4) 논리회로도

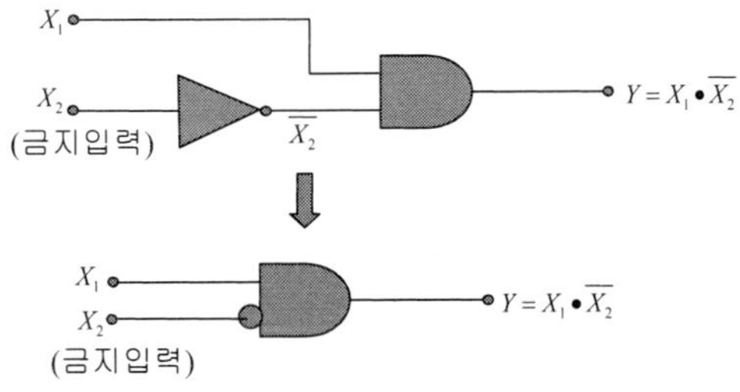

논리 금지회로

5) 논리식 및 진리표

논리식	$Y = X_1 \cdot \overline{X_2}$		
진리표			
입력			출력
X_1	X_2	$\overline{X_2}$	Y
0	0	1	0
1	0	1	1
0	1	0	0
1	1	0	0

6) 타임차트

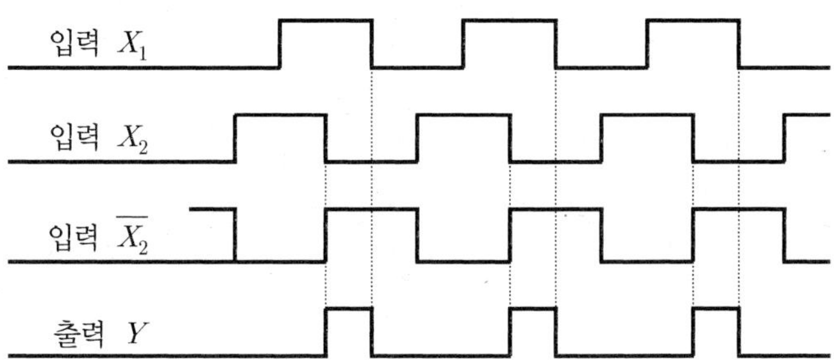

7) PLC 래더도

3 일치회로

1) 정의

두 입력이 모두 같은 상태로 일치할 때를 말하며 신호가 동시에 일치하고 있을 때와 일치하지 않을 때 출력이 "1"이 되는 회로를 말한다. 입력 접점 X_1, X_2 가 동시에 "1" 혹은 "0"일 때 출력이 발생하고 이들 입력 중 하나만 달라도 출력은 발생하지 않는 회로로써 피제어체로부터 신호와 설정치의 신호가 일치되었을 때만 다음 단계의 조작이나 지령 제어를 할 때 사용되는 회로이다.

2) 릴레이 시퀀스 회로도

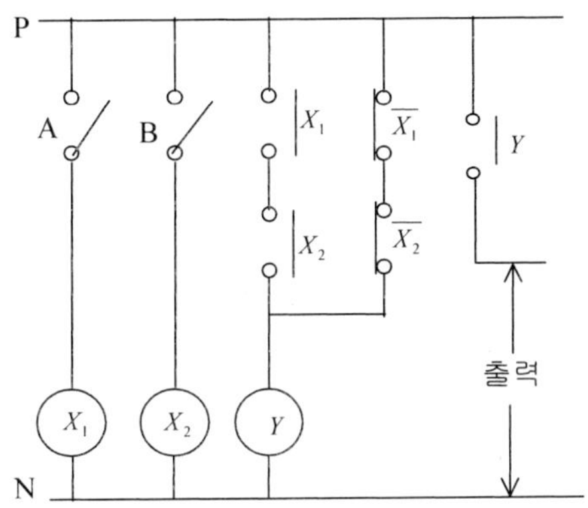

릴레이 일치회로

3) 회로 설명

① 회로에 전원이 인가되면 릴레이 Y가 여자되어 출력에 전압이 인출된다.

② 스위치 A나 B 중 어느 하나를 누르면 릴레이 Y는 소자되어 출력 전압이 나타나지 않는다.

③ 스위치 A와 B를 모두 누르면 릴레이 Y가 여자되어 출력에 전압이 인출된다. 따라서 스위치의 동작이 일치할 때만 출력이 나타나는 이러한 회로를 일치회로라 한다.

4) 논리회로도

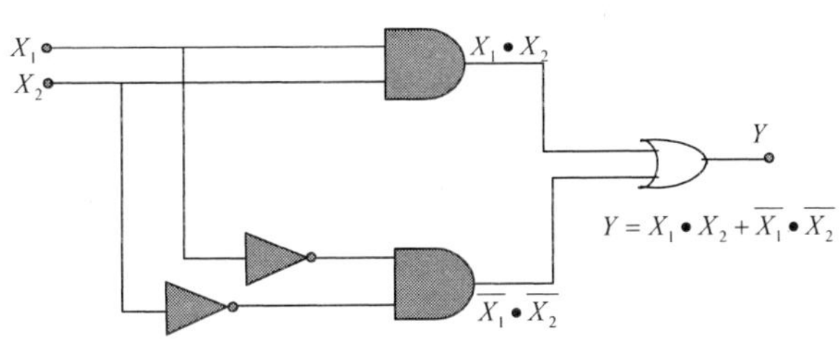

논리일치회로

5) 논리식 및 진리표

논리식	$Y = X_1 \cdot X_2 + \overline{X_1} \cdot \overline{X_2}$	
진리표		
입력		출력
X_1	X_2	Y
0	0	1
1	0	0
0	1	0
1	1	1

7) 타임차트

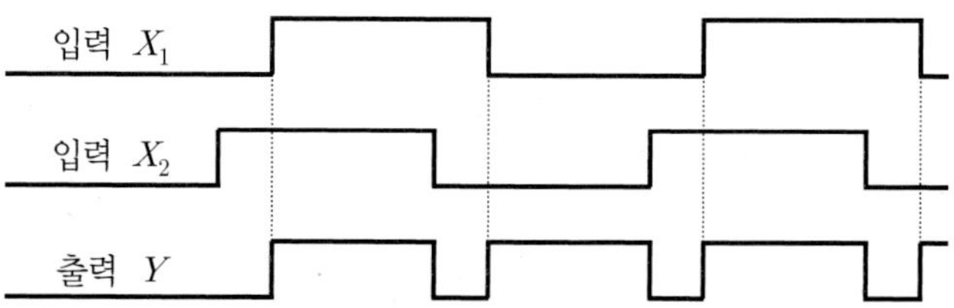

8) PLC 래더도

4 변환회로

1) 정의

하나의 입력 신호를 사용하여 두 개의 출력 중 어느 한쪽으로 출력하는 회로를 말한다.

2) 릴레이 시퀀스 회로도

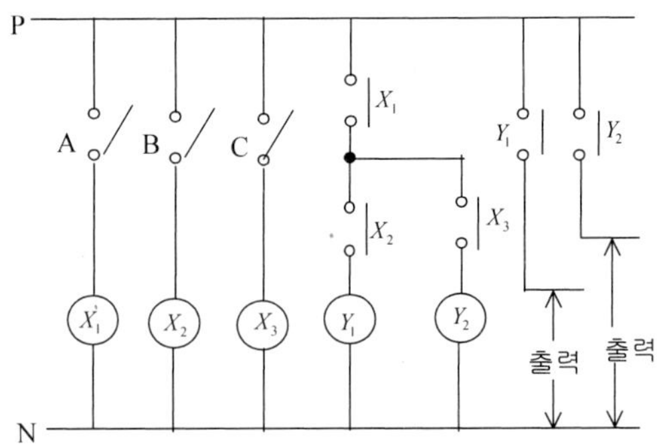

릴레이 변환회로

3) 회로 설명

① 스위치 A를 누른 후 스위치 B를 누르면 릴레이 Y1이 여자되어 출력 Y1에 전압이 인출된다.

② 스위치 A를 누른 후 스위치 C를 누르면 릴레이 Y2가 여자되어 출력 Y2에 전압이 인출된다. 따라서 이 회로는 스위치 A를 누른 상태에서 스위치 B와 C를 이용하여 출력을 변환하는 회로이다.

4) 논리회로도

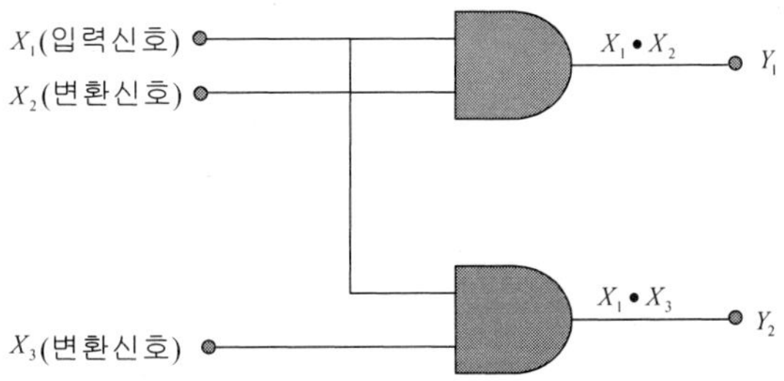

논리 변환회로

5) 논리식 및 진리표

논리식	$Y_1 = X_1 \cdot X_2,\ Y_2 = X_1 \cdot X_3$			
진리표				
입력			출력	
X_1	X_2	X_3	Y_1	Y_2
0	0	0	0	0
0	1	0	0	0
0	0	1	0	0
1	1	0	1	0
1	0	1	0	1

6) 타임차트

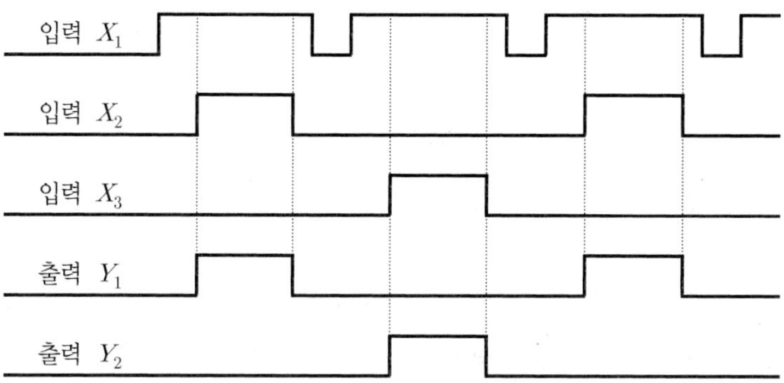

8) PLC 래더도

❺ 인터록 회로(inter-lock circuit)

1) 정의

운전자의 안전과 기기의 보호를 위하여 관련된 동작상태를 나타내는 접점을 사용하여 기기의 동작을 금지하는 회로를 인터록 회로라 말하며 두 개의 입력 중 먼저 작동한 것만 유효하고 다른 쪽은 입력 금지되는 회로로써 "선행동작 우선회로"와 "상대동작 금지회로"라고도 한다.

2) 릴레이 시퀀스 회로도

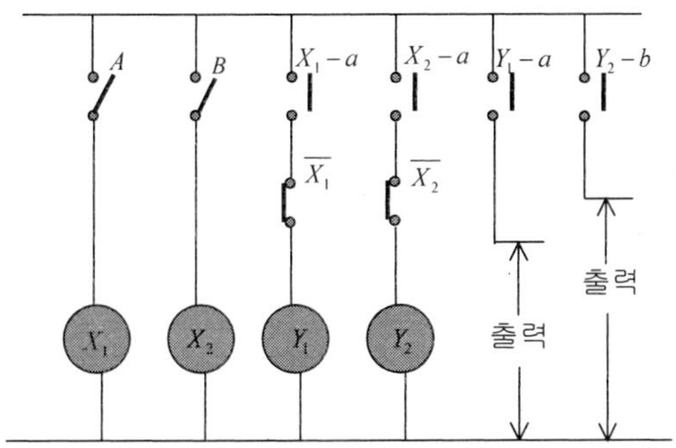

유접점 인터록 회로 (1)

3) 회로 설명

1. 스위치 A를 누르면 릴레이 X1과 Y1이 여자하여 출력에 전압이 인출된다. 이 상태에서 스위치 B를 눌러도 릴레이 Y1의 b 접점으로 릴레이 Y2는 여자되지 못한다. 이와 같이 하나의 출력이 나타나는 동안에는 다른 출력이 나타나지 못하도록 만든 회로를 인터록 회로라 한다.

4) 논리회로도

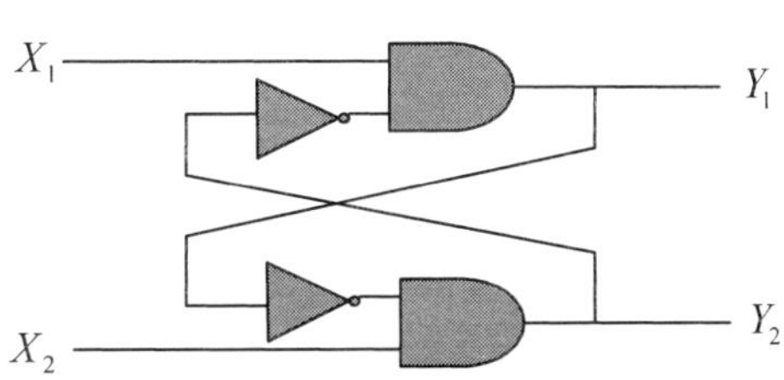

무접점 인터록 회로 (1)

5) 논리식 및 진리표

논리식	$Y_1 = X_1 \cdot \overline{Y_2},\ Y_2 = X_2 \cdot \overline{Y_1}$		
진리표			
입력		출력	
X_1	X_2	Y_1	Y_2
0	0	0	0
1	0	1	0
0	1	0	1

6) 타임차트

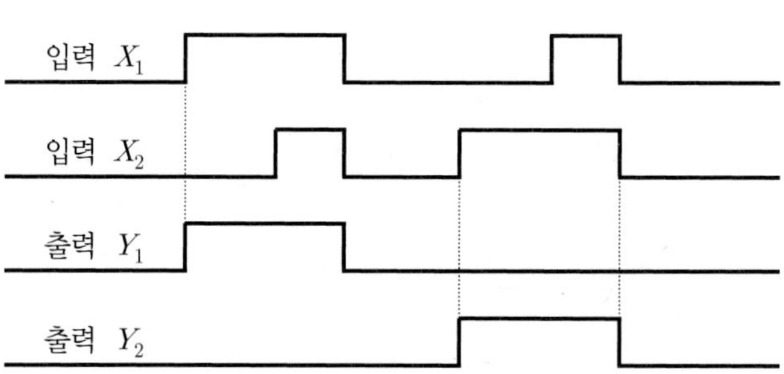

7) 기타

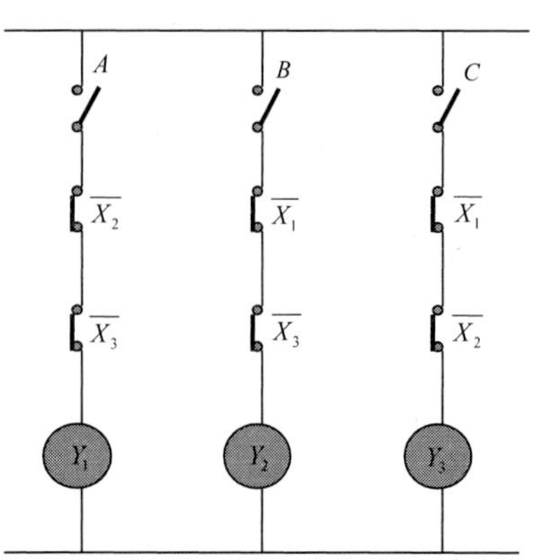

유접점 인터록 회로 (2)

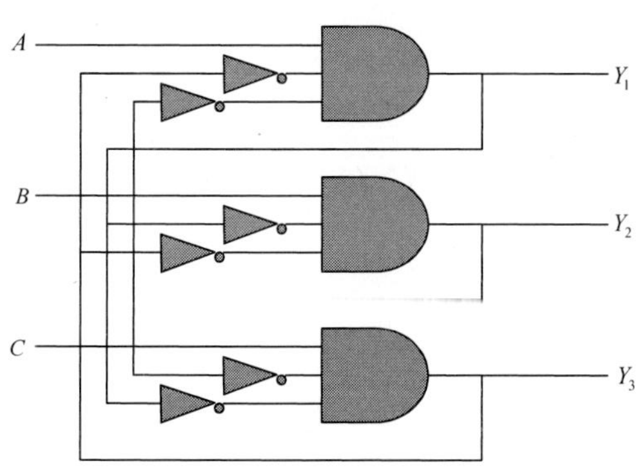

무접점 인터록 회로 (2)

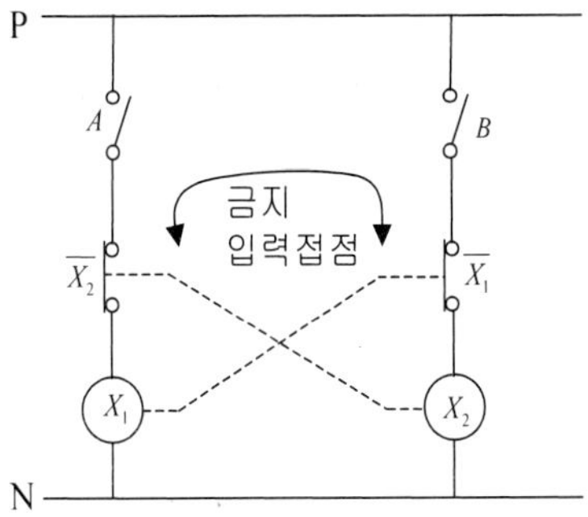

릴레이 인터록회로

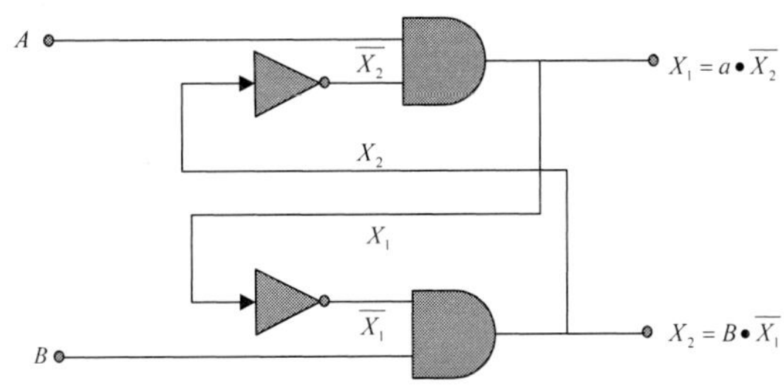

논리 인터록 회로

8) PLC 래더도

❻ 배타적 OR 회로

1) 정의

두 입력신호가 상반될 때 즉 서로 “1”과 “0”의 다른 상태일 때만 출력이 “1”로 되는 회로를 말하며 반일치회로라고도 한다.

2) 릴레이 시퀀스 회로도

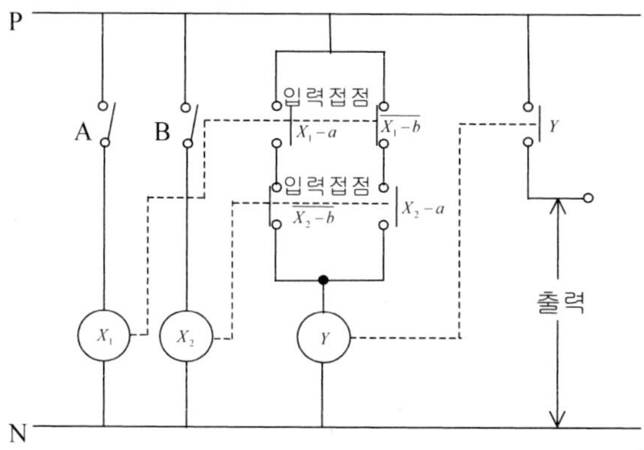

릴레이 배타적 OR 회로

3) 회로 설명

① 스위치 A를 누르면 릴레이 X1과 Y가 여자되어 출력에 전압이 인출된다. 이 상태에서 스위치 B를 눌러도 회로에는 영향이 없다.

② 스위치 A를 뗀 상태에서 스위치 B를 누르면 릴레이 X2와 Y가 여자되어 출력에 전압이 인출된다. 이같이 두 입력신호가 서로 상반될 경우에만 출력이 나타나는 회로를 배타적 OR 회로라 한다.

4) 논리회로도

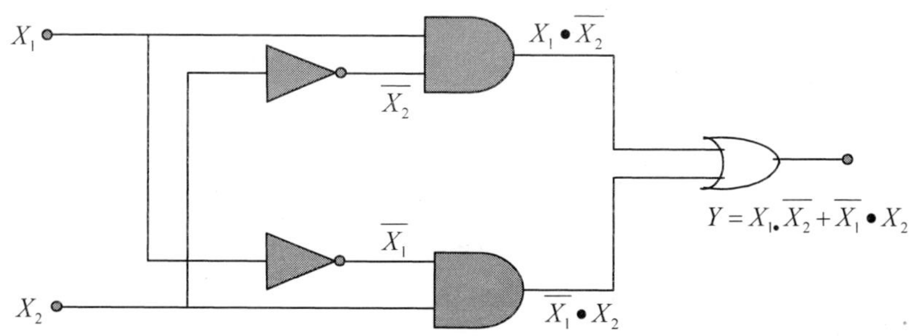

논리적 배타적 OR 회로

5) 논리식 및 진리표

논리식	$Y = X_1 \cdot \overline{X_2} + \overline{X_1} \cdot X_2$	
진리표		
입력		출력
X_1	X_2	Y
0	0	0
1	0	1
0	1	1
1	1	0

6) 타임차트

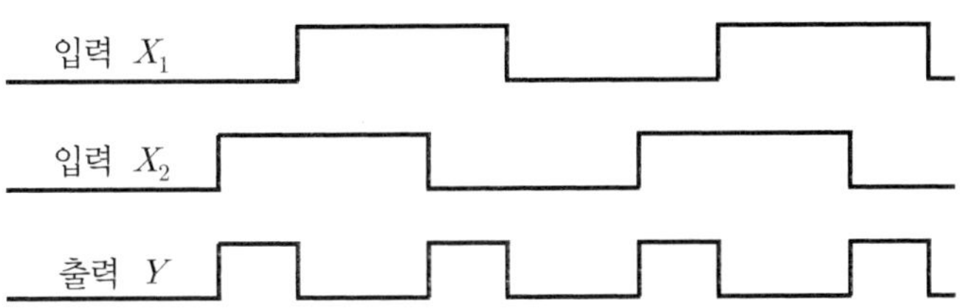

7) PLC 래더도

7 동작 지연 타이머(on delay timer)

1) 정의

동작 지연 전자 타이머는 가변 저항과 직렬로 접속된 콘덴서의 충전되는 전압을 트랜지스터로 검출하고 증폭하여 출력 계전기를 동작시킨다. 즉 입력신호를 준 후 설정시간 t초 후에 접점이

동작되는 것을 말하며 t초 후 닫히면 한시 동작 a 접점이라 하고 동작이 그치면 순간적으로 복귀해서 열리는 접점을 말한다. t초 후 열리면 한시 동작 b 접점이라 하고 동작이 그치면 순간적으로 복귀해서 닫히는 접점을 말한다.

릴레이 시퀀스에서 온 딜레이 타이머의 출력 접점을 한시동작접점, 순시복귀접점 또는 동작시간 지연 타이머라 하여 동작할 때 시간이 지연되고 복귀할 때는 순식간에 행하여진다.

2) 릴레이 시퀀스 회로도

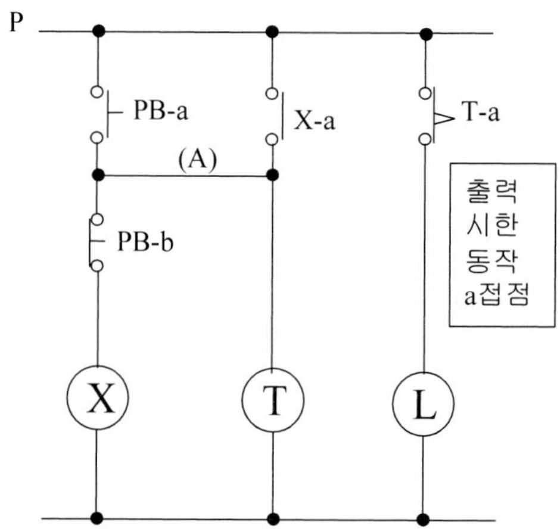

3) 회로 설명

① PB-a 스위치를 누르면 릴레이 X와 타이머가 여자된다.

② 타이머의 설정시간이 지난 후 램프는 점등된다.

③ PB-b 스위치를 누르면 램프는 바로 소등된다.

4) 타이머 접점의 논리기호

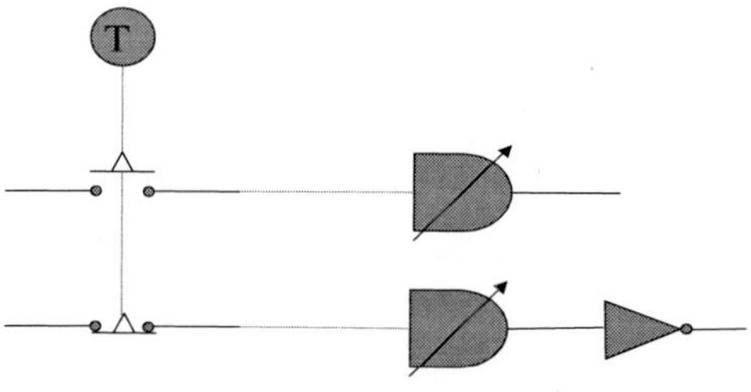

5) 논리회로

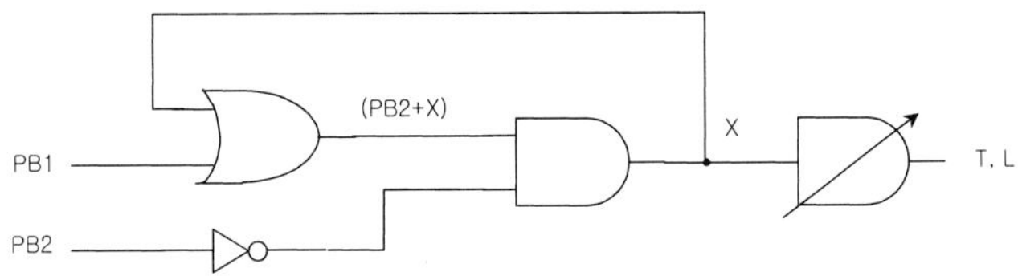

6) 타임차트

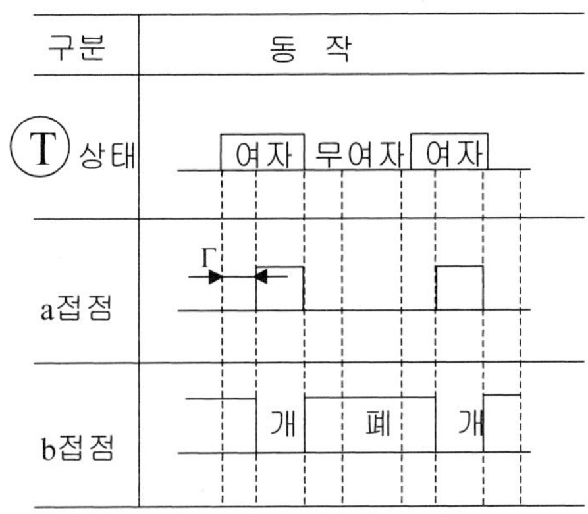

7) PLC

8 복귀 지연 타이머(off delay timer)

1) 정의

계전기 시퀀스에 있어서 복귀 시 지연 타이머의 출력 접점을 순시 동작, 한시 복귀 접점이라고 하고 동작은 순시에 이루어지나 복귀할 때는 시간 지연이 있는 접점을 말한다.

2) 릴레이 시퀀스 회로도

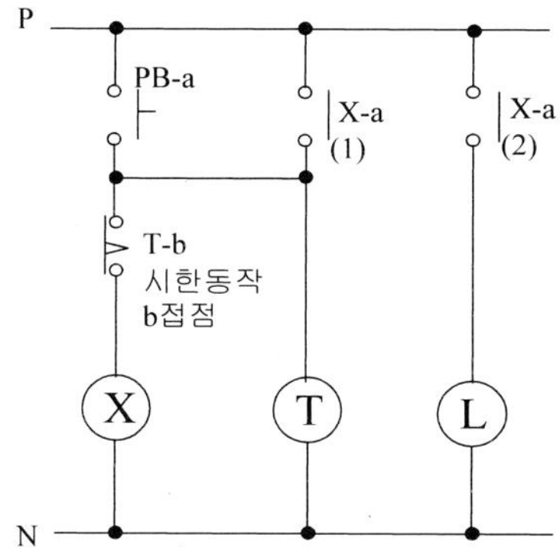

3) 회로 설명

① PB-a 스위치를 누르면 릴레이 X와 타이머 T가 여자되어 램프 L은 점등한다.

② 타이머의 설정시간이 지난 후 릴레이 X와 타이머 T 그리고 램프 L은 소등한다.

4) 타이머 접점의 논리기호

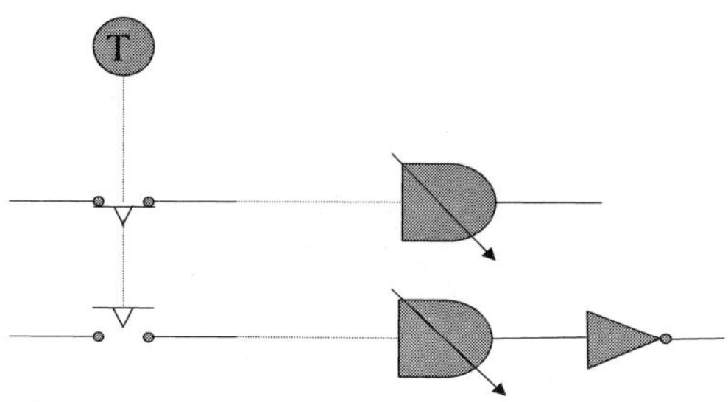

5) 논리회로

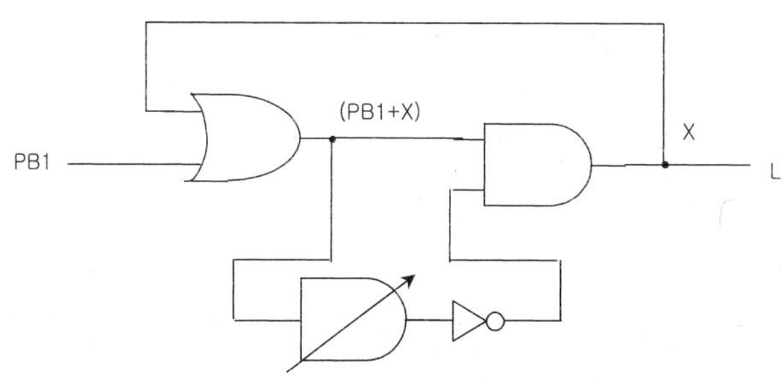

6) 타임차트

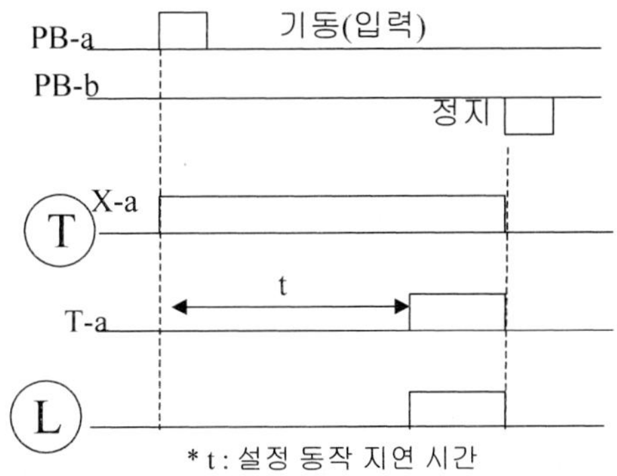

동작시 지연 시간회로

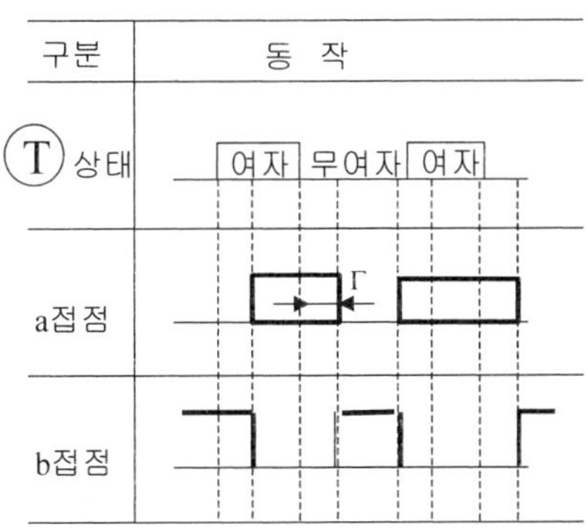

타임차트

7) PLC

9 순차 동작회로

1) 정의

입력이 입력되는 일정한 순서에 의해서 차례로 동작되는 회로를 순차 동작회로라 한다.

2) 릴레이 시퀀스 회로도

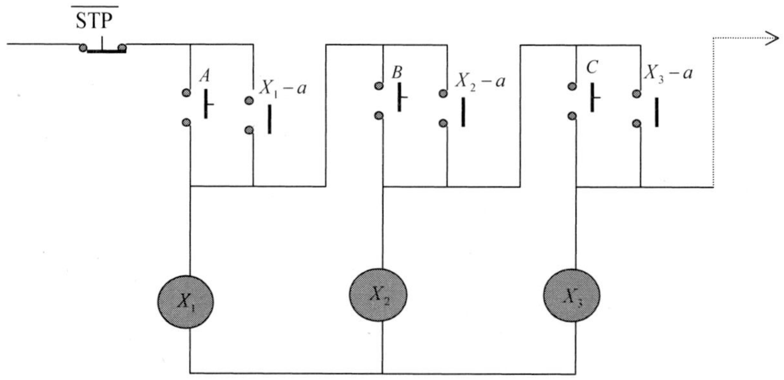

유접점 순차동작 회로

3) 회로 설명

① 스위치 A를 누르면 릴레이 X가 동작한다.
② 스위치 B를 누르면 릴레이 X2가 동작한다.
③ 스위치 C를 누르면 릴레이 X3가 동작한다.
④ 스위치 STP를 누르면 모든 릴레이는 소자한다.

4) 논리회로도

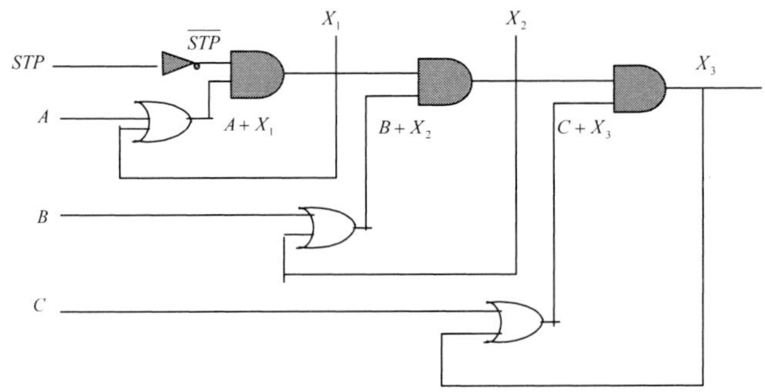

무접점 순차 동작회로

5) 논리식 및 진리표

논리식	$Y=\overline{STP}\cdot(A+X_1)\cdot(B+X_2)\cdot(C+X_3)$		
진리표			
입력			출력
X_1	X_2	X_3	Y
0	0	0	0
1	0	0	0
0	1	0	0
1	1	0	0
0	0	1	0
1	0	1	0
0	1	1	0
1	1	1	1

6) 타임차트

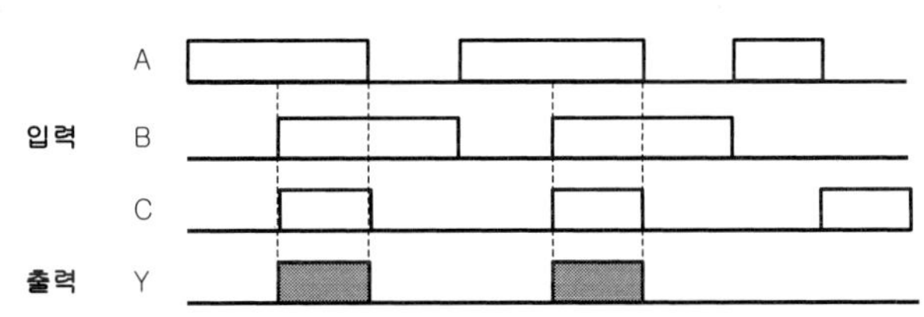

7) PLC 래더도

4.8 시퀀스 응용 회로

1 단상 유도 전동기

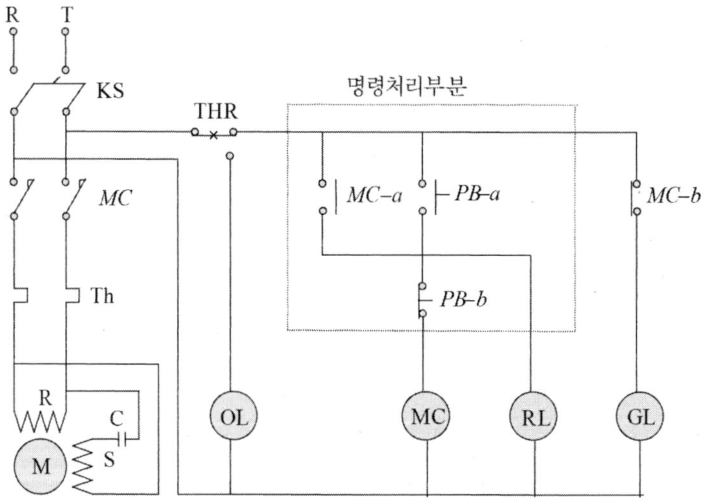

회로 운전 전동기의 유도 단상

❷ 3상 유도 전동기

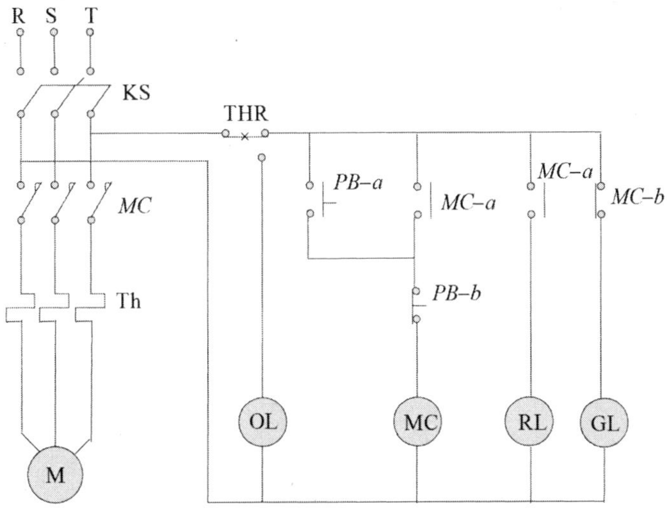

삼상 유도 전동기의 운전 회로

❸ 모터의 정지 및 정·역 회로

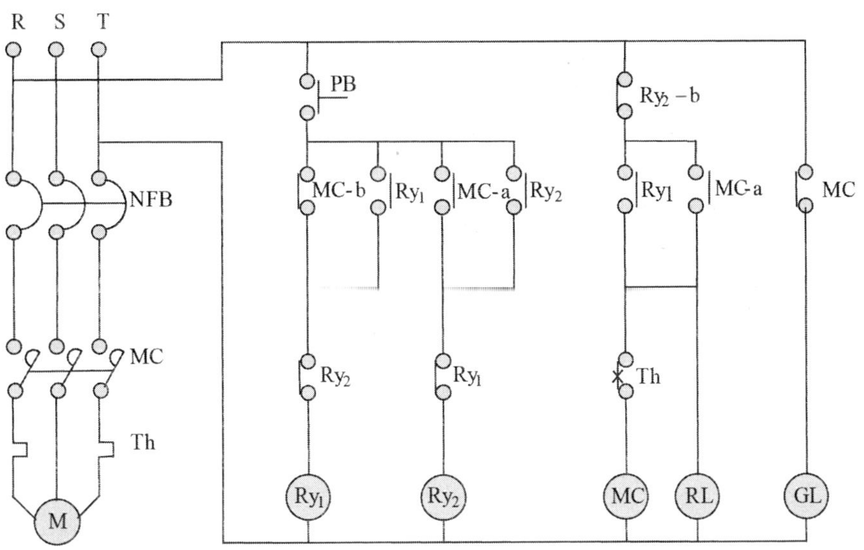

동작 사항

1. 버튼 스위치 PB를 누르면 릴레이 1 (Ry_1)이 여자되어 MC를 여자시켜 전동기는 기동되면 PB를 누르는 것을 중지해도 전동기는 계속 운전된다.
2. 다시 PB를 누르면 릴레이 2 (Ry_2)가 여자되어 MC는 소자되며 전동기는 정지한다.
3.다시 PB를 누르면 위의 동작을 반복한다.

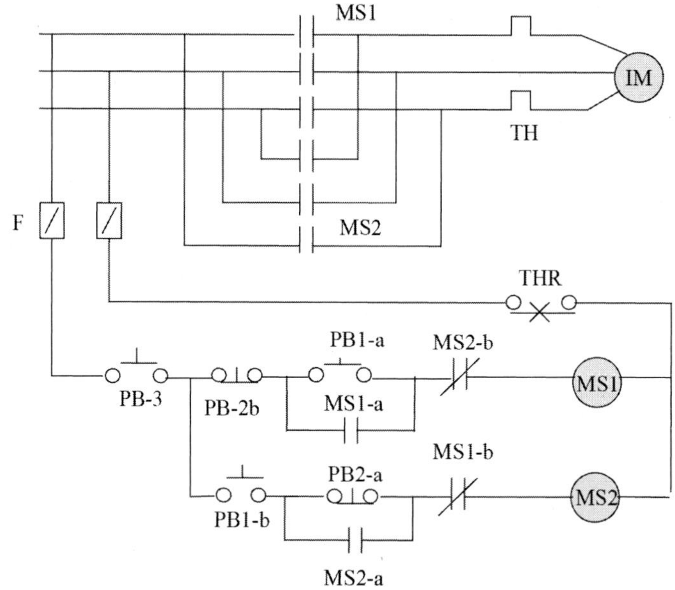

모터의 정지 및 정·역전회로

4 삼상유도 전동기의 스타-델타 장치 결선도

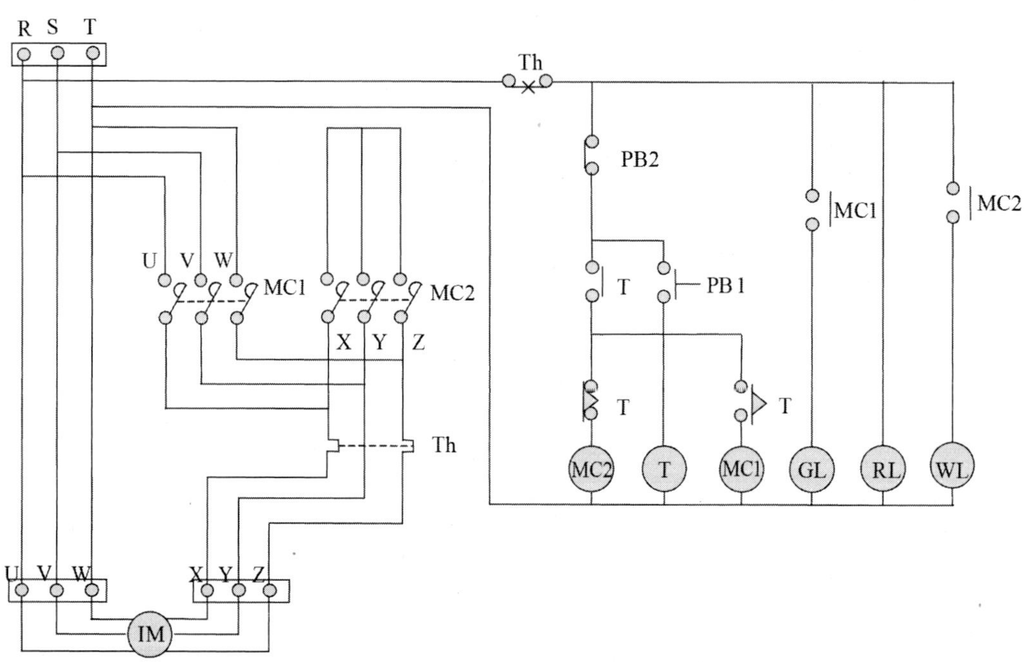

3상 유도전동기 △-Y기동 장치 결선도

⑤ 자동 3상 유도전동기 스타-델타 기동

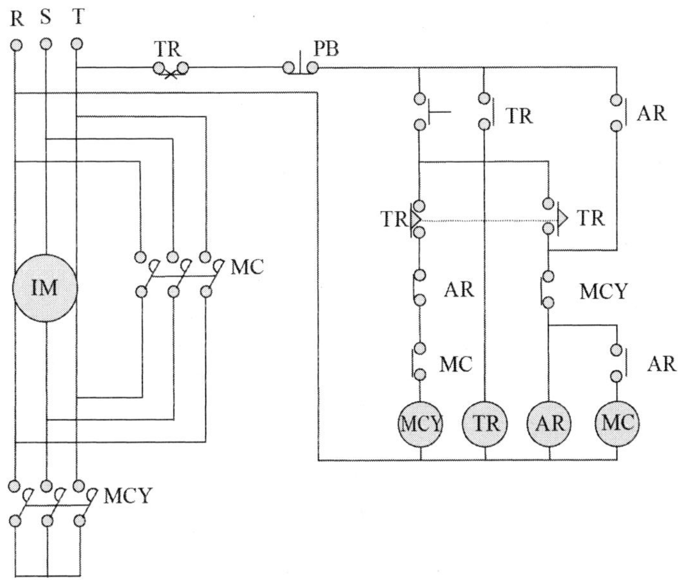

자동 3상 유도전동기 △-Y 기동 장치 결선도

⑥ 콘덴서 모터 정·역 운전회로

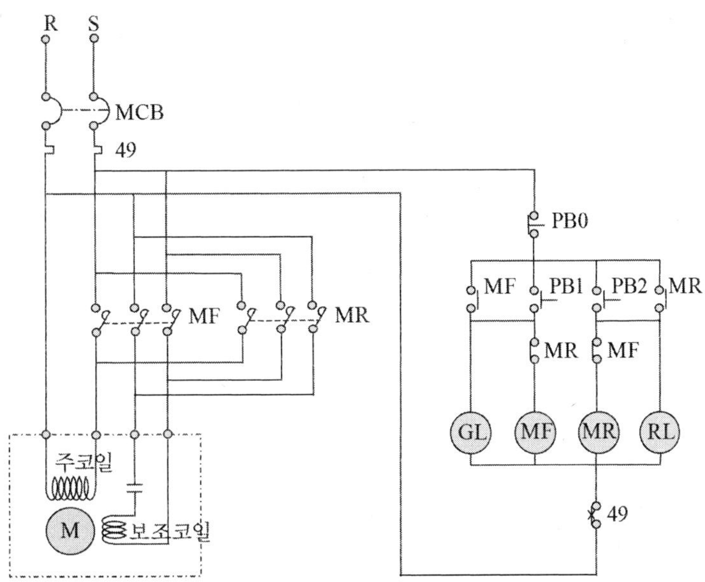

콘덴서 모터 정전 및 역전 운전 회로

7 3상 유도 전동기의 일정 시간 운전회로

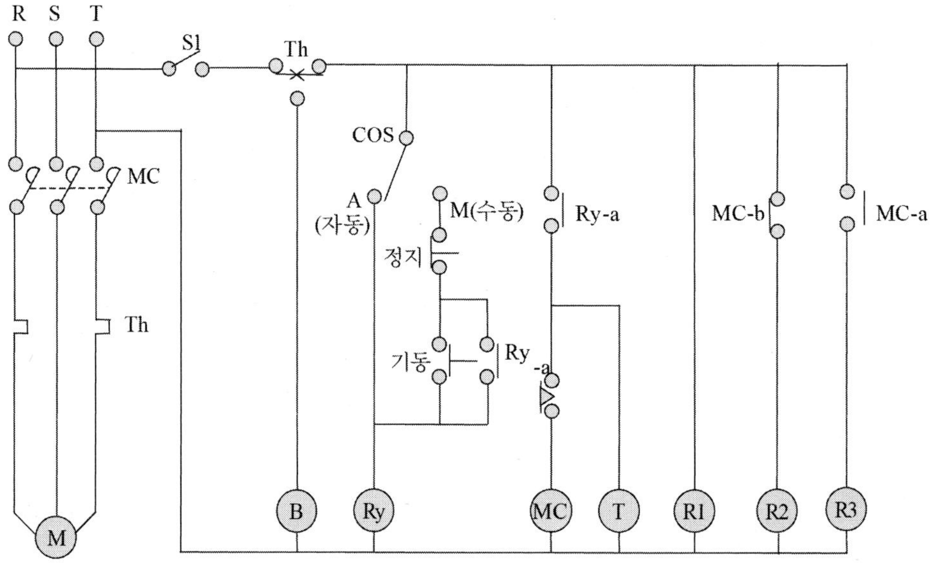

3상 유도 전동기의 일정시간 운전회로

8 3상 유도 전동기의 기동·촌동 회로

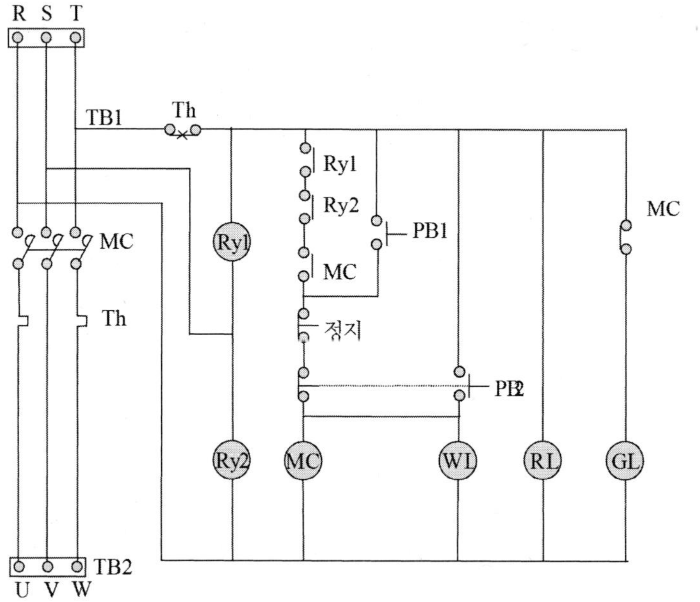

3상 유도 전동기의 기동 / 촌동 장치 결선도

제5장

논리 시퀀스

5.1 논리 시퀀스 정의

논리 시퀀스는 반도체를 이용한 무접점 계전기에 의해 구성되고 로직에 의한 회로와 이치에 맞는 생각이라는 뜻으로 논리회로에 의해서 구성된 제어회로를 말하며 논리적으로 분해한 최소의 기본 단위이다. 무접점 계전기란 가동 접점 부분이 없는 계전기를 말하는 것으로, 동작에서는 유접점 계전기와 다름이 없으나 다이오드, 트랜지스터, IC(집적회로) 등 반도체 소자를 사용한 계전기를 말한다. 논리 시퀀스에서는 상반하는 상태를 0와 1로 대응하여 전압이나 전류값의 고저 신호의 유. 무를 나타내고 유접점 시퀀스에서는 접점의 개폐, 상태를 나타낸다.

5.2 논리 시퀀스 기초

인간의 두뇌에 상당하는 시퀀스 제어의 명령처리부는 전압의 유무, 전류의 단속이라는 두 가지 상태가 안정해서 얻어지는 논리 소자로 구성된 논리회로이다. 그 회로의 전자계전기와 같이 기계적으로 ON-OFF 하는 가동 부분과 접점을 갖지 않는 다이오드, 트랜지스터 등의 반도체 스위치를 이용해서 회로 구성한 것이 논리 시퀀스 제어 회로이다. 릴레이 시퀀스 회로에 비해 소형이며,

경량, 고속 동작이 가능하다. 접점의 소모, 마찰이 없으므로 반영구적이다. 저소비 전력 등 많은 특징을 갖고 있다. 최근의 산업계는 합리화, 생력화의 급진에 따라 제어 장치도 복잡화하여, 논리 시퀀스 제어 회로로 이행이 이루어지고 있다.

1 반도체

물질을 전기적으로 보면, 전류를 흘리는 도체와 전류를 흘리지 않는 절연체가 있다. 그 도체와 절연체의 중간에 속하는 물질을 반도체라 한다. 저항률이 $10^3\ \Omega \cdot$cm부터 10 $\Omega \cdot$cm까지의 범위에 있다.

1) 반도체의 성질

반도체는 일반적으로 다음과 같은 성질을 갖고 있다.

① 전기 저항의 온도 계수가 "마이너스"이다. 온도가 상승하면 저항이 감소하는 성질을 갖고 있다. 금속인 경우는 온도가 상승하면 저항이 증가하는 성질을 갖고 있으므로 온도 계수는 "플러스"이다.

② 불순물의 함유에 따라서 전기 저항에 영향을 미친다.

③ 자기 효과, 광전 효과, 정류 작용 등의 현상을 갖고 있다.

2) P형 반도체

실리콘(Si)과 게르마늄(Ge)은 반도체로써의 성질을 완전하게 갖고 있으므로 전자 소자로써의 반도체에는 오로지 이들만 사용되고 있다.

실리콘(또는 게르마늄)의 결정 속에 3가 원자인 인듐(In), 갈륨(Ga), 알루미늄(Al) 등을 불순물로 소량 가해서 만든 반도체이다. 이 반도체는 전자가 부족하여 플러스 전하를 가진 정공(홀) 쪽이 많아진다. 전기를 나르는 역할을 하는 것이 정공이므로 Positive(정)의 머리글자를 따서 P형 반도체라고 한다. 불순물인 인듐, 갈륨 등의 원자는 전자를 항상 받아들이므로 억셉터라고 한다.

3) N형 반도체

실리콘(또는 게르마늄)의 결정 속에 5가 원자인 인(P), 안티몬(Sb), 비소(As) 등의 불순물을 소량 가해 만든 것이다. 이 반도체는 전자가 남아 과잉 전자가 되어, 마이너스 전하를 갖게 된다. 캐리어는 전자이므로 Negative의 머리글자를 따서 N형 반도체라고 한다.

불순물인 인, 안티몬, 비소 등은 전자를 주는 것이라는 의미에서 도너(donor)라고 한다.

2 다이오드

다이오드는 P형 반도체와 N형 반도체를 접합한 것으로 PN 접합 다이오드 또는 간단히 다이오드라고 한다. P형 및 N형 반도체에 각각 전극을 붙이고, P형 반도체 측을 애노드(Anode : 양극) [기호 A], N형 반도체 측을 캐소드(Cathode : 음극) 〔기호 K〕라고 한다.

다이오드에 저항 R을 연결하고, P형 측에 플러스, N형 측에 마이너스가 되도록 전지를 접속한다. 스위치 S를 닫으면 P형의 정공⊕은 N형 측의 마이너스 전위에 흡입되어 접합면을 넘어 N형 측에 이동한다. 전류 I는 플러스 전하의 이동하는 방향이므로 P형 측에서 N형으로 향해 흐르게 된다. 이와 같은 인가전압의 방향을 순방향 전압이라고 하고, 흐르는 전류를 순방향 전류라고 한다.

P형 측을 마이너스로 N형을 플러스가 되도록 전지를 접속해서 스위치 S를 닫는다. P형의 정공 ⊕는 마이너스극 측에 N형의 전자⊖는 플러스극 측으로 각각 흡입되어 접합면에는 정공, 전자가 거의 존재하지 않게 된다. 접합면에는 캐리어가 없는 결핍층이 생겨서 전류는 거의 흐르지 않는다(I≒0이다). 이와 같은 인가전압의 방향을 역방향 전압이라고 한다.

1) 다이오드의 스위칭 동작

다이오드는 순방향 전압을 가하면 전류가 흐르고, 역방향 전압에 대해서는 전류는 거의 흐르지 않는 성질을 갖고 있다. 이같이 다이오드에 가하는 전압의 방향에 따라 다이오드의 동작은 스위치의 ON/OFF에 대응하고 있으므로 스위칭 동작이라고 한다. 또, 이와 같은 동작을 하는 것은 정류 작용을 갖고 있다고도 말한다.

3 트랜지스터

트랜지스터는 1948년 미국의 벨 전화 연구소의 Bardeen, Brattain에 의해 발명되었다. 신호를 전송(transfer)하는 저항(resistance)의 문자를 취해 Tran-sistor가 되었다. 트랜지스터는 하나의 P형 반도체를 두 개의 N형 반도체로 샌드위치 모양으로 한 구조로 되어 있는 NPN형 트랜지스터와 N형 반도체로 Pgud 반도체를 샌드위치 모양으로 한 PNP형 트랜지스터가 있다. 각각에 금속 전극이 붙어 있어 단자가 나오고 있다.

① 베이스(Base)
기호 B : 기초의 의미를 나타낸다. 중앙의 얇은 반도체로, NPN형에서는 P형의 층, PNP형에서는 N형의 층을 말한다.

② 이미터(Emitter)
기호 E : 캐리어를 방출한다는 의미를 나타낸다.

③ 컬렉터(Collector)
기호 C : 캐리어를 모은다는 의미를 나타낸다.

1) NPN형 트랜지스터

무접점 릴레이에 자주 이용되는 NPN형 트랜지스터에 대해 그 동작을 설명한다.

(1) 컬렉터 C에(+)극, 이미터 E에(−)극이 되도록 전지 E [V]를 접속한 경우

① 이미터 측 N형 반도체의 전자 ⊖는 전지(-)극에 반발되어 이동한다. 그러나 베이스인 P형 반도체에는 (+)극 전하가 인가되지 않으므로 정공⊕, 전자⊖ 모두 접합면을 넘어 이동하는 일은 없다.

② 컬렉터 측 N형 반도체의 전자 ⊖는, 전지의 (+)극에 흡인되어 이동하지만 전자의 주입이 없으므로 결핍층이 생긴다. 이같이 N-P-N 구조 전체의 저항이 대단히 높아져 전류는 거의 흐르지 않게 된다.

(2) 베이스 B에 (+)극, 이미터 E에 (−)극이 되도록 전지 E [V]를 접속한 경우

① 베이스인 P형 반도체와 이미터인 N형 반도체는 PN 접합 다이오드가 되어 순방향 전압이 인가된 것으로 된다.

② 베이스의 정공⊕는 전지 (-)극에 흡인되어 〔전지(+)극에 반발된다〕 접합면을 넘어 이미터로 이동한다.

③ 이미터의 전자⊖는, 전지(+)에 흡인되고 〔전지(-)극에 반발된다〕접합면을 넘어 베이스로 이동한다.

④ 다이오드의 순방향 특성과 같은 원리로 베이스에서 이미터를 향해 전류가 흐른다. 이것을 베이스 전류라고 한다.

(3) 컬렉터 C와 이미터 E 간에 전지 E〔V〕를 베이스 B와 이미터 E 사이에 전지 E〔V〕를 각각 접속한 경우

① 베이스에(+)극, 이미터에(-)극이 되도록 전지 E를 접속하면 순방향 전압 E가 가해진 것으로 되므로, 베이스 전류 I가 흐른다.

② 다음에 컬렉터에 (+)극, 이미터에 (-)극이 되도록 전지 E를 접속한 경우에 대해 베이스 이미터 사이와 컬렉터 이미터 사이로 나눠 생각해 본다.

- 베이스에(+)극, 이미터 사이 : (1)인 때와 같으므로 베이스 전류 I가 흐른다.
- 컬렉터 이미터 사이 : 컬렉터 내의 전자⊖는, (+)극에 끌려서 이동한다. 컬렉터에 가해져 있는 ECE 전압은 베이스에 가해져 있는 EBE의 전압보다 훨씬 높은 플러스 전압으로 되어 있으므로 베이스를 향해 이동한다. 이미터 내의 전자⊖는 베이스를 빠져나가 (+)극의 전압이 가해져 있는 컬렉터에 유입한다. 바꿔말하면, 베이스인 P형 반도체는 0.5~5 μ(미크론)으로 대단히 얇으므로 이미터 전자 가운데 베이스 내의 정공과 결합해서 소멸하는 것은 극소수로 대부분의 전자는 접합면까지 달하고, 높은 플러스 전압이 가해져 있는 컬렉터 전압에 끌려서 이동한다.
- 컬렉터 측은 역방향 전압이지만 베이스 전류가 흐름에 따라 이미터 내의 전자의 대부분을 받아들일 수 있게 되어, 큰 컬렉터 전류가 그림의 방향으로 흐른다.

③ 트랜지스터가 동작할 수 있도록 가하는 작은 직류 전압 및 전류를 바이어스 전압, 바이어스 전류라고 한다.

④ NPN형 트랜지스터는 이미터 내의 전자가 캐리어(전기를 운반)의 역할을 하고 있다.

2) 트랜지스터의 스위칭 동작

동작 원리에서 설명한 바와 같이 트랜지스터에 흐르는 베이스 전류에 따라 트랜지스터의 동작은 다음의 세 가지 상태로 대별 할 수 있다.

① 차단 상태 : 베이스 전류가 흐르고 있지 않은 때는 컬렉터 이미터 사이에는 전류가 흐르지 않는다. 즉, 컬렉터 이미터 사이는 차단 상태(OFF 상태)이다.

② 포화 상태 : 베이스 전류가 흐르고 있을 때는, 컬렉터 이미터 사이에는 전류가 흘러 도통 상태가 된다. 즉(ON) 상태이다.

③ 활성 상태 : 차단 상태와 포화 상태와의 사이에 있는 상태로 증폭기로 이용된다.

이같이 트랜지스터의 차단 상태는 스위치와 전자계전기의 ON-OFF 기능과 대응하므로 트랜지스터는 스위칭 작용을 하게 되어 무접점 스위치로 이용된다.

(1) 베이스 전류·컬렉터 전류·이미터 전류의 관계

NPN형 트랜지스터에 베이스 전압 EBE 및 컬렉터 이미터 사이에 Ece 전압을 가했을 때, 베이스 전류 IE의 전류와 방향을 나타낸 것이다. 이미터에서 컬렉터에 대한 전류 증폭률을 α로 하면, 컬렉터 전류 IC는 다음 식으로 나타낸다.

$$IC = \alpha IE$$

$$IC + IB = IE$$

대입하면,

$$IC = \alpha(IC+IB)$$

$$IC = \alpha IC + \alpha IB$$

$$IC - \alpha IC = \alpha IB$$

$$IC(1-\alpha) = \alpha IB$$

$$\therefore\ IC=\frac{\alpha}{1-\alpha}\ I_B$$

지금,

$hFE = \dfrac{\alpha}{1-\alpha}$ 라고 하고,

활성 상태에서의 컬렉터 전류 IC와 베이스 전류 IB의 관계는 다음 식으로 나타낸다.

$$IC = hFE\ IB$$

hFE를 트랜지스터의 전류 증폭률이라고 한다.

(예) 이미터에서 컬렉터에 대한 전류 증폭률 α는 0.95~0.99라는 값이다.

지금, $\alpha=0.99$라고 하면, hFE = $\frac{\alpha}{1-\alpha}=\frac{0.99}{1-0.99}=99$가 되고 컬렉터 전류 IC는 베이스 전류 IB의 99배의 전류가 흐르게 된다.

(2) 이미터 접지 회로와 동작

트랜지스터를 이용한 회로 구성에는 이미터 접지 회로, 베이스 접지 회로, 컬렉터 접지 회로가 있다. 이미터를 접지하여 베이스를 입력, 컬렉터를 출력으로 한 이미터 접지 회로는 전류 증폭, 전압 증폭, 전력 증폭이 가능하므로 실제 논리회로에는 이미터 접지 회로가 이용된다. 이미터를 접지하고 이미터에 대해 베이스 컬렉터 모두 플러스의 전압을 가하므로 트랜지스터의 전자 및 정공의 움직임은 NPN형 트랜지스터의 동작 원리와 같다.

(3) 트랜지스터의 "ON"동작 상태

베이스 B에 EBE〔V〕의 전압을 가하면, IB ≒ $\frac{E_{BE}}{R_B}$의 베이스 전류가 이미터 E를 향해 흐르므로, 컬렉터 C에서 이미터 E를 향해 IC ≒ $\frac{E_{CE}}{R_C}$〔A〕의 컬렉터 전류가 흐른다.

이때, 트랜지스터는 ON 상태라고 한다. ON 상태로 하려면 컬렉터 전류 IC는 다음 식을 만족하도록 회로 설계를 한다.

$$\text{IC} \fallingdotseq \frac{E_{CE}}{R_C} < h_{FE} \cdot I_B$$

여기서, h_{FE} : 전류 증폭률

I_B : 베이스 전류

트랜지스터가 ON 상태일 때는, 컬렉터 이미터 사이의 저항은 거의 0이므로, 출력 전압 VCE는 접지와 같은 레벨이 되어 VCE≒0이 된다. 스위치가 폐(ON)한 상태로 대응한다. 이때, 출력은 L 레벨(Low Level)이라고 한다.

(4) 트랜지스터의 OFF 동작상태

베이스에 전압을 가하지 않은 상대로, 베이스 전류는 흐르지 않으므로 (IB=0), 컬렉터 전류도 흐르지 않는다(IC≒0). 이때 트랜지스터는 OFF 상태라고 한다. 컬렉터 이미터 사이는 높은 저항을 갖게 되어 출력 전압 VCE는 전원 전압 ECE와 같아진다. 이때 출력은 H 레벨(high level)이라고 하고 스위치가 열려(OFF)있는 상태와 대응할 수 있다.

오래 전에 버스에는 안내원이 있어서 정류장을 안내하고 승객의 타고 내림을 기사에게 알렸다. 그 지시에 따라 기사는 버스의 정차, 발차를 했다. 최근은 대부분이 자율 버스로 바뀌어 차내에 설치되어 있는 누름 버튼 스위치를 승객이 눌러 하차 지시를 기사에게 하도록 되었다. 차내에 설치되어 있는 누름 버튼 스위치 어느 것을 누르더라도 램프가 점등되고 버저가 울려 하차 의사를 기사에게 알릴 수가 있다. 이것은 a 접점을 가진 누름 스위치가 모두 병렬로 접속되어 있어 스위치의 병렬 회로가 램프, 버저에 직렬로 연결된 회로로 되어 있기 때문이다. 이같이 스위치를 조합함에 따라 정차의 유무 판단을 안내원을 대신해서 전기회로로 되어 있기 때문이다. 이같이 스위치를 조합함에 따라 정차의 유무 판단을 안내원을 대신해서 전기회로로 행하고 있는 것이 자율버스이다. 이와 같은 판단 기능을 갖춘 회로를 논리회로라고 한다.

자율 버스와 같이 누름 버튼 스위치의 a 접점을 모두 병렬로 접속하면, 어느 하나라도 스위치가 ON이 되면 램프와 버저가 동작하는 논리회로를 OR 회로라고 한다. 그렇지만 a 접점을 가진 누름 버튼 스위치를 모두 직렬로 접속하면 접점의 모두가 ON으로 되었을 때만 램프가 점등되고 버저가 울린다. 직렬로 접속되어 있는 어느 하나라도 OFF 상태이면 동작을 하지 않는다. 이와 같은 논리회로를 AND 회로라고 한다. 동작하면 열리는(OFF 하는) b 접점을 가진 누름 버튼 스위치를 접속한 회로에서는 스위치를 누르면, (ON 동작)램프가 소등하고 손을 떼면 점등한다. 이같이 입력을 부정해서 출력을 내는 논리회로를 NOT 회로라고 한다. 논리회로에는 전술한 바와 같이 OR 회로, AND 회로, NOT 회로의 세 가지 회로가 기본으로 되어 있다. 실제의 시퀀스 제어에서는 이 기본 기호를 조합해서 복잡한 판단 기능을 갖춘 논리회로로 구성되어 있다. 그래서 복잡한 판단 기능을 가진 논리회로를 만드는 데에 전자계전기 등 접점을 이용해서 구성하고 있는 것이 유접점 시퀀스이다. 같은 기능을 가진 논리회로를 다이오드와 트랜지스터에 의해 만들 수가 있다. 전술한 바와 같이 다이오드는 순방향으로 전압을 가하면 전류가 흐르고, 역방향으로 전압을 가하면 전류는 흐르지 않는 성질을 갖고 있으므로 스위치의 ON/OFF동작에 대응하고 있어, 스위치 대신에 다이오드를 사용해서 AND 회로와 OR 회로를 만들 수가 있다. 또 트랜지스터도 똑같이 스위칭의 작용을 하지만 트랜지스터인 경우는 스위치의 b 접점 동작과 대응하고 있고 입력을 부정해서 출력을 ON/OFF하므로 NOT 회로의 구성을 할 수 있다. 이같이 다이오드 등의 반도체 스위치를 이용한 것이 무접점 시퀀스이다. 복잡하게 보이는 시퀀스 제어 회로도 OR 회로, AND 회로, NOT 회로의 기본 논리회로로 되어 있는 것을 알 수 있다.

5.3 논리 시퀀스의 구성

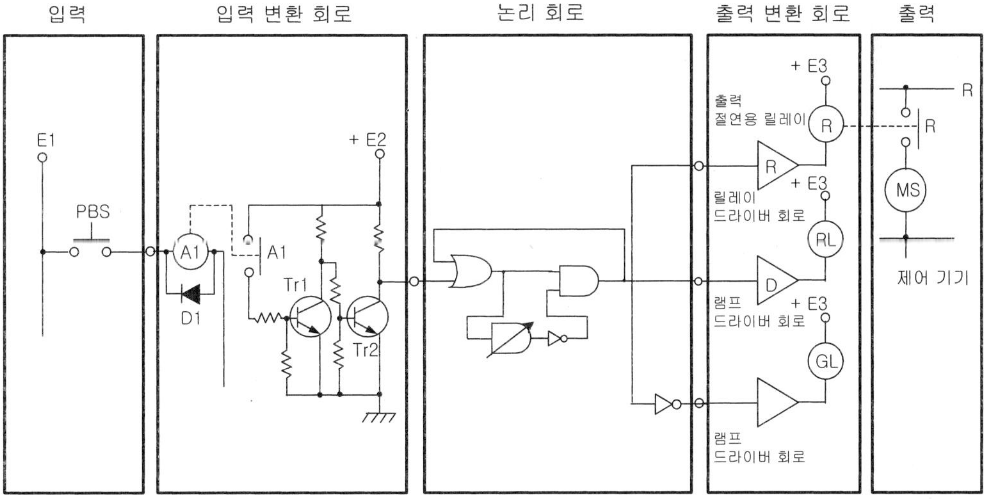

1) 입력 변환 회로

입력 변환 회로부는 외부로부터 신호를 받아 논리 연산부가 동작하기 쉬운 신호로 변환하는 작용을 말하며 전압 레벨을 변환하는 회로 입력 접점을 채터링 또는 입력배선에서 진입해 오는 노이즈를 흡수해서 필터회로 및 절연회로가 있다.

2) 논리회로부

논리회로부는 AND 회로, OR 회로, NOT 회로 등의 논리 소자에 의하여 자기유지 회로, 인터록 회로, 타이머 회로 등을 구성하고 이들을 조합하여 제어 대상의 부하를 제어하는 기능을 갖고 있다.

논리회로부는 가로 그리기로 표시하되 도면의 왼쪽에서 오른쪽으로 신호가 흐르도록 쓰는 (그리는)것을 원칙으로 한다.

3) 출력 변환 회로

출력 변환 회로는 논리회로부의 출력신호를 외부의 거리가 동작하는데 적당한 신호로 변환하여 출력하는 작용을 말하며 제어 대상의 부하에 적응하는 파워증폭기능을 갖는 파워앰프회로, 논리회로에 노이즈를 차단하는 절연회로 등이 있다.

1 입력변환 회로

1) 전압 레벨 변환 입력회로

무접점 시퀀스 회로에서는 DC 12 V, 6 V 등, 매우 낮은 전압을 사용하고 있으므로 100 V, 200 V 등 높은 전압 레벨로 사용되는 유접점 외부기기에 직접 연결하는 것은 곤란하다. 그래서 무접점 시퀀스 제어회로 내부의 전압에 맞는 레벨로 변환하기 위한 회로가 필요하다. 이를 위한 입력회로를 전압레벨 변환회로라고 한다.

(1) 저항 분압에 의한 전압 레벨 변환 입력회로

저항 분압에 의한 전압 레벨 변환 입력회로란 유접점 외부기기의 높은 전압레벨을 직렬로 접속한 저항기의 전압강하에 의하여 전압을 분압함으로써 무접점 시퀀스에서 사용하는 낮은 전압 레벨로 변환하는 회로를 말한다.

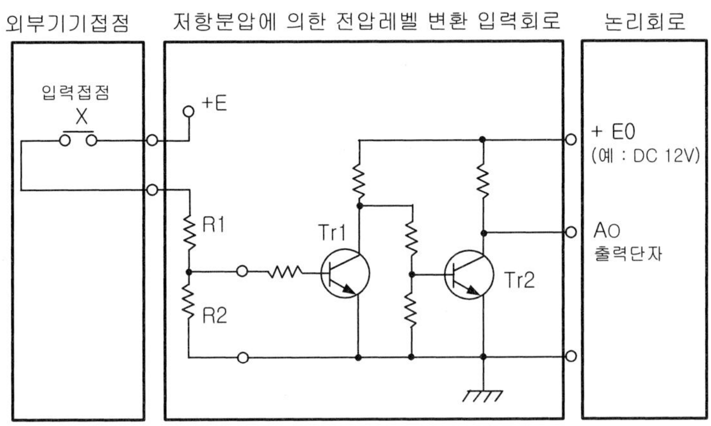

① 저항분압 방법

부하전압 I_2가 0[A]일 경우, 분배전압 V_2는

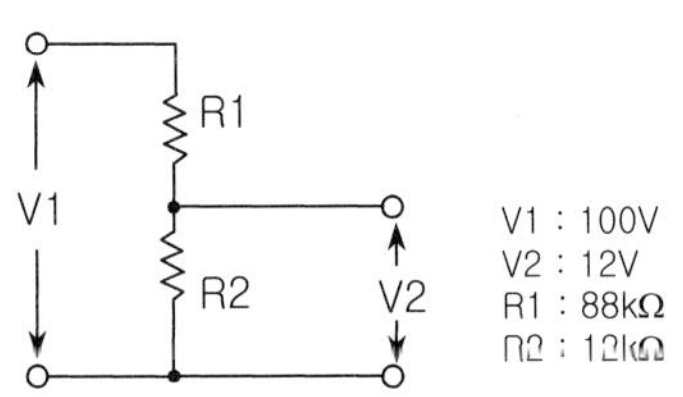

$$V2 = \frac{R_2}{R_1 + R_2} \times V_1 [\mathrm{V}]$$

부하전류가 I_2[A]일 경우는 $V_2 = \dfrac{R_2}{R_1 + R_2} \times V - I_2 R_1 [\mathrm{V}]$

각 저항기에 의한 소비전력을 줄이기 위하여 R_1, R_2는 높은 저항값을 고른다.

② 동작 설명

외부기기의 입력접점 X를 닫으면, 전압 +E를 저항 R_1과 R_2의 거의 같은 비로 분압한 전압 V가, 트랜지스터 Tr의 베이스에 인가되므로 출력 트랜지스터의 출력 단자에는 +E0의 전압이 생긴다. 즉, 입력 접점 X가 "1"로 되면 출력접점 A0도 "1"로 된다.

㉠ 외부기기의 입력 접점 X가 닫히면, 저항 R1과 R2에 전류가 흐르고 전압 +E를 저항 R1과 R2의 비로 분압한 전압 V가 단자 A1, A2에 생긴다.

㉡ 단자 A1, A2에 레벨이 변환된 전압 V가 생기면 트랜지스터 Tr의 베이스에 전류 IB가 흘러 은 Tr1" ON 상태"로 된다.

㉢ Tr1이 "ON 상태"로 되면 콜렉터전류 IC가 흐르므로 출력단자 a의 전압은 0[V]으로 된다.

㉣ Tr1의 출력단자 a의 전압이 0[V]이므로 출력 트랜지스터 Tr2의 베이스 전류 IB2는 흐르지 않아 Tr2는 "OFF 상태"로 된다.

㉤ Tr2가 "OFF 상태"이므로 콜렉터전류 IC도 흐르지 않고 따라서 출력단자 b의 전압은 +E0[V]로 된다.

㉥ Tr2의 출력단자 b의 전압이 +E0[V]이므로 출력 A0는 "1"로 된다.

2) 절연형 입력회로의 동작

절연형 입력회로란 외부회로가 노이즈가 나기 쉬운 회로이거나 외부로부터 무접점 시퀀스 회로까지의 배선이 유도 받기 쉬운 곳을 통과할 경우 무접점 시퀀스 회로를 외부회로와 직결하면 노이즈에 의하여 그 동작을 일으킬 염려가 있으므로 입력회로에서 이들을 절연함으로써 노이즈의 침입을 가능한 한 방지할 필요가 있다.

외부회로로부터의 노이즈를 차단하는 데는 입력회로를 전기적으로 분리시키면 되지만 이렇게 하면 입력신호를 무접점 시퀀스 회로에 전달시킬 수 있으므로 전기적으로는 직접 접속되지 않으나 신호를 전달할 수 있는 릴레이, 포토커플 등이 절연형 입력회로로 사용되고 있다.

(1) 릴레이에 의한 절연형 입력회로

릴레이에 의한 절연형 입력회로란 외부기기의 유접점 신호를 릴레이로 수신하고 소식 레벨의 신호로 변환하는 방식을 말하는데 외부회로란 릴레이의 코일과 접점에 의하여 전기적으로 절연되어 있는 회로를 말한다.

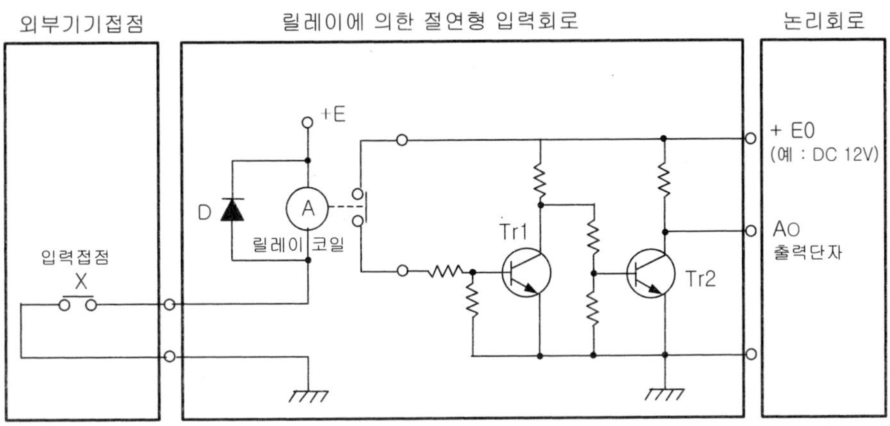

① 동작 설명

외부기기의 입력 접점 X를 닫으면 릴레이 A가 동작하여 접점 A를 닫고 트랜지스터 Tr을 "ON 상태"로 하므로 출력 트랜지스터 Tr2가 "OFF" 상태로 보며 출력단자 A0에 +E0의 전압이 생긴다. 즉, 입력접점 X가 "1"로 되면 출력, A0도 "1"로 된다.

㉠ 외부기기의 입력접점 X가 닫히면 릴레이의 코일 Ⓐ에 전류가 흐르므로 릴레이 A가 동작한다.

㉡ 릴레이 A가 동작하면 접점 A가 닫혀 트랜지스터 Tr1의 베이스 전류 IB1이 흐르고 Tr1은 "ON 상태"로 된다.

㉢ Tr1이 "ON 상태"이므로 콜렉터 전류 IC1이 흐르고 출력단자 a의 전압은 0[V]으로 된다.

㉣ Tr1의 출력단자 a의 전압이 0[V]이므로 출력트랜지스터 Tr2의 베이스 전류 IB2는 흐르지 않고 Tr2는 "OFF 상태"로 된다.

㉤ Tr2가 "OFF상태"이므로 콜렉터 전류 IC2는 흐르지 않고 출력단자 b의 전압은 +E0 [V]로 된다.

㉥ Tr2의 출력단자 b의 전압이 +E0[V]이므로 출력 A0는 "1"로 된다.

이 회로에 사용되는 릴레이로써는 일반적으로 리드 릴레이 또는 동등한 크기의 미니추어 릴레이 등이 흔히 사용되고 있으며 릴레이의 코일에는 흐르던 전류가 차단되었을 때 발생하는 역기전력에 의한 서지(surge)를 방지하기 위하여 다이오드 D를 병렬로 접속하고 있다. 그리고, 이 회로에서는 릴레이의 채터링이 발생하므로 그 제거를 위하여 채터링 방지 회로를 별도로 설치할 필요가 있다.

(2) 포토커플러에 의한 절연형 입력회로

포토커플러에 의한 절연형 입력회로란 외부기기의 유접점 신호로 포토커플러의 발광다이오드를 발광시켜 그 광신호를 포토트랜지스터로 수광한 다음 전기신호로 변환하여 무접점 시퀀스 회로에 전달하는 방식의 회로를 말한다.

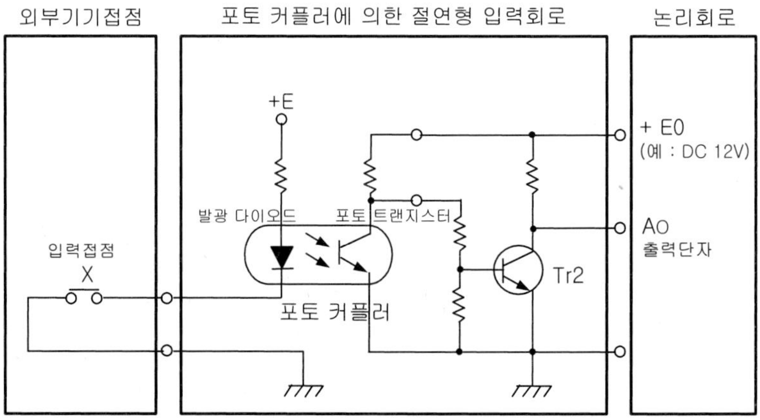

① 동작 설명

외부기기의 입력접점 X를 닫으면 포토커플러의 발광 다이오드에 전류가 흘러 발광하고 그 광에 의하여 포토트랜지스터가 "ON상태"로 되므로 출력 트랜지스터 Tr1이 "OFF 상태"로 되고 출력단자 A0에 +E0의 전압이 생긴다. 즉, 입력 접점 X가 "1"로 되면 출력 A0도 "1"이 된다.

㉠ 외부기기의 입력접점 X가 닫히면 포토커플러의 발광 다이오드에 전류가 흐르므로 발광 다이오느가 발광한다.

㉡ 포토커플러의 발광 다이오드의 광을 포토트랜지스터가 수광하면 포토트랜지스터에 베이스 전류가 흐르고 "ON상태"로 되므로 그 출력단자 a의 전압은 0〔V〕로 된다.

㉢ 포토트랜지스터의 출력단자 a의 전압이 0〔V〕이므로 출력 트랜지스터 Tr1의 베이스 전류 IB1이 흐르지 않고 TR1은 "OFF 상태"가 된다.

㉣ Tr1이 "OFF 상태" DLAMFH 콜렉터전류 IC1은 흐르지 않고 따라서 출력단자 b의

전압은 +E0[V]로 된다.

ⓜ Tr1의 출력단자 b의 전압이 +E0[V]이므로 출력 A0는 "1"로 된다.

포토커플러(Photo Coupler)란, 전기신호를 일단 발광소자에 넣어 광신호로 바꾸고 그 광신호를 포토트랜지스터 등의 광전변환 소자에 의하여 다시 전기신호로 변환하는 것을 말하며 절연된 공간을 광으로 신호의 전달을 하므로 절연성과 전달 속도가 빠른 것이 특징이다.

(3) 채터링 방지 입력회로

외부기기의 접점으로서는 스위치나 릴레이 접점이 사용되고 있으나, 이들 접점에는 닫힐 때 반드시 채터링(접점 투입 시에 접점이 충돌하여 단시간 동안이 ON, OFF 하는 현상)이 발생한다. 접점의 채터링 현상이 있는 채로 무접점 시이퀀스 회로에 입력하면 반도체 회로에서는 ns(10-9초)의 속도로 응답하므로 입력한 "1"또는 "0"으로 오동작될 염려가 있다.

* 입력접점에 채터링이 있더라도 무접점 시퀀스 회로에 신호로써 전달하지 않도록 하는 회로를 채터링 방지 입력회로라 한다.

(4) 플립플롭에 의한 채터링 방지 입력회로

외부기기의 입력접점이 변환접점의 경우 R-S 플립플롭 회로를 사용하면 접점의 변환에 의하여 채터링이 발생하더라도 출력에는 깨끗한 파형으로 나타난다.

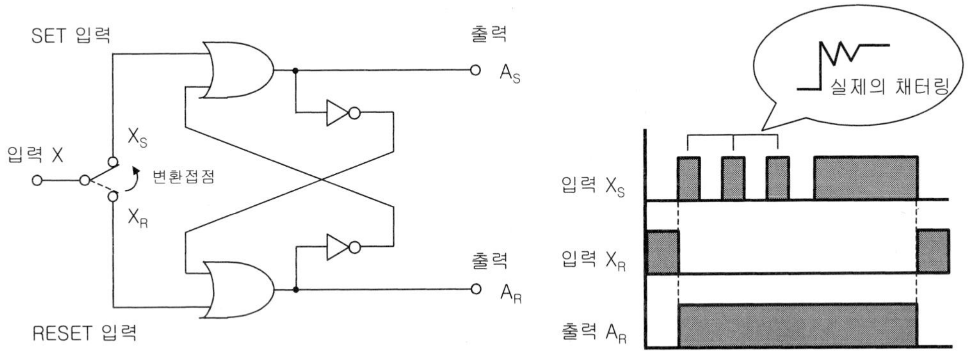

입력접점 X를 리셋입력 XR 쪽에서 셋입력 XS 쪽으로 변환했을 때, XS 쪽에서 채터링이 발생하면 플립플롭은 채터링 파형의 첫 번째 펄스에 응압하여 셋상태(출력 As의)로 된다. 다음에 채터링에 의한 펄스가 들어오면, 셋입력이 복수 회 가해지는 것이 되므로 출력 AS(1)로 바뀌지 않으므로 채터링을 방지할 수 있는 것이다.

2 논리회로

입력 변환 회로를 거쳐 들어오는 신호는 2치 신호로 상반되는 값이다. 이 상반되는 2개의 값을 이용한 소자를 사용하여 판단기능을 갖춘 전기회로를 논리회로라 한다. 이 논리회로는 제어회로를 구성하는 핵심이라 말할 수 있다.

1) 기본 논리회로의 종류

논리회로의 기본은 논리곱인 AND 회로, 논리합인 OR 회로, 반전인 NOT 회로이다. 또한 AND와 NOT을 조합하여 NAND와 OR와 NOT을 조합한 NOR도 광범위하게 사용된다.

2) 논리기호 : 논리연산 혹은 불연산을 기호로 표시한 것이다.

3) 논리식 : 논리연산 혹은 불연산을 수학적 식으로 표시한 것이다.

4) 타임차트 : 시간적 흐름에 따른 논리회로 동작을 시각적으로 표시한 것이다.

5) 부울대수

(1) 부울대수의 정리

OR 연산에 관한 정리	AND 연산에 관한 정리
① $A+0 = A$	② $A \cdot 1 = A$
③ $A+1 = 1$	④ $A \cdot 0 = 0$
⑤ $A+A = A$	⑥ $A \cdot A = A$
⑦ $\overline{A}+A = 1$	⑧ $\overline{A} \cdot A = 0$

① A+0 = A

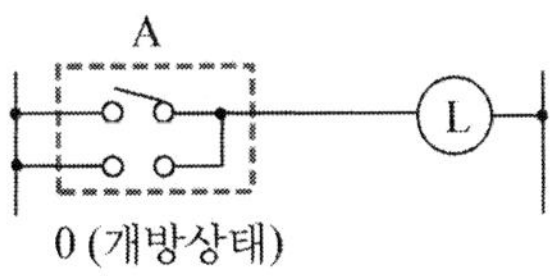

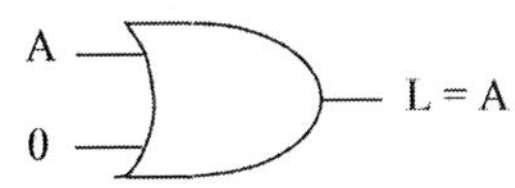

A	0	L
0	0	0
1	0	1

② A·1 = A

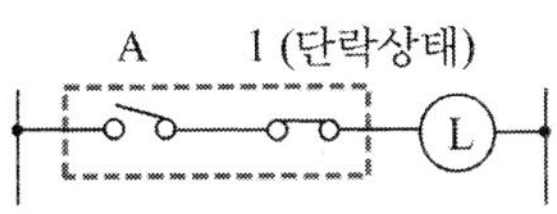

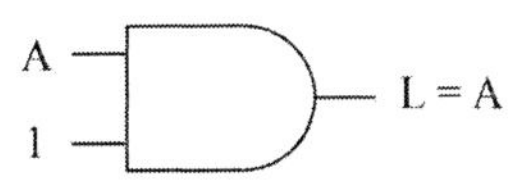

A	1	L
0	1	0
1	1	1

③ A+1 = 1

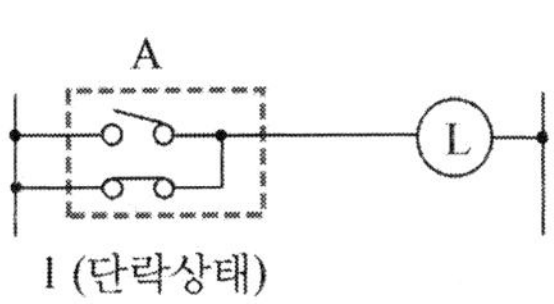

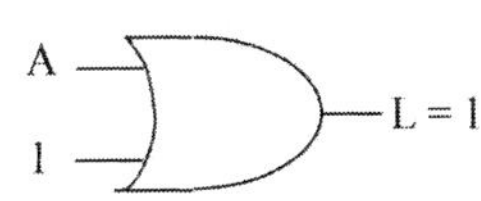

A	1	L
0	1	1
1	1	1

④ A·0 = 0

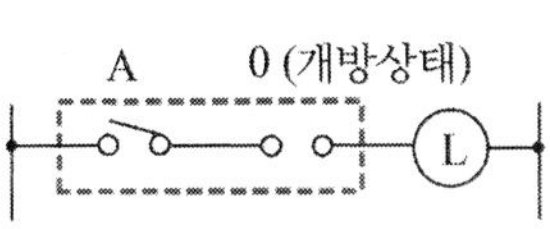

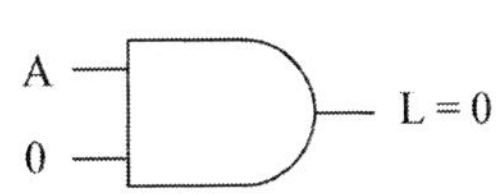

A	0	L
0	0	0
1	0	0

⑤ A + A = A

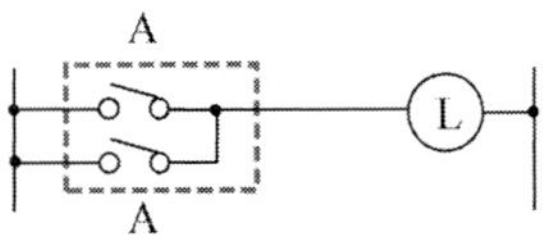

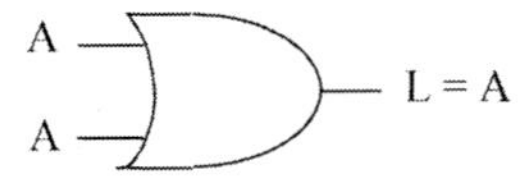

A	A	L
0	0	0
1	1	1

A + A = A를 논리식으로 증명

$A + A = (A + A) \cdot 1$ — $A \cdot 1 = A$에 의해

$= (A + A) \cdot (A + \overline{A})$ — $A + A = 1$에 의해

$= A + A \cdot \overline{A}$ — 분배 법칙 $A \cdot A + A \cdot \overline{A} + A \cdot A + A \cdot \overline{A} = A \cdot A + A \cdot \overline{A}$에 의해

$= A + 0$ — $A \cdot \overline{A} = 0$에 의해

$= A$ — $A + 0 = A$에 의해

⑥ A · A = A

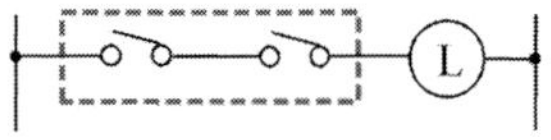

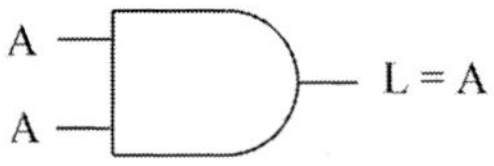

A	A	L
0	0	0
1	1	1

A · A = A를 논리식으로 증명

$A \cdot A = A \cdot A + 0$ — $A + 0 = A$에 의해 $A \cdot (A + 0) = A \cdot A + A \cdot 0$

$= A \cdot A + A \cdot \overline{A}$ — $\overline{A} \cdot A = 0$에 의해

$= A(A + \overline{A})$ — 분배 법칙 $A \cdot A + A \cdot \overline{A} = A \cdot (A + \overline{A})$에 의해

$= A \cdot 1$ — $A + \overline{A} = 1$에 의해

$= A$ — $A \cdot 1 = A$에 의해

⑦ $\overline{A}+A=1$

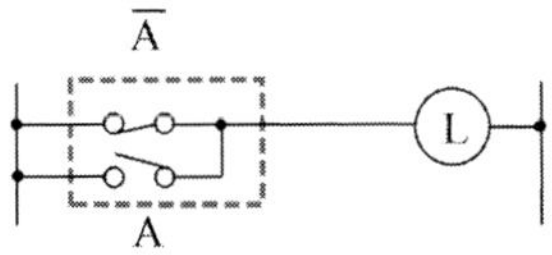

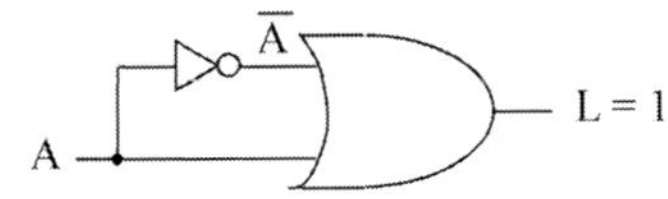

$\overline{A}$	A	L
1	0	0
0	1	1

⑧ $\overline{A}\cdot A=0$

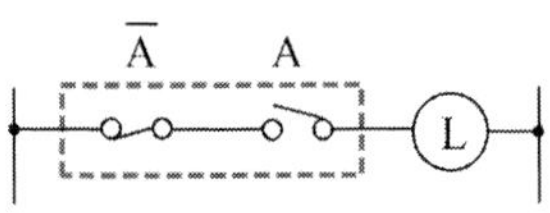

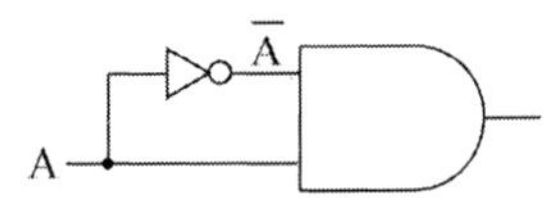

$\overline{A}$	A	L
1	0	0
0	1	0

(2) 부울대수의 법칙

① 교환법칙(commutative law)

㉠ $A+B=B+A$

㉡ $A\cdot B=B\cdot A$

② 결합법칙(associative law)

㉠ $A+(B+C)=(A+B)+C$

㉡ $A\cdot(B\cdot C)=(A\cdot B)\cdot C$

③ 분배법칙

㉠ $A+(B\cdot C)=(A+B)\cdot(A+C)$

㉡ $A\cdot(B+C)=A\cdot B+A\cdot C$

① 교환법칙

㉠ $A + B = B + A$

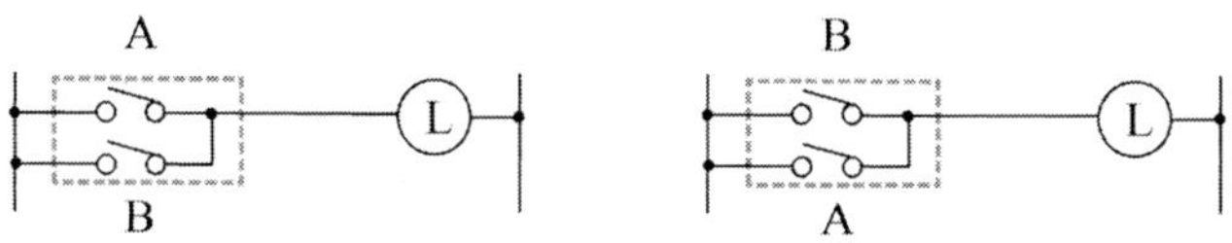

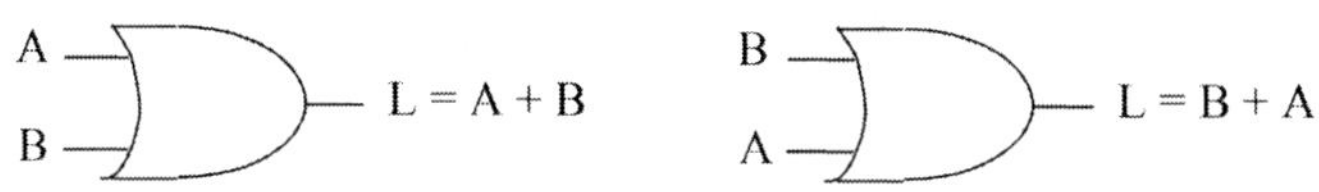

A	**B**	**L**
0	0	0
0	1	1
1	0	1
1	1	1

B	**A**	**L**
0	0	0
0	1	1
1	0	1
1	1	1

㉡ $A \cdot B = B \cdot A$

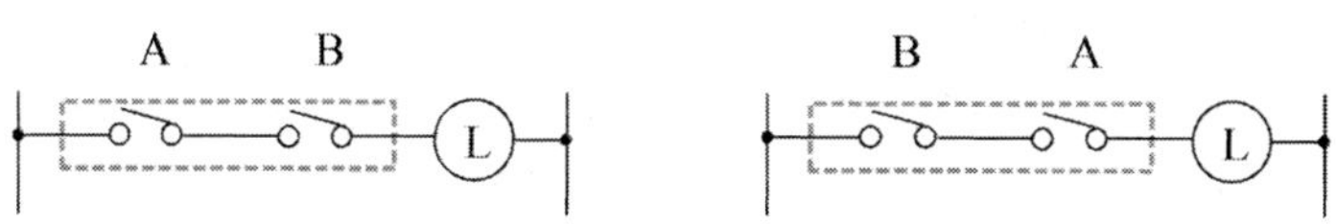

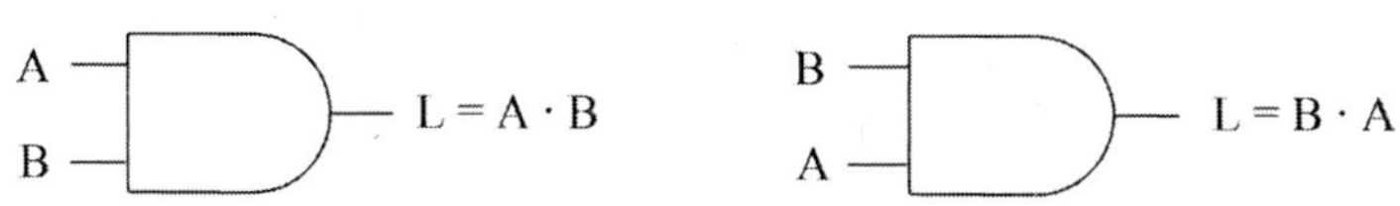

A	**B**	**L**
0	0	0
0	1	0
1	0	0
1	1	1

B	**A**	**L**
0	0	0
0	1	0
1	0	0
1	1	1

② 결합법칙(associative law)

㉠ $A + (B + C) = (A + B) + C$

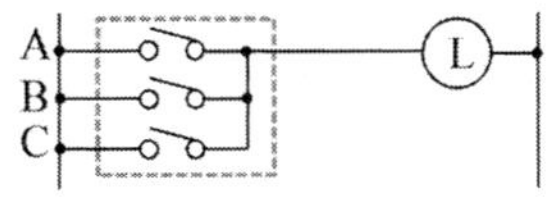

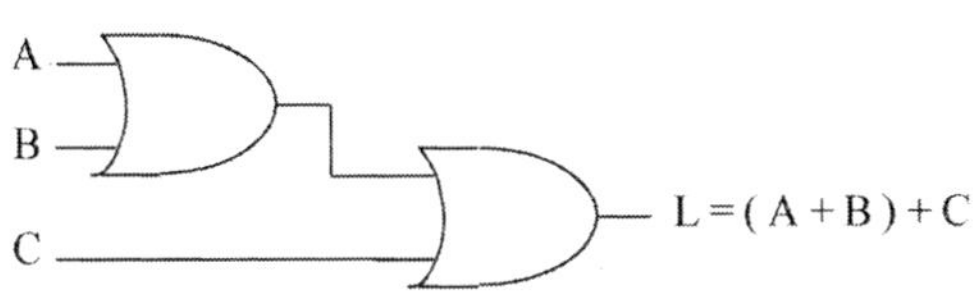

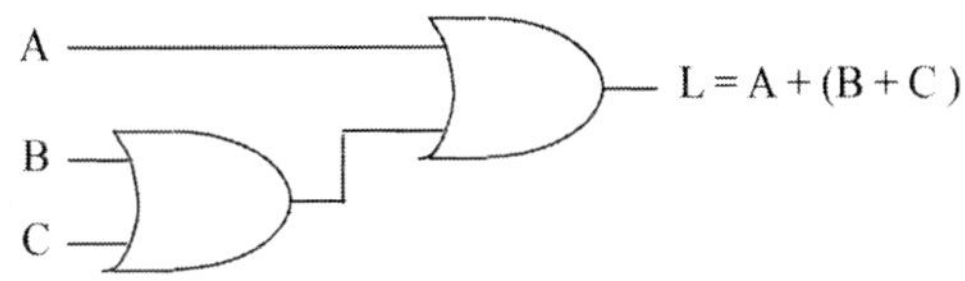

A	B	C	L
0	0	0	0
1	0	0	1
0	1	0	1
1	1	0	1
0	0	1	1
1	0	1	1
0	1	1	1
1	1	1	1

A	B	C	L
0	0	0	0
1	0	0	1
0	1	0	1
1	1	0	1
0	0	1	1
1	0	1	1
0	1	1	1
1	1	1	1

㉡ $A \cdot (B \cdot C) = (A \cdot B) \cdot C$

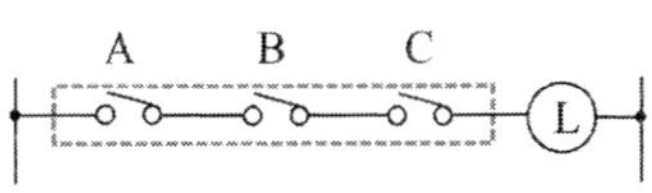

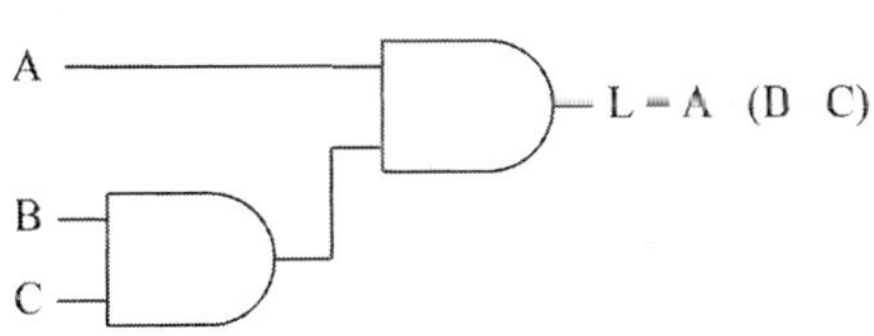

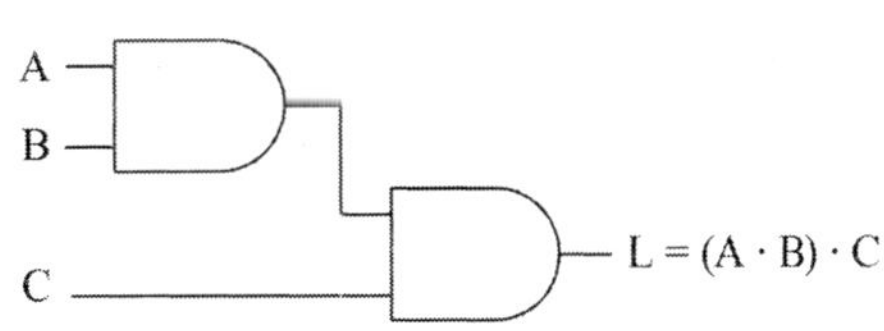

A	B	C	L
0	0	0	0
1	0	0	0
0	1	0	0
1	1	0	0
0	0	1	0
1	0	1	0
0	1	1	0
1	1	1	1

A	B	C	L
0	0	0	0
1	0	0	0
0	1	0	0
1	1	0	0
0	0	1	0
1	0	1	0
0	1	1	0
1	1	1	1

③ 분배법칙

㉠ $A \cdot (B + C) = A \cdot B + A \cdot C$

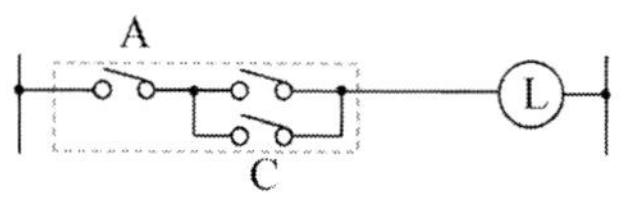

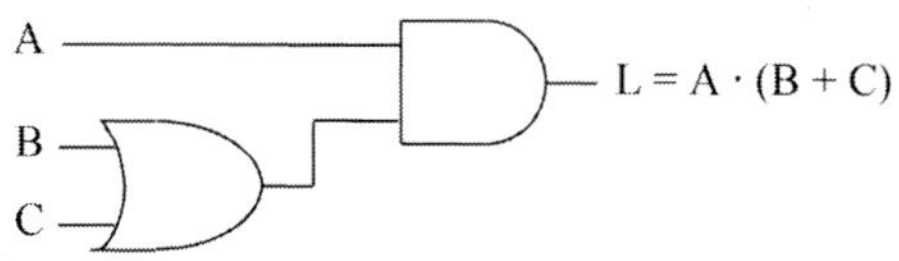

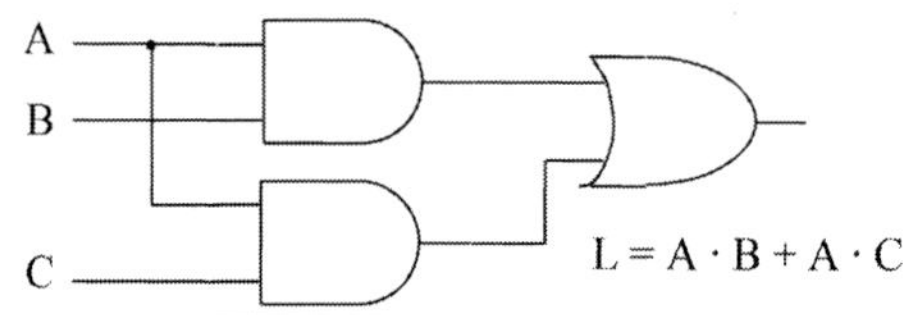

A	B	C	L
0	0	0	0
1	0	0	0
0	1	0	0
1	1	0	1
0	0	1	0
1	0	1	1
0	1	1	0
1	1	1	1

A	B	C	L
0	0	0	0
1	0	0	0
0	1	0	0
1	1	0	1
0	0	1	0
1	0	1	1
0	1	1	0
1	1	1	1

㉡ $A + (B \cdot C) = (A + B) \cdot (A + C)$

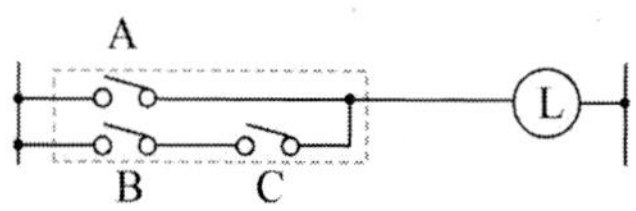

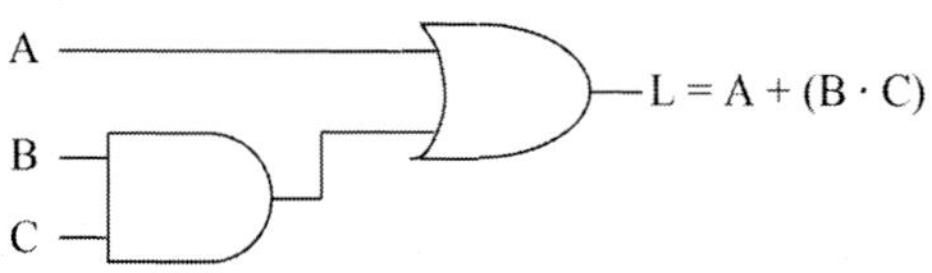

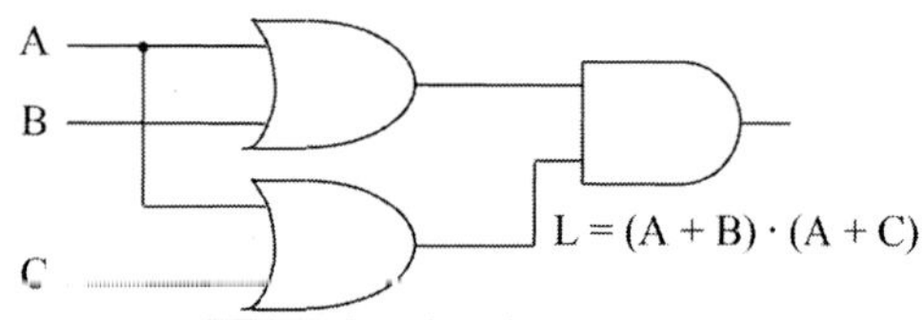

A	B	C	L
0	0	0	0
1	0	0	1
0	1	0	0
1	1	0	1
0	0	1	0
1	0	1	1
0	1	1	1
1	1	1	1

A	B	C	L
0	0	0	0
1	0	0	1
0	1	0	0
1	1	0	1
0	0	1	0
1	0	1	1
0	1	1	1
1	1	1	1

(3) 부정에 관한 정리

다중 부정에 관한 정리	
① $\overline{\overline{A}} = A$	② $\overline{\overline{\overline{A}}} = \overline{A}$

① $\overline{\overline{A}} = A$

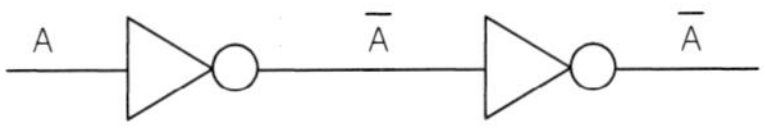

② $\overline{\overline{\overline{A}}} = \overline{A}$

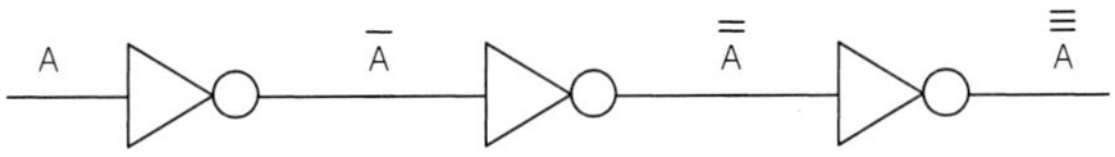

(4) 부울함수 간략화에 관한 정리

① 흡수법칙(absorption law)	
㉠ $A + A \cdot B = A$	㉡ $A \cdot (A + B) = A$
㉢ $A + (\overline{A} \cdot B) = A + B$	㉣ $A \cdot (\overline{A} + B) = A \cdot B$
② 일치정리(consensus theorem)	
$A \cdot B + \overline{A} \cdot C + B \cdot C = A \cdot B + \overline{A} \cdot C$	

① 흡수법칙

㉠ $A + A \cdot B = A$를 논리식으로 증명

$A + A \cdot B = A \cdot 1 + A \cdot B$	$A \cdot 1 = A$에 의해
$= A\,(1 + B)$	결합 법칙 $A \cdot (B + C) = A \cdot B + A \cdot C$
$= A \cdot 1$	$A + 1 = 1$에 의해
$= A$	$A \cdot 1 = A$에 의해

㉡ $A \cdot (A + B) = A$를 논리식으로 증명

$A \cdot (A + B) = A \cdot A + A \cdot B$　　분배법칙 $A \cdot (B + C) = A \cdot B + A \cdot C$에 의해

$= A + A \cdot B$　　$A \cdot A = A$에 의해

$= A$　　$A + A \cdot B = A$에 의해

㉢ $A + \overline{A} \cdot B = A + B$를 논리식으로 증명

$A + A \cdot B = A \cdot 1 \ + \overline{A}B$　　$A \cdot 1 = A$에 의해

$= \ A \ (B + \overline{B}) + \overline{A}B$　　$\overline{A} + A = 1$에 의해

$= AB + A\overline{B} + \overline{A}B$　　$A \cdot (B + C) = A \cdot B + A \cdot C$에 의해

$= AB + AB + A\overline{B} + A\overline{B}$　　$A + A = A$에 의해

$= AB + A\overline{B} + AB + \overline{A}B$　　$A + B = B + A$에 의해

$= A \ (B + B) + B \ (A + A)$　　$A \cdot (B + C) = A \cdot B + A \cdot C$에 의해

$= A \cdot 1 + B \cdot 1$　　$\overline{A} + A = 1$에 의해

$= A + B$　　$A \cdot 1 = A$에 의해

㉣ $A \cdot (\overline{A} + B) = A \cdot B$를 논리식으로 증명

$A \cdot (\overline{A} + B) = \overline{A} \cdot A + A \cdot B$　　분배 법칙 $A \cdot (B + C) = A \cdot B + A \cdot C$에 의해

$= 0 + A \cdot B$　　$\overline{A} \cdot A = 0$에 의해

$= A \cdot B$　　$A + 0 = A$에 의해

② 일치정리

$AB + \overline{A}C + BC = AB + \overline{A}C$를 논리식으로 증명

$AB + \overline{A}C + BC = AB + \overline{A}C + BC \cdot 1$　　$A \cdot 1 = A$에 의해

$= \ AB + \overline{A}C + BC \ (A + \overline{A})$　　$\overline{A} + A = 1$에 의해

$= AB + \overline{A}C + ABC + \overline{A}BC$　　분배법칙 $A \cdot (B + C) = A \cdot B + A \cdot C$에 의해

$= AB \ (1+C) + \overline{A}C \ (1+B)$　　분배법칙 $A \cdot (B + C) = A \cdot B + A \cdot C$에 의해

$= AB \cdot 1 + \overline{A}C \cdot 1$　　$A + 1 \ =1$

$= AB + \overline{A}C$　　$A \cdot 1 = A$에 의해

(5) 드모르간정리(De Morgan's Theorem)

① 제1정리(OR 연산의보수)
$\overline{A+B} = \overline{A} \cdot \overline{B}$
② 제2정리(AND 연산의보수)
$\overline{A \cdot B} = \overline{A} + \overline{B}$

① 제1정리(OR 연산의 보수)

$\overline{A+B} = \overline{A} \cdot \overline{B}$

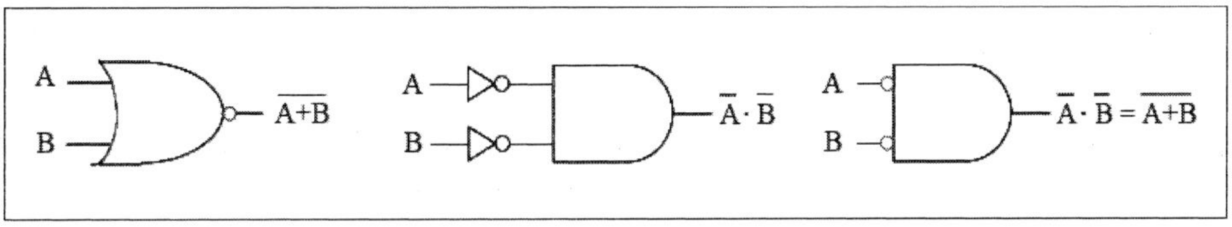

② 제2정리(AND 연산의 보수)

$\overline{A \cdot B} = \overline{A} + \overline{B}$

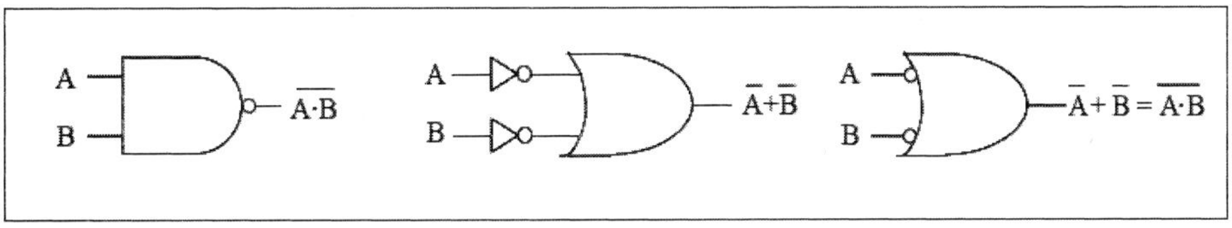

❸ 출력변환 회로

일반적으로 무접점 시퀀스 회로의 구성 소자는 직류의 5~24 V 정도의 제어전원으로써 수 mA의 전류면 동작된다. 이에 대하여 제어대상 부하는 24~200 V이고 전류도 100 mA~수 A 정도이어서 무접점 시퀀스 회로의 입장에서 보면 고전압, 대전류인 셈이다. 따라서 무접점 시퀀스를 구성하는 소자 그대로는 충분한 파워를 끌어낼 수 없다. 이를 해결하기 위해서는 최종 출력단계의 출력회로에 제어대상 부하에 대응하는 증폭 기능을 갖는 회로가 필요하다.

1) 파워앰프 출력회로

트랜지스터에 의한 파워앰프 출력회로로는 에미터 폴로어 방식과 다링톤 접속방식이 주로 사용되고 있다.

(1) 에미터 폴로어에 의한 파워앰프회로

에미터 폴로어에 의한 파워앰프회로란 2개의 트랜지스터 Tr1, Tr2로 구성되는 바, Tr2은 에미터 폴로어로써 사용되고 Tr2는 베이스 전류를 공급함으로써 전류증폭을 하는 회로를 말한다.

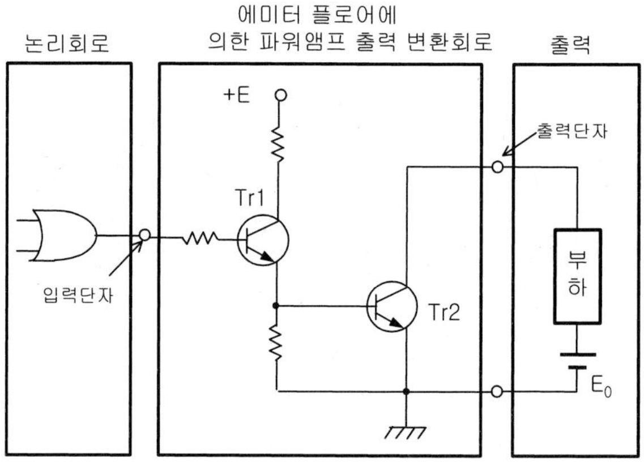

동작 설명

입력신호 X가 "1"로 되면 트랜지스터 Tr1의 베이스전류 IB1과 콜렉터전류 IC1이 트랜지스터 Tr2의 베이스전류 IB2로써 흐르므로 부하 전류 I0가 증폭되어 hFE2 · IB2 (hFE2 : Tr2의 전류증폭률)까지 흐르게 할 수 있다.

㉠ 입력신호 X가 "1"로 되면 트랜지스터 Tr1에 베이스전류 IB1이 흐르므로 Tr1은 "ON 상태"로 됨과 함께 IB1은 트랜지스터 Tr2의 베이스전류 IB2로써 흐른다.

㉡ Tr1이 "ON 상태"이므로 콜렉터전류 IC1의 흐르고 Tr2의 베이스전류 IB2로써 공급되므로 Tr2는 "ON 상태"로 된다.

㉢ Tr2가 "ON 상태"이므로 콜렉터전류 IC2가 흐른다.

㉣ Tr2가 "ON 상태"로 되면 부하회로가 도통하고 증폭된 부하전류 I0(I0=IC2)가 흐른다.

부하전류 I0는 hFE2·IB2까지 흐르게 할 수 있으나 이 회로방식에서는 트랜지스터의 선택에 따라서 수 100 mA까지의 제한이 가능하다.

(2) 다링톤 접속에 의한 파워앰프회로

다링톤 접속에 의한 파워앰프회로란 2개의 트랜지스터 Tr1, Tr2로 구성되는 바, Tr1의 에미터를 Tr2의 베이스에 접속함과 함께 Tr1과 Tr2의 콜렉터를 공통으로 부하에 접속함으로써 전류 증폭을 하는 회로를 말한다.

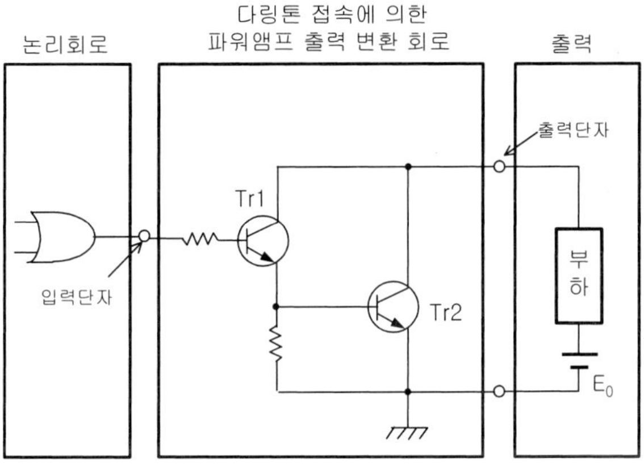

동작 설명

입력신호 X가 "1"로 되면 트랜지스터 Tr1의 베이스전류 IB1과 콜렉터전류 IC1이 트랜지스터 Tr2의 베이스전류 IB2로써 흐르는 또 Tr1과 Tr2의 콜렉터 전류 합이 부하전류 I0로 되므로 이 회로의 전류증폭률은 거의 양 트랜지스터의 전류증폭을 곱한 값으로써 매우 크다.

㉠ 입력신호 X가 "1'이 되면 트랜지스터 Tr1의 베이스전류 IB1이 흐르므로 Tr1은 "ON 상태"로 되는 동시에 IB1은 트랜지스터 Tr2의 베이스전류 B1으로써 흐른다.

㉡ Tr1이 "ON상태"로 되면 콜렉터전류 IC1이 흐르고 Tr2의 베이스전류로써 응급되므로 Tr2도 "ON 상태"가 된다.

㉢ Tr2가 "ON 상태"로 되면 콜렉터전류 IC2가 흐른다.

㉣ 부하회로에는 Tr1의 콜렉터전류 IC1과 Tr2의 콜렉터전류 IC2를 합한 전류가 부하전류 I0로써 흐르게 된다.

2) 릴레이에 의한 절연형 출력회로

절연형 출력회로란 로직레벨의 신호를 파워레벨의 신호로 변환하는 동시에 부하회로와 전기적으로 절연(무접점 시퀀스 회로와 제어대상 부하회로는 노이즈에 의한 오동작을 방지하기 위하여 전기적으로 분리)하는 회로를 말하며 릴레이 또는 포토커플러 등이 사용된다.

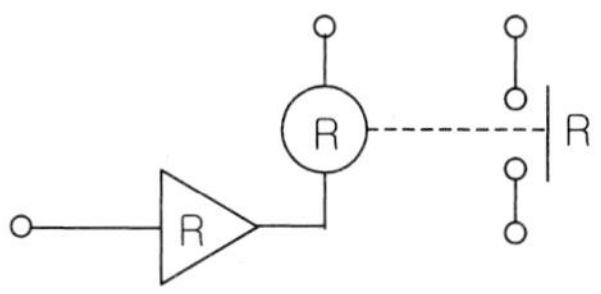

릴레이 드라이버 회로

(1) 릴레이에 의한 절연형 출력변환 회로

릴레이에 의한 절연형 출력회로는 릴레이 드라이버 회로라고도 하며 트랜지스터의 콜렉터 회로에 직류의 릴레이 코일을 접속하되 그 접점으로 부하회로(직류나 교류의 구별 없이)를 구동하는 회로를 말하고 파워앰프 회로의 다음 단계에서 신호의 절연을 하도록 되어 있다.

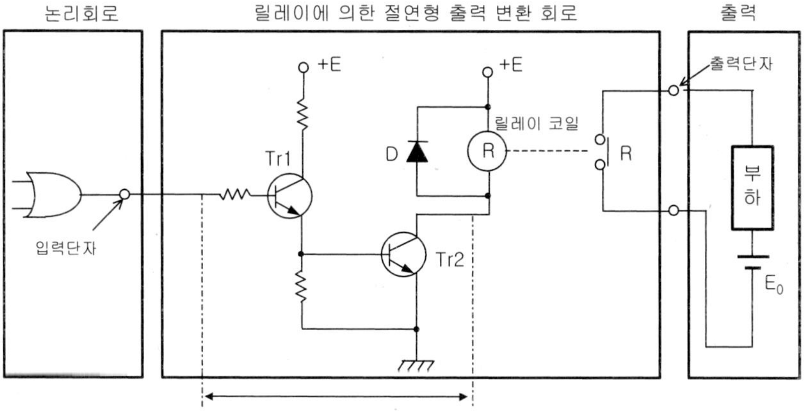

동작 설명

입력신호 X가 “1”로 되면 릴레이 R이 동작하여 그 접점 R이 닫힘 “1”고 부하에 통전된다.

㉠ 입력신호 X가 “1”로 되면 트랜지스터 Tr1에 베이스전류 IB1이 흐르므로 Tr1은 “ON 상태”로 됨과 함께 IB1는 트랜지스터 Tr2의 베이스전류로써 흐른다.

ㄴ Tr1이 "ON 상태"로 되면 콜렉터전류 IC1이 흐르고 Tr2의 베이스전류로써 공급되므로 Tr2 역시 "ON 상태"로 된다.

ㄷ Tr2가 "ON 상태"로 되면 증폭된 콜렉터전류 IC2가 코일 Ⓡ에 흐르므로 릴레이 R이 동작한다.

ㄹ 릴레이 R이 동작하면 그 a 접점 ARK 닫히므로 별도의 전원 E0에 의하여 부하전류 I0가 흐른다.

프라이휠 다이오드 D의 작용

ㄱ 릴레이 코일에 병렬 접속하는 다이오드를 프라이휠 다이오드 D라고 하여 코일에 흐르는 전류가 차단했을 때 발생하는 역기전력을 단락하여 흡수하고 트랜지스터 Tr을 보호하는 작용이 있다.

ㄴ 트랜지스터(Tr)이 OFF 상태가 되어도 프라이휠 다이오드 D에 흐르고 있는 단락전류가 끝날 때까지 릴레이 R의 복귀가 늦어진다.

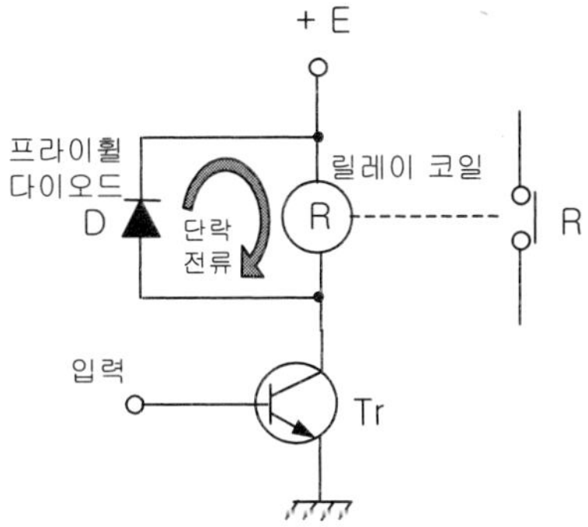

(2) 포토커플러에 의한 절연형 출력회로

포토커플러에 의한 절연형 출력회로란 무접점 시퀀스 회로로부터의 입력신호를 발광다이오드와 포토트랜지스터를 조합한 포토커플러에 의한 광결합으로 전달하는 방법으로써 파워앰프의 전 단계에서 신호의 절연을 하도록 되어 있다.

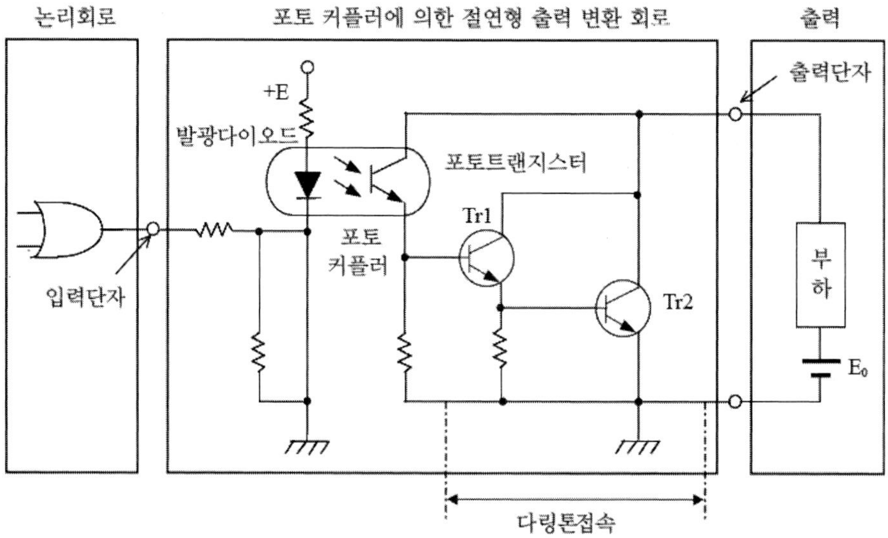

동작 설명

입력신호 X가 "1"로 되면 포토커플러의 발광다이오드에 전류가 흘러 발광하고 그 발광에 따라 포토트랜지스터가 "ON 상태"로 되므로 다링톤 접속에 의한 파워앰프가 동작하여 부하회로에 증폭된 부하전류 I0가 공급된다.

㉠ 입력신호 X가 "1"로 되면 트랜지스터 Tr의 베이스전류 IB가 흐르므로 Tr은 "ON 상태"로 된다.

㉡ Tr이 "ON 상태"로 되면 콜렉터전류 IC가 포토커플러의 발광다이에 흐르므로 발광 다이오드가 발광한다.

㉢ 포토커플러의 발광 다이오드의 광을 포트트랜지스터가 수광하면 포토다이오드는 "ON 상태"로 되고 코렉터전류 I체가 흐른다.

포토커플러의 콜렉터전류 I체는 트랜지스터 Tr1의 베이스전류 IB1으로써 흐르므로 Tr1은 "ON 상태"가 된다. 한편, Tr1의 베이스전류 IB1은 트랜지스터 Tr2의 베이스전류 IB2로서 흐른다.

㉣ Tr1이 "ON 상태"로 되면 증폭된 콜렉터전류 IC1이 흐르고 Tr2의 베이스전류 IB2로써 공급되므로 Tr2 역시 "ON 상태"로 된다.

Tr2가 "ON 상태"로 되면 증폭된 콜렉터전류 IC2가 흐른다.

㉤ Tr1과 Tr2가 "ON 상태"로 되면 부하회로에는 증폭된 부하전류 I0가 흐른다.

(3) 램프 드라이브 회로

램프 드라이브 회로란 표시용 램프 등을 구동하는 증폭회로로써 램프 인디케이터라고도 한다.

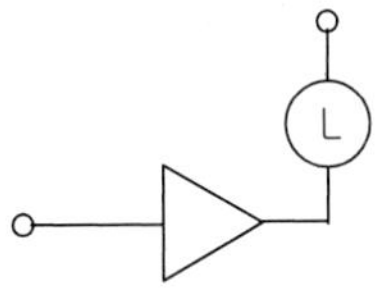

램프 드라이브 회로

무접점 시퀀스 회로의 동작을 나타내는 데는 필라멘트형 표시등이 많이 사용되고 있으나 필라멘트형 표시등은 소등 시의 저항치가 점등 시에 비하여 약 1/10로 낮기 때문에 점등 시에는 큰 돌입전류가 흐른다.

① 직렬 저항방식 표시등

직렬저항 방식이란 필라멘트형 표시등과 직렬로 저항을 넣음으로써 점등 시의 돌입전류를 제한하는 방식을 말한다.

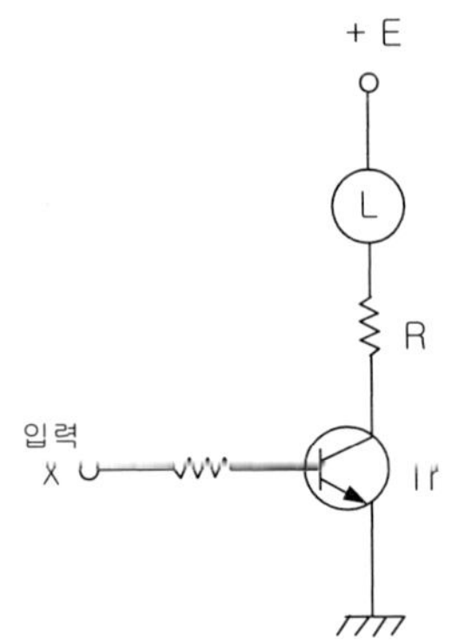

입력 X가 "1'로 되면 트랜지스터 Tr의 베이스전류 IB가 흘러 Tr이 "ON 상태"로 되는 한편, 램프 L에 저항 R로 제한되는 콜렉터전류 IC가 흐르므로 램프 L이 점등된다.

② 암점등 방식 표시등

암점등 방식이란 트랜지스터 Tr이 "OFF 상태"라도 Tr에 병렬로 접속한 저항 R에 의하여 램프가 적열하지 않을 정도의 아이드로 전류를 흘림으로써 항상 예열해 두었다가

Tr의 "ON 상태"에서의 점등 시에 흐르는 돌입전류를 제한하는 방식을 말한다.

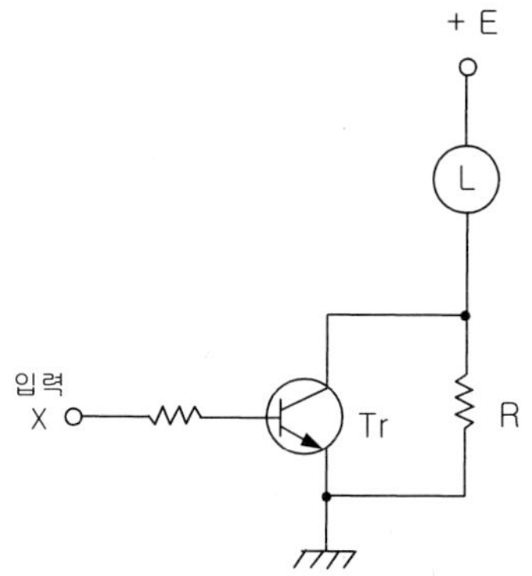

5.4 무접점 기본회로

1 AND 회로

1) 정의

모든 입력이 1(또는 High)일 때만 출력이 1(또는 High)이고, 만일 어떤 입력이 한 개라도 0(또는 Low)이면 출력은 0(또는 Low)가 된다.

2) 릴레이 시퀀스 회로도

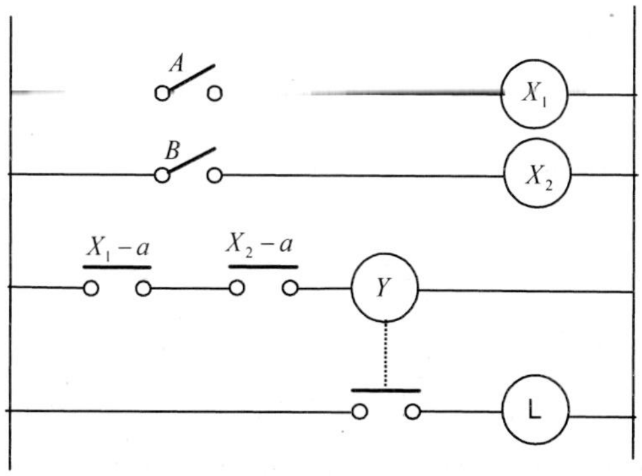

AND 회로(유접점)

3) 회로 설명

1. 스위치 A와 B를 모두 눌렀을 경우에만 릴레이 Y가 여자하여 램프가 점등된다.
2. 두 스위치 중 어느 하나 또는 모두를 누르지 않으면 램프는 소등된다.

4) 논리회로도

(1) 논리기호

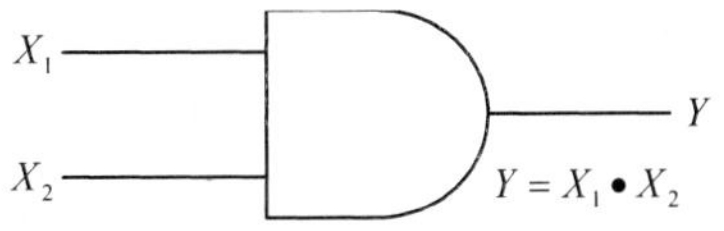

AND 회로(논리)

(2) 회로 구성의 예

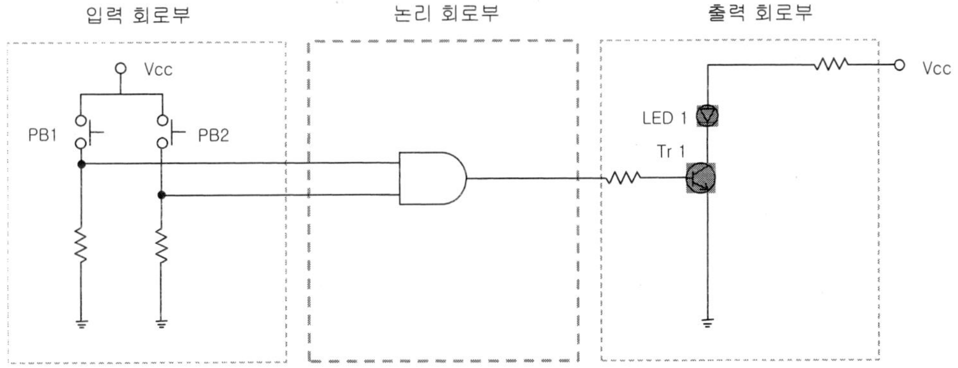

AND 회로의 무접점 논리회로

(3) 다이오드 회로와 다이오드 – 트랜지스터 회로

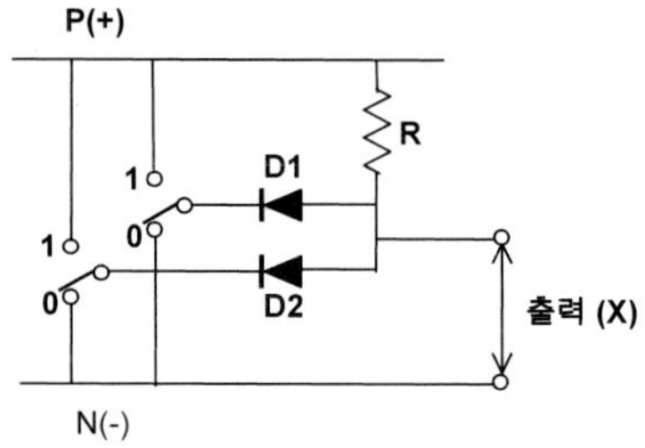

AND 회로(다이오드) +논리

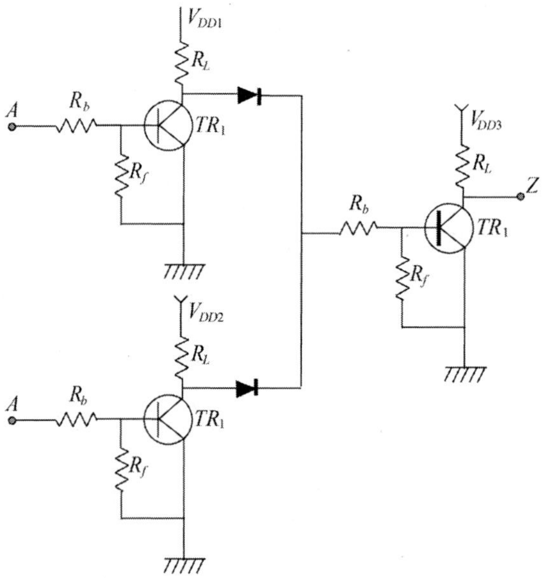

AND 회로(TR)

입력 A1, A2에 +전압을 가하는 논리 1과 Tr1, Tr2에 VB가 들어가 ON 상태가 되고 Tr1, Tr2의 컬렉터 출력 Z가 거의 0V가 된다.

따라서 Tr3의 베이스 전류가 공급되지 않기 때문에 Tr3는 OFF 상태가 되고 출력 Z는 VDD3에서의 전압공급에 의해 얻을 수 있다.

또한 입력 A1, A2가 상기한 이외의 논리 조합의 경우에는 Tr1, Tr2의 어느 쪽에서 일방 또는 쌍방이 OFF 상태가 되고 VDD1, VDD2의 한쪽 또는 양쪽에서 Tr3에 베이스 전류가 공급되기 때문에 Tr3는 ON 상태가 되며 출력 Z는 0(논리「0」)가 된다. 이상 진리값표에 나타냈듯이 AND 회로를 구성하는 것을 알 수 있다.

무접점 AND 회로는 기본적인 회로소자인 것에 틀림없으나 DTL, TTL, CMOS의 IC 회로에서는 NAND 회로가 기본 소자로 되어 있으며 NAND나 NOR를 사용해서 모든 논리회로를 설계하는 것이 보통이다.

5) 논리식 및 진리표

논리식	$Y = X_1 \cdot X_2 \quad Y = \overline{\overline{X_1} + \overline{X_2}}$	
진리표		
입력		출력
X_1	X_2	Y
0	0	0
1	0	0
0	1	0
1	1	1

6) 타임차트

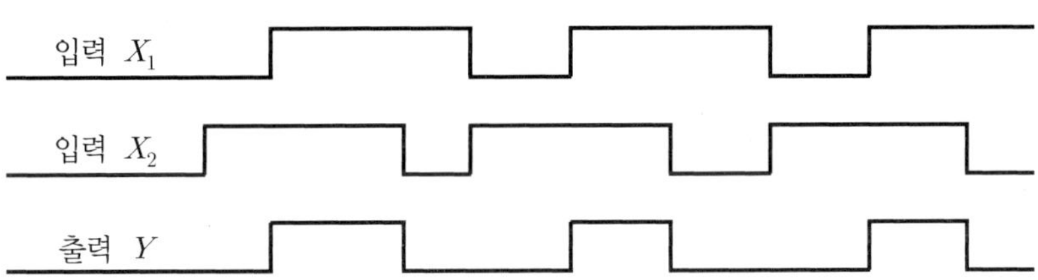

8) PLC 래더도

❷ OR 회로

1) 정의

어느 입력이 하나라도 1(또는 High)이면 출력이 1(또는 High)이고, 입력이 모두 0(또는 Low)일 때만 출력이 0(또는 Low)가 된다.

2) 릴레이 시퀀스 회로도

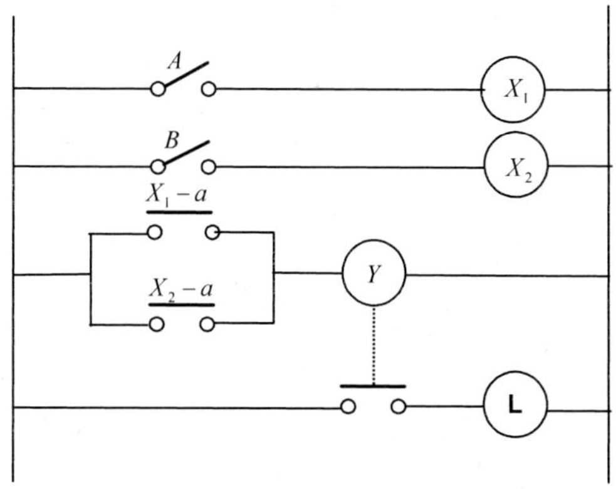

OR 회로(유접점)

3) 회로 설명

① 스위치 A와 B 중 어느 하나 또는 모두를 누르면 릴레이 Y가 여자하여 램프 L이 점등한다.
② 스위치 A와 B 모두를 떼었을 경우에 램프는 소등한다.

4) 논리회로도

(1) 논리 기호

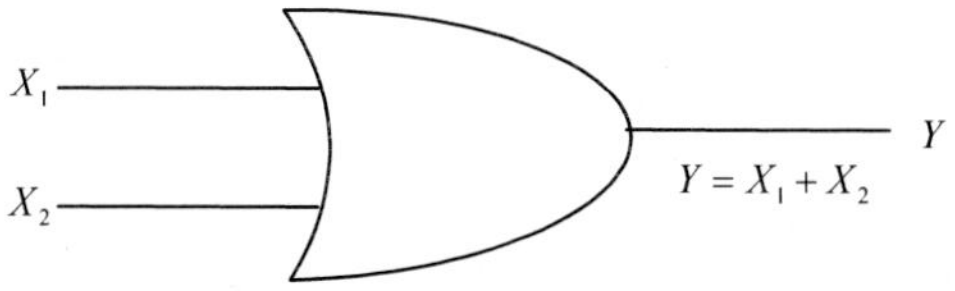

OR 회로(논리)

(2) 회로 구성의 예

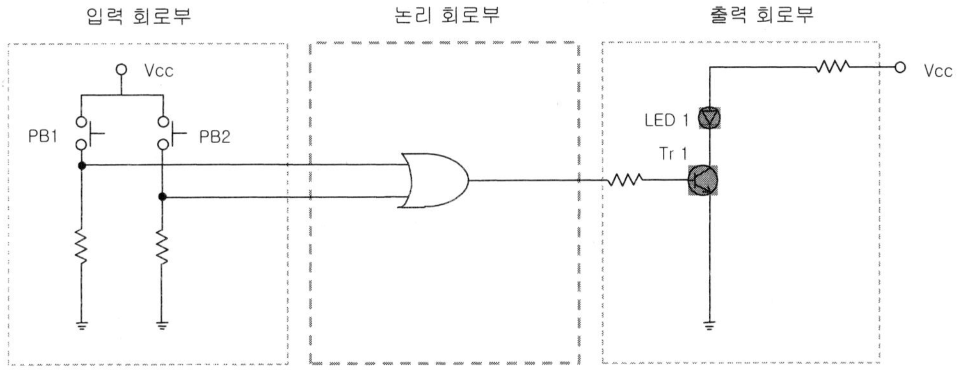

OR 회로의 무접점 논리회로

(3) 다이오드 회로

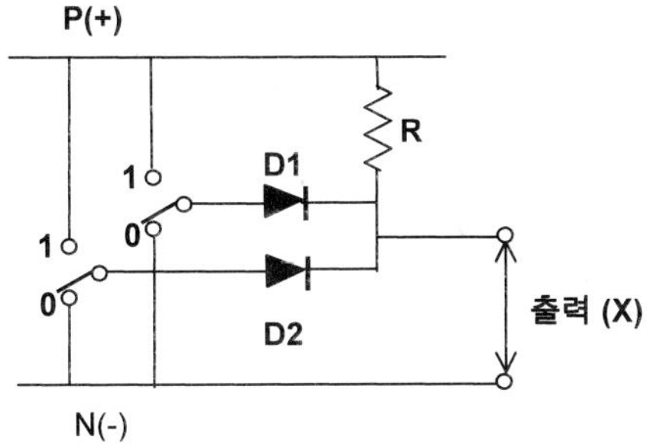

OR 회로(다이오드)　　+논리

다이오드 D1, D2와 부하저항 R에 의해 구성된다. 입력 스위치의 어느 한쪽에 전압을 가하든가, 또는 양쪽에 전압을 가했을 경우, 전압이 가해진 다이오드 D1, D2의 한쪽 또는 양쪽이 ON 상태가 가고 부하저항 R에 전류가 흘러들어 출력 단자에 전압을 낳는다. 즉 논리 「1」을 얻는 것이 된다.

다이오드 OR을 몇 단이나 시리즈에 접속할 필요가 있는 경우 다이오드의 전압 트롭(약 0.6 V)을 고려하여 신호를 증폭할 필요가 있다.

5) 논리식 및 진리표

논리식	$Y = X_1 + X_2$	
진리표		
입력		출력
X_1	X_2	Y
0	0	0
1	0	1
0	1	1
1	1	1

6) 타임차트

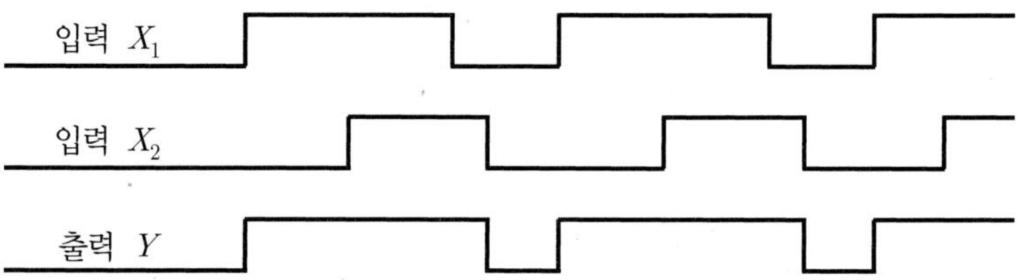

7) PLC 래더도

❸ NOT 회로

1) 정의

하나의 논리레벨(1 또는 High)을 다른 논리레벨(0 또는 Low)로 변환한다.

2) 릴레이 시퀀스 회로도

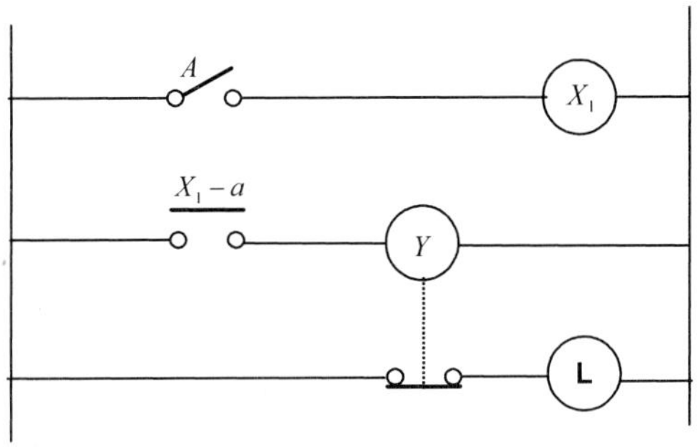

NOT 회로(유접점)

3) 회로 설명

① 전원을 인가하면 램프는 릴레이 Y의 B 접점에 의하여 점등한다.
② 스위치 A를 누르면 릴레이 X와 Y가 여자하여 램프는 소등한다.

4) 논리회로도

(1) 논리 기호

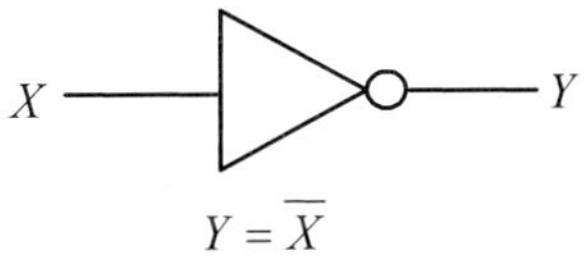

NOT 회로(논리)

(2) 회로 구성의 예

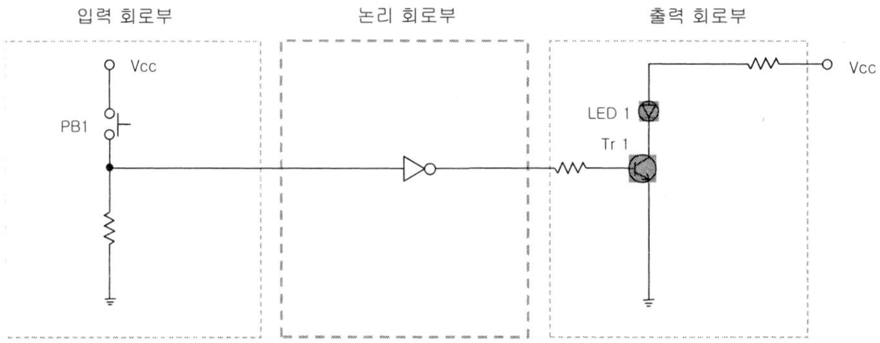

NOT 회로의 무접점 논리회로

(3) 트랜지스터 회로

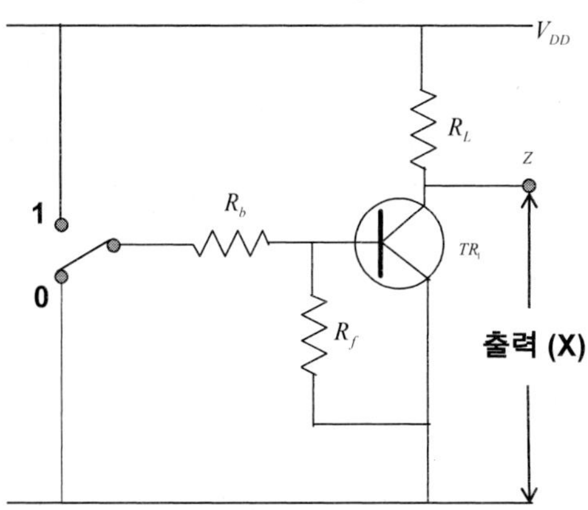

NOT 회로(TR)

이미터 접지의 트랜지스터 회로 1단으로 각각에 베이스 저항 Rb, 컬렉터 저항 RL, 베이스 바이어스 저항 Rf에 의해 구성된다.

지금 입력에 충분한 ⊕전압을 가하면 트랜지스터(Tr)에 베이스 전류가 공급되어 Tr는 컬렉터, 이미터 간이 도통상태(道通狀態)가 되고 출력과 접지 사이는 임피던스가 거의 0이 되며 그 사이의 전압은 거의 0이 된다.

반대로 입력에 전압을 주지 않을 경우 Tr에 베이스 전류가 흐르지 않으므로 Tr은 OFF 상태가 되기 때문에 출력은 전원 VDD에서 RL와 부하 임피던스의 분압에 의한 전압이 출력된다.

즉, 전압유를 논리 「1」, 전압 0 V를 논리 「0」로 하면 입력 A가 「1」의 경우 출력은 「0」이 되며 입력이 「0」의 경우 출력은 「1」이 되어 부정회로가 성립한다.

5) 논리식 및 진리표

논리식	$Y=\overline{X}$
진리표	
입력	출력
X_1	Y
1	0
0	1

6) 타임차트

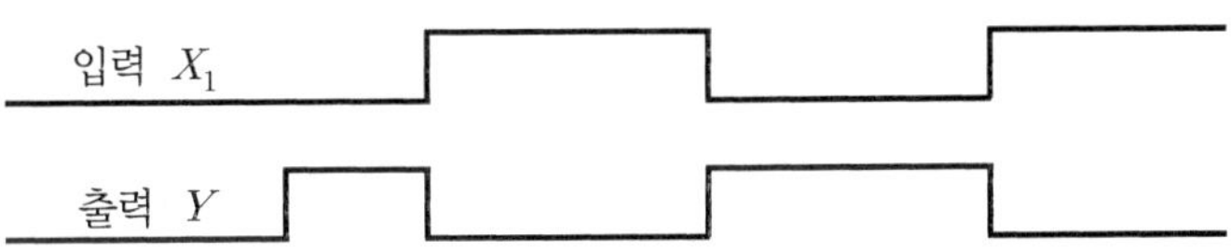

8) PLC 래더도

4 NAND 회로

1) 정의

NAND는 NOT-AND를 줄인 말로, AND 함수의 출력을 NOT(또는 invert)한 것이다.

2) 릴레이 시퀀스 회로도

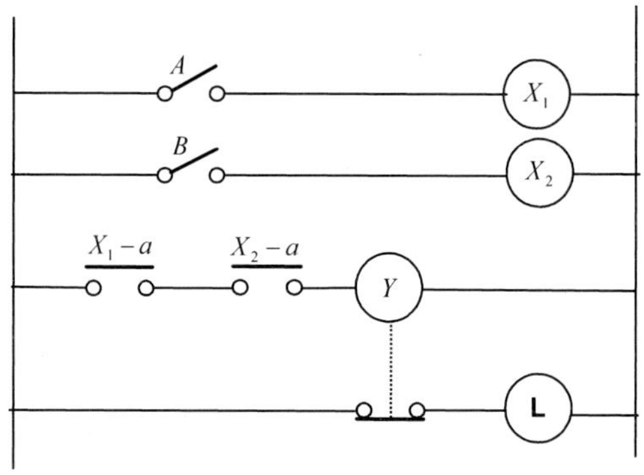

NAND 회로(유접점)

3) 회로 설명

① 전원을 인가하면 릴레이 Y의 b 접점에 의하여 램프 L은 점등한다.

② 스위치 A와 B를 모두 눌렀을 경우에만 릴레이 Y가 여자하여 램프 L은 소등하고, 이외의 경우(스위치 A나 B 중 어느 하나만 눌렀을 경우)에는 램프는 점등한다.

4) 논리회로도

(1) 논리기호

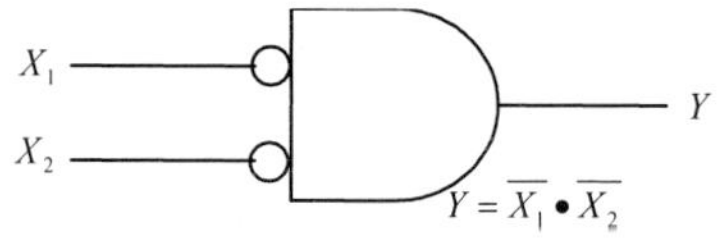

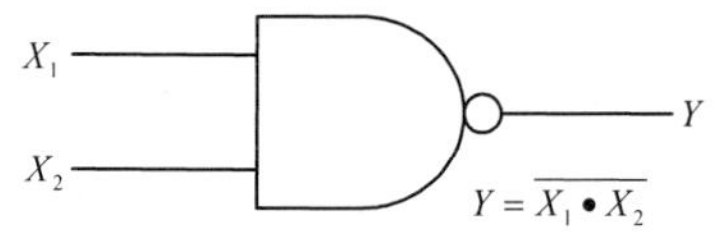

NAND 회로(논리)

(2) 회로 구성의 예

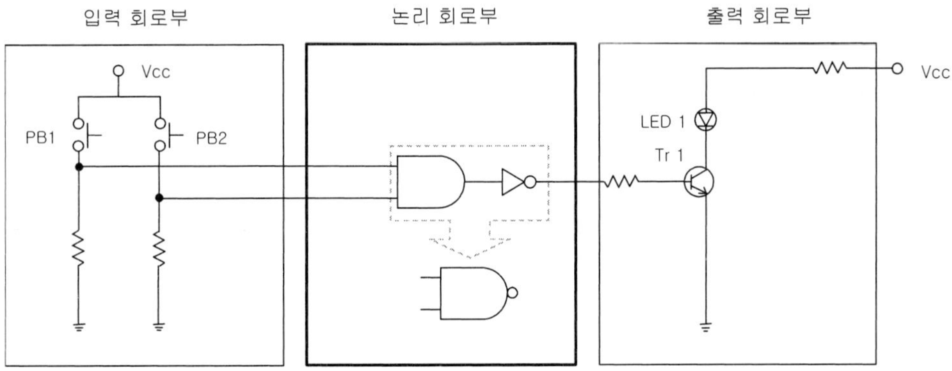

NAND 회로의 무접점 논리회로

(3) 다이오드 - 트랜지스터 회로

AND 회로의 출력을 반전시키기 때문에 종단 인버터를 생략한 형이다.

Tr1, Tr2로 인버터를 구성하고 D1, D2에 의해 OR 회로를 구성하고 있다. 입력 X1, X2는 Tr1, Tr2 의 인버터에 의해 반전되어 X1, X2로써 D1, D2의 OR에 주어진다. 따라서 출력 Y는 X1, X2라는 형으로 출력되어 NAND를 구성한다는 것을 알 수 있다.

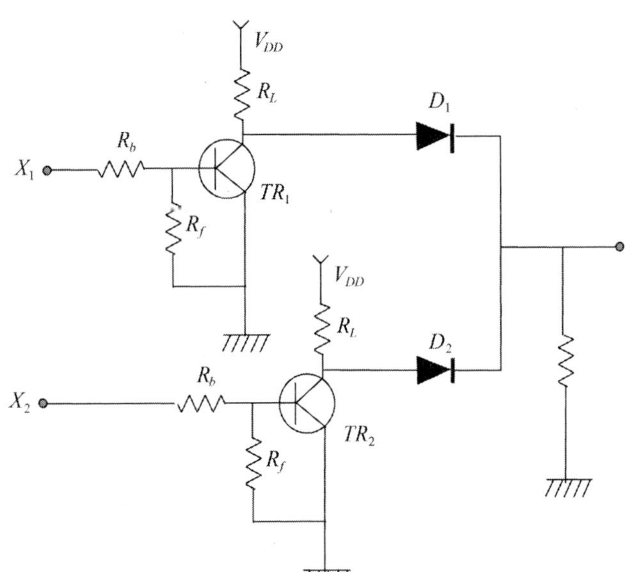

NAND 회로(TR) +논리

5) 논리식 및 진리표

논리식	$Y=\overline{X_1 \cdot X_2}=\overline{X_1}+\overline{X_2}$	
진리표		
입력		출력
X_1	X_2	Y
0	0	1
1	0	1
0	1	1
1	1	0

6) 타임차트

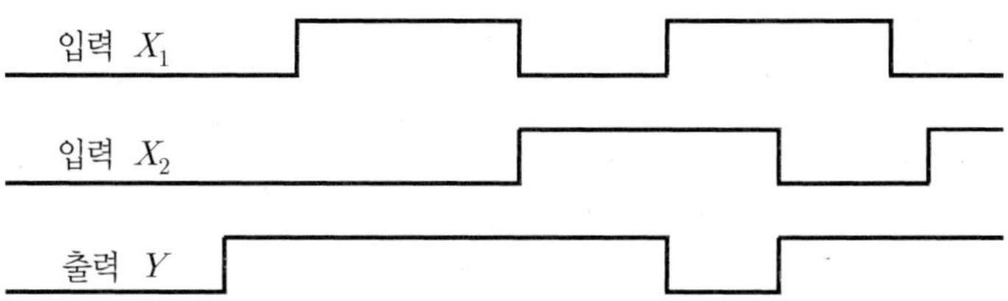

8) PLC 래더도

5 NOR 회로

1) 정의

NOR는 NOT-OR를 줄인 말로 OR 함수의 출력을 NOT(또는 invert)한 것이다.

2) 릴레이 시퀀스 회로도

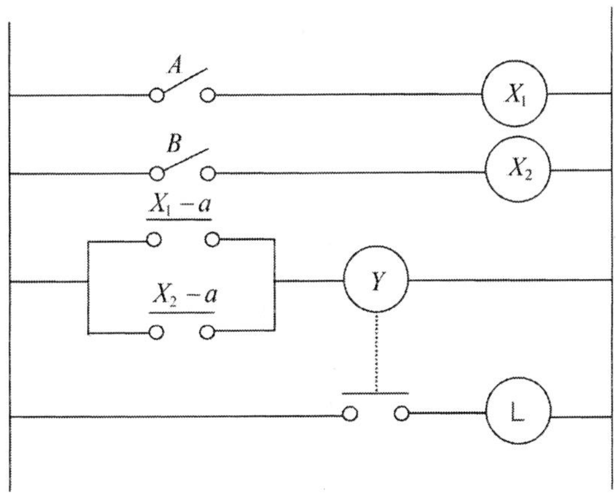

NOR 회로(유접점)

3) 회로 설명

① 전원을 인가하면 릴레이 Y의 B 접점으로 인해 램프는 점등한다.

② 스위치 A와 B 중 어느 하나 또는 모두를 누르면 릴레이 Y가 여자하여 램프는 소등한다.

4) 논리회로도

(1) 논리 기호

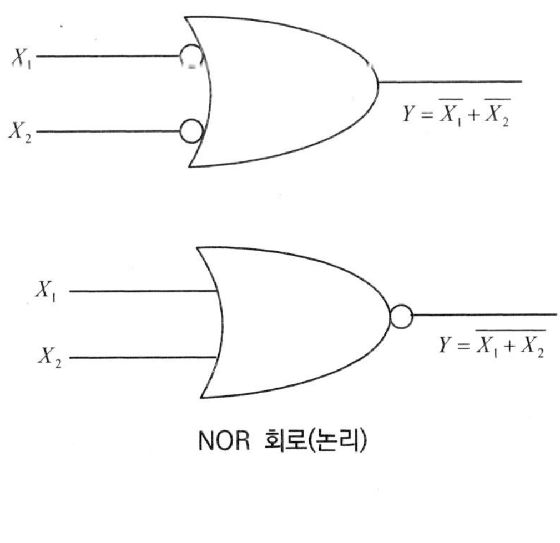

NOR 회로(논리)

(2) 회로 구성의 예

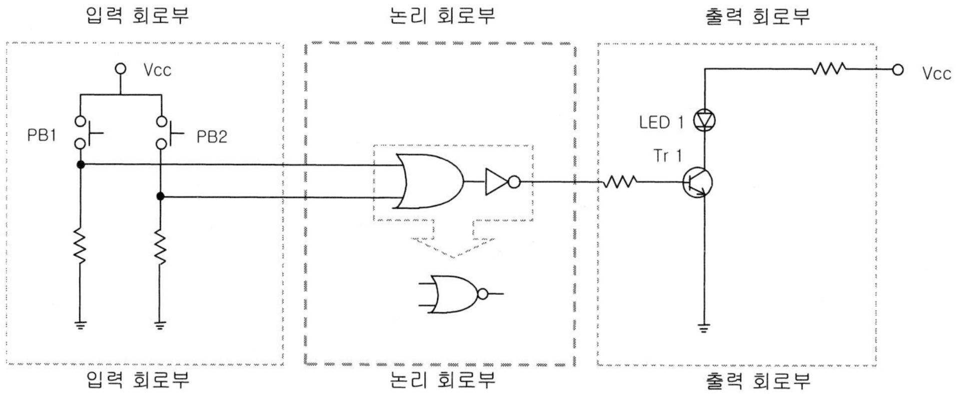

NOR 회로의 무접점 논리회로

(3) 다이오드－트랜지스터 회로

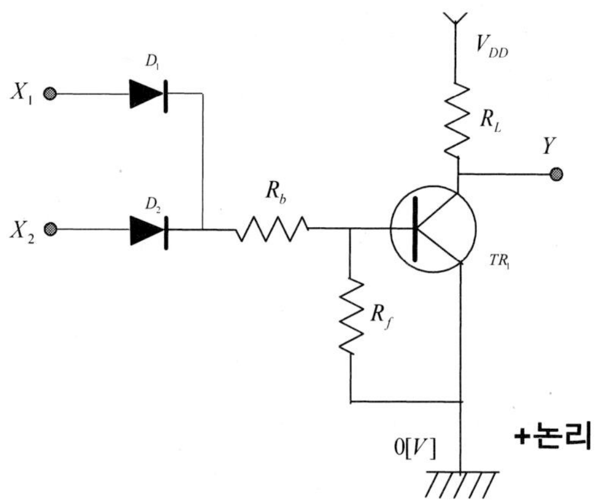

NOR 회로(TR)

다이오드에 의한 OR 회로와 인버터 회로로 구성된다.

즉, D1, D2에 의해 OR 회로를 구성하고 Tr에서 인버터를 구성한 것으로 입력 X1, X2는 D1, D2의 OR 회로에서 X1+ X2가 되고 인버터에 입력되어 출력에서 반전이 되어 NOR 회로를 구성한다.

5) 논리식 및 진리표

논리식	$Y = \overline{X_1 + X_2}$	
진리표		
입력		출력
X_1	X_2	Y
0	0	1
1	0	0
0	1	0
1	1	0

6) 타임차트

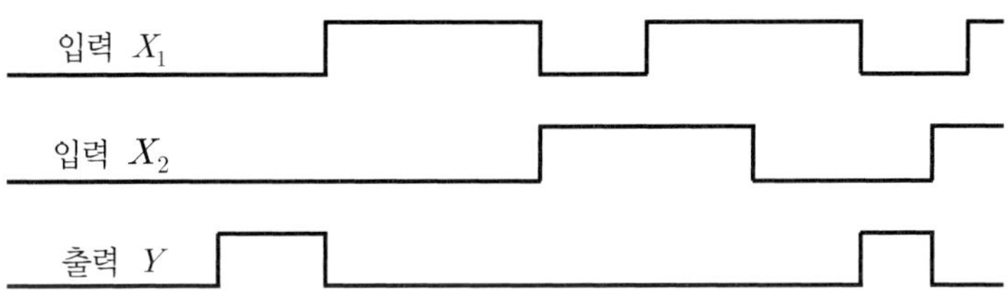

8) PLC 래더도

6 Exclusive-OR(배타논리) 회로

1) 정의

출력은 두 개의 입력이 반대의 레벨(1과 0 또는 0과 1)일 때만 1(또는 High)이고 같은 레벨일 때는 0(또는 Low)이다.

2) 릴레이 시퀀스 회로도

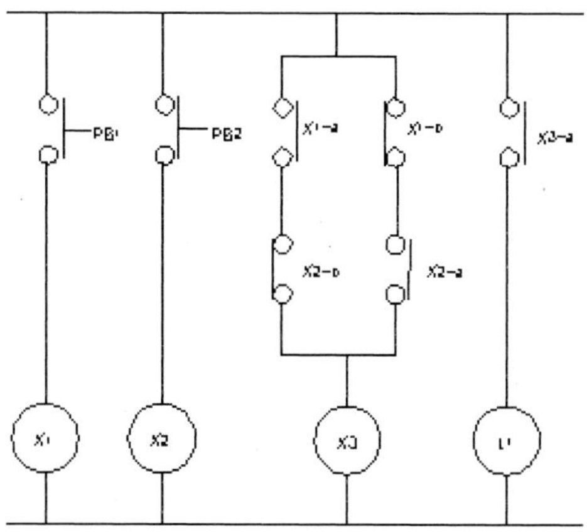

3) 회로 설명

① PB1과 PB2를 모두 누른 경우와 모두 누르지 않은 경우에만 램프는 소등한다.

② PB1과 PB2 중 어느 하나만을 누른 경우에는 릴레이 X3가 여자하여 램프가 점등한다.

4) 논리회로도

(1) 논리기호 및 회로도

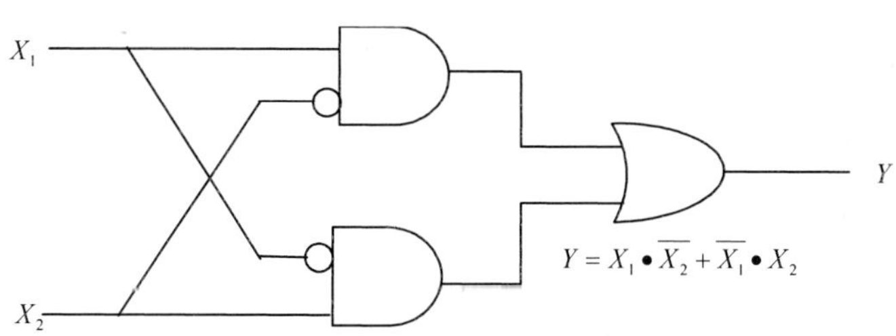

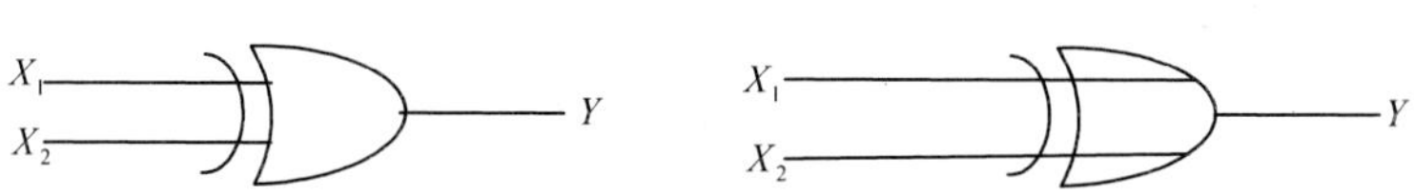

배타적 OR 회로(논리)

(2) 회로 구성의 예

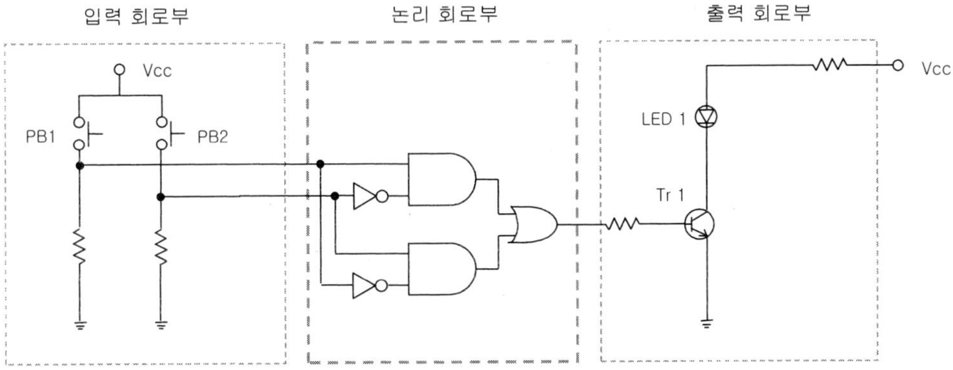

배타적 OR 회로의 무접점 논리회로

5) 논리식 및 진리표

논리식	$Y=\overline{X_1}\cdot X_2+X_1\cdot\overline{X_2}$	
진리표		
입력		출력
X_1	X_2	Y
0	0	0
1	0	1
0	1	1
1	1	0

6) 타임차트

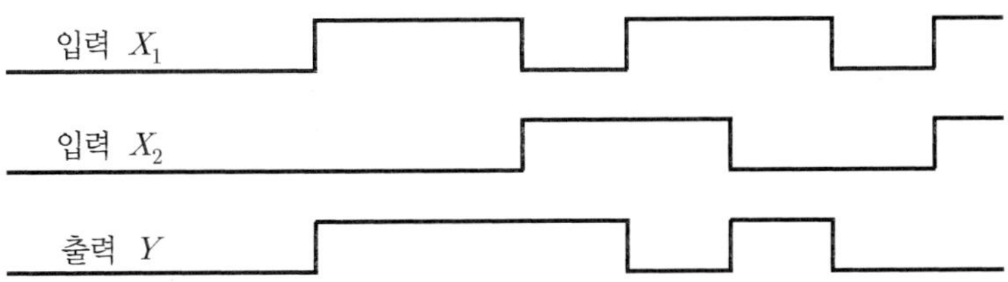

8) PLC 래더도

7 Flip_Flop 회로

1) 정의

플립플롭 회로는 릴레이 시퀀스의 기동우선 자기유지 회로와 같이 논리소자에서 기억기능을 가진다. 그 기능을 살펴보면 셋(set) 입력을 누르면 출력을 나타나고, 리셋(reset) 입력을 누르면 출력이 나타나지 않으며, 입력을 주지 않은 경우에는 전 단계에 주어진 값을 기억한다. 하지만 셋과 리셋을 동시에 주어지는 경우는 없다.

2) 릴레이 시퀀스 회로도

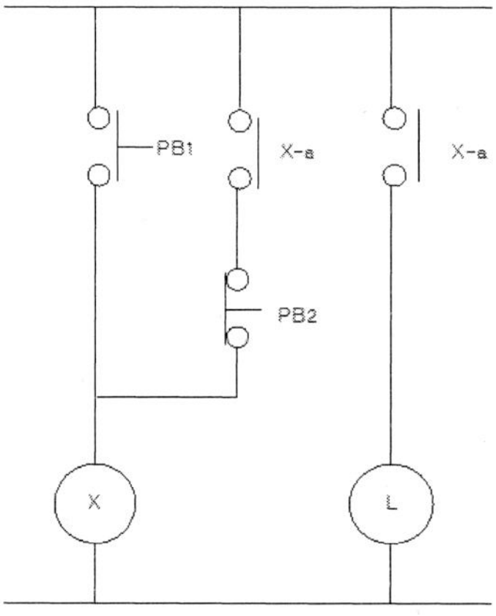

3) 회로 설명

① PB1 스위치를 누르면(set) 릴레이 x가 여자하여 램프가 점등한다.

② 스위치를 놓아도 자기유지 접점에 의하여 램프는 계속 점등한다(기억).

③ PB2 스위치를 누르면(reset) 릴레이 x가 소자하여 램프가 소등한다.

4) 논리회로도

(1) 논리기호 및 회로도

기동 우선 자기유지 회로의 논리회로에서 일상적으로 사용하는 플립플롭 논리회로를 이끌어 가는 과정을 설명하도록 한다.

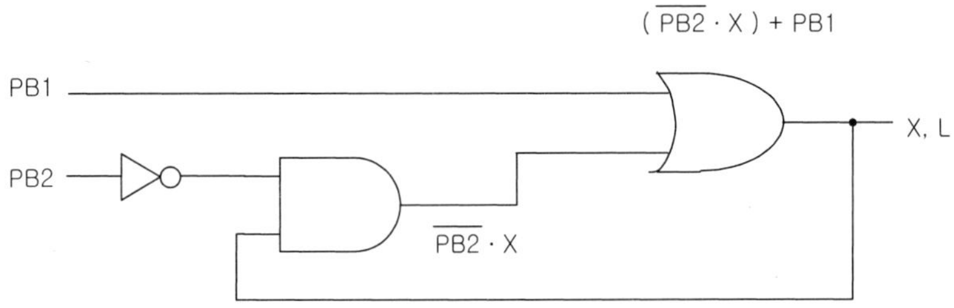

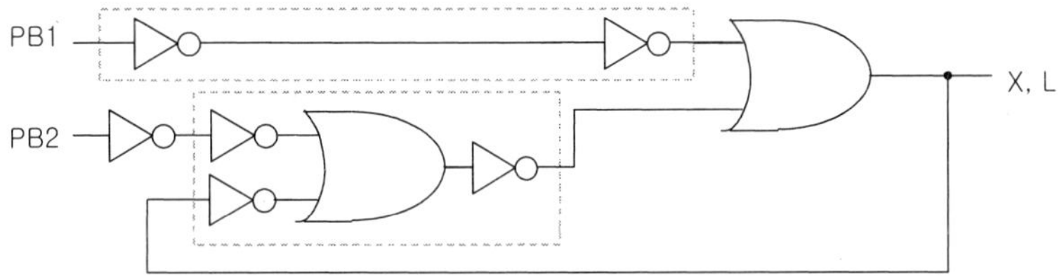

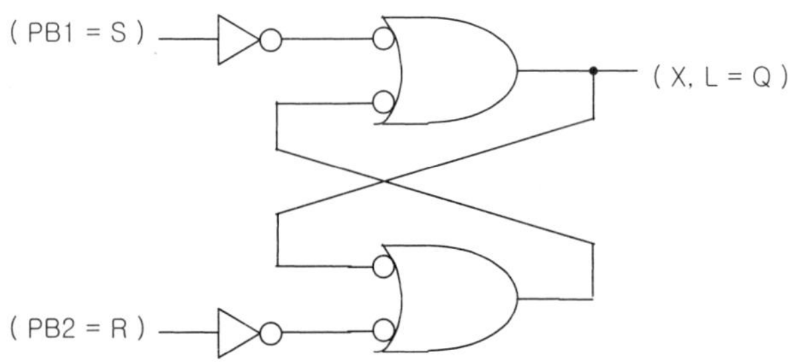

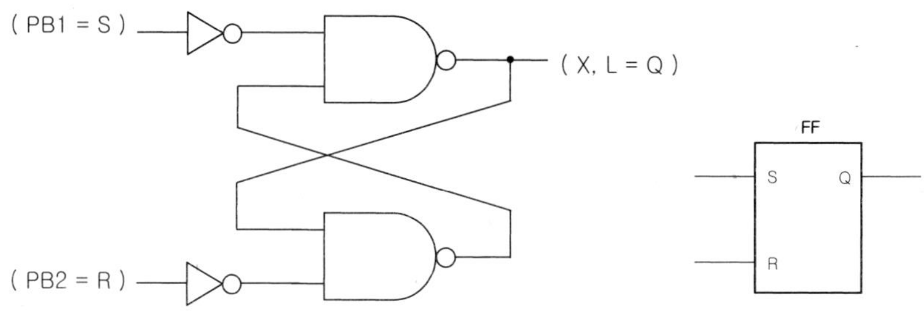

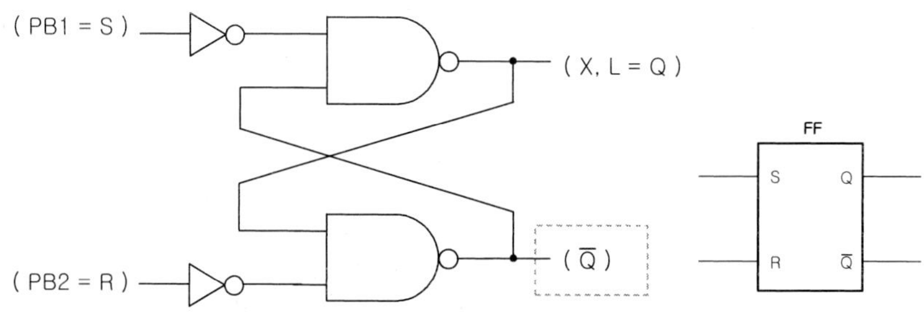

(2) $\overline{RF}$ 플립플롭

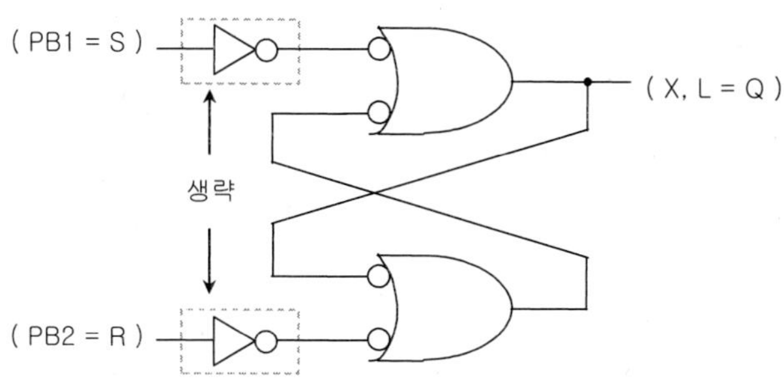

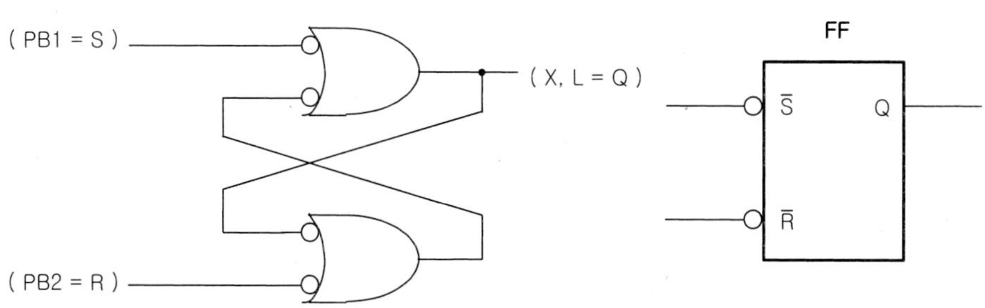

(3) 회로 구성의 예

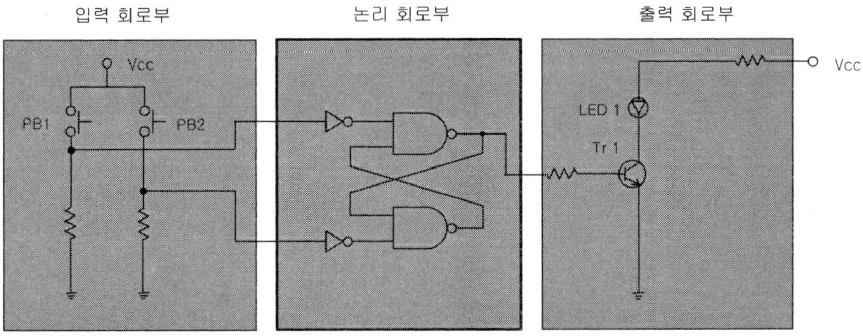

플립플롭 회로의 무접점 논리회로

(4) 다이오드 – 트랜지스터 회로

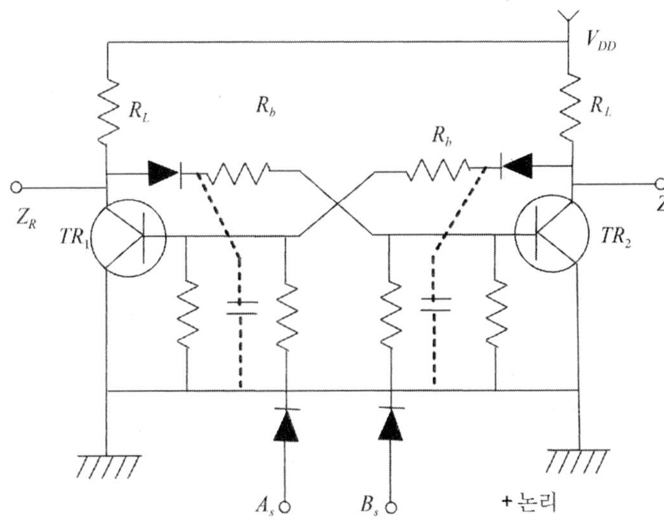

플립플롭 회로

출력 ZR「1」, ZS「0」로 안정되어 있더라도 지금 입력 AS에 전압을 가했을 경우(논리「1」), Tr1에 베이스 전류가 흘러서 Tr1은 ON이 된다. 따라서 ZR은 전위(傳位)가 거의 0V(논리「0」)이 된다. 반대로 Tr2는 지금까지 ZR에 의해 공급되고 있던 베이스 전류가 0이 되고 OFF 상태가 되어 출력 ZS에 전압을 얻을 수 있다(논리「1」).

여기에서 AS를 0으로 하여도 ZS의 전압이 Tr1에 피드백된 상태가 이어지므로 출력 ZS는 그대로 얻어진다.

이어서 다시 ZR, ZS를 반전하려면 입력 AR에 전압을 가하는(논리「1」)것에 의해 Tr2로 베이스 전류를 공급하고 강제적으로 Tr2를 ON 상태로 한다.

5) 진리표

논리식	L = (PB2 · X) + PB1		
진리표			
입력		출력	
X_1	X_2	Y_1	Y_2
0	0	이 전값 유지	
1	0	1	0
0	1	0	1
1	1	부정	부정

6) 타임차트

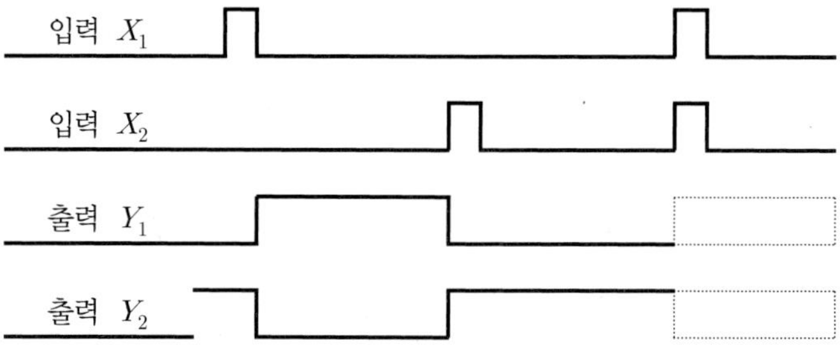

8) PLC 래더도

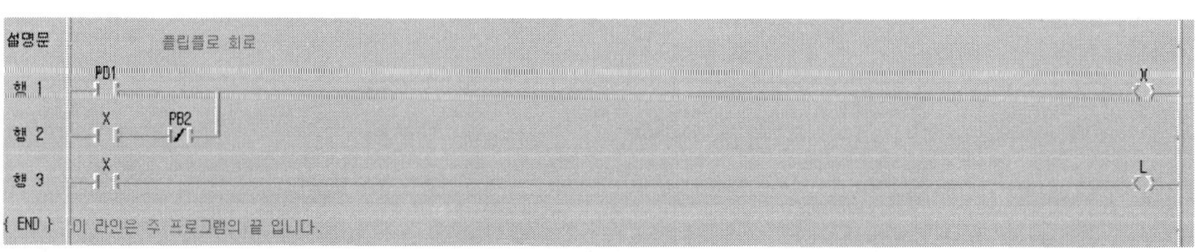

5.5 논리 시퀀스 특징

1 장점

① 동작 속도가 빠르다.
② 고빈도 사용에 견디고 수명이 길다.
③ 고정밀도이며 응동시간, 감도에 불균일이 적다.
④ 진동, 충격에 의해 오동작할 염려가 있다.
⑤ 장치의 축소화가 가능하다.

2 단점

① 전기적 노이즈, 서지(Surge)에 약하다.
② 온도 변화에 대해서 약하다.
③ 신뢰성이 뒤떨어진다.
④ 별도 전원을 필요로 한다.

제6장

PLC

Programmable Logic Controller

6.1 정의

각종 기기나 프로세서 등의 제어를 위하여 지금까지 사용하였던 보조릴레이(Aux Relay), 제어 릴레이(Control Relay), 타이머 등의 기능을 반도체 소자와 S/W로 대체시킴으로써 논리연산, 순서 조작, 타이머, 카운터 및 산술연산 등의 제어동작을 실행시키기 위하여 제어순서를 일련의 명령어 형식으로 프로그램을 작성할 수 있는 메모리를 가지고 있는 전기제어장치를 말한다. 즉, PLC란 간단히 표현하여 시퀀스 제어를 실현하기 위한 산업용 컴퓨터이며 메모리의 내용에 따라 기계와 프로세서의 제어를 디지털 혹은 아날로그 입·출력을 통하여 행하는 디지털 조작형의 전자 장치로써 기본적인 기능 이외에도 추가로 피드백 제어도 가능한 프로그래머블한 제어장치로 FMS (Flexible Manufacturing System), FA(Factory Automation)의 핵심으로 자리 잡고 있다. 또한, PLC 는 자동제어의 핵심 장비로써 소형 Relay Pannel, 간이자동화, 소형 Conveyor Line, 각종 소형 제조 기기 등에서부터 중형 주차 설비, 대규모 단위 기계, Process 제어, 철강 자동차 등의 생산라인, 화학, 섬유 공장제어 등 그 적용 범위가 대단히 넓다.

6.2 PLC의 출현

종래에는 시퀀스 제어회로를 실현하는 방법으로 유접점 계전기 및 무접점 계전기로 실행하여 시스템 자체를 실제 배선작업을 하고 동작하여야만 회로대로 동작이 되는가를 알 수 있었다. PLC의 규격을 최초로 제정하는 곳은 1976년에 미국의 NEMA(National Electrical Manufactureres Association)이고 뒤이어 독일(DIN)에서도 1979년에 제정하였다. 우리나라에서는 일반적으로 PLC(Programmable Logic Controller)라 불리지만 정식 명칭은 PC(Programmable Controller)이고 이 밖에도 시퀀스(Sequencer), 시퀀스 컨트롤러(Sequence Controller), 공정제어 제어기로 불린다. 정식 명칭으로 프로그래머블 컨트롤러(Programmable Controller)이나 약칭하면 PC가 된다. 그러나 PC는 퍼스널 컴퓨터와 중복이 되므로 일반적으로 PLC(Programmable Logic Controller)라고 부른다.

1 릴레이 시퀀스와 논리 시퀀스의 문제점

종래에는 시퀀스 제어회로를 실현하는 방법으로 유접점 계전기 및 무접점 계전기로 실행하였으나 다음과 같은 문제점을 갖고 있었다.

① 유접점, 무접점 시퀀스 제어는 시스템 자체를 실제 배선작업을 하여 동작하여야만 회로대로 동작이 되는가를 알 수 있었다.
② 유접점 회로는 납땜이나 결선 등의 특수 기능을 필요로 하므로 처음 제작 시 또는 생산라인의 변경 시 시퀀스의 내용을, 즉 생산내용의 변경을 외부에 누설시켜야 한다.
③ 고도의 산업 경제 성장에 따라 생산 설비는 고급화, 거대화되고 있다. 따라서 시퀀스 제어에 많은 공간이 필요하고, 빈번한 고장이 발생하였다.
④ 기능상의 문제로써 계전기의 동작시간에 한계가 있기 때문에 고속으로 움직이는 장치에는 적합하지 않다.

그리고 유접점 회로는 생산라인의 변경 시 시퀀스의 내용을, 즉 생산내용의 변경을 외부에 누설시켜야 하고 계전기의 동작시간에 한계가 있기 때문에 고속으로 움직이는 장치에는 적합하지 않았으며 고도의 산업 경제 성장에 따라 생산 설비는 고급화, 거대화되면서 시퀀스 제어에 많은 공간이 필요하게 되고 빈번한 고장이 발생하게 됨으로써 이러한 점을 해결하기 위하여 GM 사는 다음과 같은 10개항의 요구조건을 내놓게 된다.

❷ GM의 10개 항목

1968년 GM 사에서 10개 항목제안(이전→Relay 제어반 사용)

① 프로그래밍 및 프로그램의 변경이 용이하며, 시퀀스 회로도의 작성 및 변경이 현장 요원들에게 쉽게 가능할 것.
② 유지, 보수가 용이하고 수리가 간단하고, 완전한 plug-in타입(장치 또는 기구 단위로 접속 또는 분리)을 기본으로 할 것.
③ 유니트(unit)는 플랜트의 주위 환경 속에서 릴레이 시퀀스 제어반보다 신뢰성이 높을 것.
④ 릴레이 시퀀스 제어반보다 값이 저렴할 것.
⑤ 릴레이 시퀀스 제어반보다 소형이며 바닥·면적이 작을 것.
⑥ 출력 데이터는 중앙 데이터 수집 시스템이 연결될 것.
⑦ 입력을 115[V] 교류를 받아들일 것.
⑧ 전동기 주회로 전자접촉기를 움직일 수 있도록 출력은 24[V], 115[V] 교류일 것.
⑨ 기본 유니트는 확장이 가능할 것.
⑩ 최저 4K Word에 확장 가능한 프로그래머블 메모리를 가질 것.

이 제어장치의 공모에서 DEC(Digital Equipment Corporation)라는 회사에서 이 조건에 맞는 PDP-14라는 이름의 제어장치를 만들었으며 이것이 세계 최초의 PLC이다.

1980년에 GM 사가 OSI 표준기능의 하나이며 공장용 LAN의 표준 프로토콜인 MAP(manufacturing automation protocol)을 제창한다.

6.3 PLC의 발전 동향

국내 PLC 산업은 1981년부터 2~3개 업체가 구미 및 일본의 PLC를 도입, 판매하면서 시작되었다. 그 후 자동화에 대한 인식이 고조되면서 단순 도입 판매를 하던 금성계전(현재 LG산전)을 비롯한 몇몇 대기업들이 자체모델 개발과 기술제휴를 통한 제품개발을 하였으며 현재 국내 PLC 시장에 참여하고 있는 업체는 대략 10여 개사 정도가 된다. 국내 PLC 시장 규모는 1991년 500억 원을 돌파해서 매년 20% 정도의 고속 신장을 이루어 왔다. 한국 내 PCL 잠재 시장 규모는 약 3조 원 정도로 추정되고 있어 아직 국내 PLC 시장은 엄청난 잠재성을 갖고 있다고 할 수 있다. 잠재 시장이 크다는 것은 현재의 PLC 기종이나 성능보다 훨씬 고기능화되고 다기능화된 PLC의 등장이 시급해졌다는 것이다.

PLC 산업을 최초로 시작한 금성계전은 1993년 MASTER-K 1000 및 복수카드를 출시하여 고기능 PLC의 자체 모델 시대를 열었다. 초소형부터 중,.대형까지 다양한 기능을 확보하고 있으며 강력한 통신기능, 전용 S/W 및 Gate Way Pakage 등 다양한 주변기기를 지원할 수 있고 각종 특수 기능 모듈 장치가 가능하며 다양한 명령어를 보유하였다. 금성계전은 일본 미쯔비시 전기와 제휴에 의해 Goldsec-M 시리즈를 1988년부터 1993년까지 출시하여 큰 인기를 얻었다. 두 회사가 LG산전으로 통합된 후로는 GLOFA PLC를 주 모델로 하고 있는데 이것은 IEC (International Electrotechnical Commission)의 국제 표준화 규격을 충실히 적용하여 개발되었으며 고속전용 ASIC을 탑재하여 명령어의 고속처리를 실현하였다. 또한 이중화 시스템의 구축이 가능하여 신뢰도를 향상시켰으며 상위 레벨의 Mini-MAP 네트워크와 하위 레벨의 필드버스 네트워크를 포함하여 인터페이스를 크게 향상시켰다.

삼성항공은 94년부터 Brain SPC 시리즈와 고급기종인 Hibrain 시리즈를 출시하였다. 소형 PLC인 Brain SPC10은 기존 소형급의 릴레이를 대체를 목적으로 14점에서 56점까지 구성, 초소형 사이즈, 고속 카운터, 펄스 출력 등의 특수기능 등이 보유되어 있다. SPC100은 최대 120점으로 구성되고 RS-232, RS-485 포트를 통한 컴퓨터와 통신망 구축, 메모리 EEPROM으로 신뢰성 향상, 고기능 응용, 연산 명령어 보유한 것이며, SPC300은 최대 544점 구성, 초고속 데이터 처리(0.75M sec), Network 강화(Link Remote), 확실한 자기진단, 편리한 S/W, 다양한 Network 구축(Mini-Map 탑재가능), Analog, 고속카운터 Link 등의 특수 모듈 구비, 수치 연산 가능한 광범위한 제어 가능한 모델이다.

이 외에도 동양산전, 코오롱 엔지니어링, 포스콘 등이 독자 모델을 개발하여 제품을 출시하고 있으며 모디콘, AB 등 여러 외국 회사들의 현지 법인이 국내에 PLC를 공급하고 있다.

PLC에 계속적으로 요구되는 것은 데이터 처리나 수치 연산의 명령 충실, 새로운 명령어와 특수 기능 모듈, 네트워크 조작의 전용 명령어 추가, 고장 검출 기능 강화 등 기존 기능의 충실화이다. 스캔 타임 축소와 고속 응답을 위한 연산속도 향상, 특히 응용 명령의 고속화 등의 속도의 향상과 리모트 I/ O 모듈의 증대, 마이크로 프로세서가 탑재된 인텔리전트 I/O 모듈, 고유한 I/O 인터페이스를 위한 전용 처리 모듈 등과 같은 기능의 향상 또한 PLC의 주요한 과제이다.

PLC의 네트워크 기능이 더욱 요구되어 오픈화된 상위, 하위 네트워크 구비, PLC 간 네트워크의 고속화와 대용량화 등은 필수 기능이 되고 있다.

비대화되는 소프트웨어에 대응도 필요하며 개발 환경 정비, MMI 기능 충실, 범용 퍼스널 컴퓨터의 응용 등이 해결 방안으로 생각되고 있다.

PLC(Programmable Logic Controller) ⇒ 프로그램이 가능한 논리제어 연산장치

- 1968 : 프로그램 가능 기본제어기의 개념을 수립한다.
- 1969 : 1K의 메모리, 28개의 I/O 점수에 논리 연산을 갖는 제어기 개발
- 1970 : 논리 지시 및 1K 기억용량과 128 I/O 점수 제어기 등장
- 1974 : 타이머, 카운터 기능를 탑재한 12K의 메모리, 1,024개의 I/O 점수를 갖고 여러 개의 프로세서를 사용한 PLC가 출현하였다.
- 1976 : 원격 입출력 시스템을 소개 (최초로 규격을 제정 : 미국)
- 1977 : 마이크로 프로세서를 CPU로 채택한 PLC 개발
- 1980 : 지능형(Intelligent) I/O 모듈과 고기능 통신장치 개발, (중, 대형) : Net work (Ethernet) 고기능 H/W 등장
- 1983 : 저가형의 소형 PLC 판매 개시
- 1985 : ① 표준화, 컴퓨터와의 네트워크 기능으로 분산 및 계층제어가 가능
  ② PLC, 컴퓨터, CNC, 로봇 등을 통합한 CIM(Computer Intergrate Manufacturing - 컴퓨터 통합 생산 시스템) 개념으로 발전하고 있음
- 1990 : CIM(컴퓨터 통합 생산화 시스템)
- 1991 : 퍼지 이론을 도입한 퍼지 모듈 및 전용 퍼지 제어기 등장

6.4 PLC의 종류

일반적으로 PLC의 종류에는 대형 PLC라 불리는 빌트인 형 PLC와 소형 PLC로 불리는 일체형 PLC가 있다.

❶ 빌트인 형(Built-in type) PLC

빌트인 형 PLC는 PLC 링크나 컴퓨터 링크 등, 필요에 따라 여러 가지 기능을 부가할 수 있는 장점이 있다. 전원 유닛과 CPU 유닛을 기본으로 설치하고 입력 유닛, 출력 유닛, 특수 기능 유닛 등 필요한 유닛을 조합하여 베이스에 설치하여 사용한다.

1) 전원 유닛과 베이스 유닛

전원 유닛은 유닛 취부 베이스에 설치한다. 전원의 정격 전압에는 교류 110 V, 220 V, 110/220 V 겸용, 직류 24 V 등이 있다. 공장 전체(장치 전체)의 전원회로 등을 감안하여, 제조 메이커에서 생산하는 수 종류의 전원 유닛 중에서 CPU 유닛과 입출력 유닛에 전원을 공급하기 적절한 것을 선정한다.

2) CPU 유닛

전용으로 개발된 16비트 또는 32비트 CPU가 설치된 유닛을 CPU 유닛이라 한다. 이 유닛에는 유저 프로그램을 보존하는 RAM이 내장되어 있으며, RAM은 보관 가능한 프로그램의 크기에 제한이 있고 제조 메이커에 따라 다소 차이가 있지만 30 k 스텝이나 48 k 스텝 정도의 것이 많다(소형 PLC의 경우는 1k나 2k 스텝).

CPU 유닛은 범용 컴퓨터나 PC(Personal Computer), 다른 PLC, 원격 제어되는 입출력 유닛과 접속이 가능한 기능 외에도 다음과 같은 기능이 있다.

① 고속 응답 인터럽트 처리가 가능하다.
② 운전 중에도 프로그램 수정이 가능하다.

③ 명령어마다 프로그램을 정지하여 연산 도중의 경과를 감시하는 기능이 있다.
④ 외부 고장 진단 기능을 가지며 보수 유지가 간단하다.
⑤ 제어 도중의 상태를 기억할 수 있다.
⑥ 각종 응용 명령을 가지며 16/32비트 데이터 처리, 데이터 전송이 간단하다.

3) 입출력 유닛

입력 유닛과 출력 유닛이 각각 독립되어 있으며, CPU 유닛과 같이 베이스 유닛에 장착된다. 그리고 입력 기기와 출력 기기 몇 개가 접속되는가를 입출력 점수(I/O 점수)라 하고, 이것은 기종 선정에서 중요한 기준이 된다. 1개의 유닛에는 보통16, 32, 64점을 접속한다. 제어하는 장치· 기기의 입출력 점수를 고려하여 유닛을 선택하고 조합시킨다. 그러나 CPU 유닛의 능력 관계로 최대한 접속할 수 있는 점수에는 상한이 있고, 그 한도는 2,048점 혹은 4,096점이다(소형 PLC의 경우는 80점 혹은 120점 정도).

4) 특수 기능 유닛

빌트인 형 PLC에는 각종 특수 기능 유닛을 장착할 수 있으며, 형상은 입출력 유닛과 동일하고 베이스 유닛에 장착한다.

① 아날로그 신호를 디지털 신호로 변환하는 A/D 변환 유닛
② 디지털 신호를 아날로그 신호로 변환하는 D/A 변환 유닛
③ 석유 플랜트 등의 PID 제어에 사용되는 PID 제어 유닛
④ 서보 모터나 스테핑 모터를 구동하는 위치 결정 유닛
⑤ 컴퓨터와의 데이터 통신에 사용되는 컴퓨터 링크 유닛
⑥ CIM에 필요한 시스템 간의 데이터 링크에 사용되는 데이터 링크 유닛 등 각 제조 메이커마다 여러 종류의 특수 기능 유닛을 제작하고 있다.

2 일체형 PLC

일반적으로 PLC란 일체형의 PLC를 지칭하며, 비교적 소형의 자동화 기기에 사용되고 있다. 일체형 PLC는 1개의 케이스에 전원부, CPU부, 메모리부, 입출력 접점부가 들어 있고 취급이 간단하다. 대형 PLC의 경우는 여러 가지 특수 기능을 가진 유닛을 추가할 수 있지만, 일체형 PLC는 한번 기종이 선정되면 발휘할 수 있는 기능이 제한된다. 즉, 기본 유닛의 입출력 점수는 기종 선정의 단계에서 고정되며, 기본 유닛에 증설할 수 있는 입출력 점수에도 제한이 있다. 일체형 PLC일지라도 위치 결정 유닛이나 아날로그 유닛 등을 접속하여 사용할 수 있는 기종도 적다. PLC 본체에 공급하는 전원 전압은 기종에 따라 고정되어 있으며 교류용은 AC 110, 220 V 또는 겸용이고, 직류용은 DC 24 V, 12 V가 대부분이다. 입력 신호를 CPU에 받아들이기 위한 전압은 직류 전원으로는 DC 12 V, 24 V가 있고, 교류 전원으로는 AC 110, 220 V 가 있다. 출력 기기를 구동시키기 위한 전압은 직류 전원은 DC 12V, 24V 가 있고, 교류 전원은 AC 110 V, 220 V 등이 있다. 소형 PLC는 단독으로 자동화 기계를 제어하는 것이 주목적이며, 선정 시점에서 단독 제어일지라도, 장래에 다른 PLC와 접속의 가능성을 고려할 필요가 있다. 그리고 소형 PLC에도 기종에 따라 상위 PLC와 접속이 불가능한 기종도 있으며, 장래의 확장 가능성이 있을 때는 입출력 점수가 많지 않더라도 상위 PLC와 접속이 불가능한 기종도 있으며, 장래의 확장 가능성이 있을 때는 입출력 점수가 많지 않더라도 상위 PLC와 접속이 가능한 기종을 선정하는 것이 좋다.

6.5 PLC의 기능

현재의 PLC가 가진 기능은 다음과 같다.

① 인터럽터 기능이 가능하다.

② BCD 데이터와 비교가 가능하다.

③ 16비트 데이터의 제어가 가능하다.

④ 래더 시퀀스의 모니터링이 가능하다.

⑤ 디지털 스위치의 수치를 읽을 수 있다.

⑥ 아날로그 데이터의 입출력이 가능하다.

❶ 릴레이 제어반과 PLC의 비교

구분	릴레이 제어반	PLC
제어방식	• 하드 로직	• 소프트 로직
제어기능	• 릴레이(직렬, 병렬접점) • 타이머 • 프리셋 카운터 (기능은 한정적이고, 규모에 따라 대형화)	• 릴레이(AND, OR, NOT) • 업다운 카운터 • 시프트 레지스터 • 간단한 가감산 (고기능, 대규모의 제어를 소형으로 실현 가능)
제어요소	• 유접점(한정된 수명, 지속제어)	• 무접점(긴 수명, 고속제어, 높은 신뢰성)
제어내용 변경	• 기구 부품 간의 배선 변경	• 프로그램 변경만으로 가능
공사기간	• 사양 결정 후 제어반 제작 • 검사, 시운전 기간의 장기화	• 사양결정과 하드의 취합 병행 • 검사, 시운전 기간의 단축
시스템 특성	• 독립된 제어장치	• 시스템 확장용이 • 컴퓨터와 연결 가능
보전성	• 보수 및 수리 공사시 장시간 소요	• 높은 신뢰성, 긴 수명으로 보수 및 수리공사가 낮다
크기	• 소형화가 곤란	• 소형화가 가능

❷ PLC와 COMPUTER의 비교

구분		PLC	COMPUTER
하드	입력	• 스위치 • 리밋 스위치 • 센서 • 진입신호	• 카드 리더 • 테이프 라이더 • 테이프 리더 • 테이프 디스크
	출력	• 모타 • 릴레이 • 솔레노이드 • 카운터 • 타이머	• 프린터 • 모니터(CRT 화면) • 카드펑처(CardPuncher) • 테이프, 디스크
	사용장소	• 공장	• 사무실
	구조	• 강약전 병용	• 약전
	목적	• 기계장치 제어	• 데이터 처리
소프트	사용자	• 현장 작업자	• 작동자, 프로그래머
	프로그램 언어	• 시퀀스 회로를 중심으로 한 언어	• 컴퓨터 언어

❸ PLC 학습의 필요성

① 생산 설비의 자동화에 따른 PLC 보급의 확대
② Indystrial PC와는 다른 차원의 Simple한 언어 체계
③ 지능을 갖춘 전용 Computer
④ 처리 속도의 고속화 실현
⑤ Bit 처리 또는 Word 처리가 가능(준 PC 명령체계)
⑥ 특수 Module 사용할 때 특수 목적에 이용이 가능
⑦ PLC와 연계된 주변 기술 습득
⑧ LAN 등을 이용한 CIM 체계의 구체화

❹ PLC의 동작 원리

PLC의 CPU가 메모리에 저장된 프로그램을 실행시키려면 CPU는 각 메모리 영역에서 어떤 일이 일어나는지 알아야 한다. 모든 입력과 출력의 상태를 읽고, 시퀀스 프로그램에 사용된 명령어들의 문법을 확인하고 실행시키는 과정을 PLC의 스캔 기능이라고 한다.

CPU는 시퀀스 프로그램의 확인과 실행을 위해 시스템 메모리와 끊임없이 교신해야 한다. CPU가 RAM 메모리에 있는 시퀀스 프로그램을 읽어서 실행하고 모든 입출력 유닛의 값을 변경하는데 걸리는 시간을 스캔 타임(scan time)이라고 한다.

스캔 타임이 짧을수록 입력 신호에 대한 출력의 응답이 빠른 것으로 된다.

처음 전원을 넣거나 리셋을 시키면 CPU는 전체 시스템을 초기화하고 각 스캔을 위한 초기화를 한다. 각 슬롯에 장착된 유닛을 매 스캔마다 확인하여 처음 전원이 들어왔을 때와 같은지를 확인하고 입력 신호를 읽어 놓은 후 프로그램의 한 명령어를 수행한다.

이에 의한 내부 데이터의 변화를 메모리에 쓰고 출력신호를 출력 유닛으로 내보낸다. 이러한 과정을 진행하는 도중 사용자 인터럽트, 전원 전압의 강하, 시스템 인터럽트, 또는 슬롯에 장착된 유닛들 중 CPU에 인터럽트를 걸 수 있는 특수 기능 유닛에서의 요구가 있을 때는 이들을 먼저 수행해 준다.

여기서는 특수 기능 유닛이 CPU에 직접 인터럽트를 거는 방식으로 설명했지만, CPU가 매 스캔마다 모든 슬롯에 접근하여 요구 사항이 있는지 확인하여 있을 때만 처리하여 주는 폴링 방식을 취하는 CPU도 있다.

6.6 PLC의 선정

1 입력 점수의 파악

조작반의 누름 스위치, 전환 스위치, 토글 스위치, 등의 명령을 내리는 입력 신호 수와 근접 스위치, 포토 스위치, 리드 스위치, 리미트 스위치 등의 신호 수를 합쳐 입력 수로 하고 입력 모듈은 모듈 1개당 8점, 16점, 32점으로 되어 있으므로 여유를 고려하여 입력모듈의 개수를 적절히 선정한다. 또한 입력으로 사용되는 센서 등의 사용 전압을 고려하여 입력 모듈의 전압 사양을 선정한다.

2 출력점수의 파악

전원표시등, 운전 표시등, 과부하 표시등, 부저 등의 표시등 수, 또는 경보 수와 솔레노이드 밸브, 릴레이, 전자접촉기의 수를 합쳐 출력점수로 하고 8점 모듈, 16점 모듈, 32점 모듈을 적절히 혼합하여 출력 모듈 수를 선정한다.

6.7 PLC의 특징 및 장단점

1 장점

(1) 용이한 소프트웨어

PLC는 종래 자동화 기계제어에 사용되던 유접점 릴레이, 무접점 릴레이 등에 대치되는 것이다.

첫째, 유접점, 무접점 릴레이를 사용하던 User가 특별한 전문적인 교육을 받지 않아도 쉽게 이해될 수 있는 소프트웨어로써, 제어의 내용이 프로그램에 의해 정하여지므로 제어내용을 바꿀 경우 새로운 프로그램을 작성하여 입력시켜줌으로써 쉽게 제어내용을 변경시킬 수 있다. 즉 프로그램만 변경하여도 많은 시스템의 동작 과정이 변경된다.

둘째, 계산기와는 달리 제어 기능의 효과적 수행이 목적이지 그것을 실현하는 장치를 목적으로

하지 않는다.

셋째, PLC를 사용한 시스템을 현장에서 보수하고 보전하는 과정에서 PLC의 동작이 특별한 지식 없이 쉽게 이해된다.

넷째, PLC에서는 외부 동작(제어 시방)이 내부 동작(프로그램)으로의 변환이 쉽게 되었을 뿐만 아니라 내부의 직렬동작 프로그램이 외부의 병렬동작으로 대응되는 형태의 소프트웨어로 되었고 이 역변환성이 계산기와 크게 다른 것이다.

(2) 보수의 용이성

첫째, 계전기, 제어반에서는 고장 원인의 추적 시 상당한 경험적 기술이 필요한 기계적인 작업이 수반되므로 고장 발견에 많은 시간이 요구되나 PLC의 경우에는 동작 표시 기능, 이상 표시 기능 및 모니터링 기능 등의 체크 기능을 가지고 있어 생산 현장에서의 조작 및 취급성이 고려된 프로그래머에 의해 쉽게 내부 동작 프로그램을 변경할 수 있고 그 실행상태를 종래의 시퀀스 제어 기술로 쉽게 파악할 수 있는 것이다. 이처럼 프로그래머는 PLC와 시퀀스 제어 기술을 연결시키는 것으로써 PLC의 본질적인 특징이다.

둘째, 프로그래머는 하드웨어나 소프트웨어의 보수 및 감시를 용이하게 할 수 있는 디버그(debug) 기능을 구비하고 있다.

(3) 프로세스 직결성

프로세스와 직결하여 제어를 실행하는 PLC는 프로세서와 직결할 수 있는 입출력을 가지고 있다. 이 입출력은 외부기기와 CPU 중간에 위치하고 외부기기로부터의 신호를 논리레벨로 변환하는 기능과 CPU로부터 논리레벨로 받은 출력값을 외부기기가 구동될 수 있는 레벨까지 변환하는 기능을 갖는다.

(4) 배선 및 설지의 용이

릴레이 제어반 제작 시 납땜이나 결선작업 등 많은 공임이 소요되나 PLC에서는 이것들이 프로그램으로 간단히 처리되며 동일한 사양일 경우 프로그램을 Tape나 ROM에 저장해 둘 수 있으며 필요시 Copy해서 사용 할 수 있다.

(5) 높은 경제성

LSI, VLSI 등의 집적화 된 반도체 소자를 사용하고 고도 실장 기술에 의한 소형 모듈화가 계속되고 있으며 PLC의 하드웨어 자체의 원가 실행력이 높다.

(6) 기획의 우수성

PLC에는 메이커 제품과 간단한 명령어에 의한 프로그래밍에 의해 작성되므로 공정의 단축이 가능하고, 회로 변경 작업 및 배선작업을 하지 않는다는 점에서 유연성이 높다. 소프트웨어는 프로그램 언어의 명령의 수가 제한되어 있으며 그 사용 방법도 간단하다.

(7) 설치면적이 작다

반도체를 사용하였으므로 종래의 제어반보다 설치면적을 줄여 제어반을 작게 할 수 있다.

(8) 수명이 반영구적

무접점 회로를 택함으로써 유접점에 비해 신뢰성이 좋아지고 수명이 길다.

(9) 프로그램 내용을 테이프, 디스크, 컴퓨터에 보존할 수 있다.

2 단점

(1) 호환성의 결여

표준화가 되어 있지 않고 생산회사마다 다른 프로그램 언어를 사용함으로써 호환성이 없다.

(2) 가격이 비싸다.

소규모 제어회로에서는 릴레이 제어방식보다 가격이 비싸다.

6.8 프로그램 사용언어

1 IEC 언어의 특징

① 다양하고 강력한 데이터 타입을 지원한다.

② 펑션, 펑션 블록, 프로그램 같은 프로그램 구성 요소가 도입되어 상향식 또는 하향식 설계가 가능하다.

③ PLC 프로그램을 구조적으로 작성할 수 있다.

④ 사용자가 작성한 프로그램을 라이브러리화하여 다른 환경에서 사용할 수 있어 소프트웨어의 재사용이 가능하다.

⑤ 다양한 언어를 지원하므로 사용자는 적용 환경에 최적의 언어를 선택하여 사용할 수 있다.

2 IEC 언어의 종류

(1) 문자식 언어

① IL(Instruction List) : 어셈블리 언어 형태의 언어

② ST(Structured Text) : 파스칼 형식의 고수준 언어

(2) 도식 언어

① LD(Ladder Diagram) : 릴레이 로직 표현 방식의 언어

② FBD(Function Block Diagram) : 블록화한 기능을 서로 연결하여 프로그램을 표현하는 언어

(3) SFC(Sequential Function Chart)

① SFC는 종래의 PLC 언어를 이용하여 응용 프로그램을 실행 처리 순서에 따라 나누어 플로 차트 형식으로 전개하는 구조화 표현 방식 언어이다.

② SFC는 응용 프로그램을 스텝과 트랜지션으로 분할하여 서로 연결하는 방법을 제공하며, 각 스텝은 액션으로, 각 트랜지션은 트랜지션 조건과 연관된다.

③ SFC는 상태 정보를 가지고 있어야 하기 때문에 프로그램 종류 중 단지 프로그램과 펑션 블록만이 사용할 수 있다.

④ SFC는 병렬분기와 선택 분기로 나눈다.

㉠ 병렬분기 : 2가지 이상의 일을 동시에 할 수 있다.
3개가 다 만족해야 넘어간다(최대 3개 선택 가능).

㉡ 선택 분기(트랜지션 분기) : 3개가 동시에 들어올 때 좌측이 우선순위 하나가 들어올 때 하나만 사용

※ SFC는 PLC(IL,LD)를 실행 순서에 따라 스텝과 트랜지션으로 나눈다.

(4) IL(Instruction List)

① IL은 어셈블리 언어의 형태로 되어 있다.

② IL은 간단한 PLC 시스템에 적용할 수 있다.

③ IL은 명령어로 이루어진 언어로 연산자, 펑션, 펑션블럭, 레이블 등이 명령어의 한 요소이다.

④ 명령어와 피연산자의 입력은 명령어 입력란에서, 설명문의 입력은 설명문 입력란에 입력한다. 명령어와 피연산자의 구분은 공백문자로 하고, 피연산자가 여러 개 있을 경우 피연산자끼리의 구분은 , , ,으로 한다.

(5) LD(Ladder Diagram)

LD 프로그램은 릴레이 논리 다이어그램에서 사용되는 코일이나 접점 등의 그래픽 기호를 통하여 PLC 프로그램을 표현하는 것이다

❸ PLC 회로

(1) 전압레벨 변환 입력회로

무접점 시퀀스 회로에서는 DC 24 V, 12 V, 5 V 등 매우 낮은 전압을 사용하므로 110 V, 220 V 등 높은 전압레벨로 사용되는 유접점 외부 기기에 직접 연결하는 것은 곤란하므로 무접점 내부회로의 레벨에 맞는 전압으로 변환하기 위한 회로를 말한다.

(2) 절연형 입력회로

외부회로로부터 무접점 회로에 연결하는 과정에서 노이즈가 나기 쉬운 곳이나 유도가 생기기 쉬운 장소에서 무접점 회로를 직결하면 오동작을 일으킬 염려가 있으므로 입력회로를 절연하여 노이즈의 침입을 방지하기 위한 회로이며 전기적으로는 직접 접속되지 않으나 신호를 전달할 수 있는 릴레이나 포토커플러 등을 사용하여 절연형 입력회로로 사용한다.

포토커플러는 절연된 공간을 광의 신호로 변환하기 위하여 일단 전기신호를 발광소자에 넣어 광신호로 바꾸어 그 신호를 포토트랜지스터의 광전변환소자에 의하여 다시 전기소자로 바꾸는 소자를 말하며 전달 속도가 매우 빠르다.

(3) 채터링 방지 입력회로

외부회로의 접점에서는 릴레이나 스위치를 사용하게 되는데 입력회로의 과도전류에 의해 오버슈트가 일어날 때 보호회로에 의해 회로가 차단됨과 동시에 다시 입력을 받아들이므로 ON/OFF가 계속되는 현상을 말하며 채터링 현상이 있는 상태로 회로에 입력하면 반도체 회로에서는 ns의 명령으로 동작하므로 입력된 신호의 1 또는 0으로 오동작 될 수도 있다.

이러한 회로의 오동작을 방지하기 위한 회로를 채터링 방지회로라 한다.

(4) 파워앰프 출력회로

무접점 시퀀스 회로는 저전압 소전류에 의해 동작되므로 출력회로를 동작시키기는 어렵다. 제어대상 부하는 주로 24 V에서 200 V 정도에서 동작하고 전류도 100 mA 이상이 되므로 이를 해결하기 위해 최종 출력단계의 출력회로에 제어대상 부하에 적합한 증폭기능을 갖기 위해 파워증폭을 시킨다. 즉 드라이브단의 출력을 다시 증폭시키는 회로이며 주로 에미터 플로워 방식 또는 달링톤 방식을 사용한다.

(5) 절연형 출력회로

외부회로로부터 무접점 회로에 연결하는 과정에서 노이즈가 나기 쉬운 곳이나 유도가 생기기 쉬운 장소에서 무접점 회로에 의한 출력을 나타낼 때 오동작을 방지하기 위하여 전기적으로 분리시킬 필요가 있다.

로직레벨의 신호를 파워레벨의 신호로 변환하는 동시에 부하회로와 전기적으로는 직접 접속되지 않으나 신호를 전달할 수 있는 릴레이나 포토커플러 등을 사용하여 절연형 출력회로로 사용한다.

(6) 램프 드라이브

램프 드라이브 회로표시용 램프 등을 구동하는 증폭회로로써 램프 인디케이터라고 하며 필라멘트형 표시등이 많이 사용되고 있으며 소등 시의 저항치가 점등 시에 비하여 1/10로 낮기 때문에 점등 시에는 큰 돌입전류가 흐른다. 이때는 직렬저항을 넣어줌으로써 돌입전류를 방지한다.

6.9 PLC 제어반의 설치 및 보수

(1) 설치 장소

① PLC의 사용 온도는 통상 0[℃]에서 55[℃]를 동작 온도가 유지되어야 한다.

② 습도가 절연 특성과 관계되므로 20~80[%] 정도의 습도를 맞추는 일이 중요하다.

③ 진동과 충격을 받지 않는 구조로 하여야 하는데 이격시키거나 방진고무로 고정하도록 하여 가능한 한 진동이나 충격을 받지 않도록 하여야 한다.

④ 먼지나 기름, 연기가 많은 장소에서는 온도 상승을 고려하여 밀폐시키며 부식성 가스가 있는 곳에서는 공기정화를 하여야 하고, 인화성 가스가 있는 곳에서는 사용을 금해야 한다.

6.10 PLC에 의한 제어 시스템

반복연산방식은 프로그램 메모리에 격납 되어 있는 시이퀀스 프로그램(명령어)을 선두번지부터 순차적으로 실행하여 최후의 명령어를 실행하면 다시 선두번지로 돌아가서 실행을 반복하는 방식이다. 현재 대부분의 PLC는 스토어드 프로그램 방식, 반복연산방식이며 최초스텝에서 최후스텝까지 실행하는 데 걸리는 시간을 스캔 타임(Scan time) 혹은 사이클 타임(Cycle time)이라 한다.

(1) 단독 시스템

제어대상 기계와 PLC가 1:1의 관계인 시스템이다.

(2) 집중 시스템

제어 대상물인 기계가 여러 대 있는 것을 1대의 PLC로 제어하는 제어 시스템이며, 비교적 소규모 시스템에서 일부 기계가 멀리 떨어져 있는 경우는 범용 다중 전송 장치와 조합하여 사용하는 방법이 경제적이다.

(3) 분산 시스템

분산된 개개의 제어 대상에 의해 PLC 개개의 제어를 담당하고 또한 상호 관련 있는 연계 동작에 필요한 제어 신호는 PLC 선로가 신호를 송수신하는 제어 시스템이다. 이 시스템의 특징은 제어 대상에 대하여 PLC가 제어를 담당하고 상호 연계 동작이 필요한 제어 신호를 PLC 간에 송수신할 수 있는 제어 시스템으로 집중 관리에서와 같이 하나의 기기 고장에 의해 전체의 시스템이 다운되는 것을 방지할 수 있기 때문에 신뢰성이 높다.

(4) 계층 시스템

컴퓨터와 PLC 간을 결합하여 생산 정보의 종합 관리, 운용까지도 행하는 전체 제어 시스템이다. 이때 PLC는 컴퓨터 링크 및 PLC 간 데이터 링크 기능을 갖고 있어야 한다.

6.11 PLC 프로그래밍의 방식

1 회로도 방식

(1) 래더도(Ladder Diagram) 방식

PLC에서 가장 많이 사용되고 있는 방식으로써 릴레이 회로를 직접 기입하거나 표시할 수 있도록 도면을 표시하는 디스플레이 장치가 필요한데 이는 그래픽 로더나 컴퓨터를 많이 이용하고 있다. 이 방식은 회로를 눈으로 확인하고 프로그램을 할 수 있으므로 가장 직관적이고 단순하다.

Ladder Program은 다음과 같은 원칙을 지켜서 작성한다.

① 맨 왼쪽 제어모선과 입력 접점은 이어져 있어야 한다.

② 맨 오른쪽 제어모선과 출력 접점은 이어져 있어야 한다.

③ 중간의 접점이 공란으로 연결되어서는 안 된다.

④ 입력 접점은 직렬과 병렬로 배치하되 세로로 눕게 하지 않는다.

⑤ 오른쪽 제어모선 바로 전에는 입력 접점을 그리지 않는다(이곳은 출력 접점이 위치하는 곳이다).

⑥ 프로그램의 맨 마지막 Line에는 "END" 명령이 있어야 함을 원칙으로 한다. 유접점 시퀀스 언어에 대응되도록 고안된 프로그램이다.

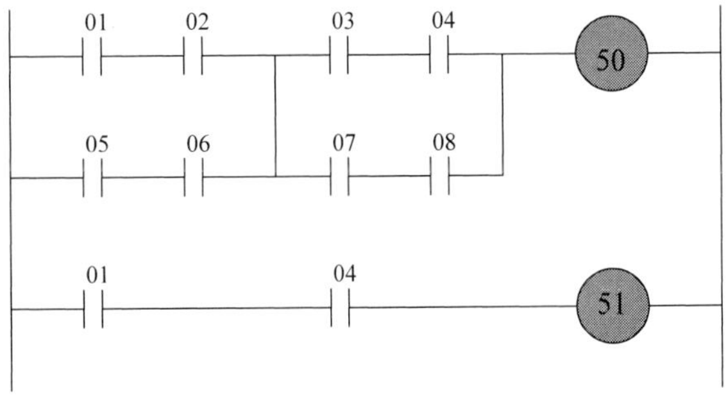

래더도(Ladder)도

스텝	명령			명령	
01	LD	01	09	AND	08
02	AND NOT	02	10	OR LD	-
03	LD	05	11	AND LD	-
04	AND	05	12	OUT	50
05	OR LD	-	13	LD	01
06	LD	03	14	AND	04
07	AND	04	15	OUT	51
08	LD NOT	07	16	END	

래더 방식의 프로그램

(2) 논리기호 방식

논리기호 방식은 AND, OR, NOT를 표시하는 로직 심벌을 사용하여 회로도를 작성해서 신호의 흐름에 따라 키를 누른다. 또한 논리 방식은 회로도를 논리 대수식으로 대치하여 입력하는 방식으로, 직렬을 ".", 병렬을 "+"로, 출력을 "="로 표시하고 입출력 넘버를 사용하여 논리식을 작성하고 키를 누른다.

(3) 명령어 방식

시퀀스의 접속 상태를 특정의 명령어(LOAD, AND, OR, OUT등)를 사용하여 대체하여 프로그램 하는 방식이며 시퀀스 회로에 컴퓨터적인 방법을 도입한 프로그램 방식이다.

(4) step 래더 방식

PLC 언어는 래더 방식이 주종을 이루지만 초보자가 이해하기에는 어려운 언어이므로 보다 이해가 쉽고 취급하기 쉬운 언어의 개발이 요구되면서 만든 방식으로 플로차드와 방식은 비슷하나 자동기계가 입력신호의 변화에 의해 출력신호를 차례대로 변경시키는 상태를 나타내는 그림이다.

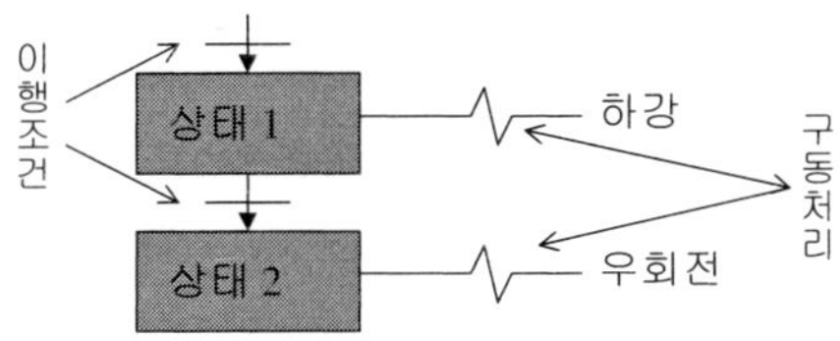

상태 천이도

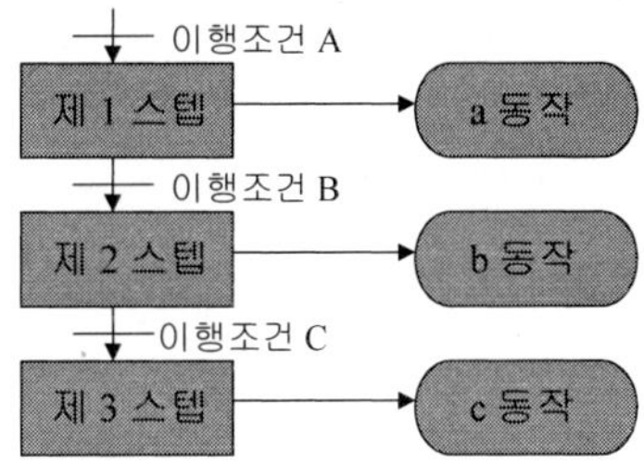

상태변화

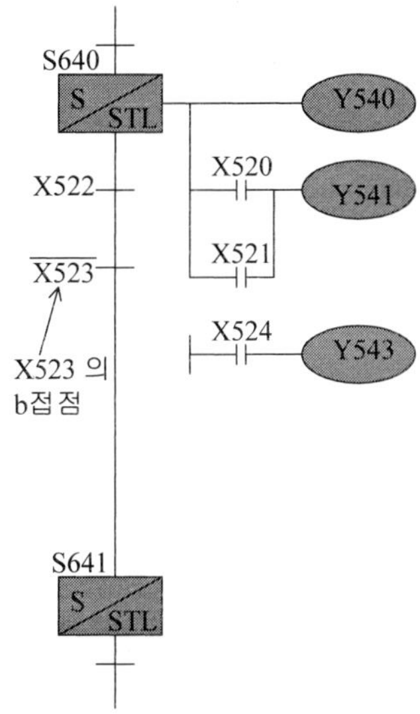

상태 천이도

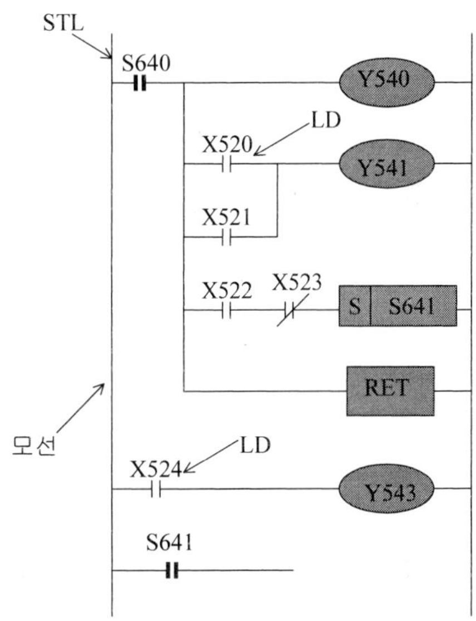

스텝래더도

	스테이드의 처음					
01	STL	640	08	S	641	
02	OUT	540	09	RET	-	스테이드의 끝
03	LD	520	10	LD	524	
04	OR	521	11	OUT	543	
05	OUT	541	12	STL	641	스테이드의 처음
06	LD	522	13			
07	ANI	523	14			

스텝 래더 방식의 프로그램

❷ 공정 진행형 방식

(1) 플로차트 방식

플로차트 방식은 기계나 장치의 동작을 플로차트로 표시하는 방식으로 컴퓨터의 프로그래밍과 비슷한 방법이다.

마이크로 컴퓨터의 프로그램을 작성할 때 맨 먼저 수행하게 되는 것이 플로차트이며 래더도로 작성하는 것보다 더 간단하며 계통의 흐름을 한눈에 볼 수 있다.

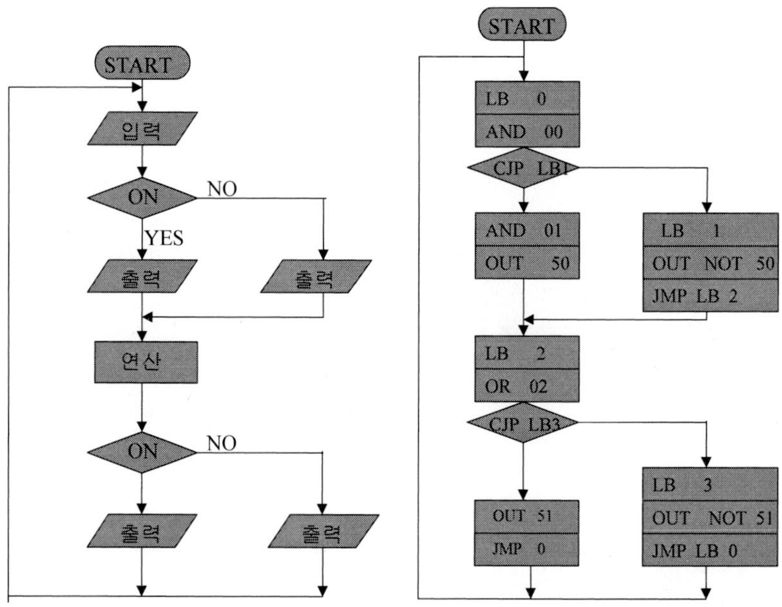

마이크로 프로세서 플로차트　　　PLC용 플로차트

스텝	명령				명령		
01	LB		0	09	OUT		51
02	AND		00	10	JMP	LB	0
03	CJP	LB	1	11	LB		1
04	AND		01	12	OUT NOT		50
05	OUT		50	13	JMP	LB	2
06	LB		2	14	LB		3
07	OR		02	15	OUT NOT		51
08	CJP	LB	3	16	JMP	LB	0

플로차트 방식의 프로그램

(2) 타임차트 방식

입력 신호에 대해 출력신호가 어느 타임으로 출력되는가를 도식화한 것으로 입출력의 타이밍, 입력 신호의 파도형 등이 용이하게 표현된다.

6.12 프로그램 순서

프로그램을 작성하여야 하는데 프로그래밍 순서는 다음과 같다.

(1) 입출력 기기의 할당

입출력의 외부기기를 어느 입출력 단자에 접속할 것인지를 결정한다.

(2) 내부 릴레이. 타이머 등의 할당(입출력 접속도 작성)

제어회로 속에 내부 릴레이나 타이머, 카운터를 할당한다.

(3) PLC용 시퀀스 회로와 논리식의 작성

일반 시퀀스 회로를 PLC가 이해하는 회로를 만든다.

(4) 코딩

어느 프로그램을 메모리의 어느 어드레스에 기억시키는지 정한다.

(5) 프로그래밍(로딩)

로더의 입력장치로 프로그램을 입력시킨다.

(6) 디버그

프로그램의 에러를 찾아서 정정한다.

(7) 운전

6.13 PLC 프로그램 작성 시 고려사항

(1) 신호의 흐름

PLC용 시퀀스의 신호의 흐름은 좌에서 우로 하고 또한 위에서 아래로 흐르게 하는 약속이 있다. 그 반대쪽으로는 전류가 흐르지 못한다.

기능	주요 기능
제어 기능	상시반복연산, 정주기 인터럽트, 외부 인터럽트, 이중화 운전(COLD START, HOT START)
I/O 데이터 처리	INDIRECT, DIRECT 처리
시퀀스 처리 가능	LOAD, AND, OR, NOT, OUT의 기본 적인 시퀀스
TIMER와COUNTER	ON-DELAY, OFF-DELAY, 적산 태머, 모노스테이블, 리트리거블 DOWN, UP,UP-DOWN, RING COUNTER
연산 처리 기능	산술, 데이터 전송, 코드변환, 비교
통신 기능	PLC-I/O, PC-PLC, PLC-PLC
특수 기능	A/D, D/A, 고속 카운터, 위치제어
자기진단 기능	WDT, PARITY, PROGRAM, I/O 착탈 CHECK, BATTERY, POWER CHECK

6.14 BUS

CCU 내에 있는 각 칩(Chip)들이 연결되기 위해서 각 연결선들이 Group화 되도록 되어 있다. 이 Group화 된 선을 BUS라 한다.

전송매체로써는 동축 케이블과 광 Fiber를 사용한다.

동축 케이블의 전송방식은 베이스밴드(base band)와 브로드 밴드(broad band) 전송의 두 가지가 있다. 베이스 밴드 전송은 신호를 변조하지 않고 그대로 전송하는 방식이고 브로드 밴드 전송은 수100 MHz까지의 넓은 대역을 6 MHz 단위의 주파수 대역으로 분할하여 그 대역의 하나 또는 몇 개를 모아서 사용하고 변조를 가한 신호를 전송한다.

(1) star 형

모든 통신 노드가 중앙 제어장치에 접속된 형태이며 각 통신 노드 간의 메시지 교환은 중앙제어장치의 교환기능에 의한다.

① 교환기를 중심으로 이용하는 일반 전화망에서 유래

② 하나의 중앙 노드(Node)에 모든 노드가 Point-to-point로 연결

③ 고장 발견 및 수리가 용이하며, 한 노드 고장 영향 파급 적음

④ 중앙 제어기 고장 시 전체 운영 불가, 최초 설치 시 노력과 비용 과다

⑤ 주로 HUB 장비에서 사용자 PC 접속에 이용

⑥ IEEE 표준화 대상이 아니며 사설 구내 교환기 이용 형태

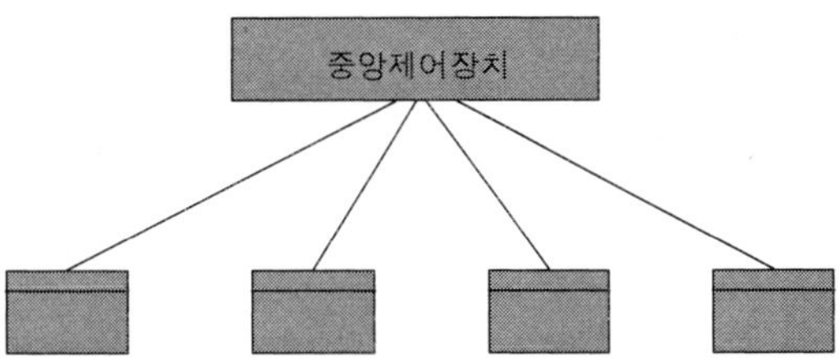

star 형

(2) Bus 형

중앙제어장치가 필요하지 않는 분산 제어형으로써 한 통신매체를 각 통신노드가 공유하는 방식으로 되어 있으며 star형과 마찬가지로 일부 노드의 장애는 전체 시스템에 영향을 미치지 않고 노드의 증설 및 변경이 용이하다.

① 다수의 노드들이 버스(Bus . 데이터 전송로)에 T자로 연결하며 버스와 각노드 연결은 Adapter, Transceiver로 접속하며 양 끝에 종단장치(Terminator)를 설치

② IEEE 802.3 CSMA/CD 방식, IEEE 804.4 Token Bus 방식에서 응용

③ 설치비용이 적게 들고 한 기기의 고장 시 파급 영향 적음

④ PC LAN, Ethernet에서 주로 이용

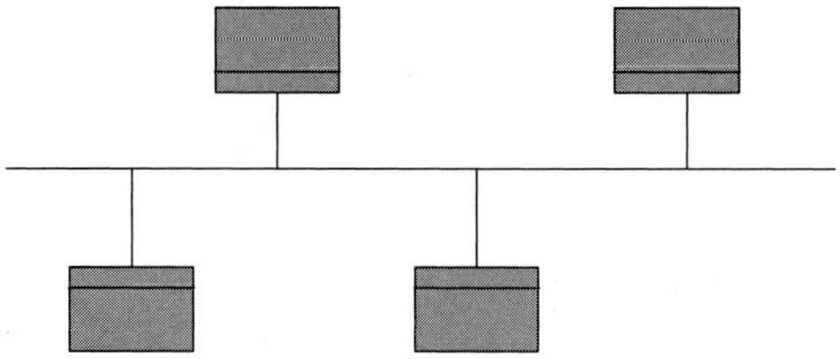

버스형

(3) Ring 형

링 접속법은 망 접속형태로 여러 개의 노드가 루우프 상에 접속되어 있어 송신 측을 제외한 각 노드에서 항상 메시지를 통과시키고 있기 때문에 경로 지정이 필요 없다.

① 인접한 두 노드를 Point-to-Point 방식으로 연결

② 한 노드에서 나온 메시지는 다음 노드로 전송되며 자신의 것이면 받고 아니면 다음 노드로 재전송

③ 광섬유 케이블을 이용한 Backbone 구성에 적합하며 잡음에 강함

④ 분산제어와 우선순위 부여 등의 치밀한 제어 기능

⑤ 노드의 추가 및 변경이 어렵고 한 노드 고장 시 복구가 쉽지 아니함

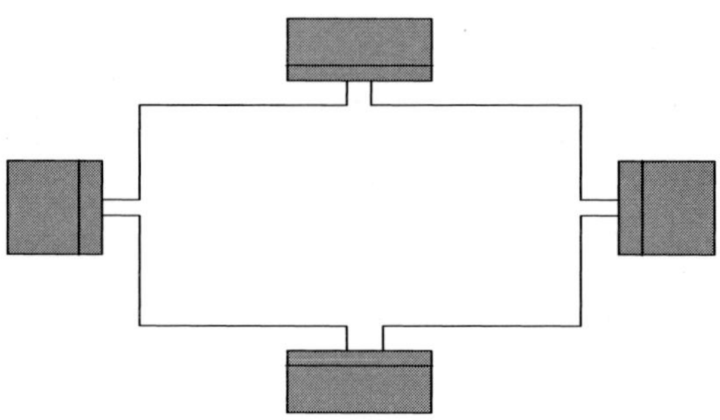

Ring 형

(4) Tree 형

① 하나의 계층구조

② 각 상위 노드에 신호 전송

③ Local Phone System 에 많이 사용

6.15 인터페이스(Interface)

인터페이스는 FA(Factory Automation) 및 FMS (Flexible Manufacturing System)를 실현하기 위한 매우 중요한 PLC 기능 중의 하나이다.

이 기능을 통해서 컴퓨터 주변기기, 일반 사무용 컴퓨터 및 다른 CCU와의 자료전송이 가능하게 된다. 전송방식에는 Serial 방식과 Parallel 방식을 채택하고 있다.

일반적인 Serial 방식에는 유럽에서 많이 사용하는 20 mA Current Loop 방식과 미국에서 많이 사용하는 RS232-C(24 V) 방식이 있으며 후자를 많이 사용한다.

자기진단 기능은 CPU 자신이 이상 유무를 진단하는 기능으로 자기진단에 의한 처리는 PLC의 전원 투입 시 또는 PLC run 중에 이상이 발생한 경우, CPU가 실행하고 있는 자기진단 기능에 따라 이상을 검출하여 이상 표시를 하기도 하고, CPU 연산을 정지하는 것 등 PLC의 오동작 방지와 예방 보전을 목적으로 실행한다.

자기진단에 의한 검출 시 PLC 동작 mode에는 2종류가 있다.

이상을 검출한 경우 PLC 연산을 정지하는 mode와 연산을 속행하는 mode로 연산을 속행하는 mode에는 parameter 설정에 의해 연산을 속행할 수 있다.

이상을 검출한 경우는 이상 발생·이상 내용이 특수 relay(F)에 저장되므로 특히 속행 mode의 경우는 program 상에서 사용하여 PLC나 기계류의 오동작 방지에 사용하여 준다. 자기진단에 의해 연산정지의 이상을 검출한 경우, 이상을 검출한 시점에서 연산을 정지하고 출력(Y)을 모두 OFF한다. 또 연산속행의 이상을 검출한 경우 이상 program 부분만 실행하지 않고, 기타 program을 실행한다. 입출력 unit 조합 이상 시는 이상 전 I/O address에서 연산을 속행한다. PLC는 진원 투입과 동시에 각종 메모리와 입·출력부의 체크가 행해지는 것이 일반적이다. 특히 프로그램 실행 중에 스캔타임이 정해진 시간을 경과하면 연산부가 이상 발생하고 연산 이상으로 간주하는 워치 도그 타이머(Watch dog timer) 기능은 대부분의 PLC가 가지고 있다. 이상이 발생한 경우에는 그 내용에 대응하는 특수 메모리를 세트(SET) 시킨다.

제 7 장

GLOFA PLC의 개요

PLC는 생산설비, 조립, 가공라인, 플랜트(Plant)의 공정을 제어하는 핵심 기기이며 공장 자동화(FA), 컴퓨터 통합생산(CIM) 구축에 있어서 필수 불가결한 제품으로 그 중요성이 증대되고 있다. 이에 국내에서 자체 개발한 GLOFA PLC에 대해 소개하도록 한다. GLOFA PLC는 PLC의 규격화, 표준화를 위한 국제규격에 따라 개발됐다는 점 이외에도 소형부터 대형까지 통신 및 특수기능이 구비된 완성형을 실현하고 있어 단순기계 제어부터 석유화학과 같은 대규모 Flant 제어까지 자체 모델로 유연하게 대응할 수 있게 되었다.

GLOFA-GM 시리즈의 특징은 다음과 같다.

(1) 국제 표준화 규격(IEC1131-3) 준거 제품설계 용이한 프로그래밍 장치 전원 IEC1131-3 규격 언어 세공

① IL(Instruction List)

② LD(Ladder Diagram)

③ SFC(Sequential Function Chart)

(2) 국제 규격의 통신 프로토콜 채택에 의한 오픈 네트워크 지향

① 이기종 간, 멀티 벤더 간의 통신 기능

② 상위 네트워크로 Mini-Map 채택(5 Mbps)

③ 하위 네트워크로 Field-bus 채택(1 Mbps)

(3) 연산 전용 프로세서를 내장하여 고속처리 실현

① GM1/2 : 0.12 μs/step

② GM3/4/5 : 0.2 μs/step

(4) PLC 응용범위 확대를 위한 다양한 특수모듈 완비

① 아날로그 입출력 모듈

② 고속카운터, 위치 결정 모듈

③ 온도변환(열전대·측온 저항체) 모듈

④ PID, 음성출력, 아날로그타이머 모듈

(5) 손쉬운 프로그래밍 TOOL 지원

① 윈도우즈 환경의 MDI(Multiple Document Interface) 지원

② 심벌에 의한 에디팅(Editing), 모니터링(Monitering), 디버깅(Debugging) 기능

7.1 GM3-CPUA의 특징

(1) 연산처리 시간의 고속화

연산 전용 마이크로프로세서를 내장하여 0.2 μs/step의 고속처리실현

(2) 자기진단 기능의 강화

자기 진단상의 에러코드를 내용별로 더욱 세분화하여 에러의 원인을 쉽게 알 수 있도록 한다.

(3) 리스타트(Restart) 모드 설정 기능

콜드(Cold), 웜(Worm), 핫(Hot) 리스타트 모드(Restart Mode)를 두어 사용자가 환경에 적합하게 설정하도록 하는 기능을 가지고, 핫 리스타트(Hot Restart)의 경우는 허용 시간을 설정하여 사용자로 하여금 정확하게 공정을 제어할 수 있도록 한다.

(4) 디버그(Debug) 운전기능

PLC 운전 모드 중 디버그(Debug) 운전 모드로 설정하여 온라인 상태에서 프로그램을 다음과 같이 디버깅할 수 있다.

① 한 명령씩 실행
② 브레이크 포인트(Break point) 지정에 따라 실행
③ 디바이스(Device)의 상태에 따라 실행
④ 지정 스캔(Scan) 횟수에 따라 실행

(5) 다양한 프로그램 수행 기능

스캔 프로그램(Scan program) 이외에도 수행조건에 따라 정주기 인터럽트, 외부 인터럽트 및 내부 인터럽트 프로그램을 수행할 수 있어서 사용자가 프로그램 수행 방법을 다양하게 설정할 수 있도록 한다.

7.2 시스템 구성의 종류

시스템 구성에는 기본/증설 베이스만으로 구성되는 기본 시스템, 컴퓨터 링크 모듈(G3/4L-CUEA)을 사용하여 CPU 모듈과 컴퓨터 간의 데이터 전송을 수행하는 컴퓨터 링크 시스템 및 PLC와 원거리 입출력 모듈의 제어를 위한 네트워크 시스템으로 분류한다.

1) 기본 시스템

기본 베이스와 증설 베이스를 케이블로 연결하여 구성되는 시스템을 말한다.

(1) 기본 시스템 구성

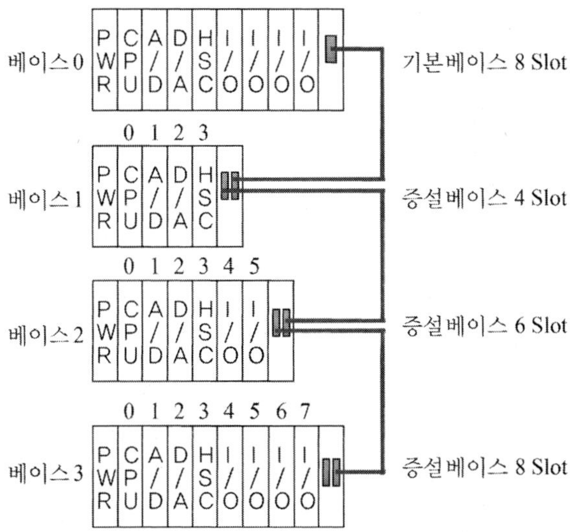

그림 7.1 증설 베이스 구성의 예

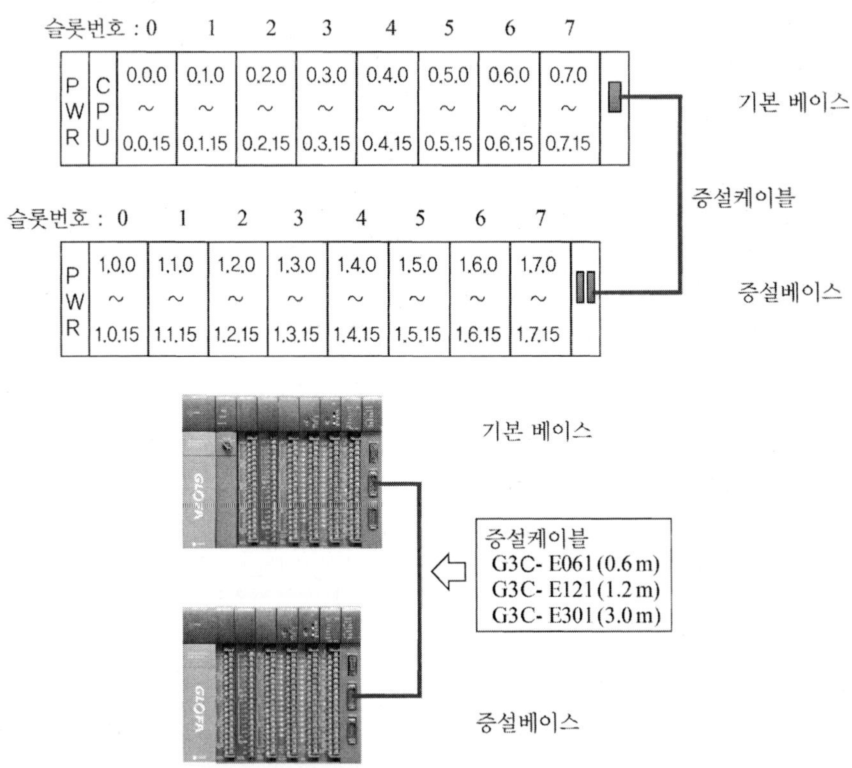

그림 7.2 기본 시스템 구성의 예

표 7.1 기본시스템 구성

최대 증설 단수		3단
최대 증설 거리		3 m
최대 입출력 모듈 장착 수		32모듈
최대 입출력 점수		32점 모듈 장착시 : 1,024점 64점 모듈 장착시 : 2,048점
구성 제품	CPU 모듈	GM3-CPUA
	전원 모듈	GM3-PA1/2A, GM1-PA1/2A
	기본베이스	GM3-BO4/06/8M
	증설 베이스	GM3-BO4/06/8E
	증설케이블	G3C-E061/121/301
	입출력모듈	G3I-□□□□ G3Q-□□□□ G3F-□□□□
입출력 번호의 할당		입출력 번호는 베이스의 슬롯당 64점으로 고정 할당되어 있다. 베이스의 각 슬롯은 모듈의 장착여부 및 종류에 관계없이 64점씩 할당된다. 특수모듈의 장착 위치 및 사용 개수에는 제한이 없다. 특수모듈은 디지털 입출력 모듈과는 달리 고정된 입출력 번호가 할당되지 않는다. 특수모듈은 전용 펑션블록에 의해 제어되며 자동으로 메모리가 할당된다.

2) 컴퓨터 링크 시스템

컴퓨터 링크 시스템이란 컴퓨터 링크 모듈의 RS-232C, RS-422(또는 RS-485)인터페이스를 사용하여 컴퓨터나 프린터 등의 외부기기와 CPU 모듈 사이의 데이터 교신을 하기 위한 시스템을 말한다. 컴퓨터 링크 모듈은 GM3 시리즈에서는 G3L-CUEA, GM4 시리즈에는 G4L-CUEA가 있다.

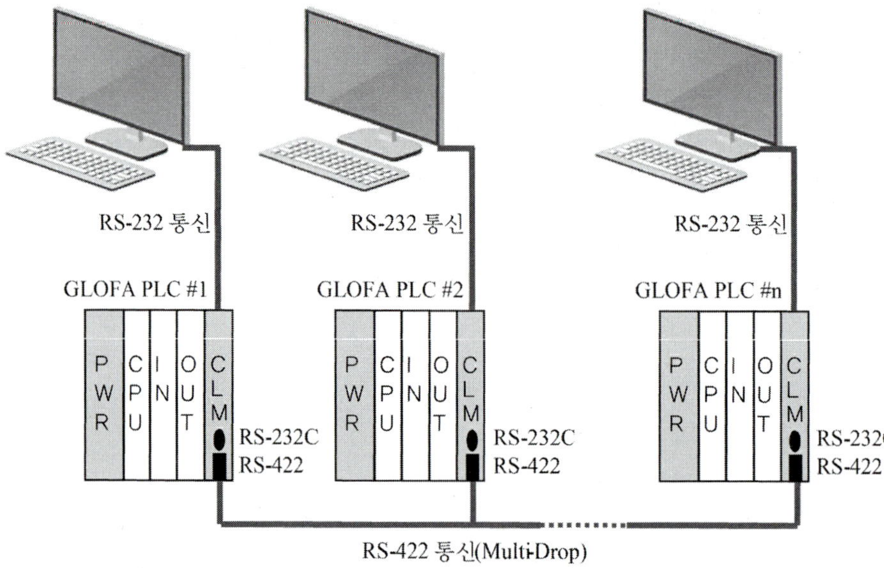

그림 7.3 GLOFA C-net System 구성

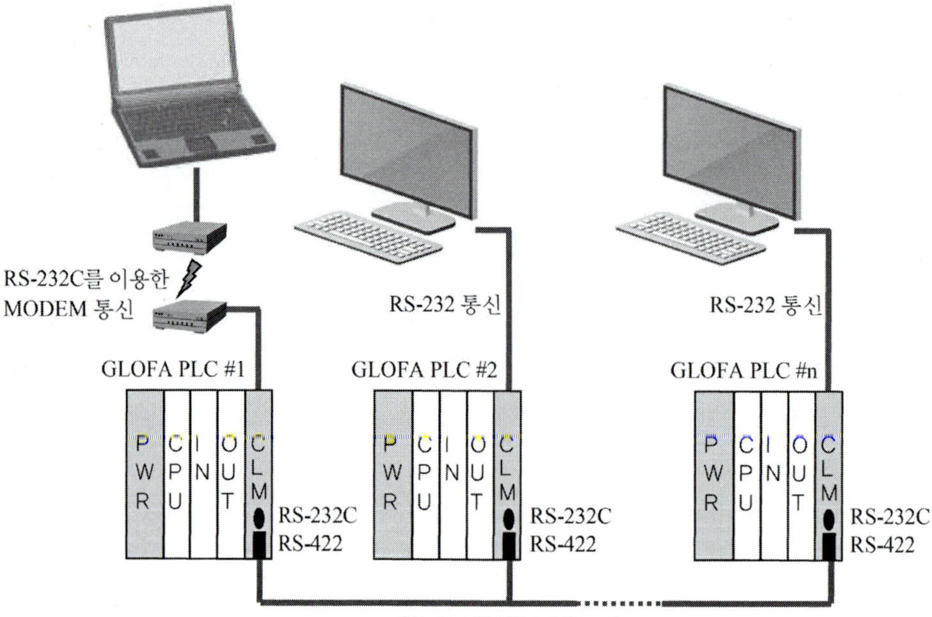

그림 7.4 Modem을 이용한 C-net System 구성

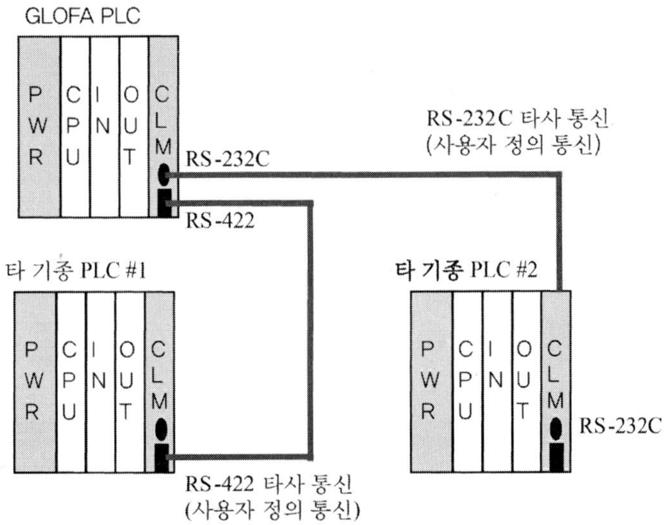

그림 7.5 타 기종과의 C-net System 구성

3) 네트워크 시스템

GLOFA 시리즈에서 채택하고 있는 네트워크 시스템은 IEC/ISA 필드버스 규격에 준거한 Fnet 시스템이다. Fnet 시스템이란 제어의 분산 및 집중화가 용이하도록 CPU 모듈 간의 데이터 통신 및 원거리에 설치된 입출력 모듈의 제어를 위한 네트워크 시스템이다.

Fnet I/F 모듈은 GM3의 경우 4대, GM4의 경우 2대까지 기본 베이스에만 장착할 수 있다. Fnet 리모트 모듈에 의해 리모트 시스템을 구성하는 경우는 기본 시스템과 구성 방법이 동일하지만 다음과 같은 모듈은 사용할 수 없다.

표 7.2 리모트 시스템에서 사용할 수 없는 모듈

구분	품명	GM3
특수모듈	PID 제어 모듈	G3F-PIDA
	위치 결정 모듈	G3F-POPA G3F-POAA
	아날로그 타이머 모듈	G3F-AT4A
통신모듈	Fnet I/F 모듈	G3L-FUEA
	컴퓨터 링크 모듈	G3L-CUEA

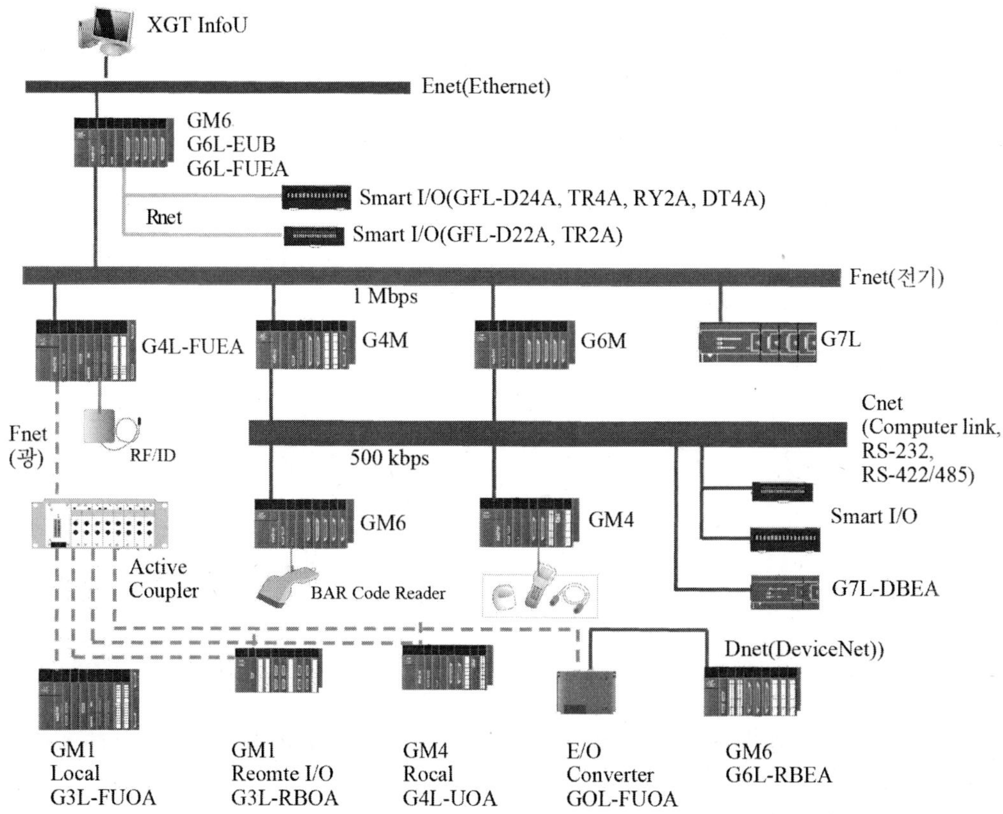

그림 7.6 GLOFA Fnet 시스템 구성도

7.3 연산방식

연산방식에는 반복, 정주기, 인터럽트 연산방식이 있다.

1) 반복 연산 방식

PLC 프로그램은 작성한 순서대로 처음부터 마지막 스텝까지 반복적으로 연산이 수행되며 이러한 과정을 스캔이라 한다. 이같이 수행되는 일련의 처리를 반복연산 방식이라 한다. PLC의 반복연산 방식은 프로그램 수행 중 인터럽터 등의 처리를 위한 조건의 변화가 없는 한 지속된다.

표 7.3 연산방식의 단계별 분류

단계	처리 내용
운전시작	
초기화 처리	• 스캔처리를 시작하기 위한 단계로 전원을 투입한 경우 또는 리셋을 실행한 경우에 한번 수행하며 다음과 같은 처리를 수행한다. - 입력 모듈 리셋 - 자기 진단 실행 - 데이터 클리어 - 입출력 모듈의 번지할당 및 종류등록
입력 이미지 영역 리프레시	• 프로그램의 연산을 시작하기 전에 입력 모듈의 상태를 읽어 입력 이미지영역에 저장한다.
프로그램 연산처리 프로그램 시작 ⋮ 프로그램 마지막	• 프로그램의 시작부터 마지막 스텝까지 순서대로 연산을 수행한다.
출력 이미지 영역 리프레시	• 프로그램의 연산이 종료하면 출력이미지 영역에 저장되어 있는 내용을 출력모듈에 출력한다.
END 처리	• CPU 모듈이 1스캔 처리를 종료한 후 처음 스텝으로 돌아가기 위한 처리 단계로 다음과 같은 처리를 수행한다. - 자기진단 실행 - 타이머, 카운터 드의 현재값 갱신 - 컴퓨터 링크, 통신모듈과의 데이터 전송처리 - 모드설정 키스위치 상태 점검

2) 정주기 연산방식

연산이 반복적으로 수행되지 않고 설정된 시간 간격마다 해당되는 프로그램을 수행하는 방식을 정주기 연산이라 한다. GM3/4의 경우는 0.01-4.,294,967.29초의 범위에서 설정할 수 있다. 일정한 주기로 연산 처리하는 경우에 사용한다.

3) 인터럽트 연산방식

PLC 프로그램 수행 도중 긴급하게 우선적으로 처리해야 할 상황이 발생한 경우, 지금까지의 프로그램 연산을 중단하고 즉시 인터럽트 프로그램에 해당하는 연산을 처리하는 방식, 이러한 긴급상황을 CPU 모듈에 알려주는 신호를 인터럽트 신호라 하며 GM3/4 CPU 모듈의 경우는 내부 및 외부접점 인터럽트 신호방식 등 2종류의 인터럽트 연산방식이 있다.

7.4 순시정전 시 연산 처리

전원 조건에서 PLC가 규정하는 정전이란 급전전원의 전압이 허용전압 범위를 초과하여 저하된 상태를 말하며 단시간(수 ms~수십 ms) 정전을 말한다. CPU 모듈은 전원모듈에 공급되는 입력전원 전압이 규격보다 낮게 되었을 때 순시정전을 검출하며 CPU 모듈이 순시정전을 검출하면 다음과 같은 연산 처리를 수행한다.

1) 20 ms 이하의 순시정전이 발생한 경우

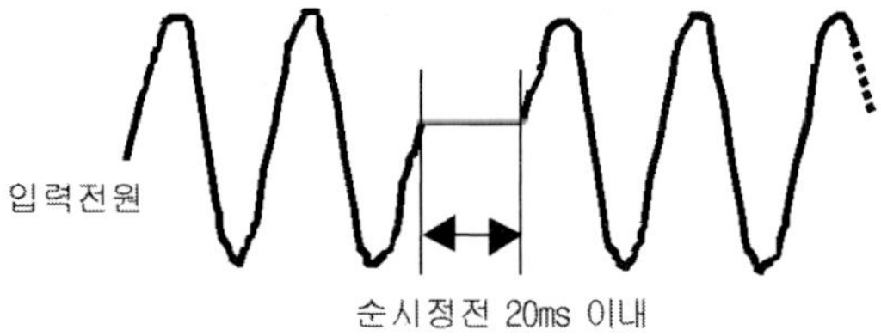

그림 7.7 순시정전 전원 파형(1)

① 순시정전이 발생했을 때의 출력상태를 유지한 채로 연산을 중단한다.

② 순시정전이 해제되면 연산을 속행한다.

③ 전원모듈의 출력전압은 규격 내의 값을 유지한다.

④ 순시정전이 발생하여 연산이 중단된 경우에도 타이머 계측 및 인터럽트용 타이머 계측은 정상적으로 실행한다.

2) 20 ms 이상의 순시정전이 발생한 경우

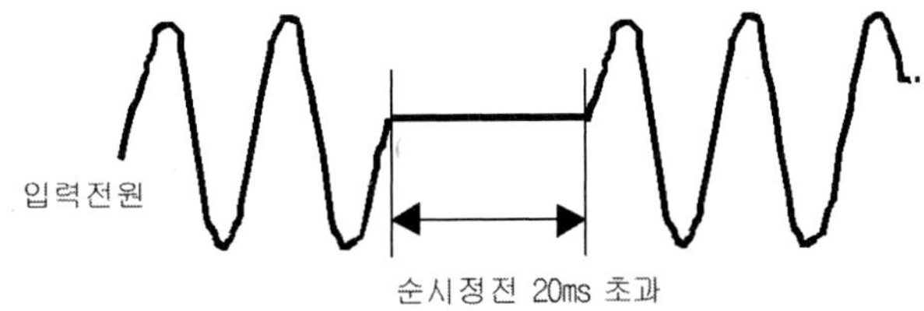

그림 7.8 순시정전 전원 파형(2)

① 전원 투입의 경우와 같이 다시 기동 처리가 수행된다.

7.5 스캔타임(Scan Time)

프로그램의 0 스텝부터 다음 0 스텝 이전까지의 처리시간을 스캔타임이라 한다.

1) 스캔타임의 계산식

스캔타임은 사용자가 작성한 스캔 프로그램 및 태스크 프로그램의 처리시간과 PLC 내부 처리시의 합계이며 스캔시간은 다음과 같이 구한다.

① 스캔타임

스캔 프로그램 처리시간 + 태스크 프로그램 처리시간 + PLC 내부 처리시간

② 스캔 프로그램 처리시간
   태스크 프로그램으로 지정되지 않은 사용자 프로그램의 처리시간
③ 태스크 프로그램 처리시간
   1스캔 동안 처리된 태스크 프로그램 수행시간의 합계
④ PLC 내부 처리시간
   자기진단 시간 + 입출력 리프레시 시간 + 내부 데이터 처리시간 + 통신 서비스 처리시간

7.6 스캔 워치독 타이머(Scan Watchdog Timer)

① 사용자 프로그램 이상에 의한 연산지연을 검출하기 위하여 사용하는 타이머이다.
② 연산 중 스캔 경과시간을 감시하다가 설정된 검출시간의 초과를 감지하면 PLC의 연산을 즉시 중단하고 출력을 전부 off한다.
③ 사용자 프로그램 수행 도중 특정한 부분의 프로그램 처리에서 연산지연 감시 검출 시간(Scan Watchdog Timer)의 초과가 예상되면 WDT_RST 펑션을 사용한다. WDT_RST 펑션이 기동되면 연산 지연 감시 타이머의 경과시간을 초기화하여 0부터 시간 측정을 다시 한다.
④ 설정 범위는 1065,535(1 ms 단위)이다. 연산부에 대해서는 모델적인 연산 프로그램을 실행시켜 그 결과를 바른 값과 비교하는 연산처리 체크, 연산처리의 자체를 체크하는 것을 의미한다. 프로그램의 폭주에 따른 스캐닝 타임(Scanning Time)의 지연과 하드웨어 불량에 따른 CPU의 이상 동작을 감지하는 WDT(Watch Dog Timer) 기능을 채용하고 있다.

7.7 타이머 처리

CPU 모듈의 타이머는 계측 시간에 따라 현재값을 증가시키는 가산식 타이머로 On 딜레이

타이머(TON), Off 딜레이 타이머(TOF), 펄스 타이머(TP)의 3종류가 있다. 시간의 범위는 1 ms 단위로 0.001초~4,294,967초(1,193시간)까지 계측할 수 있다.

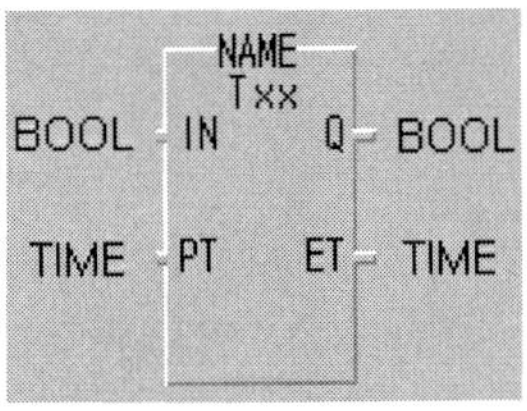

그림 7.9 타이머

1) On 딜레이 타이머의 경과시간 갱신과 접점 ON/OFF

타이머의 경과시간은 타이머 펑션블럭(TON) 실행 시 갱신되며, 경과시간이 설정시간에 도달하면 (경과시간 = 설정시간) 타이머의 출력 접점(Q)을 On시킨다.

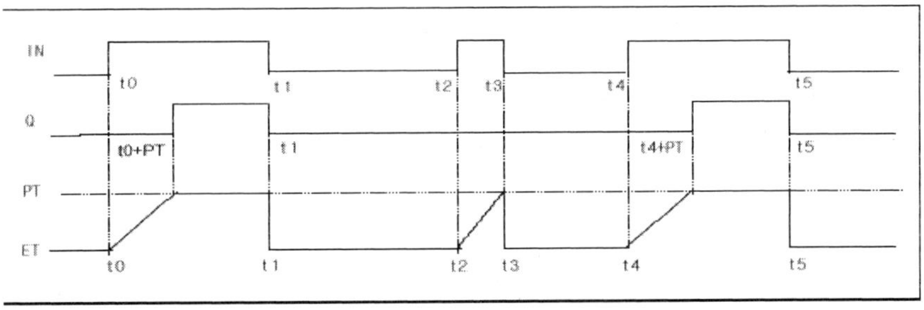

그림 7.10 ON 딜레이 타이머의 타임차트

2) Off 딜레이 타이머의 경과시간 갱신과 접점 ON/OFF

입력조건이 On 하면 타이머의 출력접점(Q)은 On이 된다. 입력조건이 Off 하면 타이머의 경과시간 갱신을 시작한다. 경과시간은 타이머 펑션블럭(TOF) 실행 시 갱신되며 경과시간이 설정시간에 도달하면(경과시간 = 설정시간) 접점(Q)을 Off 한다.

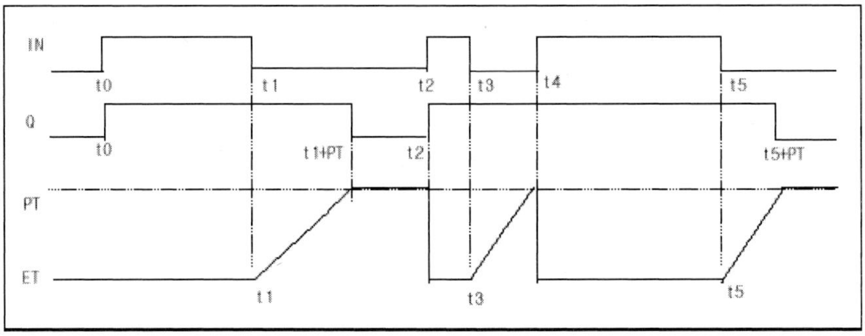

그림 7.11 Off 딜레이 타이머의 타임차트

3) 펄스 타이머의 경과시간 갱신과 접점 ON/OFF

입력조건이 On 하면 타이머의 출력접점(Q)은 On이 된다. 경과시간은 타이머 펑션블럭(TP)실행 시 갱신되며 경과시간이 설정시간에 도달하면 (경과시간=설정시간)접점(Q)를 Off 한다. 입력조건이 Off 하여도 접점은 설정시간 경과 후에 Off 한다. 타이머의 오차는 최대 1스캔타임 + 스캔시작부터 타이머 펑션블럭 실행까지의 시간을 말한다.

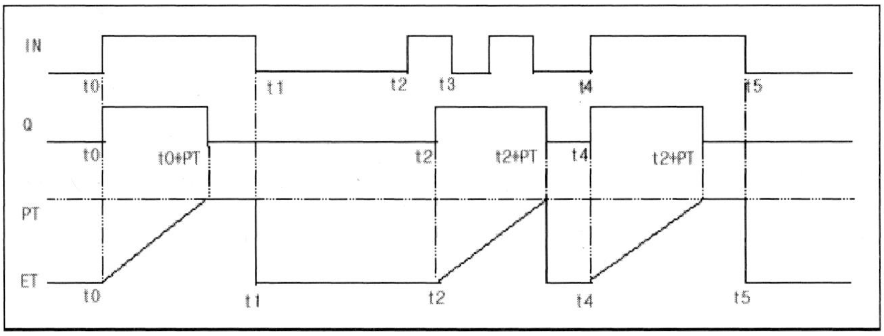

그림 7.12 펄스타이머의 타임차트

7.8 카운터 처리

CPU 모듈의 카운터는 입력신호의 상승에지(off→on)를 검출하여 현재치를 증감시키는 카운터로 가산카운터(CTU), 감산카운터(CTD), 가감산 카운터(CTUD)의 3종류가 있다.

1) 가산 카운터

① 입력조건(CU), 리셋조건(R) 및 설정값(PV)이 반드시 있어야 한다.

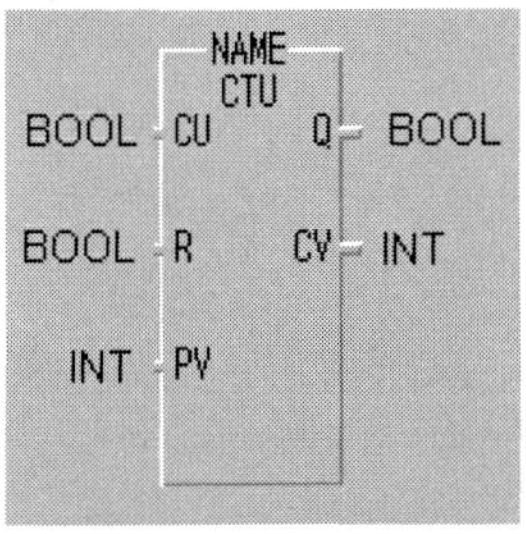

그림 7.13 가산카운터

② 현재값(CV)이 증가하여 설정값(PV)과 같게 되면 카운터의 출력접점(Q)을 On 한다. 리셋신호 입력 시 현재값은 0이 되며 출력접점(Q)은 Off 된다.

2) 감산 카운터

① 입력조건(CD), 로드(LD) 및 설정값(PV)이 반드시 있어야 한다.

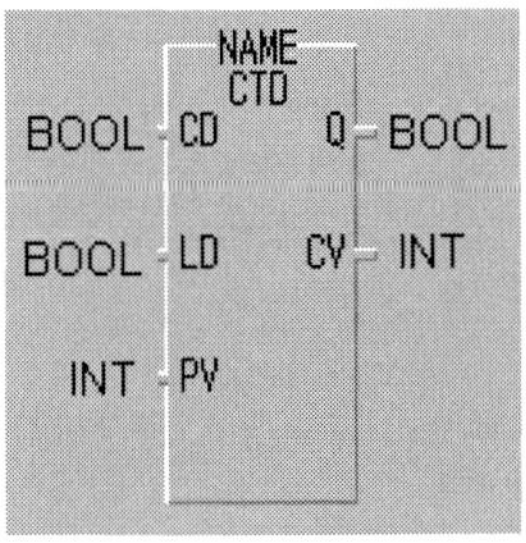

그림 7.14 감산카운터

② 현재값이 감소하여 0이 되면 카운터의 출력접점(Q)을 On 한다.

③ LD 신호 입력 시 현재치는 설정치가 되며 출력접점(Q)은 Off 된다.

3) 가감산 카운터

① 입력조건 2개와 리셋조건, LD 조건 및 설정값(PV)이 반드시 있어야 한다.

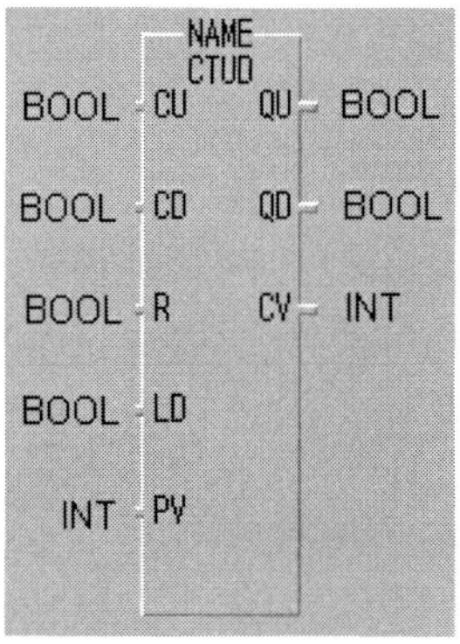

그림 7.15 가감산카운터

② 리셋 신호 입력 시 현재값은 0이 된다.

③ LD 신호 입력 시 현재값은 설정값으로 된다.

④ CU의 상승 에지에서 현재값(CV)은 1증가, CD의 상승 에지에서 현재값(CV)은 1감소한다. 현재값(CV)이 설정값(PV)보다 크거나 같으면 QU가 On이 되고, 현재값(CV)이 0보다 작거나 같으면 QD가 On 된다.

4) 카운터의 최대 계수 속도

① 카운터의 최대 계수 속도는 스탠타임에 의해서 결정되고, 입력조건의 On 시간과 Off 시간이 각각 스캔타임보다 큰 경우만 카운트가 가능하다.

$$\text{최대 계수 속도 Cmax} = \frac{n}{100} \times \frac{1}{ts} \ [\text{회/s}] \qquad (\text{식 } 1.1)$$

여기서, n : 듀티(%)

ts : 스캔타임(s)

② 듀티(n)는 입력신호의 On, Off 시간 비를 백분율(%)로 표시한 것이다.

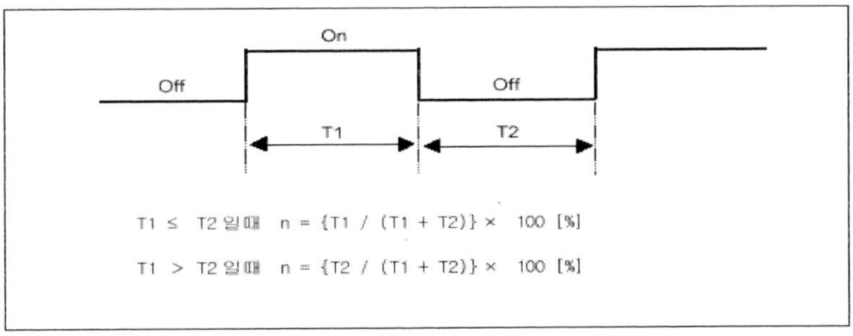

그림 7.16 듀티(n)

7.9 프로그램

1 프로그램의 구성

프로그램은 특정한 제어를 실행하는 데 필요한 모든 기능요소로 구성되며 GLOFA PLC의 경우 CPU 모듈의 내장 RAM 또는 메모리 모듈의 플래시 메모리에 프로그램이 저장되며 이러한 기능요소는 일반적으로 다음과 같이 분류한다.

표 7.4 프로그램의 분류

기능요소	연산 처리 내용
초기화 프로그램	• 전원을 투입하거나 CPU 동작이 RUN 모드로 이행한 경우에 실행한다. • 스캔 프로그램이 실행하기 위한 초기/고정 데이터 설정 및 주변기기나 특수모듈의 초기화 처리를 수행한다. • 초기화 처리는 리스타트 모드 등의 설정에 따라 수행 방법이 달라진다.
스캔 프로그램	• 1스캔마다 일정하게 반복되는 신호를 처리한다.
정주기 프로그램	• 다음과 같이 시간 조건 처리가 요구되는 경우에 설정된 시간 간격에 따라 프로그램을 수행한다. - 1스캔 평균 처리 시간보다 빠른 처리가 필요한 경우 - 1스캔 평균 처리 시간보다 긴 시간 간격이 필요한 경우 - 지정된 시간 간격으로 처리를 해야 하는 경우
인터럽트 프로그램	• 내·외부 인터럽트 신호에 대해 신속한 처리를 수행한다.

❷ 프로그램의 수행방식

전원을 투입하거나 CPU 모듈의 키스위치가 RUN 상태인 경우에 실행하는 프로그램 수행방식에 대한 설명으로 프로그램은 다음과 같은 구성에 따라 연산 처리를 수행한다.

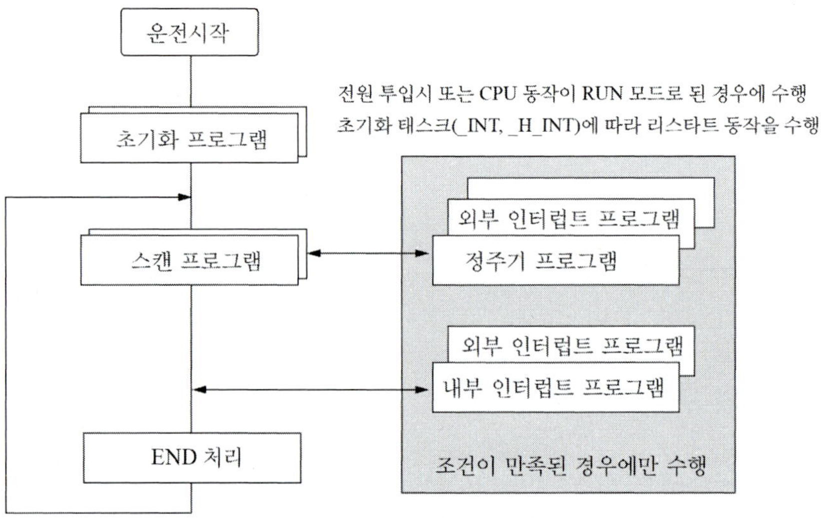

그림 7.17 프로그램 수행 방식

GLOFA PLC의 경우 정주기 프로그램과 인터럽트 프로그램을 총칭하여 태스크 프로그램이라고 한다. 또한 인터럽트 프로그램은 S/W 및 H/W 인터럽트 신호 방식에 따라 싱글 태스크(내부 인터럽트) 및 인터럽트 태스크(외부 인터럽트)로 구분한다.

1) 초기화 프로그램

(1) 기능

① 스캔 및 태스크 프로그램을 실행하기 위하여 시스템을 초기화시킨다.

② 운전 시작시 실행되는 리스타트 방식을 프로그램별로 지정하여 초기화 처리를 수행할 수 있다.

(2) 리스타트 모드의 수행조건

초기화 프로그램의 용도에 따라 다음과 같이 초기화 태스크를 지정한다.

① 콜드/웜 리스타트용 프로그램 : _INT 태스크로 기동
② 핫 리스타트용 프로그램 : _H_INT 태스크로 기동

(3) 콜드/웜 리스타트용 프로그램

① _INT 태스크로 지정된 초기화 프로그램은 운전을 시작할 때 콜드 또는 웜리스타트 모드 방식으로 초기화를 수행한다.
② 본 초기화 프로그램은 프로그램 실행 시 설정한 조건이 성립될 때까지(초기화 프로그램에서 _INT_DONE 플래그가 On 될 때까지) 반복 연산이 실행되며 이 경우도 입출력 리프레시는 수행한다.

(4) 핫 리스타트 모드용 프로그램

① _H_INT 태스크로 지정된 초기화 프로그램은 순시정전 등이 발생한 경우 핫리스타트 모드 방식으로 초기화를 수행한다.
② 본 초기화 프로그램은 프로그램 실행 시 설정한 조건이 성립될 때까지(초기화 프로그램에서 _INT_DONE 플래그가 On 될 때까지) 반복연산이 실행되며 이 경우는 입출력 리프레시는 수행하지 않는다. 따라서 순시정전이 발생하기 전에 입력 이미지 영역에 저장된 데이터를 유지한 채 연산을 수행한다.
③ 본 초기화 프로그램의 실행이 완료한 후 연산이 정지된 스텝부터 스캔그램이 실행되지만 1스캔이 완료될 때까지 출력 리프레시가 수행되기 때문에 그 다음 스캔부터 정상적인 연산이 수행된다. 따라서 초기화 프로그램의 실행 완료 후 입출력 리프레시를 수행해야 하는 경우는 즉시 입출력 펑션을 사용해야 한다.

(5) 플래그 동작

초기화 프로그램의 수행 중 _INT_RUN 플래그가 On 한다.

2) 스캔 프로그램

(1) 기능

① 스캔마다 일정하게 반복되는 신호를 처리하기 위하여 프로그램이 작성된 순서대로 처음

부터 마지막 스텝까지 반복적으로 연산을 수행한다.

② 스캔 프로그램의 실행 중 정주기 태스크 또는 인터럽트 모듈에 의한 인터럽트 태스크의 실행 조건이 성립한 경우는 현재 실행 중인 프로그램을 일단 중지하고 해당되는 태스크 프로그램을 수행한다.

③ 스캔 프로그램의 실행이 완료되면 싱글태스크(내부 인터럽트)의 실행조건을 조사하여 해당되는 태스크 프로그램을 수행한다.

(2) 구성

① 스캔 프로그램은 최대 180개까지 사용할 수 있다(단, 태스크 프로그램 사용 시는 사용 수 만큼 줄어든다).

② 프로그램 작성 시 초기화 또는 태스크 프로그램으로 지정하지 않은 프로그램은 자동적으로 스캔 프로그램으로 설정된다.

③ 스캔 프로그램은 실행 우선순위가 가장 낮으며 스캔 프로그램의 실행 우선 순위는 프로그램 작성 시 GMWIN 화면상의 등록순서에 따라 결정된다.

3) 태스크 프로그램

(1) 기능

주기·비주기적으로 발생하는 내외부 신호를 처리하기 위하여 스캔 프로그램의 연산을 일단 중지시킨 후 해당되는 기능을 우선적으로 처리한다.

(2) 종류

① 태스크 프로그램은 다음과 같이 3종류로 구분된다.

- 정주기 태스크 프로그램 : 최대 32개까지 사용 가능
- 싱글(내부) 태스크 프로그램 : (GM4 : 8개/GM3 : 16개)까지 사용 가능

② 정주기 태스크 프로그램

- 설정된 시간 간격에 따라 프로그램을 수행한다.

③ 싱글 태스크 프로그램

- 프로그램상의 내부 접점의 상승에지 발생 시 해당 프로그램을 수행한다.

• 상승에지 검출은 스캔 프로그램의 처리 후 실행한다.

④ 인터럽트 태스크 프로그램

• 인터럽트 모듈에 입력되는 외부신호에 따라 프로그램을 수행한다.

7.10 태스크

태스크는 프로그램을 실행하기 위한 제어반과 같은 역할을 수행한다. 각각의 태스크는 프로그램의 3종류에서 한 개 이상의 프로그램 블록만으로 구성된다. 이러한 프로그램을 태스크 프로그램이라 한다. 태스크가 지정되지 않은 경우는 자동적으로 스캔 프로그램으로 설정된다.

1 태스크의 종류

태스크의 종류 및 기능은 다음과 같다.

표 7.5 태스크 종류와 기능

종류 / 규격	정주기 태스크 (인터벌 태스크)	외부 접점 태스크 (인터럽트 태스크)	내부 접점 태스크 (싱글 태스크)
개수	32개	GM4 : 8개 / GM3 : 16개	16개
기동 조건	정주기(10 ms 단위로 최대 4,294,967.29초까지 설정 가능)	인터럽트 모듈 입력접점의 상승 또는 하강 에지	내부 메모리 데이터 중 지정한 불(Bool)변수 데이터의 상승에지(0→1)
검출 및 실행	설정시간마다 주기적으로 실행	인터럽트 모듈의 접점에 에지 발생 시 즉시 실행	스캔 프로그램 실행 완료 후 에지를 검색하여 실행
검출 지연시간	최대 5 ms 지연	최대 5 ms 지연+인터럽트 모듈 지연(0.5 ms 이내)	최대 스캔 타임만큼 지연
실행 우선순위	0~7레벨 설정(0레벨이 우선순위가 가장 높음)	좌동	좌동

7.11 고장처리

❶ 고장의 구분

고장은 PLC의 자체 고장, 시스템 구성상의 오류 및 연산 결과의 이상 검출 등에 의해 발생한다. 고장은 시스템의 안전을 위해 운전을 정지시키는 중고장 모드와 사용자에게 고장 발생 경고를 알려주고 운전을 속행하는 경고장 모드로 구분한다.

※ 고장 발생 요인

① PLC 하드웨어의 고장
② 시스템 구성상의 오류
③ 사용자 프로그램 수행 중 연산 에러
④ 외부기기 고장에 의한 에러 검출

❷ 고장 발생 시 동작 모드

고장 발생 시 PLC 시스템은 고장 내용을 플래그에 기록하고, 고장모드에 따라 운전을 정지하거나 속행한다.

(1) PLC 하드웨어의 고장

CPU 모듈, 전원모듈 등 PLC가 정상운전을 할 수 없는 중고장이 발생한 경우 시스템은 정지상태가 되며 배터리 이상 등의 경고장 발생 시는 운전을 속행한다.

(2) 시스템 구성상의 오류

PLC의 하드웨어 구성과 소프트웨어에서 정의한 구성이 서로 다른 경우에 발생하는 고장으로 시스템은 정지상태가 된다.

(3) 사용자 프로그램 수행 중 연산 에러

사용자 프로그램 수행 중 발생하는 이상으로 수치 연산오류의 경우 에러플래그에 표시가 되고 시스템은 운전을 속행한다. 연산 수행 중 연산시간이 연산 지연 감시설정 시간을 넘거나, 장착된 입출력 모듈이 정상적으로 제어가 안 될 때는 시스템은 정지상태가 된다.

(4) 외부기기 고장에 의한 고장 검출

외부 제어대상 기기의 고장을 PLC의 사용자 프로그램으로 검출하는 것으로 중고장 검출 시 시스템은 정지상태가 되고, 경고장 검출 시는 상태만을 표시하고 연산은 속행한다.

7.12 운전모드

CPU 모듈의 동작상태는 RUN 모드, STOP 모드, PAUSE 모드, DEBUG 모드 등 4종류가 있다.

1 RUN 모드

프로그램 연산을 정상적으로 수행하는 모드이다.

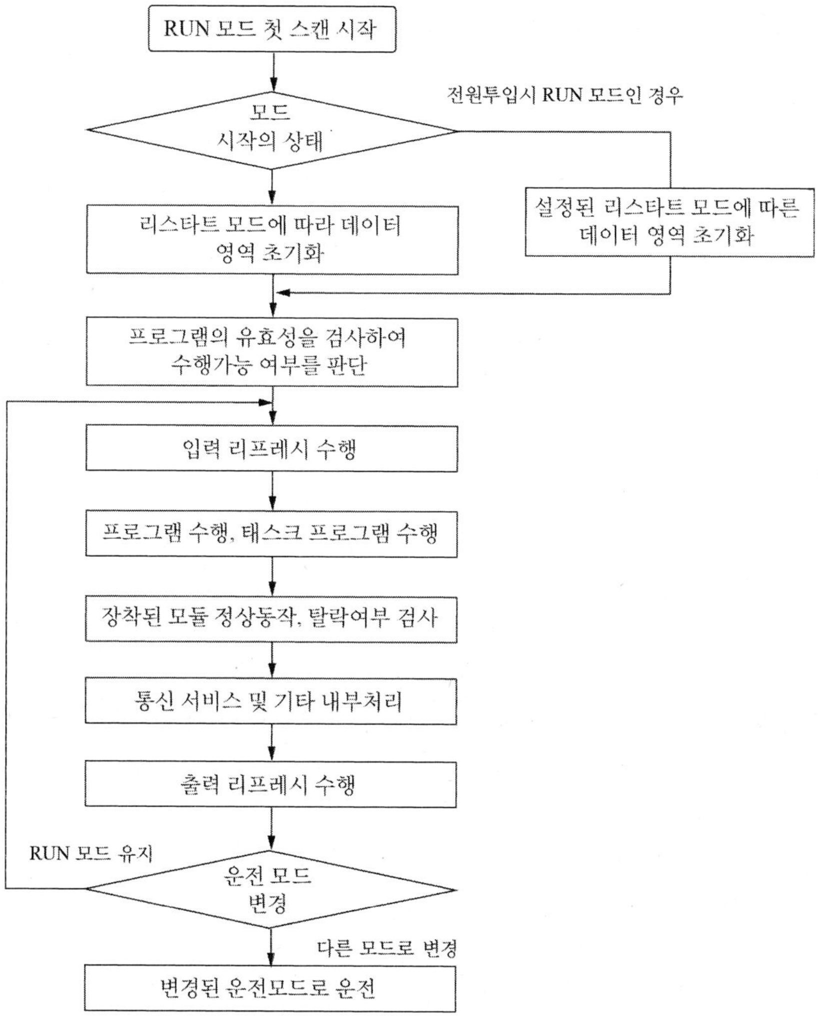

그림 7.18 RUN 모드 순서도

1) 모드 변경 시 처리

처음 스캔 시작 시에 데이터 영역의 초기화가 수행된다.

① 전원 투입 시 RUN 모드일 때 : 설정된 리스타트 모드에 따른다.

② STOP → RUN으로 모드가 바뀔 때 : 설정된 리스타트 모드에 따른다.

③ 프로그램의 유효성을 검사하여 수행 가능 여부를 판단한다.

2) 연산처리 내용

입출력 리프레시와 프로그램의 연산을 수행한다.

① 태스크 프로그램의 기동 조건을 감지하여 태스크 프로그램을 수행한다.

② 장착된 모듈의 정상 동작, 탈락 여부를 검사한다.

③ 통신 서비스 및 기타 내부 처리를 한다.

2 STOP 모드

프로그램 연산을 하지 않고 정지상태인 모드이다. 리모트 STOP 모드에서만 GMWIN을 통한 프로그램의 전송이 가능하다.

1) 모드 변경 시의 처리

출력 이미지 영역을 소거하고 출력 리프레시를 수행한다.

2) 연산 처리 내용

① 입출력 리프레시를 수행한다.

② 장착된 모듈의 정상 동작, 탈락 여부를 검사한다.

③ 통신 서비스 및 기타 내부 처리를 한다.

3 PAUSE 모드

프로그램 연산이 일시 정지된 모드이다. 다시 RUN 모드로 돌아갈 경우에는 정지되기 이전의 상태부터 연속하여 운전된다.

1) 모드 변경 시의 처리

데이터 영역의 초기화, 입출력 이미지 영역 소거를 수행하지 않고 모드 변경 직전의 운전 상태를 유지한다.

2) 연산 처리 내용

① 입출력 리프레시를 수행한다.
② 장착된 모듈의 정상 동작, 탈락 여부를 검사한다.
③ 통신 서비스 및 기타 내부 처리를 한다.

4 DEBUG 모드

프로그램의 오류를 찾거나 연산 과정을 추적하기 위한 모드로 이 모드로의 전환은 STOP 모드에서만 가능하다. 프로그램의 수행상태와 각 데이터의 내용을 확인해 보며 프로그램을 검증할 수 있는 모드이다.

1) 모드 변경 시의 처리

① 모드 변경 초기에 파라미터에 설정된 리스타트 모드에 따라 데이터 영역을 초기화한다.
② 출력 이미지 영역을 소거하고, 입력 리프레시를 수행한다.

2) 연산 처리 내용

① 입력 리프레시를 수행한다.
② 설정 상태에 따른 디버그 운전을 한다.
③ 프로그램의 마지막까지 디버그 운전을 한 후 출력 리프레시를 수행한다.
④ 장착된 모듈의 정상 동작, 탈락 여부를 검사한다.
⑤ 통신 등의 기타 서비스를 수행한다.

3) 디버그 운전 조건

아래 4가지 디버그 운전 조건은 동시에 복수 지정이 가능하다.

표 7.6 디버그 운전 조건

운전 조건	동작 설명
한 연산 단위씩 실행 (스텝 오버)	운전 지령을 하면 하나의 연산 단위를 실행 후 정지한다.
브레이크 포인트 (Bread Point) 지정에 따라 실행	프로그램에 브레이크 포인트를 지정하면 지정한 포인트에서 정지한다. 최대 32개까지 브레이크 포인트 지정이 가능하다.
접점의 상태에 따라 실행	감시하고자 하는 접점 영역과 정지하고자 하는 상태 지정(Read, Write, Value)을 하면 설정한 접점에서 지정한 동작이 발생할 때 정지한다.
스캔 횟수 지정에 따라 실행	운전할 스캔 횟수를 지정하면 지정한 스캔 수만큼 운전하고 정지한다.

4) 조작 방법

① GMWIN에서 디버그 운전 조건을 설정한 후 운전을 실행한다.

② 태스크 프로그램은 각 태스크 단위로 운전 여부(Enable/Disable)을 설정할 수 있다.

5 운전 모드 변경

1) 운전 모드의 변경 방법

운전 모드의 변경에는 다음과 같은 방법이 있다.

① CPU 모듈의 모드 키에 의한 변경

② CPU 모듈의 통신포트에 GMWIN을 접속하여 변경

③ GMWIN을 Fnet 상에 연결된 다른 CPU 모듈에 접속하여 변경

④ FAM, 컴퓨터 링크모듈 등을 이용하여 사용자 명령으로 변경

⑤ 프로그램 수행 중 'STOP 펑션'에 의한 변경

2) 모드 키에 의한 운전 모드 변경

모드 키에 의한 운전 모드 변경 방법은 아래 표와 같다.

표 7.7 모드 키에 의한 운전 모드 변경 방법

모드 키 위치	운전 모드
RUN	로컬 RUN
STOP	로컬 STOP
STOP → PAU/REM	리모트 STOP
PAU/REM → RUN	로컬 RUN
RUN → PAU/REM	로컬 PAUSE
PAU/REM → STOP	로컬 STOP

리모트 RUN 모드에서 모드 키에 의해 로컬 RUN 모드로 변경되는 경우 PLC 동작은 중단이 없이 연속운전을 한다.

3) 리모트 운전 모드 변경

리모트 모드 변경은 모드 키의 위치가 리모트 STOP으로 설정(모드 키 위치가 STOP→PAU/RUM)된 경우에만 가능하다.

표 7.8 리모트 운전 모드 변경

모드 키 / 위치	모드 변경	GMWIN에 의한 모드 변경	FAM, 컴퓨터 링크 등을 이용한 변경
PAU/REM	리모트 STOP → 리모트 RUN	○	○
	리모트 STOP → 리모트 PAUSE	×	×
	리모트 STOP → DEBUG	○	○
	리모트 RUN → 리모트 PAUSE	○	○
	리모트 RUN → 리모트 STOP	○	○
	리모트 RUN → DEBUG	×	×
	리모트 PAUSE → 리모트 RUN	○	○
	리모트 PAUSE → 리모트 STOP	○	○
	리모트 PAUSE → 리모트 DEBUG	×	×
	DEBUG → 리모트 STOP	○	○
	DEBUG → 리모트 RUN	×	×
	DEBUG → 리모트 PAUSE	×	×

4) 리모트 운전 모드 변경 허가

시스템의 보호를 위하여 운전 모드 변경 소스(Source) 중 일부가 모드 변경을 할 수 없도록 할 수 있으며, 리모트 운전 모드 변경 금지 시에는 모드 키와 GMWIN에 의해서만 운전 모드 변경이 가능하다.

6 리스타트 모드

리스타트 모드는 전원을 재투입하거나 또는 모드 전환에 의해서 RUN 모드로 운전을 시작할 때 변수 및 시스템을 어떻게 초기화한 후 RUN 모드 운전을 할지를 설정하는 것으로 콜드, 웜, 핫 3종류가 있으며, 각 리스타트 모드의 수행 조건은 다음과 같다.

1) 콜드 리스타트(Cold Restart)

① 파라미터의 리스타트 모드를 콜드 리스타트로 설정하는 경우 수행한다.
② 모든 데이터를 0으로 소거하고 초기값이 설정된 변수에 대해서만 초기값으로 설정한다.
③ 파라미터에 웜 리스타트 모드로 설정되어 있어도 수행할 프로그램이 변경된 후 최초 수행 시는 콜드 리스타트 모드로 수행된다.
④ 운전 중 수동 리셋 스위치를 누르면(GMWIN에서 리셋 명령을 한 경우와 동일) 파라미터에 설정된 리스타트 모드에 관계없이 콜드 리스타트 모드로 수행된다.

2) 웜 리스타트(Warm Restart)

① 파라미터의 리스타트 모드를 웜 리스타트로 설정하는 경우 수행된다.
② 이전 값 유지 설정이 된 데이터는 이전 값을 그대로 유지하고 초기값만 설정된 데이터는 초기값으로 설정한다. 이외의 데이터는 0으로 소거한다.
③ 파라미터에 웜 리스타트 모드로 설정되어 있어도 프로그램 다운로드 및 에러에 의한 운전정지 후 최초 수행 시는 콜드 리스타트 모드로 수행된다.
④ 파라미터에 웜 리스타트 모드로 설정되어 있어도 데이터 내용이 비정상일 경우(데이터의 정전 유지가 되지 못함)에는 콜드 리스타트 모드로 수행된다.

3) 핫 리스타트(Hot Restart)

① 정상 운전(RUN 모드) 중 전원이 꺼진 후 전원이 재투입될 때 RUN 모드이고 전원이 꺼진 후 재투입되기까지의 시간이 핫 리스타트 허용 설정시간 이내면 핫 리스타트 모드로 수행한다.

② 모든 데이터와 프로그램 수행 요소들을 전원이 꺼지기 이전의 상태로 복원하여 수행된다.

③ 핫 리스타트 허용 설정시간 초과시는 파라미터에 설정된 리스타트 모드(콜드/웜)로 수행한다.

④ 데이터 내용이 비정상일 경우(데이터의 정전 유지가 되지 못함)에는 콜드 리스타트 모드로 수행된다.

핫 리스타트 허용시간 설정 시에는 다음을 고려해야 한다.

① 시스템은 정전 시점부터 시간을 계산하여 정전 복구 후 시스템 점검을 완료할 때까지의 시간이 설정시간 이내면 핫 리스타트 초기화 프로그램을 수행한다.

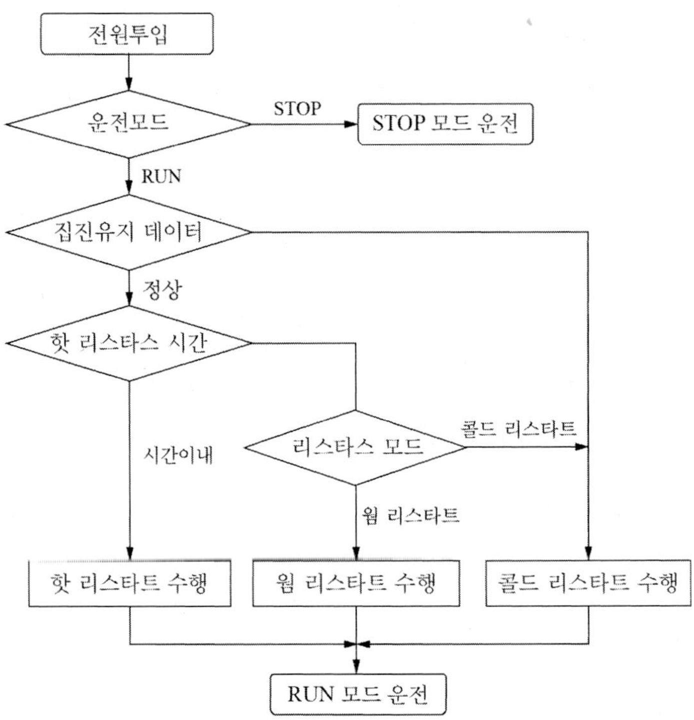

그림 7.19 핫 리스타트 순서도

② 핫 리스타트 초기화 프로그램 수행이 완료되기 전에 다시 정전이 발생한 경우는 핫 리스타트 프로그램을 재시도하며 최초의 정전시점부터의 시간을 계산한다. 20 ms 이상의 정전이 발생한 경우는 전원이 복구된 후에도 시스템이 정상적으로 기동할 때까지는 약 0.5초의 지연이 발생 할 수 있다. 핫 리스타트 허용시간 설정은 초단위로 설정한다.

4) 리스타트 모드에 따른 데이터의 초기화

리스타트 모드와 관련된 변수에는 디폴트, 초기화 및 리테인 변수 등 3종류가 있으며 리스타트 모드 수행 시 각 변수에 대한 초기화 방법은 다음과 같다.

표 7.9 데이터 초기화 방법

변수지정 \ 모드	콜드(COLD)	웜(WARM)	핫(HOT)
디폴트	0으로 초기화	0으로 초기화	이전 값 유지
리테인	0으로 초기화	이전 값 유지	이전 값 유지
초기화	사용자 지정값으로 초기화	사용자 지정값으로 초기화	이전 값 유지
리테인&초기화	사용자 지정값으로 초기화	이전 값 유지	이전 값 유지

① 디폴트(Default) 변수 : 초기값이나 이전 값 유지를 설정하지 않은 변수
② 초기화(INT) 변수 : 초기값을 설정한 변수
③ 리테인(Retain) 변수 : 이전 값을 설정한 변수

7.13 기타

(1) 자기진단

CPU 모듈이 PLC 자체의 이상 유무를 진단하는 기능으로 PLC 시스템의 전원을 투입하거나 동작 중 이상이 발생한 경우에 이상을 검출하여 오동작 방지 및 예방 보전기능을 수행한다.

(2) 시계 기능

CPU 모듈에는 시계소자(RTC)가 기본 장착되어 있다. RTC는 전원 Off 또는 20 ms 이상의 순시정전 시에도 배터리 백업에 의해 시계동작을 계속한다. RTC 시계 데이터를 이용하여 시스템의 시간 관리나 고장 이력 등의 시간 관리에 사용할 수 있으며 RTC의 현재 시각은 시스템 운전 상태 정보 플래그에 매 스캔 갱신된다.

(3) 리모트 기능

CPU 모듈은 외부(GMWIN, 컴퓨터 링크 모듈 등) 조작으로 동작상태를 제어할 수 있으며 리모트 조작 시는 CPU 모듈의 모드 설정 키스위치를 REMOTE 위치로 설정한다.

(4) 입출력 강제 ON/OFF 기능

강제 ON/OFF 설정은 입력(I), 출력(Q) 영역별로 설정하며 설정은 입출력 각각을 설정하며, 강제 I/O 설정 허용이 설정된 시점부터 동작한다. 실제 입출력 모듈이 장착되어 있지 않아도 설정이 가능하다.

(5) 즉시(Direct) 입출력 연산기능

프로그램 수행 도중에 입력 접점의 상태를 즉시 읽어 들여 연산에 사용하거나, 연산 결과를 즉시 출력 접점에 출력하려고 할 때 유용하게 사용한다.

(6) 운전 이력(History Log-in)

운전 이력에는 에러 이력, 모드 변환 이력 및 전원 차단 이력 등 3종류가 있다. 각 운전 이력은 가장 최신 것으로 16개까지 저장된다.

(7) 외부기기 고장 진단 기능

사용자가 외부기기의 고장을 검출하여 시스템의 정지 및 경고를 쉽게 구현하도록 제공되는 플래그이다. 이 플래그를 사용하면 복잡한 프로그램을 작성하지 않고 외부기기의 고장을 표시할 수 있으며 특별한 장치(GMWIN 등)나 소스 프로그램 없이 고장 위치를 모니터링 할 수 있다.

제8장

GLOFA PLC의 구성

GLOFA PLC의 일반적인 전체 구성은 크게 5부분으로 분류할 수 있다.

① CCU(CPU부) ② 입출력부 ③ 전원부 ④ 주변기기 및 프로그래머 ⑤ 특수 UNIT부

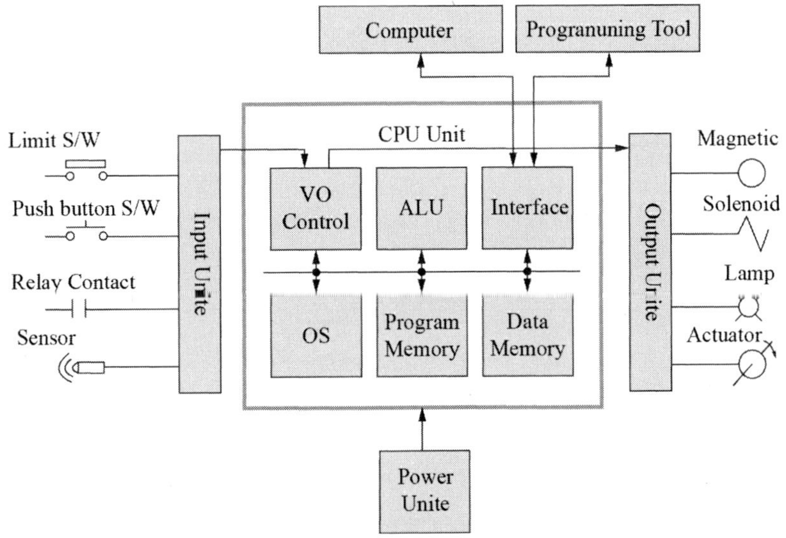

그림 8.1 PLC의 구성

CPU는 PLC의 중추부이고 릴레이 다이어그램이 있는 형태로 메모리에 저장되어 그 내용을 순차로 판독하여 논리 해독부에서 릴레이 논리를 해독한다.

그 결과가 어떤 경우에는 내부 릴레이로써 메모리에 저장되고 어떤 신호는 출력부를 통해서 외부에 출력된다. 외부에서의 신호는 정리되어 입력부를 통하여 메모리에 저장된다. 해독은 순환하여 실행되며, 그 속도는 십 수~수십 ms이기 때문에 외부에서는 마치 릴레이의 집합체로써 취급할 수 있다.

입력 유닛은 디지털 값을 읽는 디지털 입력 유닛과 아날로그 값을 읽는 아날로그 입력 유닛으로 나뉘고 디지털 입력 유닛은 다시 입력 전원의 종류에 따라 AC와 DC 입력 유닛으로 나뉘며, 출력 유닛도 디지털 출력 유닛과 아날로그 출력 유닛으로 나뉜다. 입력 유닛은 플랜트로부터 센서의 입력이나 공정치(Process Value ; PV)를 받아서 PLC의 CPU로 데이터를 건네주며, CPU는 이를 사용자가 작성한 시퀀스 프로그램에 따라 처리하여 출력 유닛으로 내보내어 플랜트의 액추에이터 등을 제어하게 된다.

8.1 CCU(Center Control Unit)

CCU는 PLC의 핵심 부분으로써 모든 제어가 이곳에서 이루어진다. PLC의 기능이라 함은 대부분 CCU의 기능을 말하는데 다음과 같이 구성되어 있다.

① CPU(Center Process Unit) ② 메모리 ③ 입출력 제어부 ④ BUS ⑤ Interface

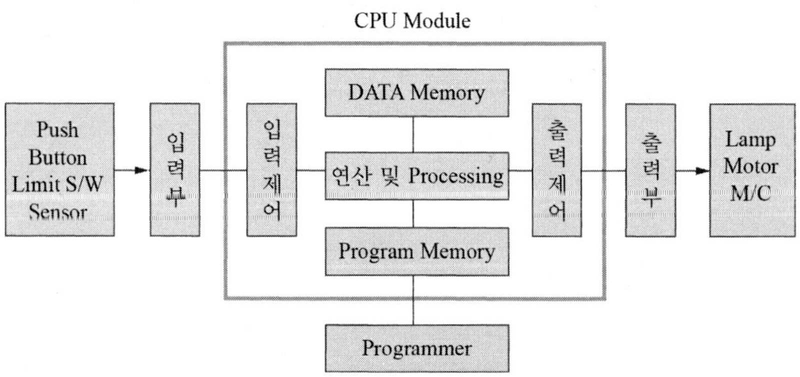

그림 8.2 PLC의 내부 구조

❶ CPU의 구조

PLC의 기본 구성 중에서 가장 중심적인 역할을 수행하는 것이 CPU이다.

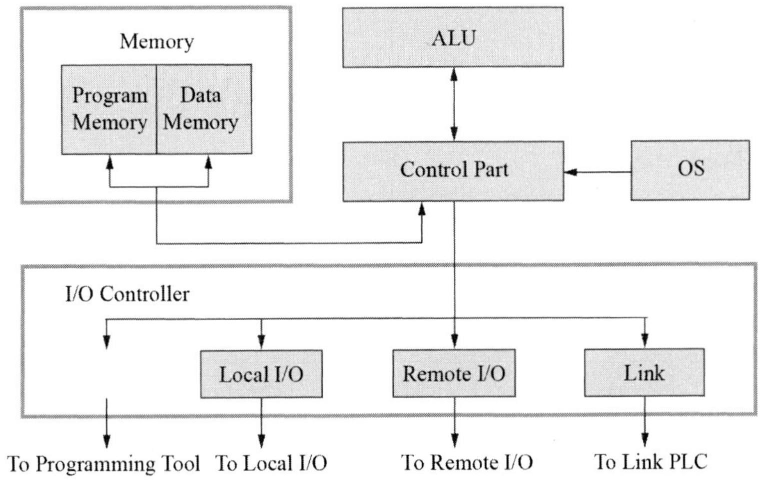

그림 8.3 CPU 구조

프로그램을 순차적으로 진행하며 입력부에서 필요한 입력 신호를 받아 시퀀스 및 연산 처리를 행한 뒤 그 결과를 출력부에 내보내는 부분으로 PLC의 두뇌에 해당하며 접점의 직·병렬 접속, 타이머 또는 카운터 동작, 사칙연산의 산술처리, 데이터 전송 및 코드변환을 수행한다.

CPU는 CCU를 직접 제어하는 부분으로 메모리의 프로그램에 따라서 입·출력부의 데이터 교환이나 연산, 비교, 판정 등을 수행한다. 일반적으로 PLC에 사용되는 CPU는 Z-80, 8085, M6800 등이 8bit용이 주류를 이루고 있으나 16bit용의 CPU를 써서 고속처리한 것도 있다.

PLC의 CPU는 마이크로 프로세서와 메모리에 관한 부분이 많으며 다음과 같은 내용으로 되어 있다.

① 시스템 프로그램에 관한 내용

② 시퀀스 프로그램에 관한 내용

③ 처리방식과 속도, 기능에 관한 내용

④ 규모와 시스템의 확장성에 관한 내용

2 메모리

메모리부는 다시 기본 프로그램 메모리, 사용자 프로그램 메모리 그리고 데이터 메모리로 분류된다. 기본 프로그램 메모리에는 CPU 전체를 PLC에서 동작시키기 위한 프로그램이 저장된다. 이 프로그램은 PLC 제작사가 만드는 것이므로 사용자는 의식할 필요가 없다.

1) 프로그램 메모리 구성

프로그램 메모리의 저장 내용 및 크기는 다음과 같다.

표 8.1 메모리 구성

항목	GM4	GM3
프로그램 메모리 전체 영역	128 Kbyte	256 Kbyte
시스템 영역 • 시스템 프로그램 영역 • 백업영역	1.5 Kbyte	1.5 Kbyte
파라미터 영역 • 기본 파라미터 영역 • I/O 파라미터 영역 • 고속 링크 파라미터 영역 • 인터럽트 설정 정보 영역	3.5 Kbyte	3.5 Kbyte
프로그램 영역 • 스캔 프로그램 영역 • 태스크 프로그램 영역 • 사용자 정의 펑션/펑션 블록 영역 • 표준 라이브러리 영역 • 액세스 변수 영역 • 변수 초기화 정보 영역 • 보존 변수 지정 정보 영역	123 Kbyte	251 Kbyte

사용자 프로그램 메모리는 제어 대상의 설비나 장치, 기계를 어떻게 제어할 것인지의 순서나 조건을 프로그램의 형태로 저장한다.

2) 데이터 메모리 구성

데이터 메모리의 저장 내용 및 크기는 다음과 같다.

표 8.2 메모리 영역

항목	GM4	GM3
데이터 메모리 전체 영역	64 Kbyte	128 Kbyte
시스템 영역 • I/O 정보 테이블 • 강제 입출력 테이블	7.5 Kbyte	7.5 Kbyte
시스템 플래그 영역	1.5 Kbyte	1.5 Kbyte
입력 이미지 영역(%IX)	512 Kbyte	512 Kbyte
출력 이미지 영역(%QX)	512 Kbyte	512 Kbyte
직접변수 영역(%M)	2~6 Kbyte	4~32 Kbyte
심볼릭 변수 영역(최대)	52 Kbyte 직접변수 영역	116 Kbyte 직접변수 영역
스택 영역	4 Kbyte	4 Kbyte

데이터 메모리는 타이머나 카운터의 현재 값을 일시적으로 저장하거나 수치나 데이터의 연산, 처리 결과를 저장하는 장소이다.

3) RAM과 SAM

메모리는 IC 칩으로 되어 있으며 프로그램을 기억해 두는 장소로써 CCU 내에 내장되어 있으며 RAM과 ROM이 있다. RAM은 CCU에 명령을 내리기 위해서 작성된 User 프로그램이 기억되며 재수정 및 재기억이 가능한 것이다.

스위치를 off 하여도 내장된 배터리에 의하여 전원공급이 중단된 상태에서도 RAM에는 계속적으로 Back-up 하여 프로그램 내용을 보존한다.

메모리에 액세스를 지정하는 것을 액세스한다고 한다.

메모리는 어느 어드레스든 직접 액세스가 가능하고 그 시간이 일정하며, 전원이 끊어지면 내용이 지워지는 것을 RAM(Random Access Memory)이라 하고 어드레스 순서에 따라서 액세스 가능한 것을 SAM(Serial Access Memory)이라고 한다.

4) RWM과 ROM

자유롭게 읽고, 쓸 수 있는 메모리를 RWM(Read Write Memory)이라고 하며 이와는 달리, 쓰기는 불가능하지만 가능한 읽기 전용의 메모리를 ROM(Read Only Memory)이라고 한다.

5) MEMORY(G3M-M064)

① RAM : Read, Write ⇒ 전원 off 시 memory를 기억하지 못한다.
② ROM : Read ⇒ 전원 off 시 memory를 기억할 수 있다.

8.2 입·출력부

PLC의 입력부가 갖추어야 할 기본 조건은 아래와 같다.
① 입력 점수를 정확히 파악할 것
② 외부기기와 전기적 규격이 일치할 것
③ 외부기기로부터 잡음을 막아줄 것
④ 외부기기와의 접속이 용이할 것
⑤ 입·출력 상태를 감시할 수 있을 것

입출력 제어부는 CCU에서 처리될 또는 처리된 신호가 입출력되는 부분으로써 입출력 신호를 기억시키는 일종의 메모리 형태인 Buffer로 구성되어 있고 BUS를 통하여 입력부와 출력부가 연결되는 것이다.

1 입·출력부에 접속되는 외부기기의 예

표 8.3 입출력기기의 예

입력부	출력부	비고
리밋 스위치, 근접 스위치, 광전 스위치, 인코더, 입력 스위치 등	솔레 노이드 밸브, 마그네틱 클러치, 마그네틱 브레이크, 소형 모타 등	기계장치 등에 연결되어 있는 것
푸시 버튼, 선택 스위치, 디지털, 계측기 등	전자 개폐기, 표시등, 카운터, 제어장치 등	제어반, 조작반 등에 연결되어 있는 것

❷ 입력 유닛의 구조

입력 유닛은 외부의 센서나 스위치 등 입력 기기에서의 신호를 PLC의 CPU에 전달하는 중계적 역할을 한다. 달리 표현하면 DC 5V로 동작하는 PLC 내부는 전압 레벨도 낮고 노이즈에 대하여 외부신호와 전기적으로 절연될 필요가 있으므로 입력 유닛은 출력 유닛과 함께 레벨 변환과 절연을 하는 부분이라고 할 수 있다.

1) 디지털 입력회로

디지털 입력 유닛의 일반적인 회로 구성에서 외부 입력 신호가 ON 되면 분압부의 저항을 통하여 포토커플러의 1차 측에 전류가 흐른다. 이에 의하여 광신호가 2차 측의 광 트랜지스터를 ON 시키고 이 트랜지스터의 증폭시켜 CPU에 보낸다.

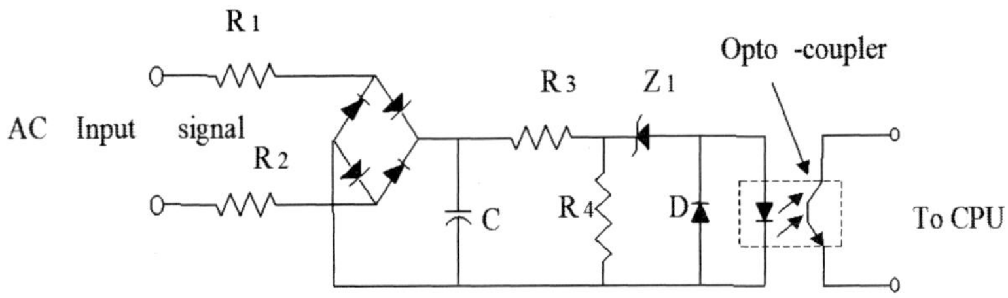

그림 8.4 디지털 입력회로

DC 디지털 입력에는 싱크 입력과 소스 입력의 두 가지가 있다. 싱크 입력이란 외부 입력 신호가 ON 되었을 때에 입력 단자에서 외부에 전류가 유출되는 형태를 말한다. 반대로 전류가 외부에서 입력 단자에 유입되는 형태를 소스 입력이라고 한다.

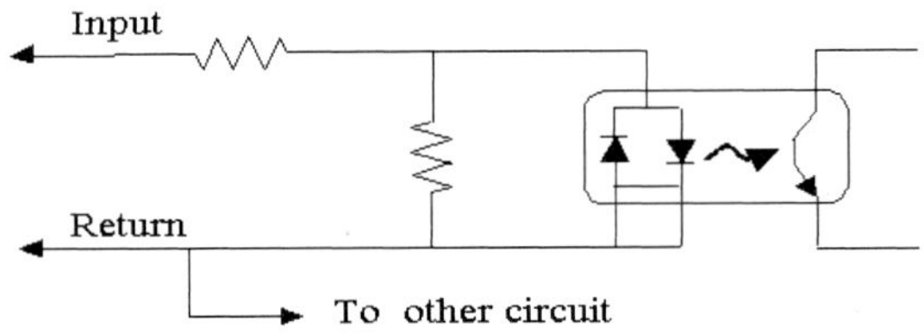

그림 8.5 싱크 입력회로

2) 아날로그 입력 회로

아날로그 입력 유닛은 A/D 변환기를 이용하여 아날로그 양의 전압 또는 전류를 디지털로 변환하여 CPU에 전달한다. 보통 한 유닛당 8채널 정도의 것을 사용한다.

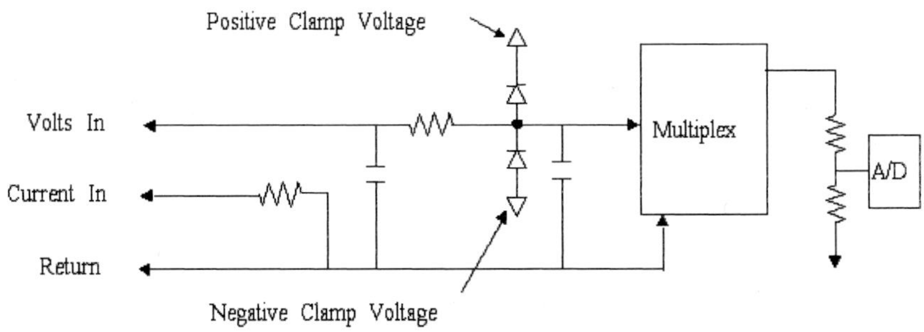

그림 8.6 아날로그 입력회로

3) 출력점수의 파악

PLC 내부의 출력 명령을 IC 신호 레벨로부터 증폭기를 거쳐 릴레이 코일을 구동하고, 내부 연산 회로의 연산 결과를 외부 구동기에 맞는 신호로 변환하여 출력시키는 부분이다. 출력 데이터는 릴레이에 의해 절연되고 증폭되어진다. 절연 소자로써는 포토커플러와 릴레이 등이 사용되며 증폭기 소자로써는 트랜지스터와 트라이액(Triac) 릴레이 접점이 사용된다.

전원 표시등, 운전 표시등, 과부하 표시등, 부저 등의 표시등 수, 또는 경보 수와 솔레노이드 밸브, 릴레이, 전자접촉기의 수를 합쳐 출력점수로 하고 8점 모듈, 16점 모듈, 32점 모듈을 적절히 혼합하여 출력 모듈 수를 선정한다.

4) 출력 유닛의 구조

CPU에서의 출력신호가 ON 되면 절연부의 포토커플러의 1차 측에 전류가 흐른다. 이 신호가 광신호로써 2차 측의 트랜지스터 또는 트라이액을 ON 시키고 이 ON 신호로 메인 파워 소자를 ON 시켜 최종적으로 부하를 구동한다.

파워부에는 트라이액이나 트랜지스터 이외에 릴레이 접점 출력인 것도 있다.

아날로그 출력 유닛은 D/A 변환기를 이용하며 보통 한 유닛당 2채널 정도이다.

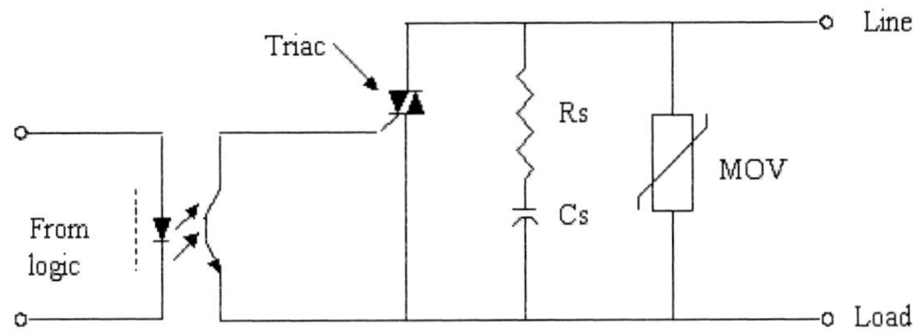

그림 8.7 트라이액 출력 회로

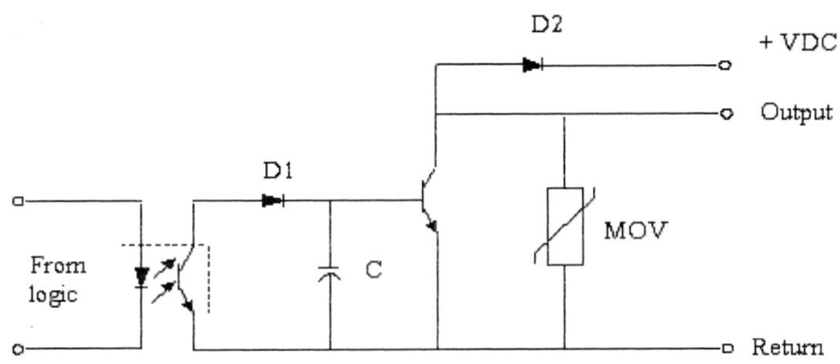

그림 8.8 다이오드 출력 회로

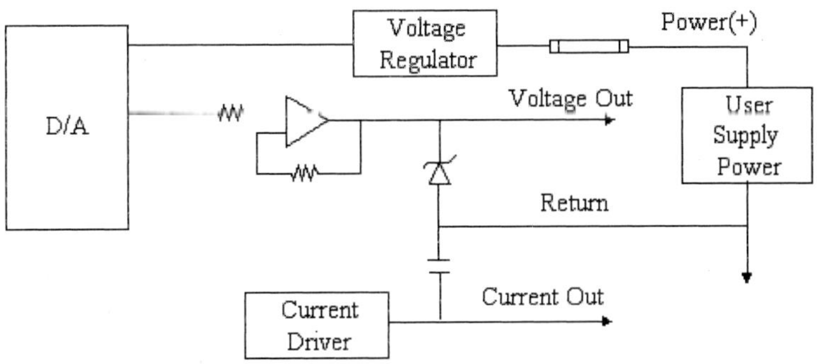

그림 8.9 D/A 출력 회로

8.3 Power Unit

1. AC 110/220 V ⇒ DC 5 V로 만듦
2. DC 5 V : 슬롯 내에 있는 정보를 기기 내에서 실행
3. DC 24 V : 전원공급이 필요한 경우 전원 공급을 해줌
4. 사용 전압 : AC 220 V

8.4 특수 UNIT부

오늘날 많이 사용되고 있는 특수 유닛은 다음과 같다.

1. A/D unit
2. D/A unit
3. 고속 카운터 unit
4. 위치 결정 unit
5. 고장 모니터 unit
6. Remote 입출력 unit
7. Computer Link unit

❶ 고속 카운터 UNIT

일반적으로 CPU의 카운터는 스캔 타임의 관계로 인해 1초당 10회 정도의 계수가 한계이다. 그러므로 이 이상의 고속 카운터는 CPU와는 독립적으로 설계된 고속 카운터 유닛으로 계수가 가능하다. 고속 카운터 유닛을 사용하면 메이커의 기종에 따라서는 1만 카운트/초에서 5만 카운트/초까지 계수가 가능하므로 펄스 인코더 등에서 발신하는 신호를 수신할 수 있다.

카운터의 입력 데이터는 1초당 50,000 V 펄스를 처리할 수 있으며 입력된 펄스에 대해 가산 또는 감산을 실행한다. 고속 카운터 내에는 현재치 카운터부, 설정치 등록부, 대소 비교 판단 회로부와 외부 출력부로 구성되어 있다. 카운터 입력은 엔코더의 A상, B상을 동시에 처리할 수 있으며

이를 1, 2, 4 체배로 하여 가감산을 실행한다.

활용도는 모터의 일정한 회전수를 알고자 할 때 또는 회전수에 의하여 간이적으로 위치를 제어하고자 할 때 사용한다.

1) CPU의 카운터 C와 고속카운트 유닛의 차이점

① CPU의 카운트 C는 설정값에 도달되어도 카운트는 정지하지 않고 최댓값까지 카운트한다.
② 고속 카운트 유닛은 가산 및 감산이 가능하다.
③ 고속 카운트 유닛은 설정값과의 일치 신호 외에 대소 비교 신호가 있다.
④ 고속 카운트 유닛은 설정값의 일치 신호가 유닛 자체에서 출력이 가능하다.

2 위치 결정 UNIT

지금까지의 제어는 펌프 구동용 모터의 운전·정지 등 ON/OFF 제어가 많았지만 자동화기기의 발전과 더불어 고(高) 정도의 위치 결정 제어가 많이 요구되고 있다. 위치 결정 제어는 ON/OFF 제어와는 달리 [스텝 1에서 52 mm, 스텝 2에서 84 mm 이동시킨다]와 같이 제어량의 변화를 제어한다. 이 제어에는 서보 모터, 스테핑 모터 등이 사용되고 운전 패턴에도 가속, 정속, 감속 운전 등 전문 지식이 필요하므로 일반 기술자는 취급하기 어려웠으나 최근의 PLC는 위치제어 전용 유닛을 사용하여 간단히 위치 결정 제어가 가능하게 되었으며, 정전이나 역전의 조건을 위치 결정 유닛에 입력해 두고 PLC에서 위치 결정 유닛으로 신호를 출력하고, 다시 위치 결정 유닛에서 모터 드라이버로 신호를 출력시켜 모터를 구동시킨다.

FA, FMS, ROBOT 등 폭넓은 용도로 적용이 가능하다. 위치 결정 제어는 위치 결정 거리와 모터 속도 지정에 따라 운전한다(2축 개별 운전, 2축 직선 보간 운전 등이 가능). 위치 결정 제어에 필요한 풍부한 기능(원점 복귀, 부동 원점 설정, OVER RIDE 등)이 있다. 위치 결정 UNIT용 소프트웨어 package로 간편한 프로그래밍(파라메터, 위치 결정 data, 속도 data 등)을 할 수 있다.

1) 위치 결정 장점

위치제어 모터의 성능 범위 내에서 가감속, 정속 운전이 가능하므로 종래의 일반적인 전용위치 결정 콘트롤러 대신에 PLC의 위치 결정 유닛을 사용하면 다음과 같은 장점이 있다.

① 1대의 PLC로 시퀀스 제어와 위치 결정 제어를 실현시킴으로써 경제적이다.
② NC 언어 등을 사용하지 않고 PLC의 래더 언어를 사용하기 때문에 현장 기술자가 직접 프로그램을 자성 변경시킬 수 있다.
③ PLC의 데이터의 메모리를 사용하여 많은 위치결정 패턴을 기억시킬 수 있으므로 다품종 생산에 유리하다.
④ 외부에서도 각종 위치 결정 데이터를 설정, 변경할 수 있다.
⑤ 각 모듈의 자기진단 기능에 의해서 각종 에러 코드의 트러블 슈팅이 용이하다.
⑥ 모니터와 조합하여 가동 상황감시나 고장 내용 등을 표시할 수 있어 맨머신(man machine) 인터페이스에서 유리하다.

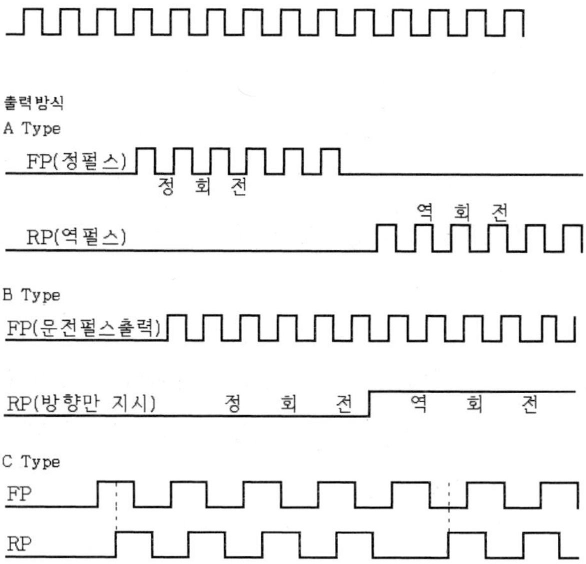

그림 8.10

❸ DATA LINK UNIT(Computer Link unit)

1) 범용통신모듈

RS-232C / RS-485 각 1채널

2) 컴퓨터링크 : PC 연결

① RS-232C, RS-422C 각 1 Port 기본내장

② Serial 통신 : com1, com2, com3

Binary신호를 ASCII 코드로 바꿔 보내준다.

① RS232C-1:1 통신 : (전압차 15 m), 통신속도(300~19,200 Bps)

② RS422C-1:32통신 : (전류차 500 m), 통신속도 300~19,200 Bps)

3) RS-232C 통신

일반적으로 PC통신에는 RS-232C 통신을 내장하고 있는데 이는 서로 다른 PC 간의 데이터를 주고받고자 할 때 사용하는 것으로 EIA(Electronic Industries Association)에서 발표한 케이블의 전기적 특성부터 제어선의 정의, 사용하는 커넥터의 핀 번호까지 규정되어 있으므로 컴퓨터의 규정이 달라도 이 약속만 지키면 컴퓨터 간에 데이터 통신이 가능하다.

4) RS-422C 통신

RS-232C 통신의 약점인 잡음의 문제를 해결하고 1:N 통신을 위한 통신 방법으로, EIA (Electronic Industries Association)에서 발표한 케이블의 전기적 특성부터 제어선의 정의, 사용하는 커넥터의 핀 번호까지 규정되어 있으므로 이 약속만 지키면 데이터 통신이 가능하다. 기본적으로 ASCII 코드를 사용한다. RS-422C는 직렬로 데이터를 주고받으며 6가닥의 배선으로 배선이 간단하다.

표 8.4 RS-422C 배선

핀 번호	명칭	기능 설명
1	RDB	수신 데이터(-)
2	RDA	수신 데이터(+)
3	SDB	송신 데이터(-)
4	SDA	송신 데이터(+)
5	S .G	신호 접지선
6	F .G	FRAME접지선

제 9 장

GLOFA-GM3의 구성

GLOFA-GM3의 시스템의 전체 구성은 아래와 같다.

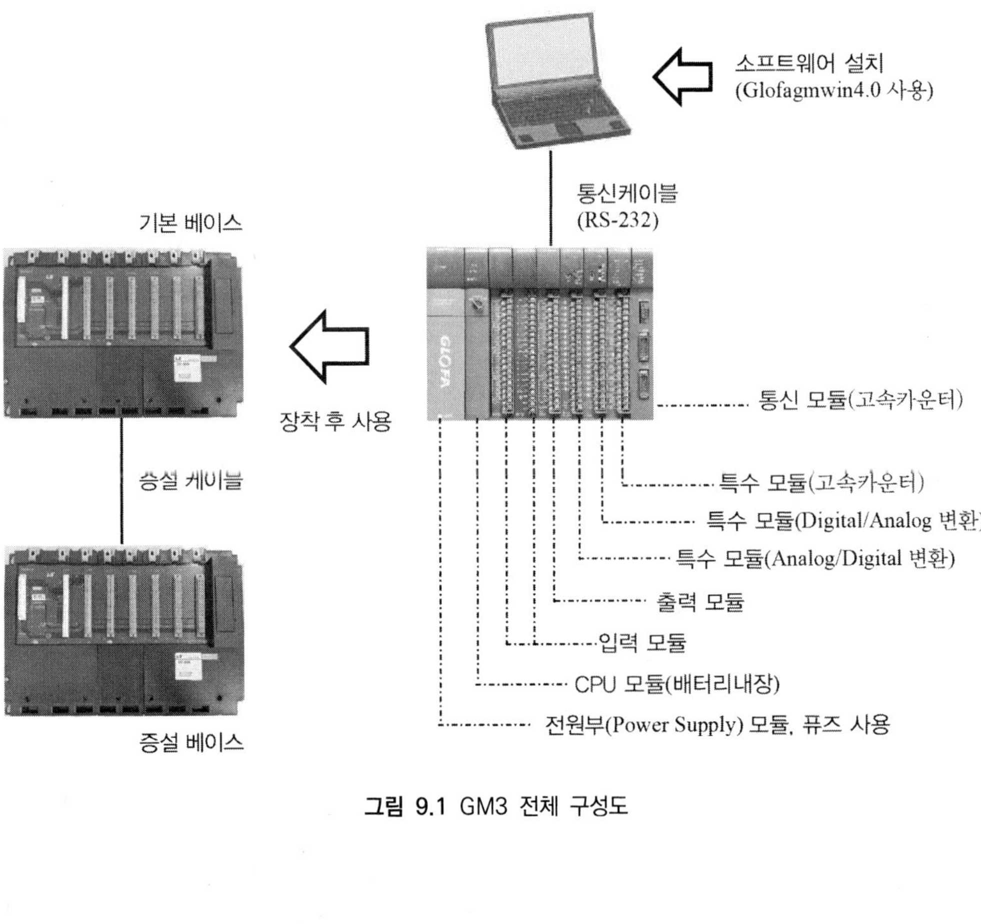

그림 9.1 GM3 전체 구성도

GLOFA-GM3의 기본베이스 구성의 예를 들면 다음과 같다.

표 9.1 기본 베이스 구성도

GM3-PA2A	GM3-CPUA	0슬롯	1슬롯	2슬롯	3슬롯	4슬롯	5슬롯	6슬롯	7슬롯
		G3I-D24A	G3I-D22A	G3Q-RY4A	G3F-AD4A	G3F-DA4I	G3F-HSCA	G3F-POPA	G3L-CUEA
POWER	CPU	INPUT		OUT PUT	A/D 변환	D/A 변환	고속 카운터	위치 제어	통신

9.1 GM3 시리즈 제품 구성

GM3 시리즈 제품 구성의 한 예를 들면 아래의 표와 같다.

표 9.2 GM3 구성의 예

품명		형명	내용	비고
기본베이스		GM3-B08E	8모듈 장착용	
전원 모듈		GM3-PA2A	AC 220 V 입력	
CPU 모듈		GM3-CPUA	최대 입출력 점수 : 2,048점	
디지털 입력 모듈		GM3-D22A	DC 12V/24 V 입력 16점(전류소스/싱크입력)	
		GM3-D24A	DC 12 V/24 V 입력 32점(전류소스/싱크입력)	
디지털 출력 모듈		G3Q-RY4A	릴레이 출력 32점 (1A용)	
특수 모듈	A/D 변환 모듈	G3F-AD4A	전압/전류입력 : 16채널 DC -10 V～+10 V DC -20 V～+20 mA	
	D/A 변환 모듈	G3F-DA4I	전류출력 : 16채널 • DC 4～20 mA	
	고속 카운터 모듈	G3F-HSCA	계수범위 : 0～16,777,215(바이너리 24비트) 50 Hz, 2채널	
	위치결정 모듈	G3F-POPA	펄스출력, 2축제어	
	컴퓨터 링크 모듈	G3L-CUEA	RS-232C/RS-422 : 각 1채널	

9.2 베이스

GM3에서 사용하는 기본베이스에는 3종류가 있으며 그 내용은 아래의 표를 참조하여 사용자가 원하는 시스템에 맞도록 선택하여 사용한다.

1 기본베이스

표 9.3 기본 베이스

형명 \ 항목	GM3-B04M	GM3-B06M	GM3-BO8M
입출력 모듈 장착 수	4 모듈	6 모듈	8 모듈
외형치수(mm)	297 × 250 × 17	367 × 250 × 17	437 × 250 × 17
패널부착용 홀 규격	ψ 4.5 (M4 스크루 사용)		
FG 연결용 나사규격	BHM 3 × 6 와셔		
중량(kg)	1.7	2.1	2.5

1) 각부 명칭

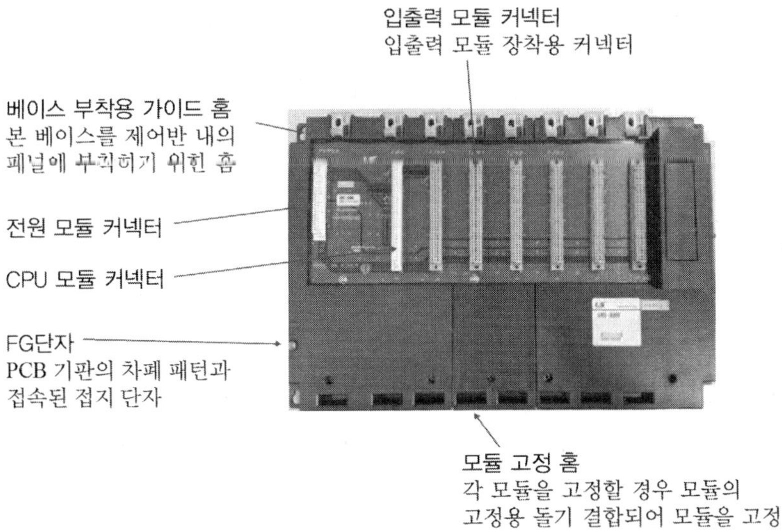

그림 9.2 기본 베이스 각부 명칭

❷ 증설 베이스

표 9.4 증설 베이스

형명 \ 항목	GM3-B04M	GM3-B06M	GM3-BO8M
입출력 모듈 장착 수	4 모듈	6 모듈	8 모듈
외형치수(mm)	297 × 250 × 17	367 × 250 × 17	437 × 250 × 17
패널부착용 홀 규격	ψ 4.5 (M4 스크루 사용)		
FG 연결용 나사 규격	BHM 3 × 6 와셔		
중량(kg)	2.6	2.1	1.7

1) 각부 명칭

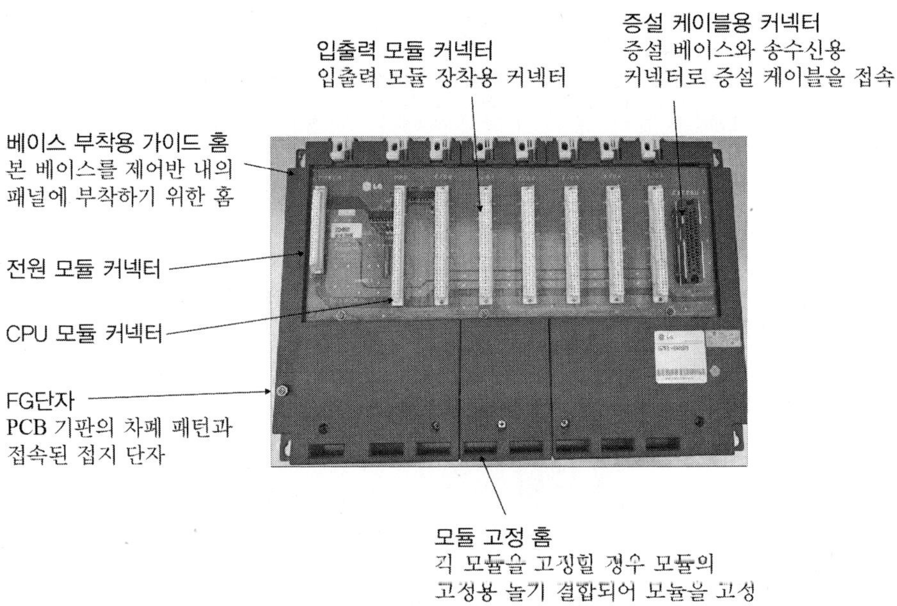

그림 9.3 증설 베이스의 각부 명칭

❸ 증설 케이블

표 9.5 증설 케이블의 종류

형목 / 항명	G3C-E061	G3C-E121	G2C-E301
길이(m)	0.6	1.2	3.0
중량(kg)	0.37	0.52	1.27

9.3 전원 모듈

전원 모듈의 선정은 전원 모듈에서 공급되는 디지털 입출력 모듈, 특수 모듈 및 통신 모듈 등의 소비 전류의 합계에 의해 정해진다. 따라서 전원 모듈의 정격 출력 용량을 초과하여 사용하면 시스템이 정상 동작하지 않으므로 시스템 구성 시 각 모듈의 소비 전류를 고려하여 전원 모듈을 선정한다.

❶ 각 모듈별 소비전류

표 9.6 모듈별 소비 전류

품명		형명	소비 전류(mA)
CPU 모듈		GM3-CPUA	130
디지털 입력 모듈		GM3-D22A	70
		GM3-D24A	70
디지털 출력 모듈		G3Q-RY4A	200
특수 모듈	A/D 변환 모듈	G3F-AD4A	700
	D/A 변환 모듈	G3F-DA4I	250
	고속 카운터 모듈	G3F-HSCA	300
	위치결정 모듈	G3F-POPA	400

❷ GM3-PA2A 규격

표 9.7 GM3-PA2A 규격

항목		내용	비고
입력	입력전압	AC 220 V (170～264 V)	
	입력주파수	50 / 60 Hz (47～63 Hz)	
	입력전류	1.5 A (AC 220 V)	
	돌입전류	40 A 이하	
	효율	65% 이상 (정격입력/부하)	
	입력 퓨즈	3 A / Slow / AC 250 V	
	허용순시정전	20 ms 이내	
출력1	출력전압	DC 5 V	
	출력전류	5 A	
	과전류보호	5.75 A 이상	
출력2	출력전압	DC 24 V	
	출력전류	1.5 A	
	과전류보호	1.6 A 이상	
전압상태표시		출력전압 정상 시 LED On	
사용전선규격		0.75～2 mm	
중량		0.7 kg	

❸ 각부 명칭

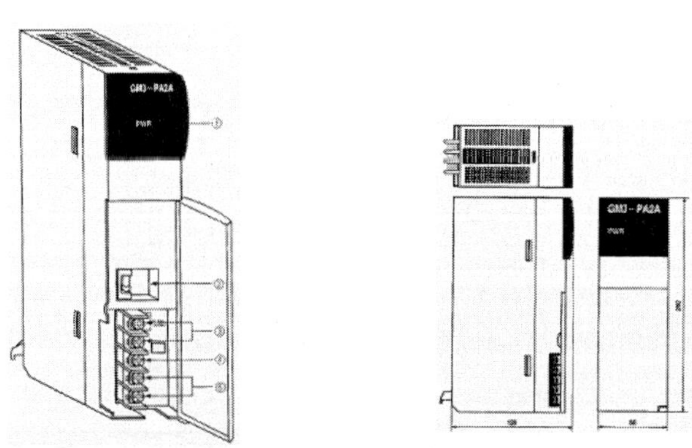

그림 9.4 전원 모듈의 실체도

표 9.8 실체도의 각부 명칭

번호	명칭	용도
①	전원 LED	• DC5V 전원표시용 LED
②	전원 퓨즈 및 퓨즈 홀더	• AC 입력 전원용 3A 퓨즈를 홀더로 고정
③	전원 입력 단자	• 전원 입력 단자 - AC 입력 : AC 110 V 또는 AC 220 V 접속 - DC 입력 : DC 24 V 접속
④	LG 단자	• 전원 필터의 접지
⑤	DC 24 V,24 G 단자	• DC 24 V가 필요한 모듈에 전원 공급용

9.4 CPU 모듈

GM3의 CPU 모듈 GM3-CPUA의 성능 규격은 다음과 같다.

① 제어방식 : Stored 프로그램, 반복, 정주기, 인터럽트 연산

② 입출력제어 : 스캔 동기 일괄처리

③ 프로그램언어 : 3종 (LD, IL, SFC)

④ 처리 속도 : 0.2 ㎲

⑤ 자기진단 기능

⑥ 드라이브 모드 : 4MODE

⑦ 카운터(COUNTER), 타이머(TIMER) : 입력펄스 신호의 계수를 세는 것

- 업 카운터(Up counter) : 계수량이 증가해 나가는 것
- 다운 카운터(Down counter) : 계수량이 감소해 나가는 것

표 9.9 16bit용 CPU

종류	제조 업체	모델명	반도체	핀 수	기본 명령 수	소요전원(V)
8080 계열	Intel	8086	NMOS	40	97	5
	Zilog	Z8000	NMOS	64	61	5
6800 계열	Motorola	68000	NMOS	40/48	110	5

- 8080 계열에는 성능을 향상시킨 8088, 80186, 80286, 80188, 80196 등이 있다
- 6800 계열에는 68009, 68010이 있다.

각 부분은 하드웨어로서 논리 연산부(ALU)와 I/O 제어부는 범용의 마이크로 프로세서, DSP, ASIC, 또는 PAL 등이 상용되며 메모리는 LSI 제어부가 사용된다.

1 각부 명칭

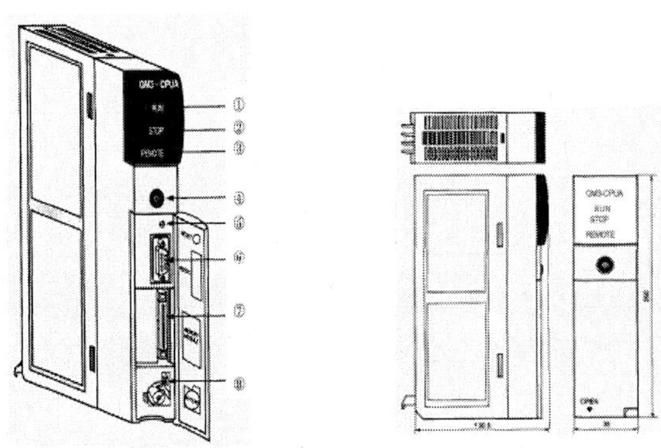

그림 9.5 CPU 모듈 실체도

표 9.10 CPU 모듈 각부 명칭

번호	명칭	용도
①	RUN LED	• CPU 모듈의 동작상태를 나타낸다. • On : 키스위치가 로컬 또는 리모트 RUN 상태로 운전 중인 경우 • Off : 다음과 같은 경우 LED가 Off 한다. - CPU 모듈에 전압이 정상적으로 공급되지 않는 경우 - 키스위치가 STOP 또는 PAU / REM 상태인 경우 - 운전을 정지하는 에러를 검출한 경우
②	STOP LED	• On : 키스위치가 로컬 또는 리모트 STOP 상태인 경우 • Off : 다음과 같은 경우 LED가 Off 한다. - 키스위치가 로컬 RUN 또는 로컬 PAUSE 상태인 경우 - 운전 상태가 리모트 RUN / PAUSE / DEBUG 인 경우 - 점멸 : 운전 중 자기진단 기능에 의해 에러를 검출한 경우

번호	명칭	용도
③	리모트 LED	• On : 다음과 같은 경우 LED가 Off 한다. - 키스위치가 리모트 STOP 상태인 경우 - 전상태가 리모트 RUN / PAUSE / DEBUG 인 경우 • Off : 키스위치가 로컬 RUN / STOP / PAUSE 인 경우 (리모트 LED는 GM3-CPUA에만 있다)
④	모드 설정 키스위치	CPU 모듈의 운전모드를 설정한다. • RUN : 프로그램의 연산 실행 • STOP : 프로그램의 연산 정지 • PAU / REM : 모드별 용도는 다음과 같다. - PAUSE : 프로그램 연산의 일시 정지 - REMOTE : 리모트 운전 시 설정
⑤	수동 리셋 스위치	• 연산 중 에러발생 시 PLC 시스템 리셋 및 초기화를 수행한다(GM3 - CPUA 에만 있다).
⑥	RS-232C 커넥터	• 주변기기 (GMWIN 등)와 접속하기 위한 커넥터
⑦	메모리 모듈 장착용 커넥터	• CPU 모듈에 메모리 모듈을 장착하기 위한 커넥터
⑧	배터리 장착용 커넥터	• 백업용 배터리 접속용 커넥터

9.5 입·출력 모듈

GM3에서 사용하는 입·출력 모듈에 관해 알아보도록 한다.

그림 9.6 입출력 모듈

1 형명 구분

그림 9.7 형명의 의미

2 입력 모듈

1) 입력 모듈의 규격

표 9.11 입력 모듈의 규격

규격 \ 형명		GM3-D22A	GM3-D24A
입력 점수		16점	32점
절연방식		포토커플러 절연	
정격입력전압		DC 12 / 24 V	
정격입력전류		5 / 11 mA	
사용전압 범위		DC 10.2~26.4 V (리플률 5% 이내)	
최대 동시 입력 점수		100% 동시 On	60% 동시 On (5점 / COM)
On 전압 / On 전류		DC 9.5 V 이상 / 4.0 mA 이상	
Off 전압 / Off 전류		DC 6 V 이하 / 1.0 mA 이하	
입력저항		약 2.2 KΩ	
응답시간	Off → On	10 ms 이하	
	On → Off	10 ms 이하	
코먼 방식		8점 / COM	
내부소비전류		70 mA	125 mA
동작 표시		입력 On 시 LED 점등	
외부접속방식		20점 단자대 커넥터 (M3 × 6 나사)	38점 단자대 커넥터 (M3 × 6 나사)
중량		0.37 kg	0.46 kg

2) 회로구성과 외부접속도

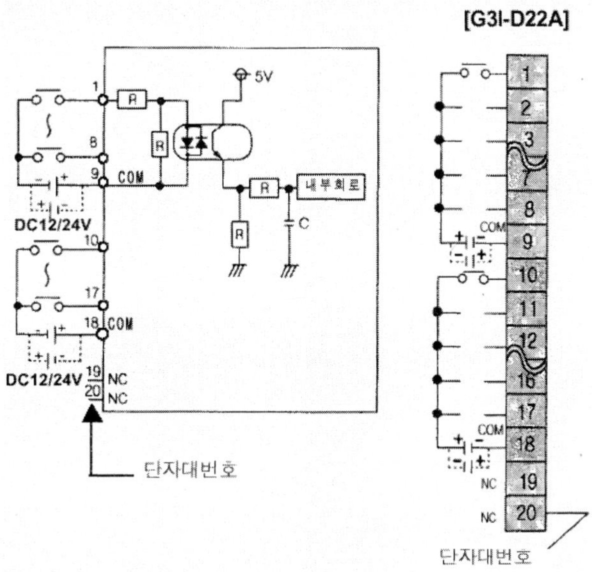

그림 9.7 소스/싱크타입 회로 구성도와 외부접속도

3 출력 모듈

1) 출력 모듈의 규격

표 9.12 릴레이 출력 모듈의 규격

규격 \ 형명	G3Q-RY4A
출력점수	32점
절연방식	포토커플러 절연
정격부하전압 / 전류	DC 24 V / 2 A (저항부하), AC 220 V / 2A (COS $\phi = 1$) / 1점 5 A / 1 COM
최소 부하 전압 / 전류	DC 5 V / 1 mA
최대 부하 전압 / 전류	AC 250 V, DC 125 V
Off 시 누설전류	0.1 mA (AC 220 V, 60 Hz)
최대 개폐 빈도	3,600회 / 시간
서지 킬러	없음

규격 \ 형명		G3Q-RY4A
수명	기계적	2,000만 회 이상
	전기적	정격 개폐 전압 / 전류부하 10만 회 이상
		AC 200 V / 1.5 A, AC 240 V / 1 A (COS ϕ = 0.7) 10만 회 이상
		AC 200 V / 1 A, AC 240 V / 0.5 A (COS ϕ = 0.35) 10만 회 이상
		DC 24 V / 1 A, DC 100 V / 0.1 A (L / R =7 ms) 10만 회 이상
응답시간	Off → On	10 ms 이하
	On → Off	12 ms 이하
코먼 방식		8점 / 1 COM
내부소비전류		200 mA (전점 On 시)
외부공급 전원	전압	DC 24 V ± 10%(리플전압 4 Vp-p 이하)
	전류	170 mA(DC 24 V 전점 On 시)
동작 표시		출력 On 시 LED 점등
외부접속방식		38 점 단자대 커넥터 (M3 × 6 나사)
중량		0.55 kg

2) 회로 구성과 외부접속도

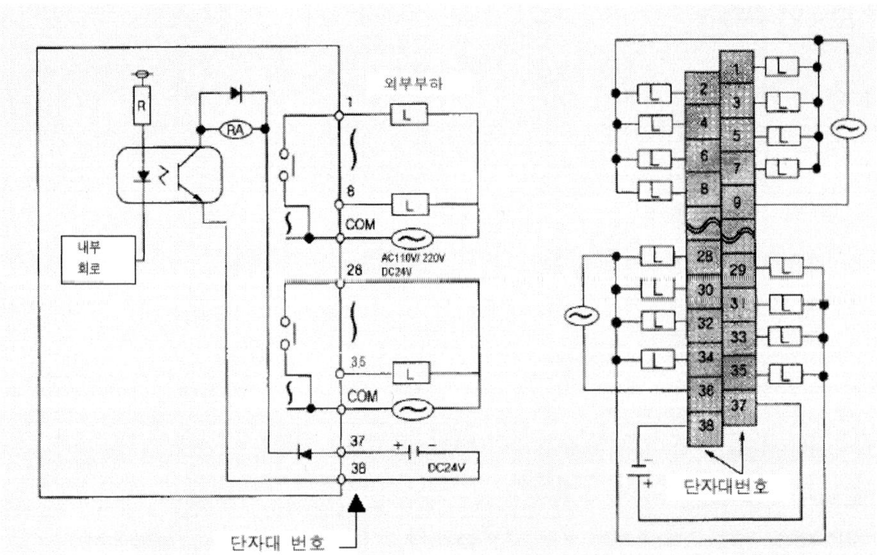

그림 9.8 릴레이 출력 모듈 회로 구성도와 외부접속도

9.6 특수 모듈

GLOFA-GM PLC에서 사용하는 A/D, D/A 변환 모듈, 고속 카운터, 위치결정과 컴퓨터 링크 모듈에 관해서 알아보도록 한다.

1 A/D 변환 모듈(G3F-AD4A)

A/D 변환 모듈은 PLC 외부기기로부터의 아날로그 신호(전압 또는 전류입력)를 부호가 있는 14비트 바이너리 데이터의 디지털 값으로 변환하는 모듈이다.

1) G3F-AD4A의 특징

① 1모듈로 16채널의 A/D 변환이 가능
G3F-AD4A 1모듈로 16채널의 A/D 변환을 할 수 있으며, 각 채널마다 전압입력, 전류입력을 선택할 수 있다.

② 1/16,000의 고분해능
디지털 값의 분해능을 1/16,000으로 선택할 수 있어 고분해능의 디지털 값을 얻을 수 있다.

③ 한 베이스에서 사용하는 수량에는 제한이 없다.

2) G3F-AD4A의 규격

표 9.13 AD 규격

항목		규격
		G3F-AD4A
아날로그 입력	전압	• DC −5∼5 V(입력저항 560 kΩ) • DC −10∼10 V(입력저항 560 kΩ)
	전류	• DC −20∼20 mA(입력저항 250 Ω)
	전압/전류 선택	• 제품 옆면의 입력 전환 선택 스위치로 채널마다 조정(On : 전류, Off : 전압)하고 전류입력 사용 시 제품 전면의 입력범위 선택 • 스위치를 V1 / I쪽으로 선택한다.

항목		규격
		G3F-AD4A
디지털 출력		• 16비트 바이너리 값 (데이터 : 14 비트) • 출력 데이터[DATATYPE] 지정에 따라 채널마다 설정 가능 • 0 : -192～16191, 1 : -8192～8191
최대 분해능	DC 1～5 V	-
	DC −5～5 V	• 0.625 mV (1/16,000)
	DC −10～10 V	• 1.25 mV (1 /16,000)
	DC 4～20 mA	-
	DC −20～20 mA	• 2.5 μA (1/16,000)
정밀도		• ±0.5% [풀 스케일 (Full Scale)](주위 온도가 25℃일 때는 ±0.3%)
최대 변환 속도		• 3.0 ms/채널
절대 최대 입력		• 전압 : ±12 V, 전류 : ±25 mA
아날로그 입력점수		• 16채널 /1 모듈
절연 방식		• 입력 단자와 PLC 전원 간 포토커플러 절연(채널 간 비절연)
접속단자		• 38점 단자대
내부소비전류		• 0.7 A
중량		• 630 g

3) 각 부의 명칭

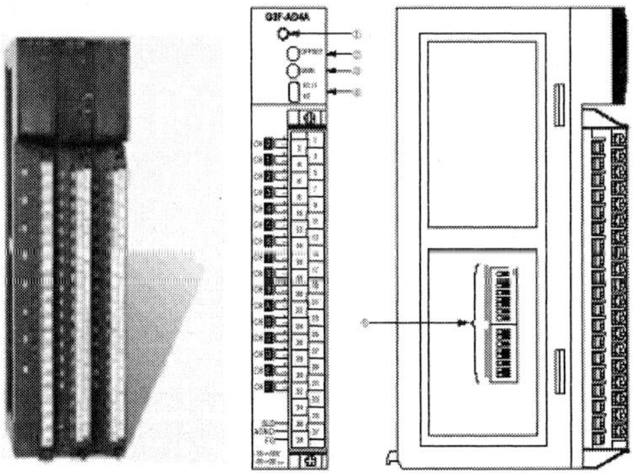

그림 9.9 AD 실체도

표 9.14 AD 각부 명칭

번호	내용
①	• RUN LED : G3F-AD4A의 동작상태를 표시 • 점등 : 정상 동작 중 • 점멸 : 에러 발생 • 소등 : DC 5 V 단선, G3F-AD4A 모듈 이상
②	• 오프셋 트리머 : 오프셋 값 미세 조정 시 사용
③	• 게인 트리머 : 게인 값 미세 조정 시 사용
④	• 입력범위 선택 스위치 : 공장 출하 시 전류로 설정되어 있다. ① 전압 사용 시 ② 전류 사용 시 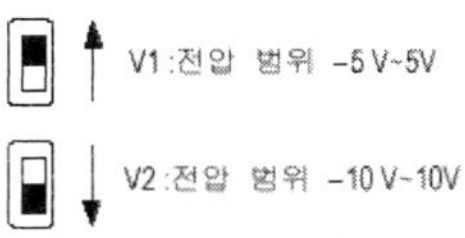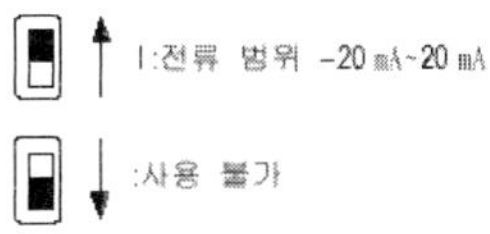
⑤	• 입력 전환 선택 스위치 • 각 채널(0~F)의 아날로그 입력(전압입력 및 전류입력)을 선택 ① 전압 입력시 : Off ② 전류입력 시 : On • 공장 출하 시는 전류 입력 상태로 설정되어 있다[딥(Dip) 스위치 모두 On] 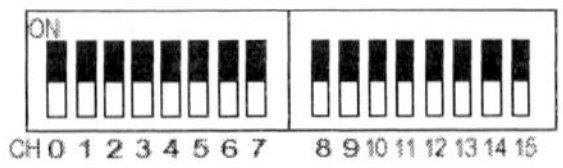

2 D/A 변환 모듈(G3F-DA4I)

디지털 /아날로그 변환 모듈로 전압 출력은 G3F-DA4 V, 전류 출력은 G3F DA4 I이다. D/A 변환 모듈은 PLC CPU에서 설정된 부호가 있는 16비트 바이너리 데이터 (데이터 : 12 비트)의 디지털 값을 아날로그 신호(전압 또는 전류 출력)로 변환하는 모듈이다.

1) G3F-DA4I의 특징

① 1 모듈로 16채널의 D/A 변환이 가능

- G3F-DA4 V : 1 모듈로 16채널의 D/A 변환(전압 출력)을 할 수 있다.
- G3F-DA4 I : 1 모듈로 16채널의 D/A 변환(전류 출력)을 할 수 있다.

② 1/16,000의 고분해능

- 디지털 값의 분해능을 1/16,000으로 선택할 수 있어 고분해능의 아날로그 값을 얻을 수 있다.

③ 한 베이스에서 사용되는 수량은 제한이 없다.

단, 외부 공급 전원 모듈인 G3F-PA1A 또는 G3F-PA2A를 사용할 경우G3F-DA4 V 와 G3F-DA4 I 는 최대 4대까지 장착하여 사용할 수 있다 .

2) G3F-DA4I의 규격

표 9.15 G3F-DA4I의 규격

항목		규격(DA4I)
디지털 입력		• 부호 있는 16비트 바이너리 값(데이터 14비트) • 입력지정 데이터에 따라 채널마다 설정가능 • 0 : -192～16191, 1 : -8192～8191
아날로그 출력		• DC 4～20 mA(외부 부하저항 510 W 이하)
최대 분해능		• 1 mA (1/16,000)
정밀도		• 0.3% [풀 스케일 (Full Scale)]
최대 변환 속도		• 15 ms / 16채널
절대 최대 입력		• DC+24 mA
아날로그 입력점수		• 16채널 / 1 모듈
절연 방식		• 출력 단자와 PLC 전원 간 포토-커플러 절연(채널 간 비절연)
접속단자		• 38점 단자대
내부소비전류		• 0.25 A
외부공급전원	전압	• DC+15 V / DC-15 V
	전류	• DC+15 V : 0.5 A DC-15 V : 0.1 A
중량		• 610 g

3) 각 부의 명칭

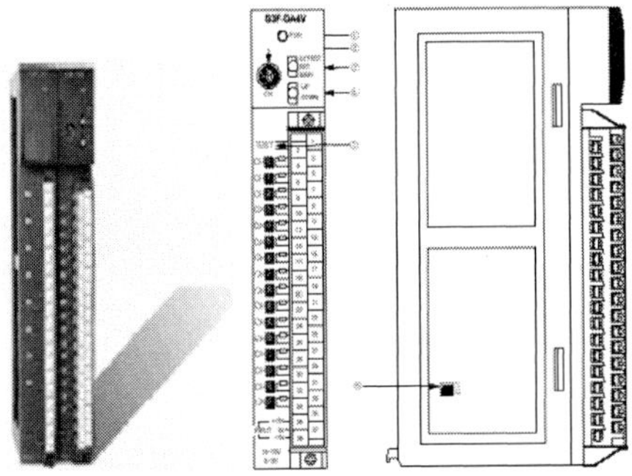

그림 9.10 G3F-DA4I의 실체도

표 9.16 G3F-DA4 I 각부 명칭

번호	내용
①	• RUN LED : G3F-AD4 A의 동작상태를 표시 • 점등 : 정상 동작 중 • 점멸 : 에러 발생 • 소등 : DC 5 V 단선, D/A 변환모듈 이상
②	• 채널 선택 스위치 : 테스트 모드에서 오프셋 / 게인을 조정하고자 할 때 채널을 선택하는 스위치 • 설정 범위 : 0~F(0을 선택하면 0번 채널의 오프셋 / 게인이 조정됨)
③	• 오프셋 / 게인 선택 스위치 : 오프셋 / 세트 / 게인을 선택하는 스위치 - 오프셋 위치 : 오프셋 값 조정 모드 - 게인 위치 : 게인 값 조정 모드 - 세트 위치 : 오프셋 / 게인 값 기억 모드 (오프셋 / 게인의 위치에서 세트 위치로 전환할 때 오프셋 / 게인 값이 D/A 변환 모듈의 내부 메모리에 기억된다)
④	업 /다운 스위치 • 채널 선택 스위치와 오프셋 / 게인 선택 스위치로 지정된 채널의 오프셋 / 게인 값을 변경하는 스위치 • 업 / 다운 위치에 따라 아날로그 출력이 다음과 같이 변경된다. - 2초 미만 업 / 다운 위치 : G3F-DA4 I à 1회에 1 mA 증감 G3F-DA4 V à 1회에 1.25 mV 증감 - 2초 이상 업 /다운 위치 : G3F-DA4 I à 0.2초마다 10 mA 증감 G3F-DA4 V à 0.2초마다 12.5 mV 증감

<table>
<tr><th>번호</th><th colspan="2">내용</th></tr>
<tr><td>⑤</td><td colspan="2">• 테스트 단자
- 단자대 1,2를 연결하면 테스트 모드
- 단자대 1,2를 연결하지 않으면 노멀 모드</td></tr>
<tr><td rowspan="3">⑥</td><td colspan="2">• 출력 범위 선택 스위치 : G3F-DA4만 해당된다.</td></tr>
<tr><td>DC -10V ~ +10V
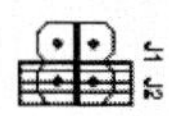</td><td>DC -5V ~ +5V
</td></tr>
<tr><td colspan="2">• 공장 출하 시는 DC -10~+10 V로 선택되어 있다.</td></tr>
</table>

❸ 고속카운터 모듈(G3F-HSCA)

GLOFA PLC GMR 1/2/3/4/6 시리즈의 CPU와 조합하여 사용하는 고속 카운터 모듈로 GMR 1/2/3 시고리즈에서 사용하는 G3F-HSCA,GM4 용 G4F-HSCA,GM6 용 G6F-HSCA(이하 고속 카운터 모듈) 등이 있다.

1) G3F-HSCA의 특징

① 1상 입력 시 프로그램에 의한 가감산 기능
B상에 의한 가감산 기능

② 2상 입력 시 위상차에 의한 가감산 기능

③ 1체배, 2체배, 4체배 기능

④ 프로그램에 의한 프리셋과 외부 입력 신호에 의한 프리셋 기능(G6F-HSCA)

⑤ 비교 기준값과 현재값을 이용하여 내장된 트랜지스터 출력 접점에 의해 7가지의 비교 신호를 출력할 수 있다.

2) G3F-HSCA의 규격

표 9.17 G3F-HSCA의 규격

항목		규격(G3F-HSCA)
채널 수		• 2
카운터 입력신호	신호	• A상, B상, Z상
	신호 레벨	• DC5/12/24V(7 mA)
	신호 형태	• 전압입력
계수 범위		• 0~16,777,215 (바이너리 24비트)
계수속도		• 최대 50 Kpps
리밋 스위치 입력		• DC 24 V
가/감산 지정	1상 입력	• 프로그램 또는 B 상으로 지정
	2상 입력	• 위상차에 따라 자동 지정
외부출력	종류	• Out 1,Out 2 (>,=,< 중 선택)
	신호 형태	• 트랜지스터 출력 (오픈 컬렉터 출력,10~30 V)
체배 기능		• 1체배 / 2체배 / 4체배 (딥 스위치 선택)
내부소비전류		• 300 mA
중량		• 620 g

3) 각 부의 명칭

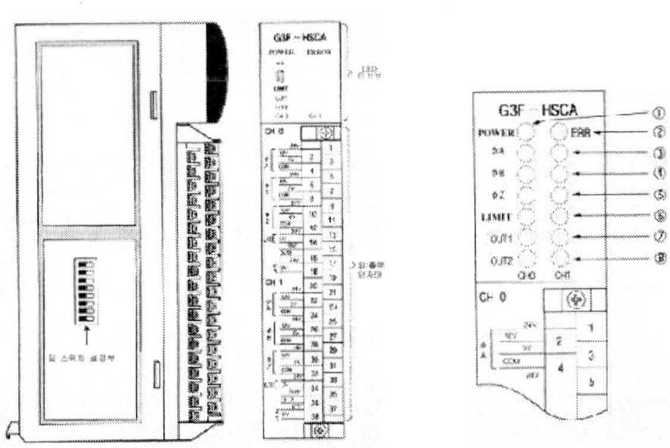

그림 9.11 G3F-HSCA의 실체도

표 9.18 G3F-HSCA의 각부 명칭

번호	내용
①	• POWER LED : 전원이 인가되면 LED On
②	• ERROR LED : 전원 인가 시 LED 가 0.5 초 On 된 후 시스템이 정상이면 LED Off 에러 시에는 내용에 따라 0.1초, 0.2초, 0.3초 주기로 점멸
③	• A상 입력 LED : A상 펄스 입력을 표시
④	• B상 입력 LED : B상 펄스 입력을 표시
⑤	• Z상 입력 LED : Z상 펄스 입력을 표시
⑥	• 리밋 스위치 입력 LED : 리밋 스위치 입력을 표시
⑦	• OUT 1 출력 LED : 대소비교 값 1에 대한 비교 결과가 표시
⑧	• OUT 2 출력 LED : 대소비교 값 2에 대한 비교 결과가 표시
⑨	• 외부 프리셋 입력 LED : 외부 프리셋 스위치 입력을 표시(G6F-HSCA만 해당)

4 위치결정 모듈(G3F-POPA)

Pulse 출력형 위치 결정 모듈 G3F-POPA로써 Stepping 모터 또는 Servo 모터와 연결하여 고정도 위치 결정 운전을 하며 FA 설비, ROBOT 등 폭넓은 용도로 사용된다. 위치 결정 제어는 위치 결정 거리와 모터 속도 지정에 따라 운전한다.

1) G3F-POPA의 특징

① PLC 베이스 보드에 장착하여 1모듈 당 2축 운전이 가능하고 2축 개별 운전, 2축 직선 보간 운전 등이 가능하다.

② 위치 결정 제어에 필요한 풍부한 기능(원점 복귀, 부동 운전 설정, Override 등)을 갖추고 있나.

③ 위치 결정 모듈용 S/W 패키지로 간편한 프로그램(파라미터, 위치 결정 데이터, 속도 데이터 등) 편집기능과 시운전 및 모니터링 기능 등을 갖추고 있다.

2) G3F-POPA의 규격

표 9.19 G3F-POPA의 규격

항목	규격(G3F-POPA)
출력방식	• Pulse 출력(A-Type B-Type 선택가능)
제어축 수	• 2축(동시 2축, 개별 2축)
보간 기능	• 직선 보간(동시 2축의 경우)
위치 결정 데이터	• 용량 : X축, Y축 각각 300 Step • 설정방식 : 퍼스널 컴퓨터+S/W 패키지, Teaching Terminal
위치결정 방법	• Absolute/Incremental 각 축 선택 가능
위치 지령 범위	• -16,744,447～+16,744,447
속도	• 10～200,000(Pulse/see)
가감속 패턴	• 사다리꼴 가감속
가감속 시간	• 각 10～9990 ms
Backlash 보정	• 0～999 Pulse
원점보정	• ± 999 Pulse
운전 패턴	• 단독운전, 반복 운전, 자동기동, 연속운전, 등속 운전, 위치 결정 등속운동
수동운전 기능	• Jog 운전, 수동 펄스운전 Inching운전
기타기능	• 원점 복귀, 부동원점, 현재치 Preset, Teaching(위치, 속도) M코드, Override, Next move, RTP, 운전 중 속도 변경, 위치 데이터 번호 변경, Zone 설정 기능

3) 각 부의 명칭

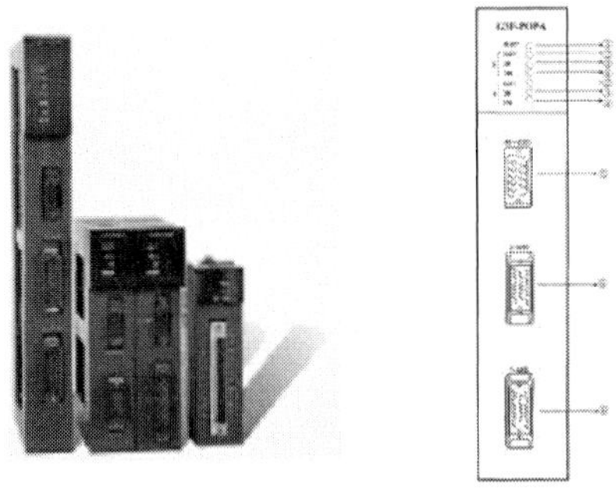

그림 9.12 G3F-POPA의 실체도

표 9.20 G3F-POPA 규격

번호	내용
①	• Ready 신호 : 위치 결정 모듈의 Ready 신호이다.
②	• Busy 신호 : 각 축이 Busy(운전 중) 상태이면 ON(점등)한다.
③	• DIR 신호 - 점등 : 정방향 펄스 출력 - 소등 : 역방향 펄스 출력
④	• ERR 신호 • G3F-POPA, G4F-POPA, G4F-POPB : 에러가 발생되면 점등한다. • G6F-POPA : 에러가 발생되면 점멸한다. - 0.5초 간격 점멸 : 펄스 출력 금지를 나타내는 중고장 - 1.0초 간격 점멸 : 펄스가 출력되는 경고장
⑤	• RS-232C 접속용 커넥터 - 소프트웨어 패키지와 접속하는 커넥터이다. - G6F-POPA 는 CPU 모듈의 통신포트를 이용하여 접속할 수 있다. (단, 이때의 CPU 모듈은 STOP 상태이어야 한다.)
⑥	• 외부 인터페이스 커넥터 • 드라이브 기기와 접속하는 커넥터이다.

5 컴퓨터 링크 모듈(G3L-CUEA)

Cnet는 컴퓨터 링크 모듈(Computer Link Module)을 사용한 GLOFA PLC 네트워크 시스템이다. 타사 PLC 및 컴퓨터 등 다양한 이기종 프로토콜의 통신 디바이스와 통신을 하기 위한 이기종 접속 기능 그리고 원거리의 PLC를 제어할 수 있도록 모뎀통신 기능을 갖추고 있다.

1) G3L-CUEA의 특징

① 윈도우 환경에서 동작하는 프레임 편집기를 사용하여 통신속도 및 통신모드 등(프로토콜)을 사용자가 직접 작성할 수 있어 타사제품과 접속이 용이하다.

② 타사 프로토콜을 RS-232C와 RS-422(RS-485) 채널에 대해 각각 작성하여 채널별로 독립 동작이 가능하며 사용자가 작성한 프로토콜 데이터를 내부 플래시 메모리(128 Kbyte)에 저장하여 사용이 가능하다.

③ 전용 프로토콜을 이용하여 변수 읽기/쓰기 및 프로그램 읽기/쓰기가 가능하다.

④ 최대 32대 접속이 가능한 멀티드롭 구성에 맞는 전용통신 기능을 제공한다.

⑤ 모뎀통신 기능을 내장하여 GMWIN 접속 및 전용통신 사용자 정의 통신을 통하여 원거리의 PLC를 제어할 수 있다.

⑥ RS-232C/RS-422(RS-485) 통신포트를 독립 채널 또는 연동 채널로 설정하여 사용이 가능하다.

⑦ 300 bps 에서 76,800 bps까지 다양한 통신 속도를 설정할 수 있다.

⑧ 1대 1/1대 N/N대 M통신(RS-422 채널 이용 시)이 가능하다.

⑨ 전이중(RS-422/RS-232C) 및 반이중(RS-485) 통신 방식을 지원한다.

⑩ RS-422 채널은 기본 파라미터 설정에 의해 RS-485 멀티드롭 통신채널로 사용할 수 있다.

⑪ GM1, GM2, GM3의 경우 최대 8대, GM4는 4대, GM6는 4대, GM7은 1대까지 모듈의 장착이 가능하다(기본 베이스에만 장착 가능하며, GM7의 경우는 기본모듈에 증설커넥터를 이용하여 접속하도록 되어 있다).

⑫ 풍부한 자기진단 기능 및 Loop-Back 진단기능을 가지고 있어 고장 진단이 간단하다.

⑬ 타사전용 기능을 내장하여 Modbus,A.B DF1(Full Duplex)과 같은 타사 프로토콜의 접속이 용이하다(버전 2.0).

2) G3L-CUEA의 규격

표 9.21 G3L-CUEA의 규격

항목		규격(G3L-CUEA)	
직렬 통신 채널		• RS-232C 1채널	RS-232C 표준규격에 준함
		• RS-422/485 1채널	RS-422/485 표준규격에 준함
모뎀 접속 기능		• 컴퓨터 링크 모듈에 외장형 모뎀을 접속하여 공중 전화망을 통해 컴퓨터 등의 외부기기와 원거리 통신 가능	
동작모드 (로터리 스위치를 이용하여 RS-232C, RS-422 채널별로 동작모드 설정 가능)	전용 Protocol	• LGTKS전 전용 프로토콜을 사용하여 멀티 드롭 및 1대1 방식의 통신 지원	
	Padt Protocol	• GLOFA PLC용 GMWIN 접속 기능을 사용하여, GMWIN을 통한 PLC 원격제어 가능	
	사용자 정의 Protocol	• 프레임 편집기를 사용하여 User가 작성한 Protocol에 의해 동작 (타사 Interface 용임)	

<table>
<tr><th colspan="2">항목</th><th colspan="2">규격(G3L-CUEA)</th></tr>
<tr><td rowspan="4">데이터 형식</td><td>Data Bit</td><td>• 7 또는 8</td><td rowspan="4">프레임 편집기를 사용하여 기본 파라미터로 설정가능</td></tr>
<tr><td>Stop Bit</td><td>• 1 또는 2</td></tr>
<tr><td>Start Bit</td><td>• 1 또는 2</td></tr>
<tr><td>Parity</td><td>• Even / Odd / None</td></tr>
<tr><td colspan="2">채널 선택</td><td colspan="2">• 독립채널/연동채널을 로터리 스위치로 설정</td></tr>
<tr><td colspan="2">동기방식</td><td colspan="2">• 비동기 방식</td></tr>
<tr><td colspan="2">전송속도(BPS)</td><td colspan="2">• 300/600/1200/2400/4800/9600/19200/38400 bps 중 선택 가능</td></tr>
<tr><td colspan="2">국번설정</td><td colspan="2">• 프레임 편집기를 사용하여 설정하며 0~31까지 설정하여 최대 31까지 설정 가능(중복 국번 설정 불가)</td></tr>
<tr><td colspan="2" rowspan="2">전송 거리</td><td colspan="2">• RS-232C : 최대 15 m</td></tr>
<tr><td colspan="2">• RS-422 : 최대 500 m</td></tr>
<tr><td colspan="2" rowspan="2">진단기능</td><td colspan="2">• Loop-Back Test Mode</td></tr>
<tr><td colspan="2">• Run 중 16개의 LED Display를 통해 동작상태 표시</td></tr>
<tr><td colspan="2">소비 전류</td><td colspan="2">• 100 mA 이하</td></tr>
</table>

3) 각 부의 명칭

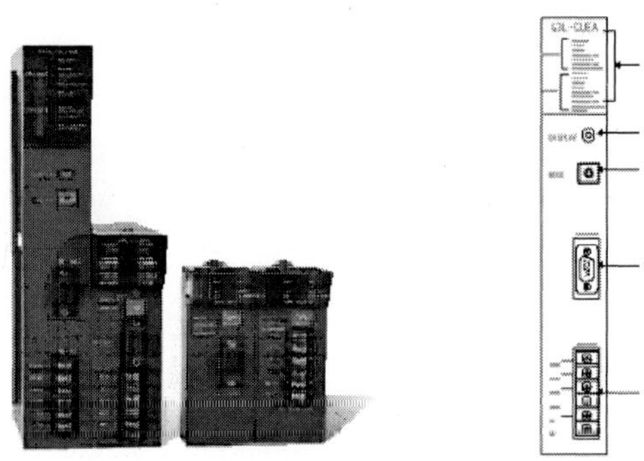

그림 9.13 G3L-CUE의 실체도

표 9.22 G3L-CUE의 각부 명칭

번호	명칭	내용
①	LED 표시부	G3L-CUEA 의 동작상태 표시
②	Display 스위치	파라미터 및 국번 표시 스위치
③	모드 스위치	동작 모드 설정
④	RS-232C 커넥터	외부기기와의 접속을 위한 RS-232C 커넥터
⑤	RS-422/485C 커넥터	외부기기와의 접속을 위한 RS-422/485 커넥터

제10장 프로그램

10.1 설치 사양

GMWIN 프로그램을 사용하려면 다음과 같은 하드웨어와 소프트웨어가 필요하다.

(1) 퍼스널 컴퓨터와 메모리

80386이나 80486 이상의 CPU에 확장 메모리를 포함하여 적어도 4 MB 이상의 메모리를 지닌 퍼스널 컴퓨터가 필요하다.

(2) 시리얼 포트

GMWIN의 기능을 최대한 활용하고 PLC 본체와 통신을 하려면 적어도 두 개 이상의 시리얼 포트가 필요하다.

(3) 하드 디스크

GMWIN과 관련된 파일을 모두 설치하고 GMWIN을 원활히 사용하려면 하드 디스크에 사용 가능한 용량이 20 MB 이상 있어야 한다.

(4) 플로피 디스크 드라이브

GMWIN을 설치하거나 작성한 데이터를 플로피 디스크에 저장하려면 적어도 하나 이상의 플로피 디스크 드라이브가 필요하다.

(5) 마우스

GMWIN의 기능을 최대한 활용하려면 컴퓨터 본체에 연결할 수 있고 한글/영문 윈도우 3.1/95에 적합한 마우스가 필요하다.

(6) 프린터

GMWIN을 인쇄하려면 한글/영문 윈도우 3.1/95에서 사용할 수 있는 프린터가 필요하다.

(7) MS-DOS/한글 MS-DOS

사용하는 컴퓨터 본체에 적합하고 한글/영문 윈도우 3.1/95이 실행되는 버전의 MS-DOS 또는 한글 MS-DOS가 필요하다.

(8) 한글/영문 윈도우 3.1/95

한글/영문 윈도우 98/2000/XP가 필요하다.

10.2 설치하기

GMWIN 소프트웨어 ve r4.12를 설치하는 방법을 알아보도록 한다. 먼저 익스플로러를 더블클릭하여 LG산전 홈페이지를 방문하여 회원등록을 한 다음, 고객지원센타의 다운로드에서 프로그램을 다운로드 하도록 한다.

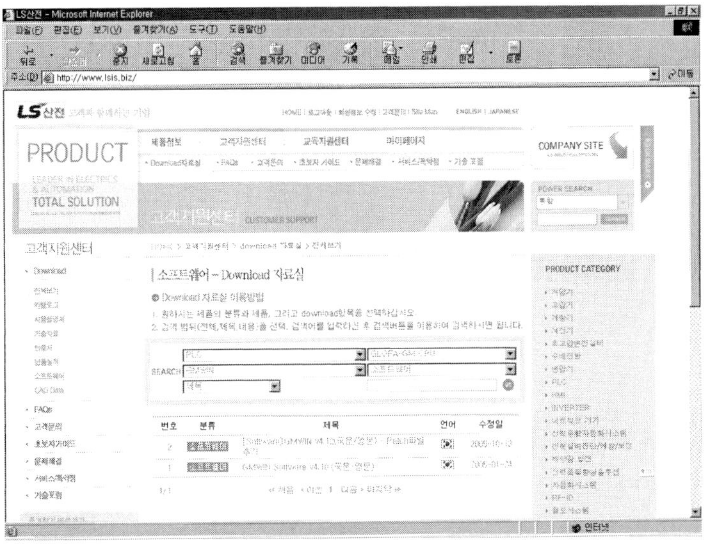

그림 10.1 LG산전의 홈페이지

1. 다운로드된 파일을 더블클릭하여 프로그램을 실행하도록 한다.

그림 10.2 바탕화면의 다운로드된 파일

2. 

을 더블 클릭하여 설치를 시작하면 파일 추출 화면이 나타난다.

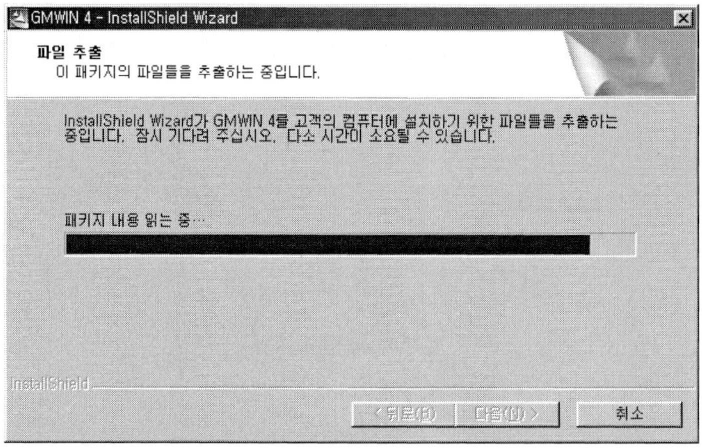

그림 10.3 파일 추출 대화상자

3. 설치를 편리하게 도와줄 마법사를 준비 중이라는 메시지가 나타난다.

그림 10.4 설치 시작 실행화면

4. GMWIN을 설치하는 방법에 대해 설명이 나오며 다음(N) > 을 눌러 설치를 계속한다.

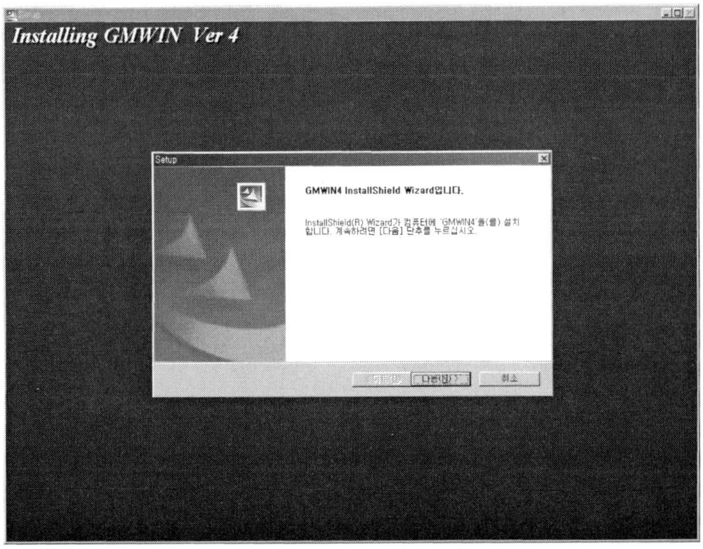

그림 10.5 마법사 실행화면

5. 설치할 경우를 지정하여 프로그램을 지정한 경로에 복사한다. 사용자가 임의의 경로를 지정할 수도 있으나 일반적으로 기본적인 경로(C:\GMWIN\)를 사용한다.

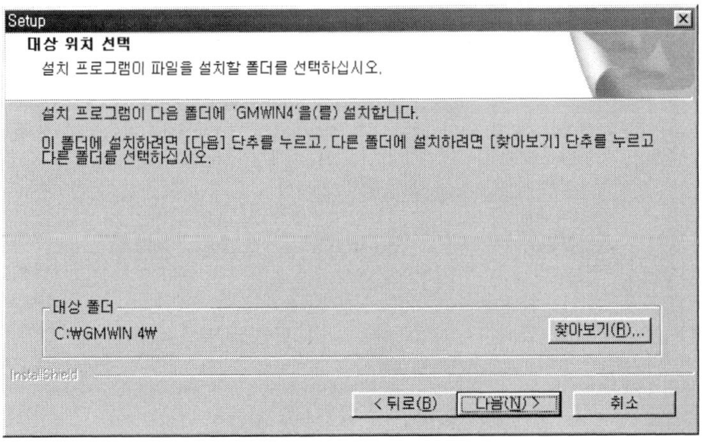

그림 10.6 대상위치 지정화면

6. 사용자가 임의의 경로를 지정할 경우에는 찾아보기(R)... 단추를 눌러 경로선택 대화상자에서 드라이브와 경로를 지정하도록 한다.

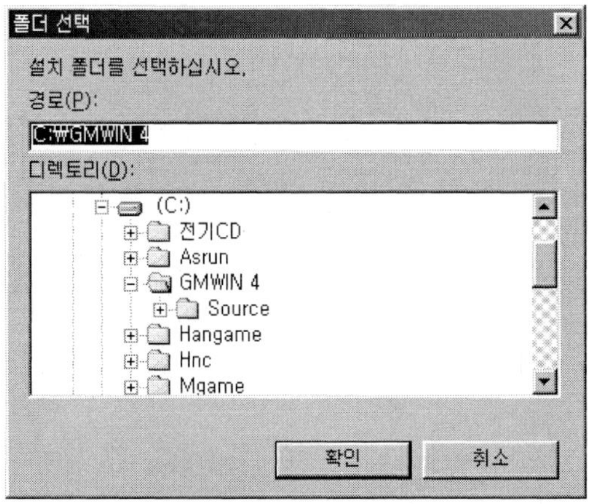

그림 10.7 폴더선택 화면

7. 대상경로(C:\GMWIN\)에 프로그램이 설치된다.

그림 10.8 설치 진행화면

8. 통신용 USB 디바이스 드리이버 인스톨이 실패했다는 메시지가 나타난다.

그림 10.9 USB 디바이스 실패 메시지 화면

9. 메시지를 확인 후 확인 단추를 누르면 아래와 같은 질문 대화상자가 나타나며, 파일을 읽을 수도 있으며 아니오를 눌러도 관계는 없다.

그림 10.10 ReadMe 메시지 화면

10. 예(Y) 단추를 누르면 아래와 같은 파일을 볼 수 있다.

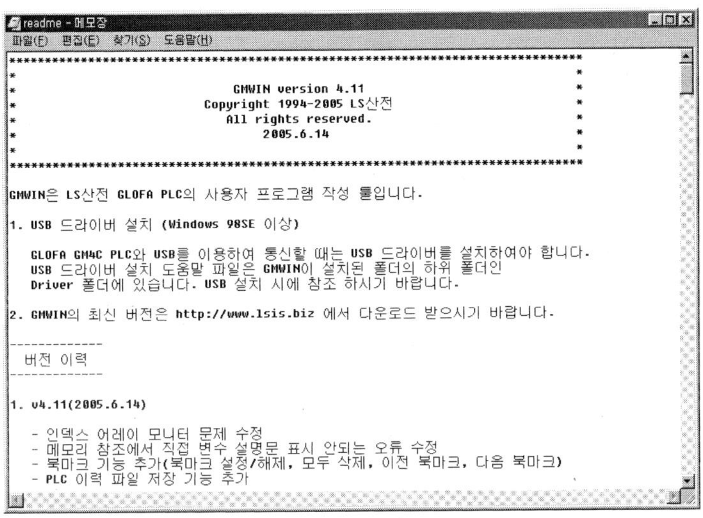

그림 10.11 프로그램에 관한 설명 화면

11. 설치가 완료되었다는 정보대화상자가 나타나며, 프로그램을 실행하기 전에 컴퓨터를 다시 시작한다는 메시지가 나타난다.

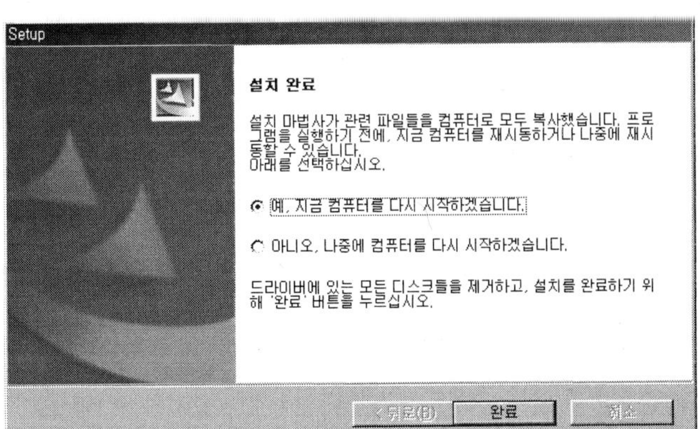

그림 10.12 설치완료 메시지 화면

10.3 GLOFA-PLC와 GMWIN의 특징

❶ GLOFA-PLC의 특징

그동안 PLC 고객은 제조회사(maker)마다 사용 언어와 통신 네트워크가 서로 달라 많은 불편함을 겪어왔다. 이러한 불편함을 해소하고, PLC를 사용하는 고객에게 편리성을 도모하고자 IEC(International Electrotechnical Commission ; 국제전기표준 회의)에서 PLC 국제 표준화 규격이 제정되었다.

국제 표준화 규격(IEC1131)은 크게 5Part이며

① Part 1은 PLC의 기본 기능 및 용어 정의
② Part 2는 설비의 요구 기능 및 시험 조건
③ Part 3은 프로그램 언어
④ Part 4는 사용자 지침
⑤ Part 5는 통신 네트워크

로 구성되어 있다.

GLOFA PLC는 이 IEC 규격에 의해 개발되었으며 주요 특징은 다음과 같다.

1) 국제 표준화 규격 채택

(1) IEC 표준 언어

IEC 언어에서 새로 도입한 가장 중요한 특징은 다음과 같다.

① 다양한 데이터 타입(type)을 지원한다.
② 펑션, 펑션 블록, 프로그램과 같은 프로그램 구성 요소가 도입되어 상향식 또는 하향식 설계가 가능하며 프로그램을 구조적으로 작성할 수 있다.
③ 사용자가 작성한 프로그램을 라이브러리화 하여 다른 프로젝트에서 소프트웨어를 재사용할 수 있다.
④ 다양한 언어를 지원하므로 사용자는 최적의 언어를 선택하여 사용할 수 있다.

IEC에서 표준화한 PLC용 언어는 두 개의 도형 기반 언어와 두 개의 문자 기반 언어 그리고

SFC로 이루어져 있다.

① 도형식(graphic) 언어
- LD(Ladder Diagram) : 릴레이 로직 표현 방식의 언어
- FBD(Function Block Diagram) : 블록화한 기능을 서로 연결하여 프로그램을 표현하는 언어

② 문자식(text) 언어
- IL(Instruction List) : 어셈블리 언어 형태의 언어
- ST(Structured Text) : 파스칼 형식의 고수준 언어

③ SFC(Sequential Function Chart)
- 현재, GLOFA PLC는 IL, LD 및 SFC 언어가 지원된다.

(2) 국제 규격의 통신 프로토콜

① Open 네트워크를 지향하여 이기종, 멀티 벤더 간의 통신이 가능하다.
② 상위 네트워크로 Mini-MAP(5Mbps), Ethernet 채용
③ 하위 네트워크로 Fieldbus(1Mbps), Device net 채용

2) 윈도우 환경의 프로그래밍 Tool(GMWIN) 지원

① GMWIN(Programming & Debugging Tool)의 윈도우 환경 채용으로 프로그램 작성, 수정 시 윈도우 장점을 모두 이용할 수 있다.
② MDI(Multiple Document Interface) 지원 : 하나의 화면에 각기 다른 언어를 사용하여 동시에 프로그램 작성, 수정 및 모니터링이 가능하다.

3) 프로그램 작성용이

① 프로그램의 구조화, 모듈화에 의해 프로그램 작성이 매우 편리하다.
② 입출력 식별자 명을 실제 접속되는 기기명(한글/한자 또는 영문)으로 프로그래밍이 가능하다.

2 GMWIN의 특징

GMWIN은 GLOFA PLC 전 시리즈의 프로그램을 작성하고 디버깅하는 소프트웨어 툴로 GMWIN은 다음과 같은 특징과 장점이 있다.

(1) 편리한 인터페이스

동시에 여러 개의 프로그램을 편집 디버깅할 수 있으며 그 밖에 사용자 편의성을 극대화하였다.

(2) 다양한 언어 제공

LD, SFC, IL 등 다양한 언어를 제공하여 시스템에 적용하기 쉬운 언어를 선택하여 사용할 수 있다.

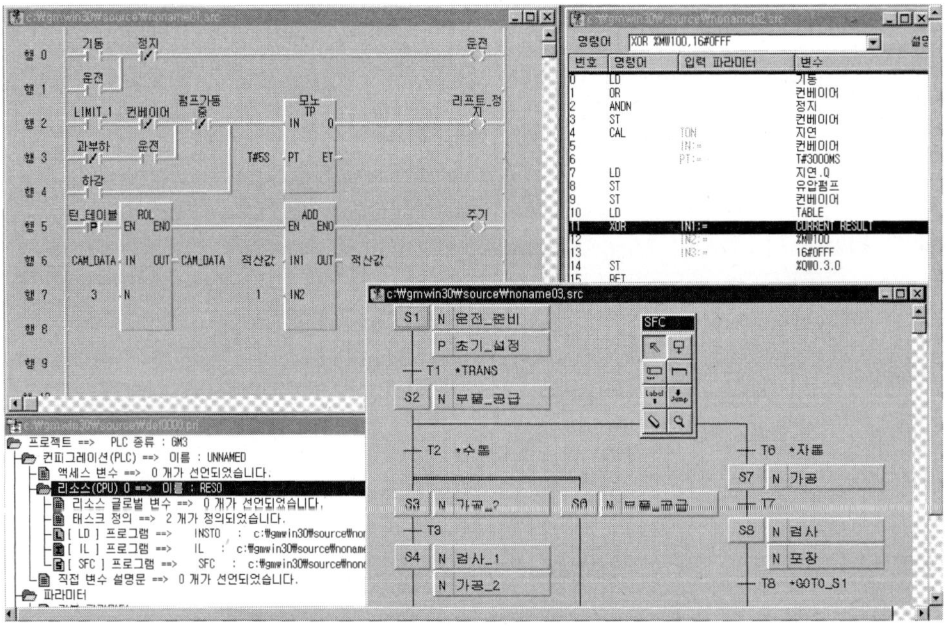

그림 10.13 다양한 프로그램언어 화면

(3) 네임드 변수 사용

프로그램 이해가 쉽도록 네임드 변수를 사용하여 프로그램을 작성할 수 있으며 메모리 어드레스는 자동으로 할당된다. 다양한 데이터 타입이 제공되어 프로그램을 고급화할 수 있다.

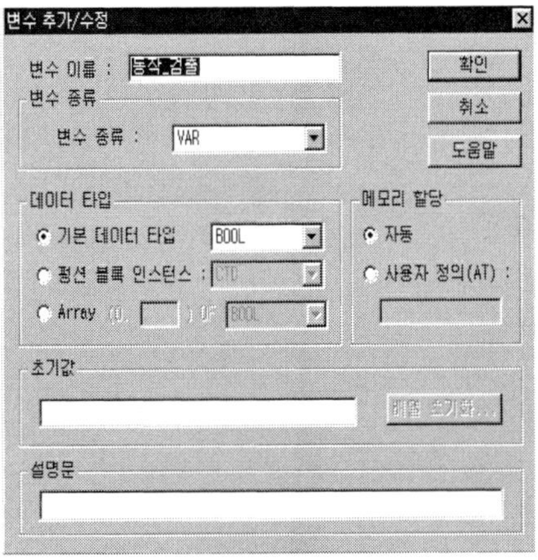

그림 10.14 변수추가/수정 화면

(4) 프로젝트 단위로 PLC 시스템 구성

하나의 PLC 시스템에 여러 개의 프로그램을 포함시킬 수 있으므로 프로그램을 작성하고 시험하는 것이 훨씬 쉬워졌다.

(5) 네트워크를 통한 PLC 접속

직접 연결된 PLC뿐만 아니라, 네트워크로 연결된 다른 국번 PLC에 접속하여 프로그램을 작성하여 다운로드하거나 모니터 및 디버깅할 수 있다.

(6) 풍부한 PLC 정보 읽기

다양한 PLC 상태를 모니터 할 수 있다.

(7) 사용자 정의 라이브러리 파일 작성

기본 펑션, 펑션 블록 외에 자주 사용하는 프로그램을 사용자 정의 펑션 또는 펑션 블록으로 작성하여 재사용할 수 있다.

10.4 접속하기

GMWIN에서 PLC로의 접속은 접속 방식과 접속 단계의 2가지 옵션을 미리 정해줘야 한다.

❶ 접속 방식

① RS232-C를 이용한 접속

② 모뎀을 이용한 접속

③ 통신모듈(PC용 GLOFA Fnet / Mnet)을 이용한 접속

④ 네트웍(Ethernet)을 이용한 접속

❷ 접속 단계

① 로컬 접속

② 리모트 1단 접속

③ 리모트 2단 접속의 3가지 단계

윈도우 3.x에서 사용하실 때에는 통신 모듈을 이용한 접속과 네트웍을 이용한 접속은 지원하지 않는다.

1. 접속 옵션은 메뉴 프로젝트-옵션을 선택해서 설정한다.

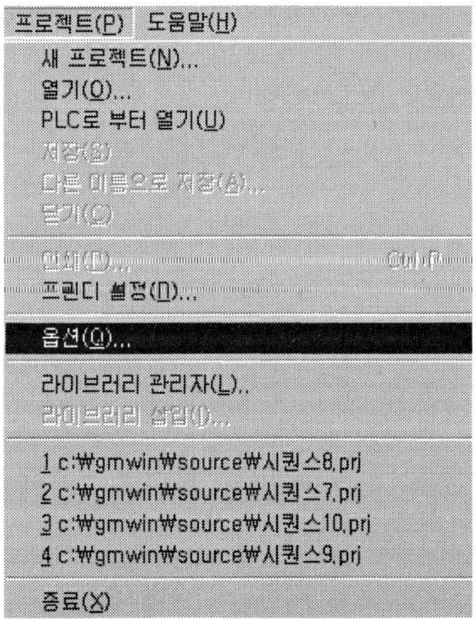

그림 10.15 도구-옵션 화면

1) RS232-C를 이용한 접속

RS232-C를 이용한 접속 방식으로 GMWIN 3.3에서 지정한 PC의 시리얼 포트와 시리얼 케이블로 연결한다.

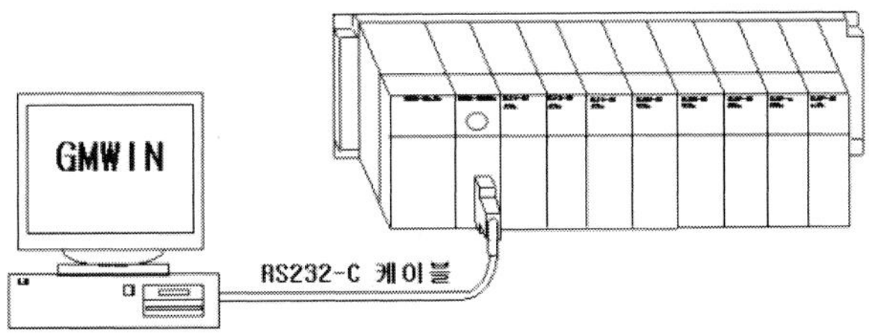

Pin No.	GMWIN(IBM PC)
1	DCD/CD
2	RXD
3	TXD
4	DTR
5	COM/SG
6	DSR
7	RTS
8	CTS
9	RI

9 Pin

GLOFA PLC	Pin No.
DCD/CD	1
RXD	2
TXD	3
DTR	4
COM/SG	5
DSR	6
RTS	7
CTS	8
RI	9

9 Pin

그림 10.16 RS232-C를 이용하여 컴퓨터와 연결

1. 메뉴 프로젝트-옵션...을 선택한다.

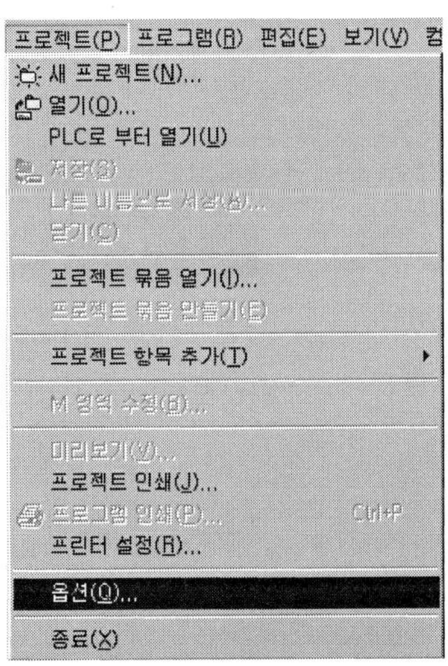

그림 10.17 옵션 선택

2. 탭 접속 옵션을 선택한다.

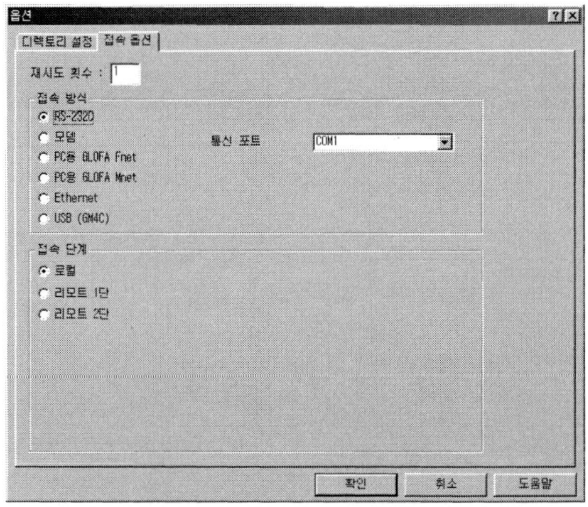

그림 10.18 탭 옵션 선택 화면

3. 접속 방식의 RS232-C를 선택한 후 COM1~COM4의 통신 포트를 설정한다.
4. 접속 단계를 선택한다.

(1) 로컬 접속의 경우

접속단계의 로컬을 선택한다.

1. 메뉴 온라인-접속을 선택한다.

그림 10.19 온라인-접속 선택

(2) 리모트 접속의 경우

네트워크 타입, 국번, 슬롯을 설정한다.

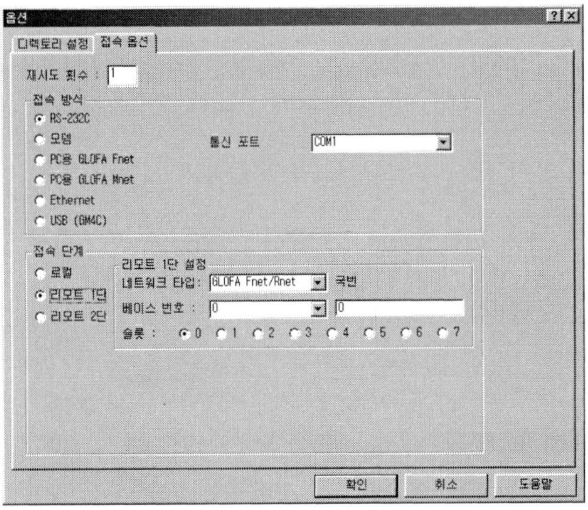

그림 10.20 리모트1단 선택화면

1. 메뉴 온라인-접속을 선택한다.

2) 모뎀을 이용한 접속

모뎀을 통한 원거리 접속 방법은 리모트 접속으로만 가능하다. 이 방식으로 PLC와 접속하기 위해서는 PLC에 컴퓨터 링크 모듈(G□L-CUEA)이 있어야 된다.

1. 메뉴 프로젝트-옵션...을 선택한다.
2. 탭 접속 옵션을 선택한 후 접속 방식의 모뎀을 선택한다.

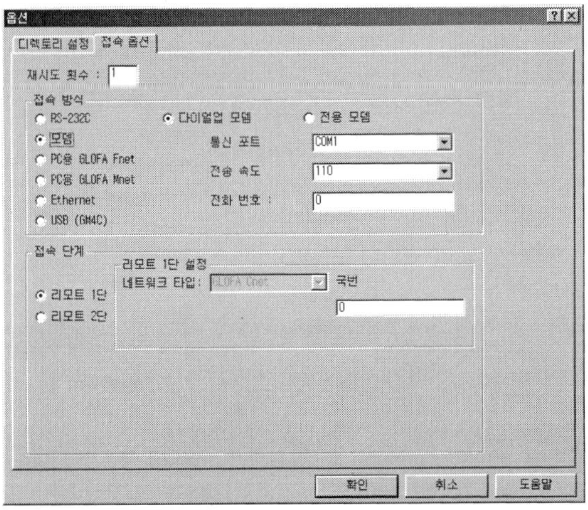

그림 10.21 접속옵션-모뎀 선택 화면

3. COM1~COM4의 통신 포트를 설정하고 -모뎀의 전송속도를 설정한다.
4. 전화번호를 입력한다.

(1) 리모트 1단 접속 방법

1. 메뉴 프로젝트-옵션을 선택한다.
2. 탭 접속옵션을 선택한다.
3. 접속단계의 리모트 1단을 선택한 후 네트워크 타입을 선택한다.

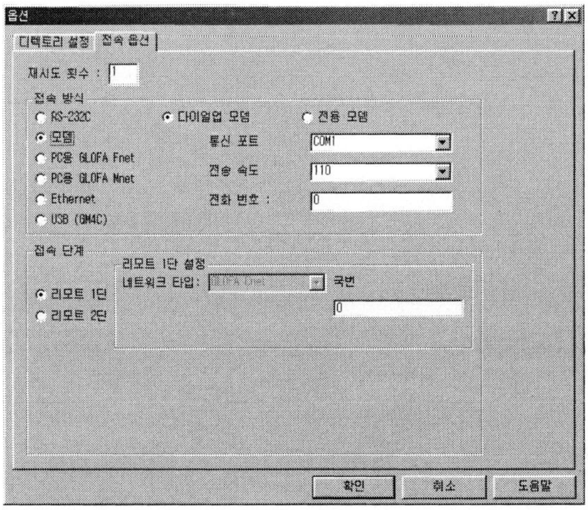

그림 10.22 모뎀-리모트1단 선택화면

4. 국번과 슬롯번호를 선택한다. 국번은 10진수나 16진수(16#) 모두 입력 가능하다.
5. 확인 단추를 누른다.

3) 통신 모듈을 이용한 접속

필드 버스나 미니맵을 통한 접속으로 리모트 연결만 가능하다. GLOFA Fnet, GLOFA Mnet 모듈과 PC용 통신 모듈이 필요하다. PC용 통신 모듈을 PC용 통신 모듈을 PC에 장착한 후에는 PC의 config. sys를 변경하여 PC용 통신 모듈이 사용할 어드레스를 지정해야 한다.

예) device = c:₩windows₩emn386. exe noems x=d000-d4000

1. 메뉴 프로젝트-옵션...을 선택한다.
2. 탭 접속 옵션을 선택한다.
3. 접속 방식의 PC용 GLOFA Fnet이나 PC용 GLOFA Mnet을 선택한다.

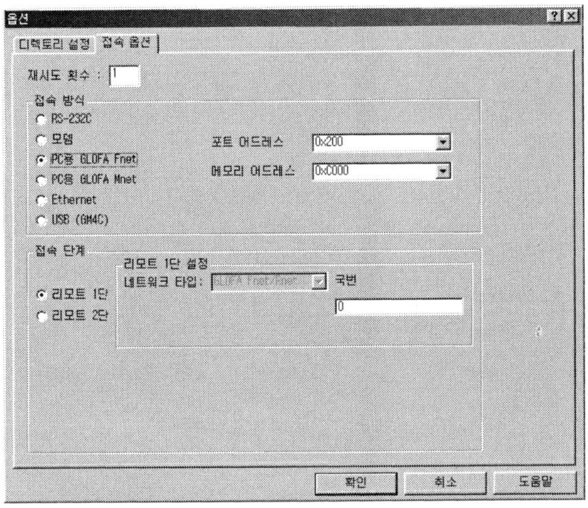

그림 10.23 PC용 GLOFA Fnet을 선택한 화면

4. 포트 어드레스를 설정한 후 메모리 어드레스를 설정한다.

(1) 리모트 접속의 경우

1. 네트워크 타입, 국번, 슬롯을 설정한다.

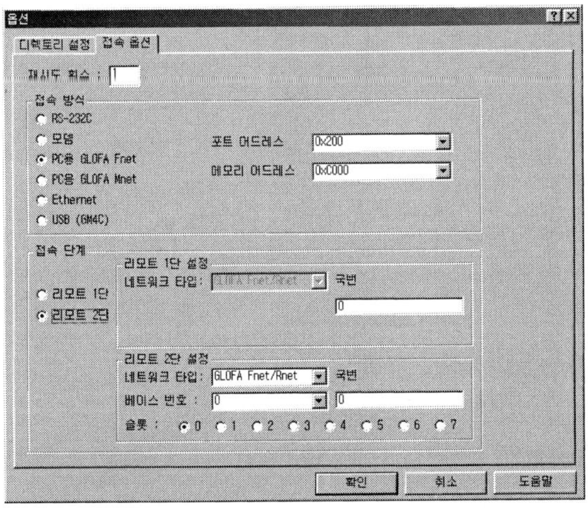

그림 10.24 리모트2단을 선택한 화면

2. 메뉴 온라인-접속을 선택한다.

(2) 리모트 2단 접속 방법

1. 메뉴 프로젝트-옵션을 선택한다.
2. 탭 접속 옵션을 선택한다.
3. 접속 단계의 리모트 2단을 선택한다.

포트 어드레스와 베이스 어드레스는 PC용 모듈에 설정된 값과 동일하게 설정해야 한다.

(3) 네트워크을 이용한 접속

Ethernet을 이용한 접속으로 리모트 연결만 가능하다. 이 방식을 이용하려면 네트워이 설치되어 있어야 하고 GLOFA Enet 모듈이 필요하다.

1. 메뉴 프로젝트-옵션...을 선택한다.
2. 탭 접속 옵션을 선택한다.
3. 접속 방식의 Ethernet을 선택한다.

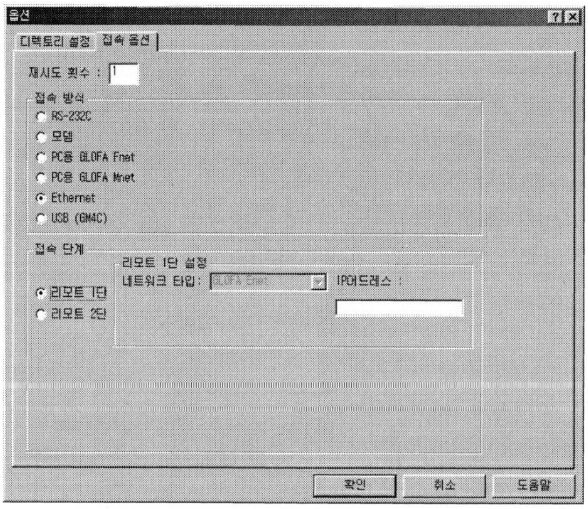

그림 10.25 Ethernet을 선택한 화면

① 리모트 접속의 경우

1. IP 어드레스, 슬롯을 설정한 후 메뉴 온라인-접속하기를 선택한다.

② 리모트 2단 설정 그룹상자

1. 접속 옵션 대화상자에서 네트워크 타입을 선택한다.
2. 접속 옵션 대화상자에서 슬롯 번호를 선택한다.
3. 접속 옵션 대화상자에서 국번을 선택한다.

10.5 프로그램 실행하기

1 실행하기

1. 윈도즈 바탕화면의 작업표시줄에서 **시작** 단추를 눌러 프로그램 - LSIS - GMWIN4 - GMWIN4 프로그램을 실행한다.

그림 10.26 GMWIN4를 선택하는 화면

2. 같은 방법으로 윈도우의 바탕화면에 있는  아이콘을 더블 클릭하여 프로그램을 실행하면 아래와 같은 초기화면이 나타난다.

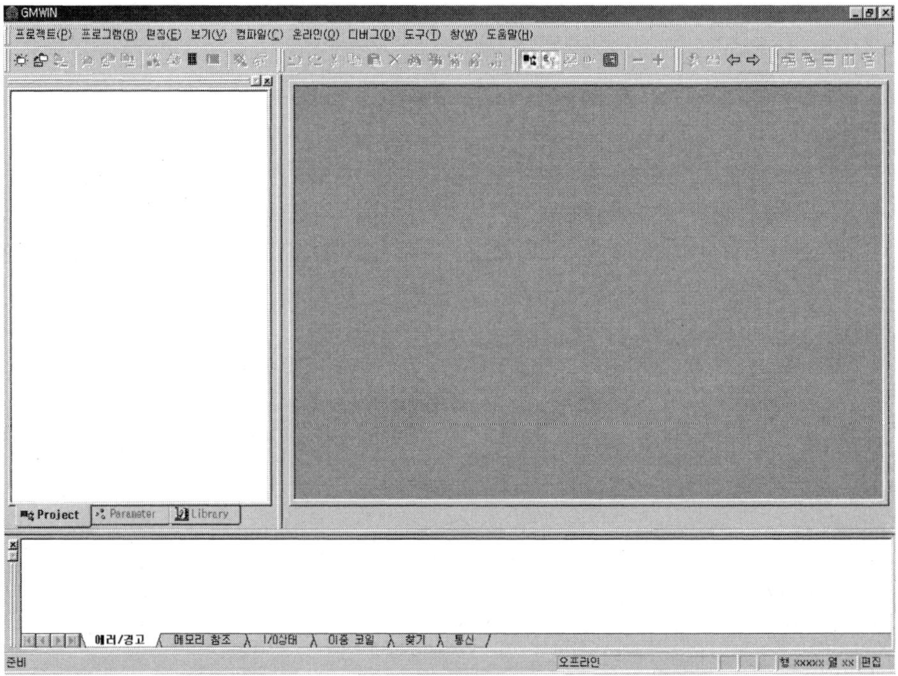

그림 10.27 프로그램 초기화면

3. 새로운 프로그램을 실행하기 위해서 새 프로젝트 아이콘을 클릭하거나, Pull-down 메뉴의 프로젝트에서 새 프로젝트(N)를 실행한다.

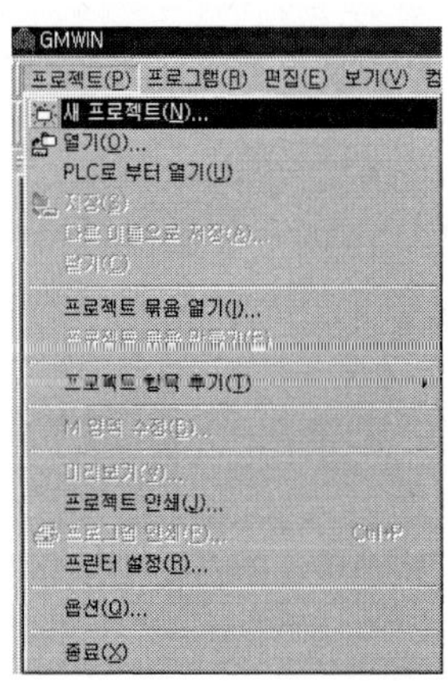

그림 10.28 새프로젝트

표 10.1 GLOFA GM 시리즈의 특성표

항목		GMR	GM1	GM2	GM3	GM4	GM5
제어 방식		저장된 프로그램 반복 연산, 정주기 연산, 인터럽트 연산					
입출력 제어 방식		스캔 동기 일괄처리 방식					
언어 구성체 종류	오퍼레이터	LD : 13개, IL : 21개					
	기본 펑션	156개	324개	324개	324개	194개	194개
	기본 펑션 블록	11개	11개	11개	11개	11개	12개
	전용 펑션 블록	이중화 전용 펑션 블록	특수 기능 전용 펑션 브록				
연산 처리 속도	오퍼레이터	0.12 μs/명령			0.2 μs/명령		
	기본 펑션 기본 펑션 블록	0.12 μs/step			0.2 μs/명령		
프로그램 메로리용량		512 kbyte (128kstep)			256 Kbyte (64kstep)	128 Kbyte (32kstep)	64 Kbyte (16kstep)
입출력 점수	32점모듈사용시	3,840점	8,000점	2,048점	1,024점	512점	192점
	64점모듈사용시	7,680점 32,000 *1	16,000점	4,096점	2,048점	1,024점	
데이터 메모리	직접변수 영역	0~64 Kbyte	8~64 Kbyte		8~64 Kbyte	2~16 Kbyte	2~16 Kbyte
	네임드 변수영역 *2	최대 446 Kbyte			최대 116 Kbyte	최대 52 Kbyte	최대 32 Kbyte
타이머		점수 제한 없음, 시간 범위 : 0.001초~4294967.295초(1,193시간)					
카운터		점수 제한 없음, 계수 범위 : -32,768~+32,767					
운전모드		Pause 모드 없음			Run, Stop, Debug, Pause		
정전시 데이터 보존		변수 정의 시 보존(Retain)으로 설정된 데이터					
프로그램 블록수		180개					
프로그램 종류	스캔	태스크 프로그램으로 등록하지 않은 프로그램					
	정주기 태스크	32개					8개
	외부접점태스크	없음	16개			8개	8개
	내부접점태스크	16개					
	초기화 태스크	2개(_INT, _H_INT)					
	에러 태스크	1개(_ERR_SYS)			없음		
자기 진단 기능		운전생태 감시, 연산지연 감시, 메모리 이상, 입출력 이상, 배터리 이상, 전원 이상등					
리스타트 기능		콜드, 웜, 핫 리스타트					
증설 베이스 수		총 16개	31개	7개	3개	3개	
멀티 CPU 운전		불가	최대 4개	불가			
이중화 운전		중복, 전환, 단독 입출력	불가능				

4. 새 프로젝트 대화상자가 나타나면 프로젝트 파일 이름과 PLC의 종류를 입력하거나 지정하여 주고 저자나 설명문을 입력해 준다.

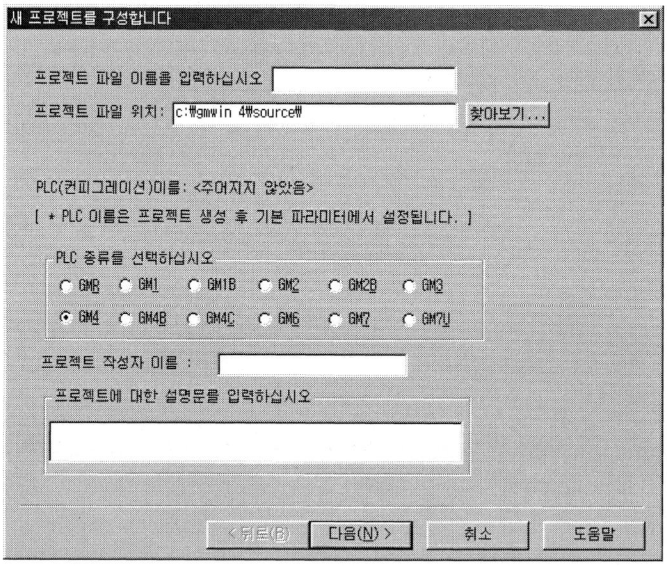

그림 10.29 새 프로젝트 화면

사용자가 입력해야 할 내용으로는 다음과 같은 내용을 입력하도록 한다.

표 10.2 사용자 입력사항

입력사항	내용
프로젝트 파일 이름	프로젝트 파일 이름을 입력한다.
PLC 종류	사용하는 기종을 선택한다.
저자	프로젝트를 만드는 사람을 입력한다.
설명문	프로젝트에 대한 설명을 입력한다.

- **컨피그레이션(PLC) 이름**

  PLC 시스템의 대표 이름으로, 통신 모듈을 통한 외부 인터페이스 시 본 PLC 시스템을 지칭할 때 사용한다.

5. 사용자 입력사항을 입력한 후 Enter를 누르거나, 확인 단추를 누르면, 프로그램 정의

대화상자가 나타난다.

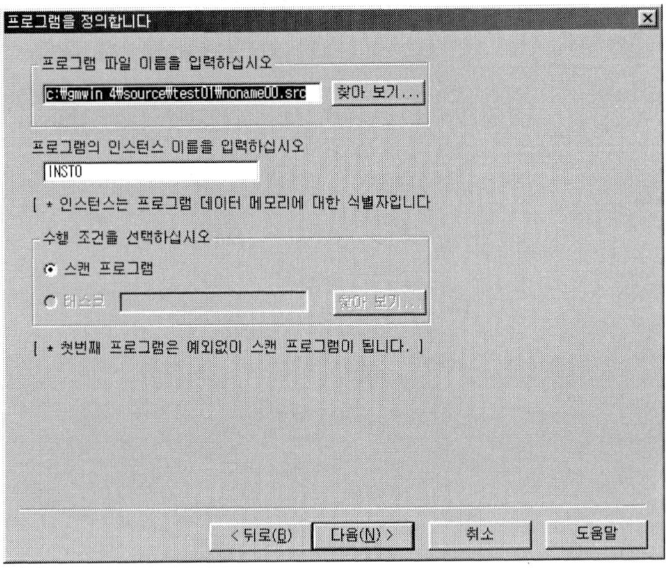

그림 10.30 프로그램 정의 대화상자

표 10.31 사용자 입력사항

입력사항		내용
인스턴스(프로그램) 이름		프로그램의 이름을 입력한다.
수행조건	스캔 프로그램	가장 기본이 되는 프로그램이다.
	태스크	아래에서 자세히 설명하도록 한다.
프로그램 파일 이름		프로그램의 파일 이름을 입력한다.

① 인스턴스(프로그램)이름

IEC(International Electrotechnical Commisson ; 국제전기표준회의)에서 PLC 국제 표준화 규격에서의 표준언어(프로그램은 일종의 사투리라 말할 수 있다).

② Scan program의 개념

- 1 Scan : 작성된 순서대로 처음부터 마지막까지 차례대로 수행한 후, 기타 내부 처리를 하는 과정
- 반복 연산 방식 : program의 처음부터 마지막까지 수행한 후, 다시 같은 과정을 반복하여

program을 수행하는 방식

- 입력 모듈의 상태를 읽어들여 입력 이미지 (Input Image) 영역에 저장하고, 스캔 program의 연산이 끝나면 출력 이미지(Output Image) 영역의 내용을 출력 모듈에 출력하는데 이를 입출력 리프레시(I/O Refresh)라고 한다. 사용자가 작성한 program 초기화 프로그램이나 태스크 프로그램으로 지정하지 않은 프로그램들은 자동으로 스캔 프로그램이 된다.

③ 스캔 프로그램

- 실행의 우선순위가 가장 낮으며, 주기적인 반복 연산을 수행하는 프로그램으로 등록 순서에 따라 처리 순서가 결정되어 순차적인 반복 연산을 수행한다.

④ 태스크 프로그램

- 정주기 태스크로 지정된 프로그램은 설정된 시간 간격으로 프로그램을 수행한다. 외부 인터럽트 태스크로 지정된 프로그램은 인터럽트 모듈의 접점 신호에 의해 프로그램을 수행한다. 내부 접점 태스크로 지정된 프로그램은 내부 접점의 상승 에지 발생 시 현재 처리 중인 스캔 프로그램을 처리한 후 태스크 프로그램을 수행한다.
- 태스크 프로그램 - 정주기 태스크 프로그램
  - 외부접점 태스크 프로그램
  - 내부접점 태스크 프로그램

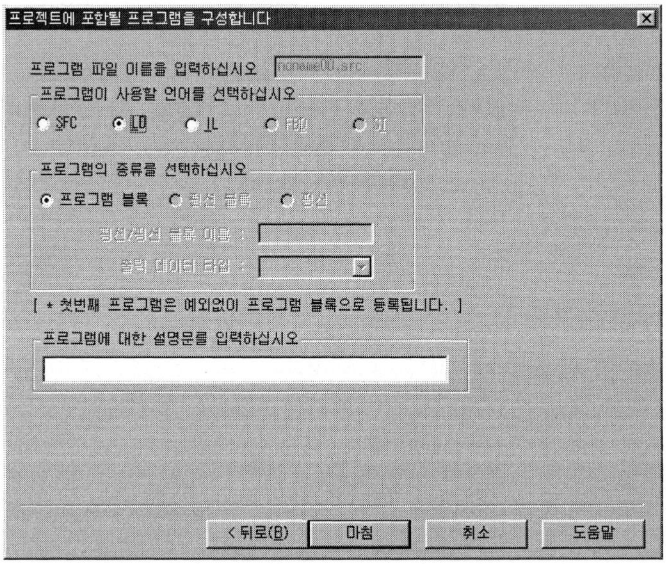

그림 10.31 새 프로그램 대화상자

IEC에서 표준화한 PLC용 언어는
① 두 개의 도식언어 ② 두 개의 문자식 언어 ③ SFC

(1) 도식 언어

① LD (Ladder Kiagram) : 릴레이 로직 표현 방식의 언어
② FBD (Function Block Diagram) : 블럭화한 기능을 서로 연결하여 프로그램을 표현하는 언어

(2) 문자식 언어

① IL (Instruction List) : 어셈블리 언어 형태의 언어
② ST (Structured Text) : 파스칼 형식의 고수준 언어
③ SFC (Sequential Function chart)

GLOFA PLC에서 현재 지원하는 언어는 IL과 LD, SFC이다.

(3) 프로그램 종류

프로그램 종류로는 펑션, 펑션 블록, 프로그램이 있다.
프로그램에서 자기 자신의 프로그램을 호출할 수는 없다(재귀 호출 금지).

① 펑션
- 펑션은 출력이 하나이다.
- 펑션은 내부에 상태를 보관하고 있는 데이터를 갖지 않는다.
- 펑션은 내부 변수는 초기값을 가질 수 없다.
- 펑션은 변수를 VAR_EXTERNAL로 선언하여 사용할 수 없다.
- 펑션 안에서는 직접변수들을 사용할 수 없다.
- 펑션은 프로그램 구성 요소에서 호출하여 사용한다.
- 펑션을 호출하는 프로그램 구성 요소에서 펑션으로의 데이터 전달은 펑션의 입력을 통하여 실행한다.
- 펑션은 라이브러리에 넣어서 사용한다.
- 펑션 안에서는 펑션 블록이나 프로그램을 호출할 수 없다.

- 펑션은 그 펑션 이름과 같고 데이터 타입이 그 펑션의 결괏값의 데이터 타입과 같은 변수를 가지고 있다.

② 펑션 블록

- 펑션 블록은 출력이 여러 개가 될 수 있다.
- 펑션 블록은 내부에 데이터를 가질 수 있다.
- 펑션 블록의 출력값은 인스턴스의 이름 뒤에 마침표(.)를 붙이고 그 뒤에 출력 이름을 붙여서 사용한다.
- 펑션 블록 안에서는 직접변수를 사용할 수 없다.
- 펑션 블록은 라이브러리에 넣어서 사용한다.
- 펑션 블록 안에서는 프로그램을 호출할 수 없다.

(4) 프로그램

① 프로그램은 펑션 블록과 같이 인스턴스를 선언하여 사용한다.

② 프로그램 안에서는 직접변수를 사용할 수 있다.

③ 프로그램에는 입/출력 변수가 없다.

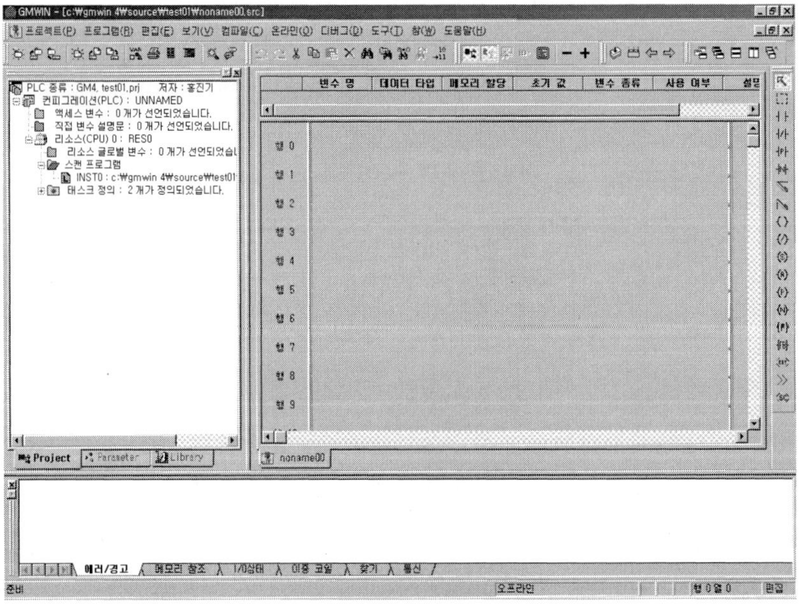

그림 10.32 프로그램 초기화면

(4) 프로젝트(Project) 작성

프로젝트는 GLOFA PLC의 프로그램을 구성하는 가장 기본적인 요소로써 한 PLC 시스템당 하나의 프로젝트를 작성함을 기본으로 한다.

프로젝트는 크게 컨피그레이션(Configuration)부, 파라미터(Parameter)부, 삽입된 라이브러리 파일들로 나눌 수 있다.

컨피그레이션부는 글로벌(Global) 변수, 액세스(Access) 변수, 리소스(Resource) 내용 등 소프트웨어(Software)적인 것들을 작성하는 부분이고 파라미터부는 기본 파라미터, I/O 파라미터, 링크 파라미터 등 하드웨어(Hardware)적인 것들을 작성하는 부분이다. 그리고 삽입된 라이브러리 파일들에서 라이브러리 파일을 추가, 삭제할 수 있다.

그림 10.33 프로젝트 화면

프로젝트는 다음과 같은 계층 구조를 가지고 있다.

표 10.4 프로젝트 구성

계층 항목	설명
프로젝트	PLC 시스템 전체를 정의
컨피그레이션	PLC 프로그램에 관한 여러 정의 사항들을 설정
컨피그레이션 글로벌 변수	컨피그레이션 전체에서 사용되는 변수 리스트
액세스 변수	다른 컨피그레이션이 접근 가능한 변수 리스트
리소스	CPU 모듈에 해당
리소스 글로벌 변수	한 리소스 전체에서 사용되는 변수 리스트
태스크 정의	프로그램의 실행 조건 정의
프로그램 정의	각 프로그램과 그 실행 조건 기술
직접변수 설명문	직접변수에 하드웨어에 관한 내용 정의
파라미터	PLC 시스템의 하드웨어 관한 내용 정의
기본 파라미터	기본적인 하드웨어 파라미터 정의
I/O 파라미터	입출력 모듈에 관한 내용 기술
고속 링크 파라미터	고속 링크 파라미터에 관한 내용 기술
삽입된 라이브러리 파일들	현재 삽입되어 있는 라이브러리 파일들의 리스트

10.6 화면구성

GMWIN 화면의 전체적 구성은 아래의 그림과 같고 이 그림은 LD, SFC, IL 프로그램을 모두 실행한 형태이며 LD 편집화면을 나타낸 것이다.

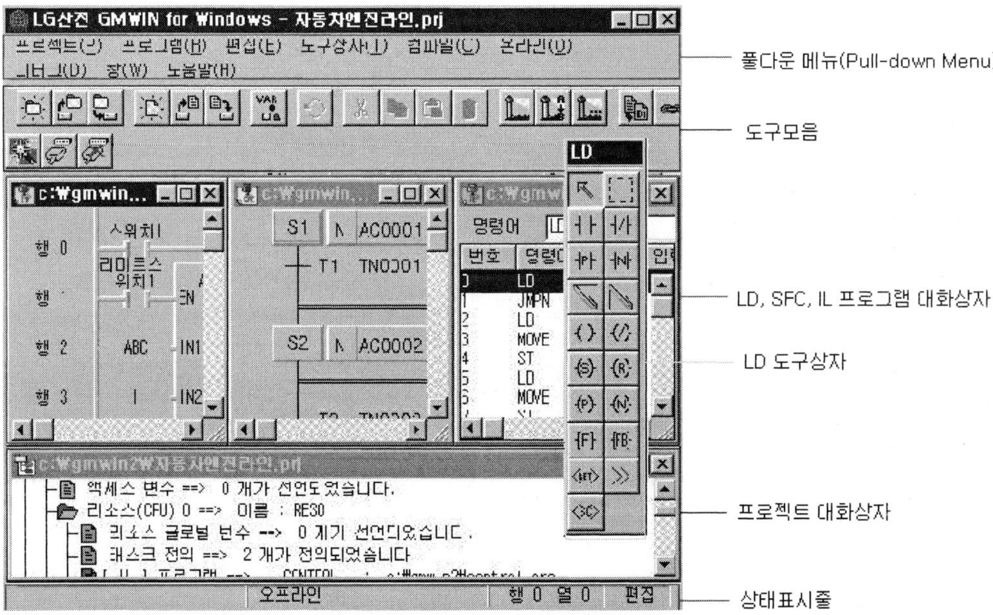

그림 10.34 프로그램 실행화면 구성

❶ 풀다운 메뉴(Pull-down Menu)

메뉴를 선택하면 메뉴에 해당하는 명령어들이 위에서 아래로 떨어지듯이 표시가 되어 풀다운 메뉴라 하며, 원하는 명령어를 마우스로 선택하여 실행할 수 있으며 또한 단축키를 사용하여 실행할 수도 있다.

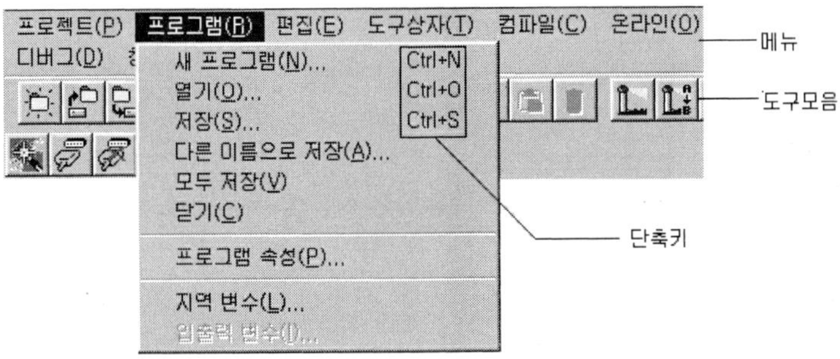

그림 10.35 풀다운 메뉴 화면

1) 프로젝트

표 10.5 프로젝트 풀다운 메뉴

명령	설명
새 프로젝트	프로젝트를 처음 생성한다.
열기	기존의 프로젝트를 연다.
PLC로부터 열기	PLC에 있는 프로젝트 및 프로그램을 불러온다.
저장	프로젝트를 저장한다(프로그램은 저장되지 않는다).
다른 이름으로 저장	프로젝트를 다른 이름으로 저장한다.
닫기	프로젝트를 닫는다.
프로젝트 묶음 열기	프로젝트 묶음 만들기를 통해 만들어진 파일(프로젝트명.MUK)을 원래의 프로젝트와 프로그램으로 묶음을 해제한다.
프로젝트 묶음 만들기	프로젝트 이름으로 프로젝트 내의 프로그램과 사용자 정의 펑션/펑션블록을 하나의 파일로 만든다.
프로젝트 항목 추가	프로젝트에 속해있는 항목(프로그램 정의, 리소스)을 추가한다.
M 영역 수정	직접변수 %M 영역을 편집하거나 수정한다.
미리보기	프로그램 창과 변수 창만이 있는 형태가 된다.
프로젝트 인쇄	활성화되어 있는 창의 내용을 인쇄한다.
프로그램 인쇄	프린터 옵션을 설정한다.
프린터 설정	GMWIN에 해당하는 옵션을 설정한다.
옵션	라이브러리를 편집한다.
종료	GMWIN을 끝마친다.

2) 프로그램

표 10.6 프로그램 풀다운 메뉴

명령	설명
새프로그램(Ctrl+N)	새로운 프로그램을 만든다.
열기(Ctrl+O)	기존에 만들어진 프로그램을 불러온다.
저장(Ctrl+S)	프로그램을 저장한다.
다른 이름으로 저장	프로그램을 다른 이름으로 저장한다.
모두 저장	프로그램 모두를 저장한다.
닫기	프로그램을 닫는다.
프로그램 속성	프로그램의 속성을 바꾼다.
지역변수	변수를 편집한다.
입출력변수	펑션, 펑션블록인 경우 입출력 변수를 편집한다.

(1) SFC인 경우 추가

표 10.7 SFC 추가 메뉴

명령	설명
액션	SFC인 경우 액션 목록을 본다.
트렌지션	SFC인 경우 트랜지션의 목록을 본다.

3) 편집

표 10.8 편집 풀다운 메뉴

명령	설명
편집취소(Ctrl+Z)	프로그램 편집창에서 편집을 취소하고 바로 이전상태로 되돌린다.
잘라내기(Ctrl+X)	블록을 잡아 삭제하면서 클립보드에 복사한다.
복사(Ctrl+C)	블록을 잡아 클립보드에 복사한다.
붙여 넣기(Ctrl+V)	클립보드로부터 편집창에 복사한다.
삭제(Del)	블록을 잡아 삭제한다.
찾기(Ctrl+F)	원하는 문자를 찾는다.
바꾸기(Ctrl+H)	원하는 문자를 찾아 새로운 문자로 바꾼다.

명령	설명
다시 찾기(Ctrl+F3)	이전에 실행한 찾기(Find)나 바꾸기(Replace)를 반복 실행한다.
찾아가기	원하는 위치로 커서를 이동한다.
여러 파일에서 찾기	여러 파일에서 찾는다.
라인 삭제	현재 커서가 있는 라인을 삭제한다.
라인 삽입	현재 커서가 있는 라인을 삽입한다.
셀 삽입	현재 커서가 있는 셀을 삽입한다.
편집 도구	편집 도구를 나타낸다.
M 영역 계산기	M 영역을 계산한다.
북마크	현재 커서가 있는 라인을 북마크한다.

(1) SFC인 경우 추가

표 10.9 SFC 추가 메뉴

명령	설명
화면확대축소(Ctrl+P)	화면 크기를 조절한다.
설명문 보이기	액션, 트랜지션의 설명문을 볼 수 있다.
번호 정리	스탭, 트랜지션의 번호를 다시 조정한다.

(2) LD인 경우 추가

표 10.10 LD 추가 메뉴

명령	설명
화면확대축소(Ctrl+P)	화면 크기를 조절한다.
변수 설명문(Ctrl+E)	LD 창에서 변수 설명문을 본다.
라인 삭제(Ctrl+M)	한 줄을 지운다.
셀 삭제(Del)	한 셀을 지운다.
라인 삽입(Ctrl+L)	한 줄을 삽입한다.
셀 삽입(Ctrl+I)	한 셀을 삽입한다.

4) 도구상자

표 10.11 도구상자 풀다운 메뉴

명령	설명
도구상자형태 선택	도구상자를 없애거나 없어진 도구상자를 나타나게 한다. 또는 도구상자의 위치를 지정한다.

(1) IL을 편집할 경우

표 10.12 IL 편집 명령

명령	설명
펑션(F3)	펑션을 삽입한다.
펑션 블록(F4)	펑션 블록을 삽입한다.
레이블(F5)	레이블을 삽입한다.
오퍼레이터(F6)	연산자를 삽입한다.
삭제(F7)	프로그램 한 줄을 삭제한다.
설명문 입력(F8)	설명문을 입력한다.
삽입/수정(F9)	삽입, 수정모드를 변환한다.

(2) LD를 편집할 경우

메뉴에 해당되는 접점, 코일, 펑션, 펑션블록, 점프, 리턴 등을 삽입한다.

(3) SFC를 편집할 경우

표 10.13 SFC 편집 명령

명령	설명
스텝(F2)	스텝/트랜지션을 삽입한다.
분기(F3)	병렬 또는 선택분기를 삽입한다.
이름(F4)	액션 또는 트랜지션 이름을 삽입한다.
레이블(F5)	레이블을 삽입한다.
점프(F6)	점프를 삽입한다.
줌(F7)	액션 또는 트랜지션에 들어가서 프로그램을 편집한다.

(4) IL, LD 모니터를 할 경우

표 10.14 IL, LD 모니터 시작/정지

명령	설명
배열번호 선택	모니터링 시작 또는 정지를 지정한다.

(5) IL, LD 모니터를 할 경우

표 10.15 IL, LD 모니터 명령

명령	설명
시작/정지(F2)	모니터링 시작 또는 정지를 지정한다.
자세히(F3)	모니터링할 변수에 대한 정보를 선택해서 본다.
쓰기(F4)	변수에 강제로 임의의 값을 쓴다.
선택(F5)	모니터링할 변수를 선택한다.
표시형식(F6)	모니터링할 값을 16진수/10진수로 선택해서 볼 수 있다.
배열번호선택(F7)	Array 타입 변수의 배열 범위를 설정한다.

(6) 타임차트 모니터링을 할 경우

표 10.16 타임차트 모니터링 명령

명령	설명
시작/정지(F2)	모니터링 시작 또는 정지를 지정한다.
자세히(F3)	모니터링할 변수에 대한 정보를 선택해서 본다.
쓰기(F4)	변수에 강제로 임의의 값을 쓴다.
선택(F5)	모니터링할 변수를 선택한다.
표시형식(F6)	모니터링할 값을 16진수/10진수로 선택해서 볼 수 있다.

(7) I/O 모니터링을 할 경우

표 10.17 I/O 모니터링 명령

명령	설명
베이스 선택(F2)	모니터링할 베이스를 선택한다.
시작/정지(F3)	모니터 시작 또는 정지를 지정한다.

5) 컴파일

표 10.18 컴파일 풀다운 명령

명령	설명
컴파일	프로그램을 컴파일한다.
메이크	프로젝트에 속해있는 프로그램 중 컴파일이 안 된 프로그램을 컴파일한 후 PLC 실행파일을 만든다.
모두 컴파일	프로젝트에 속해있는 모든 프로그램을 컴파일한 후 PLC 실행파일을 만든다.
메시지 보기	컴파일 후 에러 메시지를 본다.
메모리 참조	사용된 글로벌 변수 및 직접변수를 볼 수 있다.

6) 온라인

표 10.19 온라인 풀다운 메뉴

명령		설명
접속+쓰기+모드전환(런) +모니터시작(G) Ctrl+R		GMWIN 과 옵션에서 지정한 PLC를 접속시켜 사용자가 작성한 프로그램을 PLC에 쓴 후 모드를 절환하여 모니터링한다.
접속		GMWIN과 옵션에서 지정한 PLC를 접속시킨다.
접속 끊기		GMWIN과 PLC 접속을 해제한다.
읽기		PLC의 데이터를 읽어 온다.
쓰기		GMWIN의 프로그램을 PLC에 쓴다.
모니터	모니터 시작 /끝	프로그램을 모니터링한다. / 모니터링을 끝낸다.
	변수 모니터	변수만 모니터링한다.
	I/O 모니터	I/O를 모니터링한다.
	타임차트 모니터	BOOL 변수에 대하여 타임차트 형식으로 모니터링한다.
	링크 파라미터 모니터	고속 링크 파라미터를 모니터링한다.
모드 변환		PLC 모드를 전환한다.
데이터 클리어		PLC 데이터를 0으로 지운다.
CPU 전환		GM에서 통신할 CPU를 전환한다.
리셋		PLC의 CPU를 리셋한다.

명령	설명
플래시 메모리	CPU에 장착된 플래시 메모리의 타입 정보를 읽거나 플래시 메모리에 데이터 쓰기를 한다.
링크 허용설정	고속 링크 허용을 설정합니다.
PLC 정보	PLC 정보를 보여준다.
I/O 정보	PLC I/O 구성 상태를 보여준다.
강제 I/O 설정	I/O 강제 입출력 값/실행 허용을 설정한다.
링크 정보	링크 모듈의 타입, 장착 슬롯, 국번 등을 보여 준다.
Mnet 파라미터	Mnet 파라미터를 입력한다.
Mnet 정보	Mnet 정보를 본다.
I/O Skip	스킵 할 I/O를 지정한다.

7) 디버그

표 10.20 디버그 풀다운 메뉴

명령	설명
디버그 시작/끝	디버그 모드로 전환하여 디버그를 시작한다 / 디버그를 끝낸다.
런(Ctrl+F9)	브레이크 포인트까지 런 시킨다.
스텝 오버(Ctrl+F8)	한 스텝씩 런 시킨다.
스텝 인	펑션, 펑션 블록을 디버깅한다.
스테 아웃	펑션,펑션 블록 디버그 시 현재 블록을 빠져 나간다.
일시 정지	런을 중지시킨다.
커서 위치까지 런(Ctrl+F7)	커서 위치까지 런 시킨다
브레이크 포인트 설정/해제 (Ctrl+F5)	브레이크 포인트를 설정 또는 해제한다.
브레이크 포인트 목록 / 조건	설정된 브레이크 포인트의 목록을 보여주고 브레이크 조건을 설정한다.
태스크 수행 설정	디버깅 중 태스크 전환을 허용한다.

8) 창

표 10.21 창 풀다운 메뉴

명령	설명
계단식 배열	GMWIN에 속해있는 여러 창들을 계단식으로 배열한다.
수평 배열	GMWIN에 속해있는 여러 창들을 수평 배열한다.
수직 배열	GMWIN에 속해있는 여러 창들을 수직 배열한다.
아이콘 정렬	GMWIN에 속해있는 아이콘들을 정열한다.
모두 닫기	GMWIN에 속해있는 여러 창들을 모두 닫는다.

2 도구모음

GMWIN에서는 현재 자주 사용되는 메뉴들을 단축 형태인 도구로 제공하고 있으며 원하는 도구를 마우스로 누르면 실행된다. 아래의 표는 도구의 모양과 그 설명을 해 놓은 것이다.

표 10.22 도구모음

도구	명령	도구	명령
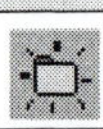	새 프로젝트		접속 + 쓰기 + 모드전환(런) + 모니터시작
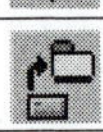	프로젝트 열기		접속
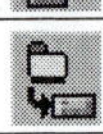	프로젝트 저장		접속 끊기
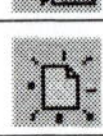	새 프로그램	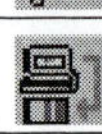	쓰기
	프로그램 열기		모니터시작 / 끝
	프로그램 저장	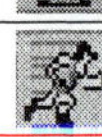	런
	변수 목록		스톱
	편집 취소	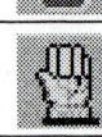	일시정지
	잘라내기	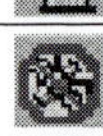	디버그 런
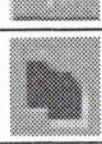	복사	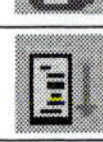	디버 시작
	붙여넣기	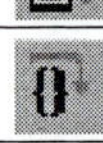	스텝오버

도구	명령	도구	명령
	삭제		스텝인
	찾기		스텝아웃
	바꾸기		일시정지
	다시찾기		커서 위치까지 런
	컴파일		브레이크 포인트 설정 / 해제
	실행파일 만들기		

❸ 도구상자

프로그램 편집, 변수 모니터, 타임차트, IO 모니터 등을 할 때 자주 사용하는 명령을 도구상자를 통해서 실행할 수 있다. 도구를 마우스로 누르면 도구가 실행한다.

설정되어 있는 도구들은 메뉴 도구상자를 통해서도 실행될 수 있다. 메뉴 도구상자-도구상자 형태 선택을 선택하면 도구상자의 위치와 화면상에 출현을 조정할 수 있다.

1) IL 도구상자

표 10.23 IL 도구상자

도구	명칭	설명
var (*)	변수 설명문	변수 설명문을 입력한다.
	라벨 삽입	레이블을 입력한다.
	펑션	입력할 펑션을 선택한다.
	펑션 블록	입력할 펑션 블록을 선택한다.
	삭제	현재 행을 삭제합니다.
Opr	오퍼레이터	입력할 연산자를 선택한다.
Ovr	수정 모드	수정 모드로 전환한다.

2) SFC 도구상자

표 10.24 SFC 도구상자

도구	명칭	설명
	화살표	
	스텝삽입	스텝은 액션이 연결됨으로써 시퀀스 제어의 단위를 나타낸다.
	액션, 트랜지션 이름	스텝 내의 처리 내용을 표시한다.
	분기 삽입	동시에 여러 시퀀스를 제어하려 할 때 사용된다.
	라벨 삽입	점프에 의해서 실행 흐름이 시작되는 곳이다.
	점프 삽입	실행 흐름을 바꿀 때 사용한다.
	삭제	
	줌인	

3) LD 도구상자

표 10.25 LD 도구상자

도구	단축키	설명
		화살표
		블록 지정
	F2	평상시 열린 접점(Normally open contact)
	F3	평상시 닫힌 접점(Normally closed contact)
	Shift-F1	양변환 검출 접점(Positive transition-sensing contact)
	Shift-F2	음변환 검출 접점(Negative transition-sensing contact)
	F4	가로선

도구	단축키	설명
↘	F5	세로선
( )	F6	코일
(/)	F7	역코일
(S)	Shift-F3	셋(latch)코일
(R)	Shift-F4	리셋(unlatch)코일
(P)	Shift-F5	양 변환 검출 코일(Positive transition-sensing coil)
(N)	Shift-F6	음 변환 검출 코일(Negative transition-sensing coil)
{F}	F8	펑션(Function)
{FB}	F9	펑션 블록(Function Block)
<RET>	Shift-F7	LD 프로그램의 종료와 서브루틴의 종료를 나타내는 명령
>>	Shift-F8	LD 프로그램의 분기(레이블 위치로)를 나타내는 점프 명령
<SC>	Shift-F9	서브루틴을 부르는 명령

4 상태표시줄

그림 10.36 상태표시줄

1) 명령 설명

반전 표시된 메뉴나 명령, 마우스가 위치해 있는 도구모음에 대한 설명을 나타낸다.

2) PLC 모드 표시

PLC의 모드를 나타내며 PLC와 연결되지 않았을 때에는 오프라인으로 표시된다. 오프라인-런-스톱-일시 정지-디버그

3) 커서 위치 표시

프로그램을 편집할 때 커서의 위치를 나타낸다.

4) GMWIN 상태표시

GMWIN의 상태를 표시한다.

① 편집 : GMWIN에서 프로그램을 편집 중임을 나타낸다.

② 모니터 : PLC의 데이터를 모니터링 중임을 나타낸다.

③ 디버그 : PLC의 프로그램을 디버깅 중임을 나타낸다.

10.7 래더 프로그램 작성하기

1 입력 접점 / 출력 코일 삽입

1. 화면의 왼쪽 도구상자에서 a접점을 선택하여 LD 창의 행 0 위치에서 마우스의 왼쪽 단추를 누른다.

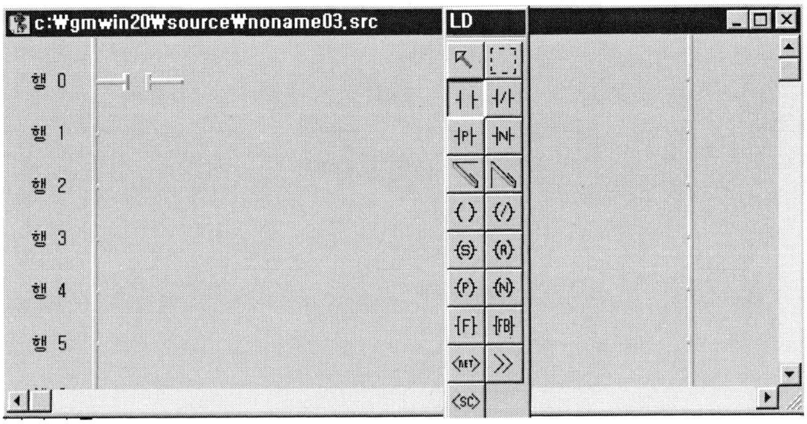

그림 10.37 a접점을 입력하는 화면

2. 도구상자에서 코일을 선택한 후 a 접점 옆 위치에서 마우스의 단추를 누른다.

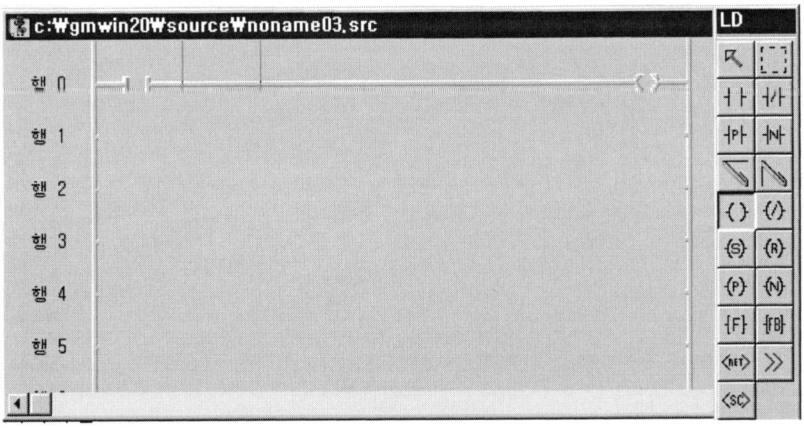

그림 10.38 코일부를 입력하는 화면

3. 도구상자에서 a 접점을 선택하여 LD 창의 행1 위치에서 마우스의 왼쪽 단추를 누른다.

그림 10.39 a 접점을 선택한 화면

❷ 펑션 사용

1. 마우스를 이용하여 도구상자의 펑션을 선택한다.
2. LD 창의 행 1, 열 2 위치에서 마우스의 왼쪽 단추를 누른다.

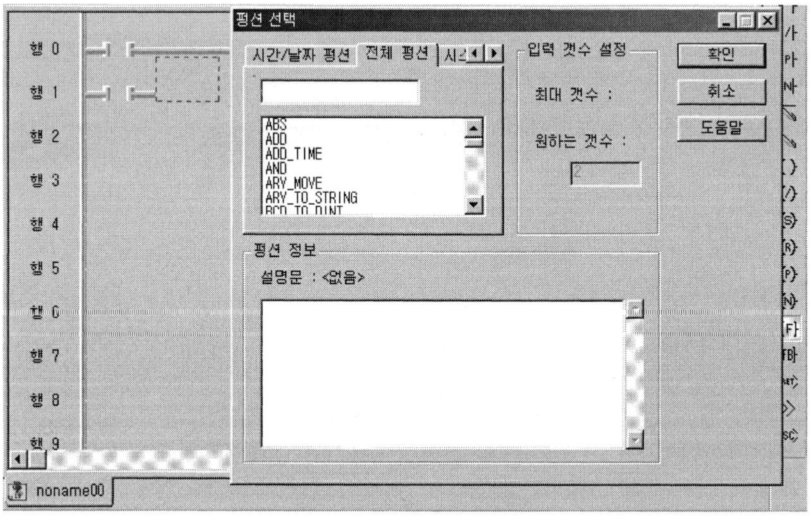

그림 10.40 펑션선택 화면

3. 펑션 목록 대화상자의 수치연산 펑션인 ADD를 선택하고 원하는 입력 개수에 2를 입력한다.

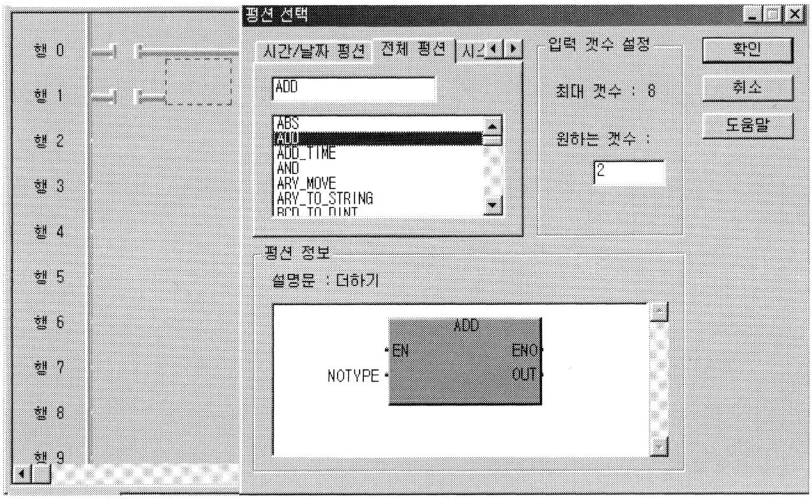

그림 10.41 ADD 선택한 화면

4. 확인 단추를 누르면 펑션이 생성된다.

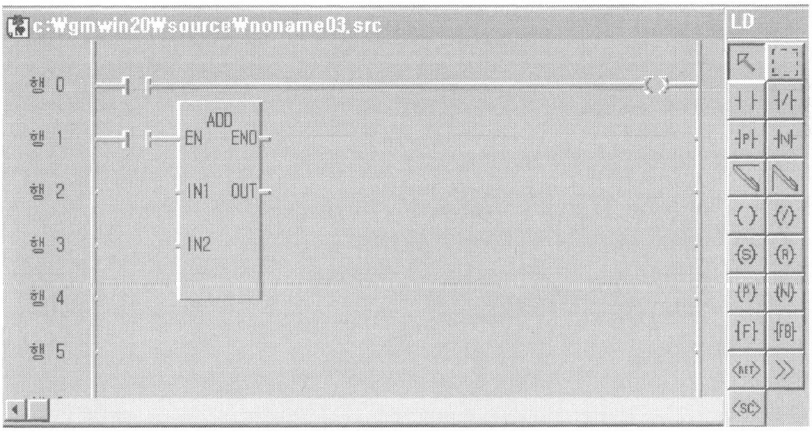

그림 10.42 펑션 입력 화면

5. 도구상자에서 화살표를 선택하여 LD창의 행 0, 열 1의 a 접점의 위치에서 마우스의 왼쪽 단추를 두 번 누른다.

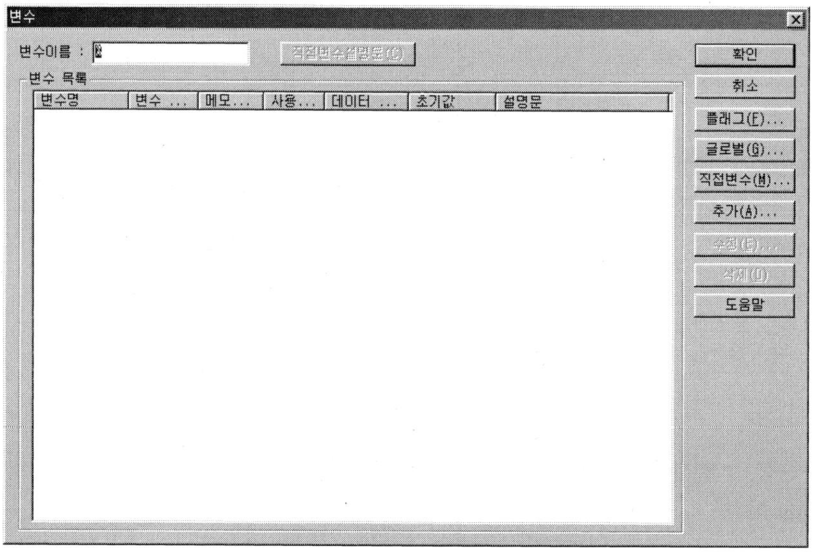

그림 10.43 변수 대화상자

6. 변수 대화상자의 변수 입력란에 변수 이름 "기동스위치"를 입력한다.

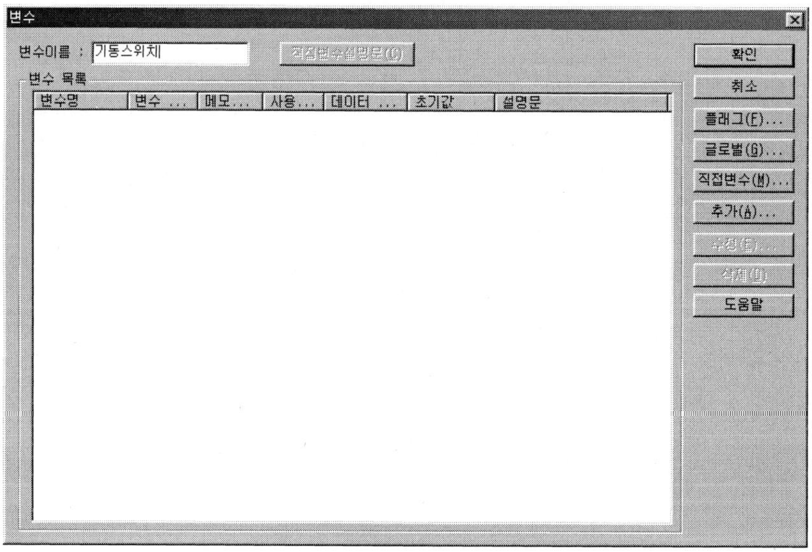

그림 10.44 변수 명을 입력한 화면

7. 확인 단추를 누르면 변수추가/수정 대화상자가 나타난다.

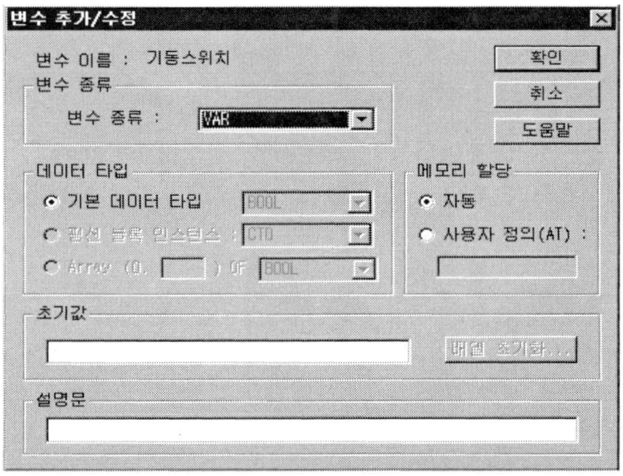

그림 10.45 변수추가/수정 대화상자

8. 확인 단추를 누른다.

변수 표현 방식 결정 직접변수 :

- 직접변수 : 변수 선언 불필요(종래의 PLC 방식)
- 네임드(Named) 변수 : 변수 선언 필요

직접변수에는 %I, %Q의 입출력 변수와 %M의 내부 메모리 변수가 있다.

직접변수는 별도의 변수 선언 없이 식별자의 위치를 표현하는 방식이므로 프로그램의 가독성(可讀性)이 떨어지며, 사용자의 잘못으로 어드레스 등이 중복될 우려가 있다. 따라서 가능하면 다른 변수 표현 방식인 네임드(Named) 변수의 사용을 권장한다.

직접변수는 반드시 퍼센트 문자(%)로 시작하고 다음에 위치 접두어와 크기접두어를 붙이며, 그리고 마침표로 분리되는 하나 이상의 부호 없는 정수의 순으로 나타낸다.

표 10.26 위치 접두어

번호	접두어	의미
1	I	입력 위치(Input Location)
2	Q	출력 위치(Output Location)
3	M	내부 메모리 위치(Memory Location)

표 10.27 크기 접두어

번호	접두어	의미
1	X	1 비트의 크기("X" 문자에 한하여 생략 가능)
2	B	1 바이트(8비트)의 크기
3	W	1 워드(16비트)의 크기
4	D	1 더블 워드(32비트)의 크기
5	L	1 롱 워드(64비트)의 크기

표현 형식:

%「위치 접두어」「크기 접두어」베이스 번호. 슬롯 번호. N

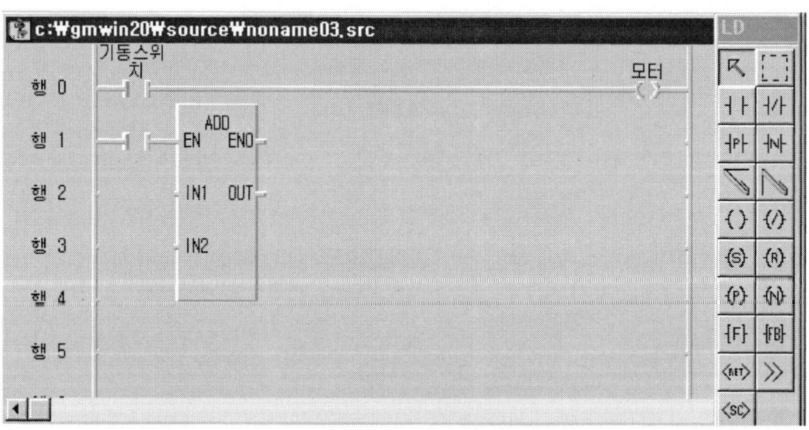

그림 10.46 변수명이 입력된 화면

9. LD 창의 행 0 a 접점 위치 위에 입력한 변수 이름을 확인할 수 있다. 도구 상자의 화살표를 선택하여 LD창의 출력 코일을 마우스로 선택하고 마우스의 왼쪽단추를 두 번 누른다. 변수

대화상자에 변수 입력란에 변수 이름 “모터”를 입력한다.

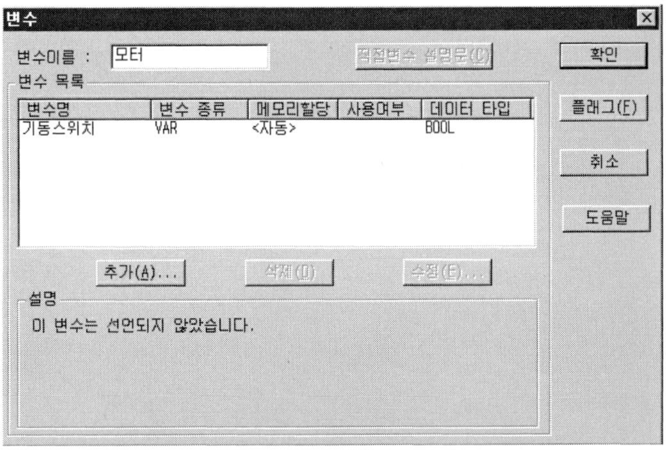

그림 10.47 모터 변수를 입력하는 화면

10. 확인 단추를 누르면 변수추가/수정 대화상자가 나타난다.

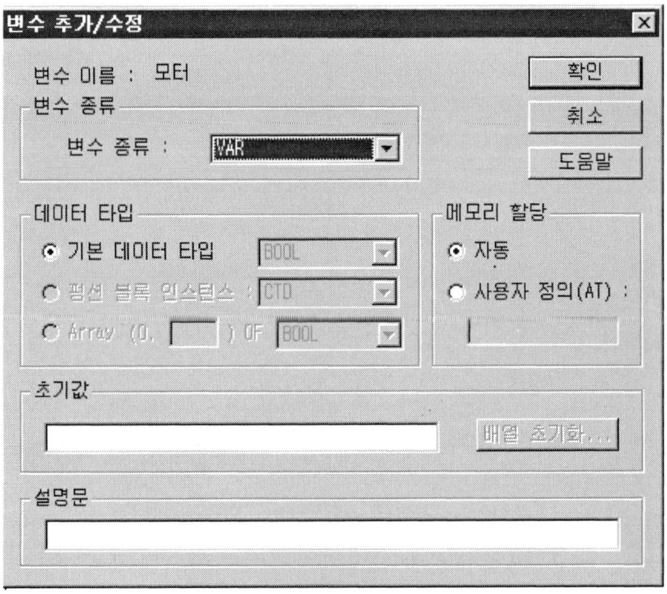

그림 10.48 변수추가/수정 대화상자

11. 확인 단추를 누른다.

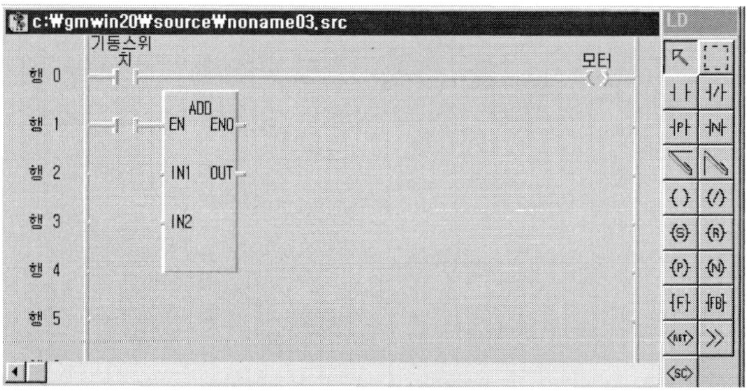

그림 10.49 변수가 입력된 화면

12. 도구상자에서 화살표를 선택하여 LD 창의 행 1, 열 1의 a 접점 위치에서 마우스의 왼쪽 단추를 두 번 누른 후 "리미트 스위치"를 입력한다.

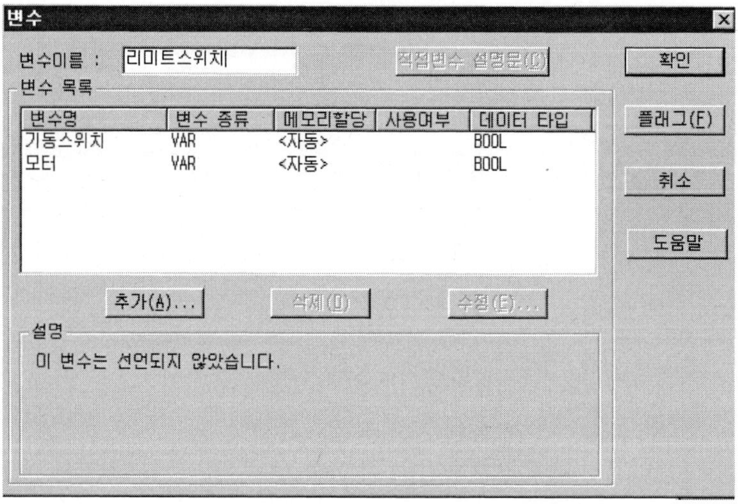

그림 10.50 리미트 스위치 변수 입력 대화상자

13. 확인 단추를 누른다. 확인 단추를 누르면 변수추가/수정 대화상자가 나타난다.

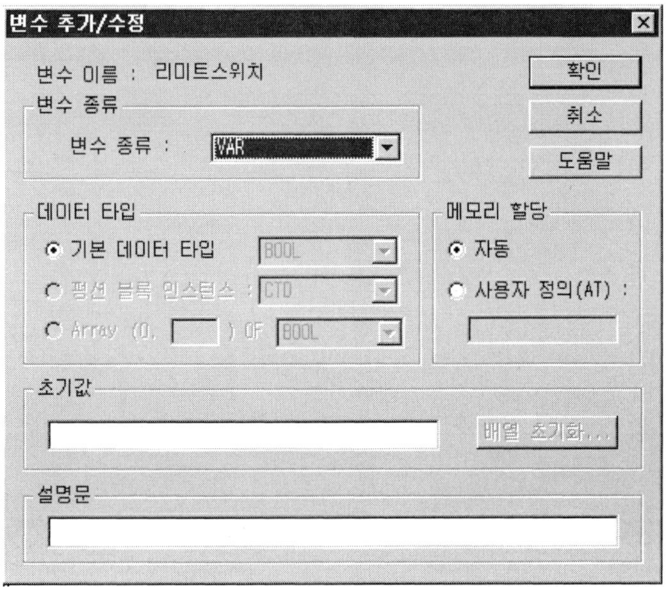

그림 10.51 변수추가/수정 대화상자

14. 확인 단추를 누른다.

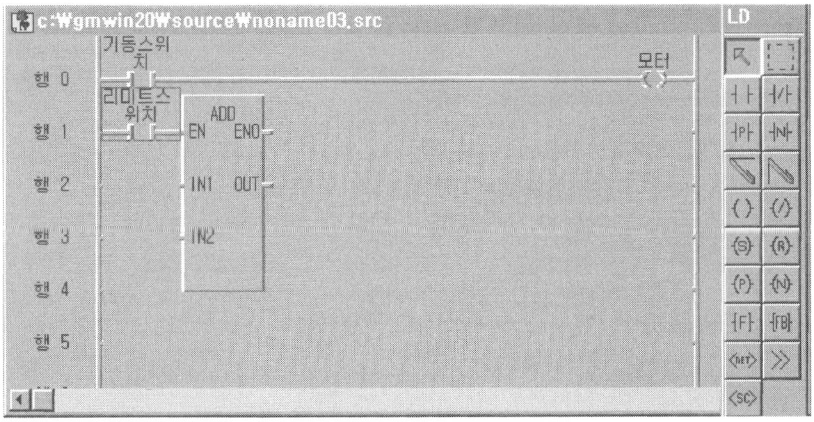

그림 10.52 변수가 입력된 화면

15. 펑션 ADD 변수 입력은 아래와 같은 방법으로 실행한 후 펑션 ADD의 IN1 위치(행 2, 열 1)에서 마우스의 왼쪽 단추를 두 번 누른 후 ABC를 입력한다.

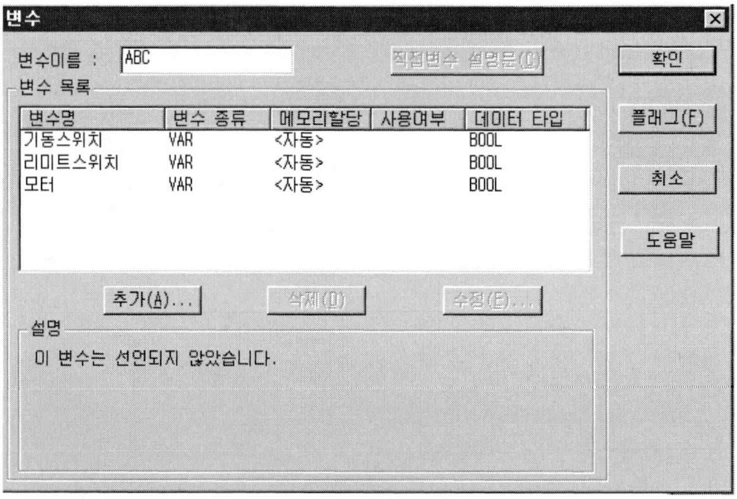

그림 10.53 변수 입력 대화상자

16. 확인 단추를 누르면 변수추가/수정 대화상자가 나타난다.

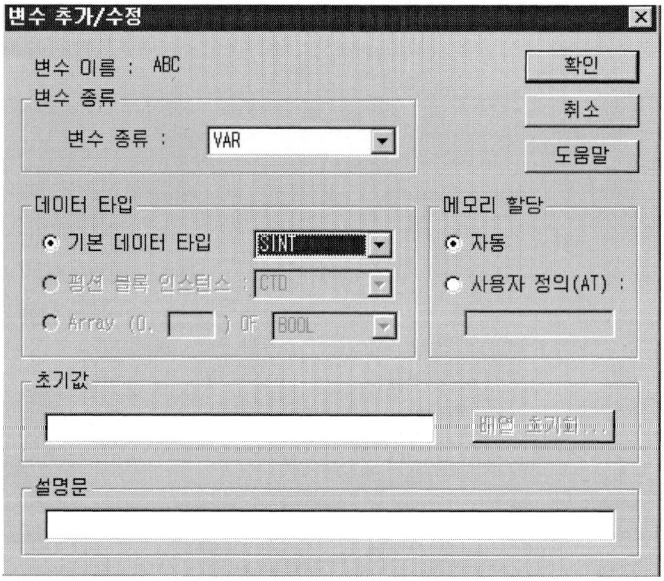

그림 10.54 변수추가/수정 대화상자

17. 확인 단추를 누른다. 펑션 ADD의 IN1에 변수 “ABC”가 입력되었다.

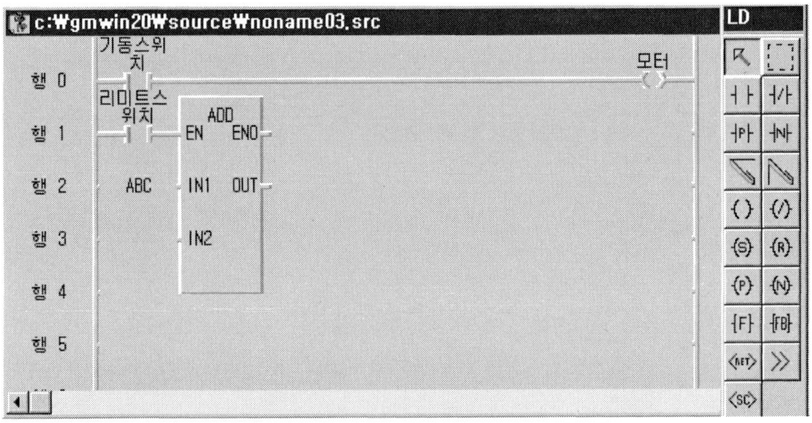

그림 10.55 변수가 입력된 화면

18. 펑션 ADD의 IN2 위치(행 3, 열 1)에서 마우스의 왼쪽 단추를 두 번 누른다. 변수 대화상자의 변수 입력란에 상수 "2"를 입력한다.

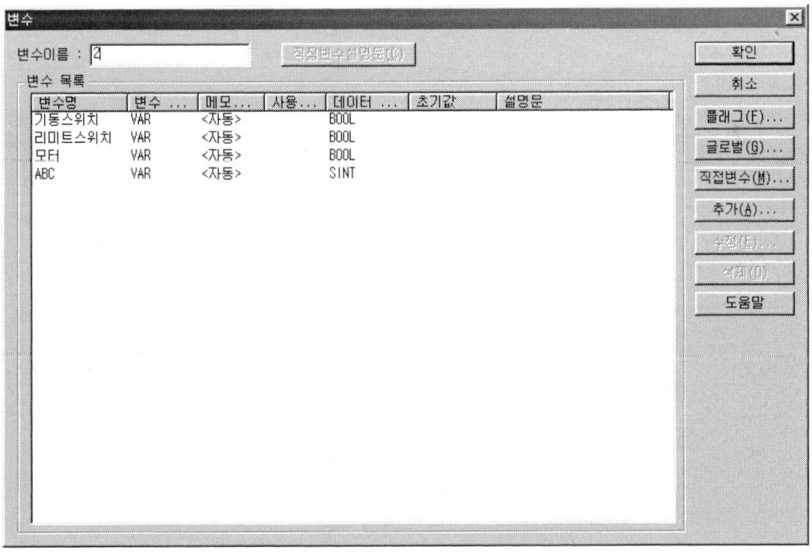

그림 10.56 변수 입력 대화상자

19. 확인 단추를 누른다. 펑션 ADD의 IN2에 상수 2가 입력되었다.

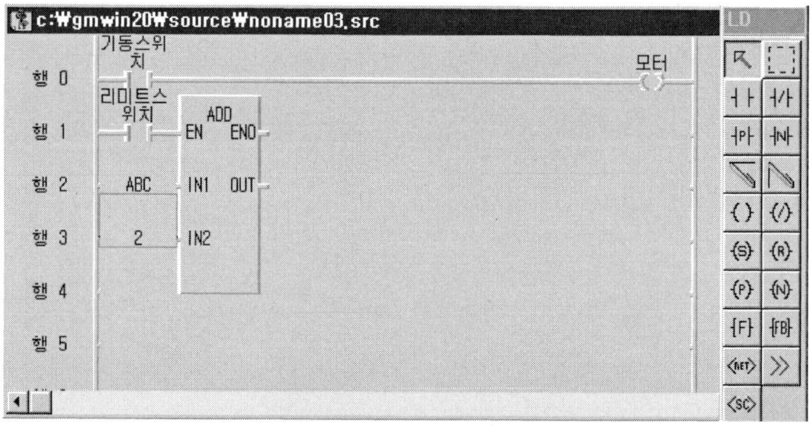

그림 10.57 변수가 입력된 화면

20. 펑션 ADD의 OUT 위치(행 3, 열 3)에서 마우스 왼쪽 단추를 두 번 누른다. 변수 대화상자의 변수 입력란에 변수명 "ABC_ADD"를 입력한다.

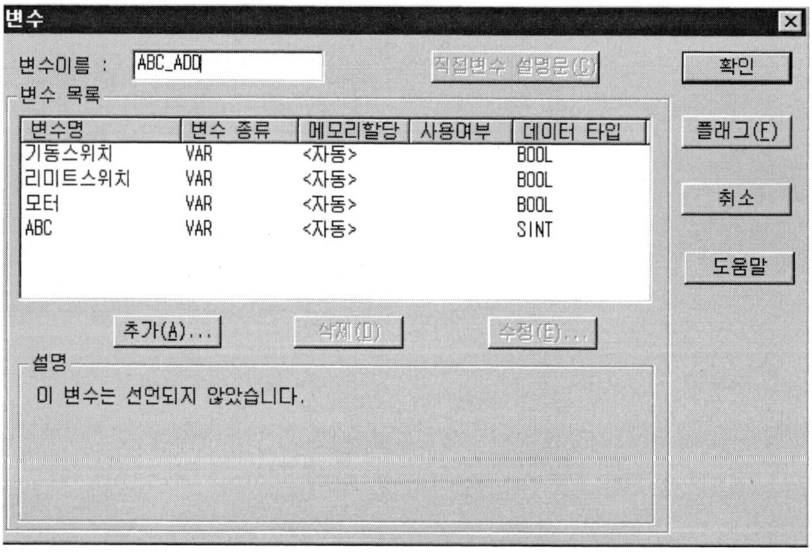

그림 10.58 변수 입력 대화상자

21. 확인 단추를 누른다.

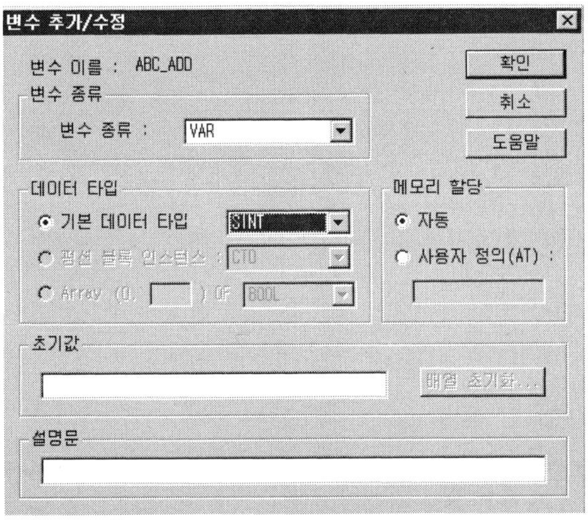

그림 10.59 변수추가/수정 대화상자

22. 확인 단추를 누른다. 펑션 ADD의 OUT에 변수 ABC_ADD가 입력되었다.

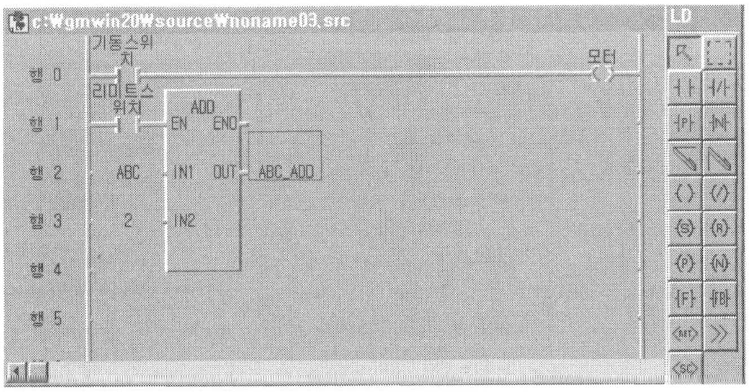

그림 10.60 변수가 입력된 화면

10.8 데이터 메모리 할당

❶ 변수의 표현 방식

프로그램 안에서 사용되는 데이터는 값을 가지고 있는데 프로그램이 실행되는 동안에 값이 바뀌지 않는 상수와 그 값이 변하는 변수가 있다. 프로그램 블록, 펑션, 펑션블록 등의 프로그램 구성 요소에서 변수를 사용하기 위해서 우선 변수의 표현 방식을 설명한다.

1) 변수 표현 방식

(1) 직접변수 : 변수 선언 불필요(종래의 PLC 방식)

사용자가 이름을 부여하지 않고 이미 Maker에 의해 지정된 메모리 영역의 식별자를 사용하는 직접변수 방식이다. 직접변수에는 %I, %Q 의 입출력 변수와 %M의 내부 메모리 변수가 있다.

입출력 변수와 내부 메모리 변수 크기는 PLC 종류에 따라 차이가 있다.

직접변수는 별도의 변수 선언 없이 식별자의 위치를 표현하는 방식이므로 프로그램의 가독성(可讀性)이 떨어지며 사용자의 잘못으로 어드레스 등이 중복될 우려가 있다. 따라서 되도록 다른 변수 표현 방식인 네임드(Named) 변수의 사용을 권장한다. 직접변수는 반드시 퍼센트 문자(%)로 시작하고 다음에 위치 접두어와 크기 접두어를 붙이며 그리고 마침표로 분리되는 하나 이상의 부호 없는 정수의 순으로 나타낸다.

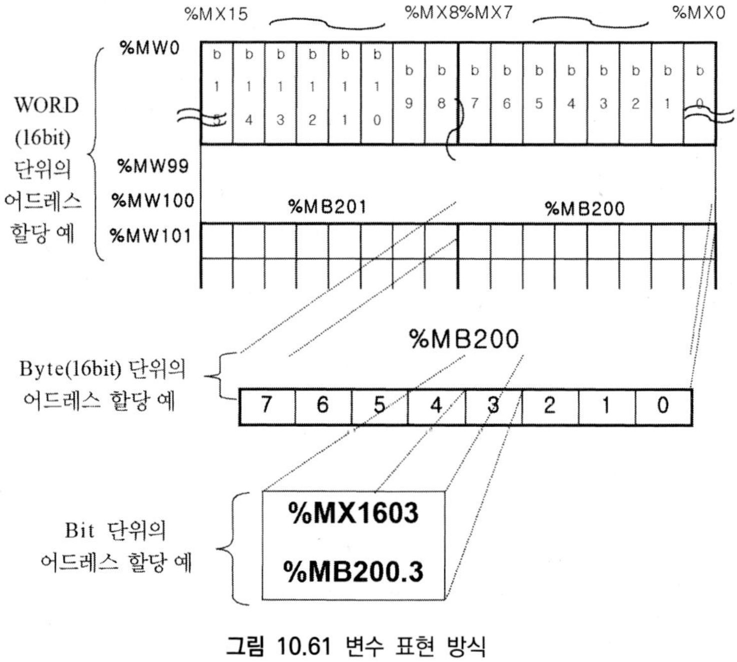

그림 10.61 변수 표현 방식

(2) 네임드(Named) 변수 : 변수 선언 필요

사용자가 이름을 부여하고 사용하는 네임드(Named; Symbolic) 변수 방식이다.

네임드 변수의 이름은 한글/한자는 8자, 영문은 16자까지 선언 가능하며 한글, 영문, 숫자 및 밑줄 문자(_)를 조합하여 사용할 수 있다. 또한 영문자의 경우 대소 문자를 구별하지 않고 모두 대문자로 인식하며 빈칸을 포함하지 않아야 한다.

표 10.28 네임드 변수의 예

종류	사용 예
한글, 숫자 및 밑줄 문자	모터 10, 디지털 _스위치 1, 누름 _검출, 수동 _배출 _스위치 밸브 1, 설비 _자동 _운전 중, 사이클 _정지 _완료
한글, 영문, 숫자 및 밑줄 문자	AGV_주행 _완료, 모터 2_ON, BCD 값, VAL2, 자동 _SOL_배출

네임드 변수의 변수 선언 절차는 변수 종류 설정 → 데이터 형(type) 지정→ 메모리 할당으로 한다.

표 10.29 네임드 변수의 종류(속성)

변수 종류	내용
VAR	읽고 쓸 수 있는 일반적인 변수
VAR_RETAIN	정전 후 복전 시 값이 유지되는 변수
VAR_CONSTANT	읽기만 할 수 있는 변수
VAR_EXTERNAL	외부 변수 (VAR_GLOBAL)임을 지정하는 변수

※ Named(네임드) 변수의 데이터 형(Type)

① 데이터의 고유 성질을 나타낸다.

② 데이터형은 크게 수치(ANY_NUM)와 비트 상태(ANY_BIT)로 구분할 수 있다.

③ 수치의 대표적인 경우는 정수(INT; Integer)인데 셀 수 있고 산술 연산을 할 수 있다.

④ 정수의 예는 카운터의 현재값, A/D(아날로그 입력) 변환 값 등이 있다.

⑤ 비트 상태는 BOOL(Boolean ; 1 비트), BYTE(8개의 비트 열), WORD(16개의 비트 열) 등이 있는데 비트 열의 ON/OFF 상태를 나타내며 논리 연산을 할 수 있다.

⑥ 비트 상태의 예는 입력 스위치의 ON/OFF 상태, 출력 램프의 소등 /점등 상태 등이 있다.
⑦ BCD 는 10 진수를 4 비트의 2 진 코드로 나타낸 것이므로 비트 열 (ANY_BIT)이다.
⑧ 비트 상태는 산술연산이 불가능하지만 형 (Type) 변환 펑션을 사용하여 수치로 변환하면 산술 연산이 가능하다.

2 기본 데이터형

표 10.30 데이터형

구분	예약어	데이터 타입	크기 (비트)	범위
수치 (ANY_NUM)	SINT	Short Integer	8	-128 ~ 127
	INT	Integer	16	-32768 ~ 32767
	DINT	Double Integer	32	-2147483648 ~ 2147483647
	LINT	Long Integer	64	-2^{63} ~ $2^{63}-1$
	USINT	Unsigned Short Integer	8	0 ~ 255
	UINT	Unsigned Integer	16	0 ~ 666351
	UDINT	Unsigned Double Integer	32	0 ~ 4294967295
	ULINT	Unsigned Long Integer	64	0 ~ $2^{64}-1$
	REAL	Real Numbers	32	-3.402823E038 ~ -1.401298E-45 1.401298E-45 ~ 3.4028234E38
	LREAL	Long Real Numbers	64	-1.7976931E308 ~ -4.9408564E-324 4.9406564E-324 ~ 1.7976931E308
시간	TIME	Duration	32	T#0S ~ T#49D17H2M47S295MS
날짜	DATE	Date	16	D#1984-01-01 ~ D#2163-6-6
	TIME_AND_DAY	Time of Day	32	TOD#00:00:00 ~ TOD#23:59:59.999
	DATE_AND_TIME	Date And Time Of Day	64	DT#1984-01-01-00:00:00 ~ DT#2163-06-06-23:59:59.999
문자열	STRING	Character String	30*8	30ANSWK
비트상태 (ANY_BIT)	BOOL	Boolean	1	0 or 1
	BYTE	Bit String Of Length	8	16#0 ~ 16#FF
	WORD	Bit String Of Length	16	16#0 ~ 16#FFFF
	DWORD	Bit String Of Length	32	16#0 ~ 16#FFFFFFFF
	LWORD	Bit String Of Length	64	16#0 ~ 16#FFFFFFFFFFFFFFFF

❸ 데이터형(Type) 계층도

GLOFA PLC에서 사용되는 데이터 타입은 다음과 같이 분류하여 표현한다.

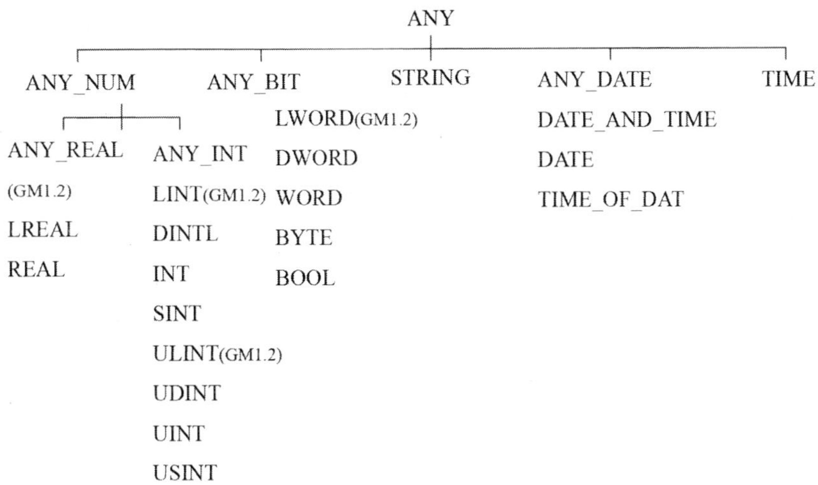

그림 4.62 데이터형 계층도

ANY_REAL(LREAL, REAL) 및 LINT, ULINT, LWORD 는 GM1, GM2 만 적용된다. 앞으로 데이터 타입을 표현할 때 ANY_NUM 으로 나타내면 위의 계층도와같이 LREAL, REAL, LINT, DINT, INT, SINT, ULINT, UDINT, UINT, USINT를 모두 포함한다. 예를 들어 GM3에서 타입이 ANY_BIT로 표현되면 DWORD, WORD, BYTE, BOOL 중 하나를 사용할 수 있다.

❹ 초기값

데이터의 초기값을 지정하지 않으면 자동적으로 아래와 같이 지정된다.

표 10.31 데이터 초기값

데이터 타입	초기값
SINT, INT, DINT, LINT, USINT, UINT, UDINT, ULINT	0
BOOL, BYTE, WORD, DWORD, LWORD	0
REAL, LREAL	0.0
TIME	T#0s
DATE	D#1984-01-01
TIME_OF_DAY	TOD#00:00:00
DATE_AND_TIME	DT#1984-01-01-00:00:00
STRING	-(empty string)

VAR_EXTERNAL 의 선언은 외부에서 선언한 변수를 간접 지정한 것이므로 초기값을 줄 수 없다. 변수 선언 시 %I와 %Q로 할당한 변수는 입출력에 해당하므로 초기값을 줄 수 없다.

5 Named(네임드) 변수의 메모리 할당

네임드 변수의 메모리 할당에는 자동 할당과 사용자 정의가 있다.

1) 자동 할당

컴파일러가 내부 메모리 영역에 변수 위치를 자동으로 지정한다. 예를 들어 밸브란 변수를 자동 메모리 할당으로 지정할 경우 변수의 내부 위치는 프로그램이 작성된 후 컴파일(Compile) 과정에서 정해지므로 사용자는 변수 위치에 신경을 쓸 필요가 없다. 선언된 변수는 외부 입출력과 관계없이 내부연산 도중 신호의 중계, 신호 상태(내부 정보)의 일시 저장, 타이머나 카운터의 접점 이름(펑션 블록의 인스턴스) 지정 등에 사용된다.

2) 사용자 정의

사용자가 직접변수 (%I, %Q, %M)를 사용하여 강제로 위치를 지정한다.

선언된 변수는 입출력용(%I,%Q) 변수와 통신 파라미터에서 사용할 통신용(%M) 변수에 사용한다. 사용자 정의 메모리 할당의 표현 형식은 직접변수 지정 방식과 같다.

10.9 OFF-LINE MODE

PLC와 직접 접속하지 않고 컴퓨터에서 PLC를 운전하는 것 같은 기능을 수행하여 GMWIN으로 작성한 프로그램을 검증할 수 있다.

❶ 시뮬레이터

1) 시뮬레이션 시작

GMWIN으로 실행할 프로그램을 작성한다.

1. 도구의 시뮬레이터 시작을 선택한다.

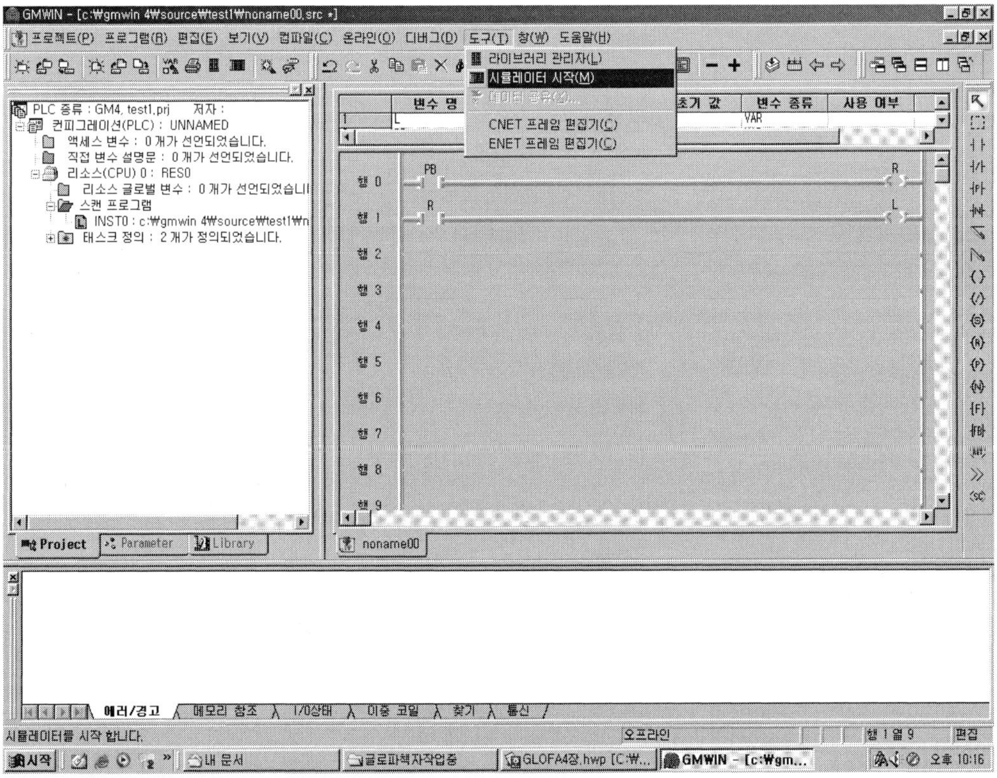

그림 10.63 풀다운 메뉴의 도구-시뮬레이터 선택

2 아래와 같이 실행파일이 만들어지면 확인 단추를 누른다.

그림 10.64 실행파일 완료

3. 아래와 같은 시뮬레이터 기능을 수행할 수 있는 화면이 나타난다.

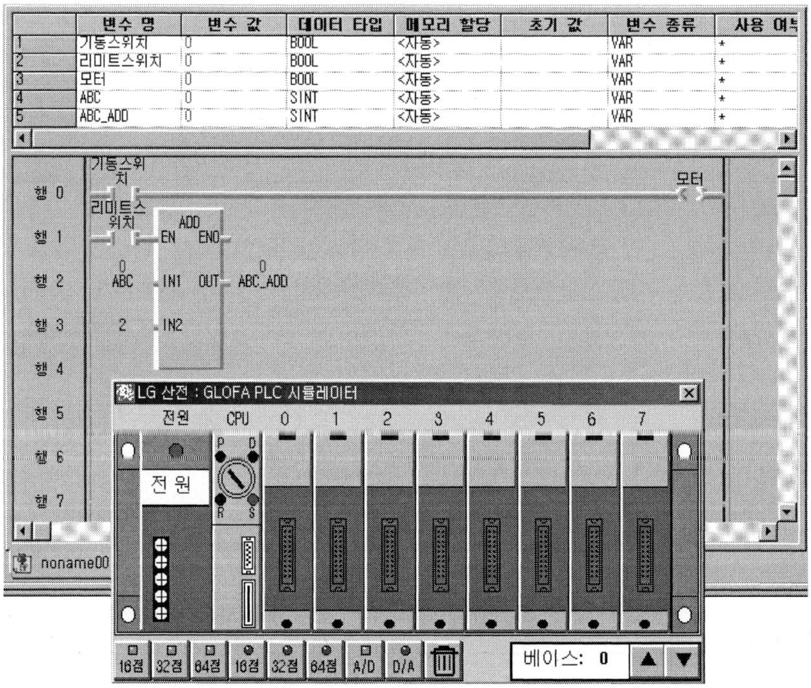

그림 10.65 시뮬레이터 실행화면

2) 시뮬레이터 설명

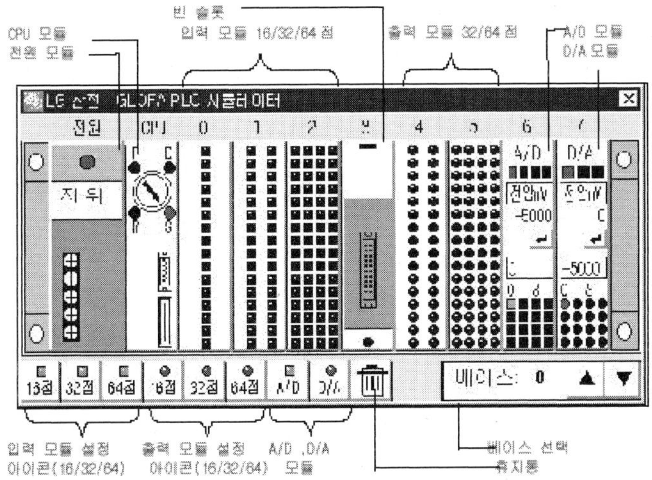

그림 10.66 시뮬레이터 화면

3) 모듈의 장착과 제거

프로그램 작성할 경우 사용된 입출력 변수, 직접변수가 있으면 시뮬레이션 시작 시 해당 베이스/슬롯에 자동으로 장착된다.

표 10.32 데이터 타입에 따른 접점 수

데이터 타입	16점	32점	64점
X	0~15	16~31	32~63
B	0~1	2~3	4~7
W	0	1	2~3
D	×	0	1
L	×	×	0

모듈의 장착과 제거는 CPU 모듈이 Stop 모드일 때만 가능하다.

(1) 모듈의 장착

베이스를 설정한 후 원하는 입출력(A/D, D/A) 아이콘을 마우스를 이용하여 선택하여 끌기(드래그&드롭)하여 해당슬롯 위치에 놓으면 모듈이 장착된다. 입력, A/D 모듈 : 사각으로 표시(On : 녹색, Off : 검정색)되고 출력, D/A 모듈 : 원으로 표시(On : 적색, Off : 검정색)된다.

(2) 모듈의 제거

제거하려는 슬롯의 모듈을 마우스를 이용하여 선택하여 끌기(드래그&드롭)해서 휴지통에 버리면 된다.

2 GMWIN에서 생성되는 파일

사용자가 프로젝트를 생성하고 프로그램을 편집하여 PLC실행 파일을 만들면 다음과 같은 파일이 만들어진다.

- 〈프로젝트 명〉. PRJ : 사용자가 작성한 프로젝트 파일
- 〈프로젝트 명〉. BN0 : PLC 실행 파일 GM1인 경우, 리소스 개수만큼 생긴다.
- 〈프로젝트 명〉. MON : 모니터링을 위한 정보 파일
- 〈프로젝트 명〉. CR0 : PLC 실행 파일을 만들 때 생성
- 〈프로젝트 명〉. SRC : 사용자가 작성한 프로그램 파일
- 〈프로젝트 명〉. ARV : 사용자가 작성한 프로그램을 이 이름으로 주기적으로 저장한다.
- 〈프로젝트 명〉. OP? : 프로그램을 컴파일하면 생성된다(프로그램 블록인 경우).
- 〈프로젝트 명〉. OB? : 프로그램을 컴파일하면 생성된다(펑션 블록인 경우).
- 〈프로젝트 명〉. OF? : 프로그램을 컴파일하면 생성된다(펑션인 경우).

(OP3 : GM3인 경우, OP4 : GM4인 경우)

3 운전모드

시뮬레이터를 하면 stop 모드로 되므로 시뮬레이션을 하려면 run 모드로 변경하여야 한다. 물론 도구모음에 아이콘을 선택하여 실행할 수도 있다.

1) 도구모음에서 선택하는 경우

초기에 시뮬레이터를 하면 stop 모드로 된다. 아래의 도구는 시뮬레이터를 하면 나타나는 운전 모드의 도구들이다.

- stop 모드가 선택된 경우 

- run 모드가 선택된 경우 

- 일시정지 모드가 선택된 경우 

- 디버그 모드가 선택된 경우 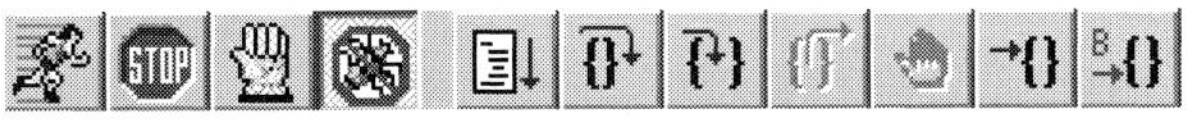

2) 시뮬레이터 대화상자에서 선택하는 경우

아래의 시뮬레이터 창의 cpu 부분에 나타나는 S, R, P, D의 문자에 검은 부분을 선택하면 선택한 모드로 변경되면서 현재 운전 중인 모드로 변경되었음을 적색으로 표시한다.

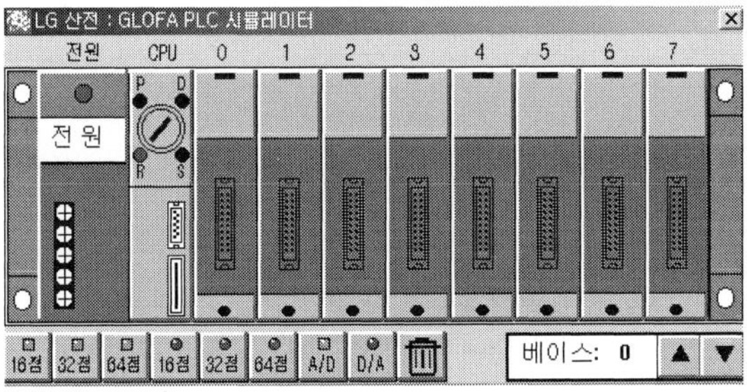

그림 10.67 시뮬레이터 RUN 모드

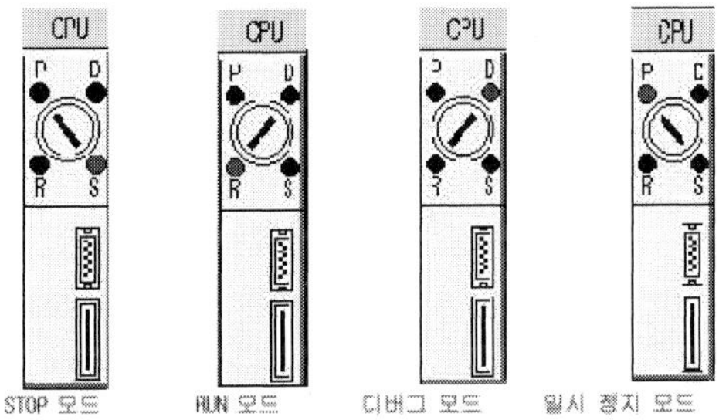

그림 10.68 시뮬레이터의 각 모드

④ 변수 강제 입력

변수 강제 입력은 시뮬레이터 상에서 입력 접점을 강제로 On 하는 것으로 LD 모니터링에서 기동스위치를 선택하여 더블클릭하여 강제로 변수 값을 입력한다.

1. 기동스위치 부분을 더블클릭하여 변수 강제 입력 대화상자를 띄운다.

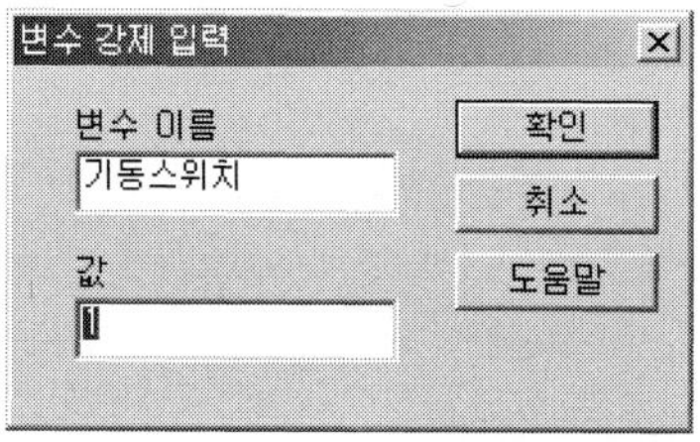

그림 10.69 변수 입력 대화상자

2. 기동스위치의 변수를 1로 준 후 확인 단추를 누른다.

그림 10.70 변수가 강제로 입력되어 실행되는 화면

3. 순서1, 2와 같은 방법으로 리미트 스위치의 변수를 강제 입력한다.

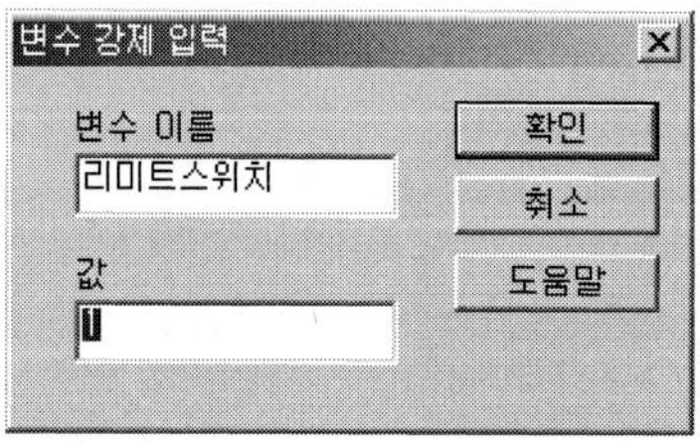

그림 10.71 변수 입력 대화상자

그림 10.72 변수가 강제로 입력되어 실행되는 화면

리미트 스위치가 On 됨에 따라 ADD 펑션이 정상 동작을 하여 IN1과 IN2의 값을 더하여 OUT에 출력됨을 확인할 수 있다.

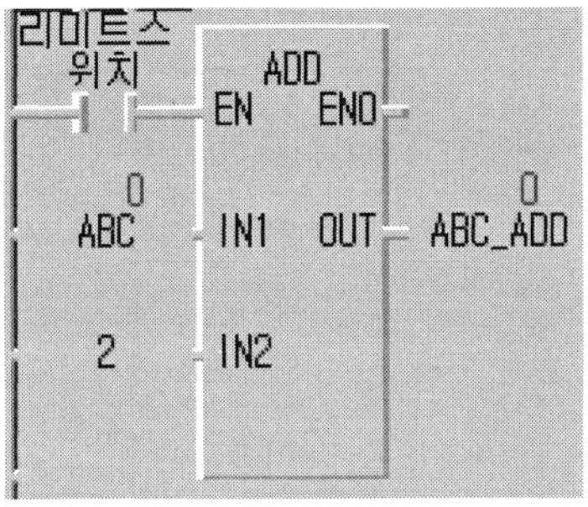

그림 10.73 동작 전

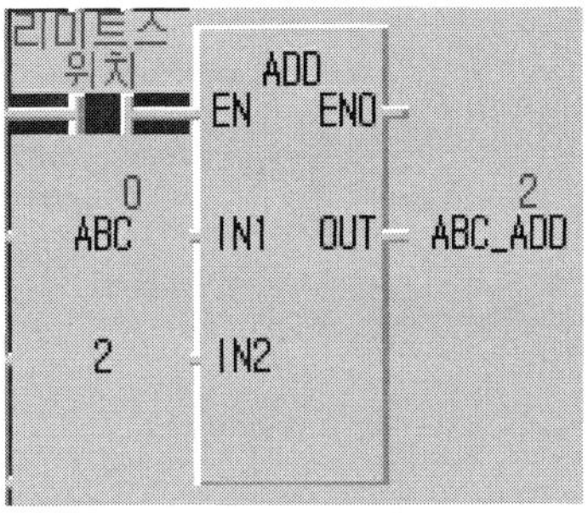

그림 10.74 동작 후

⑤ 모니터링(Monitoring)

GMWIN에서는 운전 중인 PLC 연산 상태를 모니터링 할 수 있다. 시뮬레이터 실행 중 모니터가 가능한 것은 프로그램, 변수, 타임차트이다. 하지만 여기서는 모니터링이 가능한 내용을 아래와 같이 설명한다.

① 프로그램 모니터링

② I/O 모니터링

③ 변수 모니터링

④ 타임 차트 모니터링

⑤ 링크 파라미터 모니터링

1) 프로그램 모니터링

운전 중인 PLC의 연산 처리를 모니터링 할 수 있다.

1. 메뉴의 온라인에서 접속을 선택한다.
2. 메뉴의 모니터에서 모니터 시작을 선택한다.

이때 같은 프로그램에 대해서 두 개 이상의 인스턴스가 정의되어 있으면 인스턴스를 선택하는 인스턴스 선택 대화상자가 나타난다.

3. 인스턴스 대화상자의 목록상자에서 인스턴스를 선택하고 확인 단추를 누른다.

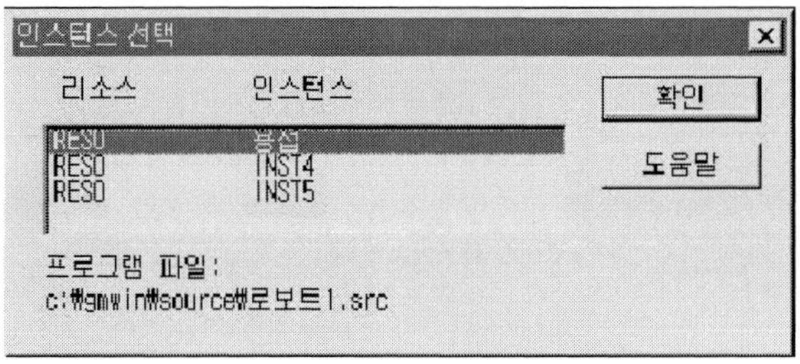

그림 10.75 인스턴스 선택 대화상자

GMWIN에서 모니터링을 하기 위해서는 현재 GMWIN 화면상의 프로그램과 PLC에 전송된 프로그램이 반드시 일치해야 한다. 프로그램을 메이크하고 PLC에 전송한 후 프로그램을 수정하고 모니터링 하면 PLC에 전송된 프로그램과 GMWIN에 열린 프로그램이 다르므로 모니터링 값이 실제와 달라질 수 있다. 따라서 프로그램을 PLC에 전송한 후 프로그램이 수정되면 메뉴 컴파일-메이크를 선택하여 실행파일을 만들고 이를 PLC에 다시 쓴 후 모니터링을 실행해야 한다. 모니터링 중에는 프로젝트에 속해 있는 프로그램을 편집할 수 없다. 프로젝트에 속하지 않은 프로그램은 편집이 가능하다.

(1) LD 모니터링

LD 모니터링 기능은 기본적으로 변수의 상태를 알려 주는 기능과 변수의 값을 강제로 ON/OFF 또는 설정하는 기능 등으로 구분할 수 있다.

※ 변수 모니터링

① 접점 또는 코일 변수의 모니터링
LD 에서는 접점 또는 코일 변수가 BOOL 형태이기 때문에 이 경우의 변수 상태 표시는 해당 변수 이름의 색깔 변화(붉은색 : On, 검정색 : Off)로 ON/OFF 상태를 알 수 있다. 즉, 변수명이 붉은색으로 표시되는 경우는 해당 변수가 On 상태임을 나타내는 것이고, 검정색으로 표시되는 경우는 해당 변수가 Off 상태임을 나타낸다.

② 펑션 또는 펑션 블록의 입출력 변수 모니터링
펑션 또는 펑션블록의 입출력 변수는 BOOL 이외에도 BYTE, WORD, SINT, STRING 등 여러 가지 종류이므로 현재 변수값을 변수명의 상위 칸에 숫자 또는 스트링으로 표시해 준다.

2) I/O 모니터링

PLC 시스템을 구성하고 있는 I/O 유닛을 모니터링 한다. 먼저 모니터링 하고자 하는 베이스를 지정하면 그 베이스를 구성하고 있는 I/O 카드가 그려진다. 그 다음에 도구상자의 Start를 누르면 모니터링이 시작된다. 도구상자의 모니터링 시작과 중지는 서로 토글(Toggle) 된다.

왼쪽 상단에는 선택된 베이스 번호가 나타나고 각 슬롯의 하단에는 모니터링 데이터 값이 모니터 표시형식에 따라 10진수나 16진수의 값으로 표시된다. 또 I/O 카드의 각 접점을 마우스로 누르면 각 접점의 ON/OFF가 토글(Toggle) 된다.

다음 그림은 도구상자에 나타나는 도구와 그 이름을 나타낸다.

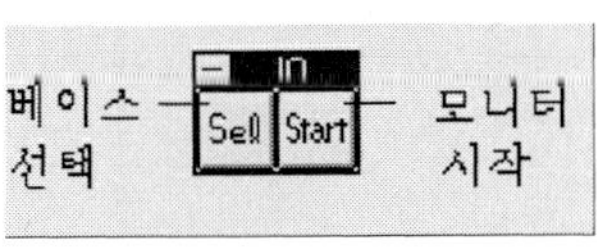

그림 10.76 I/O 도구

(1) 모니터링을 처음 할 경우,

1. 메뉴 온라인-모니터-모니터 시작, 메뉴 온라인-모니터-I /O모니터를 선택한다.

(2) 프로그램 모니터링 중,

2. 메뉴 온라인-모니터-I /O모니터를 선택한다.

I/O 모니터링의 시작은 다음과 같이 수행한다.

1. 도구상자의 를 눌러 베이스 선택 대화상자를 부른다.

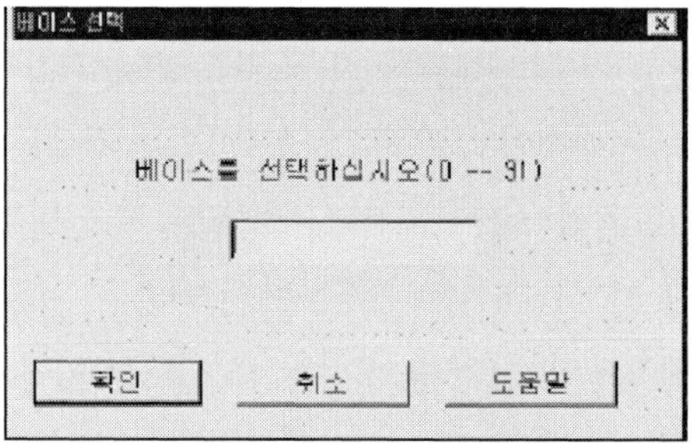

그림 10.77 베이스선택 대화상자

2. 베이스 선택 대화상자에서 모니터링 하고자 하는 베이스를 지정하고, 확인 단추를 누른다.
3. 도구상자의 Start를 누른다.
4. 메뉴 도구상자-B a s e 선택(F 2)을 선택하여 베이스 선택 대화상자를 부른다.
5. B a s e 선택 대화상자에서 모니터링 하고자 하는 베이스를 지정하고, 메뉴 도구상자의 S t a r t / S t o p (F 3)을 선택한다.

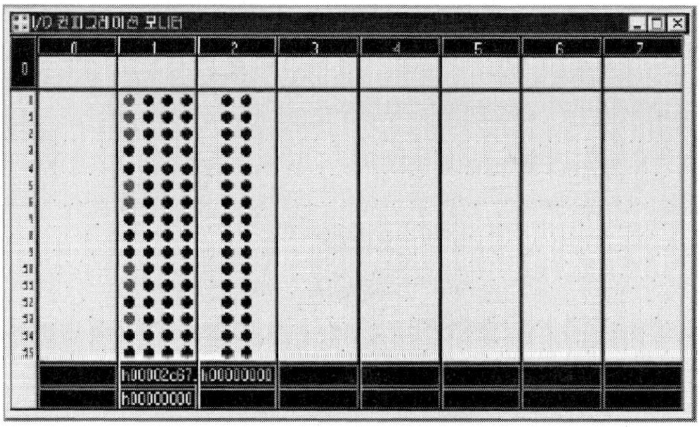

그림 10.78 I/O 컨피그레이션 모니터

I/O 모니터링의 중지는 다음과 같이 수행한다.

1. 도구상자의 Stop를 누른다.
2. 메뉴 도구상자의 S t a r t / S t o p (F 3)을 선택한다.

3) 변수 모니터링

변수 모니터링에서는 프로그램에서 선언된 변수, 글로벌 변수 I, Q, M 영역, 시스템 플래그 등을 모니터링할 수 있다. 변수 모니터링에서는 도구 상자가 사용된다.

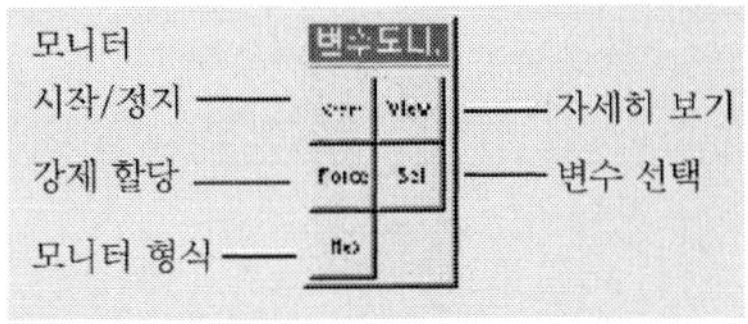

그림 10.79 모니터 도구모음

(1) 모니터링을 처음 할 경우

1. 메뉴 온라인-모니터-모니터 시작, 메뉴 온라인-모니터 시작-변수 모니터를 선택하여 변수 선택 대화상자를 부른다.

(2) 프로그램 모니터링 중

1. 메뉴 온라인-모니터-변수 모니터를 선택하여 변수등록 대화상자를 부른다.

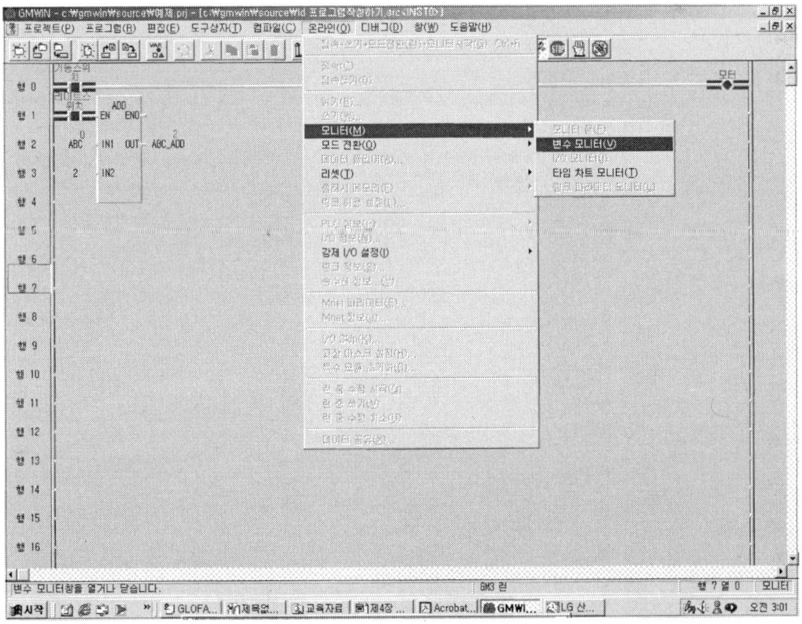

그림 10.80 모니터-변수 모니터 선택 화면

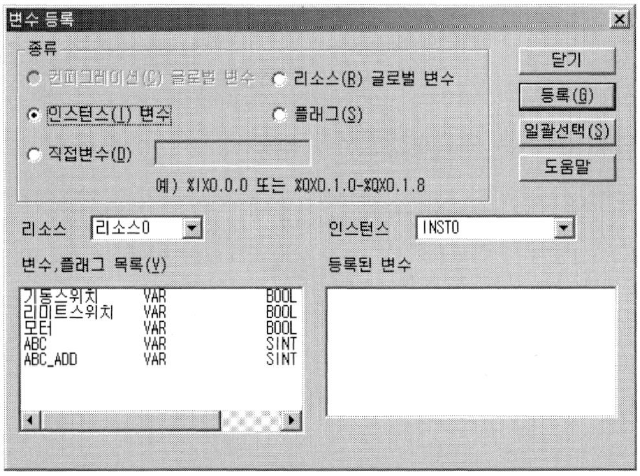

그림 10.81 변수등록 대화상자

① 컨피그레이션 글로벌 변수 등록(GM1만 해당)

컨피그레이션 글로벌 변수를 등록한다.

- 옵션 단추 컨피그레이션을 선택한다.
- 변수, 플래그 목록상자에서 모니터링할 변수들을 선택한다.
- 등록 단추를 누른다.

② 리소스 글로벌 변수 선택

리소스 글로벌 변수를 등록한다.

- 옵션 단추 리소스를 선택한다.
- 변수, 플래그 목록상자에서 모니터링할 변수들을 선택한다.
- 등록 단추를 누른다.

③ 프로그램 인스턴스 변수 선택

지정된 프로그램에서 선언된 변수를 등록한다.

- 옵션 단추 인스턴스를 선택한다.
- 인스턴스 목록에서 인스턴스를 선택한다.
- 변수, 플래그 목록상자에서 모니터링할 변수들을 선택한다.
- 등록 단추를 누른다.

④ 직접변수등록

- 옵션 단추 직접변수를 선택한다.
- 입력란에 직접변수 번지를 입력한다.

  예) %QW0.0.1 또는 %QW0.0.1 –%QW0.0.3으로 입력하면,

  %QW0.0.1, %QW0.0.2, %QW0.0.3이 등록된다.
- 등록 단추를 누른다.

⑤ 시스템 플래그 등록

- 옵션 단추 플래그를 선택한다.
- 직접변수, 플래그 입력란에 시스템 플래그 이름을 입력한다.
- 변수, 플래그 목록상자에서 모니터링할 플래그들을 선택한다.
- 등록 단추를 누른다.

  등록된 변수들은 등록된 변수 목록상자에 나타나게 된다.

⑥ 일괄 선택

하나의 프로그램 또는 글로벌 변수 전체를 모니터 할 수 있다.

- 일괄 선택 단추를 누른다. 이때 변수 선택 대화상자가 나타난다.

2. 모니터링 하고자 하는 변수를 선택한다. 위에서는 일괄 선택 단추를 눌러 실행하였으나 도구상자에 선택(F5)을 사용하기도 한다.

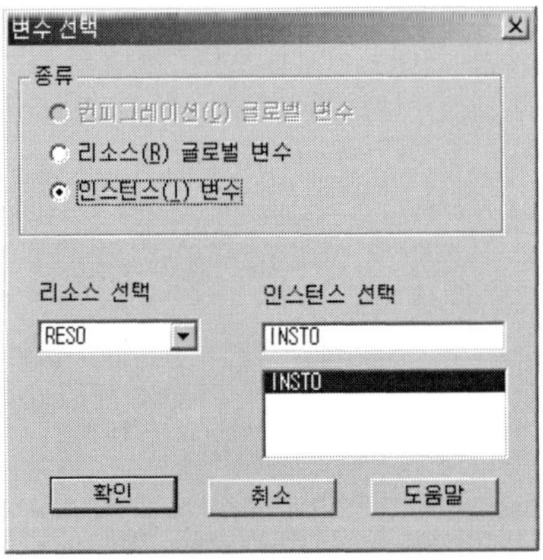

그림 10.82 변수선택 대화상자

① 컨피그레이션 글로벌 변수 등록

컨피그레이션 글로벌 변수만을 모니터링 할 때 선택한다.

- 옵션 단추 컨피그레이션을 선택하고 확인 단추를 누른다.

② 리소스 글로벌 변수 선택

리소스 글로벌 변수만을 모니터링 할 때 선택한다.

- 옵션 단추 리소스를 선택하고 확인 단추를 누른다.

③ 프로그램 인스턴스 변수 선택

지정된 프로그램에서 선언된 변수만을 모니터링 할 때 선택한다.

- 옵션 단추 인스턴스를 선택하고 확인 단추를 누른다.

3. 도구상자의 시작(F2)을 선택한다.

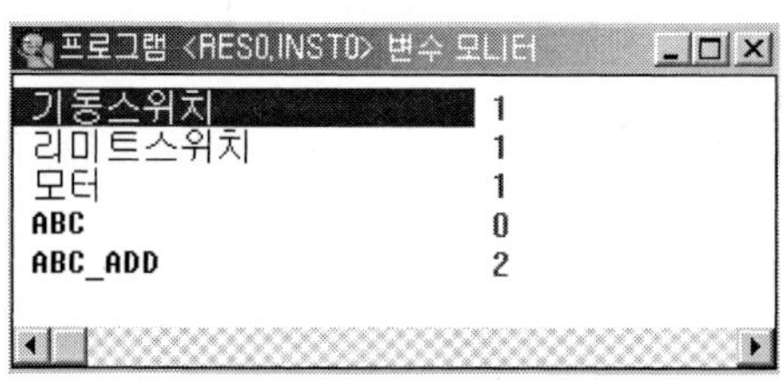

그림 10.83 프로그램 변수 모니터

① 

: 모니터링 형식설정

변수에 대한 정보를 사용자가 선택하여 모니터링 화면에 나타낼 수 있다. 이 아이콘을 선택하여 자세히 보기 대화상자를 부른다.

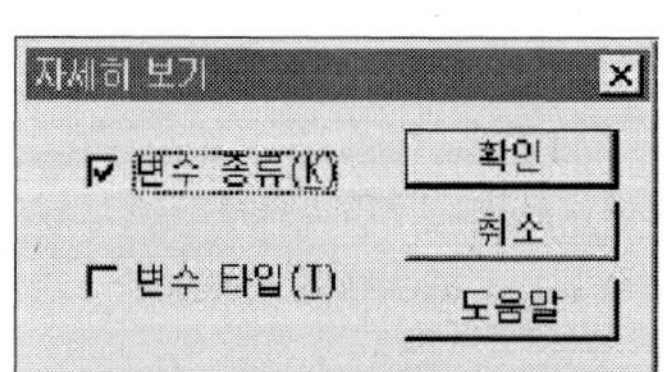

그림 10.84 자세히 보기

자세히 보기 대화상자에서 화면에 표시하고 싶은 정보를 선택 후 확인 단추를 누른다.

② 

: 데이터 표시 형식

변수 값을 10진수(Dec), 16진수(Hex) 또는 타입에 따라 표시한다. 이 아이콘을 선택하여 데이터 표시형식 대화상자를 부른다.

그림 10.85 데이터 표시형식

형식 옵션에서 원하는 표시형식을 선택한 후 확인 단추를 누른다.

③ 

: 변수 강제 출력

변수 값을 원하는 값으로 강제 출력시킨다. 이 아이콘을 선택하여 변수 강제 입력 대화상자를 부른다.

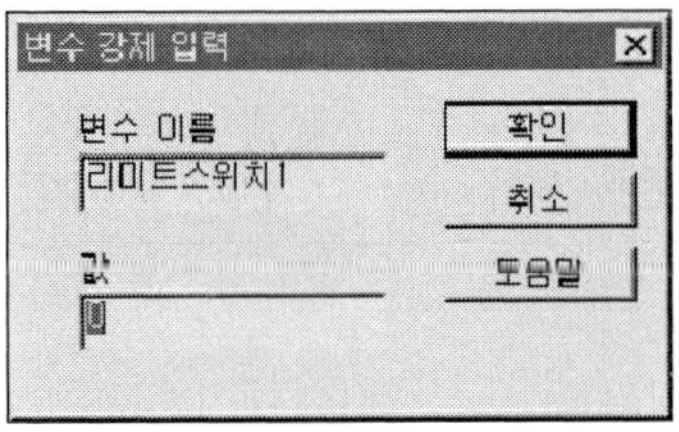

그림 10.86 변수 강제 입력

원하는 값을 입력한 후 확인 단추를 누른다.

4) 타임차트 모니터링(Time Chart Monitoring)

프로그램에서 선언된 변수, 글로벌 변수, I, Q, M 영역, 시스템 플래그 중에서 타입이 BOOL로 선언된 것에 대해 시간에 따른 ON/OFF 상태를 모니터링 할 수 있다. BOOL 이 아닌 변수는 위의 변수 모니터링에서 모니터링 해야 한다. 타임차트에서도 도구상자가 사용된다.

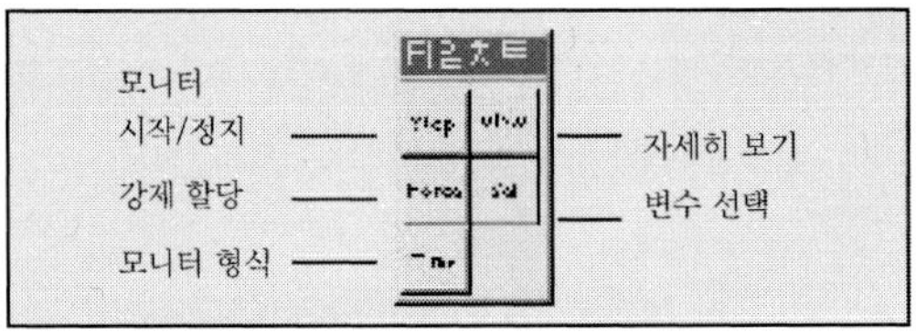

그림 10.87 타임차트 모니터링

(1) 모니터링을 처음 할 경우,

1. 메뉴 온라인-모니터-모니터 시작, 온라인-모니터-타임차트 모니터를 선택한다.

(2) 프로그램 모니터링 중

1. 메뉴 온라인-모니터-타임차트 모니터를 선택한다.
   변수 선택 대화상자에서 모니터링 하고자 하는 변수를 선택한다. 변수 선택 과정은 변수 모니터링과 같으므로 생략한다.

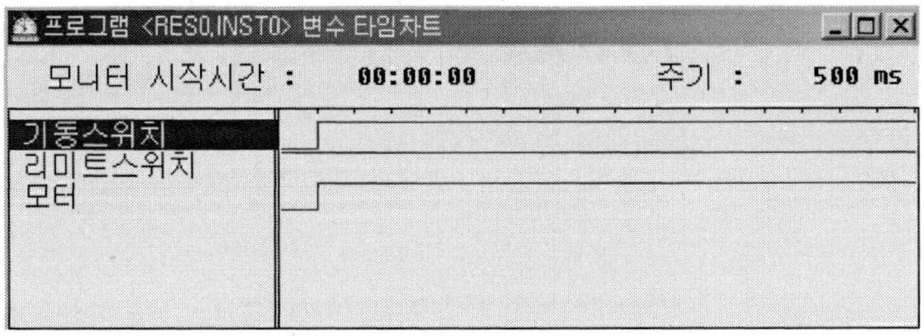

그림 10.88 프로그램 변수 타임차트

① Start : 모니터링 시작

② View : 모니터링 화면 형식설정
   변수에 대한 정보를 사용자가 선택하여 모니터링 화면에 나타낼 수 있다.

③ Time : 모니터링 시간 간격 설정

변수 값의 상태를 모니터링 할 때 시간 간격을 설정한다. 즉 PLC의 변수 값을 수집하는 시간 간격을 결정한다. 만일 5초로 설정하였으면, 5초 이내에 변하는 변수 값은 모니터링할 수 없다.

④ Force : 변수 강제 출력

변수 값을 원하는 값으로 강제 출력시킨다.

5) 링크 파라메터 모니터링

프로젝트 창의 링크 파라미터 항목에서 설정한 파라미터에 대해서 링크 진행 상태를 모니터링한다.

(1) 모니터링을 처음 할 경우

1. 메뉴 온라인-모니터-모니터 시작, 메뉴 온라인-모니터-링크 파라미터 모니터를 선택한다.

(2) 프로그램 모니터링 중

1. 메뉴 온라인-모니터-링크 파라미터 모니터를 선택하여 링크 파라미터 선택 대화상자를 부른다.

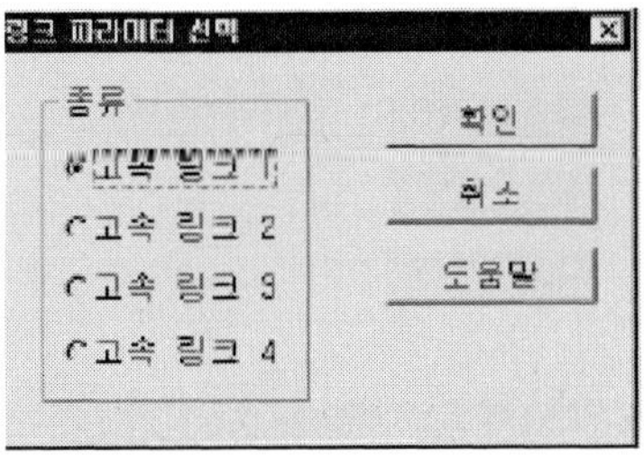

그림 10.89 링크파라미터 선택

2. 링크 파라미터 선택 대화상자에서 모니터링할 고속링크 파라미터를 선택한 후 확인 단추를 누른다.

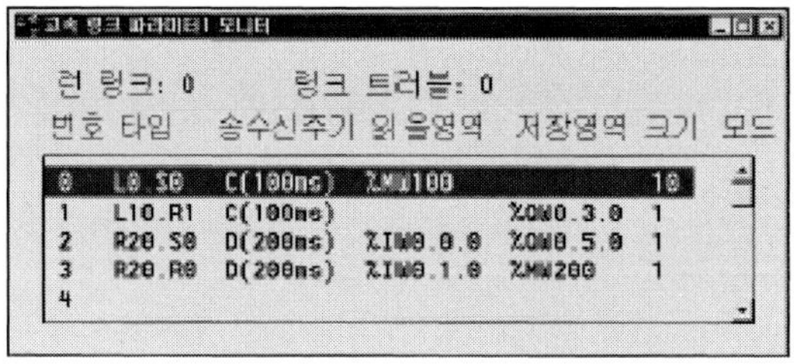

그림 10.90 고속링크 파라미터 모니터

10.10 ON-LINE MODE

1 프로그램의 컴파일

1. 메뉴 컴파일-컴파일을 선택한다.

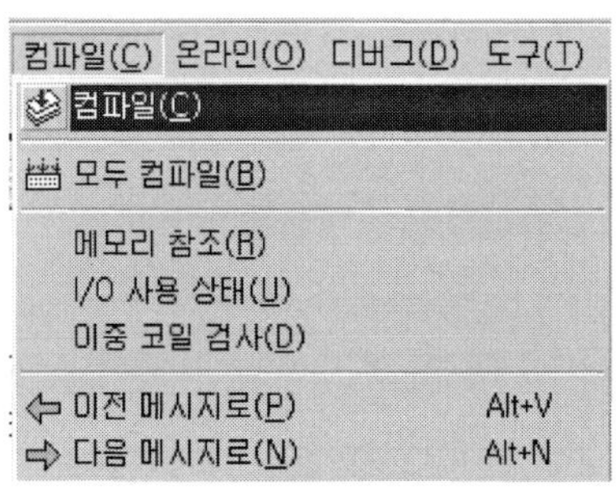

그림 10.91 컴파일-컴파일

2. 컴파일 메시지가 나타난다.

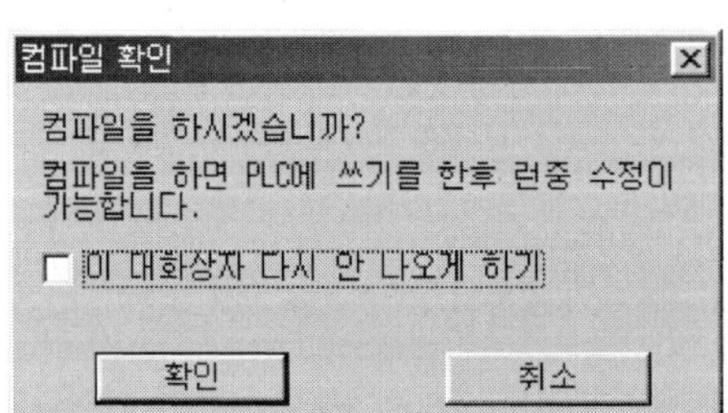

그림 10.92 컴파일 확인 대하상자

3. 확인을 선택한다.
4. 컴파일을 실행하여 실행파일을 만든다.

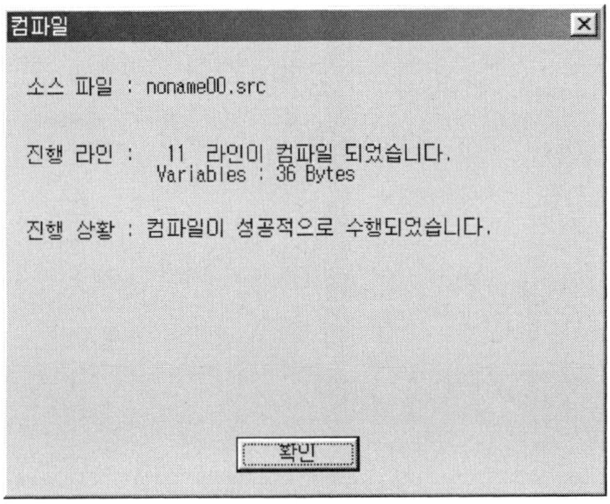

그림 10.93 컴파일

❷ 프로그램 전송

1. 프로그램 전송전에 GMWIN과 PLC의 연결상태를 확인한다. 메뉴 온라인 - 접 속 + 쓰기 + 모드 전환(RUN) + 모니터 시작(G)를 선택한다.

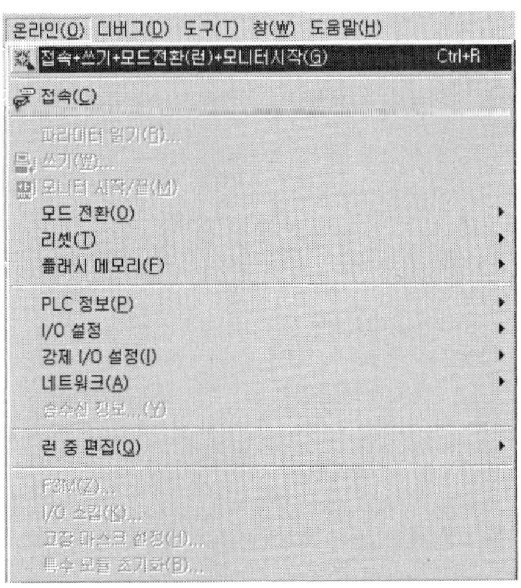

그림 10.94 온라인-접속+...

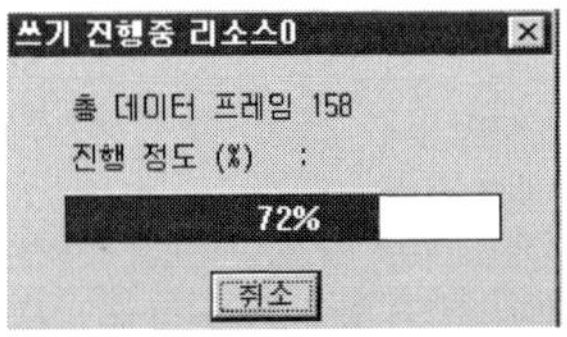

그림 10.95 쓰기 진행 중...

2. 이때 실행파일이 PLC에 전송된다. 전송이 완료되면 PLC의 모드가 런으로 바뀌고 모니터가 실행된다.

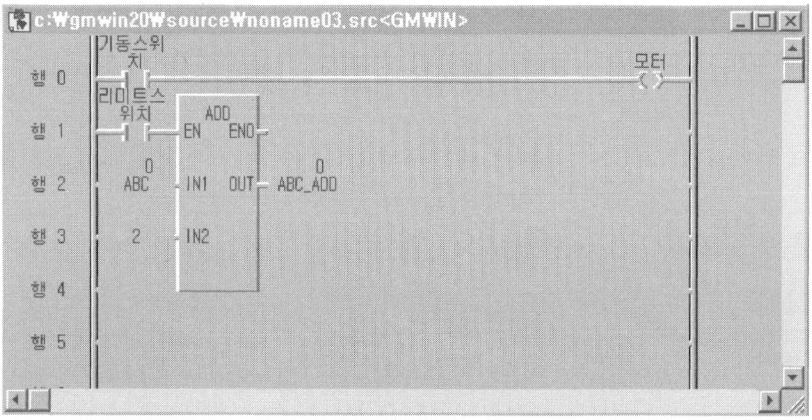

그림 10.96 런 모드 변경 화면

3. 기동스위치 접점 위치에서 마우스를 두 번 누르면 변수 강제 입력 대화상자가 나타난다.

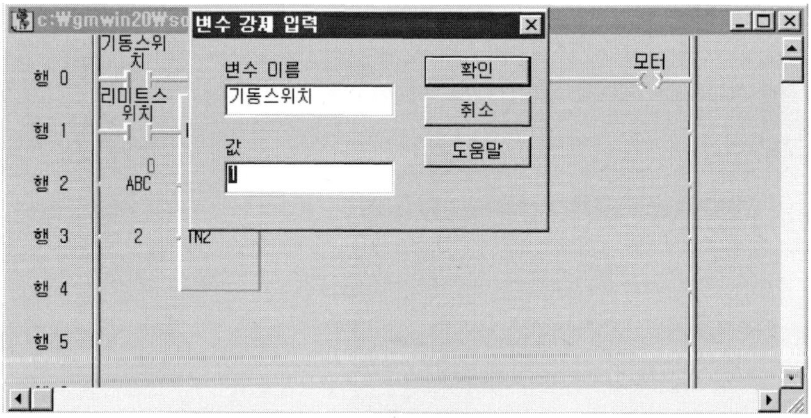

그림 10.97 변수 강제 입력 화면

4. 값 입력란에 1을 쓰고 확인 단추를 누른다.

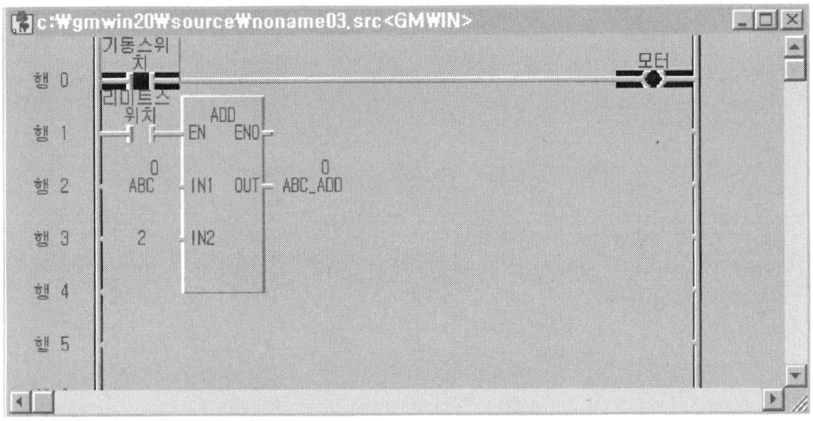

그림 10.98 기동스위치 강제 입력한 화면

5. 기동스위치가 ON이 되면, 모터가 ON이 되는 것을 모니터 할 수 있다. 리미트 스위치도 위와 같은 방법으로 강제 입력을 실행한다.

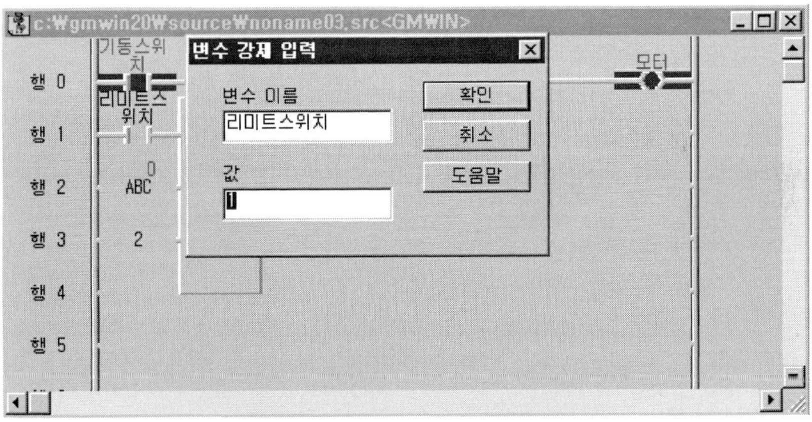

그림 10.99 리미트 스위치 변수 강제 입력

6. 값 입력란에 1을 쓰고 확인 단추를 누른다.

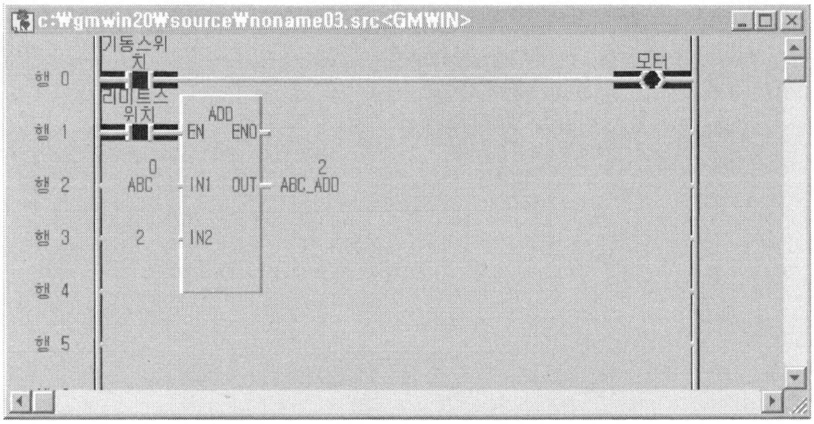

그림 10.100 리미트 스위치 강제 입력한 화면

7. LD 프로그램 창에서 변수 ABC의 입력에 따라 변수 ABC_ADD의 값이 2씩 증가하는 것을 모니터 할 수 있다.

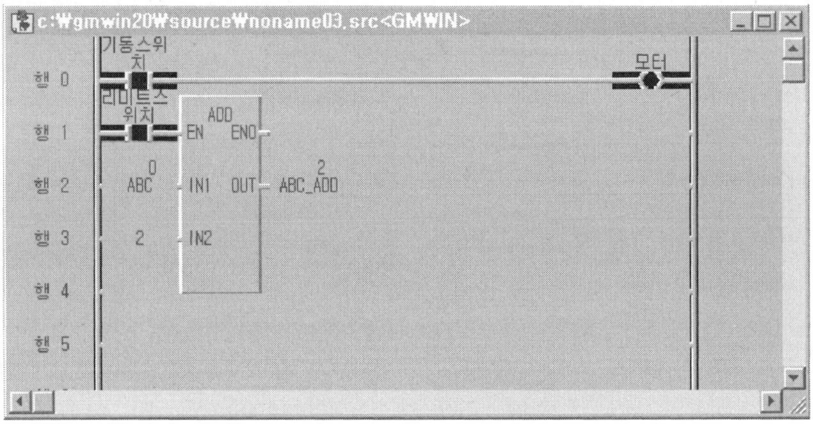

그림 10.101 리미트 스위치 동작 화면

8. 펑션 ABC의 변수를 강제 입력하기 위해 마우스의 왼쪽 단추를 두 번 누른다.

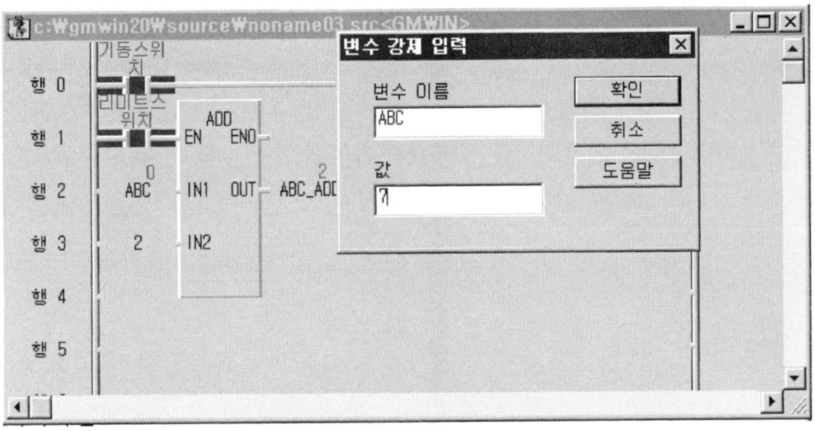

그림 10.102 펑션 변수 강제 입력

9. 값 입력란에 7을 입력하고 확인 단추를 누른다.

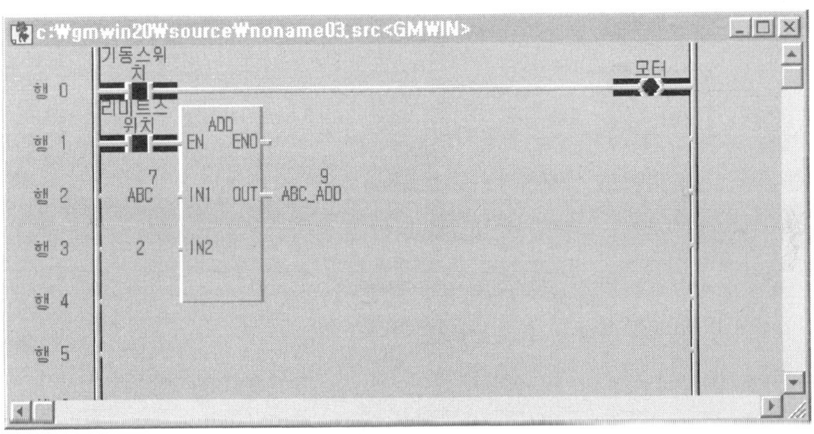

그림 10.103 ADD 펑션 동작 화면

10. LD 프로그램 창에서 변수 ABC의 입력에 따라 변수 ABC_ADD의 값이 7씩 증가하는 것을 모니터 할 수 있다.

10.11 파일 관리

프로그램을 작성하는 것도 중요하지만 작성한 프로그램을 어떻게 관리하는 것도 중요하다. 따라서 작성한 프로그램을 저장하거나 불러오는 등에 파일 관리에 관해 알아보도록 한다.

1 파일 저장하기

1) 새로운 파일 저장

한번도 저장하지 않은 새 파일을 저장한다.

(1) 프로젝트를 저장할 경우

1. 메뉴 프로젝트-저장을 선택한다.

(2) 프로그램을 저장할 경우

1. 메뉴 프로그램-저장을 선택한다.
2. 파일이 저장될 위치를 지정하기 위하여 위치 목록상자에서 드라이브 및 디렉터리를 선택한다.
3. 파일이름 입력란에 파일 이름을 입력한다.
4. 프로젝트 파일에는 PRJ, 프로그램 파일에는 SRC 확장자를 입력한다.
5. 저장 단추를 누른다.

2) 작업 중 파일 저장

(1) 프로젝트를 저장할 경우

1. 메뉴 프로젝트-저장을 선택한다.

(2) 프로그램을 저장할 경우

1. 메뉴 프로그램-저장을 선택한다.

3) 다른 이름으로 저장

프로젝트 이름 또는 프로그램 이름을 변경한다.

(1) 프로젝트를 저장할 경우

1. 메뉴 프로젝트-다른 이름으로 저장을 선택한다.

(2) 프로그램을 저장할 경우

1. 메뉴 프로그램 -다른 이름으로 저장을 선택한다.
2. 파일이 저장될 위치를 찾기 위하여 위치 목록상자에서 드라이브 및 디렉토리를 선택한다.
3. 파일 이름 입력란에 파일 이름을 입력한다.
4. 프로젝트 파일에는 PRJ, 프로그램 파일에는 SRC 확장자를 입력한다.
5. 저장 단추를 누른다.

2 파일 닫기

1) 방법 1

해당 창의 왼쪽 위 모서리의 조절메뉴 상자를 누른다.

2) 방법 2

(1) 프로젝트를 닫을 경우

1. 메뉴 프로젝트-닫기를 선택한다.

(2) 프로그램을 닫을 경우

1. 메뉴 프로그램-닫기를 선택한다.

① 이때 해당 파일이 저장되어 있지 않으면 다음 대화상자가 나타난다.

② 파일을 저장하려면 예 단추를 누른다.

③ 파일을 저장하지 않으려면 아니오 단추를 누른다.

④ 파일 닫기를 취소하려면 취소 단추를 누른다.

❸ 파일 불러오기

1) 프로그램 열기

이미 저장된 프로그램을 여는 명령이다. 프로그램을 여는 방법에는 메뉴에서 선택하여 여는 방법과 프로젝트에 지정된 프로그램을 직접 여는 방법의 두 가지가 있다.

(1) 메뉴에서 선택하여 열기

1. 메뉴 프로그램-열기...( )를 선택한다.
2. 원하는 프로그램 파일을 선택한 후 확인 단추를 누른다.
3. 선택된 프로그램이 윈도우 화면에 생성된다.

(1) 프로젝트 내에 지정된 프로그램 파일 열기

만약 프로젝트 내에 지정된 프로그램 파일을 열고 싶을 때는 프로젝트 윈도우의 목록 중에서 해당 프로그램 항목으로 마우스를 옮긴 후 두 번 누르기를 한다. 마찬가지로 선택된 프로그램이 윈도우 화면에 생성된다.

① 수정 모드나 디버그 모드에서는 같은 프로그램을 두 개 이상 열 수 없다.

② 모니터 모드인 경우에는 긴 프로그램을 한 화면에 볼 수 없는 경우에 대비하여 같은 프로그램을 두 개 이상 열고 각각 다른 부분을 모니터 할 수 있다.

제 11 장

기본 프로그램 작성

11.1 ON 회로

이 회로는 릴레이의 기본구조를 설명하기 위한 회로로 릴레이 내부 코일이 여자되면 평상시에 열려있는 접점(릴레이의 a 접점)이 닫히는 동작을 이용한 회로이다.

1 회로도와 회로 설명

1) 회로도

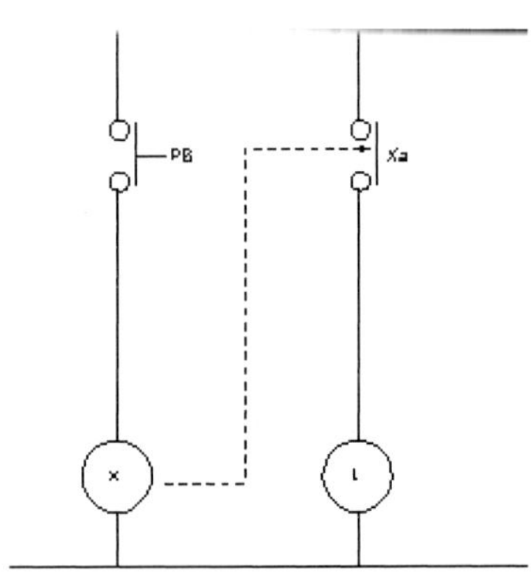

그림 11.1 ON 회로

2) 회로 설명

① 전원을 투입하면 동작 사항은 없다.

② PB 스위치를 누르면 릴레이(X)가 동작한다.

③ 릴레이(X)가 동작하면 램프(L)가 점등된다.

④ PB를 떼면 램프는 소등된다.

2 GMWIN을 이용한 프로그래밍

GMWIN 프로그램을 이용하여 ON 회로를 만들어 본다.

그림 11.2 GMWIN으로 작성한 회로도

변수명	변수 종류	메모리할당	사용여부	데이터 타입
L	VAR	<자동>		BOOL
PB	VAR	<자동>		BOOL
X	VAR	<자동>		BOOL

그림 11.3 변수 목록

1) 시뮬레이터를 이용한 회로 동작 점검

그림 11.4 시뮬레이터를 이용한 동작 실험

11.2 OFF 회로

이 회로는 릴레이의 기본구조를 설명하기 위한 회로로 릴레이 내부코일이 여자되면 평상시에 닫혀 있는 접점(릴레이의 b 접점)이 열리는 동작을 이용한 회로이다.

❶ 회로도와 회로 설명

1) 회로도

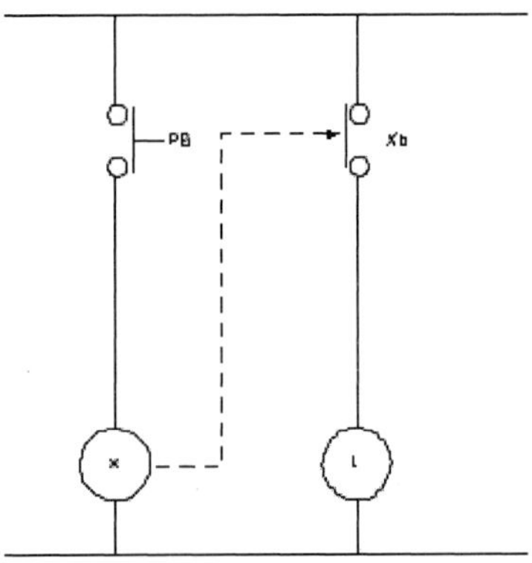

그림 11.5 OFF 회로

2) 회로 설명

① 전원을 투입하면 램프(L)가 점등된다.

② PB 스위치를 누르면 릴레이(X)가 동작한다.

③ 릴레이(X)가 동작하면 램프가 소등된다.

④ PB 스위치를 떼면 램프는 다시 점등된다.

❷ GMWIN을 이용한 프로그래밍

GMWIN 프로그램을 이용하여 ON 회로를 만들어 본다.

그림 11.6 GMWIN으로 작성한 회로도

변수명	변수 종류	메모리할당	사용여부	데이터 타입
L	VAR	<자동>		BOOL
PB	VAR	<자동>		BOOL
X	VAR	<자동>		BOOL

그림 11.7 변수 목록

1) 시뮬레이터를 이용한 회로 동작 점검

그림 11.8 시뮬레이터를 이용한 동작 실험

11.3 ON-OFF 회로

릴레이의 a 접점과 b 접점을 이용한 회로로 모든 회로에 기본으로 사용되는 회로이다.

❶ 회로도와 회로 설명

1) 회로도

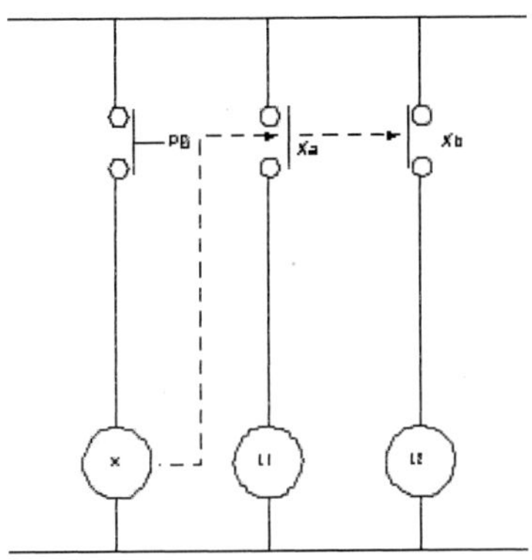

그림 11.9 ON-OFF 회로

2) 회로 설명

① 전원을 투입하면 램프(L2)가 점등된다.
② PB 스위치를 누르면 릴레이(X)가 동작한다.
③ 릴레이(X)가 동작하면 램프(L1)가 점등되고, 램프 (L2)가 소등된다.
④ PB 스위치를 떼면 램프(L1)는 소등되고, 램프(L2)는 점등된다.

❷ GMWIN을 이용한 프로그래밍

GMWIN 프로그램을 이용하여 ON-OFF 회로를 만들어 본다.

그림 11.10 GMWIN으로 작성한 회로도

변수명	변수 종류	메모리할당	사용여부	데이터 타입
L1	VAR	<자동>		BOOL
L2	VAR	<자동>		BOOL
PB	VAR	<자동>		BOOL
X	VAR	<자동>		BOOL

그림 11.11 변수 목록

1) 시뮬레이터를 이용한 회로 동작 점검

그림 11.12 시뮬레이터를 이용한 동작 실험

11.4 AND 회로

입력의 모든 값이 동시에 주어졌을 때 출력이 나타나는 회로를 말하며 접점이 직렬로 연결된 회로이고 논리곱회로라고도 부른다.

❶ 회로도와 회로 설명

1) 회로도

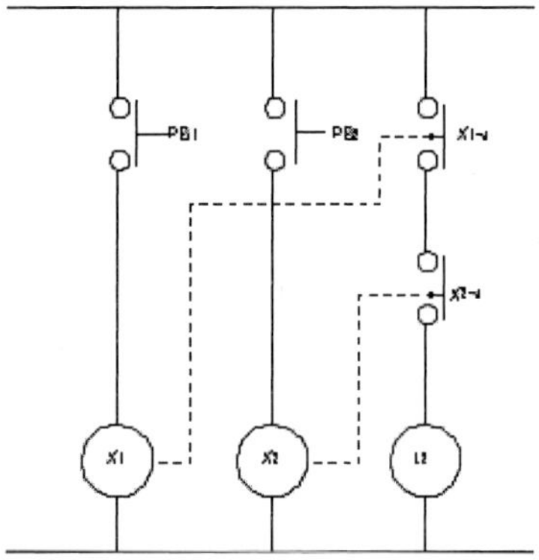

그림 11.13 AND 회로

2) 회로 설명

① 전원을 투입하면 동작 사항은 없다.

② PB1 스위치를 누르면 릴레이(X1)가 동작한다.

③ PB1 스위치를 누른 상태에서 PB2를 누르면 릴레이(X2)가 동작한다.

④ 릴레이(X1)과 릴레이(X2)가 동작하면 램프가 점등된다.

⑤ PB1 스위치와 PB2 스위치 중 어느 하나를 떼면 램프는 소등된다.

❷ 무접점 변환 회로

1) 다이오드에 의한 AND 회로

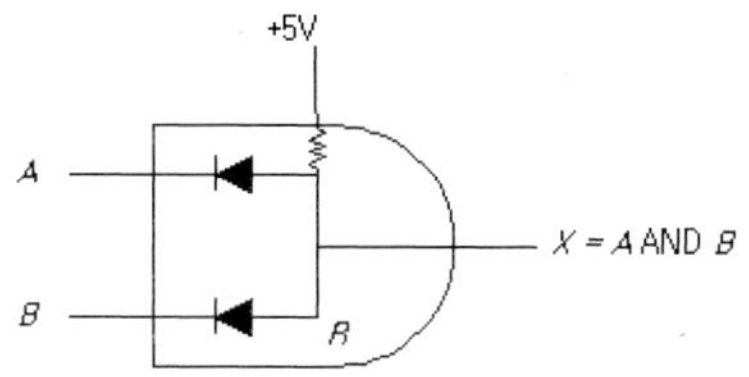

그림 11.14 다이오드 AND 회로

※ A에 +5[V], B에 0[V]를 가하면

① A에 같은 전압이므로 전류가 흐르지 않는다.

② B가 0이므로 순방향 전류가 흐르므로 저항에 5[V]가 걸린다.

③ 저항 상단은 5[V]이다.

④ 저항 하단은 0[V]이다.

⑤ 출력은 0이다.

2) 트랜지스터에 의한 AND 회로

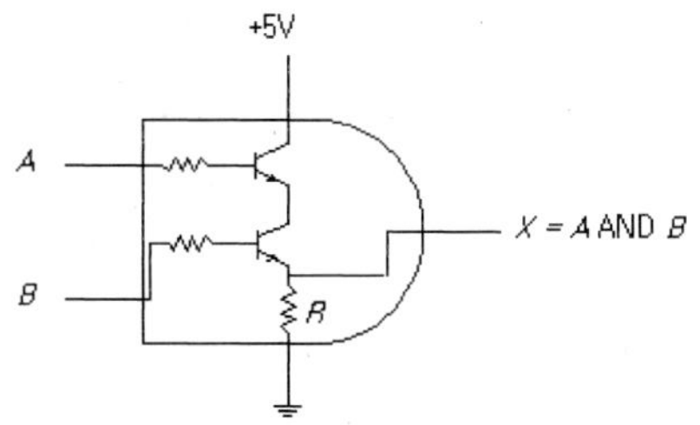

그림 11.15 트랜지스터 AND 회로

※ A에 +5[V], B에 0[V]를 가하면 A에 +5[V], B에 0[V]를 가하면

① A에 연결된 TR에 Base가 동작한다.

② C와 E 간에 저항이 거의 0에 가깝다.

③ B가 0이므로 C와 E 간에 저항이 무한대이다.

④ 저항에 전압이 걸리지 않는다.

⑤ 출력은 0이다.

❸ GMWIN을 이용한 프로그래밍

GMWIN 프로그램을 이용하여 AND 회로를 만들어 본다.

그림 11.16 GMWIN으로 작성한 회로도

변수명	변수 종류	메모리할당	사용여부	데이터 타입
L	VAR	<자동>		BOOL
PB1	VAR	<자동>		BOOL
PB2	VAR	<자동>		BOOL
X1	VAR	<자동>		BOOL
X2	VAR	<자동>		BOOL

그림 11.17 변수 목록

1) 시뮬레이터를 이용한 회로 동작 점검

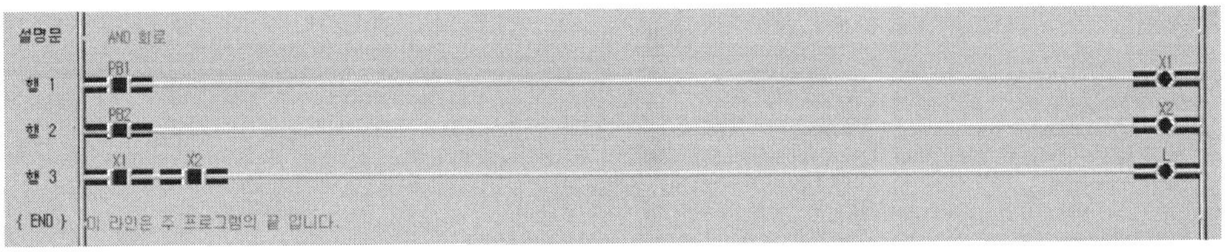

그림 11.18 시뮬레이터를 이용한 동작 실험

2) AND 펑션 회로

그림 11.19 AND 펑션을 이용한 회로

11.5 OR 회로

입력 중에 어느 한 값이라도 주어지면 출력이 나타나는 회로를 말하며 접점이 병렬로 연결된 회로이고 논리합회로라고도 부른다.

1 회로도와 회로 설명

1) 회로도

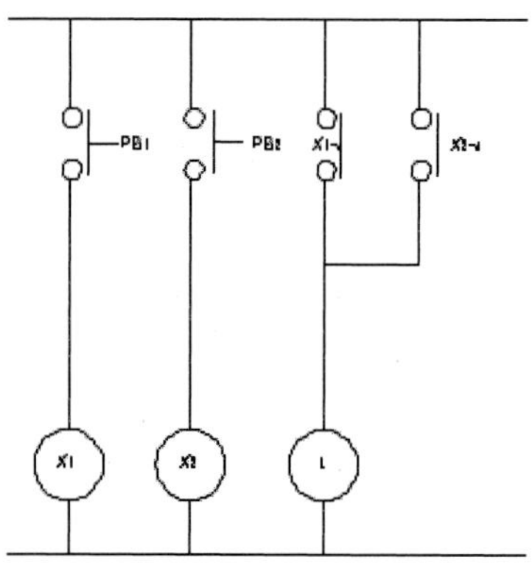

그림 11.20 OR 회로도

2) 회로 설명

① 전원을 투입하면 동작사항은 없다.

② PB1 스위치를 누르면 릴레이(X1)가 동작하며, PB2 스위치를 누르면 릴레이(X2)가 동작힌다.

③ 릴레이(X1) 또는 릴레이(X2)중 어느 하나만 동작하면, 램프(L)는 점등된다.

④ PB1 스위치와 PB2 스위치가 OFF일 때 램프는 소등된다.

❷ 무접점 변환 회로

1) 다이오드에 의한 OR 회로

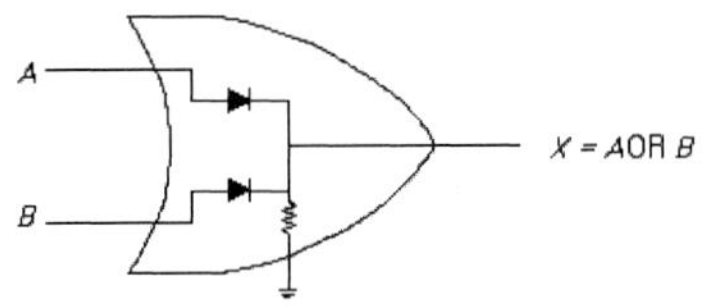

그림 11.21 다이오드 OR 회로

※ A에 +5[V], B에 0[V]를 가하면

① A에 같은 전압이므로 전류가 흐르지 않는다.

② B가 0이므로 순방향 전류가 흐르므로 저항에 5[V]가 걸린다.

③ 저항 상단은 5[V]이다.

④ 저항 하단은 0[V]이다.

⑤ 출력은 0이다.

2) 트랜지스터에 의한 OR 회로

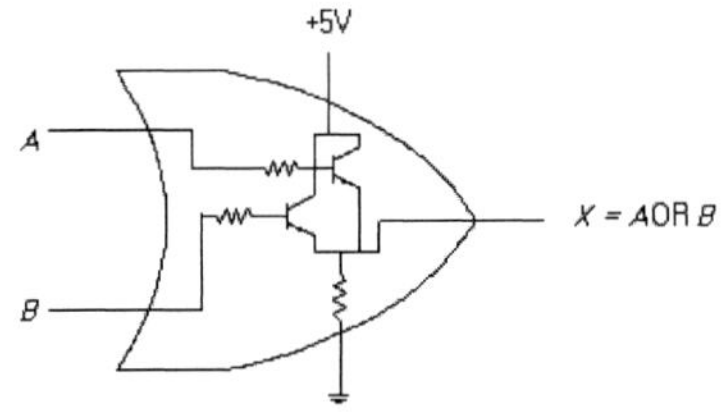

그림 11.22 트랜지스터 OR 회로

※ A에 +5[V], B에 0[V]를 가하면

① A에 연결된 TR에 Base가 동작한다.

② C와 E 간에 저항이 거의 0에 가깝다.

③ B가 0이므로 C와 E 간에 저항이 무한대이다.

④ 저항에 전압이 걸리지 않는다.

⑤ 출력은 0이다.

❸ GMWIN을 이용한 프로그래밍

GMWIN 프로그램을 이용하여 OR 회로를 만들어 본다.

그림 11.23 GMWIN으로 작성한 회로도

변수명	변수 종류	메모리할당	사용여부	데이터 타입
L	VAR	<자동>		BOOL
PB1	VAR	<자동>		BOOL
PB2	VAR	<자동>		BOOL
X1	VAR	<자동>		BOOL
X2	VAR	<자동>		BOOL

그림 11.24 변수 목록

1) 시뮬레이터를 이용한 회로 동작 점검

그림 11.25 시뮬레이터를 이용한 동작 실험

2) OR 펑션 회로

그림 11.26 OR 펑션을 이용한 회로

11.6 NOT 회로

입력과 출력의 상태를 반대로 하는 상태 반전, 즉 부정의 판단 기능을 갖는 회로를 말하며 인버터 회로라고도 부른다.

1 회로도와 회로 설명

1) 회로도

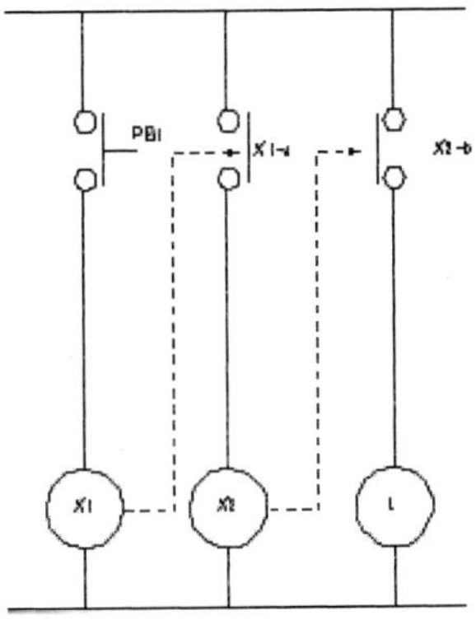

그림 11.27 NOT 회로

2) 회로 설명

① 전원을 투입하면 램프(L)는 점등된다.

② PB1을 누르면 릴레이(X1)가 동작한다.

③ 릴레이(X1)가 동작하면, 릴레이(X2)가 동작하여 램프가 소등된다.

④ PB1 스위치를 떼면 램프는 점등된다.

❷ 무접점 변환 회로

1) 트랜지스터에 의한 NOT 회로

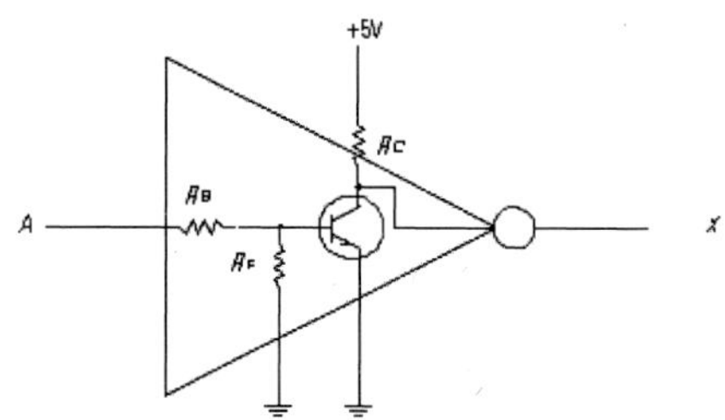

그림 11.28 트랜지스터 NOT 회로

※ A에 0[V]를 가하면

① 트랜지스터(Tr)가 동작하지 못한다.

② 트랜지스터(Tr)은 스위치 Off 작용을 한다.

③ 컬렉터와 이미터 간은 개방상태, 즉 스위치 Off 상태가 된다.

④ 전류가 흐르지 않으므로 저항 RC의 전압강하는 없다.

⑤ 출력 X는 +5[V]가 저항을 통하여 직접 걸리므로 5[V]가 된다.

※ A에 +5[V]를 가하면

① 트랜지스터(Tr)의 베이스 전류와 컬렉터 전류가 흐른다.

② 트랜지스터(Tr)은 스위치 On 작용을 한다.

③ 순방향 전압강하를 무시하면 트랜지스터(Tr)가 동작하여 컬레터-이미터 간은 단락 상태가 된다.

④ 전원 +5[V]는 저항 RC의 전압강하 IRC로 없어진다.

⑤ 출력 X는 트랜지스터(Tr)이 단락 상태로 접지가 직접 걸리므로 0 V가 된다.

❸ GMWIN을 이용한 프로그래밍

GMWIN 프로그램을 이용하여 NOT 회로를 만들어 본다.

그림 11.29 GMWIN으로 작성한 회로도

변수명	변수 종류	메모리할당	사용여부	데이터 타입
L	VAR	<자동>	*	BOOL
PB	VAR	<자동>		BOOL
X1	VAR	<자동>		BOOL
X2	VAR	<자동>		BOOL

그림 11.30 변수 목록

1) 시뮬레이터를 이용한 회로 동작 점검

그림 11.31 시뮬레이터를 이용한 동작 실험

2) NOT 펑션 회로

그림 11.32 NOT 펑션을 이용한 회로

11.7 NAND 회로

입력을 모두 동작시켰을 때 출력이 입력과 반대되는 값을 갖는 회로를 말하며 AND 회로의 부정(NOT) 회로를 말한다. 논리적 부정회로라고도 한다.

1 회로도와 회로 설명

1) 회로도

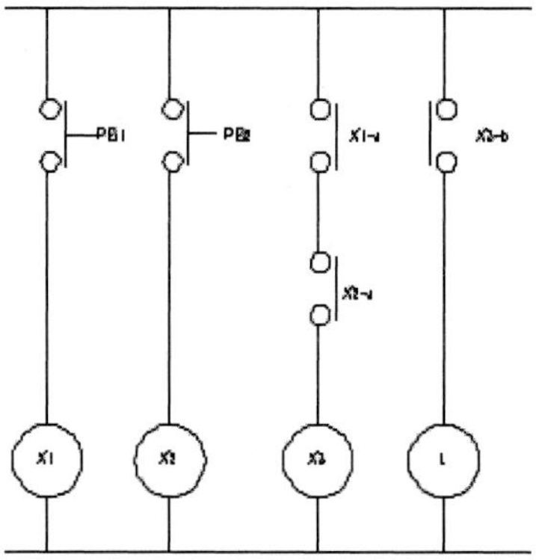

그림 11.33 NAND 회로도

2) 회로 설명

① 전원을 투입하면 램프(L)는 점등된다.

② PB1 스위치를 누르면 릴레이(X1)가 동작한다.

③ PB2 스위치를 누르면 릴레이(X2)가 동작한다.

④ PB1 스위치와 PB2 스위치를 동시에 눌렀을 경우 X3가 동작하여 램프는 소등된다.

⑤ PB1 스위치 또는 PB2 스위치 중 어느 하나를 뗄 경우 램프(L)는 점등된다.

❷ 무접점 변환 회로

1) 트랜지스터에 의한 NAND 회로

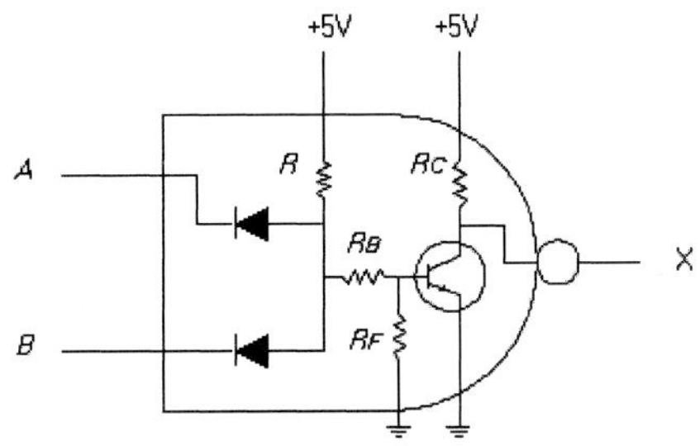

그림 11.34 트랜지스터 NAND 회로

※ A와 B에 +5[V]를 인가한 경우

① A와 B에 연결된 다이오드에 역방향 전압이 걸리므로 다이오드는 도통되지 않는다.

② R과 RB를 통해 트랜지스터(Tr)의 베이스에 전류가 흐른다.

③ 트랜지스터(Tr)가 도통되면서 콜렉터 전류가 흐르게 된다.

④ 출력 X에 0[V]가 나타나게 된다.

❸ GMWIN을 이용한 프로그래밍

GMWIN 프로그램을 이용하여 NAND 회로를 만들어 본다.

그림 11.35 GMWIN으로 작성한 회로도

변수명	변수 종류	메모리할당	사용여부	데이터 타입
L	VAR	<자동>		BOOL
PB1	VAR	<자동>		BOOL
PB2	VAR	<자동>		BOOL
X1	VAR	<자동>		BOOL
X2	VAR	<자동>		BOOL
X3	VAR	<자동>		BOOL

그림 11.36 변수 목록

1) 시뮬레이터를 이용한 회로 동작 점검

그림 11.37 시뮬레이터를 이용한 동작 실험

2) NAND 펑션 회로

그림 11.38 NAND 펑션을 이용한 회로

11.8 NOR 회로

입력이 모두 동작을 안 했을 때 출력이 나타나는 회로로 논리합 부정회로라고 한다.

❶ 회로도와 회로 설명

1) 회로도

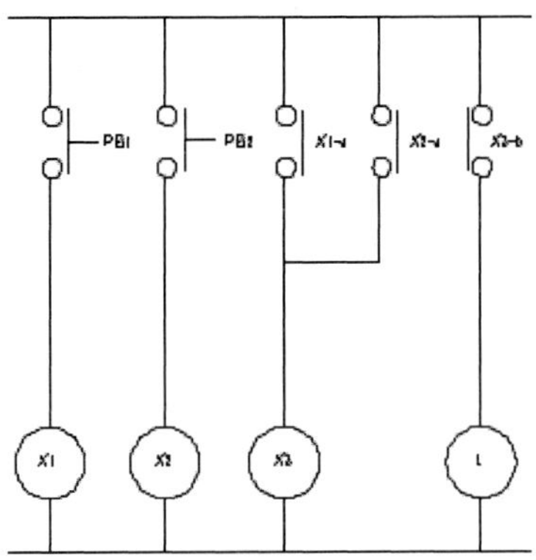

그림 11.39 NOR 회로

2) 회로 설명

① 전원을 넣으면 램프(L)가 점등된다.

② PB1 스위치를 누르면 릴레이(X1)가 동작하여 릴레이(X3)가 동작하고 램프는 소등된다.

③ PB2 스위치를 누르면 릴레이(X2)가 동작하여 릴레이(X3)가 동작하고 램프는 소등된다.

④ PB1과 PB2를 동시에 떼면 램프는 점등된다.

❷ 무접점 변환 회로

1) 다이오드와 트랜지스터에 의한 NOR 회로

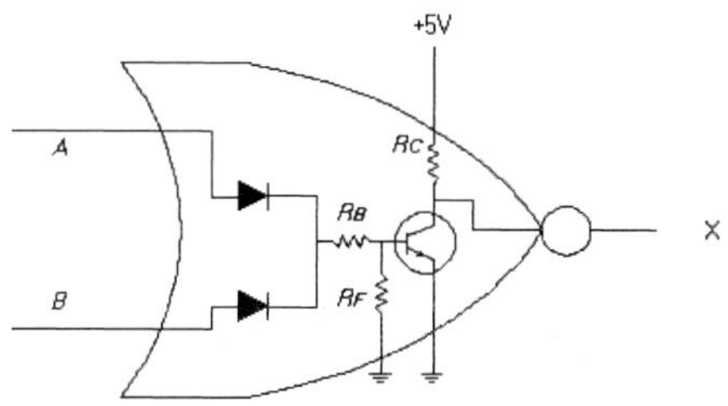

그림 11.40 다이오드 NOR 회로

※ A와 B에 +0[V]를 인가한 경우

① 트랜지스터(Tr)의 베이스에 전류가 흐르지 않는다.

② 트랜지스터(Tr)가 스위치 Off 동작을 한다.

③ 출력 X에 +5[V]가 나타나게 된다.

❸ GMWIN을 이용한 프로그래밍

GMWIN 프로그램을 이용하여 NOR 회로를 만들어 본다.

그림 11.41 GMWIN으로 작성한 회로도

변수명	변수 종류	메모리할당	사용여부	데이터 타입
L	VAR	<자동>		BOOL
PB1	VAR	<자동>		BOOL
PB2	VAR	<자동>		BOOL
X1	VAR	<자동>		BOOL
X2	VAR	<자동>		BOOL
X3	VAR	<자동>		BOOL

그림 11.42 변수 목록

1) 시뮬레이터를 이용한 회로 동작 점검

그림 11.43 시뮬레이터를 이용한 동작 실험

2) NOR 펑션 회로

그림 11.44 NOR 펑션을 이용한 회로

11.9 금지회로

AND 회로 가운데 하나의 입력에 금지입력으로써 NOT 회로를 조합하고 이 금지입력회로가 입력되어 있는 동안은 절대로 AND 회로의 출력이 나타나지 않도록 만든 회로를 말하며 인히비트(Inhibit) 회로라고도 한다.

1 회로도와 회로 설명

1) 회로도

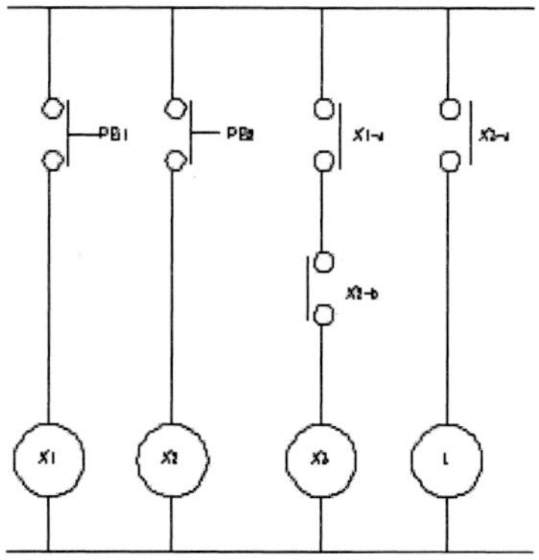

그림 11.45 금지회로

2) 회로 설명

① 전원을 투입하면 동작사항은 없다.

② PB1 스위치를 누르면 릴레이(X1)가 동작하여 릴레이(X3)가 동작한다.

③ 릴레이(X3)가 동작하면 램프는 점등된다.

④ PB2 스위치를 누르면 릴레이(X2)가 동작하여 릴레이(X3)는 동작을 멈추고 램프는 소등된다.

⑤ PB2 스위치를 누르고 있는 동안에는 PB1 스위치에 의해 램프는 동작하지 않는다.

❷ 무접점 변환 회로

1) 논리기호에 의한 금지회로

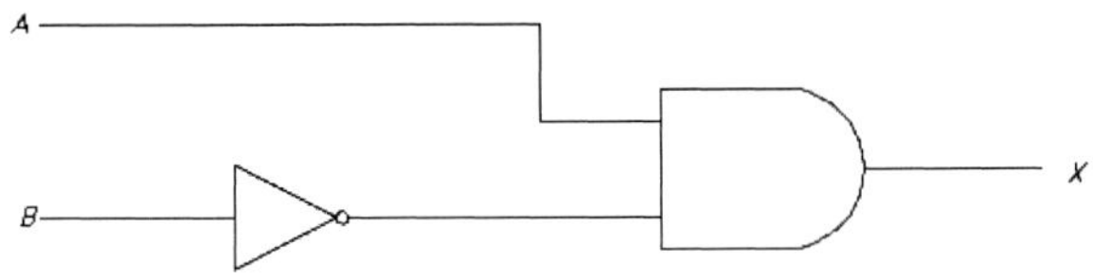

그림 11.46 무접점을 이용한 금지회로

❷ GMWIN을 이용한 프로그래밍

GMWIN 프로그램을 이용하여 금지회로를 만들어 본다.

그림 11.47 GMWIN으로 작성한 회로도

변수명	변수 종류	메모리할당	사용여부	데이터 타입
L	VAR	<자동>		BOOL
PB1	VAR	<자동>		BOOL
PB2	VAR	<자동>		BOOL
X1	VAR	<자동>		BOOL
X2	VAR	<자동>		BOOL
X3	VAR	<자동>		BOOL

그림 11.48 변수 목록

1) 시뮬레이터를 이용한 회로 동작 점검

그림 11.49 시뮬레이터를 이용한 동작 실험

2) 금지 평션 회로

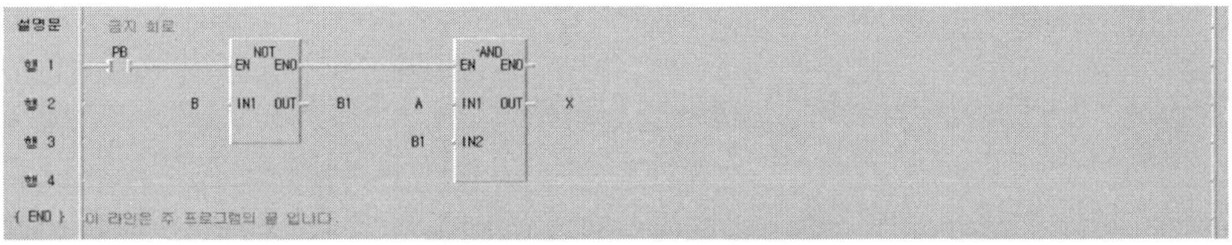

그림 11.50 평션을 이용한 금지회로

11.10 변환 회로

하나의 입력신호를 두 변환 신호로 두 출력 중 어느 한쪽에 출력시키는 회로를 말한다.

1 회로도와 회로 설명

1) 회로도

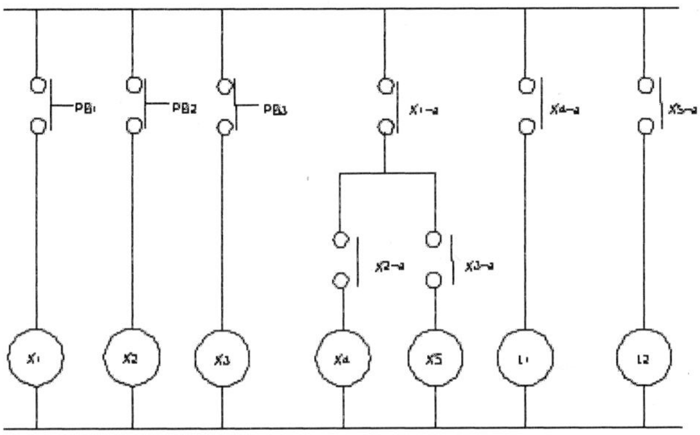

그림 11.51 변환 회로

2) 회로 설명

① 전원을 투입하면 동작사항은 없다.

② PB1을 누르면 릴레이(X1)이 동작한다.

③ PB1을 누른 상태에서 PB2 스위치를 누르면 릴레이(X2)가 동작하여 릴레이(X4)가 동작한다.

④ 릴레이(X4)가 동작하면 램프(L1)이 점등된다.

⑤ PB1 스위치를 누른 상태에서 PB3를 누르면 릴레이(X3)가 동작하여 릴레이(X5)가 동작한다.

⑥ 릴레이(X5)가 동작하면 램프(L2)가 점등된다.

⑦ PB1 스위치를 떼면 램프(L1)와 램프(L2)가 소등된다.

❷ 무접점 변환 회로

1) 논리기호에 의한 변환 회로

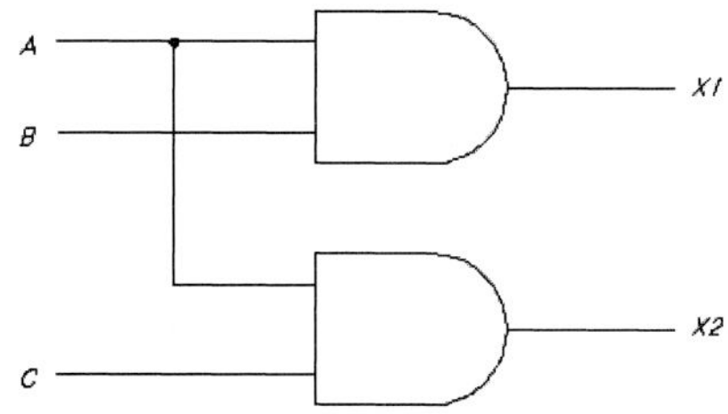

그림 11.52 무접점을 이용한 변환 회로

❸ GMWIN을 이용한 프로그래밍

GMWIN 프로그램을 이용하여 변환 회로를 만들어 본다.

그림 11.53 GMWIN으로 작성한 회로도

변수명	변수 종류	메모리할당	사용여부	데이터 타입
L1	VAR	<자동>		BOOL
L2	VAR	<자동>		BOOL
PB1	VAR	<자동>		BOOL
PB2	VAR	<자동>		BOOL
PB3	VAR	<자동>		BOOL
X1	VAR	<자동>		BOOL
X2	VAR	<자동>		BOOL
X3	VAR	<자동>		BOOL
X4	VAR	<자동>		BOOL
X5	VAR	<자동>		BOOL

그림 11.54 변수 목록

1) 시뮬레이터를 이용한 회로 동작 점검

그림 11.55 시뮬레이터를 이용한 동작 실험

2) 변환 펑션 회로

그림 11.56 펑션을 이용한 변환 회로

11.11 일치회로

입력 모두 일치하고 있을 때만 출력이 나타나는 회로를 말하며 설정값과 목푯값이 일치되었을 때만 다음 단계의 조작이나 제어를 할 경우에 사용한다. 이 회로를 EXCLUSIVE-NOR 회로라고 한다.

1 회로도와 회로 설명

1) 회로도

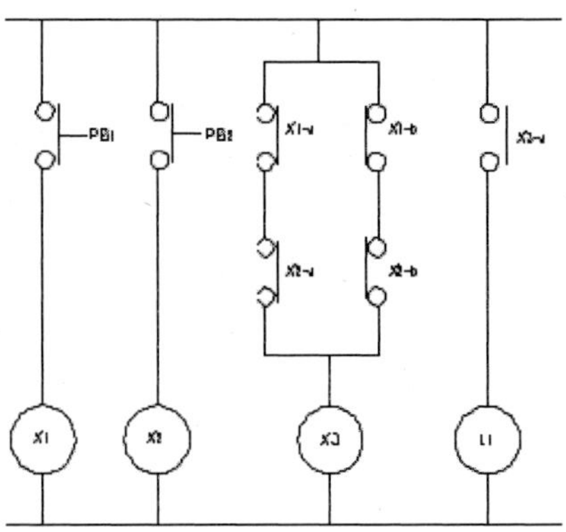

그림 11.57 일치회로

2) 회로 설명

① 전원을 투입하면 릴레이(X3)가 동작하여 램프(L)가 점등된다.

② PB1 스위치를 누르면 릴레이(X1)가 동작하여 릴레이(X3)가 소자되어 램프가 소등된다. PB2를 누르면 릴레이(X2)가 동작하여 릴레이(X3)가 소자 되어 램프가 소등한다.

③ PB1 스위치와 PB2 스위치를 동시에 누르면 릴레이(X3)가 동작하여 램프가 점등된다.

❷ 무접점 변환 회로

1) 논리기호에 의한 일치회로

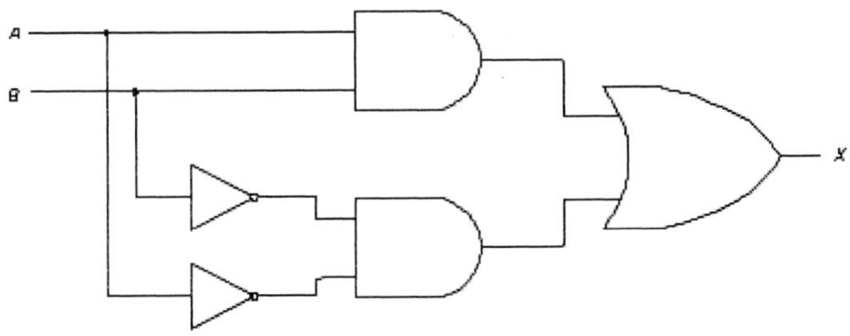

그림 11.58 무접점을 이용한 일치회로

❸ GMWIN을 이용한 프로그래밍

GMWIN 프로그램을 이용하여 일치회로를 만들어 본다.

그림 11.59 GMWIN으로 작성한 회로도

변수명	변수 종류	메모리할당	사용여부	데이터 타입
L1	VAR	<자동>		BOOL
L2	VAR	<자동>		BOOL
PB1	VAR	<자동>		BOOL
PB2	VAR	<자동>		BOOL
PB3	VAR	<자동>		BOOL
X1	VAR	<자동>		BOOL
X2	VAR	<자동>		BOOL
X3	VAR	<자동>		BOOL

그림 11.60 변수 목록

1) 시뮬레이터를 이용한 회로 동작 점검

그림 11.61 시뮬레이터를 이용한 동작 실험

2) 일치 펑션 회로

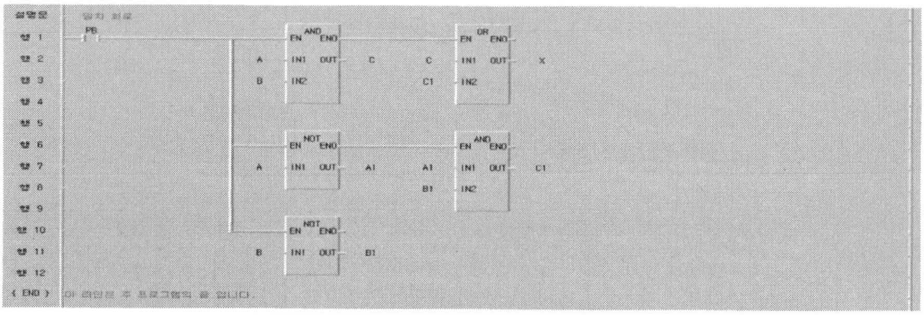

그림 11.62 펑션을 이용한 일치회로

11.12 배타적 OR 회로

두 입력이 서로 다른 상태일 때만 출력이 나타나는 회로를 말하며 반 일치회로라고도 한다.

❶ 회로도와 회로 설명

1) 회로도

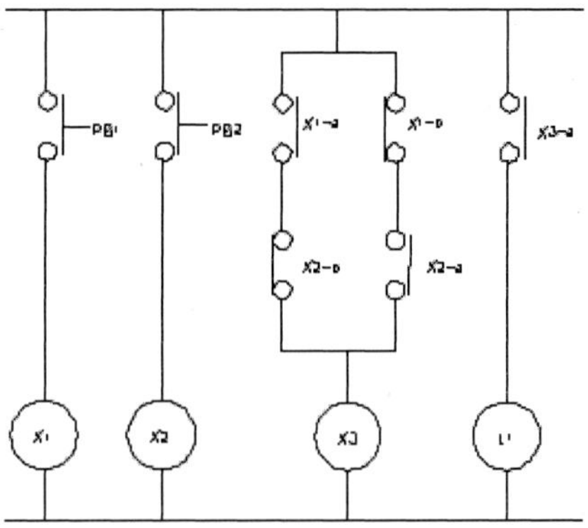

그림 11.63 배타적 OR 회로

2) 회로 설명

① 전원을 투입하면 동작사항이 없다.

② PB1 스위치를 누르면 릴레이(X1)이 동작하여 릴레이(X3)가 동작한다.

③ 릴레이(X3)가 동작하면 램프(L)는 점등된다.

④ PB1 스위치와 PB2를 동시에 누르면 램프(L)는 소등된다.

⑤ PB1 스위치와 PB2 스위치 중 어느 하나만 누르면 램프는 점등된다.

❷ 무접점 변환 회로

1) 논리기호에 의한 배타적 OR 회로

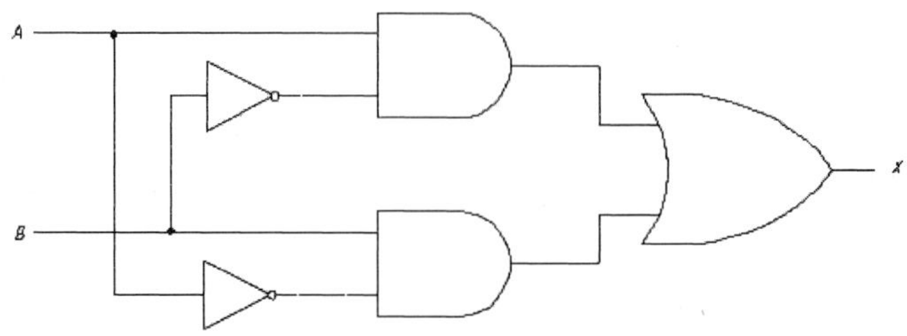

그림 11.64 무접점을 이용한 배타적 OR 회로

❸ GMWIN을 이용한 프로그래밍

GMWIN 프로그램을 이용하여 배타적 OR 회로를 만들어 본다.

그림 11.65 GMWIN으로 작성한 회로도

변수명	변수 종류	메모리할당	사용여부	데이터 타입
L1	VAR	<자동>		BOOL
PB1	VAR	<자동>		BOOL
PB2	VAR	<자동>		BOOL
X1	VAR	<자동>		BOOL
X2	VAR	<지동>		DOOL
X3	VAR	<지동>		BOOL

그림 11.66 변수 목록

1) 시뮬레이터를 이용한 회로 동작 점검

그림 11.67 시뮬레이터를 이용한 동작 실험

2) 배타적 OR 펑션 회로

그림 11.68 펑션을 이용한 배타적 OR 회로

11.13 자기유지 회로

어느 신호에 의하여 일단 여자된 코일이 신호를 제거한 후에도 스스로의 접점에 의하여 여자가 계속되도록 한 회로를 말하며 자기보유회로라고도 한다.

❶ 회로도와 회로 설명

1) 회로도

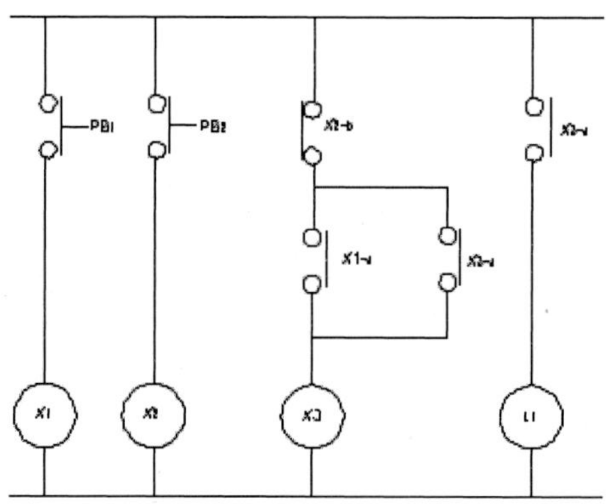

그림 11.69 자기유지 회로

2) 회로 설명

① 전원을 투입하면 동작사항은 없다.

② PB1 스위치를 누르면 릴레이(X1)가 동작하여 릴레이(X3)가 동작하고 PB1을 떼어도 릴레이(X3)는 (X3-a)에 의해 계속 동작한다.

③ 릴레이(X3)가 동작하면 램프(L)이 점등된다.

④ PB2를 누르면 릴레이(X2)가 동작하여 램프는 소등된다.

❷ 무접점 변환 회로

1) 논리기호에 의한 자기유지 회로

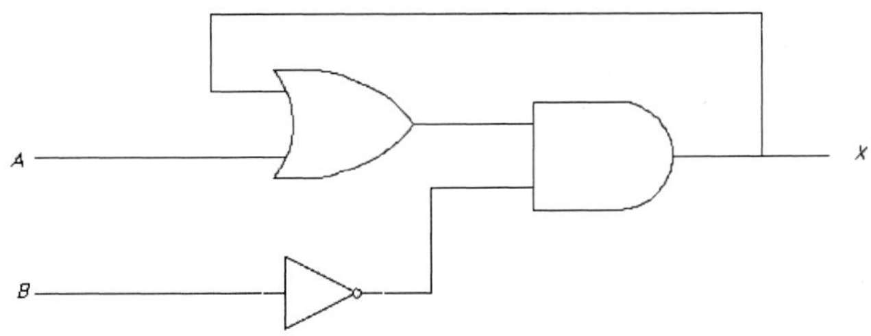

그림 11.70 무접점을 이용한 자기유지 회로

❸ GMWIN을 이용한 프로그래밍

GMWIN 프로그램을 이용하여 자기유지 회로를 만들어 본다.

그림 11.71 GMWIN으로 작성한 회로도

변수명	변수 종류	메모리할당	사용여부	데이터 타입
L	VAR	<자동>		BOOL
PB1	VAR	<자동>		BOOL
PB2	VAR	<자동>		BOOL
X1	VAR	<자동>		BOOL
X2	VAR	<자동>		BOOL
X3	VAR	<자동>		BOOL

그림 11.72 변수 목록

1) 시뮬레이터를 이용한 회로 동작 점검

그림 11.73 시뮬레이터를 이용한 동작 실험

2) 자기유지 펑션 회로

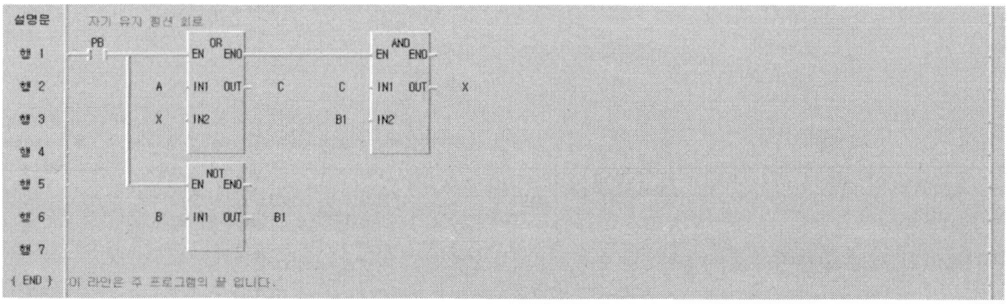

그림 11.74 펑션을 이용한 자기유지 회로

11.14 인터록 회로

두 입력 가운데 먼저 동작한 쪽이 우선하고 다른 쪽의 동작을 금지하는 회로를 말하며 선행동작 회로, 상대동작 금지회로라고도 한다.

1 회로도와 회로 설명

1) 회로도

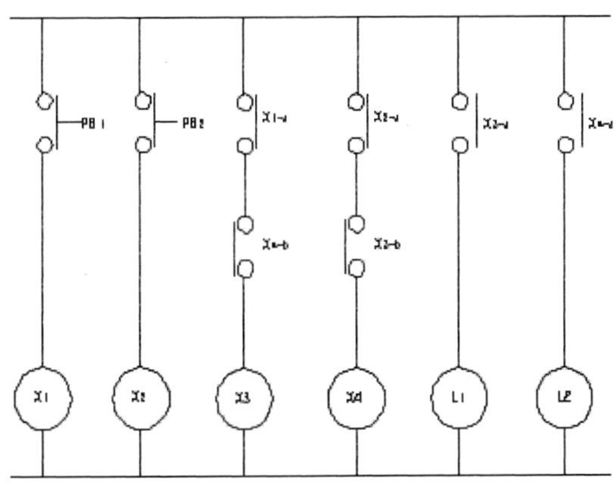

그림 11.75 인터록 회로

2) 회로 설명

① 전원을 투입하면 동작 사항은 없다.

② PB1 스위치를 누르면 릴레이(X1)가 동작하고 릴레이(X3)가 동작하여 램프(L1)가 점등된다.

③ PB2 스위치를 누르면 릴레이(X2)가 동작하여 릴레이(X4)가 동작하여 램프(L2)가 점등된다.

④ PB1 스위치와 PB2 스위치 중 어느 하나가 동작하고 있으면 (X4-b)와 (X3-b)에 의해 다른 것은 동작할 수 없다.

❷ 무접점 변환 회로

1) 논리기호에 의한 인터록 회로

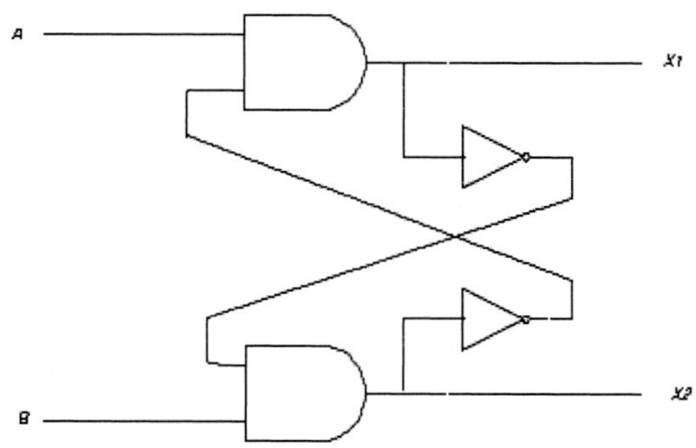

그림 11.76 무접점을 이용한 인터록 회로

❸ GMWIN을 이용한 프로그래밍

GMWIN 프로그램을 이용하여 인터록 회로를 만들어 본다.

그림 11.77 GMWIN으로 작성한 회로도

변수명	변수 종류	메모리할당	사용여부	데이터 타입
L1	VAR	<자동>		BOOL
L2	VAR	<자동>		BOOL
PB1	VAR	<자동>		BOOL
PB2	VAR	<자동>		BOOL
X2	VAR	<자동>		BOOL
X3	VAR	<자동>		BOOL
X4	VAR	<자동>		BOOL

그림 11.78 변수 목록

1) 시뮬레이터를 이용한 회로 동작 점검

그림 11.79 시뮬레이터를 이용한 동작 실험

2) 인터록 펑션 회로

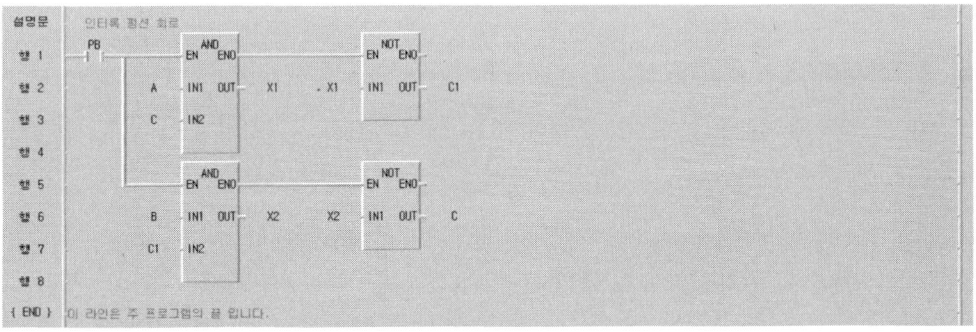

그림 11.80 펑션을 이용한 인터록 회로

11.15 타이머(한시동작 순시복귀) 회로

지연 타이머를 사용하여 입력을 인가한 후 일정 시간(타이머의 설정시간) 경과 후에 출력을 나타내는 회로를 말한다.

1 회로도와 회로 설명

1) 회로도

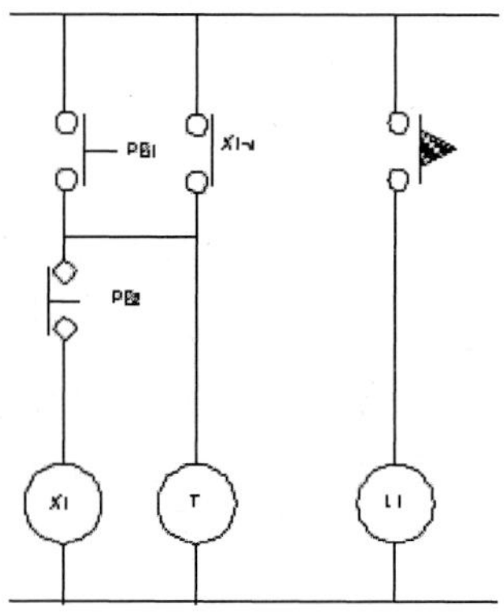

그림 11.81 타이머 회로

2) 회로 설명

① 전원을 투입하면 동작 사항은 없다.

② PB1 스위치를 누르면 릴레이(X1)가 동작하고 타이머(T)가 동작하며, PB1 스위치를 떼어도 릴레이(X1)에 의해 타이머는 계속 동작한다.

③ 실징시간 후에 램프는 점등된나.

④ PB2 스위치를 누르면 릴레이(X1)와 타이머(T)는 동작을 멈추고, 램프는 소등된다.

❷ 무접점 변환 회로

1) 한시동작 순시복귀 접점의 논리기호

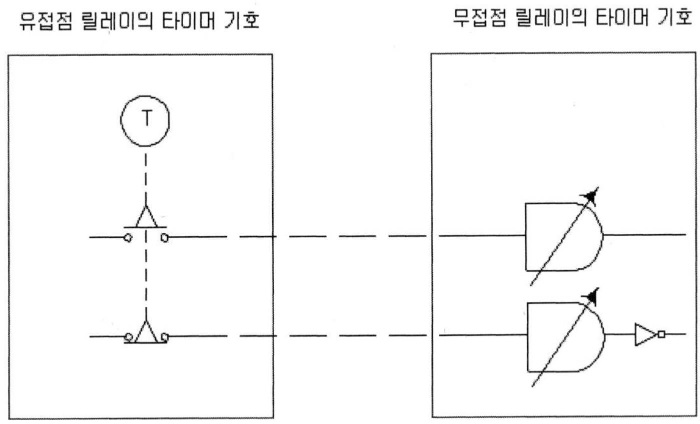

그림 11.82 유접점 기호와 무접점 기호

2) 논리기호에 의한 한시동작 순시복귀 회로

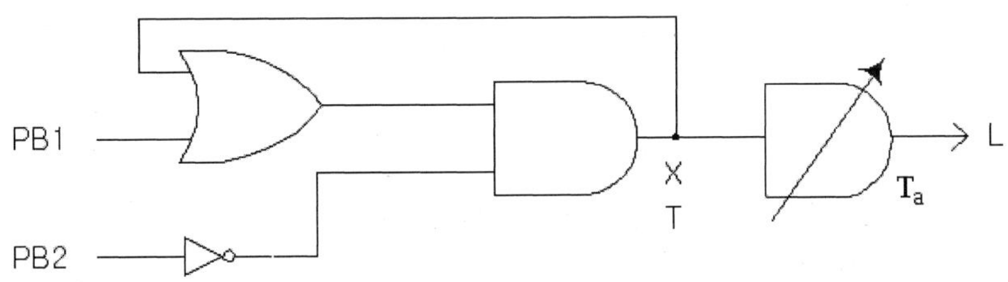

그림 11.83 무접점을 이용한 타이머 회로

❸ GMWIN을 이용한 프로그래밍

ON 딜레이 타이머 펑션을 이용하여 타이머 회로를 만들어 본다.

그림 11.84 GMWIN으로 작성한 회로도

변수명	변수 종류	메모리할당	사용여부	데이터 타입
타이머	VAR	<자동>		FB Instance
L	VAR	<자동>		BOOL
PB1	VAR	<자동>		BOOL
PB2	VAR	<자동>		BOOL
X	VAR	<자동>		BOOL

그림 11.85 변수 목록

1) 시뮬레이터를 이용한 회로 동작 점검

그림 11.86 시뮬레이터를 이용한 동작 실험

11.16 타이머(순시동작 한시복귀) 회로

타이머의 코일이 여자되면 타이머의 접점도 바로 동작하고 전원을 차단한 후에도 타이머의 설정시간 동안 출력을 계속 유지하는 회로를 말한다.

1 회로도와 회로 설명

1) 회로도

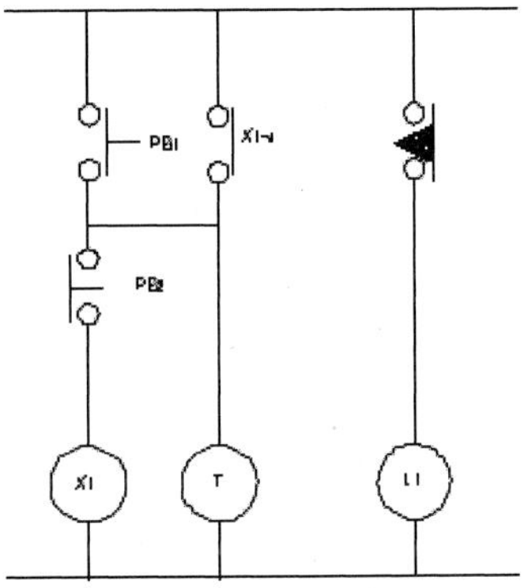

그림 11.87 타이머회로도

2) 회로 설명

① 전원을 투입하면 동작 사항은 없다.

② PB1 스위치를 누르면 릴레이(X1)가 동작하고 타이머(T)가 동작하며, PB1 스위치를 떼어도 릴레이(X1)에 의해 타이머는 계속 동작한다.

③ 타이머가 동작하면 램프는 점등된다.

④ PB2 스위치를 누르면 릴레이(X1)와 타이머(T)는 동작을 멈추고, 램프는 설정시간 후에 소등된다.

❷ 무접점 변환 회로

1) 한시동작 순시복귀 접점의 논리기호

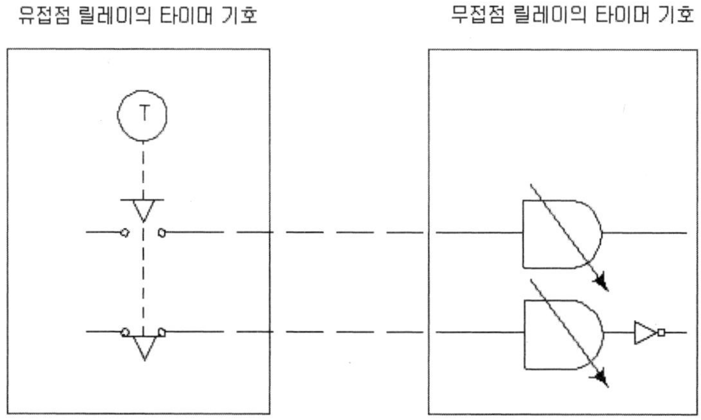

그림 11.88 유접점 기호와 무접점 기호

2) 논리기호에 의한 한시동작 순시복귀 회로

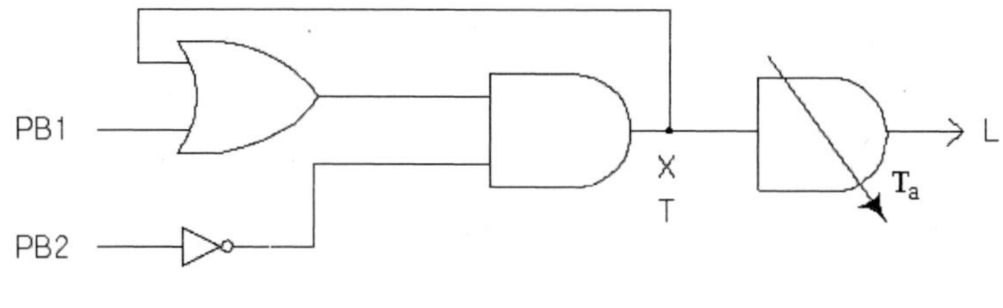

그림 11.89 무집짐을 이용한 타이머 회로

❸ GMWIN을 이용한 프로그래밍

OFF 딜레이 타이머 펑션을 이용하여 타이머 회로를 만들어 본다.

그림 11.90 GMWIN으로 작성한 회로도

변수명	변수 종류	메모리할당	사용여부	데이터 타입
타이머	VAR	<자동>	*	FB Instance
L	VAR	<자동>	*	BOOL
PB1	VAR	<자동>	*	BOOL
PB2	VAR	<자동>	*	BOOL
X	VAR	<자동>	*	BOOL

그림 11.91 변수 목록

1) 시뮬레이터를 이용한 회로 동작 점검

그림 11.92 시뮬레이터를 이용한 동작 실험

11.17 분배회로

분배입력(아래의 회로에서는 PB2)에 따라서 입력(PB1)을 다른 출력으로 분배하는 회로로 디멀티플렉서(Demultiplexer) 회로라고도 한다.

❶ 회로도와 회로 설명

1) 회로도

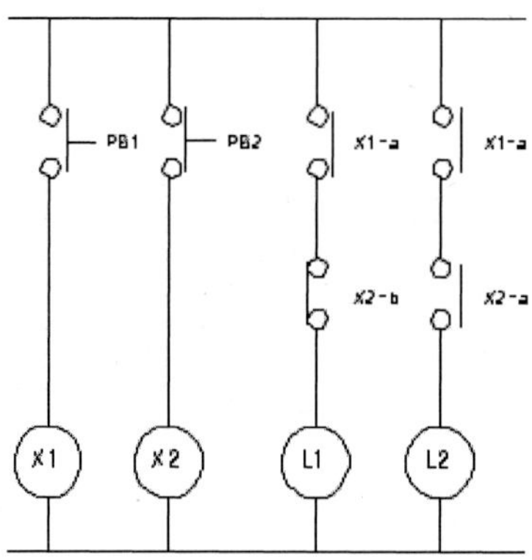

그림 11.93 분배회로

2) 회로 설명

① 전원을 투입하면 동작 사항은 없다.

② 분배입력 PB2를 동작하지 않은 상태에서 PB1을 누르면 릴레이 X1의 동작에 따라 램프 L1이 점등한다.

③ 분배 입력 PB2를 누른 상태에서 PB1을 누르면 릴레이 X1과 X2가 모두 동작하여 램프 L2가 점등한다.

❷ 무접점 변환 회로

1) 논리기호에 의한 분배 회로

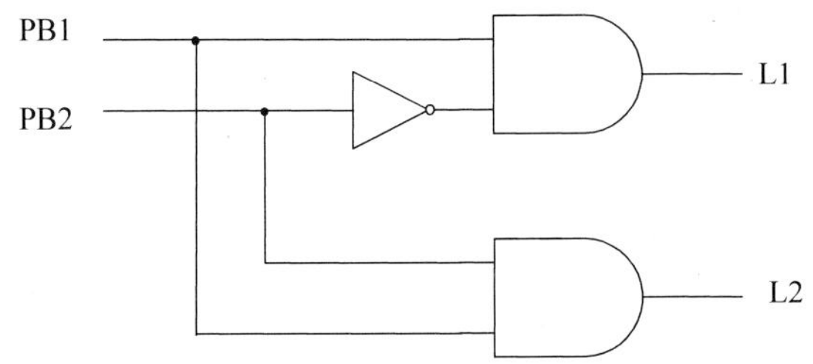

그림 11.94 무접점을 이용한 변환회로

① 분배입력 PB2가 없으면 PB1의 동작에 따라 L1쪽의 AND 회로가 동작하여 L1의 출력이 나타난다.

② 분배입력 PB2가 있으면 PB1의 동작에 따라 L2쪽의 AND 회로가 동작하여 L2의 출력이 나타난다.

❸ GMWIN을 이용한 프로그래밍

GMWIN 프로그램을 이용하여 분배 회로를 만들어 본다.

그림 11.95 GMWIN으로 작성한 회로도

변수명	변수 종류	메모리할당	사용여부	데이터 타입
L1	VAR	<자동>		BOOL
L2	VAR	<자동>		BOOL
PB1	VAR	<자동>		BOOL
PB2	VAR	<자동>		BOOL
X1	VAR	<자동>		BOOL
X2	VAR	<자동>		BOOL

그림 11.96 변수 목록

1) 시뮬레이터를 이용한 회로동작 점검

그림 11.97 시뮬레이터를 이용한 동작 실험

11.18 선택 회로

입력 신호 중 두 가지의 입력 신호를 출력으로 선택할 수 있는 회로를 선택회로(multiplexer)라고 한다.

1 회로도와 회로 설명

1) 회로도

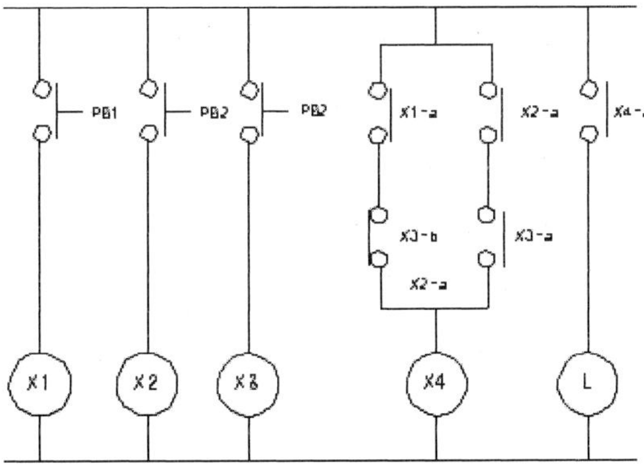

그림 11.98 선택회로

2) 회로 설명

① 전원을 투입하면 동작 사항은 없다.

② 선택 입력 PB3를 동작하지 않은 상태에서 PB1을 누르면 릴레이 X1의 동작에 따라 릴레이 X4가 동작하여 램프 L이 점등한다.

③ 분배입력 PB3를 누른 상태에서 PB2를 누르면 릴레이 X1과 X3가 동작하여 릴레이 X4가 동작하여 램프 L이 점등한다.

❷ 무접점 변환 회로

1) 논리기호에 의한 선택 회로

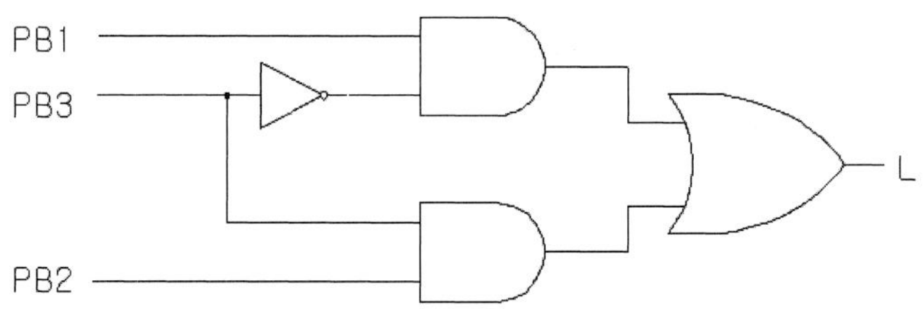

그림 11.99 무접점을 이용한 변환회로

※ 입력 PB1과 PB2가 모두 동작하고 있을 경우

① 선택입력 PB3가 없으면

- PB1과 연결된 AND 회로를 동작하여 PB1을 출력으로 선택한다.

② 선택 입력 PB3가 있으면

- PB2와 연결된 AND 회로를 동작하여 PB2를 출력으로 선택한다.

❸ GMWIN을 이용한 프로그래밍

GMWIN 프로그램을 이용하여 선택 회로를 만들어 본다.

그림 11.100 GMWIN으로 작성한 회로도

변수명	변수 종류	메모리할당	사용여부	데이터 타입
L	VAR	<자동>	*	BOOL
PB1	VAR	<자동>	*	BOOL
PB2	VAR	<자동>	*	BOOL
PB3	VAR	<자동>	*	BOOL
X1	VAR	<자동>	*	BOOL
X2	VAR	<자동>	*	BOOL
X3	VAR	<자동>	*	BOOL
X4	VAR	<자동>	*	BOOL

그림 11.101 변수 목록

1) 시뮬레이터를 이용한 회로 동작 점검

그림 11.102 시뮬레이터를 이용한 동작 실험

11.19 동작 우선 회로

두 기기 중 하나의 기기가 동작한 후 다음 기기가 동작할 수 있고, 뒤에 오는 기기가 먼저 동작할 수는 없는 회로를 말한다.

❶ 회로도와 회로 설명

1) 회로도

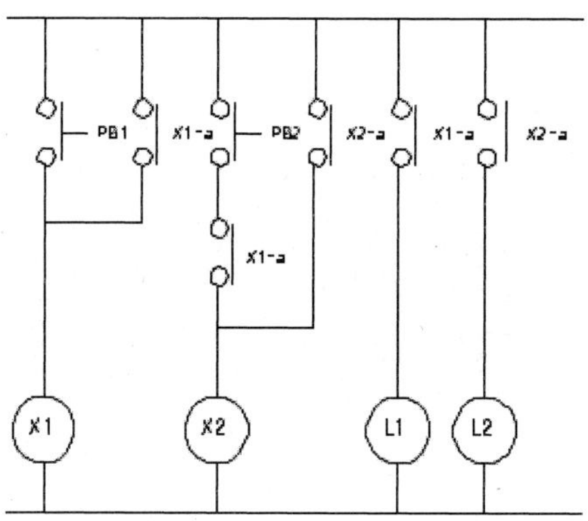

그림 11.103 동작우선회로

2) 회로 설명

① PB1을 누르면 릴레이 X1이 동작하여 램프 L1이 점등한다.

② PB1을 누른 후 PB2를 누르면 릴레이 X2가 동작하여 램프 L2가 점등한다.

③ PB1이 PB2의 동작에 우선하는 회로이다.

❷ 무접점 변환 회로

1) 논리기호에 의한 동작 우선 회로

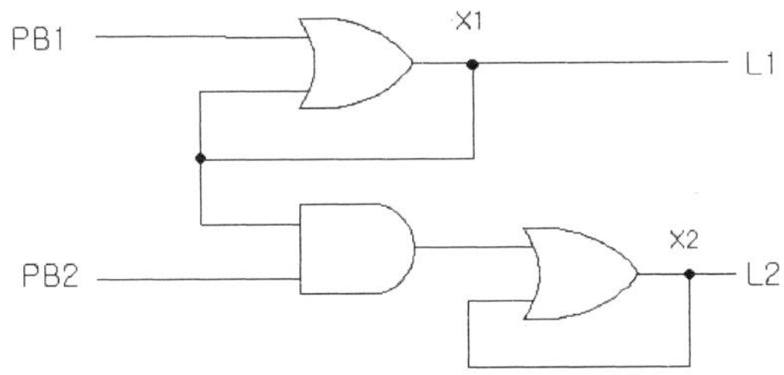

그림 11.104 무접점을 이용한 동작우선회로

❸ GMWIN을 이용한 프로그래밍

GMWIN 프로그램을 이용하여 동작 우선 회로를 만들어 본다.

그림 11.105 GMWIN으로 작성한 회로도

변수명	변수 종류	메모리할당	사용여부	데이터 타입
L1	VAR	<자동>		BOOL
L2	VAR	<자동>		BOOL
PB1	VAR	<자동>		BOOL
PB2	VAR	<자동>		BOOL
X1	VAR	<자동>		BOOL
X2	VAR	<자동>		BOOL

그림 11.106 변수 목록

1) 시뮬레이터를 이용한 회로 동작 점검

그림 11.107 시뮬레이터를 이용한 동작 실험

11.20 신입신호 우선 회로

두 기기 중 하나의 기기(A)가 동작하면 다른 기기(B)가 복구하고, 다른 기기(B)가 동작하면 처음 기기(A)가 복구하는 회로로 뒤에 주는 신호(신입신호) 우선 회로이다.

1 회로도와 회로 설명

1) 회로도

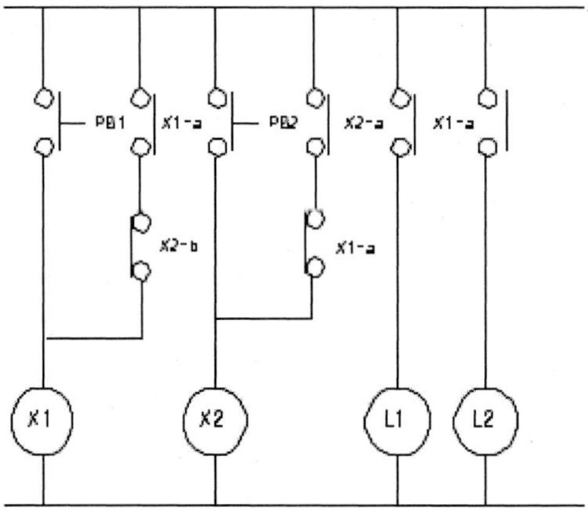

그림 11.108 신입신호 우선회로

2) 회로 설명

① 전원을 인가하면 동작 사항은 없다.

② PB1을 누르면 릴레이 X1이 동작하여 램프 L1이 점등한다.

③ PB2를 누르면 릴레이 X2가 동작하여 램프 L2가 점등한다.

④ PB1과 PB2 중 우선되는 신호에 의해 램프 L1과 L2가 점등하고 동시신호는 있을 수 없다.

2 무접점 변환 회로

1) 논리기호에 의한 신입신호 우선 회로

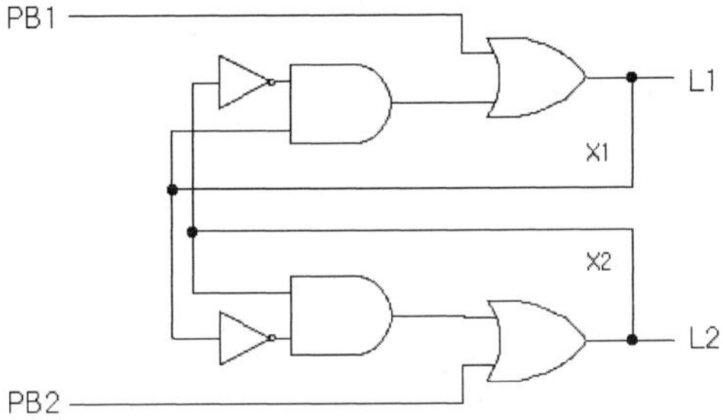

그림 11.109 무접점을 이용한 신입신호 우선회로

3 GMWIN을 이용한 프로그래밍

GMWIN 프로그램을 이용하여 신입신호 우선 회로를 만들어 본다.

그림 11.110 GMWIN으로 작성한 회로도

변수명	변수 종류	메모리할당	사용여부	데이터 타입
L1	VAR	<자동>		BOOL
L2	VAR	<자동>		BOOL
PB1	VAR	<자동>		BOOL
PB2	VAR	<자동>		BOOL
X1	VAR	<자동>		BOOL
X2	VAR	<자동>		BOOL

그림 11.111 변수 목록

1) 시뮬레이터를 이용한 회로 동작 점검

그림 11.112 시뮬레이터를 이용한 동작 실험

11.21 단안정 멀티바이브레이터 회로

입력신호의 장단에 관계없이 입력신호 하나가 들어가면 곧 동작을 시작하고 일정시간을 경과하는 동안 출력신호를 낸 다음 원래의 안정상태로 자동복귀하는 회로를 말한다.

1 회로도와 회로 설명

1) 회로도

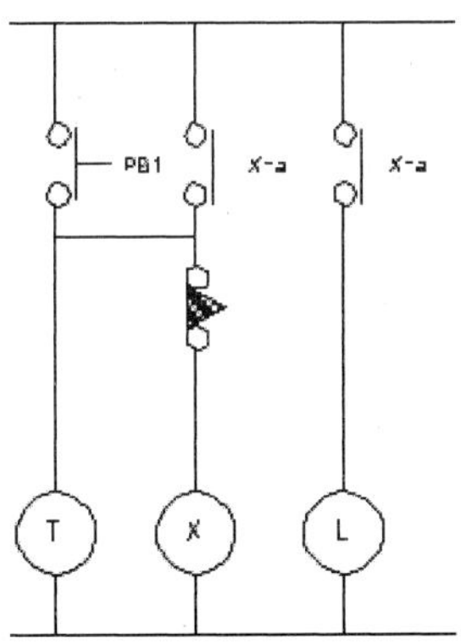

그림 11.113 단안정회로

2) 회로 설명

① 전원을 인가하면 동작사항은 없다.

② PB1을 누르면 타이머가 여자되고 릴레이 X가 동작한다.

③ 릴레이 X가 동작하여 램프가 점등한다.

④ 타이머의 설정시간이 경과된 후 릴레이X가 소자되어 램프는 소등한다.

❷ 무접점 변환 회로

1) 논리기호에 의한 단안정 멀티바이브레이터 회로

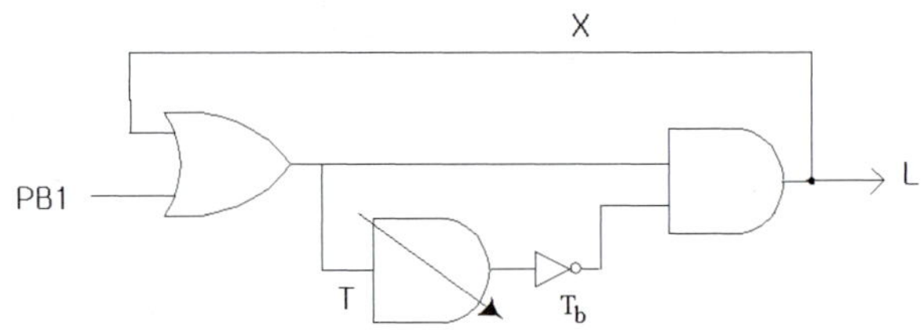

그림 11.114 무접점을 이용한 단안정 멀티바이브레이터

❸ GMWIN을 이용한 프로그래밍

GMWIN 프로그램을 이용하여 단안정 멀티바이브레이터 회로를 만들어 본다.

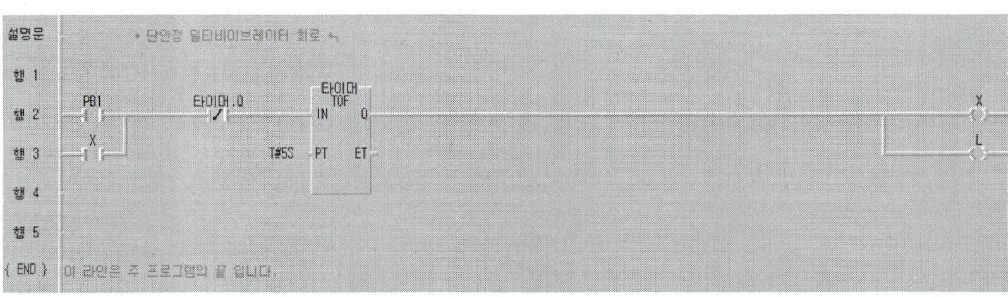

그림 11.115 GMWIN으로 작성한 회로도

변수명	변수 종류	메모리할당	사용여부	데이터 타입
타이머	VAR	<자동>	*	FB Instance
L	VAR	<자동>	*	BOOL
PB1	VAR	<자동>	*	BOOL
X	VAR	<자동>	*	BOOL

그림 11.116 변수 목록

1) 시뮬레이터를 이용한 회로동작 점검

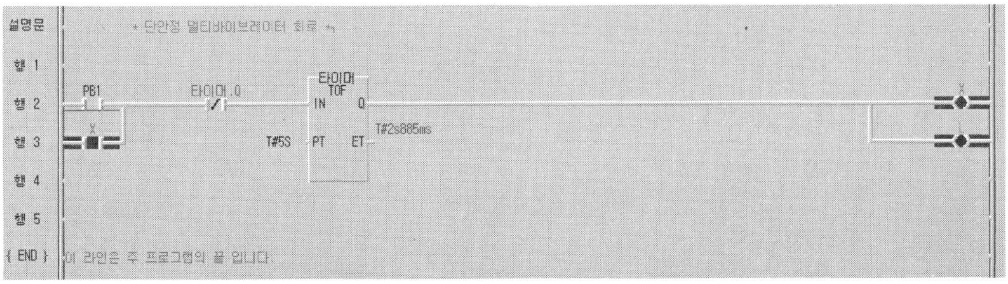

그림 11.117 시뮬레이터를 이용한 동작 실험

11.22 쌍안정 멀티바이브레이터 회로

플립플롭회로라고도 하며 두 안정상태, 즉 논리레벨의 0과 1을 갖되 일단 들어간 입력신호는 안정상태로써 유지되므로 입력신호가 소멸되더라도 기억된다.

1 회로도와 회로 설명

1) 회로도

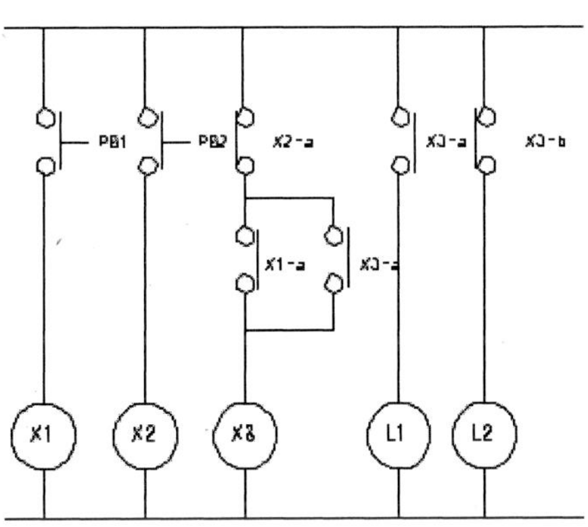

그림 11.118 쌍안정 회로도

2) 회로 설명

① 전원을 인가하면 램프 L2가 점등한다.

② PB1을 누르면 릴레이 X1과 X3가 동작하여 램프 L2는 소등하고 램프 L1은 점등한다.

③ PB2를 누르면 릴레이 X2가 여자되고 릴레이 X3는 소자되어 램프 L1은 소등하고 램프 L2가 점등한다.

❷ 무접점 변환 회로

1) 논리기호에 의한 쌍안정 멀티바이브레이터 회로

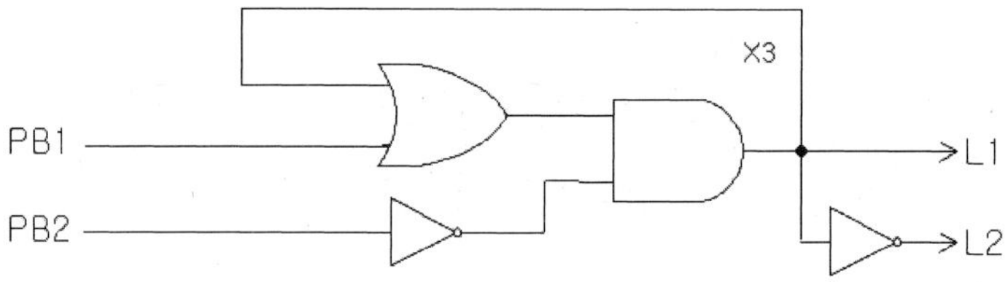

그림 11.119 무접점을 이용한 쌍안정 멀티바이브레이터 회로도

❸ GMWIN을 이용한 프로그래밍

GMWIN 프로그램을 이용하여 쌍안정 멀티바이브레이터 회로를 만들어 본다.

그림 11.120 GMWIN으로 작성한 회로도

변수명	변수 종류	메모리할당	사용여부	데이터 타입
L1	VAR	<자동>		BOOL
L2	VAR	<자동>		BOOL
PB1	VAR	<자동>		BOOL
PB2	VAR	<자동>		BOOL
X1	VAR	<자동>		BOOL
X2	VAR	<자동>		BOOL
X3	VAR	<자동>		BOOL

그림 11.121 변수 목록

1) 시뮬레이터를 이용한 회로동작 점검

그림 11.122 시뮬레이터를 이용한 동작 실험

제 12 장

라이브러리Library

12.1 정의

라이브러리는 사용자가 프로그램 내에서 쓸 수 있는 펑션(Function)/펑션블록(Function Block, FB)들을 파일로 나누어 저장해 놓은 것으로 필요에 따라 로드 할 수 있으며, 때로는 사용자의 편리에 따라 새로운 라이브러리 파일을 만들 수도 있다.

라이브러리 파일은 펑션 또는 펑션 블록의 집합체이다.

표 12.1 라이브러리 파일의 분류

라이브러리 파일	확장자	예
펑션 라이브러리	.＊FU	stdlib.3fu : GM3용 표준펑션 라이브러리
펑션 블록 라이브러리	.＊FB	special.3fb : GM3용 표준펑션 블록 라이브러리

12.2 라이브러리 파일의 종류

.*FU와 .*FB에서 *는 해당 PLC의 타입을 나타낸다(GM3의 경우 .3FU가 된다). 라이브러리 파일을 용도에 따라 구분하면 다음과 같다.

표 12.2 라이브러리 파일의 종류

라이브러리 파일의 종류	설명	예
표준 라이브러리	기본적인 펑션/펑션 블록들을 모아놓은 파일들이다. (프로그램상에서 바로 불러 사용)	stdlib.*fu, stdlib.*fb
전용 라이브러리	특수/통신 모듈(A/D, D/A, Link 등) 등에 사용되는 펑션 블록들을 모아놓은 파일들이다. (메뉴프로젝트 – 라이브러리 삽입에 의해 추가하여 사용)	special.*fb, communi.*fb 등
확장 라이브러리	기존 제품의 사용자 편의를 위해 제조자 제공 라이브러리 파일들이다. (메뉴 프로젝트 – 라이브러리 삽입에 의해 추가하여 사용)	mkstdlib.*fu (MASTER-K 관련 라이브러리)
사용자 정의 라이브러리	사용자가 직접 만든 라이브러리이다. (메뉴 프로젝트 – 라이브러리 삽입에 의해 추가하여 사용)	(사용자 정의 이름).*fb

12.3 라이브러리 파일의 생성

1. 도구모음 아이콘에서 라이브러리 관리자를 선택하여 라이브러리 관리자 대화상자를 부른다.

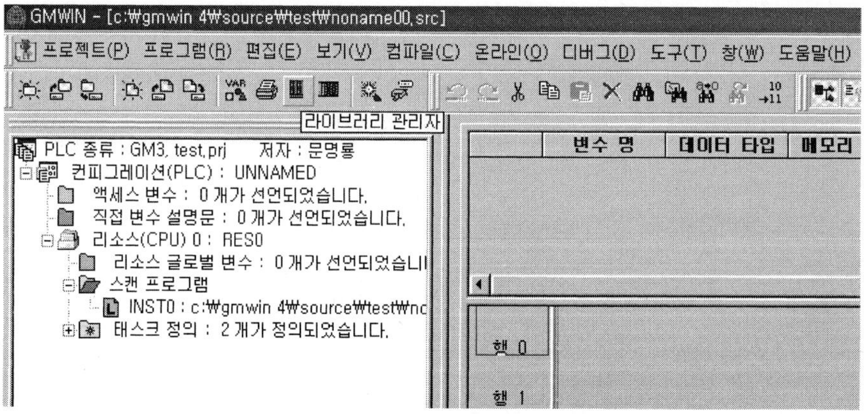

그림 12.1 라이브러리 관리자 아이콘을 선택한 화면

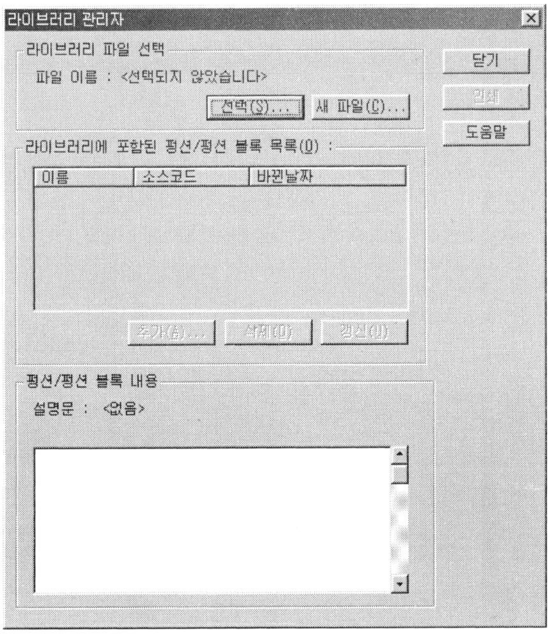

그림 12.2 라이브러리 관리자 대화상자

2. 라이브러리 대화상자에서 새 파일 단추를 눌러 새 라이브러리 파일 만들기 대화상자를 부른다.

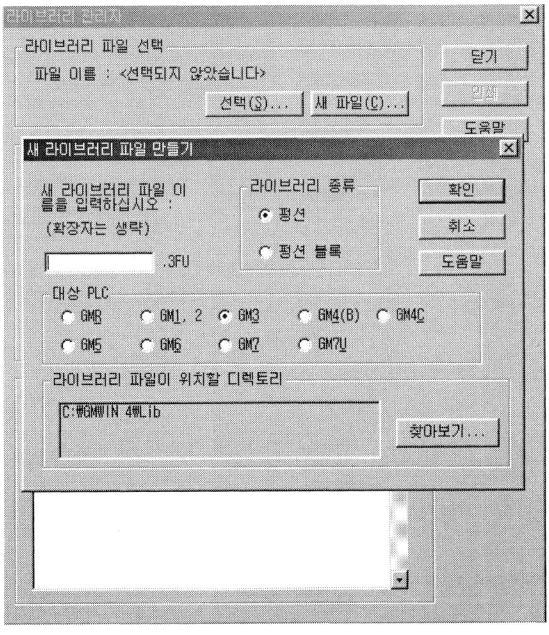

그림 12.3 새 라이브러리 파일 만들기 대화상자

3. 라이브러리 파일 이름을 입력한다(8자 이내). 라이브러리 종류 옵션 단추로 새롭게 생성할 라이브러리의 종류를 선택할 수 있다.

4. 대상 PLC 옵션 단추로 생성할 라이브러리가 적용될 PLC를 선택한다.

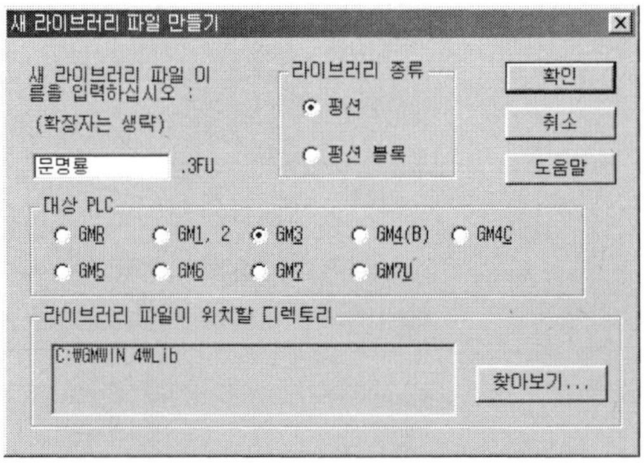

그림 12.4 적용될 PLC를 선택

5. 생성될 라이브러리 파일이 위치할 디렉터리를 선택한다. 이때, 옵션의 라이브러리 디렉터리(폴더)에 설정된 내용과 같게 입력하는 것이 중요하다.

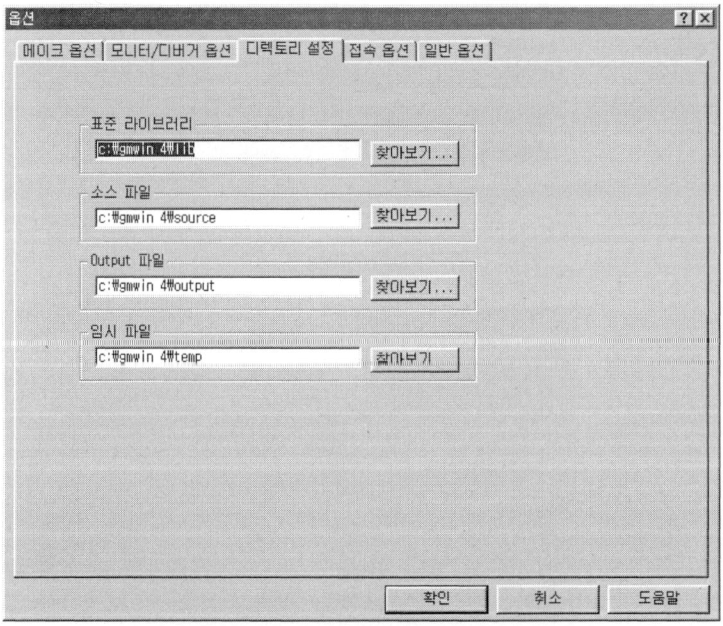

그림 12.5 라이브러리가 저장되는 디렉토리

6. 확인 단추를 누르면 라이브러리 관리자 대화상자가 나타난다.

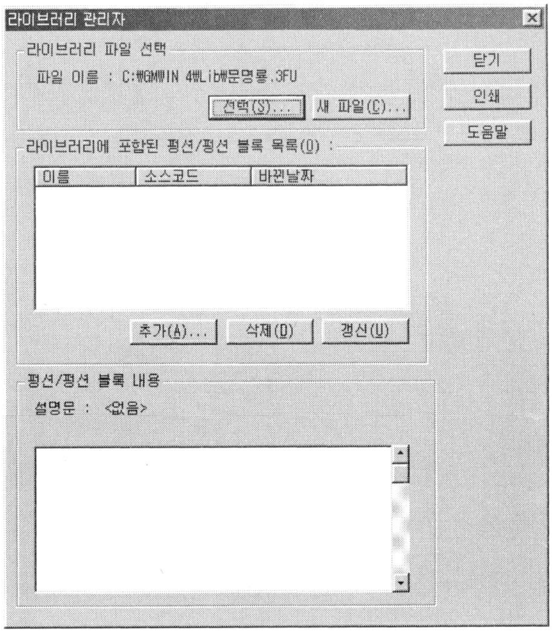

그림 12.6 라이브러리 관리 대화상자

12.4 라이브러리 파일의 선택

1. 대화상자의 선택 단추를 눌러 라이브러리 대화상자를 부른다.

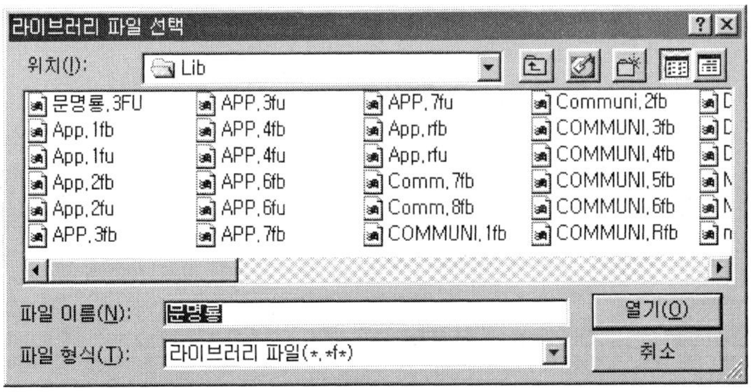

그림 12.7 라이브러리 파일 선택 대화상자

2. 수정하고자 하는 라이브러리 파일을 선택한 후 열기 단추를 누른다. 그러면 자동으로 선택된 라이브러리 파일 안에 있는 모든 펑션/펑션 블록들이 라이브러리에 포함된 펑션/펑션 블록들 목록 상자에 나타난다.
3. 라이브러리에 포함된 펑션/펑션 블록들에서 특정한 펑션/펑션 블록을 선택하면, 선택된 펑션/펑션 블록의 내용이 펑션/펑션 블록에 나타난다.

12.5 라이브러리의 로드(Load)

1 표준 라이브러리의 로드

표준 라이브러리는 메뉴 프로젝트-옵션-디렉토리를 선택했을 때 나타나는 대화상자에서 지정한 디렉토리로부터 GMWIN 프로그램 실행 시 자동으로 로드된다.

1. 프로젝트 메뉴에서 옵션 항목을 선택한다.

그림 12.8 옵션 선택화면

2. 옵션 대화상자에서 디렉토리 폴더를 선택한다.

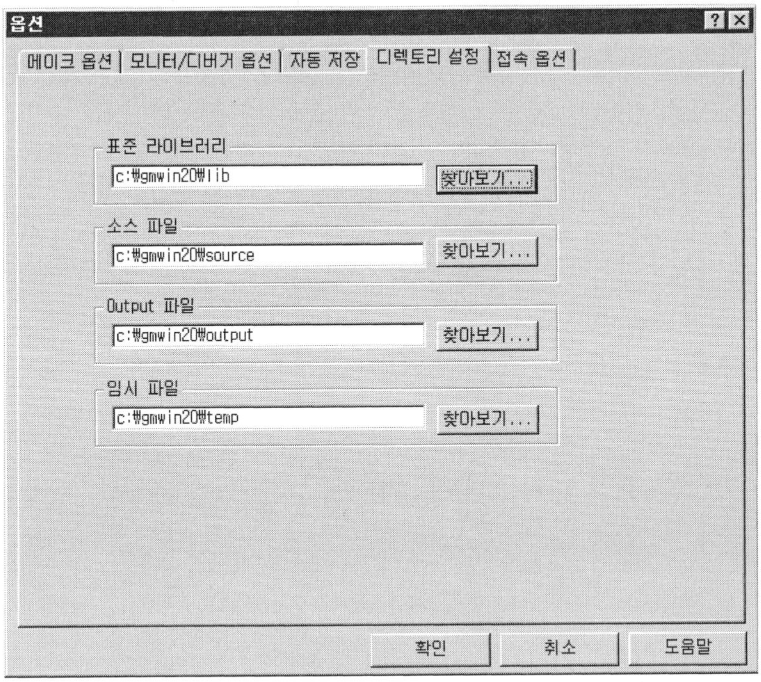

그림 12.9 옵션 대화상자

디렉토리 대화상자의 표준 라이브러리 입력 창에 라이브러리가 위치한 디렉토리의 정확한 경로를 입력한다. 만약 정확한 디렉토리의 기억이 어려우면 찾아보기 버튼을 이용하여 라이브러리가 위치한 디렉토리를 탐색하여 입력한다.

> ※주의
> 만약 지정된 디렉토리에 stdlib. *fu와 stdlib. *fb (여기서 *는 해당 PLC의 타입, 즉 GM1의 경우이면 stdlib.1fu)가 존재하기 않으면 프로젝트 열기를 할 때 열 수 없다는 에러 메시지를 받는다. 이러한 경우는 표준 라이브러리가 존재하는 디렉토리를 메뉴 옵션-디렉토리..의 대화상자에서 정확히 입력하거나 디렉토리에 두 파일을 복사한다.

② 전용, 확장 라이브러리 및 사용자 정의 라이브러리의 로드

전용, 확장 라이브러리 및 사용자 정의 라이브러리는 사용자의 필요에 따라 선택하여 로드할 수 있다.

1. 프로젝트 창에서 라이브러리 탭을 누른다.

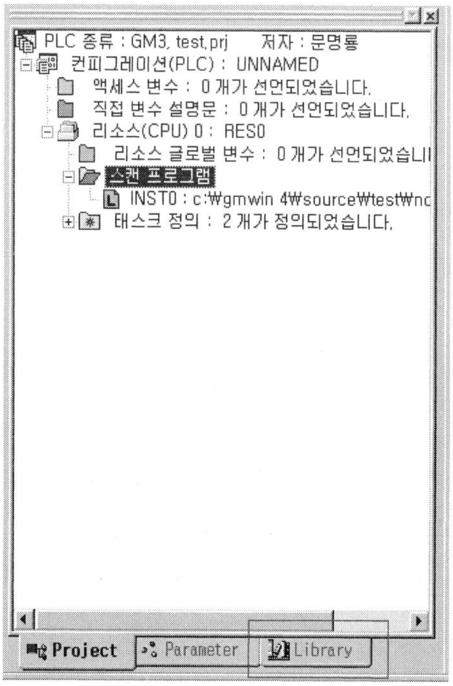

그림 12.10 프로젝트 창-라이브러리를 선택

2. 라이브러리를 선택한 후 마우스 오른쪽 단추를 눌러 프로젝트 항목 추가(T)를 선택한 후 라이브러리(L) 항목을 선택한다.

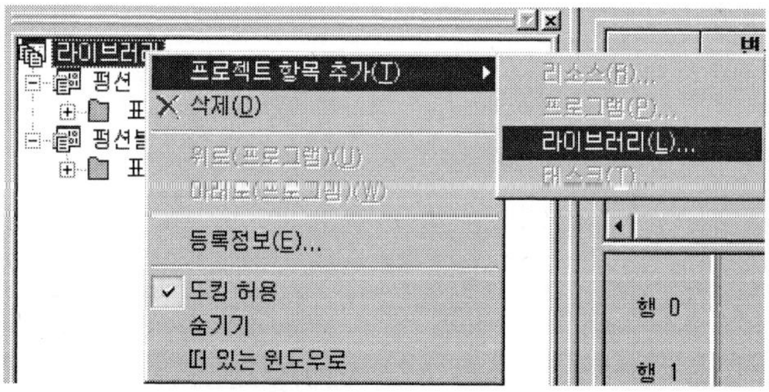

그림 12.11 프로젝트 항목 추가 - 라이브러리 선택

3. 라이브러리 삽입 대화상자에서 필요한 라이브러리를 추가하고 확인 단추를 누른다.

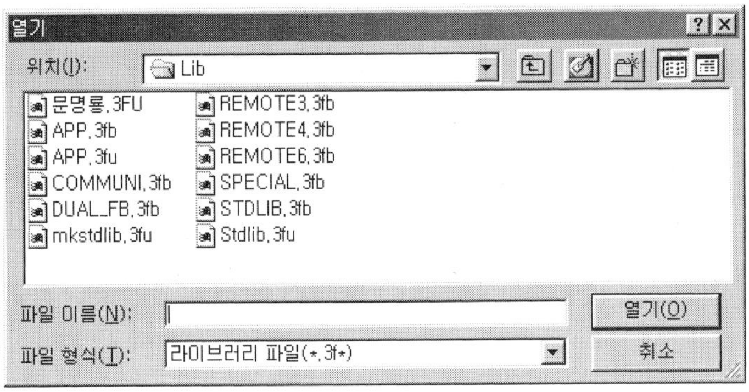

그림 12.12 원하는 라이브러리를 선택

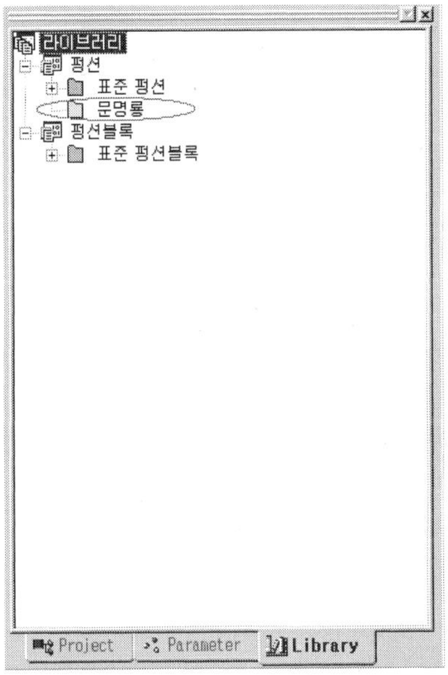

그림 12.13 추가된 라이브러리 확인

그림 12.14 펑션블럭과 펑션으로 분류

4. 위의 대화상자와 같이 제조자 제공의 라이브러리와 사용자 정의 라이브러리들이 라이브러리 목록에 나타난다. 여기서 삽입을 원하는 라이브러리를 선택한다.

   추가 단추를 누르면, 추가된 라이브러리가 라이브러리에 펑션과 펑션블록으로 분류되어 나타난다(그림12.13).

   - communi.3fb : 통신 관련 펑션 블록 (cnet,fnet,mnet)
   - mkstdlib.3fu : MASTER-K PLC 관련 펑션
   - remote3.3fb : REMOTE 통신 시 GM3용 특수 모듈의 펑션 블록

5. 라이브러리 추가가 완료되면 프로젝트 화면에 추가된 라이브러리들이 나타난다.

❸ 삽입된 라이브러리 삭제 방법

1. 프로젝트 창에서 삭제하고자 하는 라이브러리를 선택한 후 마우스 오른쪽 단추를 누른다. 나타나는 팝업 창에서 삭제 항목을 선택한다.

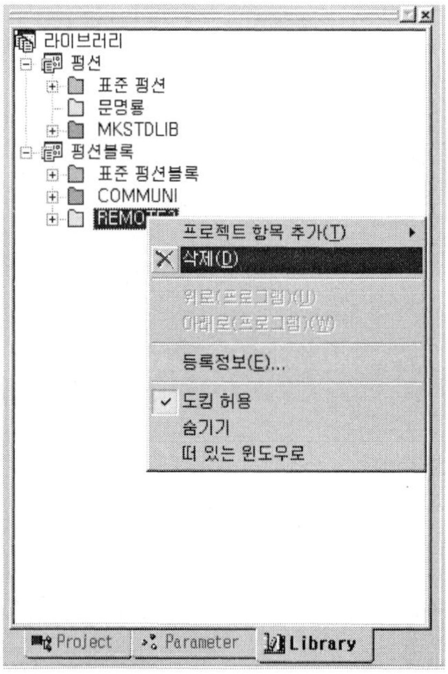

그림 12.15 라이브러리 삭제

2. 선택한 라이브러리를 삭제할지 묻는 대화상자가 나타난다.

그림 12.16 라이브러리 삭제 메시지

3. 예 단추를 누른다.
4. 프로젝트 창에서 선택된 라이브러리가 삭제된 것을 확인할 수 있다.

④ 사용자 정의 라이브러리 파일의 작성

사용자는 기본 라이브러리나 확장 라이브러리 이외에 자신만 사용하는 프로그램을 펑션/펑션 블록화하여 사용할 수 있다.

1) 펑션 프로그램의 생성

1. 메뉴의 프로그램-새 프로그램을 선택하여 새 프로그램 대화상자를 부른다.

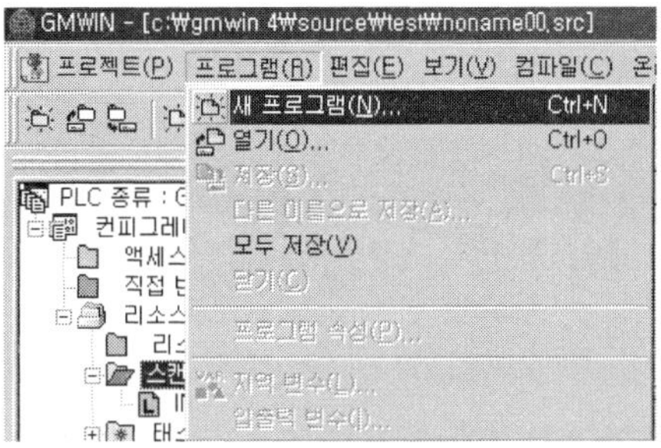

그림 12.17 프로그램-새프로그램

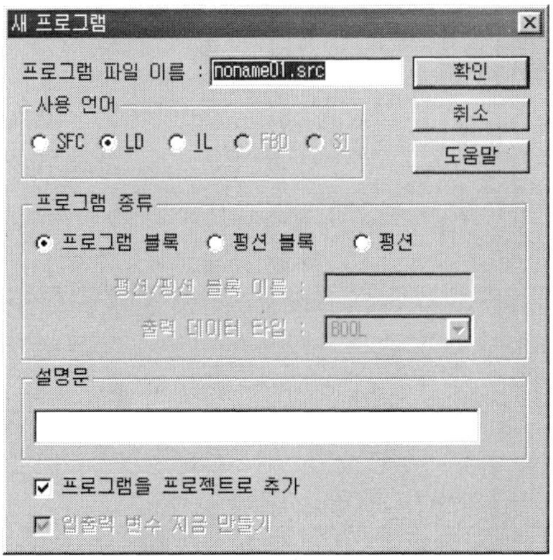

그림 12.18 새프로그램 대화상자

2. 생성할 펑션 프로그램 이름을 프로그램 이름 입력란에 확장자를(이름.src) 포함하여 입력한다

(예 : ADD_MUL).

3. 펑션을 편집할 때, 사용할 언어의 종류를 사용 언어 단추에서 선택한다.
4. 프로그램 종류 옵션 단추 중 펑션을 선택한다.
5. 펑션/펑션 블록 이름 입력란에 다른 프로그램에서 사용할 펑션 이름을 입력한다.
6. 펑션 프로그램에서 리턴 할 변수의 타입을 출력 데이터 타입 목록 상자로부터 선택한다.
7. 생성하려는 펑션에 대한 부가적인 설명이 있을 때는 설명문 창에 설명문을 입력한다.

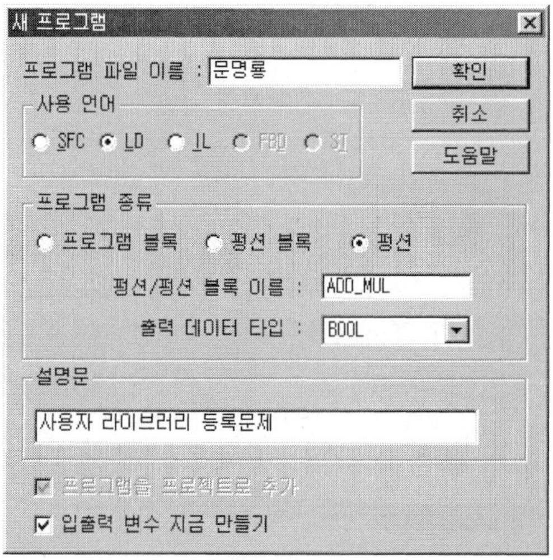

그림 12.19 새 프로그램 대화상자

8. 확인 단추를 누르면, 아래와 같은 메시지가 출력된다.

그림 12.20 펑션/펑션블럭 작성 메시지

9. 여기서 예를 선택하면, 입/출력 변수 목록 대화상자가 나타난다.

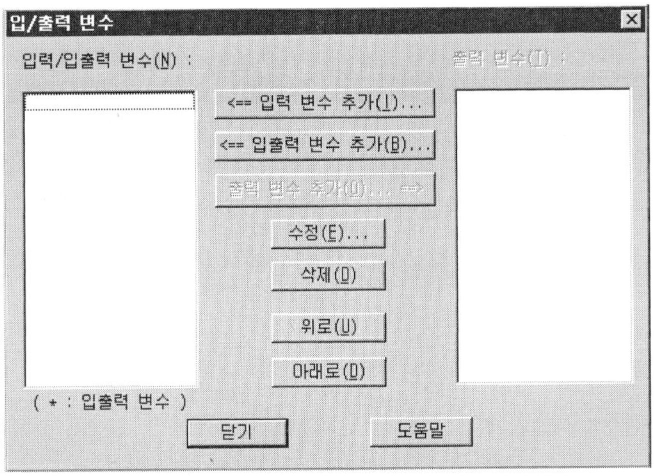

그림 12.21 입출력 변수 대화상자

10. 아니오를 선택하면, 선택한 언어에 대한 에디터 창이 출력된다.

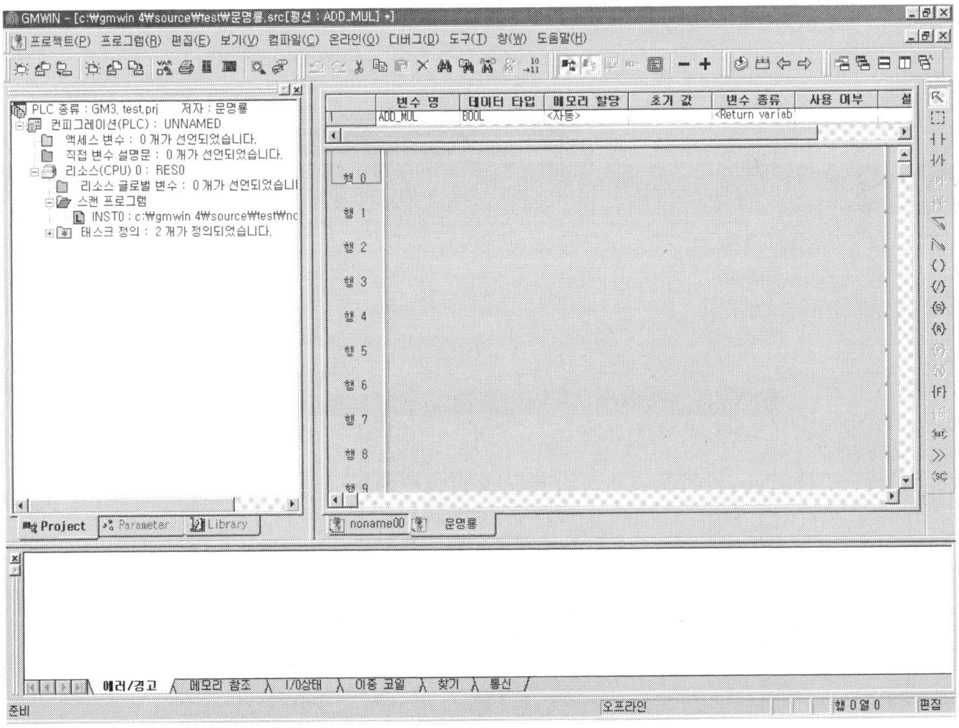

그림 12.22 수정 가능한 화면

10. 9에서 닫기를 선택하면 아래와 같은 입출력 변수 수정 대화상자가 나타난다.

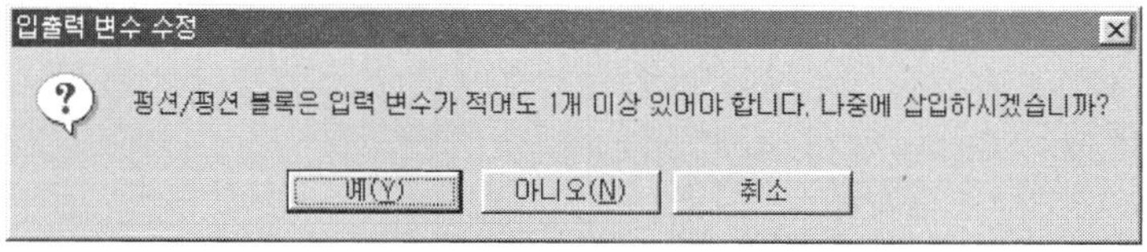

그림 12.23 입출력 변수 수정 메시지

2) 입력 변수의 작성

1. 프로그램 블록 편집 시와는 달리 메뉴 프로그램-입출력 변수를 선택하여 입출력 변수 대화상자를 부른다.

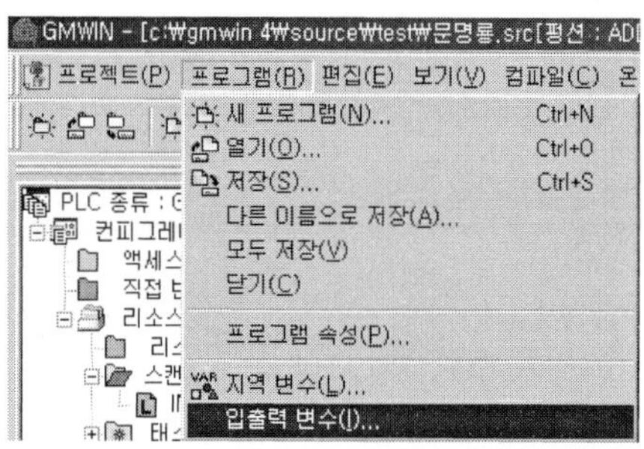

그림 12.24 프로그램 - 입출력 변수

2. 입출력 변수 대화상자의 입출력 변수 입력란에 변수를 입력한다. 입출력 변수는 * 표시를 하여 입력 변수와 구분한다.

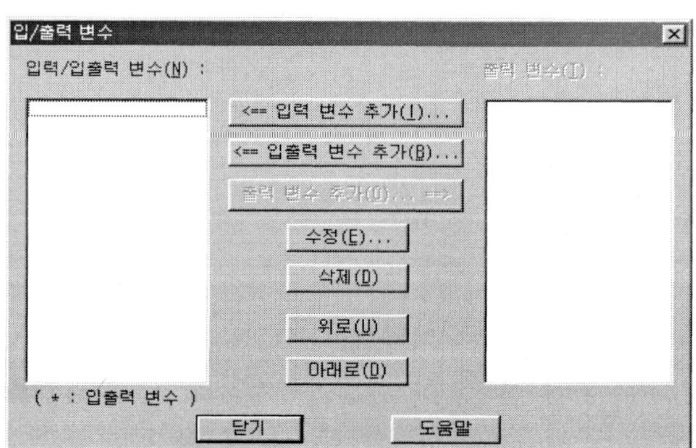

그림 12.25 입출력 변수 대화상자

3) 입력 변수의 추가

1. 입력 변수 추가 단추를 눌러 입/출력 변수 추가/수정 대화상자를 부른다.

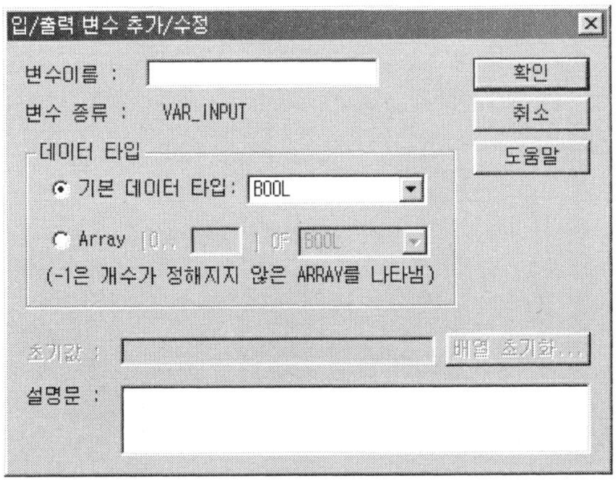

그림 12.26 입출력 변수 수정 대화상자

2. 변수 이름 입력란에 원하는 입력 변수의 이름을 입력한다(영문 8자, 한글 4자까지 입력 가능).
3. 데이터 타입 목록 상자에서 변수 타입을 선택한다.
4. 입력 변수에 대한 설명문이 필요하면 설명문 창에 입력한 후 확인 단추를 누른다.

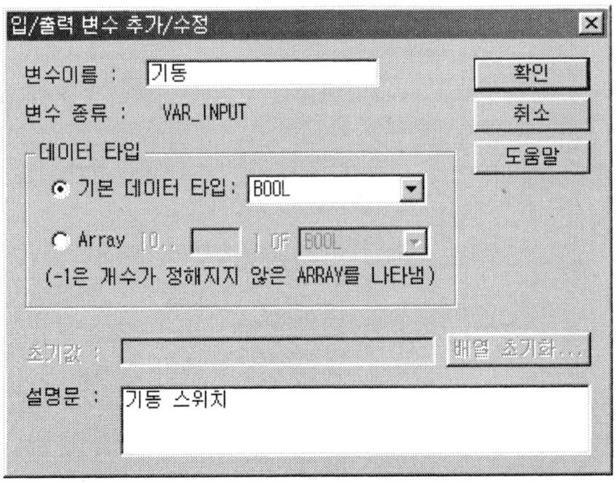

그림 12.27 입출력 변수 추가/수정 대화상자

4) 입력 변수의 수정

1. 입력 변수의 목록 중에서 수정할 항목을 선택한다.

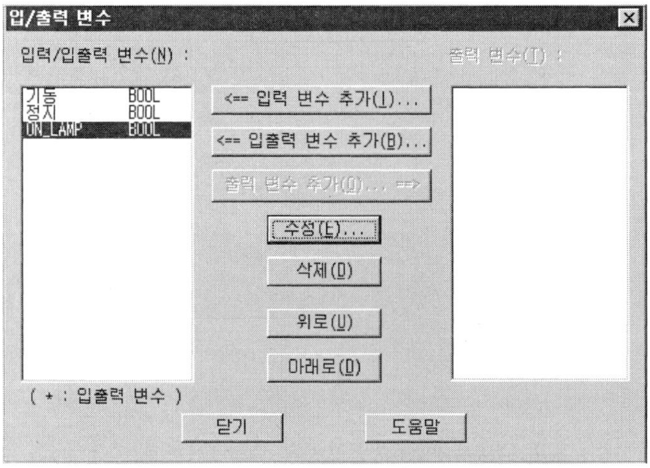

그림 12.28 입출력 변수 대화상자

2. 수정 단추를 누른다.
3. 출력된 대화상자에서 변경할 내용을 변경한 후 확인 단추를 누른다.

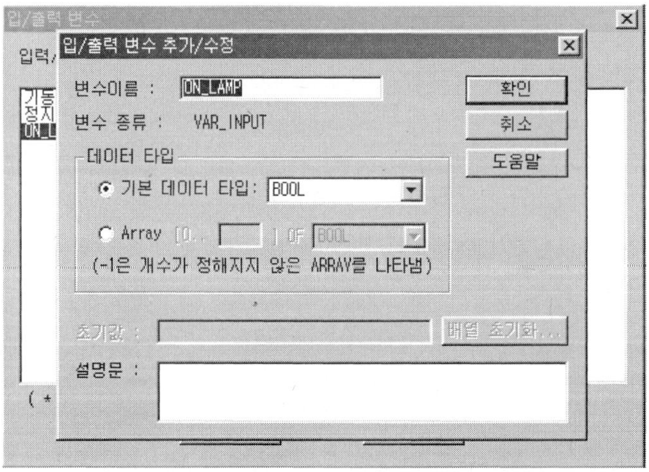

그림 12.29 입출력 변수 추가/수정 대화상자

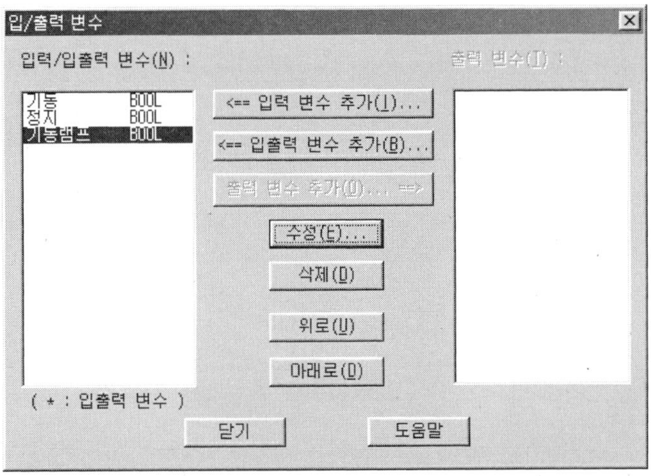

그림 12.30 입출력 변수 대화상자

5) 입력 변수의 삭제

1. 입력 변수의 목록 중에서 삭제할 항목을 선택한다.

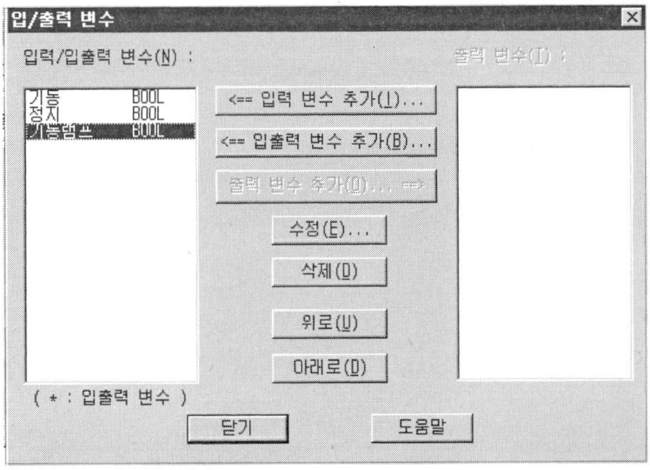

그림 12.31 입출력 변수 대화상자

2. 삭제 단추를 누른다.

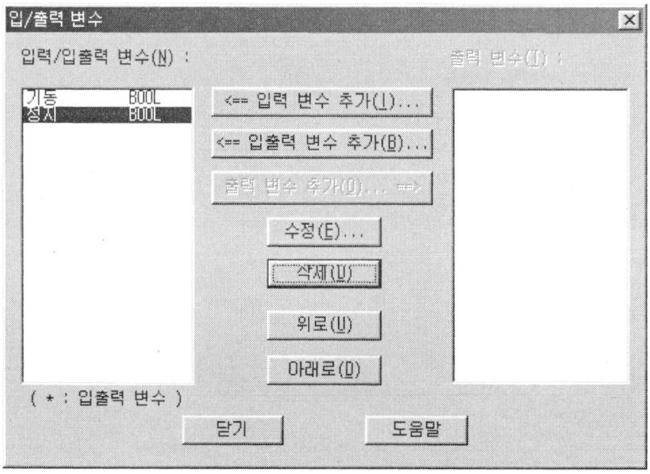

그림 12.32 입출력 변수가 삭제된 화면

6) 입력 변수의 순서 바꾸기

1. 순서를 옮기고자 하는 항목을 입력 변수의 목록에서 선택한다.
2. 위로나 아래로 단추를 옮기기를 원하는 수만큼 눌러 항목의 자리를 이동시킨다.

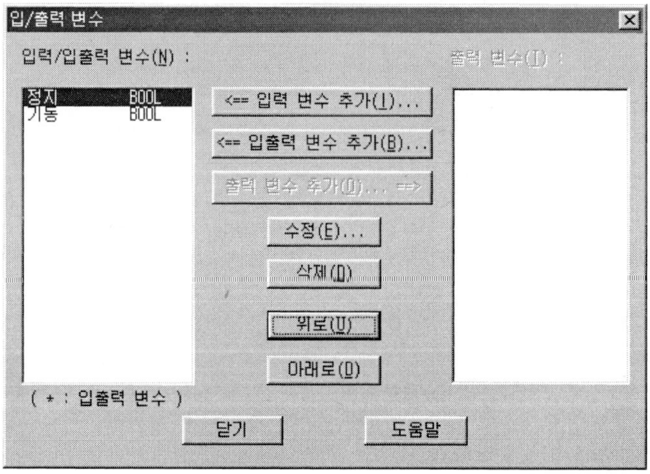

그림 12.33 입출력 변수 대화상자

5 펑션 프로그램의 작성

보통의 프로그램과 마찬가지로 프로그램을 작성할 수 있다. 다만 펑션의 계산 결과를 리턴하기 위하여 프로그램 생성 시에 부여한 펑션 이름에 값을 대입하는 명령이 프로그램 내에 존재해야 한다. 즉, 메뉴의 프로그램-프로그램 속성 항목을 선택해서 출력되는 대화상자에서 펑션/펑션 블록 이름이 ADD_MUL이라면 작성 중인 펑션 프로그램 내에 아래와 같은 명령이 존재해야 한다.

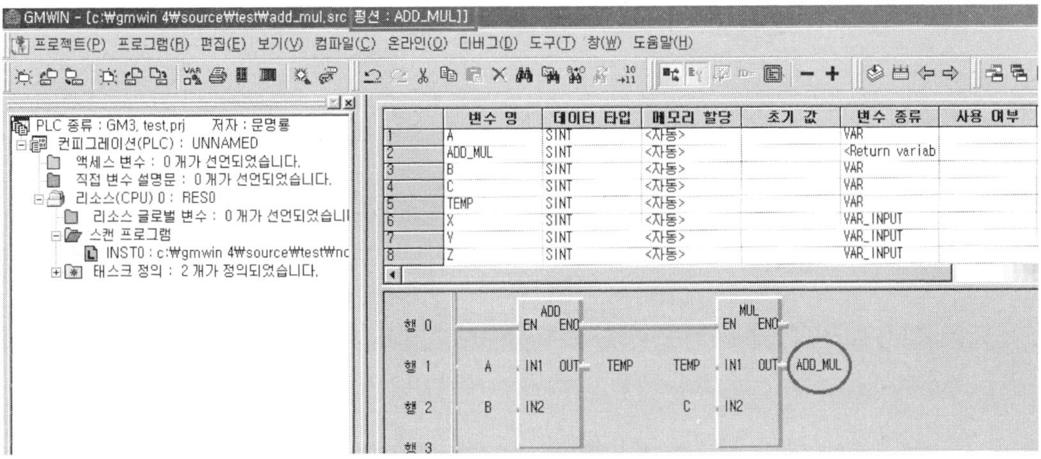

그림 12.34 펑션 프로그램 작성 화면

1) 펑션 프로그램의 컴파일

① 프로그램의 작성이 끝나면 메뉴의 컴파일-컴파일을 선택하여 실행 파일을 만든다.

컴파일 후에 생성되는 오브젝트 파일은 *.obj의 확장자를 가지며, 어떤 PLC를 대상으로 한 프로젝트 화면에서 컴파일했는지에 따라 실행 코드가 달라진다(즉 현재 열려 있는 프로젝트의 PLC 종류가 GM1이면 GM1에 해당하는 실행 코드가 생성되므로 PLC 종류가 다른 프로젝트에서는 사용할 수 없다).

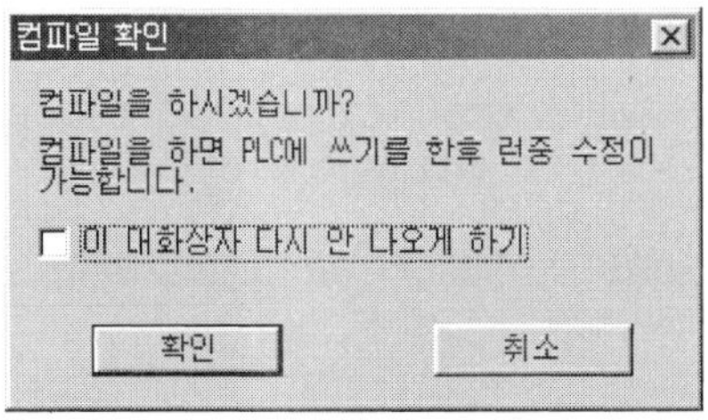

그림 12.35 컴파일 확인 메시지

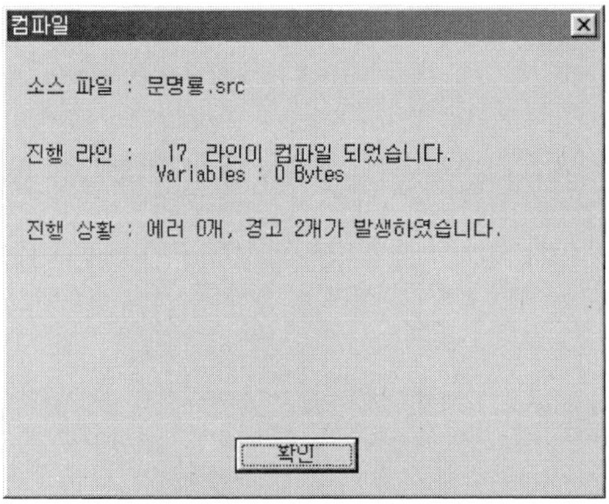

그림 12.36 컴파일 화면

2) 펑션 프로그램 안내자

① 컴파일이 에러와 경고 없이 끝난 경우 컴파일 된 펑션을 라이브러리에 삽입하기 위한 안내자가 자동으로 출력이 된다. 펑션/펑션 블록 안내자에서는 펑션/펑션 블록의 각종 정보를 출력한다.

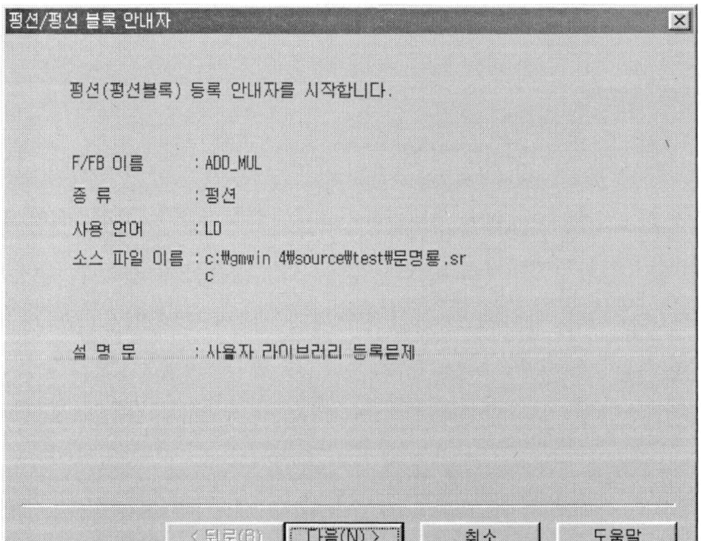

그림 12.37 펑션/펑션 블록 안내 대화상자

② 위의 출력된 대화상자에서 취소를 선택하면, 컴파일 된 펑션에 대한 라이브러리 삽입과 프로젝트 삽입 동작이 중지되며, 사용자는 메뉴의 프로젝트-라이브러리 관리자와 프로젝트-라이브러리 삽입을 이용하여 컴파일 된 펑션에 대한 사용자 정의 라이브러리 생성과 프로젝트에 대한 삽입 동작을 필요할 때 할 수 있다.

③ 컴파일이 경고와 같이 끝난 경우는 다음과 같은 메세지가 출력되어 사용자에게 경고를 바로 잡은 후에 펑션 프로그램 안내자를 실행할 것인지 여부를 묻는다.

그림 12.38 펑션/펑션블록 컴파일 메시지 화면

④ 펑션/펑션 블록 안내자 대화상자에서 다음 단추를 눌러 두 번째 대화상자를 부른다.

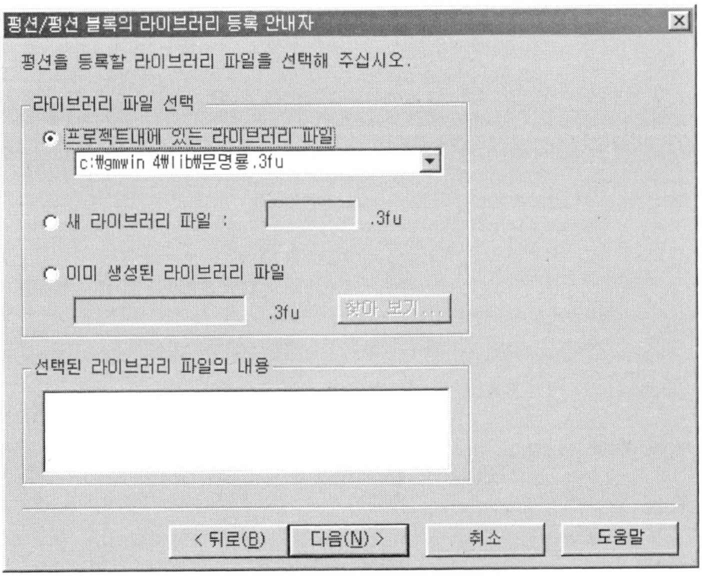

그림 12.39 라이브러리 등록 안내 대화상자

⑤ 두 번째 대화상자인 사용자 정의 펑션/펑션 블록의 라이브러리 등록 안내자의 라이브러리 파일 선택에서 새 라이브러리 파일 입력란에 새로 작성한 라이브러리 이름을 입력한다.

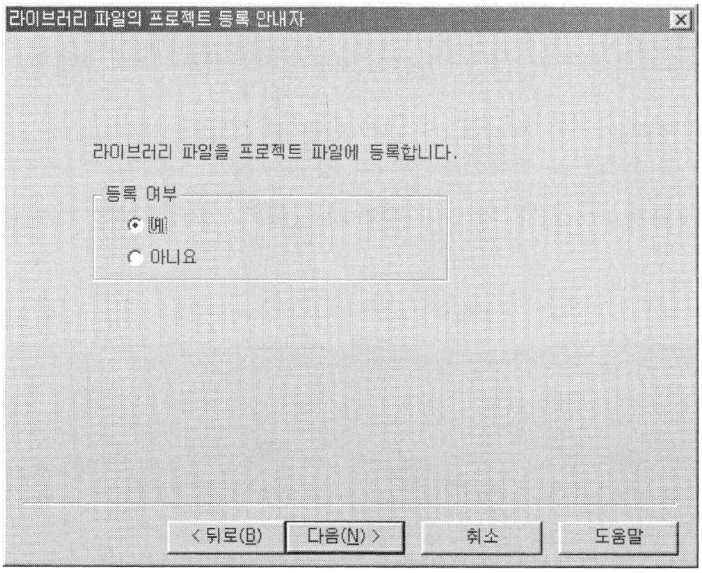

그림 12.40 라이브러리 안내 대화상자

⑥ 프로젝트에 이미 존재하는 사용자 정의 라이브러리 파일에 삽입을 원할 경우는 프로젝트 내에 있는 라이브러리 파일 단추를 누르고, 필요한 라이브러리 파일을 선택한다.

⑦ 프로젝트에 포함되어 있지는 않지만, 이미 생성된 사용자 정의 라이브러리를 생성을 원할 경우는 이미 생성된 라이브러리 파일 단추에 누르고 찾아보기 단추를 눌러 원하는 사용자 정의 라이브러리 파일을 선택한다.

⑧ 선택이 끝나면 다음 단추를 눌러 세 번째 대화상자를 부른다.

⑨ 세 번째 대화상자는 펑션이 삽입된 라이브러리를 현재의 프로젝트에 삽입할 것인지를 선택한다. 이전 대화상자에서 선택된 라이브러리가 프로젝트 내에 존재 할 때는 자동으로 프로젝트 내용이 갱신되도록 되며, 새로운 라이브러리 파일에 생성된 펑션을 삽입한 경우는 프로젝트 삽입이 선택 사항이 된다.

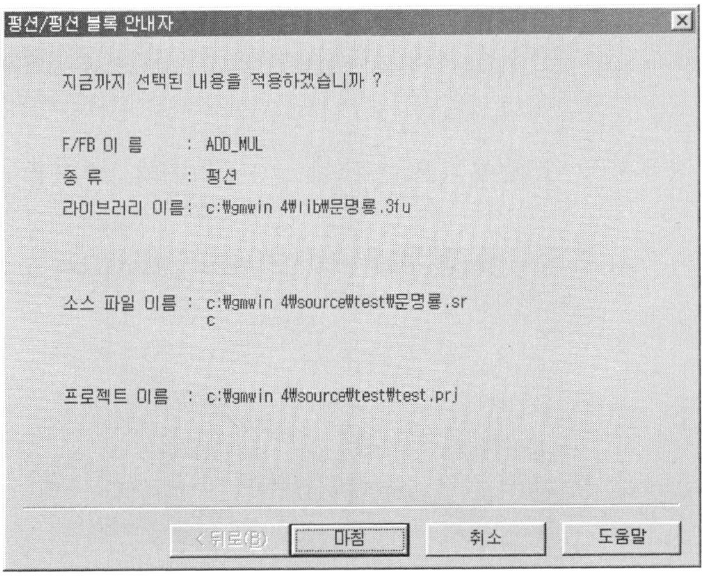

그림 12.41 펑션/펑션 블록 안내 대화상자

⑩ 다음 단추를 누르면 다음의 펑션/펑션 블록 안내자 대화상자가 나타난다.

⑪ 마침 단추를 누르면 새로 생성된 사용자 라이브러리가 프로젝트 화면에 나타난다. 라이브러리 안내자 각 단계에서 취소 단추를 누르면 현재까지 진행된 모든 사항이 무효화된다. 즉, 라이브러리 안내자의 네 번째 대화상자에서 마침 단추를 눌러야만 사용자가 선택한 내용이 프로젝트에 반영이 된다.

3) 펑션 블록 프로그램의 생성

① 메뉴 프로그램-새 프로그램을 선택하여 새 프로그램 대화상자를 부른다.

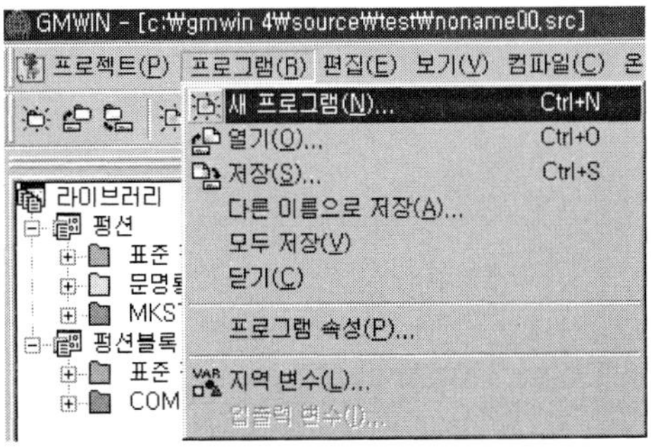

그림 12.42 프로그램-새 프로그램

② 생성할 펑션 블록 프로그램 이름을 프로그램 이름 입력란에 확장자 *.src 포함하여 입력한다.

③ 펑션 블록을 편집할 때, 사용할 언어의 종류를 사용 언어 단추에서 선택한다.

④ 프로그램 종류 옵션 단추 중 펑션 블록을 선택한다.

⑤ 펑션/펑션 블록 이름 입력란에 다른 프로그램에서 사용할 펑션 이름을 입력한다.

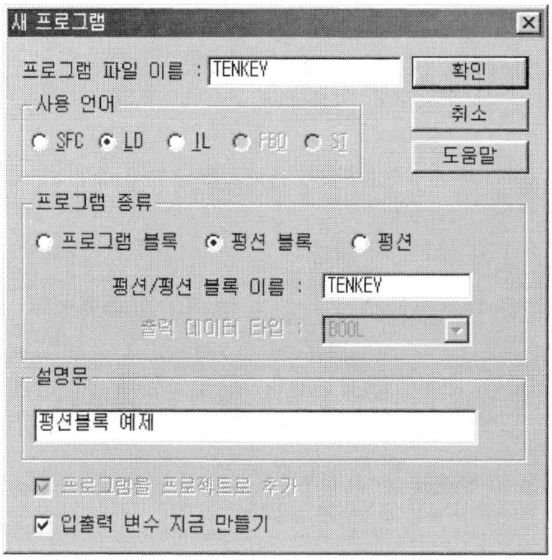

그림 12.43 새 프로그램 대화상자

⑥ 펑션과 달리 리턴 할 변수 타입은 지정하지 않는다.

⑦ 확인 단추를 누르면 아래와 같은 메시지가 출력된다.

그림 12.44 펑션/펑션 블록 작성 메시지

⑧ 여기서 예 단추를 누르면 입/출력 변수 대화상자가 나타난다.

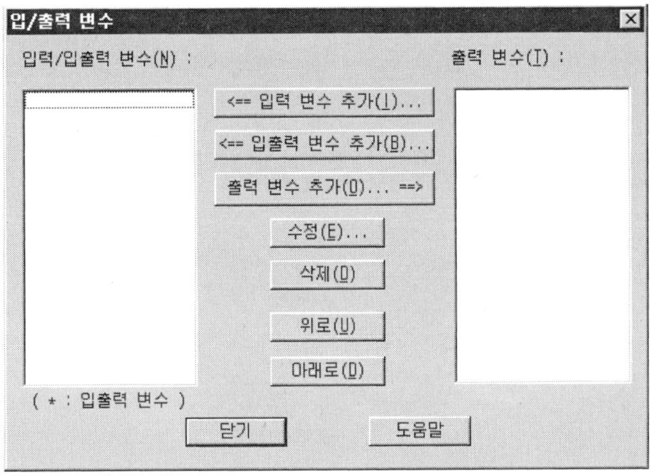

그림 12.45 입출력 변수 대화상자

⑨ 아니오를 선택하면, 선택한 언어에 대한 에디터 창이 출력된다.

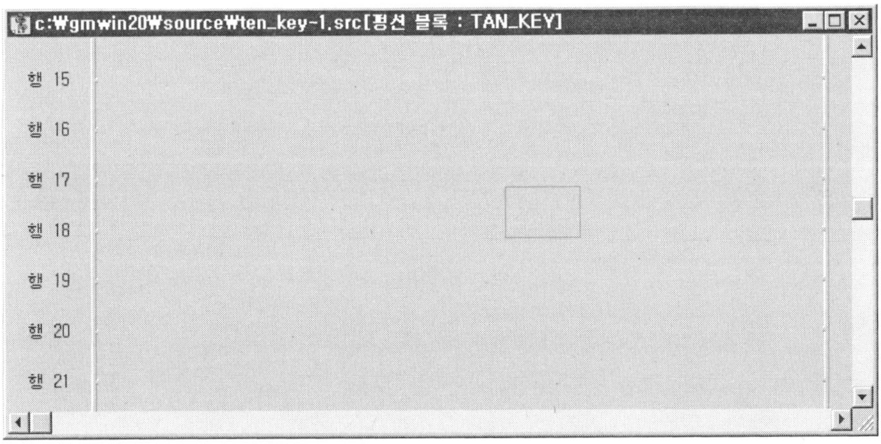

그림 12.46 수정할 수 있는 화면

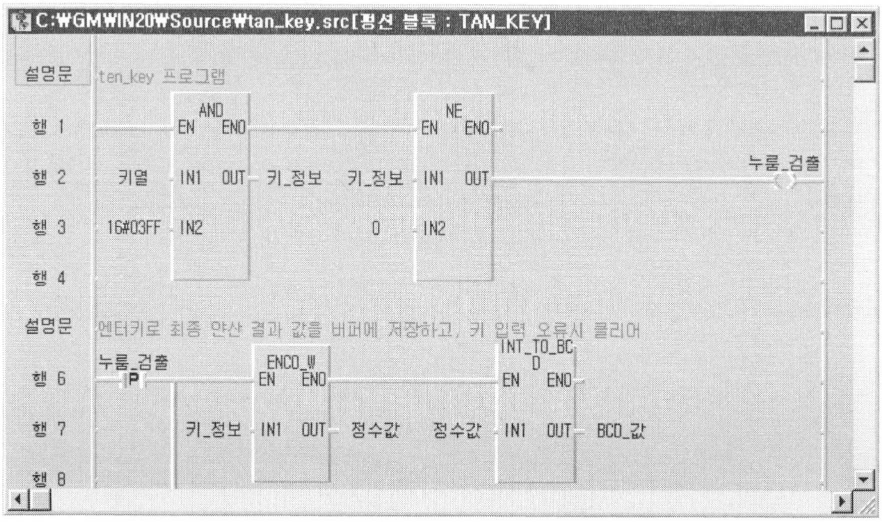

그림 12.47 작성할 펑션 블록 프로그램(1)

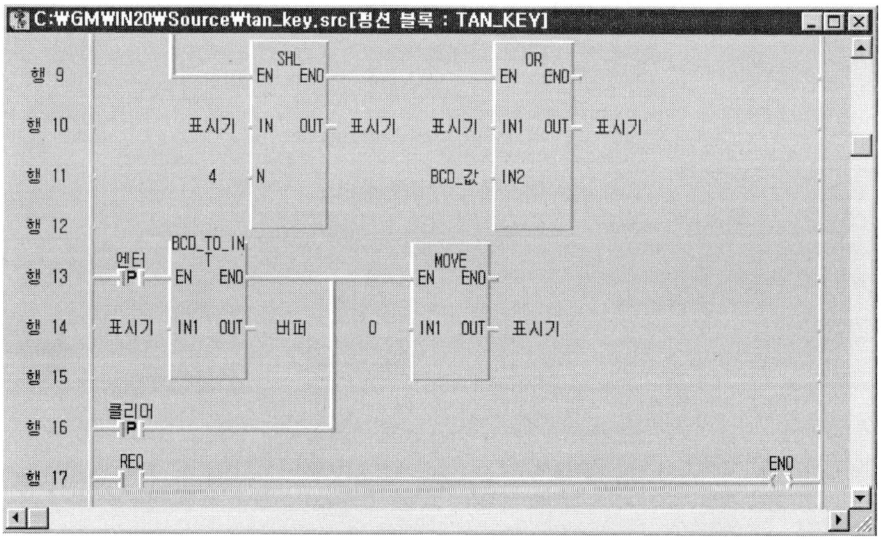

그림 12.48 작성할 펑션 블록 프로그램(2)

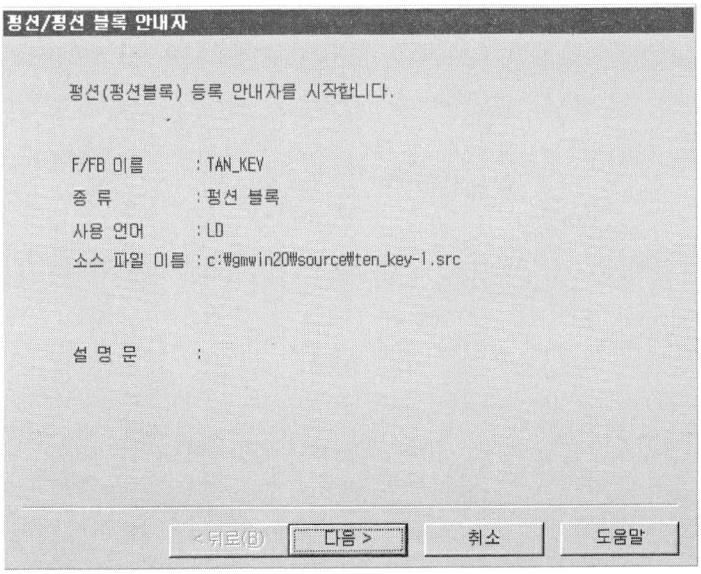

그림 12.49 펑션/펑션 블록 안내자 대화상자

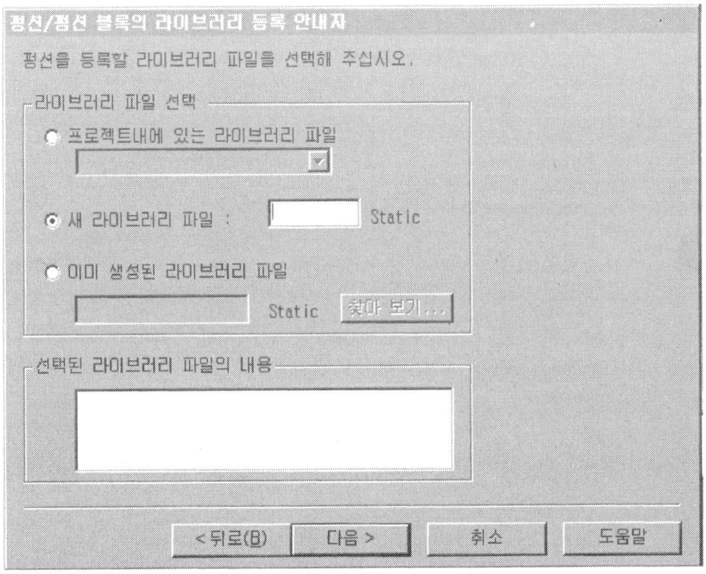

그림 12.50 등록 안내자 대화상자

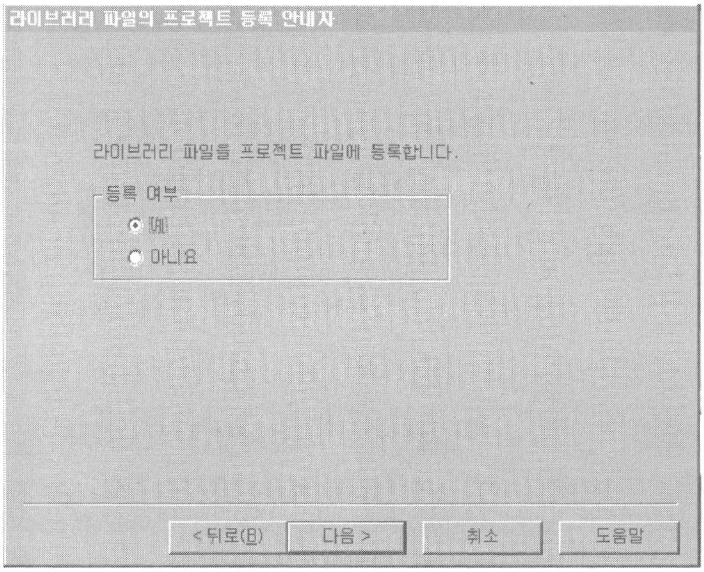

그림 12.51 등록 안내자 대화상자

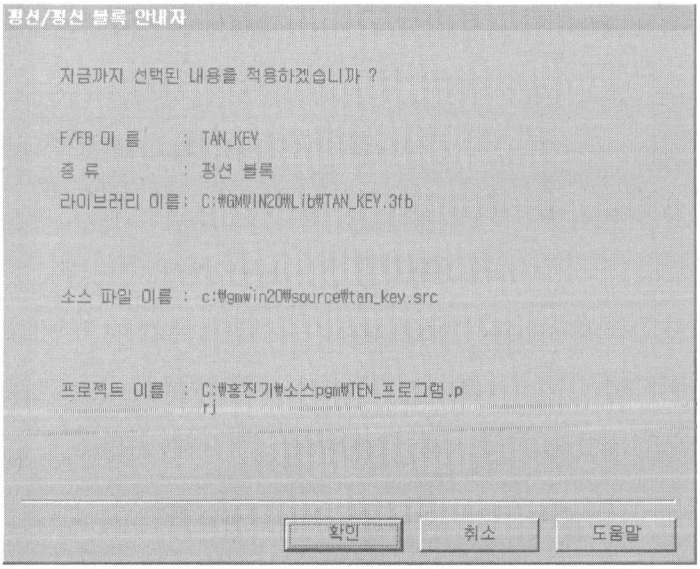

그림 12.52 등록 안내자 대화상자

4) 입출력 변수의 작성

① 작성 방법은 펑션의 입력 변수 작성과 같고, 다만 펑션 블록에서는 리턴 할 변수 대신 한 개 이상의 입력과 출력 변수들이 존재해야 한다.

② 입/출력 변수 삽입 시는 입/출력 변수 추가 단추를 사용한다.

③ 입/출력 변수 삽입 시, 첫 번째로 입력되는 입/출력 변수는 부울형이어야 하며, 부울형이 아닐 경우는 에러 메시지가 뜬다.

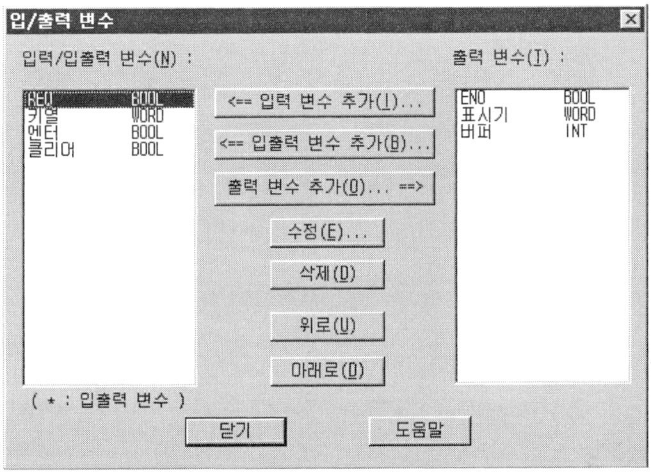

그림 12.53 입출력 변수 대화상자

제 13 장

펑션 명령어

13.1 관계 지식

1 식별자(identifiers)

① 영문자나 밑줄문자(_)로 시작하는 모든 문자, 숫자, 밑줄 문자의 조합이 식별자가 될 수 있다.

② 식별자는 변수의 이름으로 쓰인다.

③ 식별자는 빈칸(Space)을 포함하지 않는다.

④ 식별자는 보통 변수인 경우에는 영문 16자, 입출력 변수 및 인스턴스 이름인 경우에는 영문 8자로 구분한다.

⑤ 영문자의 경우, 대·소문자를 구별하지 않고 모두 대문자로 인식한다.

표 13.1 식별자의 종류

종류	사용 예
대문자와 숫자	IW210, IW215Z, QX75, IDENT
대문자와 숫자, 밑줄 글자	LIM_SW_2, LIMSW5, ABCD, AB_CD
밑줄 글자로 시작하는 대문자와 숫자	_MAIN, _12V7, _ABCD

❷ 데이터의 표현

GLOFA PLC에서 데이터로 사용하는 것은 숫자(Numeric Literals)와 문자열(Character String), 시간문자(Time Literals) 등이 있으며, 다음 표와 같다.

표 13.2 데이터 종류

종류	사용 예
정수	-12, 0, 123_456, +986
실수	-12, 0, 0.0, 0.456, 3.14159_26
승수부를 갖는 실수	-1.34E-12, 1.0E+6, 1.234E6
2진수	2#1111_1111, 2#1110_0000
8진수	8#377(십진수 225), 8#340(십진수 224)
16진수	16#FF(십진수225), 16#E0(십진수 224)
BOOL 데이터	0, 1, TRUE, FALSE

❸ 숫자(Numeric Literals)

① 숫자에는 정수(Integer Literals)와 실수(Real Literals)가 있다.

② 연속되지 않은 밑줄 글자(_)가 숫자 사이에 올 수 있으며 그 의미는 무시된다.

③ 십진수는 일반적인 십진 표현법을 따르고 소수점이 있으면 실수로 구별된다.

④ 승수(Exponent) 표현 시 +, -의 부호가 올 수 있다. 승수부를 구분하는 문자 'E'는 대소문자를 구분하지 않는다.

⑤ 승수부가 있는 실수의 사용 시 다음은 가능하지 않다. 예) 12E-5(X) 12.0E-5(0)

⑥ 정수에는 십진수 이외에 2, 8, 16진수가 올 수 있으며, 숫자의 앞 부문에 진수 #을 사용하여 구분한다. 아무것도 붙이지 않으면 십진수로 간주하게 된다.

⑦ 16진수 표현 시 0~9, A~F를 쓰며, 소문자 a~f도 쓸 수 있다.

⑧ 진수 표현 시에는 부호(+, -)가 올 수 없다.

⑨ BOOL 데이터(Boolean Data)는 정수 0과 1로도 표현할 수 있다.

4 문자열(Character String)

작은따옴표(')로 둘러싸인 모든 문자가 문자열에 해당된다. 그 길이는 문자열 상수일 때에는 16자 이내이며, 초기화에 사용할 때는 30자로 제한된다.

예) 'CONVEYER'

5 시간문자(Time Literals)

시간문자는 제어사건(Control Event)의 경과시간(Elapsed Time)을 재거나 조절하기 위한 경과시간(Duration) 데이터와 제어사건의 시작점과 끝점의 시각을 표시하기 위한 날짜와 시각(Time Of Day And Date) 데이터로 구분된다.

1) 경과시간(Duration)

① 경과시간 데이터는 예약어 'T#' 또는 't#'으로 시작한다.

② 일(d), 시(h), 분(m), 초(s), ms의 순으로 써야 하고 어느 단위에서 시작되어도 상관없으며, 최소단위인 ms까지 꼭 쓰지 않아도 되나 중간 단위를 생략할 수는 없다.

③ 밑줄 글자(_)는 사용하지 않는다.

④ 최대 단위에서의 오버플로(Overflow)는 허용되며, 최소단위에서의 소수점 이하 표현도 ms 이외에는 가능하다. 단, 최대는 T#49d17h2m47s295ms을 초과할 수 없다(ms 단위로 32비트).

⑤ 소수점 이하 자릿수의 제한은 현재 초(s) 단위에서의 3자리까지이다.

⑥ ms 단위에서는 소수점이 올 수 없다.

⑦ 단위를 나타내는 문자로는 대·소문자 어느 경우나 다 가능하다.

표 13.3 시간 데이터의 표현 방법

내용	사용 예
경과시간(Underline 없음)	T#14ms, T#14.7s, T#14.7h t#14.7d, t#25h15m, t#5d14h12m18s356ms

2) 날짜와 시각(Time Of Day And Date)

날짜와 시각의 표현 방법에는 날짜, 시각, 날짜와 시각의 3가지가 있으며 다음과 같다.

표 13.4 날짜와 시간 데이터 표현

내용	사용 예
날짜 접두어	D#
시각 접두어	TOD#
날짜 시각 접두어	DT#

① 날짜의 시작점은 1984년 1월 1일을 기준으로 한다.

② 사각과 날짜 시각의 표현에는 엄격한 자릿수의 제한이 있으며, 초를 나타낼 경우 ms 단위는 소수점 이하 세 자리까지 가능하다(1ms 단위).

③ 시각과 날짜의 표현 시에는 모든 단위에서 오버플로(Overflow)가 허용되지 않는다.

6 데이터 타입

GLOFA PLC에서는 다음의 기본 데이터 타입을 지원한다.

표 13.5 데이터 타입의 종류

번호	예약어	데이터 타입	크기(비트)	범위
1	SINT	Short Integer	8	-128~127
2	INT	Integer	16	-32768~32767
3	DINT	Double Integer	32	-2147483648~2147483647
4	LINT	Long Integer	64	-263~263-1
5	USINT	UnSigned Short Integer	8	0~255
6	UINT	Unsigned Integer	16	0~65535
7	UDINT	Unsigned Double Integer	32	0~4294967295
8	ULINT	Unsigned Long Integer	64	0~264-1
9	REAL	Real Numbers	32	-3.402823E38~-1.401298E-45 1.401298E-45~3.402823E38

번호	예약어	데이터 타입	크기 (비트)	범위
10	LREAL	Long Reals	64	-1.7976931E308~-4.9406564E-324 4.9406564E-324~1.7976931E308
11	TIME	Duration	32	T#OS~T#49D17H2M47S295MS
12	DATE	Date	16	D#1984-01-01~d#2163-12-31
13	TIME_OF_TIME	Time Of Day	32	TOd#00:00:00~TOD#23:59:59:999
14	DATE_NAD_TIME	Date And Time Of Day	64	D#1984-01-01-00:00:00~ DT#2163-12-31-23:59:59:999
15	STRING	Character String	30*8	
16	BOOL	Boolean	1	0.1
17	BYTE	Bit String Of Length 8	8	16#0~16#FF
18	WORD	Bit String Of Length 16	16	16#0~16#FFFF
19	DWORD	Bit String Of Length 32	32	16#0~16#FFFFFFFF
20	LWORD	Bit String Of Length 64	64	16#0~16#FFFFFFFFFFFFFFFF

※ LINT, ULINT, REAL, LREAL, LWORD는 GM1, GM2에서만 지원된다.

13.2 전송 펑션

1 MOVE(Move)

표 13.6 전송 펑션

기호	내용
	• EN : 명령어 실행 접점 • IN1 : 전송시킬 값 또는 전송시킬 Date가 저장되어 있는 Device명 • ENO : 실행접점이 ON될 때 입력이 그대로 출력 • OUT : 값이 저장될 Device명

1) 예제 프로그램(FILE NAME : move.prj, move.src)

(1) Ladder 화면

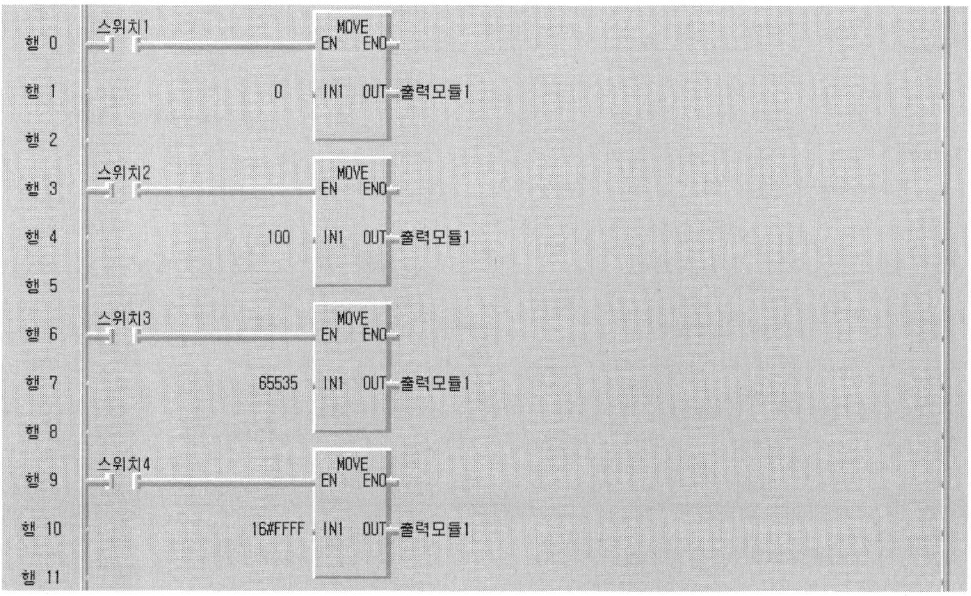

그림 13.1 Move Ladder 프로그램

(2) 지역변수

	변수 명	데이터 타입	메모리 할당	초기 값	변수 종류	사용 여부	설명문
1	스위치1	BOOL	%IX0.0.0		VAR	*	
2	스위치2	BOOL	%IX0.0.1		VAR	*	
3	스위치3	BOOL	%IX0.0.2		VAR	*	
4	스위치4	BOOL	%IX0.0.3		VAR	*	
5	출력모듈1	WORD	%QW0.2.0		VAR	*	

그림 13.2 지역변수 목록

(3) 동작 설명

위 프로그램은 MOVE 명령에 의해 0, 100, 65535, HFFFF의 값을 출력모듈 1(%QW0.2.0) Word에 전송하는 프로그램으로, 스위치 1(%I0.0.0) ON 시 출력모듈 1(%QW0.2.0) Word에 0을 전송하고, 스위치 2(%I0.0.1) ON 시 출력모듈 1(%QW0.2.0) Word에 100을 전송한다. 스위치3(%I0.0.2) ON 시 출력모듈 1(%QW0.2.0) Word에 65535를 전송하고, 스위치4(%I0.0.3) ON 시 출력모듈 1(%QW0.2.0) Word에 16#FFFF(65535)를 전송한다.

(4) 모니터링

• 프로그램 전송 후의 Ladder 모니터 초기화면

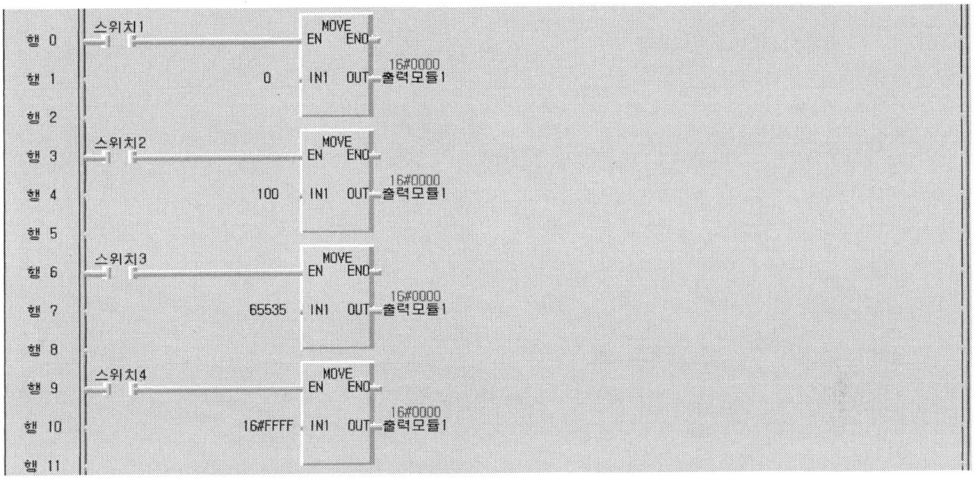

그림 13.3 프로그램 전송 후의 Ladder 프로그램

모든 응용명령어 실행 접점이 OFF이므로, 출력모듈 1(%QW0.2.0) Word의 Data 값이 0이다.

• 스위치 1(%I0.0.0) ON 시의 모니터 화면

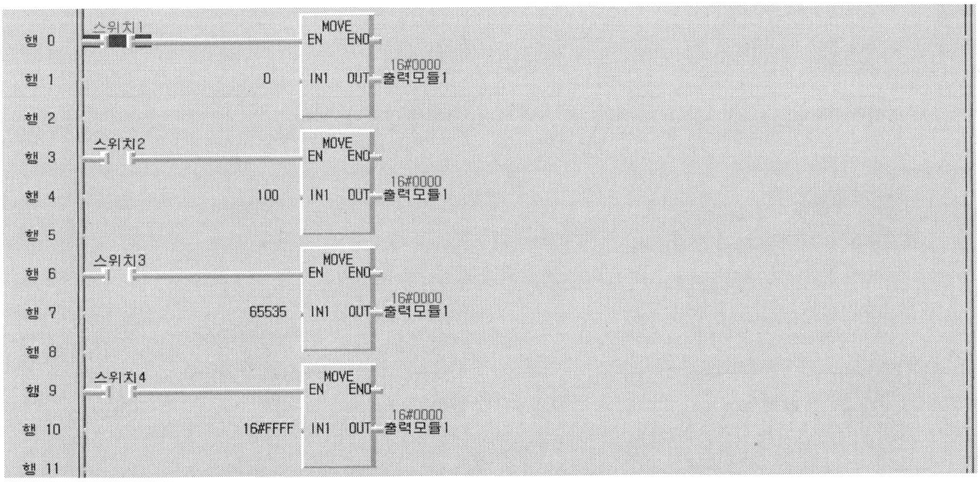

그림 13.4 스위치 1을 ON한 Ladder 프로그램

첫 번째 응용명령어 블록이 실행되어 출력모듈 1(%QW0.2.0) Word에 0이 저장되었다. 하지만, 0이 저장되어 출력에는 아무런 변화가 나타나지 않았다.

• 스위치 2(%I0.0.1) ON 시의 모니터 화면

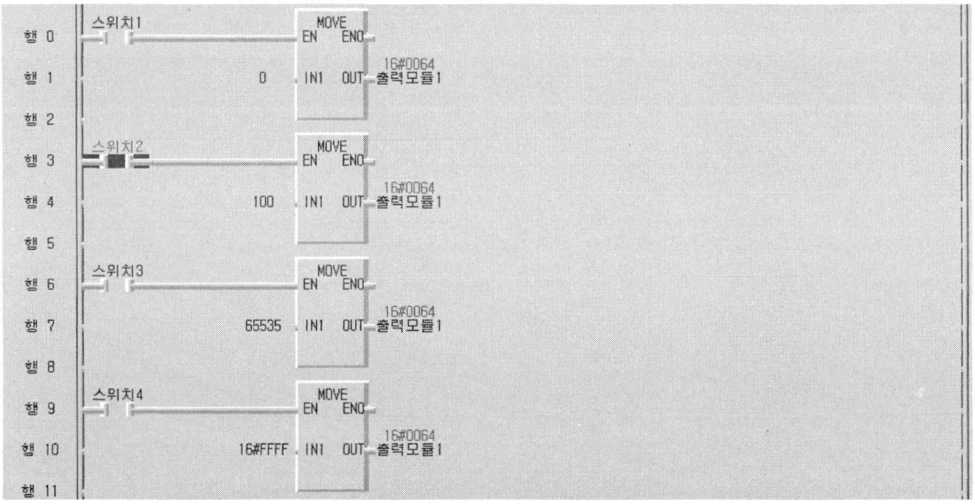

그림 13.5 스위치 2를 ON 한 Ladder 프로그램

두 번째 응용명령어 블록이 실행되어 출력모듈 1(%QW0.2.0) Word에 100이 저장되었다. 하지만, 화면상에는 10진수 100이 아닌 16진수 16#0064가 표시되었다. 표시방식은 프로젝트(P)의 옵션(Q)에서 변경할 수 있다.

• 스위치 3(%I0.0.2) ON 시의 모니터 화면

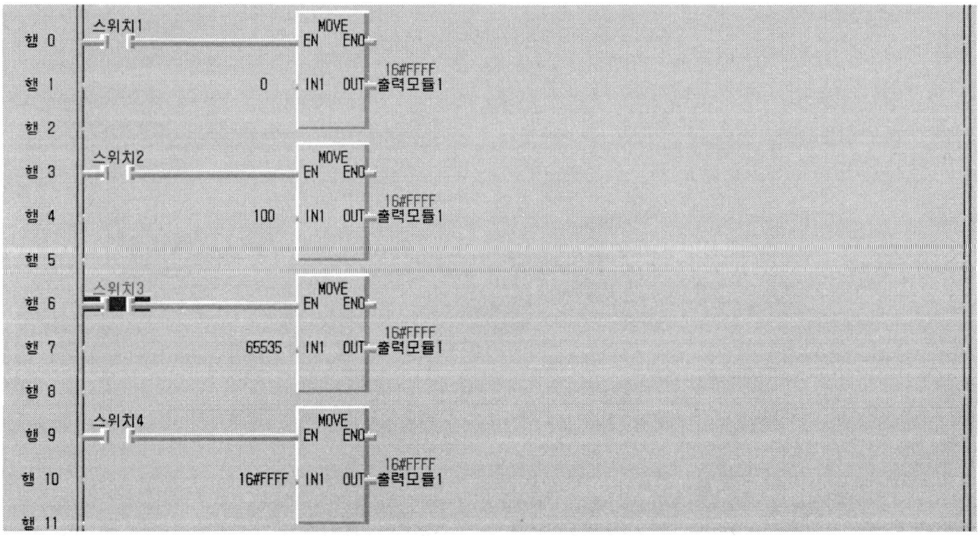

그림 13.6 스위치 3을 ON한 Ladder 프로그램

세 번째 응용명령어 블록이 실행되어 출력모듈 1(%QW0.2.0) Word에 65535가 저장되었다. 하지만, 화면상에는 10진수 65535가 아닌 16진수 16#FFFF가 표시되었다.

• 스위치 4(%I0.0.3) ON 시의 모니터 화면

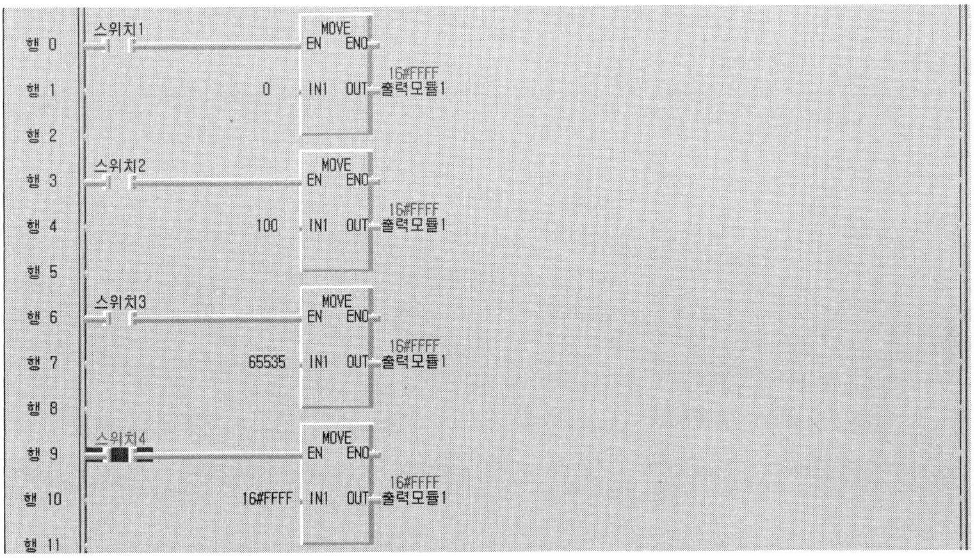

그림 13.7 스위치 4를 ON 한 Ladder 프로그램

네 번째 응용명령어 블록이 실행되어 출력모듈 1(%QW0.2.0) Word에 FFFF가 저장되었다. 역시 화면상에 16진수 16#FFFF가 표시되었다.

13.3 비교 펑션

❶ 비교 펑션(Compare)

표 13.7 비교 펑션

기호	명령어	내용
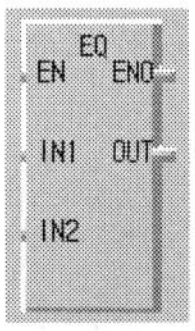	EQual	• EN : 명령어 실행 접점 • IN1 : 비교할 값 또는 데이터가 저장되어 있는 Device명 • IN2 : 비교할 기준값 또는 데이터가 저장되어 있는 Device명 • ENO : 실행접점이 ON될 때 입력이 그대로 출력 • OUT : IN1에 입력값이 IN2와 같을 때 출력(IN1=IN2)
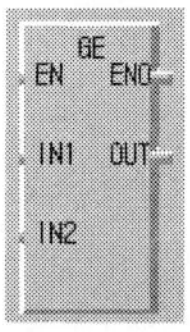	Great Equal	• EN : 명령어 실행 접점 • IN1 : 비교할 값 또는 데이터가 저장되어 있는 Device명 • IN2 : 비교할 기준값 또는 데이터가 저장되어 있는 Device명 • ENO : 실행 접점이 ON 될 때 입력이 그대로 출력 • OUT : IN1에 입력값이 IN2보다 크거나 같을 때 출력(IN1≥• IN2)
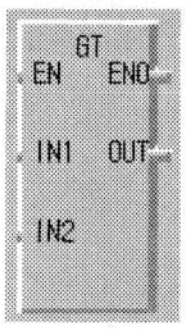	Great Than	• EN : 명령어 실행 접점 • IN1 : 비교할 값 또는 데이터가 저장되어 있는 Device명 • IN2 : 비교할 기준값 또는 데이터가 저장되어 있는 Device명 • ENO : 실행 접점이 ON 될 때 입력이 그대로 출력 • OUT : IN1에 입력값이 IN2보다 클 때 출력(IN1〉IN2)
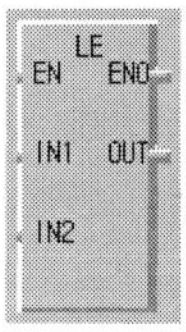	Leth Equal	• EN : 명령어 실행 접점 • IN1 : 비교할 값 또는 데이터가 저장되어 있는 Device명 • IN2 : 비교할 기준값 또는 데이터가 저장되어 있는 Device명 • ENO : 실행 접점이 ON 될 때 입력이 그대로 출력 • OUT : IN1에 입력값이 IN2보다 작거나 같을 때 출력(IN1≤• IN2)
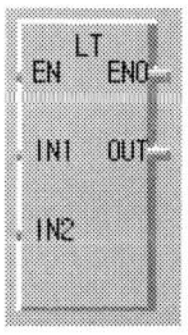	Leth Than	• EN : 명령어 실행 접점 • IN1 : 비교할 값 또는 데이터가 저장되어 있는 Device명 • IN2 : 비교할 기준값 또는 데이터가 저장되어 있는 Device명 • ENO : 실행 접점이 ON 될 때 입력이 그대로 출력 • OUT : IN1에 입력값이 IN2보다 작을 때 출력(IN1〈IN2)
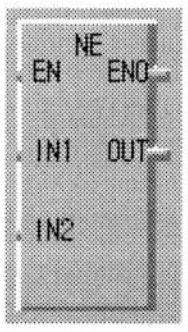	Not Equal	• EN : 명령어 실행 접점 • IN1 : 비교할 값 또는 데이터가 저장되어 있는 Device명 • IN2 : 비교할 기준값 또는 데이터가 저장되어 있는 Device명 • ENO : 실행 접점이 ON 될 때 입력이 그대로 출력 • OUT : IN1에 입력값이 IN2와 같지 않을 때 출력(IN1≠IN2)

❷ 예제 프로그램(FIME NAME : cmp.prj, cmp.src)

1) Ladder 화면

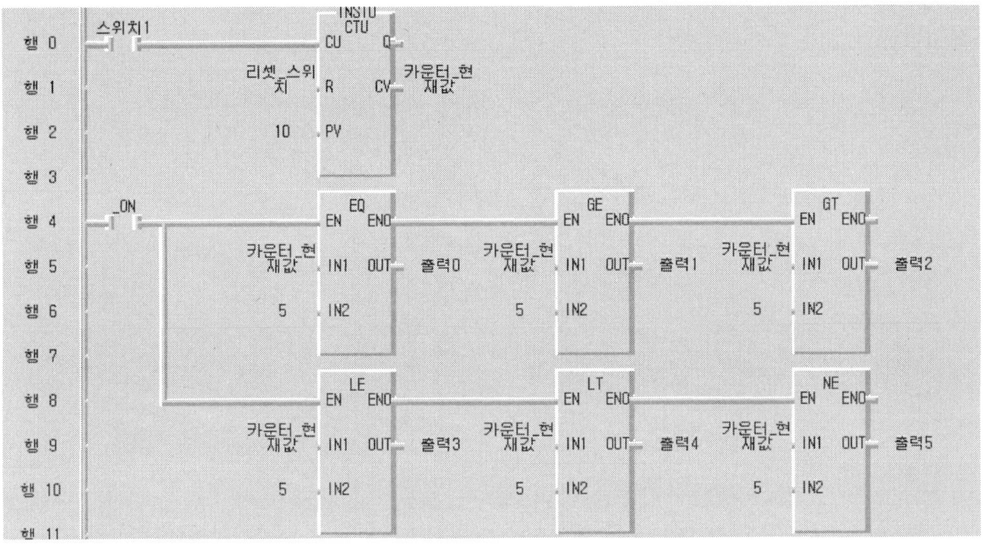

그림 13.8 비교 펑션 Ladder 프로그램

2) 지역변수 목록

	변수 명	데이터 타입	메모리 할당	초기 값	변수 종류	사용 여부	설명문
1	리셋_스위치	BOOL	%IX0.0.1		VAR		
2	스위치1	BOOL	%IX0.0.0		VAR		
3	출력0	BOOL	%QX0.2.0		VAR		
4	출력1	BOOL	%QX0.2.1		VAR		
5	출력2	BOOL	%QX0.2.2		VAR		
6	출력3	BOOL	%QX0.2.3		VAR		
7	출력4	BOOL	%QX0.2.4		VAR		
8	출력5	BOOL	%QX0.2.5		VAR		
9	카운터_현재값	INT	<자동>		VAR		
10	INSTO	FB Instance	<자동>		VAR		

그림 13.9 지역변수 목록

3) 동작 설명

위 프로그램은 UP CONT를 이용하여 카운터의 계수 값이 5와 같을 때(IN1=IN2) 출력(%Q0.2.0)을 ON 시키고, 계수 값이 5보다 크거나 같을 때(IN≥IN2) 출력 1(%Q0.2.1)을, 카운터 계수 값이 5보다 작을 때(IN1〈IN2) 출력 4(%Q0.2.4)를, 카운터 계수 값이 5와 같지 않을 때(IN1 ≠IN2) 출력 5(%Q0.2.5)를 각각 ON 시키는 프로그램이다.

4) 모니터링

• 프로그램 전송후의 Ladder 모니터 초기화면

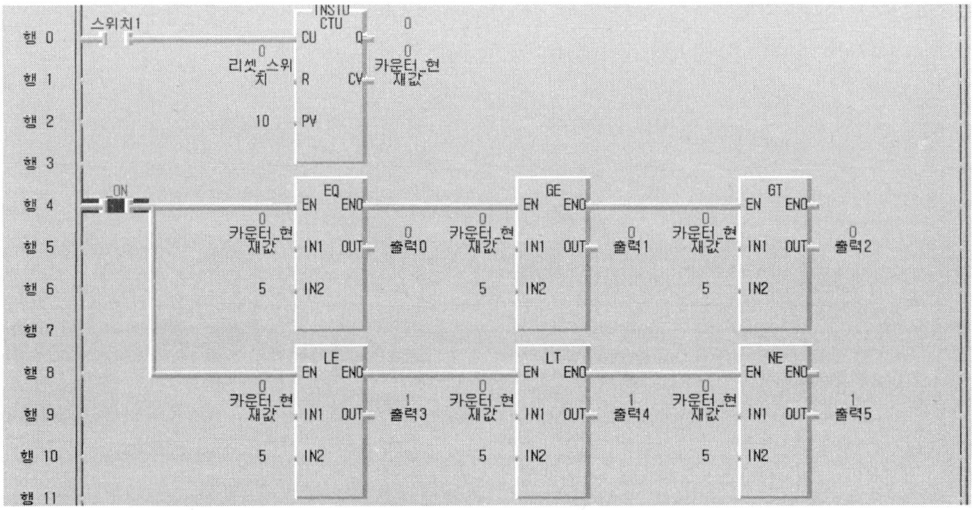

그림 13.10 프로그램 전송 후의 비교 펑션 Ladder 프로그램

카운터 현재 값이(00000)이 5보다 작으므로 LE(IN1≤IN2)인 출력 3(%Q0.2.3), LT(IN1 〈IN2)인 출력 4(%Q0.2.4), NE(IN1≠IN2)인 출력 5(%Q0.2.5)가 ON 되었다.

• 카운터 펄스입력 신호용 스위치(%I0.0.0) 1회 ON 시의 모니터 화면

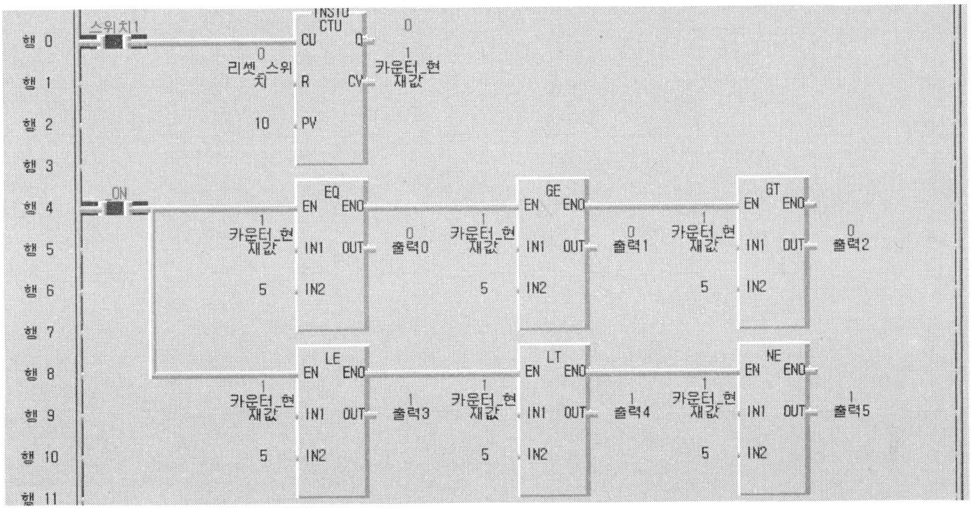

그림 13.11 스위치 1을 1회 ON 한 비교 펑션 Ladder 프로그램

카운터 현재값(00001)이 1이 되었지만, 아직 기준값인 5보다 작으므로 출력에는 아무런 변화 없이 LE(IN1≤IN2)인 출력 3(%Q0.2.3), LT(IN1〈IN2)인 출력 4(%Q0.2.4), NE(IN1≤IN2)인 출력 5(%Q0.2.5)가 ON 되었다.

• 카운터 펄스입력 신호용 스위치 1(%I0.0.0) 5회 ON 시의 모니터 화면

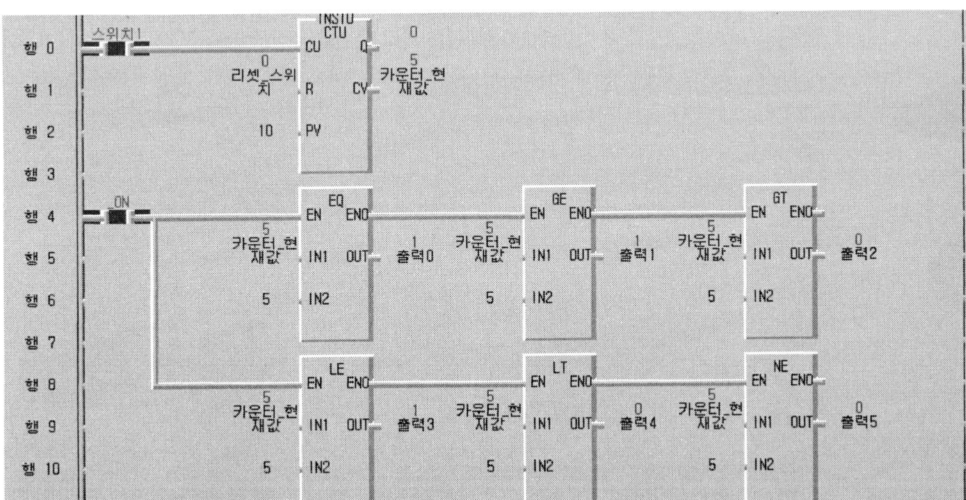

그림 13.12 스위치 1을 5회 ON 한 비교 펑션 Ladder 프로그램

카운터 현재값(00005)이 5가 되어, EQ(IN1=IN2)인 출력 0(%Q0.2.0), GE(IN1≥IN2)인 출력 1(%Q0.2.1), LE(IN1≤IN2)인 출력 3(%Q0.2.3)이 ON 되었다. 그러나 GT(IN1〈IN2)인 출력 2(%Q0.2.2), LT(IN1〈IN2)인 출력 4(%Q0.2.4), NE(IN1≠IN2)인 출력 5(%Q0.2.5)는 OFF가 되었다.

• 카운터 펄스입력 신호용 스위치 1(%I0.0.0) 6회 ON 시의 모니터 화면

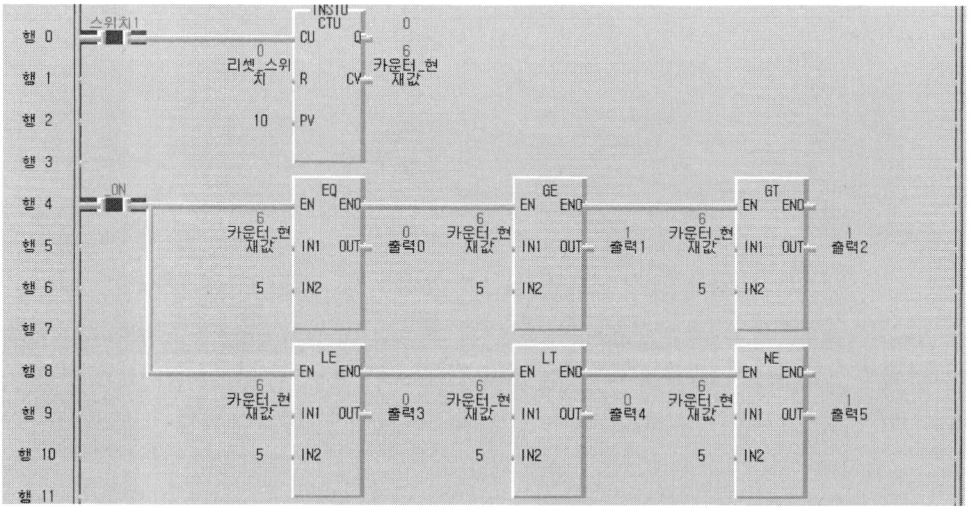

그림 13.13 스위치 1을 6회 ON 한 비교 펑션 Ladder 프로그램

카운터 현재값(00006)이 6이 되어, GE(IN1≥IN2)인 출력 1(%Q0.2.1), GT(IN1〉IN2)인 출력 2(%Q0.2.2), NE(IN1≠IN2)인 출력 5(%Q0.2.5)가 ON 되고, 나머지는 OFF가 되었다.

13.4 산술펑션

❶ INC(Increment)

표 13.8 INC 펑션

기호	내용
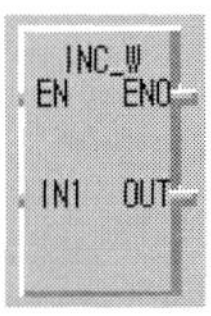	• EN : 명령어 실행 접점 • IN1 : 전송시킬 값 또는 전송시킬 Date가 저장되어 있는 Device명(Word타입) • ENO : 실행 접점이 ON 될 때 입력이 그대로 출력 • OUT : 값이 저장될 Device명(Word 타입)

본 펑션은 GM-WIN 기본 펑션에는 없고, Master-K 상의 펑션을 이용해야 한다. 따라서 산술펑션인 INC를 사용하기 위해서는 라이브러리 추가기능을 이용해 Master-K 기존의 펑션을 추가해 사용한다. INC 펑션은 INC_B(Byte형), INC_W(Word형), INC_D(Double Word형)이 각각 따로 있으므로, 원하는 데이터 타입에 맞는 펑션을 선택해서 사용한다.

1) 펑션추가 방법

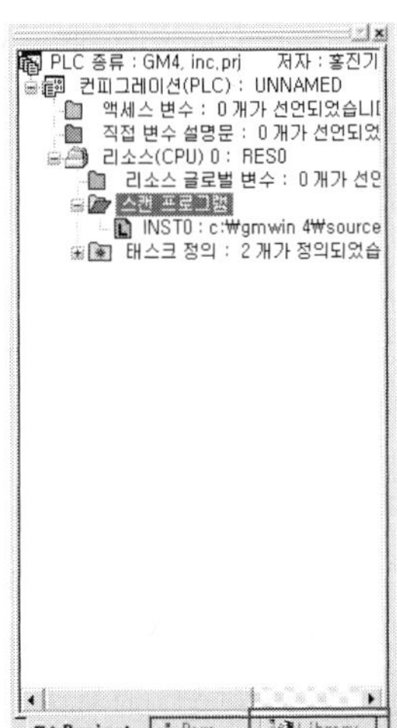

그림 13.14 프로젝트 창

프로젝트 대화상자의 라이브러리(Library) 탭을 선택한 후 라이브러리 탭의 펑션에서 마우스 오른쪽 단추를 눌러 나타나는 메뉴에서 프로젝트 항목추가(T) - 라이브러리(L)를 선택한다.

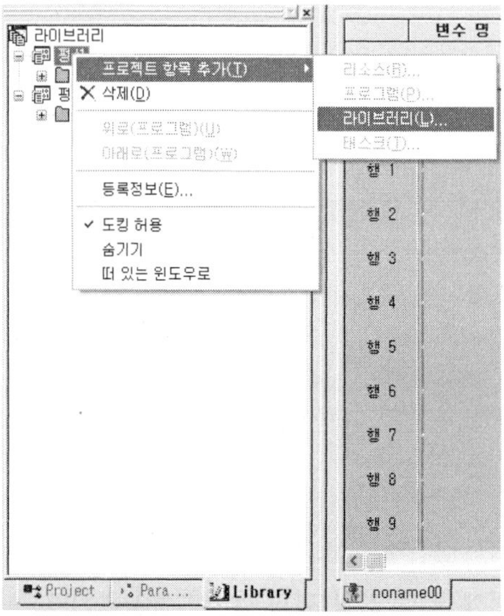

그림 13.15 라이브러리 창

아래와 같은 대화상자가 나타난다.

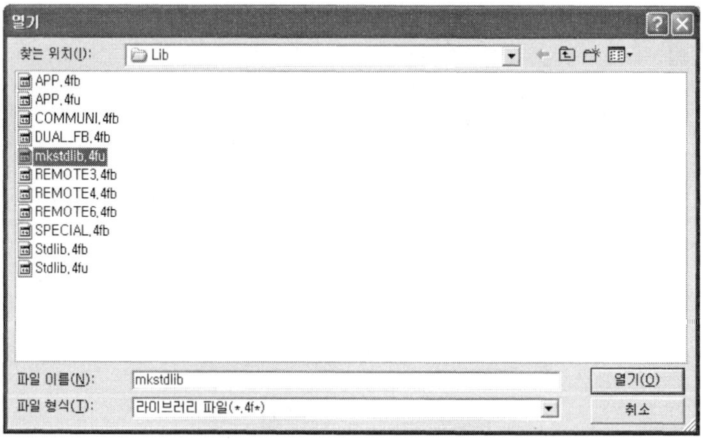

그림 13.16 라이브러리 추가 대화상자

위 대화상자에서 mkstdlib.4fu를 선택한 후 열기(O) 버튼을 선택한다.

그림 13.17 라이브러리 창

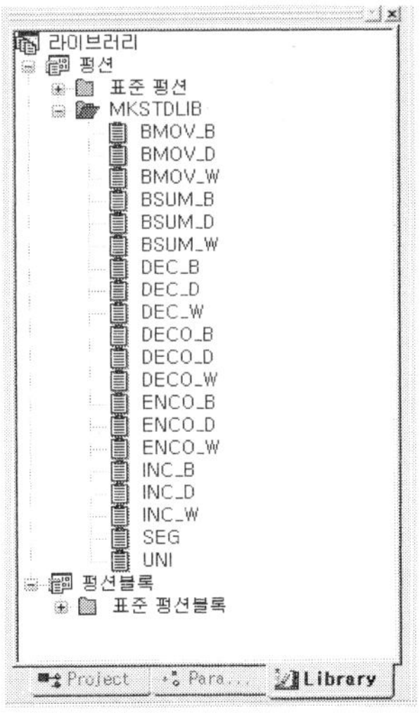

그림 13.18 라이브러리 창

위와 같이 현재 삽입된 라이브러리 창에 Master-K 기종의 펑션이 등록되었음을 확인할 수 있다. 라이브러리가 삽입되면 그림 13.18과 같이 GM-WIN Software 상의 펑션목록 맨 하단에 방금 등록한 Master-K 라이브러리(mkstdlib.4fu)가 나타난다. 여기서 INC_B, INC_W, INC_D 중 원하는 타입의 펑션을 선택해서 사용한다.

※ 만일 어떠한 프로그램을 불러왔는데 화면상의 펑션에 물음표가 나타난다면 해당 펑션의 라이브러리가 없다는 뜻으로 위의 방법을 이용해 해당 펑션의 라이브러리를 삽입해야 한다.

2) 예제프로그램(FILE NAME : inc.prj, inc.src)

(1) Ladder 화면

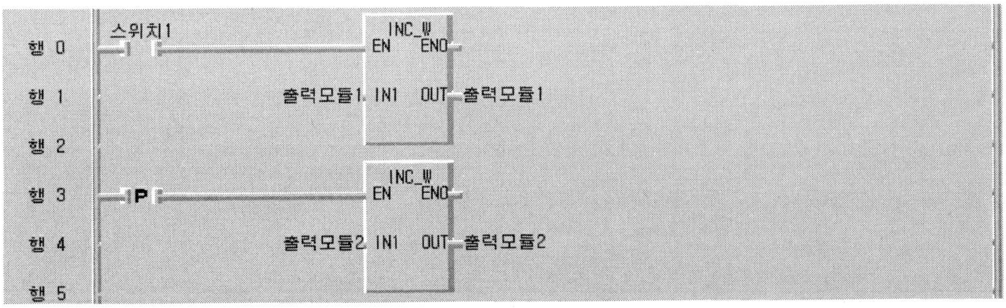

그림 13.17 산술 펑션 INC Ladder 프로그램

(2) 지역변수 목록

	변수 명	데이터 타입	메모리 할당	초기 값	변수 종류	사용 여부	설명문
1	스위치1	BOOL	%IX0.0.0		VAR		
2	출력모듈1	WORD	%QW0.2.0		VAR		
3	출력모듈2	WORD	%QW0.3.0		VAR		

그림 13.18 지역변수 목록

(3) 동작 설명

위 프로그램은 스위치(%I0.0.0) ON 시 출력모듈(%QW0.2.0)과 출력모듈 2(%QW0.3.0)의 값을 1씩 증가시키는 프로그램으로, 출력모듈 1의 값을 증가시키는 펑션의 입력 접점에는 일반 a 접점을 사용하였고, 출력모듈 2의 값을 증가시키는 펑션의 입력 접점에는 1Scan Time 동안만 ON 되는 접점을 사용하여 펑션이 실행될 때의 차이점을 확인할 수 있도록 하였다. 프로그램을 실행시켜 스위치(%I0.0.0)를 누르면 스위치 1을 누르고 있는 동안 출력모듈 1(%QW0.2.0)의 값은 계속 증가한다. 그러나 출력모듈 2(%QW0.3.0)의 값은 1만 증가한다. 그 이유는 산술펑션인 INC는 입력이 ON 되면 1Scan Time에 한번씩 펑션이 실행되기 때문에 일반 a 접점을 입력으로 사용한 출력모듈 1의 값은 스위치 1이 ON 된 순간부터 OFF 될 때까지 1Scan Time에 한 번씩 펑션이 실행되어 아무리 빨리 스위치 1을 ON/OFF 하였다 하더라도 출력모듈 1의 값은 1이 증가되지 않고 수십~수백의 값이 된다. 그러나 1Scan Time동안만 ON 되는 접점을 사용한 출력모듈 2의 값은 스위치 1을 아무리 오랫동안 ON 하여도 최초 ON 될 때에만 펑션이 실행되어 1이라는 값만 증가하게 된다. 따라서 산술펑션인 INC_B, INC_W, INC_D를 사용할 때 입력은 반드시 1Scan Time 동안만 ON 되는 접점을 사용해야 한다.

(4) 모니터링

- 프로그램 전송 후의 Ladder 모니터 초기화면

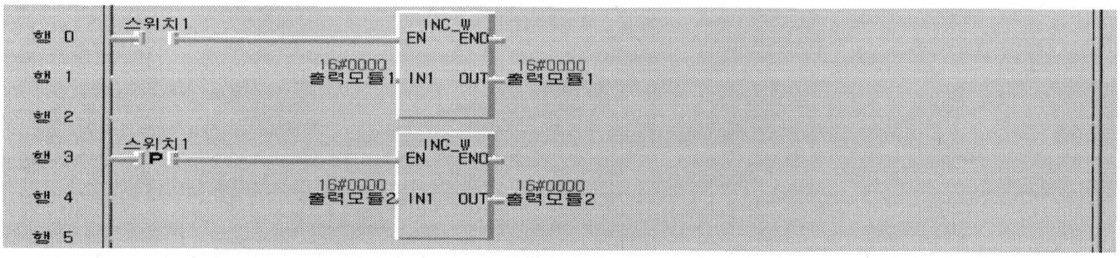

그림 13.19 프로그램 전송 후의 산술 펑션 INC Ladder 프로그램

최초 PLC가 RUN 되었을 때 모든 레지스터의 값은 0이 되므로, 출력모듈 1(%QW0.2.0)의 값과 출력모듈 2(%QW0.3.0)의 값이 모두 00000(16#0000)이 되었다.

• 스위치 1(%I0.0.0) 첫 번째 ON/OFF 시의 모니터 화면

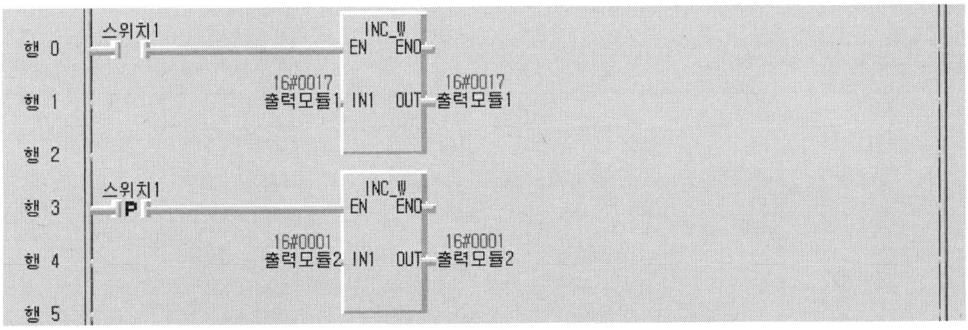

그림 13.20 스위치 1을 1회 ON/OFF 한 화면

스위치 1을 순간적으로 ON/OFF 시 일반접점을 실행조건으로 한 INC 출력인 출력모듈 1(%QW0.2.0)의 값이 순식간에 17(16#0011)이 되었다. 그러나 1Scan Time 동안만 ON 되는 접점을 실행조건으로 한 INC 출력인 출력모듈 2(%QW0.3.0)의 값은 1만 증가되었다.

• 스위치 1(%I0.0.0) 두 번째 ON/OFF 시의 모니터 화면

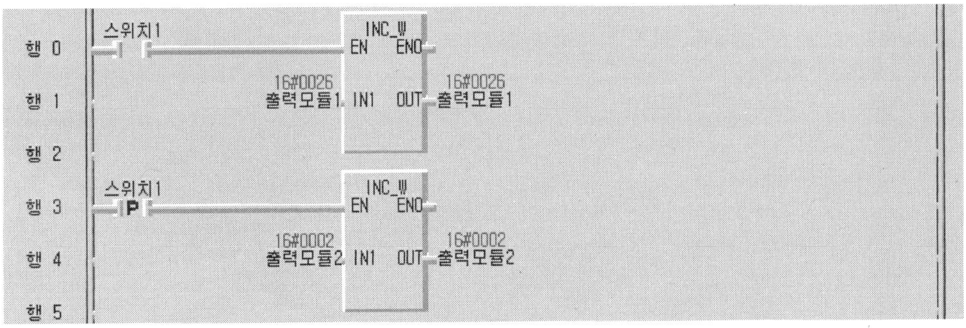

그림 13.21 스위치 1을 2회 ON/OFF한 화면

스위치 1(%I0.0.0)을 두 번째 ON/OFF 시 일반접점을 실행조건으로 한 INC 출력인 출력모듈 1(%QW0.2.0)의 값이 순식간에 38(16#0026)이 되었다. 그러나 1Scan Time 동안만

ON 되는 접점을 실행조건으로 한 INC 출력인 출력모듈 2(%QW0.3.0)의 값은 이전 값에서 1만 증가되어 2가 되었다.

❷ DEC(Decrement)

표 13.9 DEC 펑션

기호	내용
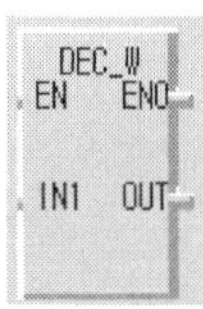	• EN : 명령어 실행 접점 • IN1 : 데이터값을 감소시킬 Device명(Word 타입) • ENO : 실행접점이 ON 될 때 입력이 그대로 출력 • OUT : 감소된 값이 저장될 Device명(Word 타입)

본 펑션 역시 GM-WIN 기본 펑션에는 없고, Master-K 상의 펑션을 이용해야 한다. 따라서, 산술 펑션인 DEC를 사용하기 위해서는 앞에서 했던 것과 같이 라이브러리 추가기능을 이용해 Master-K 기종의 펑션을 추가해 사용한다. DEC 펑션 역시 DEC_B(Byte형), DEC_W(Word형), DEC_D(Double Word형)이 각각 따로 있으므로, 원하는 데이터 타입에 맞는 펑션을 선택해서 사용한다.

1) 예제프로그램(FILE NAME : dec.prj, dec.src)

(1) Ladder 화면

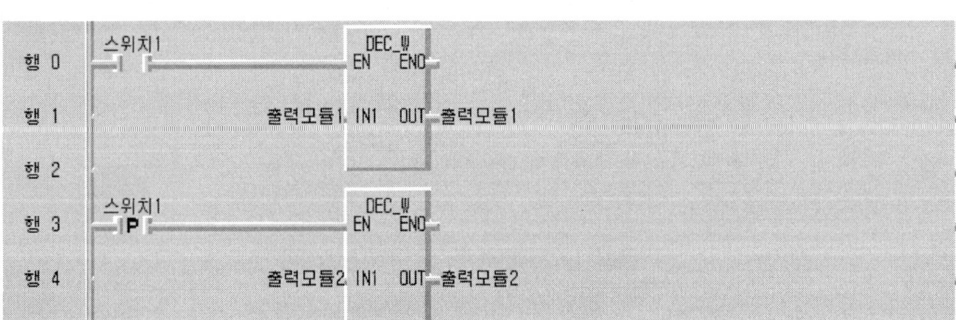

그림 13.22 DEC 펑션을 이용한 Ladder 프로그램

(2) 지역변수 목록

	변수 명	데이터 타입	메모리 할당	초기 값	변수 종류	사용 여부	설명문
1	스위치1	BOOL	%IX0.0.0		VAR		
2	출력모듈1	WORD	%QW0.2.0		VAR		
3	출력모듈2	WORD	%QW0.3.0		VAR		

그림 13.23 지역변수 목록

(3) 동작 설명

위 프로그램은 스위치 1(%I0.0.0) ON 시 출력모듈 1(%QW0.2.0)과 출력모듈 2(%QW0.3.0)의 값을 1씩 감소시키는 프로그램으로, 출력모듈 1의 값을 감소시키는 펑션의 입력점점에는 일반 a 점점을 사용하였고, 출력모듈 2의 값을 감소시키는 펑션의 입력접점에는 1Scan Time 동안만 ON 되는 접점을 사용하여 펑션이 실행될 때의 차이점을 확인할 수 있도록 하였다. 프로그램을 실행시켜 스위치 1(%I0.0.0)을 누르면 스위치 1을 누르고 있는 동안 출력모듈 1(%QW0.2.0)의 값은 계속 감소한다. 그러나 출력모듈 2(%QW0.3.0)의 값은 1만 감소한다. 그 이유는 산술 펑션인 dec는 입력이 ON된 순간부터 OFF될 때까지 1Scan Time에 한 번씩 펑션이 실행되어 아무리 빨리 스위치 1을 ON/OFF 하였다 하더라도 출력모듈 1의 값은 1이 감소되지 않고 수십~수백의 값이 된다. 그러나 1Scan Time 동안만 ON 되는 접점을 사용한 출력모듈 2의 값은 스위치 1을 아무리 오랫동안 ON하여도 최초 ON 될 때에만 펑션이 실행되어 1이라는 값만 감소하게 된다. 따라서, 산술 펑션인 DEC_B, DEC_W, DEC_D를 사용할 때 입력은 반드시 1Scan Time 동안만 ON 되는 접점을 사용해야 한다.

(4) 모니터링

• 프로그램 전송 후의 Ladder 모니터 초기화면

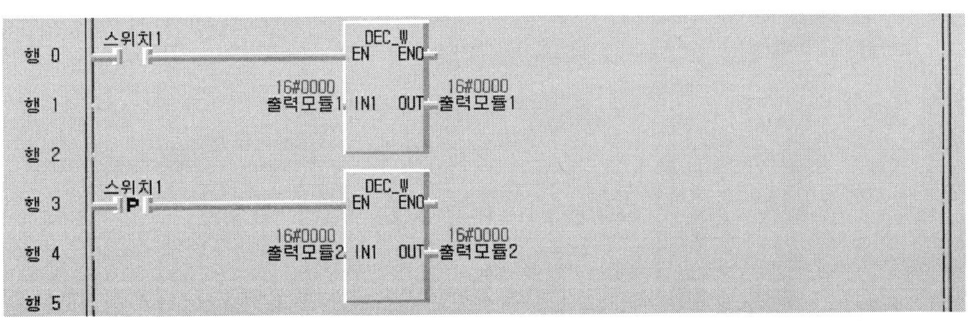

그림 13.24 프로그램 전송 후의 DEC 펑션 Ladder 프로그램

최초 PLC가 RUN 되었을 때 모든 레지스터의 값은 0이 되므로, 출력모듈 1(%QW0.2.0)의 값과 출력모듈 2(%QW0.3.0)의 값이 모두 00000(16#0000)이 되었다.

• 스위치 1(%I0.0.0) 첫 번째 ON/OFF 시의 모니터 화면

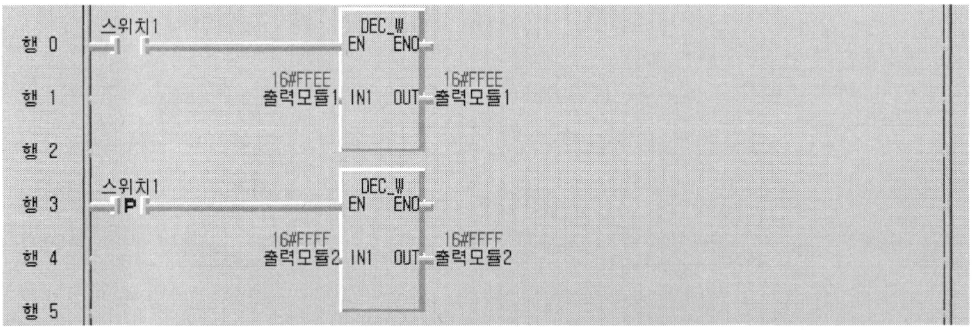

그림 13.25 스위치 1을 1회 ON/OFF 한 화면

스위치 1을 순간적으로 ON/OFF시 일반접점을 실행조건으로 한 DEC 출력인 출력모듈 1(%QW0.2.0)의 값이 순식간에 65518(16#0FFEE)가 되었다. 그러나 1Scan Time 동안만 ON되는 접점을 실행조건으로 한 DEC 출력인 출력모듈 2(%QW0.3.0)의 값은 1만 감소되어 65535(16#FFFF)가 되었다.

• 스위치 1(%I0.0.0) 두 번째 ON/OFF 시의 모니터 화면

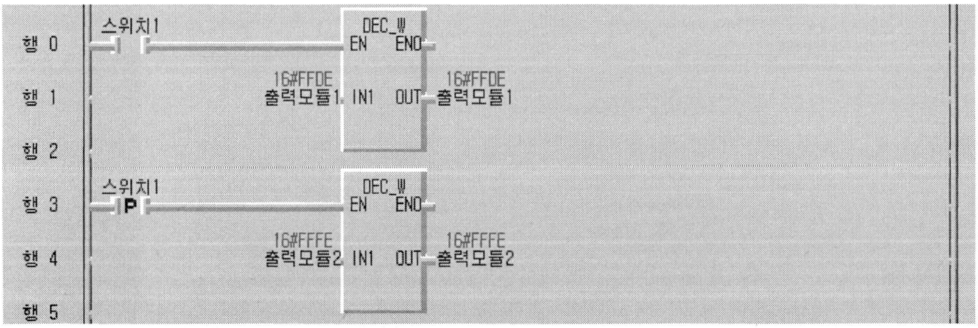

그림 13.26 스위치 1을 2회 ON/OFF한 화면

스위치 1(%I0.0.0)을 두 번째 ON/OFF 시 일반접점을 실행조건으로 한 DEC 출력인 출력

모듈 1(%QW0.2.0)의 값이 순식간에 65502(16#FFDE)가 되었다. 그러나 1Scan Time 동안만 ON 되는 접점을 실행조건으로 한 DEC 출력인 출력모듈 2(%QW0.3.0)의 값은 이전 값에서 1만 감소되어 65534(16#FFFE)가 되었다.

13.5 회전펑션

1 ROL(Rotate Left)

표 13.10 ROL 펑션

기호	내용
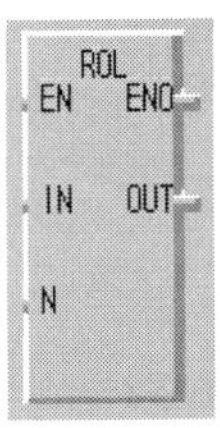	• EN : 명령어 실행 접점 • IN1 : 회전시킬 값이 저장되어 있는 Device명 • N : 회전시킬 비트 수 • ENO : 실행 접점이 ON 될 때 입력이 그대로 출력 • OUT : 회전된 값이 저장될 Device명

1) 예제프로그램(FILE NAME : rol.prj, rol.src)

(1) Ladder 화면

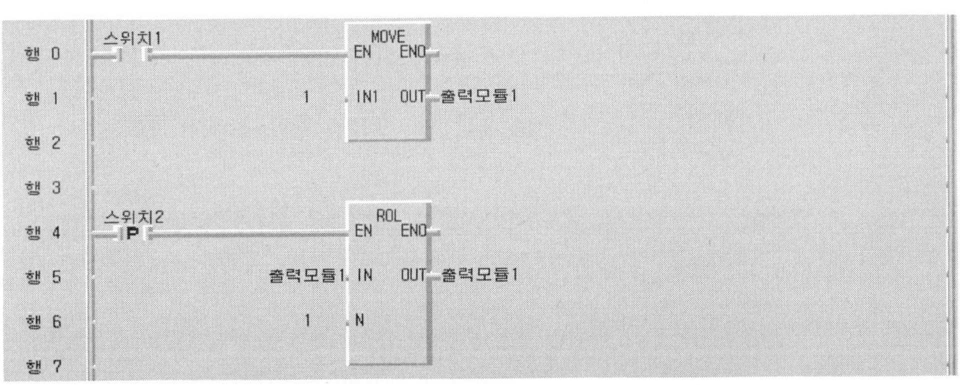

그림 13.27 ROL 펑션을 이용한 Ladder 프로그램

(2) 지역변수 목록

	변수 명	데이터 타입	메모리 할당	초기 값	변수 종류	사용 여부	설명문
1	스위치1	BOOL	%IX0.0.0		VAR		
2	스위치2	BOOL	%IX0.0.1		VAR		
3	출력모듈1	WORD	%QW0.2.0		VAR		

그림 13.28 지역변수 목록

(3) 동작 설명

위 프로그램은 스위치 1(%I0.0.0) ON 시 출력모듈 1(%QW0.2.0)의 최하위 비트(%QW 0.2.0)에 1을 Set 시킨 후 스위치 2(%I0.0.1)를 ON 할 때마다 출력모듈 1의 각각의 비트를 좌측(상위 비트)으로 1비트씩 회전시키는 프로그램이다.

(4) 모니터링

프로그램 전송 후의 Ladder 모니터 초기화면

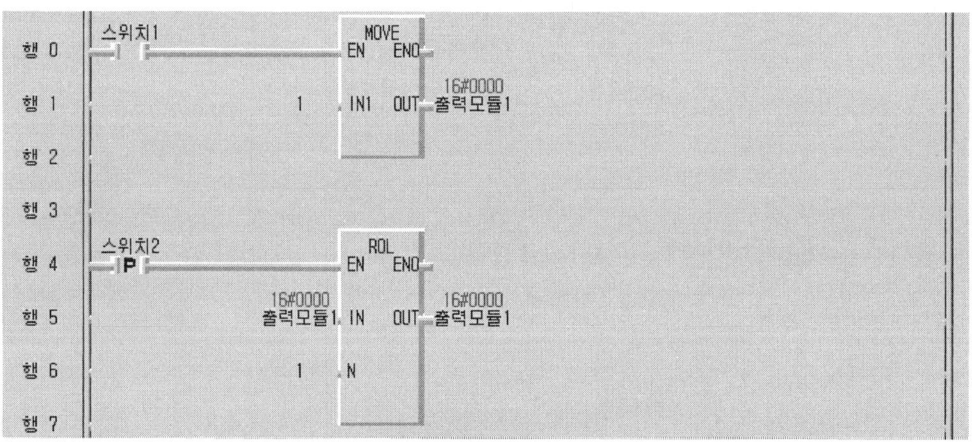

그림 13.29 프로그램 전송 후의 ROL 펑션을 이용한 Ladder 프로그램

최초 PLC가 RUN 되었을 때 모든 레지스터의 값은 0이 되므로, 출력모듈 1(%QW0.2.0)의 값이 0000(16#0000)이 되었다.

• 스위치 1(%I0.0.0) ON 시의 모니터 화면

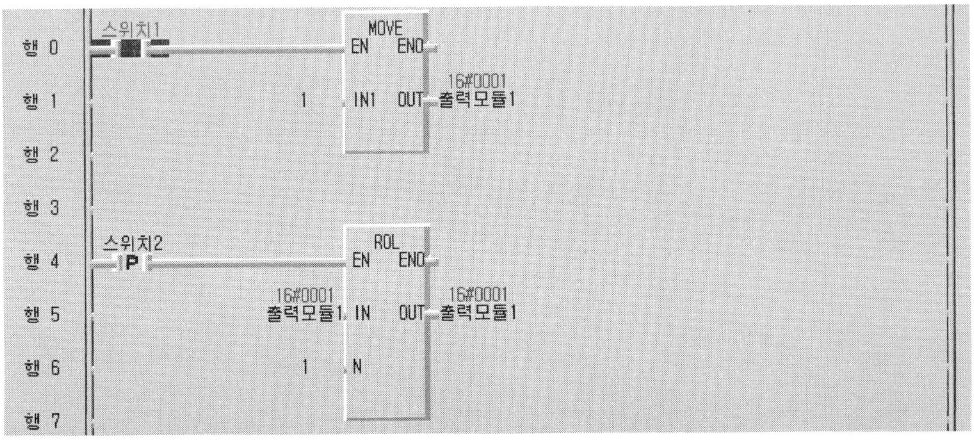

그림 13.30 스위치 1을 ON 한 화면

스위치 1(%I0.0.0) ON 시 전송펑션(MOVE)에 의해 출력모듈 1(%QW0.2.0)의 최하위 비트(%QW0.2.0)에 1이 Set 되었다.

• 스위치 2(%I0.0.1) 1회 ON 시의 모니터 화면

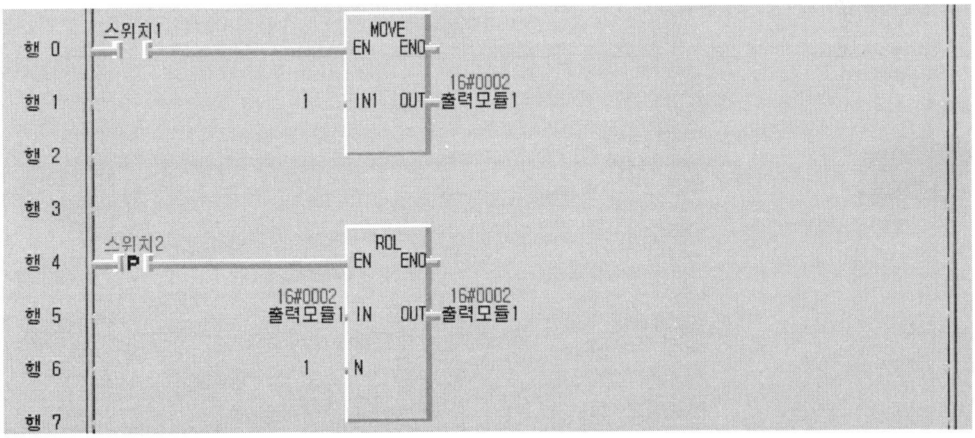

그림 13.31 스위치 2를 1회 ON 한 화면

스위치 2(%I0.0.1) 1회 ON 시 회전펑션(ROL)에 의해 출력모듈 1(%QW0.2.0)의 모든 비트가 좌측(상위)으로 1비트씩 이동되어 최하위 비트(%QW0.2.0)에 있던 1이 두 번째 비트

로 이동되어 %QW0.2.1이 Set(1) 되었다.

• 스위치 2(%I0.0.1) 2회 ON 시의 모니터 화면

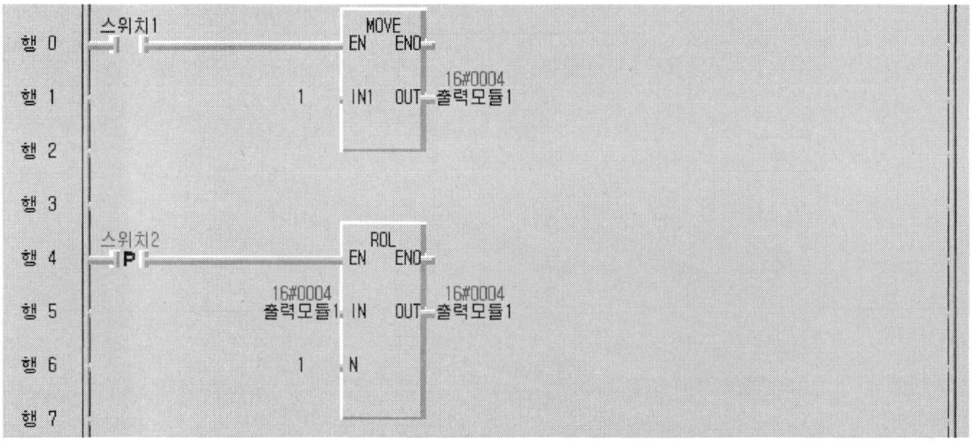

그림 13.32 스위치 2를 2회 ON 한 화면

스위치 2(%I0.0.1) 2회 ON 시 회전펑션(ROL)에 의해 출력모듈 1(%QW0.2.0)의 모든 비트가 좌측(상위)으로 1비트씩 이동되어 두 번째 비트(%QW0.2.1)에 있던 1이 세 번째 비트로 이동되어 %QW0.2.2가 Set(1) 되었다.

• 스위치 2(%I0.0.1) 15회 ON 시의 모니터 화면

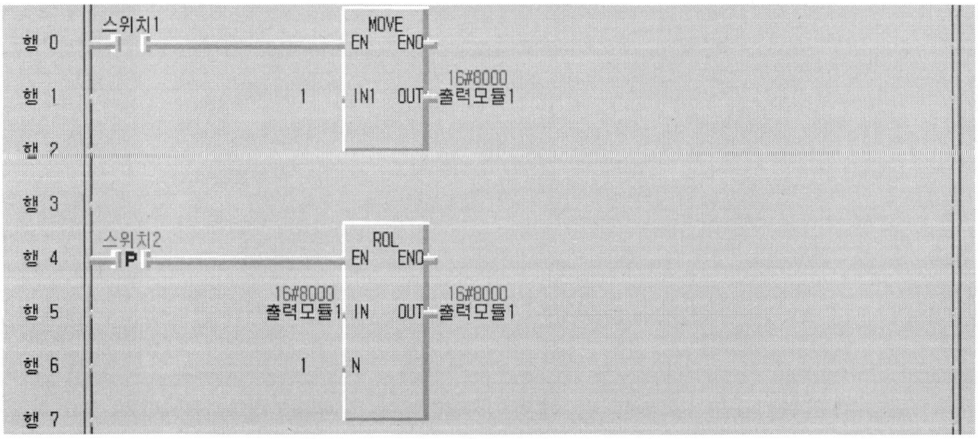

그림 13.33 스위치 2를 15회 ON 한 화면

스위치 2(%I0.0.1) 15회 ON 시 회전펑션(ROL)에 의해 출력모듈 1(%QW0.2.0)의 모든 비트가 좌측(상위)으로 1비트씩 계속 이동되어 최하위 비트(%QW0.2.0)에 있던 1이 최상위 비트로 이동되어 %QW0.2.15가 Set(1) 되었다. 이때 다시 한번 스위치 2(%i0.0.1)를 누르면 최상위 비트에 있던 1이 다시 최하위 비트로 이동하고 위의 동작을 반복한다.

2 ROR(Rotate Right)

표 13.11 ROR 펑션

기호	내용
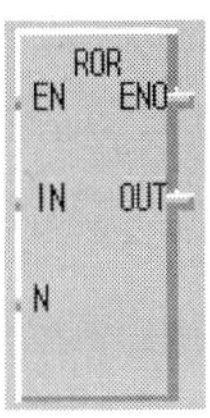	• EN : 명령어 실행 접점 • IN1 : 회전시킬 값이 저장되어 있는 Device명 • N : 회전시킬 비트 수 • ENO : 실행 접점이 ON 될 때 입력이 그대로 출력 OUT : 회전된 값이 저장될 Device명

1) 예제프로그램(FILE NAME : rol.prj, rol.src)

(1) Ladder 화면

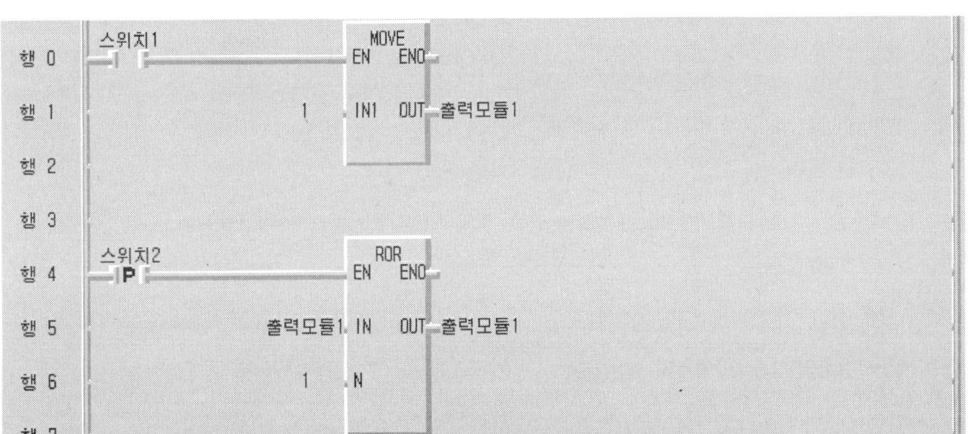

그림 13.34 ROR 펑션을 이용한 Ladder 프로그램

(2) 지역변수 목록

	변수 명	데이터 타입	메모리 할당	초기 값	변수 종류	사용 여부	설명문
1	스위치1	BOOL	%IX0.0.0		VAR		
2	스위치2	BOOL	%IX0.0.1		VAR		
3	출력모듈1	WORD	%QW0.2.0		VAR		

그림 13.35 지역변수 목록

(3) 동작 설명

위 프로그램은 스위치(%I0.0.0) ON 시 출력모듈 1(%QW0.2.0)의 최하위 비트(%QW0.2.0)에 1을 Set시킨 후 스위치 2(%I0.0.1)를 ON 할 때마다 출력모듈 1의 각각의 비트를 우측(하위 비트)으로 1비트씩 회전시키는 프로그램이다.

(4) 모니터링

• 프로그램 전송 후의 Ladder 모니터 초기화면

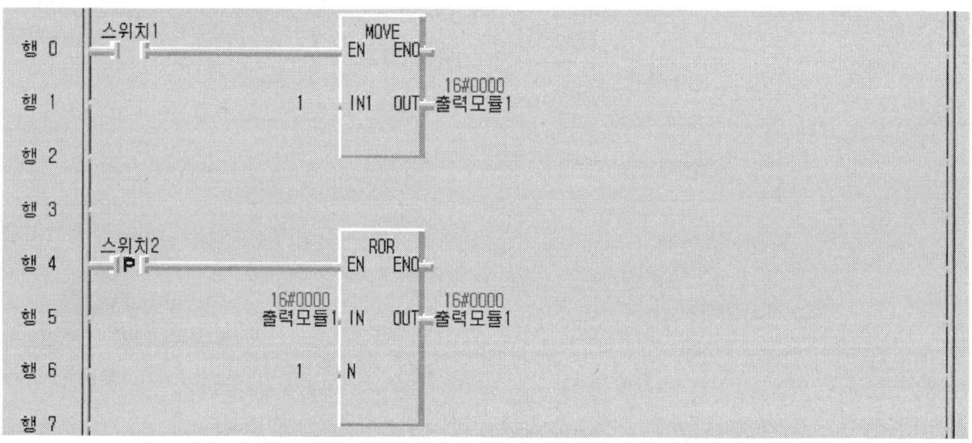

그림 13.36 프로그램 전송 후의 ROR 펑션을 이용한 Ladder 프로그램

최초 PLC가 RUN 되었을 때 모든 레지스터의 값은 0이 되므로, 출력모듈 1(%QW0.2.0)의 값이 0000(16#0000)이 되었다.

• 스위치 1(%I0.0.0) ON 시 의 모니터 화면

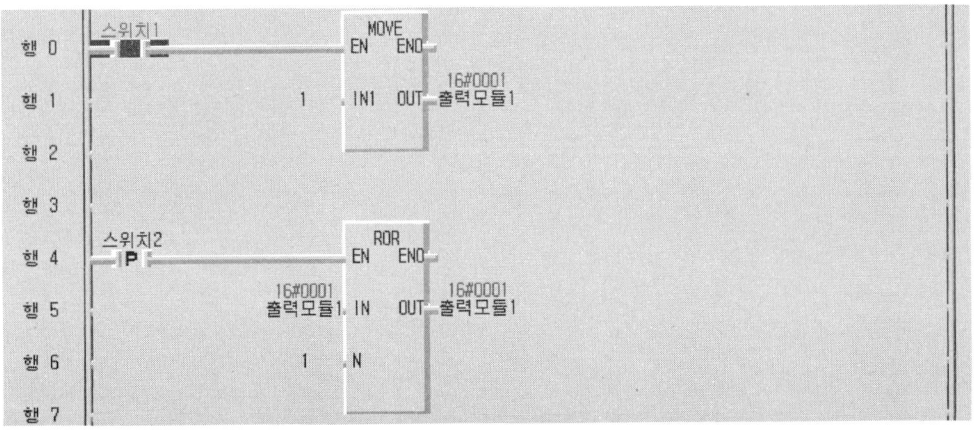

그림 13.37 스위치 1을 ON 한 화면

스위치 1(%I0.0.0) ON 시 전송펑션(MOVE)에 의해 출력모듈 1(%QW0.2.0)의 최하위 비트(%QW0.2.0)에 1이 Set(1) 되었다.

• 스위치 2(%I0.0.1) 1회 ON 시 모니터 화면

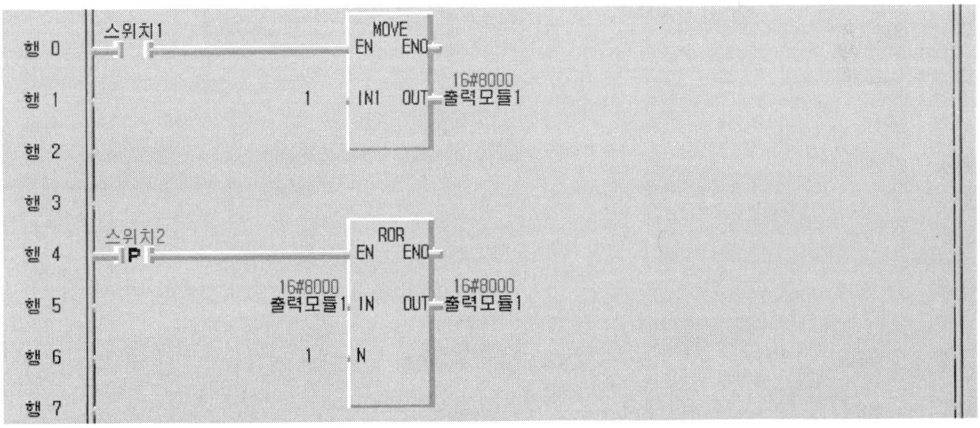

그림 13.38 스위치 2를 1회 ON한 화면

스위치 2(%I0.0.1) 1회 ON 시 회전펑션(ROR)에 의해 출력모듈 1(%QW0.2.0)의 모든 비트가 우측(하위)으로 1비트씩 이동되어 최하위 비트(%QW0.2.0)에 있던 1이 최상위 비트로 이동되어 %QW0.2.15가 Set(1) 되었다.

• 스위치 2(%I0.0.1) 2회 ON 시의 모니터 화면

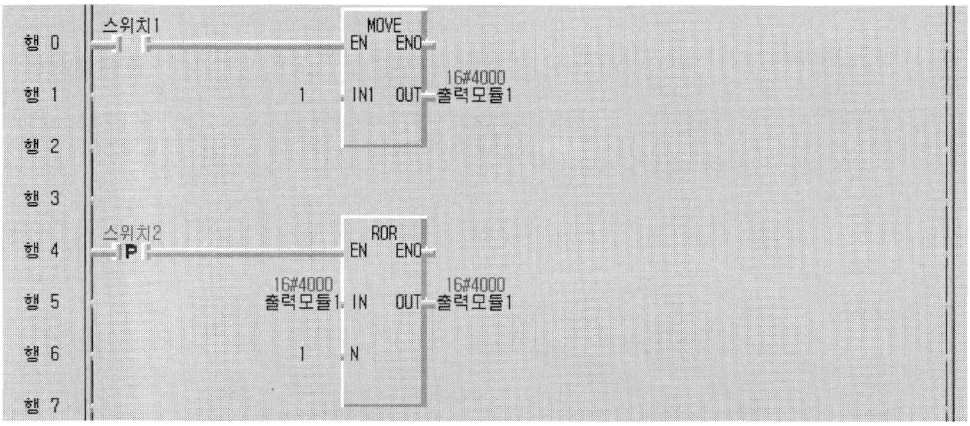

그림 13.39 스위치 2를 2회 ON한 화면

스위치 2(%I0.0.1) 2회 ON 시 회전펑션(ROR)에 의해 출력모듈 1(%QW0.2.0)의 모든 비트가 우측(하위)으로 1비트씩 이동되어 최상위 비트(%QW0.2.15)에 있던 1이 15번째 비트로 이동되어 %QW0.2.14가 Set(1) 되었다.

• 스위치 2(%I0.0.1) 16회 ON 시의 모니터 화면

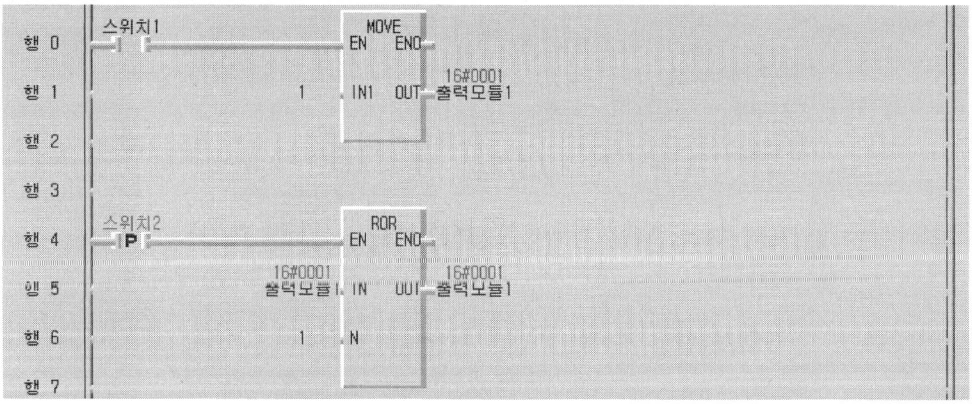

그림 13.40 스위치 2를 16회 ON 한 화면

스위치 2(%I0.0.1) 16회 ON 시 회전펑션(ROR)에 의해 출력모듈 1(%QW0.2.0)의 모든 비트가 우측(하위)으로 1비트씩 계속 이동되어 최하위 비트(%QW0.2.0)에 다시 1이 Set(1)

이 되었다. 이때 다시 한번 스위치 2(%I0.0.1)를 누르면 최하위 비트에 있던 1이 다시 최상위 비트로 이동하고 위의 동작을 반복한다.

13.6 이동펑션

1 SHL(Shift Left)

표 13.12 SHL 펑션

기호	내용
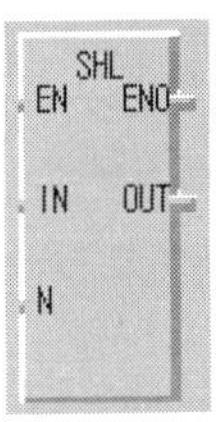	• EN : 명령어 실행 접점 • IN1 : 이동시킬 값이 저장되어 있는 Device명 • N : 이동시킬 비트 수 • ENO : 실행 접점이 ON 될 때 입력이 그대로 출력 • OUT : 이동된 값이 저장될 Device명

1) 예제프로그램(FILE NAME : shl.prj, shl.src)

(1) Ladder 화면

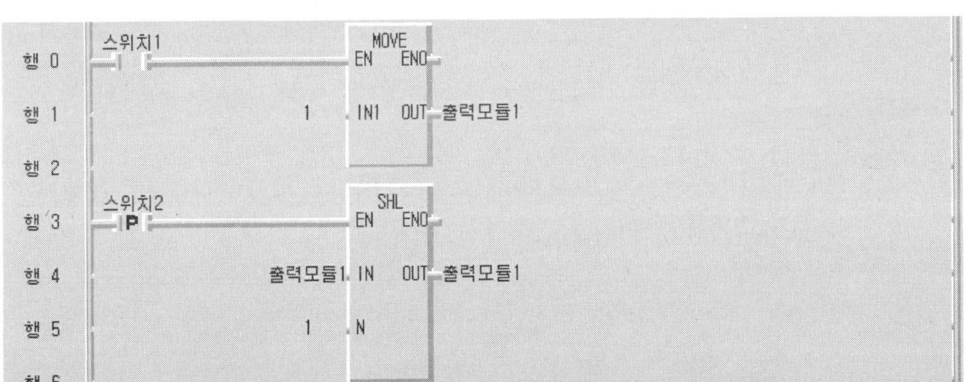

그림 13.41 SHL 펑션을 이용한 Ladder 프로그램

(2) 지역변수

	변수 명	데이터 타입	메모리 할당	초기 값	변수 종류	사용 여부	설명문
1	스위치1	BOOL	%IX0.0.0		VAR		
2	스위치2	BOOL	%IX0.0.1		VAR		
3	출력모듈1	WORD	%QW0.2.0		VAR		

그림 13.42 지역변수 목록

(3) 동작 설명

위 프로그램은 스위치(%I0.0.0) ON 시 출력모듈 1(%QW0.2.0)의 최하위 비트(%QW0.2.0)에 1을 Set시킨 후 스위치 2(%I0.0.1)를 ON 할 때마다 출력모듈 1의 각각의 비트를 좌측(상위 비트)으로 1비트씩 이동시키는 프로그램이다.

(4) 모니터링

• 프로그램 전송 후의 Ladder 모니터 초기화면

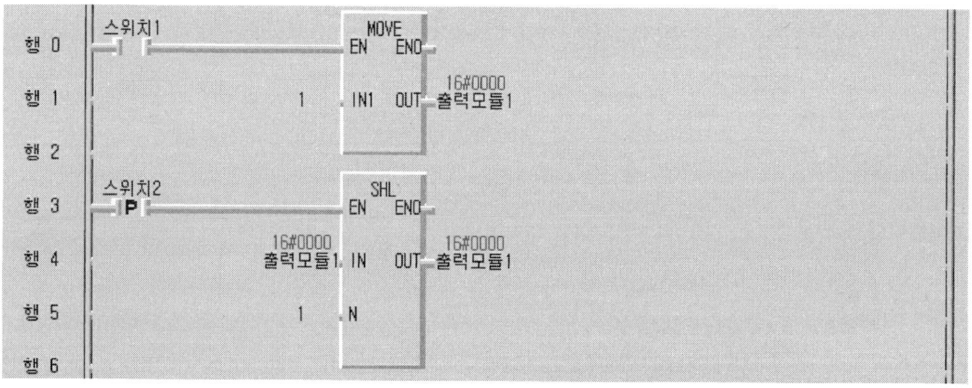

그림 13.43 프로그램 전송 후 SHL 펑션을 이용한 Ladder 프로그램

최초 PLC가 RUN되었을 때 모든 레지스터의 값은 0이 되므로, 출력모듈 1(%QW0.2.0)의 값이 0000(16#0000)이 되었다.

• 스위치 1(%I0.0.0) ON 시의 모니터 화면

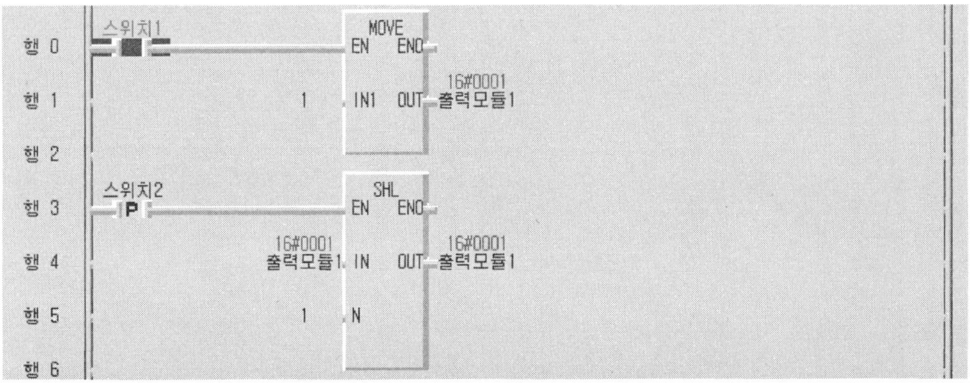

그림 13.44 스위치 1을 ON한 화면

스위치 1(%I0.0.0) ON 시 전송펑션(MOVE)에 의해 출력모듈 1(%QW0.2.0)의 최하위 비트(%QW0.2.0)에 1이 Set 되었다.

• 스위치 2(%I0.0.1) 1회 ON 시의 모니터 화면

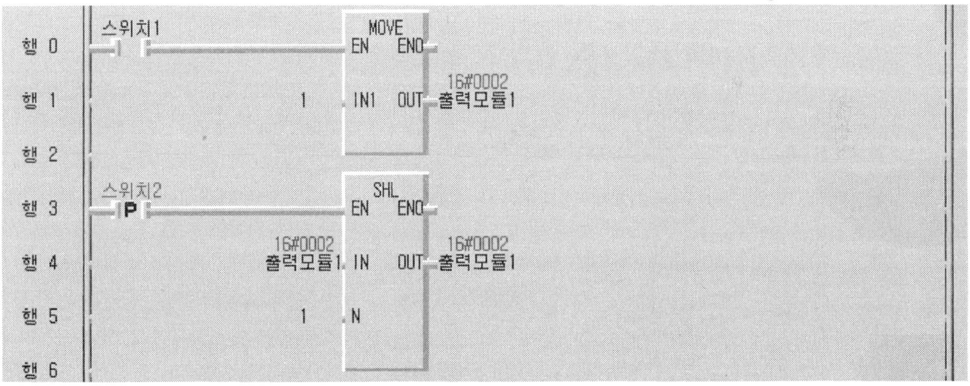

그림 13.44 스위치 2를 1회 ON 한 화면

스위치 2(%I0.0.1) 1회 ON 시 이동펑션(SHL)에 의해 출력모듈 1(%WQ0.2.0)의 모든 비트가 좌측(상위)으로 1비트씩 이동되어 최하위 비트(%QW0.2.0)에 있던 1이 두 번째 비트로 이동되어 %QW0.2.1이 Set(1) 되었다.

• 스위치 2(%I0.0.1) 2회 ON 시의 모니터 화면

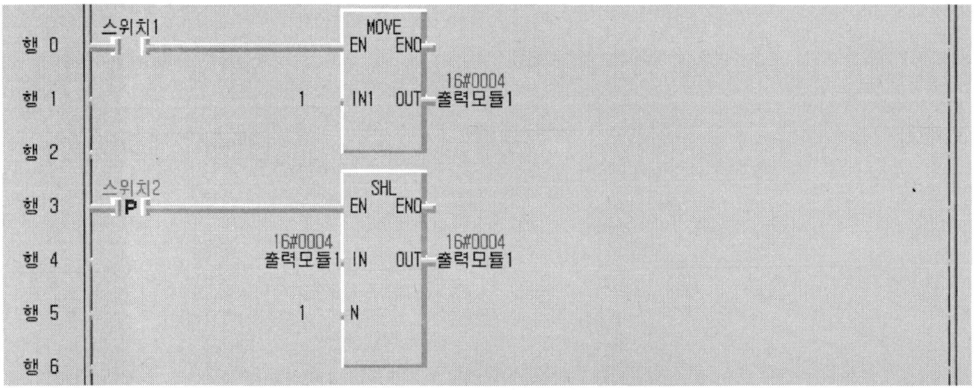

그림 13.45 스위치 2를 2회 ON한 화면

스위치 2(%I0.0.1) 2회 ON 시 이동펑션(SHL)에 의해 출력모듈 1(%QW0.2.0)의 모든 비트가 좌측(상위)으로 1비트씩 이동되어 두 번째 비트(%QW0.2.1)에 있던 1이 세 번째 비트로 이동되어 %QW0.2.2가 Set(1) 되었다.

• 스위치 2(%I0.0.1) 15회 ON 시의 모니터 화면

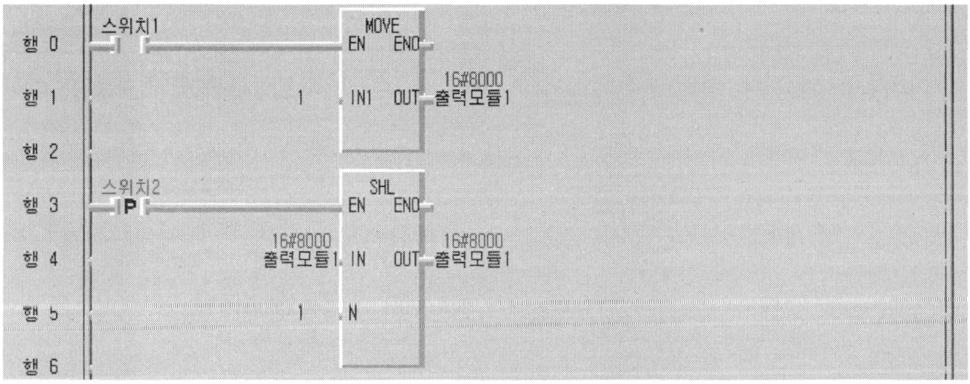

그림 13.45 스위치 2를 15회 ON 한 화면

스위치 2(%I0.0.1) 15회 ON 시 이동펑션(SHL)에 의해 출력모듈 1(%QW0.2.0)의 모든 비트가 좌측(상위)으로 1비트씩 계속 이동되어 최하위 비트(%QW0.2.0)에 있던 1이 최상위 비트로 이동되어 %QW0.2.15가 Set(1) 되었다.

• 스위치 2(%I0.0.1) 16회 ON 시의 모니터 화면

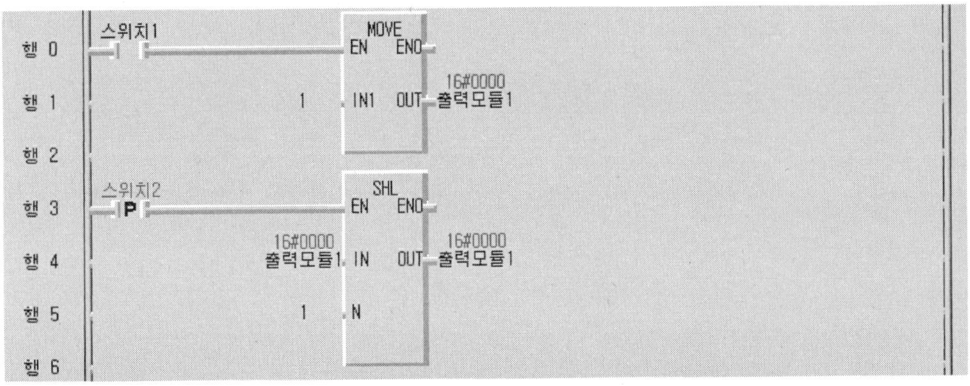

그림 13.46 스위치 2를 16회 ON 한 화면

스위치 2(%I0.0.1) 16회 ON 시 이동펑션(SHL)에 의해 출력모듈 1(%QW0.2.0)의 모든 비트가 좌측(상위)으로 1비트씩 계속 이동되어 최상위 비트(%QW0.2.15)에 있던 1이 출력모듈 1의 범위를 벗어나 출력모듈 1(%qw0.2.0)의 모든 비트의 값이 0이 되었다.

❷ SHR(Shift Right)

표 13.13 SHR 펑션

기호	내용
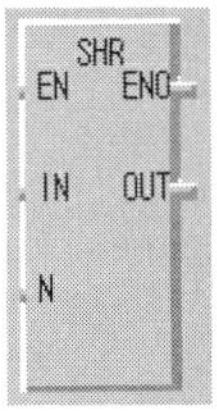	• EN : 명령어 실행 접점 • IN1 : 이동시킬 값이 저장되어 있는 Device명 • N : 이동시킬 비트 수 • ENO : 실행 접점이 ON 될 때 입력이 그대로 출력 • OUT : 이동된 값이 저장될 Device명

1) 예제프로그램(FILE NAME : shr.prj, shr.src)

(1) Ladder 화면

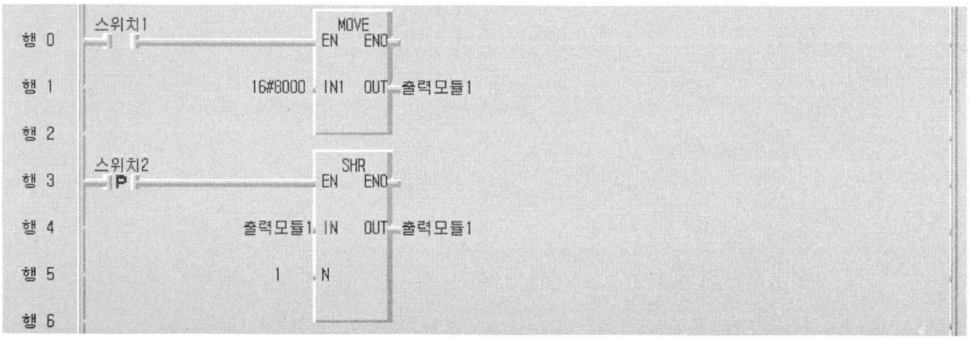

그림 13.47 SHR 펑션을 이용한 Ladder 프로그램

(2) 지역변수 목록

	변수 명	데이터 타입	메모리 할당	초기 값	변수 종류	사용 여부	설명문
1	스위치1	BOOL	%IX0.0.0		VAR		
2	스위치2	BOOL	%IX0.0.1		VAR		
3	출력모듈1	WORD	%QW0.2.0		VAR		

그림 13.48 지역변수 목록

(3) 동작 설명

위 프로그램은 스위치 1(%I0.0.0) ON 시 출력모듈 1(%QW0.2.0)의 최상위 비트(%QW0.2.15)에 1을 Set시킨 후 스위치 2(%I0.0.1)를 ON 할 때마다 출력모듈 1의 각각의 비트를 우측(하위 비트)으로 1비트씩 이동시키는 프로그램이다.

(4) 모니터링

• 프로그램 전송 후의 Ladder 모니터 초기화면

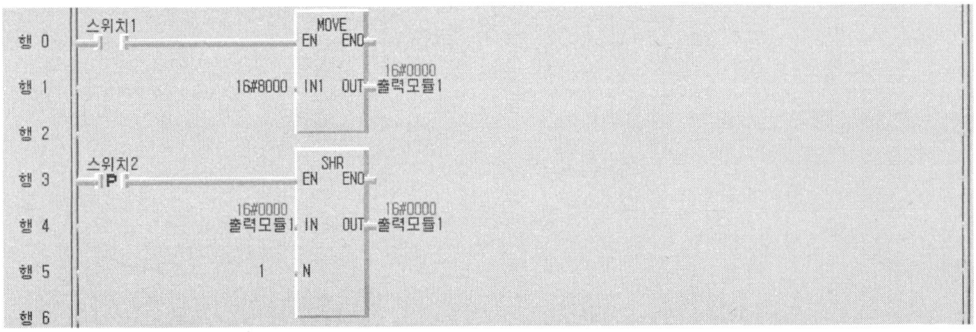

그림 13.49 프로그램 전송 후 SHR 펑션을 이용한 Ladder 프로그램

최초 PLC가 RUN 되었을 때 모든 레지스터의 값은 0이 되므로, 출력모듈 1(%QW0.2.0)의 값이 0000(16#0000)이 되었다.

• 스위치 1(%I0.0.0) ON 시의 모니터 화면

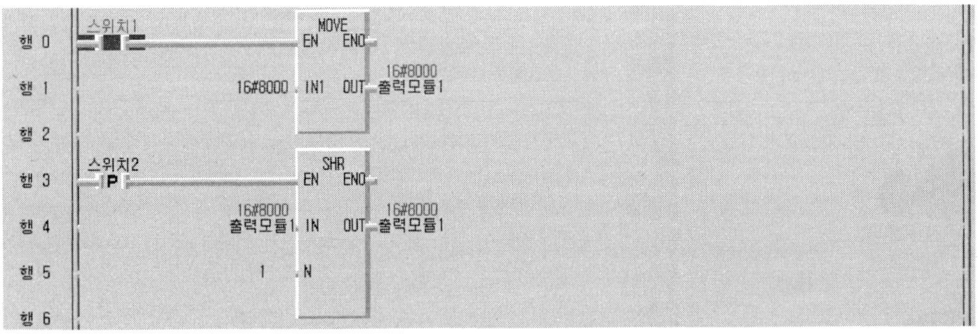

그림 13.50 스위치 1을 ON한 화면

스위치 1(%I0.0.0) ON 시 전송펑션(MOVE)에 의해 출력모듈 1(%QW0.2.0)의 최상위 비트(%QW0.2.15)에 1이 Set 되었다.

• 스위치 2(%I0.0.1) 1회 ON 시의 모니터 화면

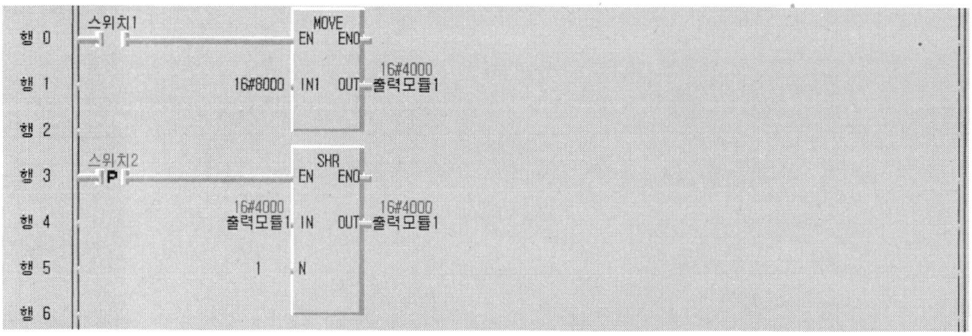

그림 13.51 스위치 2를 1회 ON 한 화면

스위치 2(%I0.0.1) 1회 ON 시 이동펑션(SHR)에 의해 출력모듈 1(%QW0.2.0)의 모든 비트가 우측(하위)으로 1비트씩 이동되어 최상위 비트(%QW0.2.15)에 있던 1이 15번째 비트로 이동되어 %QW0.2.14가 Set(1) 되었다.

• 스위치 2(%I0.0.1) 2회 ON 시의 모니터 화면

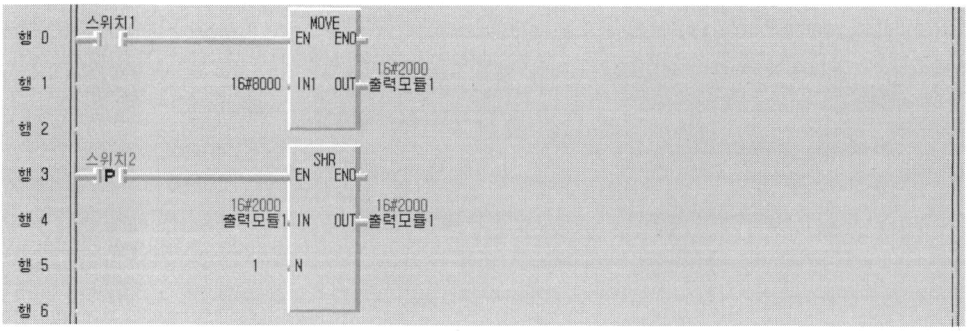

그림 13.52 스위치 2를 2회 ON 한 화면

스위치 2(%I0.0.1) 2회 ON 시 이동펑션(SHR)에 의해 출력모듈 1(%QW0.2.0)의 모든 비트가 우측(하위)으로 1비트씩 이동되어 15번째 비트(%QW0.2.14)에 있던 1이 14번째 비트로 이동되어 %QW0.2.13이 Set(1) 되었다.

• 스위치 2(%I0.0.1) 15회 ON 시의 모니터 화면

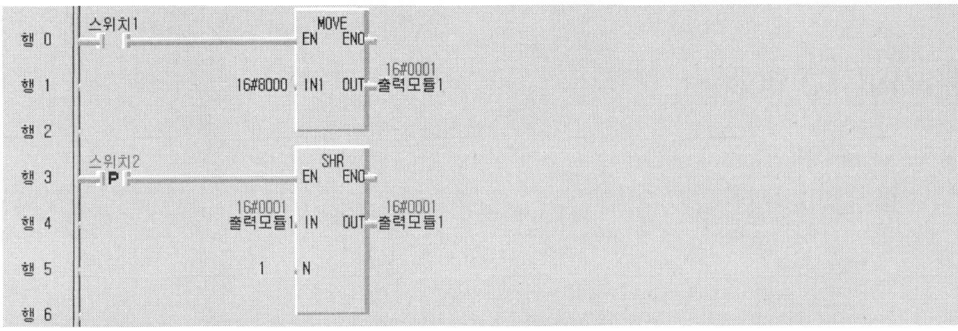

그림 13.53 스위치 2를 15회 ON한 화면

스위치 2(%I0.0.1) 15회 ON 시 이동펑션(SHR)에 의해 출력모듈 1(%QW0.2.0)의 모든 비트가 우측(하위)으로 1비트씩 계속 이동되어 최상위 비트(%QW0.2.15)에 있던 1이 최하위 비트로 이동되어 %QW0.2.0가 Set(1) 되었다.

• 스위치 2(%I0.0.1) 16회 ON 시의 모니터 화면

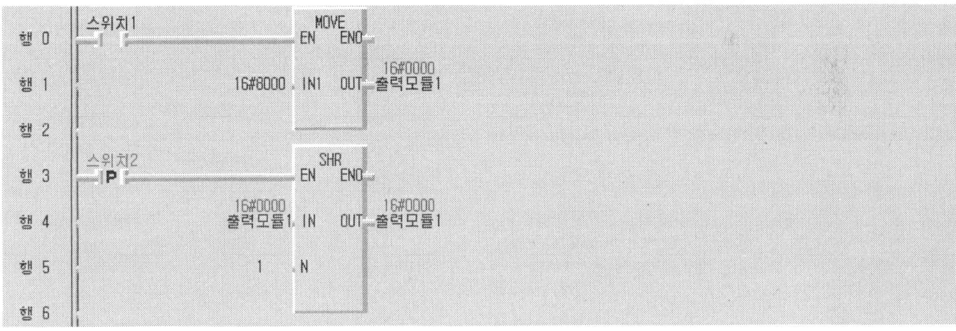

그림 13.54 스위치 2를 16회 ON한 화면

스위치 2(%I0.0.1) 16회 ON 시 이동펑션(SHR)에 의해 출력모듈 1(%QW0.2.0)의 모든 비트가 우측(하위)으로 1비트씩 계속 이동되어 최상위 비트(%QW0.2.15)에 있던 1이 출력모듈 1의 범위를 벗어나 출력모듈 1(%QW0.2.0)의 모든 비트의 값이 0이 되었다.

13.7 변환펑션

❶ INT_TO_BCD

표 13.14 INT_TO_BCD 펑션

기호	내용
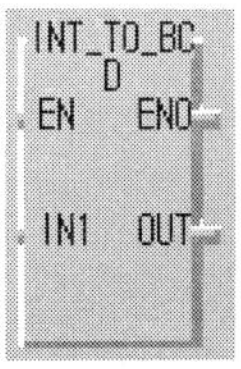	• EN : 명령어 실행 접점 • IN1 : 변환시킬 값이 저장되어 있는 Device명(INT Type) • ENO : 실행 접점이 ON 될 때 입력이 그대로 출력 • OUT : 변환된 값이 저장될 Device명(BCD Type)

1) 예제프로그램(FILE NAME : inttobcd.prj, inttobcd.src)

(1) Ladder 화면

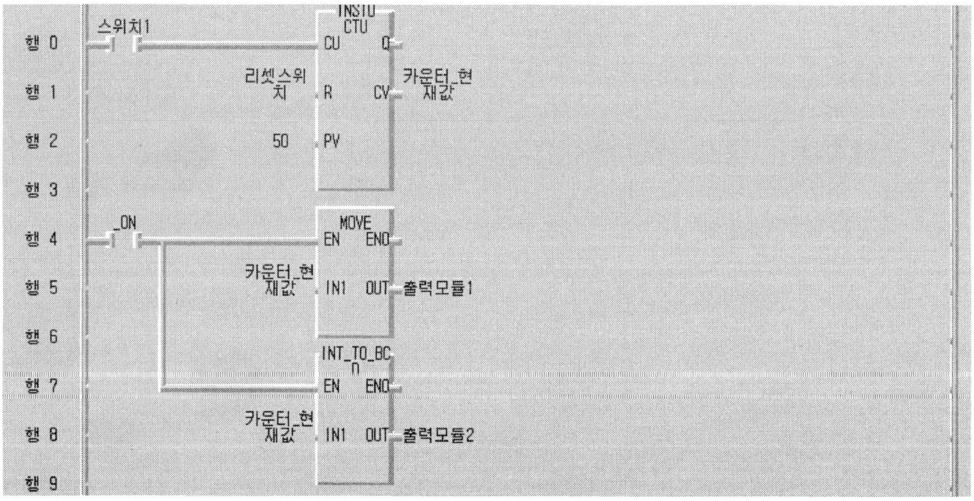

그림 13.55 INT TO BCD 펑션을 이용한 Ladder 프로그램

(2) 지역변수 목록

	변수 명	데이터 타입	메모리 할당	초기 값	변수 종류	사용 여부	설명문
1	리셋스위치	BOOL	%IX0.0.1		VAR		
2	스위치1	BOOL	%IX0.0.0		VAR		
3	출력모듈1	INT	%QW0.2.0		VAR		
4	출력모듈2	WORD	%QW0.3.0		VAR		
5	카운터_현재값	INT	<자동>		VAR		
6	INSTO	FB Instance	<자동>		VAR		

그림 13.56 지역변수 목록

위 프로그램은 UP COUNT를 이용하여 계수 된 카운터의 현재값을 PLC의 출력모듈 1(%QW0.2.0)과 출력모듈 2(%QW0.3.0)에 각각 출력하는 프로그램으로, 출력모듈 1(%QW0.2.0)에는 계수된 카운터의 현재값을 아무런 변환 없이 그대로 출력하였고, 출력모듈 2(%qw0.3.0)에는 계수 된 카운터의 현재값을 2진화 10진수(BCD)로 변환하여 출력하는 프로그램이다. 따라서, 똑같은 계수 값에 대해 출력모듈 1(%qw0.2.0)에는 바이너리 값이, 출력모듈 2(%QW0.3.0)에는 BCD 값이 출력된다.

(3) 모니터링

• 프로그램 전송 후의 Ladder 모니터 초기화면

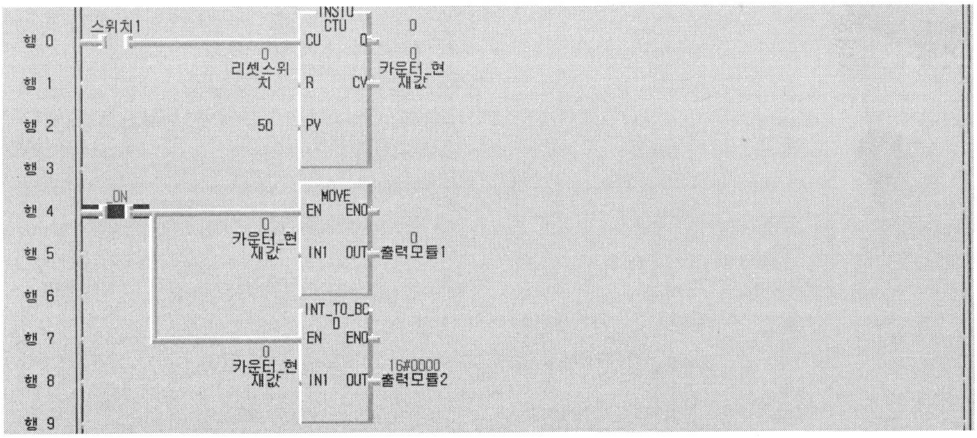

그림 13.57 프로그램 전송 후의 INT TO BCD 펑션을 이용한 Ladder 프로그램

최초 PLC가 RUN 되었을 때 모든 레지스터의 값은 0이 되므로, 카운터_현재값이 0이 되었고, 이 값을 전송펑션을 이용한 출력모듈 1(%QW0.2.0)의 값이 0이 되었으며, BCD 변환한 값인 출력모듈 1(%QW0.3.0)의 값도 0이 출력되었다.

• 스위치 1(%I0.0.0) 1회 ON 시의 모니터 화면

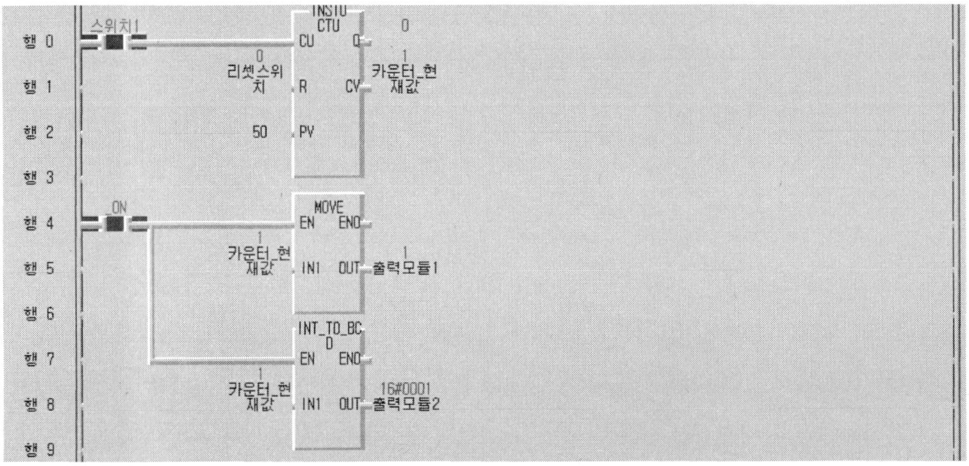

그림 13.58 스위치 1을 1회 ON한 화면

스위치 1(%I0.0.0) 1회 ON 시 카운터1의 계수 값이 1이 되어 카운터_현재값이 1이 되었다. 이 값을 전송펑션을 이용한 출력모듈(%QW0.2.0)의 값은 1이 되었고, 카운터_현재값을 BCD 변환펑션을 이용한 출력모듈 2(%QW0.3.0)의 값은 16#0001이 되었다.

• 스위치 1(%I0.0.0) 2회 ON 시의 모니터 화면

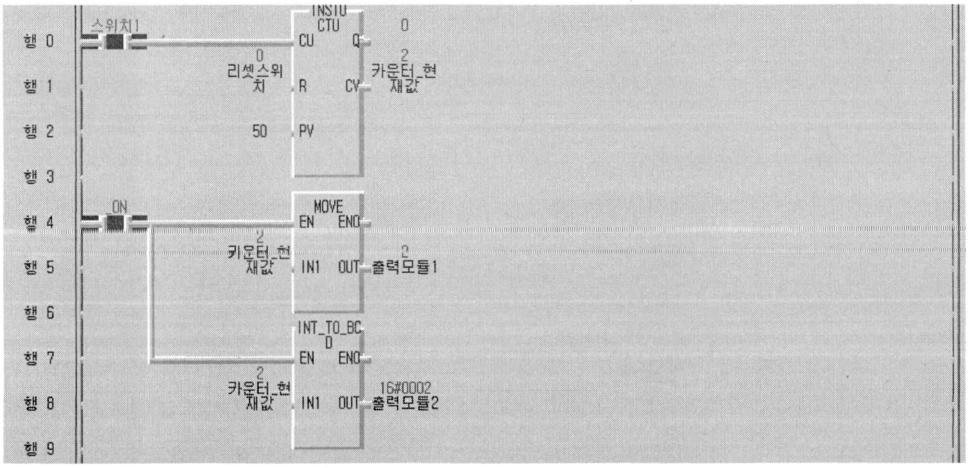

그림 13.59 스위치 1을 2회 ON 한 화면

스위치 1(%I0.0.0) 2회 ON 시 카운터1의 계수 값이 2가 되어 카운터_현재값이 2가 되었다. 이 값을 전송펑션을 이용한 출력모듈 1(%QW0.2.0)의 값은 2가 되었고, 카운터_현재값을 BCD 변환펑션을 이용한 출력모듈 2(%QW0.3.0)의 값은 16#0002가 되었다.

• 스위치 1(%I0.0.0) 10회 ON 시의 모니터 화면

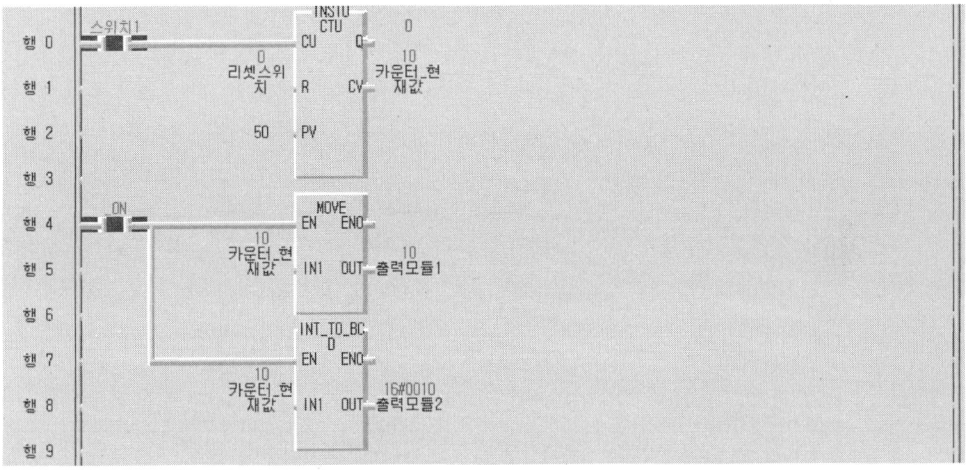

그림 13.60 스위치 1을 10회 ON 한 화면

스위치 1(%I0.0.0) 10회 ON 시 카운터1의 계수값이 10이 되어 카운터_현재값이 10이 되었다. 이 값을 전송펑션을 이용한 출력모듈 1(%QW0.2.0)의 값은 10이 되었고, 카운터_현재값을 BCD 변환펑션을 이용한 출력모듈 2(%QW0.3.0)의 값은 16#0010이 되었다. 이와 같은 상태에서 각각의 출력모듈에 점등된 LED를 보면, 출력모듈(%QW0.2.0)에는 %Q0.2.1, %Q0.2.3이 점등되는데, 출력모듈 2(%QW0.3.0)에는 %Q0.3.4만이 점등됨을 볼 수 있다. 결국, 출력모듈 1(%QW0.2.0)의 데이터는 바이너리 형태로 진행되고, 출력모듈 2(%QW0.3.0)의 데이터는 BCD 형태로 진해됨을 확인할 수 있다.

• 스위치 1(%I0.0.0) 11회 ON 시의 모니터 화면

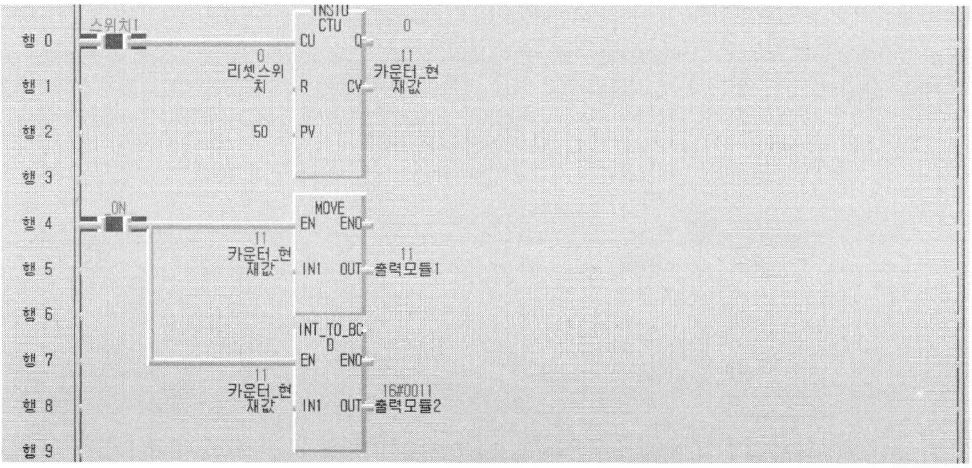

그림 13.61 스위치 1을 11회 ON 한 화면

스위치 1(%I0.0.0) 11회 ON 시 카운터 1의 계수 값이 11이 되어 카운터_현재값이 11이 되었다. 이 값을 전송펑션을 이용한 출력모듈 1(%QW0.2.0)의 값은 11이 되었고, 카운터_현재값을 BCD 변환펑션을 이용한 출력모듈 2(%QW0.3.0)의 값은 16#0011이 되었다. 이와 같은 상태에서 각각의 출력모듈에 점등된 LED를 보면, 출력모듈 1(%QW0.2.0)에는 %Q0.2.0, %Q0.2.1, %Q0.2.3이 점등되는데, 출력모듈 2(%QW0.3.0)에는 %Q0.3.0, %Q0.3.4가 점등됨을 볼 수 있다. 결국, 출력모듈 1(%QW0.2.0)의 데이터는 바이너리 형태로 진행되고, 출력모듈 2(%QW0.3.0)의 데이터는 BCD 형태로 진행됨을 확인할 수 있다.

❷ BCD_TO_INT

표 13.15 BCD_TO_INT 펑션

기호	내용
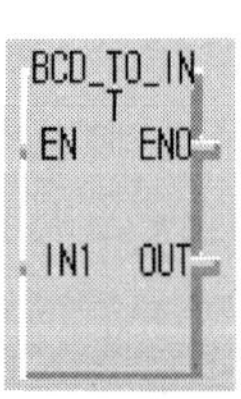	• EN : 명령어 실행 접점 • IN1 : 변환시킬 값이 저장되어 있는 Device명(INT Type) • ENO : 실행 접점이 ON 될 때 입력이 그대로 출력 • OUT : 변환된 값이 저장될 Device명(BCD Type)

1) 예제프로그램(FILE NAME : bcdtoint.prj, bcdtoint.src)

(1) Ladder 화면

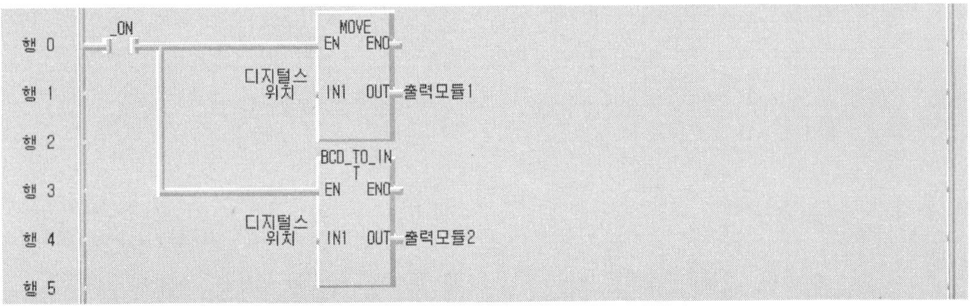

그림 13.62 BCD_TO INT 펑션을 이용한 Ladder 프로그램

(2) 지역변수 목록

	변수 명	데이터 타입	메모리 할당	초기 값	변수 종류	사용 여부	설명문
1	디지털스위치	WORD	%IW0.0.0		VAR		
2	출력모듈1	WORD	%QW0.2.0		VAR		
3	출력모듈2	INT	%QW0.3.0		VAR		

그림 13.63 지역변수 목록

위 프로그램은 디지털 입력모듈(%IW0.0.0)에 디지털 스위치를 연결하여 입력되는 BCD Type의 데이터를 출력모듈 1(%QW0.2.0)과 출력모듈 2(%QW0.3.0)에 출력시키는 프로그램이다.

출력모듈 1(%QW0.2.0)에는 입력되는 디지털 스위치의 값을 아무런 변환 없이 그대로 출력시키고, 출력모듈 2(%QW0.3.0)에는 입력되는 디지털 스위치의 BCD 데이터를 INT 데이터로 변환한 후 출력시킨다.

따라서, 똑같은 입력에 대해 출력모듈 1(%QW0.2.0)에는 BCD 데이터가, 출력모듈 2(%QW0.3.0)에는 INT 데이터가 출력된다.

(3) 모니터링

• 프로그램 전송 후의 Ladder 모니터 초기화면

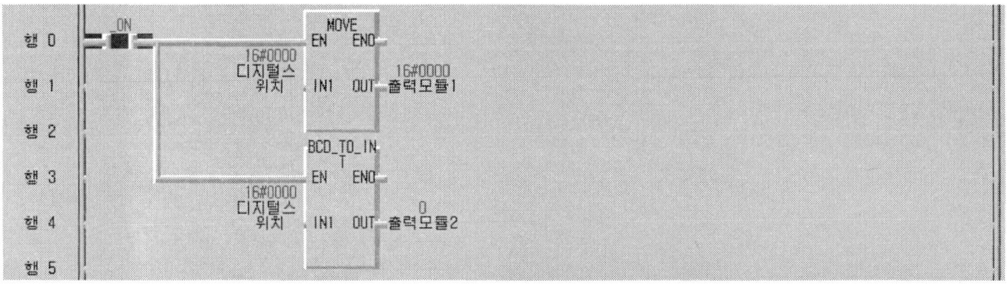

그림 13.64 프로그램 전송 후의 BCD TO INT 펑션을 이용한 Ladder 프로그램

최초 PLC가 RUN 되었을 때 디지털 입력 1(%IW0.0.0)에 입력되는 값이 0이므로 전송펑션을 이용한 출력모듈 1(%QW0.2.0)의 값이 16#0000이 되었으며, INTe 데이터로 변환한 값인 출력모듈 2(%QW0.3.0)의 값도 0이 출력되었다.

• 디지털 스위치에 09를 설정했을 때의 모니터 화면

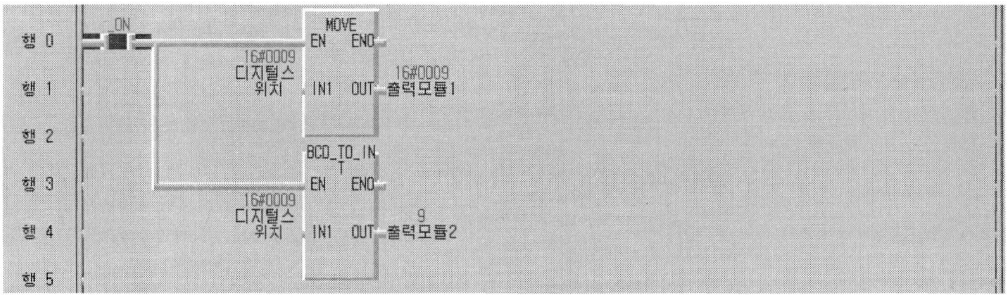

그림 13.65 디지털 스위치에 09를 설정한 화면

디지털 스위치에 09를 설정했을 때 전송펑션을 이용한 출력모듈 1(%QW0.2.0)에는 16#0009가 출력되었고, INT 변환펑션을 이용한 출력모듈 2(%QW0.3.0)에는 9가 출력되었다.

출력모듈 1, 출력모듈 2의 LED를 확인해 보면, 출력모듈 1(%QW0.2.0)에는 %Q0.2.0, %Q0.2.3이 점등되었고, 출력모듈 2(%QW0.3.0)에는 %Q0.3.0, %Q0.3.3이 점등되었다. 결국, 디지털 스위치로 09라는 값을 입력했을 때 출력모듈 1이나 출력모듈 2 모두 똑같은 값을 출력하였다.

• 디지털 스위치에 10을 설정했을 때의 모니터 화면

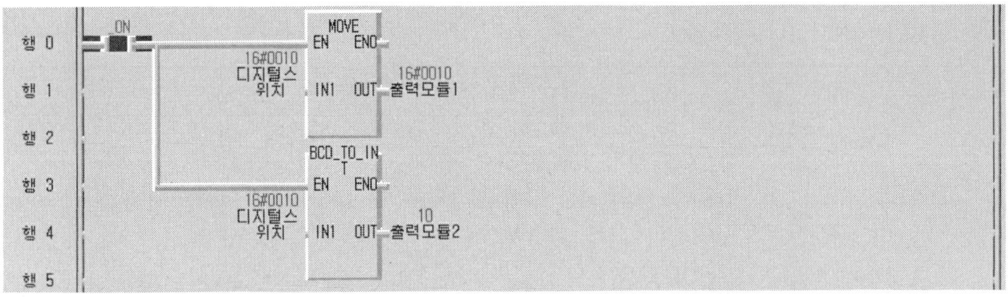

그림 13.66 디지털 스위치에 10을 설정한 화면

디지털 스위치에 10을 설정했을 때 전송펑션을 이용한 출력모듈 1(%QW0.2.0)에는 16#0010이 출력되었고, INT 변환펑션을 이용한 출력모듈 2(%QW0.3.0)에는 10이 출력되었다.

출력모듈 1, 출력모듈 2의 LED를 확인해 보면, 출력모듈 1(%QW0.2.0)에는 %Q0.2.4만이 점등되었고, 출력모듈 2(%QW0.3.0)에는 %Q0.3.3이 점등되었다.

이같이, 똑같은 10이라는 값에 대해 BCD 데이터와 INT 데이터는 차이가 있게 된다.

• 디지털 스위치에 50을 설정했을 때의 모니터 화면

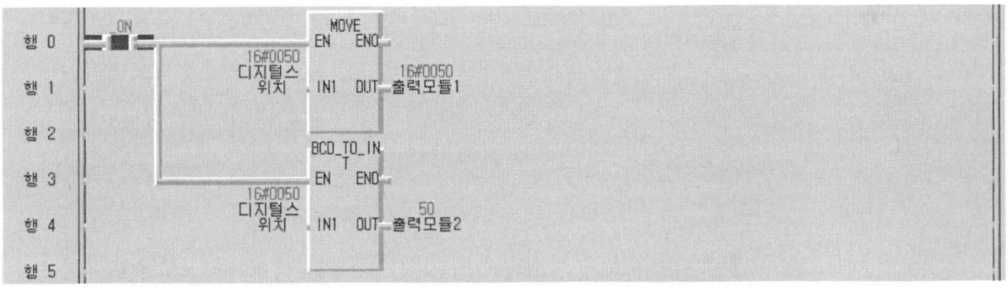

그림 13.67 디지털 스위치에 50을 설정한 화면

디지털 스위치에 50을 설정했을 때 전송펑션을 이용한 출력모듈 1(%QW0.2.0)에는 16#0050이 출력되었고, INT 변환펑션을 이용한 출력모듈 2(%QW0.3.0)에는 50이 출력되었다.

출력모듈 1, 출력모듈 2의 LED를 확인해 보면, 출력모듈 1(%QW0.2.0)에는 %Q0.2.4, %Q0.2.6이 점등되었고, 출력모듈 2(%QW0.3.0)에는 %Q0.3.1, %Q0.3.4, %Q0.3.5가 점등되었다. 역시, 똑같은 50이라는 값에 대해 BCD 데이터와 INT 데이터는 차이가 있게 된다.

❸ TIME_TO_DWORD, DWORD_TO_INT

표 13.15 BCD_TO_INT 펑션

기호	내용
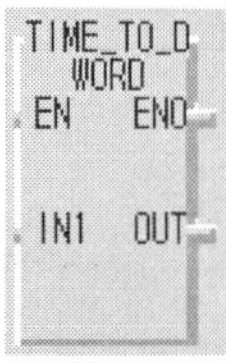	• EN : 명령어 실행 접점 • IN1 : 변환시킬 값이 저장되어 있는 Device명(Time Type) • ENO : 실행 접점이 ON 될 때 입력이 그대로 출력 • OUT : 변환된 값이 저장될 Device명(Double Word Type)
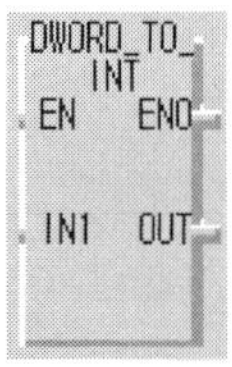	• EN : 명령어 실행 접점 • IN1 : 변환시킬 값이 저장되어 있는 Device명(Time Type) • ENO : 실행 접점이 ON 될 때 입력이 그대로 출력 • OUT : 변환된 값이 저장될 Device명(Double Word Type)

1) 예제 프로그램(FILE NAME : timetobcd.prj, timetobcd.src)

(1) Ladder 화면

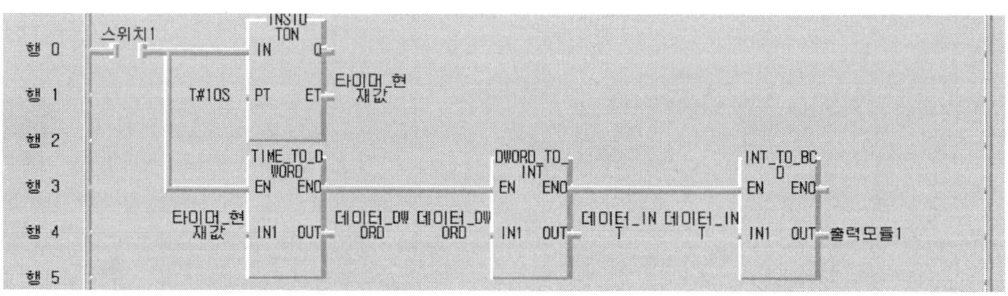

그림 13.68 TIME_TO DWORD 펑션을 이용한 Ladder 프로그램

(2) 지역변수 목록

	변수 명	데이터 타입	메모리 할당	초기 값	변수 종류	사용 여부	설명문
1	데이터_DWORD	DWORD	<자동>		VAR	*	
2	데이터_INT	INT	<자동>		VAR	*	
3	스위치1	BOOL	%IX0.0.0		VAR	*	
4	출력모듈1	WORD	%QW0.2.0		VAR		
5	타이머_현재값	TIME	<자동>		VAR	*	
6	INSTO	FB Instance	<자동>		VAR	*	

그림 13.69 지역변수 목록

(3) 동작 설명

위 프로그램은 타이머 1의 현재 진행시간을 FND 표시창에 표시하는 프로그램으로, 스위치 1(%I0.0.0)을 ON 하는 동안 진행된 시간을 출력모듈 1(%QW0.2.0)에 BCD 데이터로 출력하는 프로그램이다.

위와 같은 동작을 하기 위해서는 몇 가지 데이터 타입을 변환해야 하는데, 우선 타이머 1의 현재 진행 시간은 데이터 타입이 Time(Duration)이다. 따라서 Time 데이터를 BCD 데이터로 변환하기 위해서는 TIME_TO_BCD라는 변환펑션이 있어야 하는데, 이러한 타입 변환 펑션은 존재하지 않는다.

이에, TIME 데이터를 DWORD(Double Word) 데이터로 변환(TIME_TO_DWORD)한 다음, DWORD 데이터를 INT 데이터로 변환(DWORD_TO_INT)한 후 앞에서 설명한 INT_TO_BCD 변환펑션을 이용해 출력해야 한다.

(4) 모니터링

• 프로그램 전송 후의 Ladder 모니터 초기화면

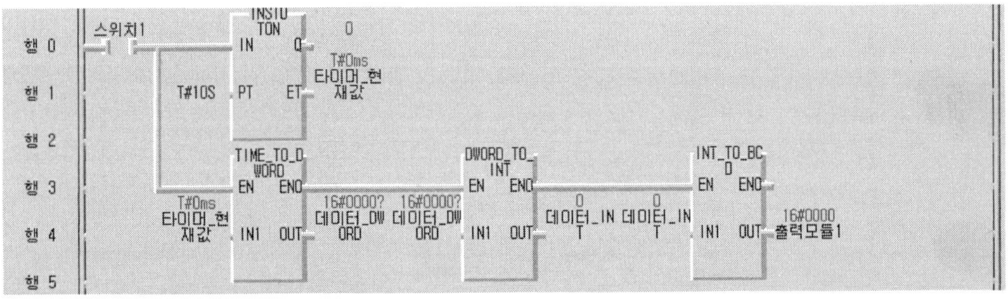

그림 13.70 프로그램 전송 후의 TIME_TO DWORD 펑션을 이용한 Ladder

최초 PLC가 RUN 되었을 때 모든 레지스터의 값은 0이 되므로, 타이머 1의 현재값(타이머_현재값)이 0이 되었고, 데이터_DWORD, 데이터_INT, 출력모듈 1(%QW0.2.0) 모두 0이 되었다.

• 스위치 1(%I0.0.0)을 잠깐 ON/OFF 했을 때의 모니터 화면

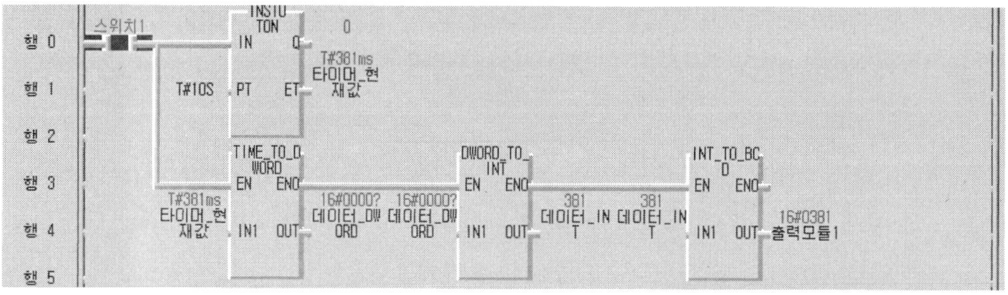

그림 13.71 스위치 1을 ON/OFF 한 화면

스위치 1(%I0.0.0)을 잠깐 눌렀다 놓았을 때 위 그림과 같이 타이머 1의 현재까지의 진행 시간 데이터가 타이머_현재값 레지스터에 저장된다.
스위치 1(%I0.0.0)을 누르는 동안 타입변환 펑션도 동작을 하므로, 타이머_현재값에 들어있던 TIME 데이터가 TIME_TO_DWORD 변환펑션에 의해 Double Word 데이터로 변환되어 데이터_DWORD에 저장된다. 다시 데이터_DWORD에 들어있던 데이터가 DWORD_TO_INT 변환펑션에 의해 INT 데이터로 변환되어 데이터_INT에 저장되고, 이 데이터는 INT_TO_BCD 변환펑션에 의해 BCD 데이터로 변환되어 출력모듈 1(%QW0.2.0)에 출력되게 한다. 이렇듯 시간 데이터를 BCD 데이터로 변환하기 위해서는 몇 번의 변환과정을 거쳐야 한다.

4 INT_TO_DWORD, DWORD_TO_TIME

표 13.16 INT_TO_DWORD 펑션

기호	내용
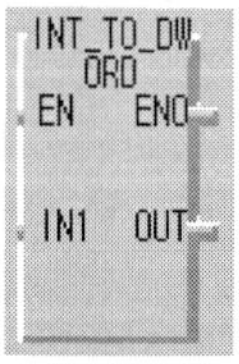	• EN : 명령어 실행 접점 • IN1 : 변환시킬 값이 저장되어 있는 Device명(INT Type) • ENO : 실행 접점이 ON 될 때 입력이 그대로 출력 • OUT : 변환된 값이 저장될 Device명(Double Word Type)

기호	내용
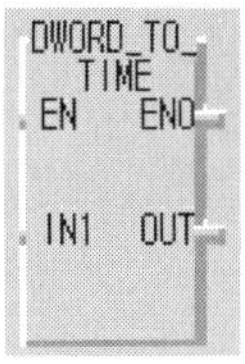	• EN : 명령어 실행 접점 • IN1 : 변환시킬 값이 저장되어 있는 Device명(DWord Type) • ENO : 실행 접점이 ON 될 때 입력이 그대로 출력 • OUT : 변환된 값이 저장될 Device명(TIME Type)

1) 예제프로그램(FILE NAME : bcdtotime.prj, bcdtotime.src)

(1) Ladder 화면

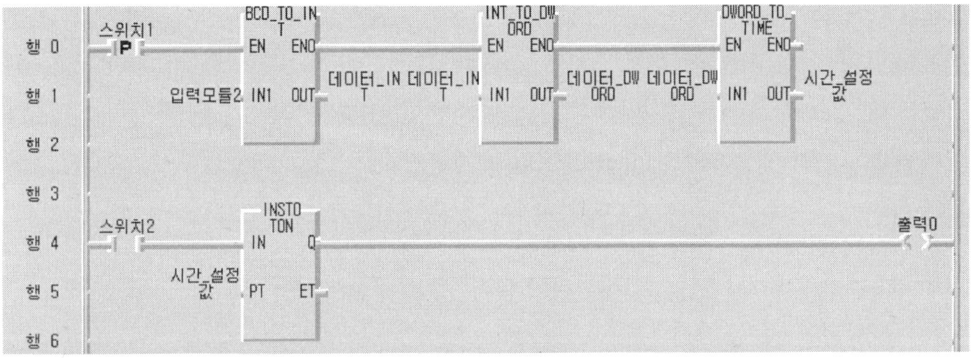

그림 13.72 INT TO DWORD 펑션을 이용한 Ladder 프로그램

(2) 지역변수 목록

	변수 명	데이터 타입	메모리 할당	초기 값	변수 종류	사용 여부	설명문
1	데이터_DWORD	DWORD	<자동>		VAR		
2	데이터_INT	INT	<자동>		VAR		
3	스위치1	BOOL	%IX0.0.0		VAR		
4	스위치2	BOOL	%IX0.0.1		VAR		
5	시간_설정값	TIME	<자동>		VAR		
6	입력모듈2	WORD	%IW0.1.0		VAR		
7	출력0	BOOL	%QX0.2.0		VAR		
8	INSTO	FB Instance	<자동>		VAR		

그림 13.73 지역변수 목록

(3) 동작 설명

위 프로그램은 타이머 1의 시간 설정값을 PLC 외부에서 디지털 스위치를 이용해 설정해 보는 프로그램으로, 입력모듈 2(%IW0.1.0)에 디지털 스위치를 연결하여 타이머 1의 시간

을 설정한 다음, 스위치 1(%I0.0.0)을 눌러 시간을 세팅하고, 스위치 2(%I0.0.1)를 누르면 설정된 시간 후에 출력0(%Q0.2.0)이 ON 되는 프로그램이다.

위와 같은 동작을 하기 위해서는 몇 가지 데이터 타입을 변환해야 하는데, 만일 BCD_TO_TIME 변환펑션이 있다면 간단히 처리되겠지만, 역시 이러한 변환펑션은 존재하지 않는다. 따라서 몇 번의 변환과정을 거쳐야 하는데, 우선 입력모듈 2(%IW0.1.0)에 입력되는 데이터는 BCD 데이터이므로 BCD 데이터를 INT 데이터로 변환해야 한다. 타입변환 펑션 중 앞에서 설명한 BCD_TO_INT 변환펑션을 이용해 BCD 데이터를 INT 데이터로 변환하고, 이 값을 TIME EPO이터로 변환하면 되나, 역시 이러한 변환펑션이 존재하지 않으므로 INT_TO_DWORD 변환펑션을 이용해 Double Word 데이터로 변환한 후 이 데이터를 TIME 데이터로 변환해야 한다.

(4) 모니터링

• 프로그램 전송후의 Ladder 모니터 초기화면

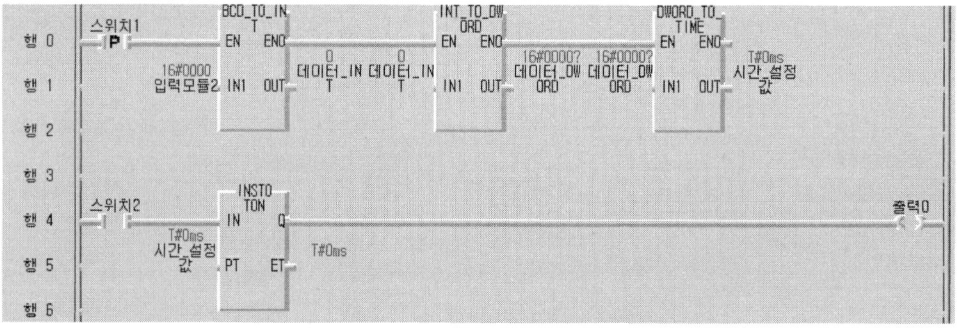

그림 13.74 프로그램 전송 후의 Ladder 프로그램

최초 PLC가 RUN 되었을 때 모든 레지스터의 값은 0이 되므로, 디이미 1의 시긴 설정값인 시간 설정값이 T#0ms가 되었다.

• 스위치 2(%I0.0.1)를 ON 했을 때의 모니터 화면

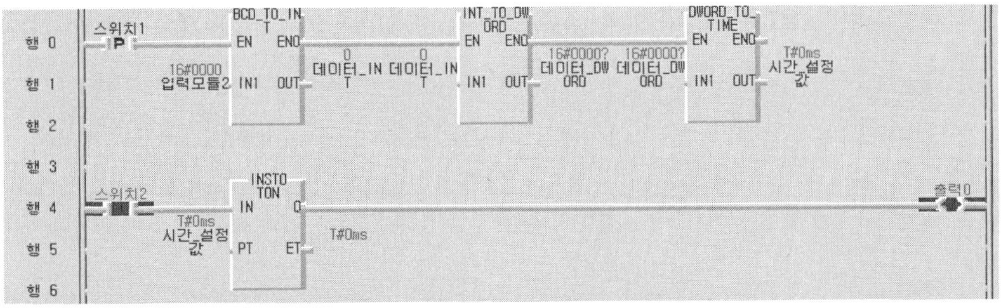

그림 13.75 스위치 2를 ON한 화면

스위치 2(%I0.0.1)를 ON 했을 때 타이머 1의 시간 설정값이 T#0ms이므로 아무런 시간지연이 일어나지 않는다. 따라서 스위치 2(%I0.0.1)를 ON 함과 동시에 출력0(%Q0.2.0)이 ON 된다.

• 디지털 스위치에 50을 설정한 다음 스위치 1(%I0.0.0)을 ON 했을 때의 모니터 화면

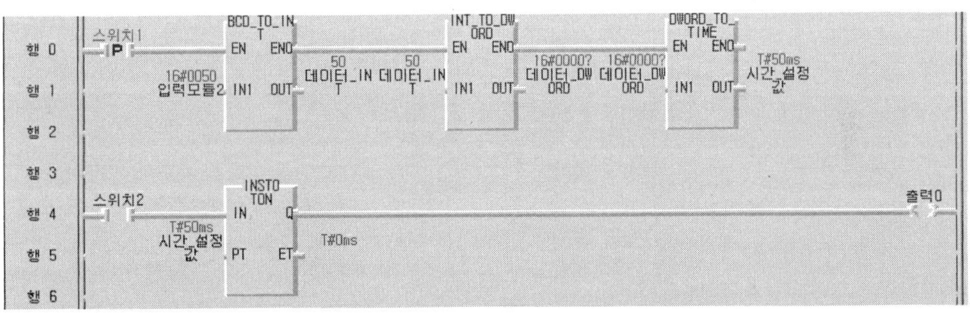

그림 13.76 디지털 스위치에 50을 설정한 후 스위치 1을 ON 한 화면

디지털 스위치에 50을 설정한 다음 스위치 1(%I0.0.0)을 누르면 스위치 1 선상에 연결된 모든 펑션이 동작된다. 우선, 스위치 1(%I0.0.0)을 누르는 순간 입력모듈 2(%IW0.1.0)에 입력되는 BCD 데이터(16#0050)가 BCD_TO_INT 변환펑션에 의해 INT 데이터로 변환되어 데이터_INT에 50이 저장된다. 이 데이터는 다시 INT_TO_DWORD 변환펑션에 의해 Double Word 데이터로 변환되어 데이터_DWORD에 16#00000032이 저장되고, 마지막으로 DWORD_TO_TIME 변환펑션에 의해 TIME 데이터로 변환되어 시간_설정값에 T#50 ms가 저장된다. 결국, 타이머 1의 ON-Delay 시간 설정값이 50 ms가 되는 것이다.

• 스위치 2(%I0.0.1)를 ON 했을 때의 모니터 화면

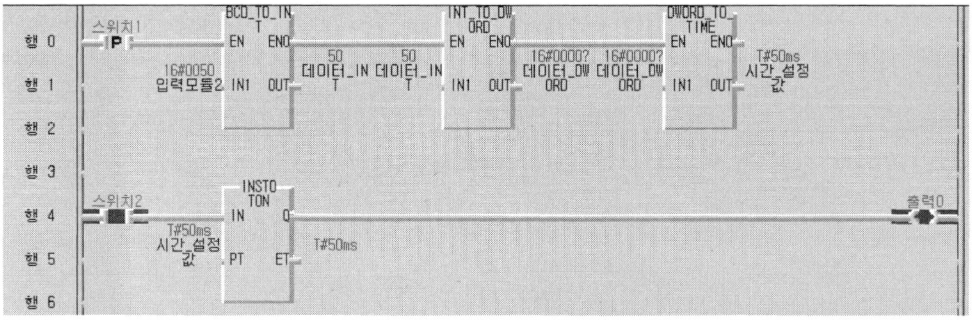

그림 13.76 스위치 2를 ON 한 화면

타이머 1의 사간 설정값이 50ms이므로, 스위치 1(%I0.0.1)가 ON 되고 50 ms 후에 출력 0(%Q0.2.0)이 ON 된다.

• 디지털 스위치에 99를 설정한 다음 스위치 1(%I0.0.0)을 ON 했을 때의 모니터 화면

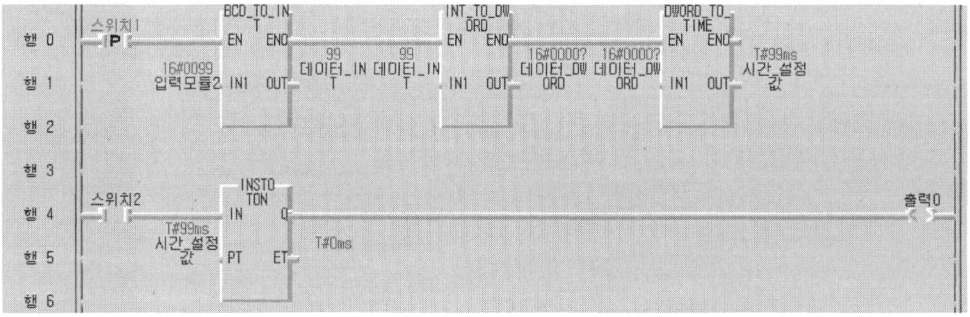

그림 13.77 디지털 스위치에 99를 설정한 후 스위치 1을 ON 한 화면

디지털 스위치에 99를 설정한 다음 스위치 1(%I0.0.0)을 누르면 스위치 1선상에 연결된 모든 펑션이 동작된다. 우선, 스위치 1(%I0.0.0)을 누르는 순간 입력모듈 2(%IW0.1.0)에 입력되는 BCD 데이터(16#0099)가 BCD_TO_INT 변환펑션에 의해 INT 데이터로 변환되어 데이터_INT에 99가 저장된다. 이 데이터는 다시 INT_TO_DWORD 변환펑션에 의해 Double Word 데이터로 변환되어 데이터_DWORD에 16#00000063이 저장되고, 마지막으로 DWORD_TO_TIME 변환펑션에 의해 TIME 데이터로 변환되어 시간_설정값에 T#99ms가 저장된다. 결국, 타이머 1의 ON-Delay 시간 설정값이 99 ms가 되는 것이다.

• 스위치 2(%I0.0.1)를 ON 했을 때의 모니터 화면

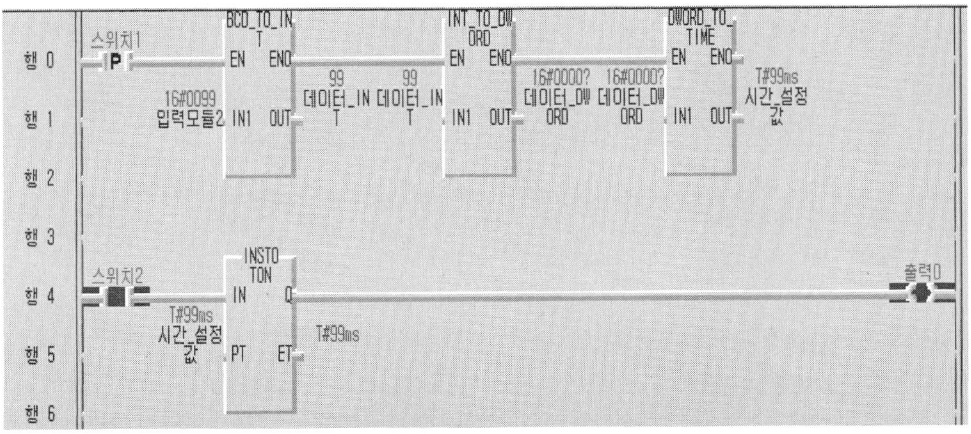

그림 13.77 스위치 2를 ON 한 화면

타이머 1의 시간 설정값이 99 ms이므로, 스위치 2(%I0.0.1)가 ON 되고 99 ms 후에 출력 0(%Q0.2.0)이 ON 된다.

13.8 연산펑션

❶ ADD(Addition)

표 13.17 ADD 펑션

기호	내용
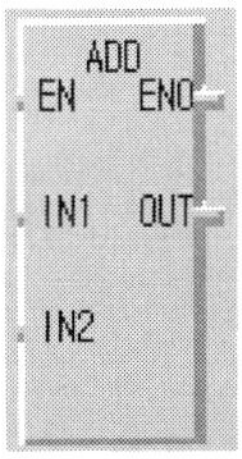	• EN : 명령어 실행 접점 • IN1 : 더해질 값이 저장되어 있는 Device명 • IN2 : 더할 값이 저장되어 있는 Device명 • ENO : 실행 접점이 ON 될 때 입력이 그대로 출력 • OUT : 변환된 값이 저장될 Device명(Double Word Type)

1) 예제프로그램(FILE NAME : add.prj, add.src)

(1) Ladder 화면

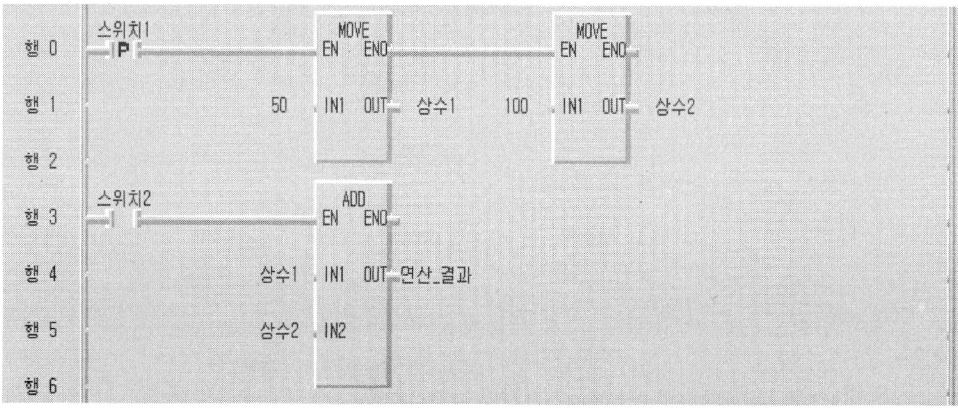

그림 13.78 ADD 펑션을 이용한 Ladder 프로그램

(2) 지역변수

	변수 명	데이터 타입	메모리 할당	초기 값	변수 종류	사용 여부	설명문
1	상수1	INT	<자동>		VAR		
2	상수2	INT	<자동>		VAR		
3	스위치1	BOOL	%IX0.0.0		VAR		
4	스위치2	BOOL	%IX0.0.1		VAR		
5	연산_결과	INT	<자동>		VAR		

그림 13.79 지역변수 목록

(3) 동작 설명

위 프로그램은 스위치 1(%i0.0.0)이 ON 되었을 때 전송펑션을 이용하여 실수 1에 50을 상수 2에 100을 각각 저장하고, 스위치 2(%I0.0.1)가 ON 되었을 때 상수 1의 값과 상수 2의 값을 ADD(덧셈연산) 하여 연산_결과에 저장하는 프로그램이다. 위 프로그램에서 상수 1과 상수 2의 데이터 타입은 모두 INT이므로 결과가 저장되는 연산_결과의 값도 INT 데이터가 된다.

(4) 모니터링

• 프로그램 전송 후의 Ladder 모니터 초기화면

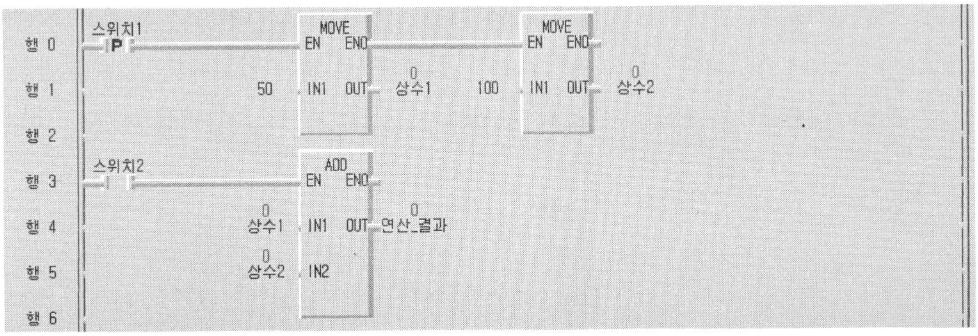

그림 13.80 프로그램 전송 후 ADD 펑션을 이용한 Ladder 프로그램

최초 PLC가 RUN 되었을 때 모든 레지스터의 값은 0이 되므로, 상수 1, 상수 2, 연산_결과의 값이 모두 0이 되었다.

• 스위치 1(%I0.0.0) ON 시 모니터 화면

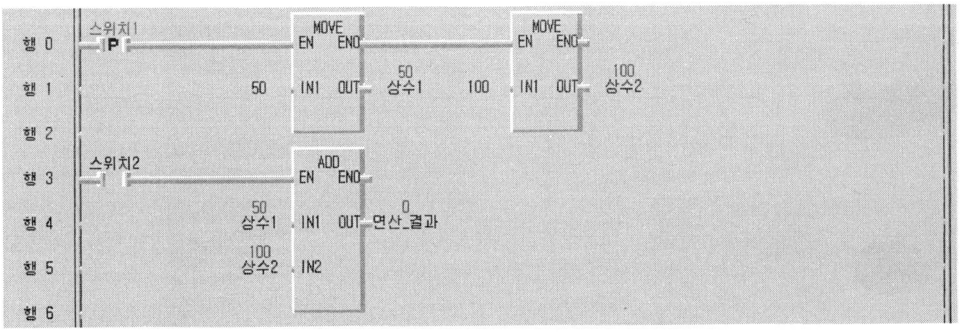

그림 13.81 스위치 1을 ON 한 화면

스위치 1(%I0.0.0) ON 시 전송펑션에 의해 상수 1에는 50이 상수 2에는 100이 저장되었다. 위에서 상수 1과 상수 2의 데이터 타입은 INT이다.

• 스위치 2(%I0.0.1) ON 시 모니터 화면

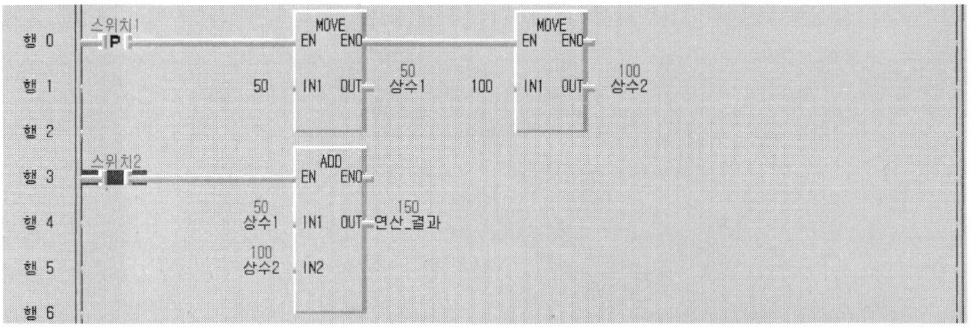

그림 13.82 스위치 2를 ON 한 화면

스위치 2(%I0.0.1) ON 시 덧셈 연산펑션인 ADD에 의해 상수 1의 데이터인 50과 상수 2의 데이터인 100이 가산(덧셈)되어 연산_결과에 150이 저장되었다. 상수 1의 데이터 타입과 상수 2의 데이터 타입이 모두 INT형이므로 결괏값이 저장된 연산_결과에 값도 INT형이 된다.

② SUB(Subtraction)

표 13.18 SUB 펑션

기호	내용
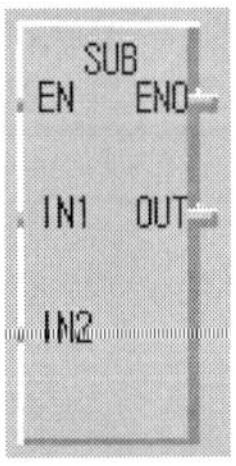	• EN : 명령어 실행 접점 • IN1 : 빼어질 값이 저장되어 있는 Device명 • IN2 : 뺄 값이 저장되어 있는 Device명 • ENO : 실행 접점이 ON 될 때 입력이 그대로 출력 • OUT : 변환된 값이 저장될 Device명(Double Word Type)

1) 예제프로그램(FILE NAME : sub.prj, sub.src)

(1) Ladder 화면

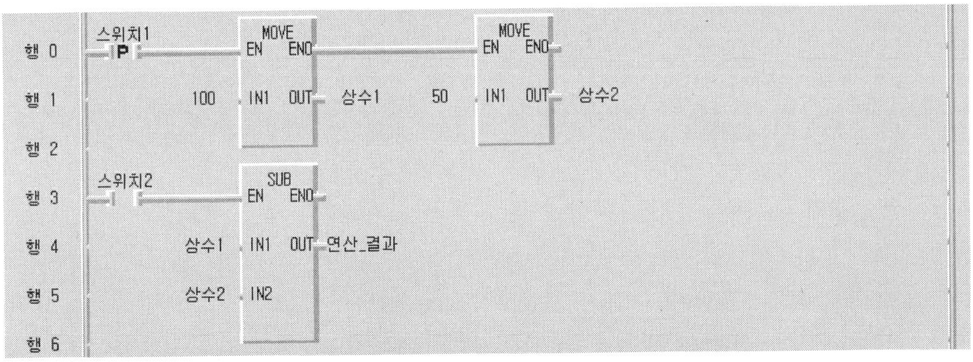

그림 13.83 SUB 펑션을 이용한 Ladder 프로그램

(2) 지역변수 목록

	변수 명	데이터 타입	메모리 할당	초기 값	변수 종류	사용 여부	설명문
1	상수1	INT	<자동>		VAR		
2	상수2	INT	<자동>		VAR		
3	스위치1	BOOL	%IX0.0.0		VAR		
4	스위치2	BOOL	%IX0.0.1		VAR		
5	연산_결과	INT	%QW0.2.0		VAR		

그림 13.84 지역변수 목록

(3) 동작 설명

위 프로그램은 스위치 1(%I0.0.0)이 ON 되었을 때 전송펑션을 이용하여 상수 1에 100을 상수 2에 50을 각각 저장하고, 스위치 2(%I0.0.1)가 ON 되었을 때 상수 1의 값에서 상수 2의 값을 SUB(뺄셈연산) 하여 연산_결과에 저장하는 프로그램이다. 위 프로그램에서 상수 1과 상수 2의 데이터 타입은 모두 INT이므로 결과가 저장되는 연산_결과의 값도 INT 데이터가 된다.

(4) 모니터링

• 프로그램 전송 후의 Ladder 모니터 초기화면

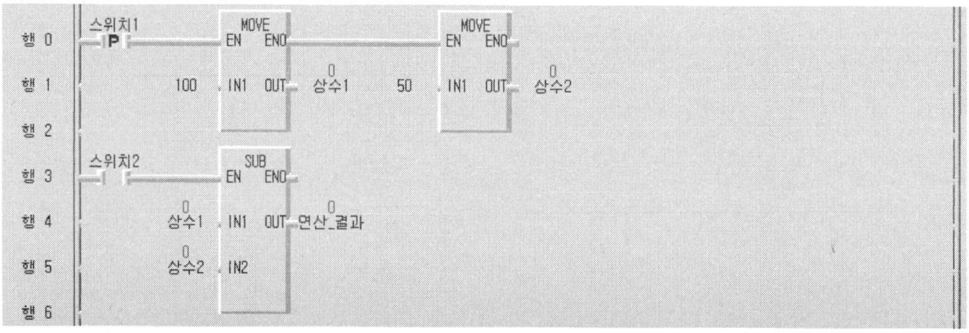

그림 13.85 프로그램 전송 후 SUB 펑션을 이용한 Ladder 프로그램

최초 PLC가 RUN 되었을 때 모든 레지스터의 값은 0이 되므로, 상수 1, 상수 2, 연산_결과의 값이 모두 0이 되었다.

• 스위치 1(%I0.0.0) ON 시 모니터 화면

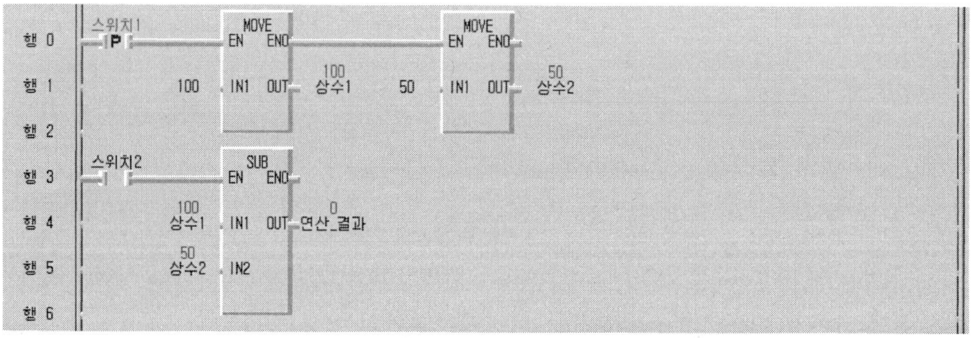

그림 13.86 스위치 1을 ON 한 화면

스위치 1(%I0.0.0) ON 시 전송펑션에 의해 상수 1에는 100이 상수 2에는 50이 저장되었다. 위에서 상수 1과 상수 2의 데이터 타입은 INT이다.

• 스위치 2(%I0.0.1) ON 시 모니터 화면

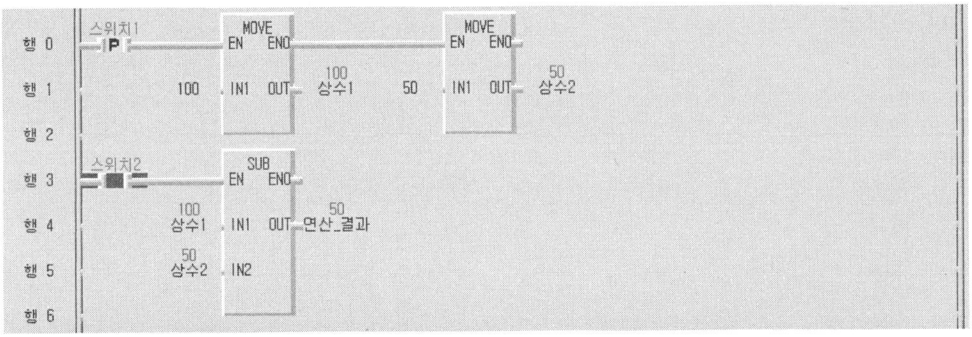

그림 13.87 스위치 2를 ON 한 화면

스위치 2(%I0.0.1) ON 시 뺄셈 연산펑션인 SUB에 의해 상수 1의 데이터인 100에서 상수 2의 데이터인 50이 감산(뺄셈)되어 연산_결과에 50이 저장되었다. 상수 1의 데이터 타입과 상수 2의 데이터 타입이 모두 INT형이므로 결괏값이 저장된 연산_결과에 값도 INT형이 된다. 만일, 상수 1의 값이 50이고, 상수 2의 값이 100이라면 결괏값은 -50이 될 것이다. 화면상에는 연산_결과에 -50이 표시되지만, 출력모듈인 %QW0.2.0에는 엉뚱한 값이 출력될 것이다. 이럴 때는 앞에서 설명한 NOT 변환명령을 이용해 값을 반전한 다음 1을 더하면 된다. 그러나 이같이 하려면 다수의 타입변환 펑션과 함께 연산펑션이 필요하게 되므로 프로그램이 길어지게 된다. 다행히 절댓값 연산 펑션(ABS)이 있어 쉽게 처리되기도 한다.

❸ MUL(Multiply)

표 13.19 MUL 펑션

기호	내용
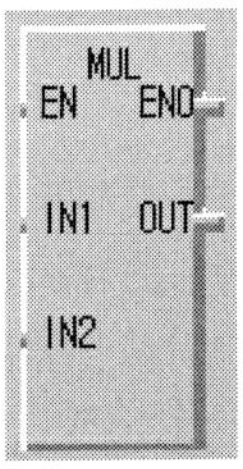	• EN : 명령어 실행 접점 • IN1 : 곱해질 값이 저장되어 있는 Device명(피승수) • IN2 : 곱할 값이 저장되어 있는 Device명(승수) • ENO : 실행 접점이 ON 될 때 입력이 그대로 출력 • OUT : 연산된 값이 저장될 Device명

1) 예제프로그램(FILE NAME : mul.prj, mul.src)

(1) Ladder 화면

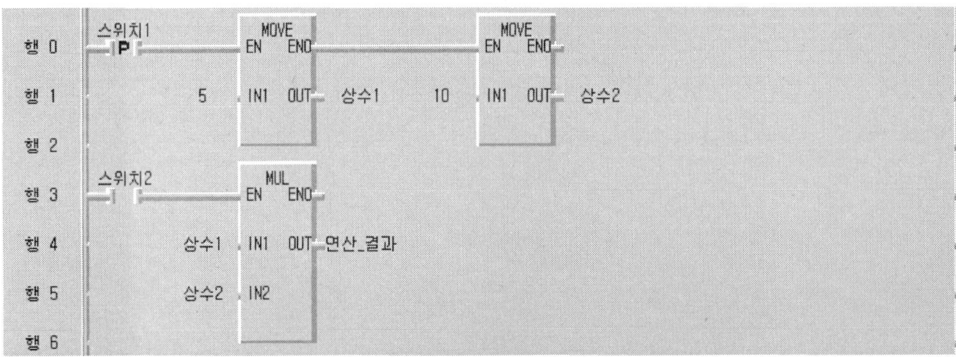

그림 13.88 MUL 펑션을 이용한 Ladder 프로그램

(2) 지역변수 목록

	변수 명	데이터 타입	메모리 할당	초기 값	변수 종류	사용 여부	설명문
1	상수1	INT	<자동>		VAR	*	
2	상수2	INT	<자동>		VAR	*	
3	스위치1	BOOL	%IX0.0.0		VAR	*	
4	스위치2	BOOL	%IX0.0.1		VAR	*	
5	연산_결과	INT	%QW0.2.0		VAR		

그림 13.89 지역변수 목록

(3) 동작 설명

위 프로그램은 스위치 1(%I0.0.0)이 ON 되었을 때 전송펑션을 이용하여 상수 1에 5를 상수 2에 10을 각각 저장하고, 스위치 2(%I0.0.1)가 ON 되었을 때 상수 1의 값에 상수 2의 값을 MUL(곱셈연산) 하여 연산_결과에 저장하는 프로그램이다. 위 프로그램에서 상수 1과 상수 2의 데이터 타입은 모두 INT이므로 결과가 저장되는 연산_결과의 값도 INT 데이터가 된다.

(4) 모니터링

• 프로그램 전송 후의 Ladder. 모니터 초기화면

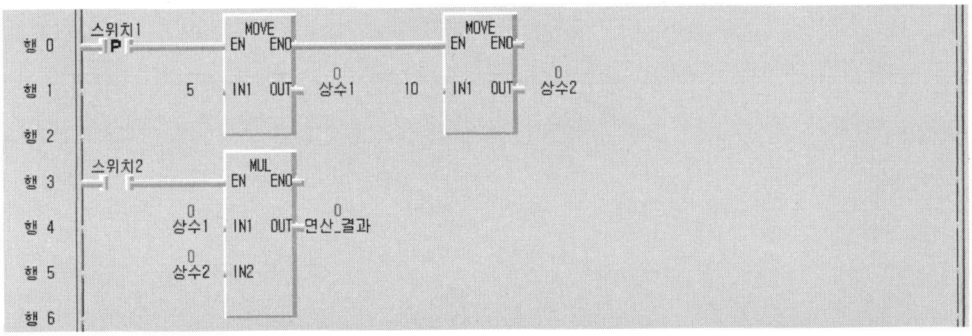

그림 13.90 프로그램 전송 후 MUL 펑션을 이용한 Ladder 프로그램

최초 PLC가 RUN 되었을 때 모든 레지스터의 값은 0이 되므로 상수 1, 상수 2, 연산_결과의 값이 모두 0이 되었다.

• 스위치 1(%I0.0.0) ON 시의 모니터 화면

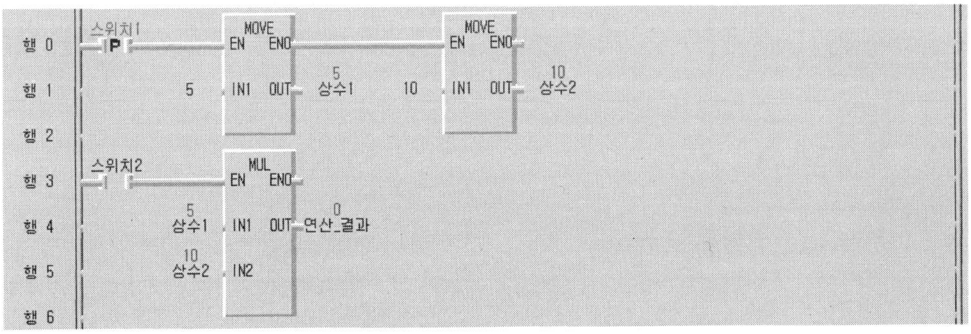

그림 13.91 스위치 1을 ON한 화면

스위치 1(%I0.0.0) ON 시 전송펑션에 의해 상수 1에는 5가 상수 2에는 10이 저장되었다. 위에서 상수 1과 상수 2의 데이터 타입은 INT이다.

• 스위치 2(%I0.0.1) ON 시 모니터 화면

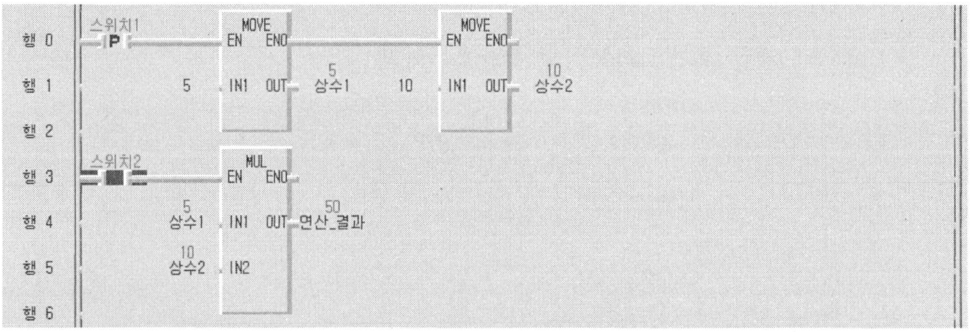

그림 13.92 스위치 2를 ON 한 화면

스위치 2(%I0.0.1) ON 시 곱셈 연산펑션인 MUL에 의해 상수 1의 데이터인 5에 상수 2의 데이터인 10이 승산(곱셈)되어 연산_결과에 50이 저장되었다. 상수 1의 데이터 타입과 상수 2의 데이터 타입이 모두 INT형이므로 결괏값이 저장된 연산_결과의 값도 INT형이 된다. 위와 같은 승산연산에서 상수 1과 상수 2는 물론 연산_결과의 데이터 타입도 INT이다. 따라서, 연산 결과가 INT 영역을 넘어서면 에러가 된다. 즉, 위의 연산에서 연산 결과가 INT 영역(32767)을 넘어서면 에러가 되는 것이다. 만일 연산 결과가 INT 영역을 넘을 경우, INT보다 많은 데이터를 저장할 수 있는 UNIT, DINT,...등으로 변경한다. 이때 연산 결과를 저장할 변수의 타입만 변경하는 것이 아니고, 입력 데이터의 타입도 같이 변경해야 한다.

4 DIV, MOD

표 13.20 DIV, MOD 펑션

기호	내용
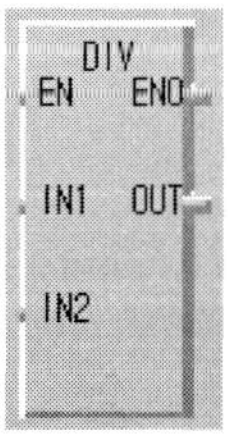	• EN : 명령어 실행 접점 • IN1 : 나누어질 값이 저장되어 있는 Device명(피제수) • IN2 : 나눌 값이 저장되어 있는 Device명(제수) • ENO : 실행 접점이 ON 될 때 입력이 그대로 출력 • OUT : 연산된 결과의 몫이 저장될 Device명

기호	내용
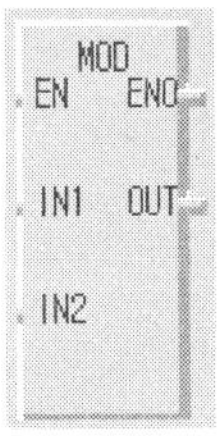	• EN : 명령어 실행 접점 • IN1 : 나누어질 값이 저장되어 있는 Device명(피제수) • IN2 : 나눌 값이 저장되어 있는 Device명(제수) • ENO : 실행 접점이 ON 될 때 입력이 그대로 출력 • OUT : 연산된 결과의 몫이 저장될 Device명

1) 예제프로그램(FILE NAME : div.prj, div.src)

(1) Ladder 화면

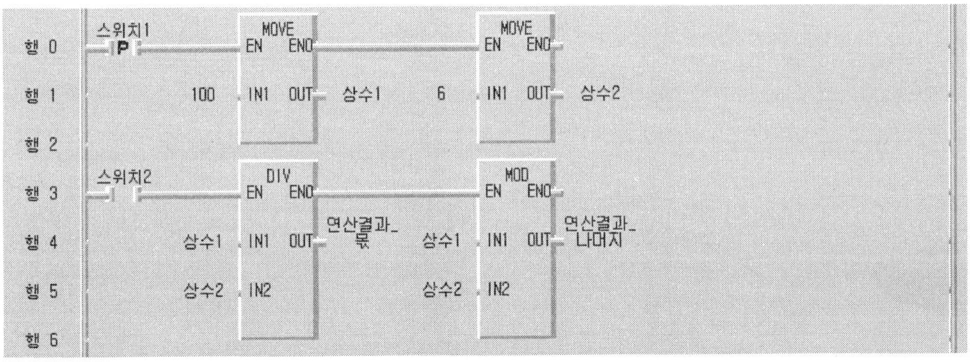

그림 13.93 DIV, MOD 펑션을 이용한 Ladder 프로그램

(2) 지역변수 목록

	변수 명	데이터 타입	메모리 할당	초기 값	변수 종류	사용 여부	설명문
1	상수1	INT	<자동>		VAR		
2	상수2	INT	<자동>		VAR		
3	스위치1	BOOL	%IX0.0.0		VAR		
4	스위치2	BOOL	%IX0.0.1		VAR		
5	연산결과_나머지	INT	%QW0.3.0		VAR		
6	연산결과_몫	INT	%QW0.2.0		VAR		

그림 13.94 지역변수 목록

(3) 동작 설명

위 프로그램은 스위치 1(%I0.0.0)이 ON 되었을 때 전송펑션을 이용하여 상수 1에 100을 상수 2에 6을 각각 저장하고, 스위치 2(%I0.0.1)가 ON 되었을 때 상수 1의 값에서 상수 2의 값을 DIV(나눗셈 연산의 몫), MOD(나눗셈 연산의 나머지) 하여 연산결과_몫, 연산결과_나머지에 저장하는 프로그램이다. 위 프로그램에서 상수 1과 상수 2의 데이터 타입은 모두 INT이므로 결과가 저장되는 연산결과_몫, 연산결과_나머지의 값도 INT 데이터가 된다.

(4) 모니터링

• 프로그램 전송 후의 Ladder 모니터 초기화면

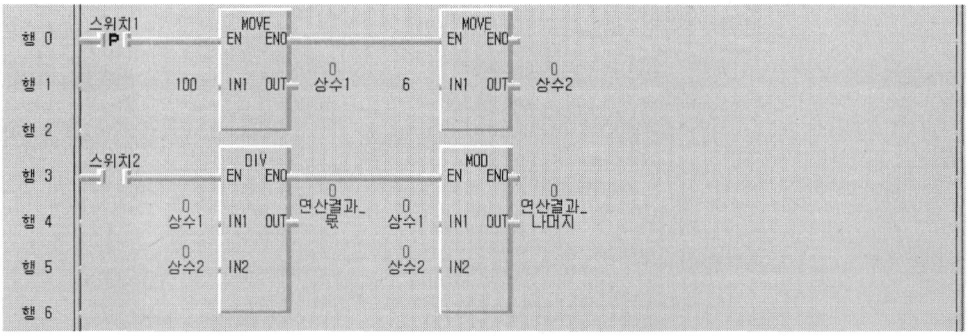

그림 13.95 프로그램 전송 후의 DIV, MOD 펑션을 이용한 Ladder 프로그램

최초 PLC가 RUN 되었을 때 모든 레지스터의 값은 0이 되므로 상수 1, 상수 2, 연산결과_몫, 연산결과 나머지의 값이 모두 0이 되었다.

• 스위치 1(%I0.0.0) ON 시 모니터 화면

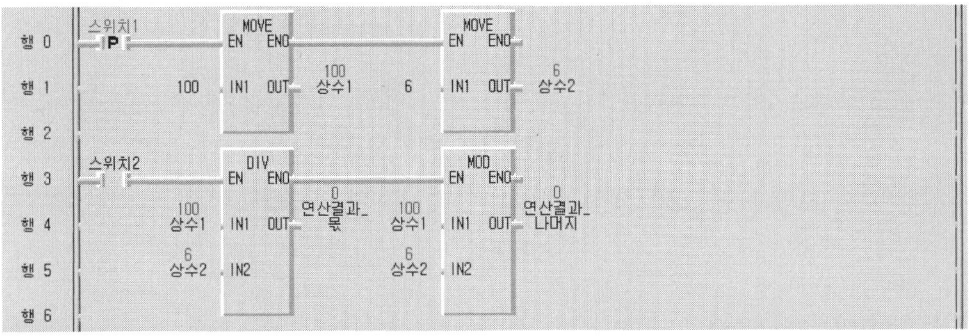

그림 13.96 스위치 1을 ON 한 화면

스위치 1(%I0.0.0) ON 시 전송펑션에 의해 상수 1에는 100이 상수 2에는 6이 저장되었다. 위에서 상수 1과 상수 2의 데이터 타입은 INT이다.

• 스위치 2(%I0.0.1) ON 시 모니터 화면

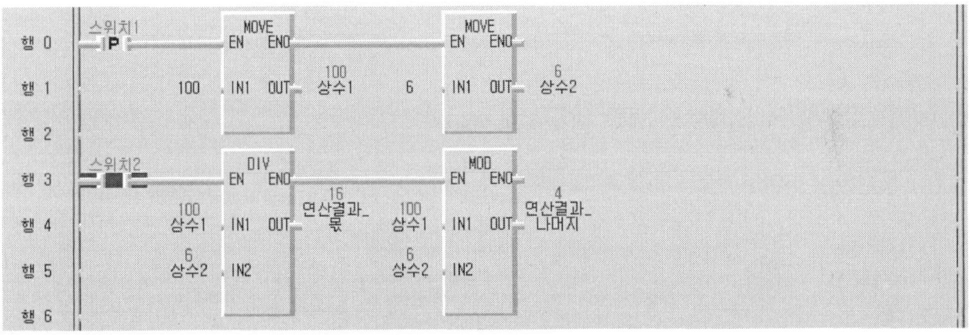

그림 13.97 스위치 2를 ON한 화면

스위치 2(%I0.0.1) ON 시 나눗셈 연산펑션인 DIV에 의해 상수 1의 데이터인 100에서 상수 2의 데이터인 6이 제산(나눗셈) 되어 연산결과_몫에 16이 저장되었다. 또한, 나눗셈 연산펑션인 MOD에 의해 상수 1의 데이터인 100에서 상수 2의 데이터인 6이제산(나눗셈) 되어 연산결과_나머지에 4가 저장되었다. 위의 연산에서 결괏값은 16.66667이 되어 몫은 16, 나머지는 0.6667이 될 것으로 생각할 수도 있으나 그렇지 않다.

몫은 16으로 맞지만, 나머지는 100에서 16으로 나누어지고 더 이상 나누어지지 않는 나머지 값이 된다. 상수 1의 데이터 타입과 상수 2의 데이터 타입이 모두 INT형이므로 결괏값이 저장된 연산결과_몫, 연산결과_나머지에 값도 INT형이 된다. 위와 같은 제산연산에서 상수 1과 상수 2는 물론, 연산결과_몫, 연산결과_나머지의 데이터 타입도 INT이다. 따라서 연산결과가 INT 영역을 넘어서면 에러가 된다. 즉, 위의 연산에서 연산 결과가 INT 영역(32767)을 넘어서면 에러가 되는 것이다. 만일 연산결과가 INT 영역을 넘을 경우, INT보다 많은 데이터를 저장할 수 있는 UNIT, DINT, ...등으로 변경한다. 이때 연산결과를 저장할 변수의 타입만 변경하는 것이 아니고, 입력 데이터의 타입도 같이 변경해야 한다.

5 ABS(Absolute)

표 13.20 DIV, MOD 펑션

기호	내용
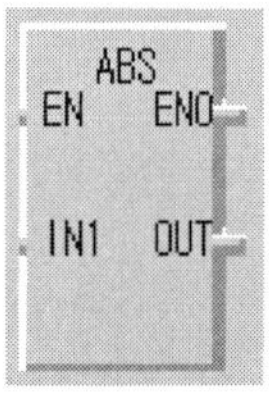	• EN : 명령어 실행 접점 • IN1 : 정수값이 저장되어 있는 Device명 • ENO : 실행 접점이 ON 될 때 입력이 그대로 출력 • OUT : 연산된 값이 저장될 Device명

1) 예제프로그램(FILE NAME : abs.prj, abs.src)

(1) Ladder 화면

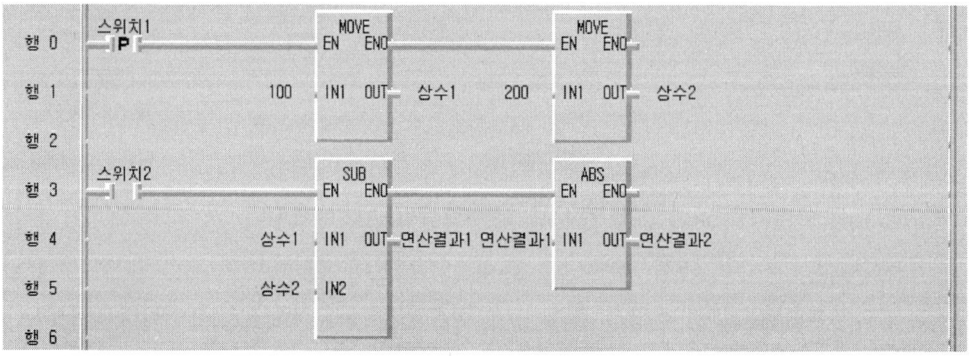

그림 13.98 ABS 펑션을 이용한 Ladder 프로그램

(2) 지역변수 목록

	변수 명	데이터 타입	메모리 할당	초기 값	변수 종류	사용 여부	설명문
1	상수1	INT	<자동>		VAR		
2	상수2	INT	<자동>		VAR		
3	스위치1	BOOL	%IX0.0.0		VAR		
4	스위치2	BOOL	%IX0.0.1		VAR		
5	연산결과1	INT	%QW0.2.0		VAR		
6	연산결과2	INT	%QW0.3.0		VAR		

그림 13.99 지역변수 목록

(3) 동작 설명

위 프로그램은 앞의 SUB 연산펑션에 다루었던 결괏값이 음수로 나올 때의 조치에 권한 프로그램으로, 스위치 1(%I0.0.0)이 ON 되었을 때 전송펑션을 이용하여 상수 1에 100을 상수 2에 200을 각각 저장하고 스위치 2(%I0.0.1)가 ON 되었을 때 상수 1의 값에서 상수 2의 값을 SUB(뺄셈연산) 하여 연산결과 1에 저장하고, 이 값을 절댓값 연산하여 연산결과 2에 저장하는 프로그램이다. 위 프로그램에서 연산결과 1의 값은 GHAKUS 상에는 음수로 나타난다. 그러나 이 값을 출력모듈에 출력시키면 엉뚱한 값이 된다. 하지만, 이 음수에 대해 ABS(절댓값) 연산을 실행하게 되면 항상 양의 정수가 되어 화면의 연산결과 2에 항상 DIDD의 정수가 표현되고 양의 값이 출력된다. 이렇게 함으로써 이후에 연산 과정에서 항상 양의 정수를 다루게 되므로 연산하기가 수월해진다.

(4) 모니터링

• 프로그램 전송 후의 Ladder. 모니터 초기화면

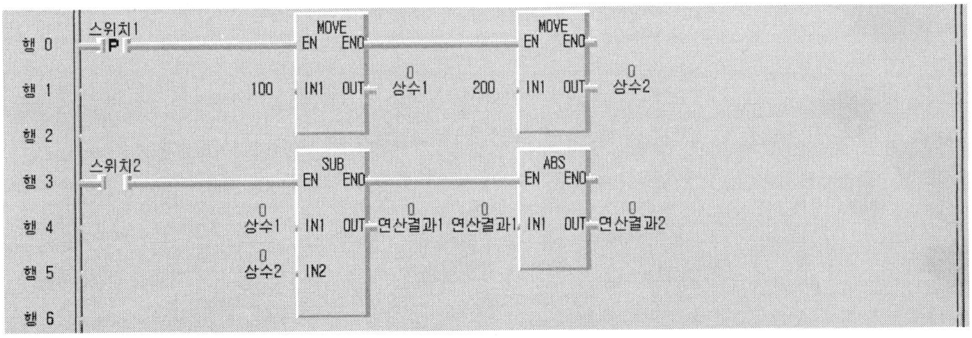

그림 13.100 프로그램 전송 후 ABS 펑션을 이용한 Ladder 프로그램

최초 PLC가 RUN 되었을 때 모든 레지스터의 값은 0이 되므로 상수 1, 상수 2, 연산결과 1, 연산결과 2의 값이 모두 0이 되었다.

• 스위치 1(%I0.0.0) ON 시의 모니터 화면

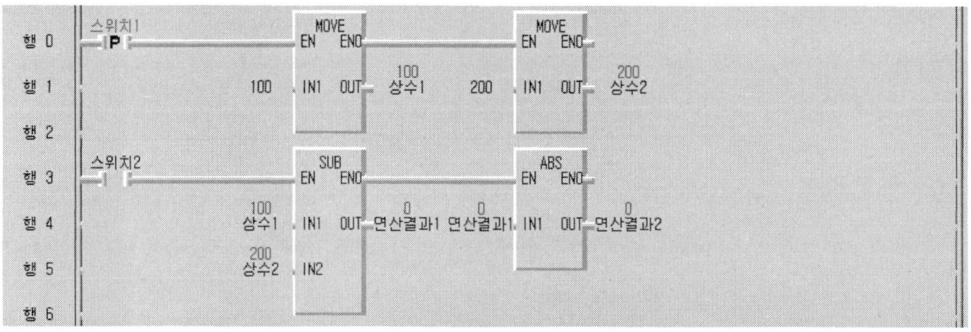

그림 13.101 스위치 1을 ON 한 화면

스위치 1(%I0.0.0) ON 시 전송펑션에 의해 상수 1에는 100이 상수 2에는 200이 저장되었다.

• 스위치 2(%I0.0.1) ON 시 모니터 화면

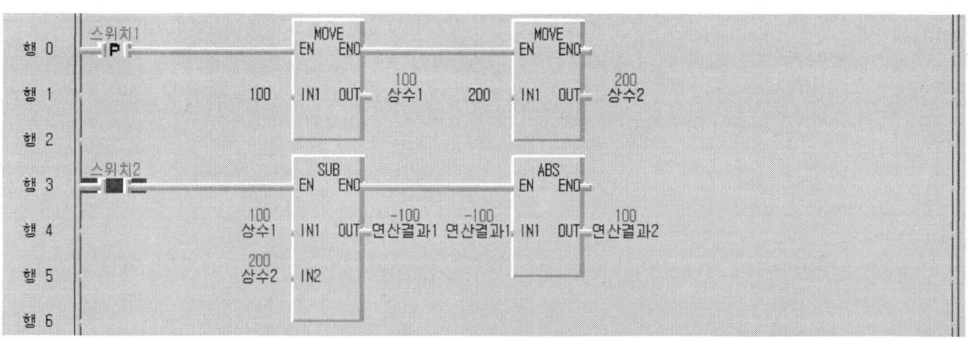

그림 13.102 스위치 2를 ON 한 화면

스위치 2(%I0.0.1) ON 시 뺄셈 연산펑션인 SUB에 의해 상수 1의 데이터인 100에서 상수 2의 데이터인 200이 감산(뺄셈) 되어 연산결과 1에 -100이 저장되었다. 또한 이 -100에 내해 ABS(절댓값) 연산된 값이 연산결과 2에 저장되므로 연산결과 2에는 100이 저장되었다. 이렇듯 양의 정수이든 음의 정수이든 절댓값 연산을 하게 되면 항상 양의 정수가 된다.

13.9 논리연산 펑션

❶ AND(And)

표 7.22 AND 펑션

기호	내용
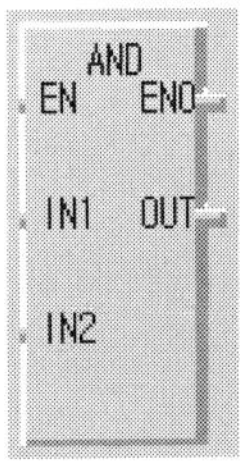	• EN : 명령어 실행 접점 • IN1 : 논리곱 연산할 값이 저장되어 있는 Device명 • IN2 : 논리곱 연산할 값이 저장되어 있는 Device명 • ENO : 실행 접점이 ON 될 때 입력이 그대로 출력 • OUT : 논리곱 연산된 값이 저장될 Device명

1) 예제프로그램(FILE NAME : and.prj, and.src)

(1) Ladder 화면

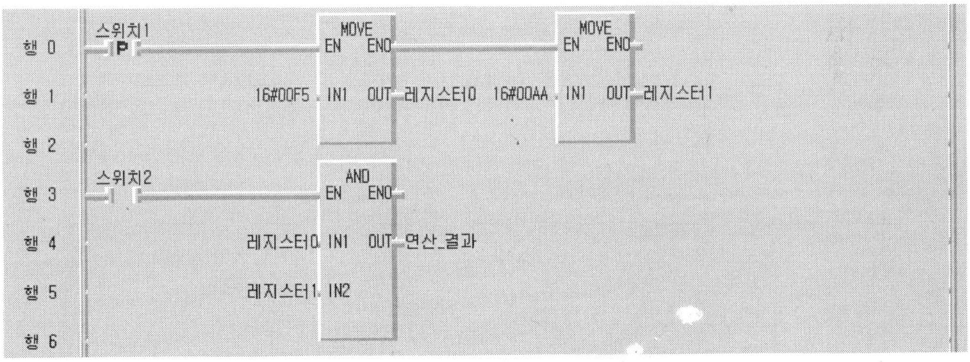

그림 13.103 AND 펑션을 이용한 Ladder 프로그램

(2) 지역변수 목록

	변수 명	데이터 타입	메모리 할당	초기 값	변수 종류	사용 여부	설명문
1	레지스터0	WORD	<자동>		VAR		
2	레지스터1	WORD	<자동>		VAR		
3	스위치1	BOOL	%IX0.0.0		VAR		
4	스위치2	BOOL	%IX0.0.1		VAR		
5	연산_결과	WORD	%QW0.2.0		VAR		

그림 13.104 지역변수 목록

(3) 동작 설명

위 프로그램은 스위치 1(%i0.0.0)이 ON 되었을 때 전송펑션을 이용하여 레지스터 0에 16#00FS를 레지스터 1에 16#00AA를 각각 저장하고 스위치 2(%I0.0.1)가 ON 되었을 때 레지스터 0의 값과 레지스터 1의 값을 AND(논리곱 연산) 하여 연산_결과에 저장하는 프로그램이다. 위 프로그램에서 레지스터 0과 레지스터 1의 데이터 타입은 모두 WORD 타입이어야 하며, 결과가 저장되는 연산_결과의 값도 WORD 타입의 데이터가 된다.

(4) 모니터링

• 프로그램 전송 후의 Ladder. 모니터 초기화면

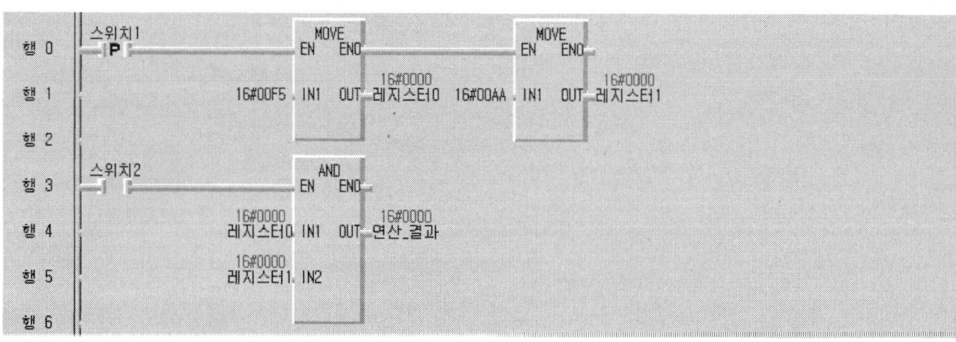

그림 13.105 프로그램 전송 후의 AND 펑션을 이용한 Ladder 프로그램

최초 PLC가 RUN 되었을 때 모든 레지스터의 값은 0이 되므로 레지스터 0, 레지스터 1, 연산 결과의 값이 모두 0(16#0000)이 되었다.

• 스위치 1(%I0.0.0) ON 시의 모니터 화면

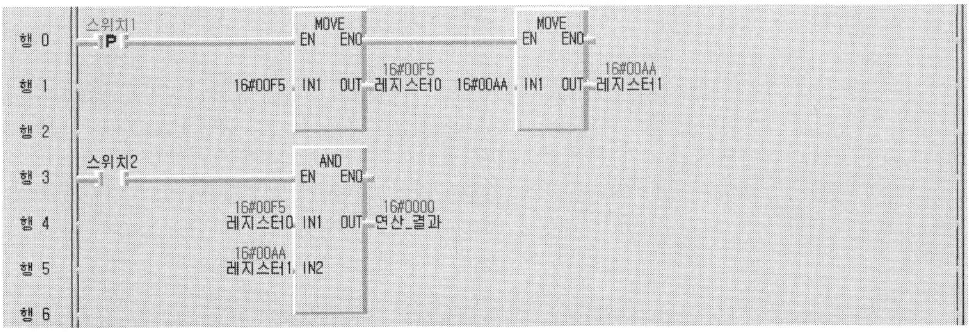

그림 13.106 스위치 1을 ON한 화면

스위치 1(%I0.0.0) ON 시 전송펑션에 의해 레지스터 0에는 16#00F5가 레지스터 1에는 16#00AA가 저장되었다.

• 스위치 2(%I0.0.1) ON 시 모니터 화면

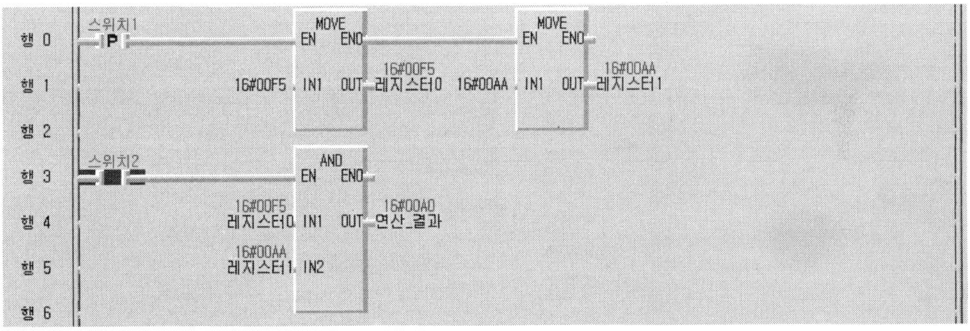

그림 13.107 스위치 2를 ON 한 화면

스위치 2(%I0.0.1) ON 시 빼셈 연산펑션인 AND에 의해 레지스터 0의 데이터인 16#00F5와 레지스터 1의 데이터인 16#00AA가 논리곱 연산되어 연산_결과에 16#00A0가 저장되었다.

② OR(Or)

표 13.23 OR 펑션

기호	내용
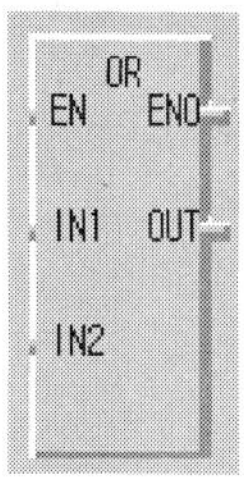	• EN : 명령어 실행 접점 • IN1 : 논리합 연산할 값이 저장되어 있는 Device명 • IN2 : 논리합 연산할 값이 저장되어 있는 Device명 • ENO : 실행 접점이 ON 될 때 입력이 그대로 출력 • OUT : 논리합 연산된 값이 저장될 Device명

1) 예제프로그램(FILE NAME : or.prj, or.src)

(1) Ladder 화면

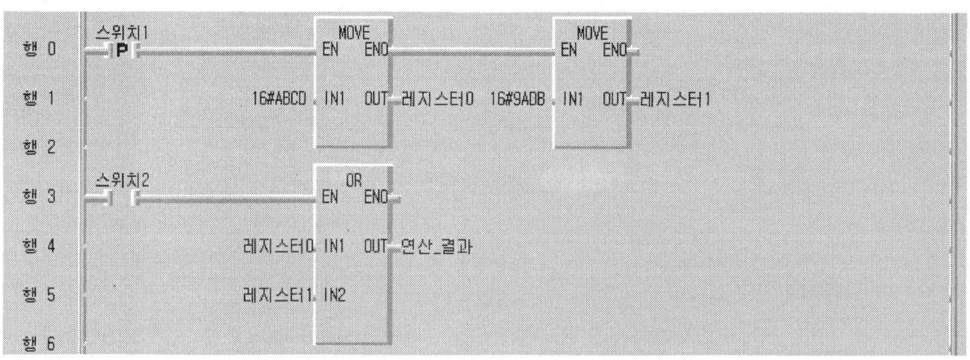

그림 13.108 OR 펑션을 이용한 Ladder 프로그램

(2) 지역변수 목록

	변수 명	데이터 타입	메모리 할당	초기 값	변수 종류	사용 여부	설명문
1	레지스터0	WORD	<자동>		VAR		
2	레지스터1	WORD	<자동>		VAR		
3	스위치1	BOOL	%IX0.0.0		VAR		
4	스위치2	BOOL	%IX0.0.1		VAR		
5	연산_결과	WORD	%QW0.2.0		VAR		

그림 13.109 지역변수 목록

(3) 동작 설명

위 프로그램은 스위치 1(%I0.0.0)이 ON 되었을 때 전송펑션을 이용하여 레지스터 0에

16#ABCD를 레지스터 1에 16#9ADB를 각각 저장하고 스위치 2(%I0.0.1)가 ON 되었을 때 레지스터 0의 값과 레지스터 1의 값을 OR(논리합 연산) 하여 연산_결과에 저장하는 프로그램이다. 위 프로그램에서 레지스터 0과 레지스터 1의 데이터 타입은 모두 WORD 타입이어야 하며, 결과가 저장되는 연산_결과의 값도 WORD 타입의 데이터가 된다.

(4) 모니터링

• 프로그램 전송 후의 Ladder. 모니터 초기화면

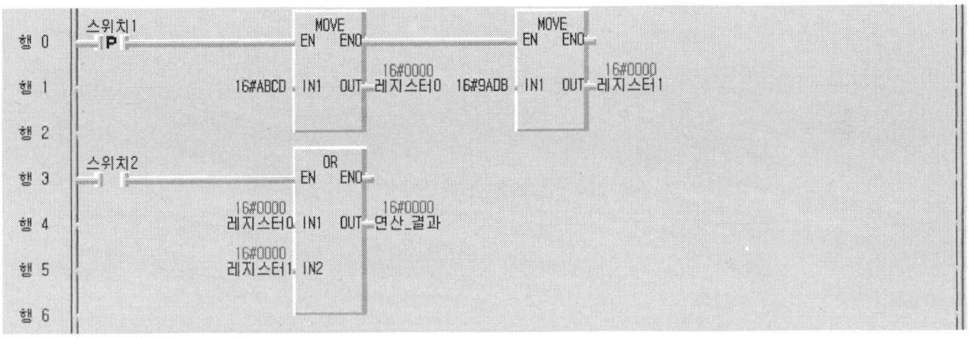

그림 13.110 프로그램 전송 후 OR 펑션을 이용한 Ladder 프로그램

최초 PLC가 RUN 되었을 때 모든 레지스터의 값은 0이 되므로 레지스터 0, 레지스터 1, 연산_결과의 값이 모두 0(16#0000)이 되었다.

• 스위치 1(%I0.0.0) ON 시의 모니터 화면

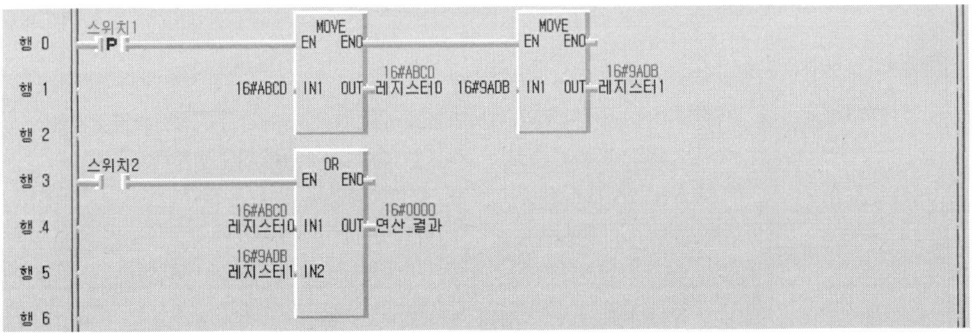

그림 13.111 스위치 1을 ON 한 화면

스위치 1(%I0.0.0) ON 시 전송펑션에 의해 레지스터 0에는 16#ABCD가 레지스터 1에는 16#9ADB가 저장되었다.

• 스위치 2(%I0.0.1) ON 시 모니터 화면

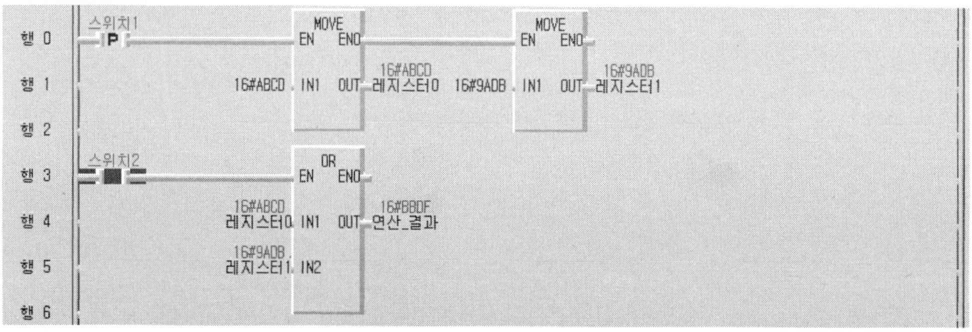

그림 13.112 스위치 2를 ON한 화면

스위치 2(%I0.0.1) ON 시 논리합 연산펑션인 AND에 의해 레지스터 0의 데이터인 16#ABCD와 레지스터 1의 데이터인 16#9ADB가 논리합 연산되어 연산_결과에 16#BBDF가 저장되었다.

③ XOR(Exclusive Or)

표 13.24 XOR 펑션

기호	내용
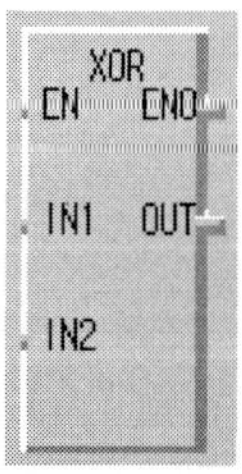	• EN : 명령어 실행 전점 • IN1 : 배타적 논리합 연산할 값이 저장되어 있는 Device명 • IN2 : 배타적 논리합 연산할 값이 저장되어 있는 Device명 • ENO : 실행접 점이 ON 될 때 입력이 그대로 출력 • OUT : 배타적 논리합 연산된 값이 저장될 Device명

1) 예제프로그램(FILE NAME : xor.prj, xor.src)

(1) Ladder 화면

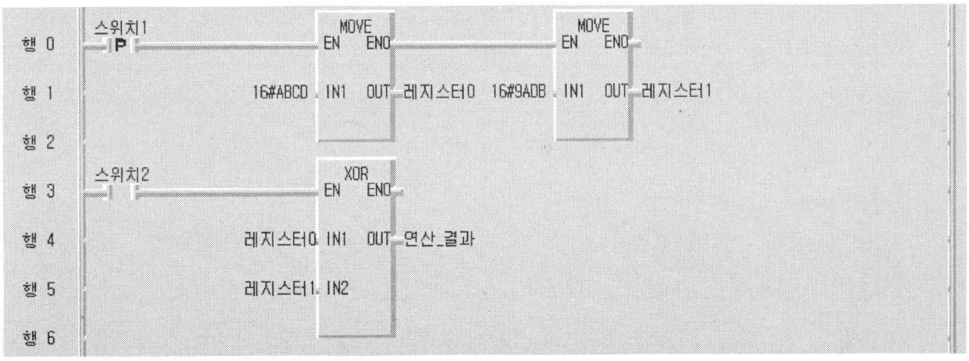

그림 13.113 XOR 펑션을 이용한 Ladder 프로그램

(2) 지역변수 목록

	변수 명	데이터 타입	메모리 할당	초기 값	변수 종류	사용 여부	설명문
1	레지스터0	WORD	<자동>		VAR		
2	레지스터1	WORD	<자동>		VAR		
3	스위치1	BOOL	%IX0.0.0		VAR		
4	스위치2	BOOL	%IX0.0.1		VAR		
5	연산_결과	WORD	%QW0.2.0		VAR		

그림 13.114 지역변수 목록

(3) 동작 설명

위 프로그램은 스위치 1(%i0.0.0)이 ON 되었을 때 전송펑션을 이용하여 레지스터 0에 16#ABCD를 레지스터 1에 16#9ADB를 각각 저장하고 스위치 2(%I0.0.1)가 ON 되었을 때 레지스터 0의 값과 레지스터 1의 값을 XOR(배타적 논리합 연산) 하여 연산_결과에 저장하는 프로그램이다. 위 프로그램에서 레지스터 0과 레지스터 1의 데이터 타입은 모두 WORD 타입이어야 하며 결과가 저장되는 연산_결과의 값도 WORD 타입의 데이터가 된다.

(4) 모니터링

• 프로그램 전송 후의 Ladder. 모니터 초기화면

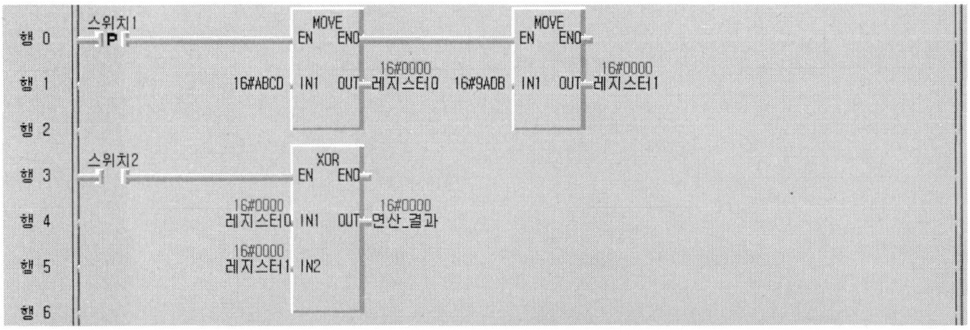

그림 13.115 프로그램 전송 후 XOR 펑션을 이용한 Ladder 프로그램

최초 PLC가 RUN 되었을 때 모든 레지스터의 값은 0이 되므로 레지스터 0, 레지스터 1, 연산_결과의 값이 모두 0(16#0000)이 되었다.

• 스위치 1(%I0.0.0) ON 시의 모니터 화면

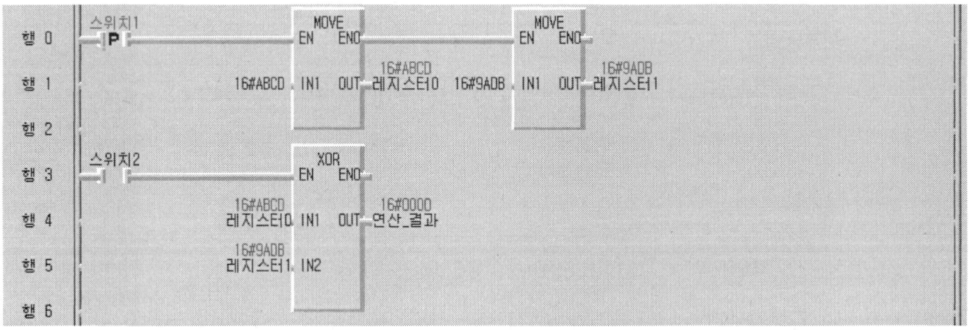

그림 13.116 스위치 1을 ON한 화면

스위치 1(%I0.0.0) ON 시 전송펑션에 의해 레지스터 0에는 16#ABCD가 레지스터 1에는 16#9ADB가 저장되었다.

• 스위치 2(%I0.0.1) ON 시 모니터 화면

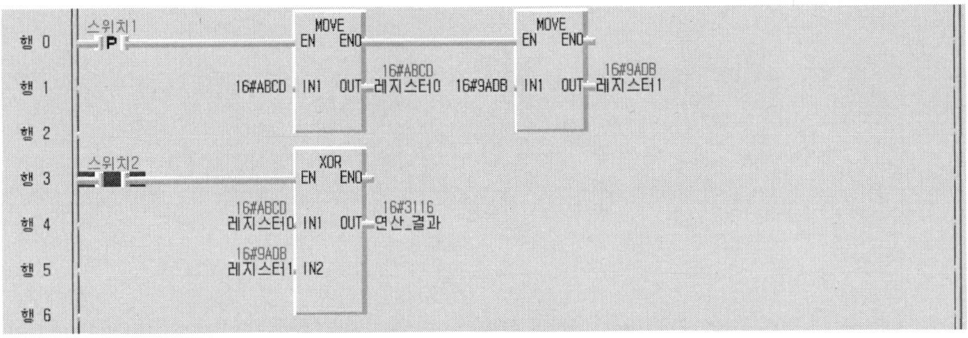

그림 13.117 스위치 2를 ON 한 화면

스위치 2(%I0.0.1) ON 시 빼셈 연산펑션인 XOR에 의해 레지스터 0의 데이터인 16#ABCD와 레지스터 1의 데이터인 16#9ADB가 논리곱 연산되어 연산_결과에 16#3116이 저장되었다.

④ NOT(invert)

표 13.25 NOT 펑션

기호	내용
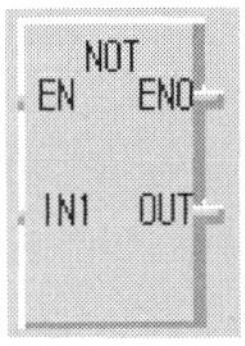	• EN : 명령어 실행 접점 • IN1 : 반전시킬 값 또는 데이터가 저장되어 있는 Device명 • ENO : 실행 접점이 ON 될 때 입력이 그대로 출력 • OUT : 반전된 값이 저장될 Device명

1) 예제프로그램(FILE NAME : not.prj, not.src)

(1) Ladder 화면

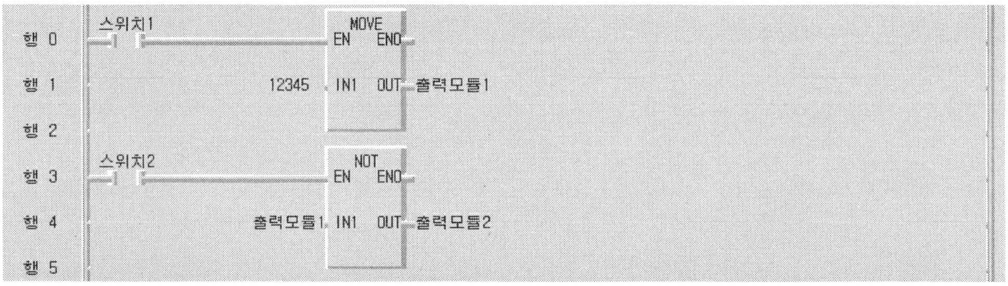

그림 13.118 NOT 펑션을 이용한 Ladder 프로그램

(2) 지역변수 목록

	변수 명	데이터 타입	메모리 할당	초기 값	변수 종류	사용 여부	설명문
1	스위치1	BOOL	%IX0.0.0		VAR		
2	스위치2	BOOL	%IX0.0.1		VAR		
3	출력모듈1	WORD	%QW0.2.0		VAR		
4	출력모듈2	WORD	%QW0.3.0		VAR		

그림 13.119 지역변수 목록

(3) 동작 설명

위 프로그램은 MOVE 명령에 의해 출력모듈 1(%QW0.2.0)에 12345를 저장한 다음, NOT 명령에 의해 출력모듈 1의 데이터를 반전하여 출력모듈 2(%QW0.3.0)에 출력시키는 프로그램이다. 즉, 입력값에 1의 보수를 취하여 출력시키는 프로그램이다.

(3) 모니터링

• 프로그램 전송 후의 Ladder. 모니터 초기화면

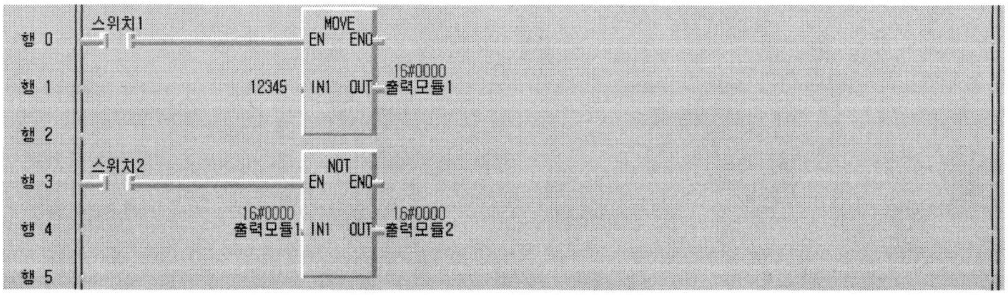

그림 7.120 프로그램 전송 후 NOT 펑션을 이용한 Ladder 프로그램

프로그램이 실행되었지만 아무런 입력이 없어 출력모듈 1(%QW0.2.0)의 값이 00000 (16#0000)이 되었다.

• 스위치 1(%I0.0.0) ON 시의 모니터 화면

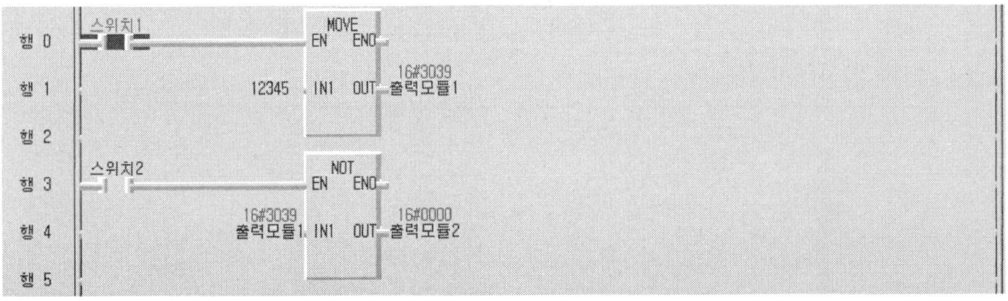

그림 13.121 스위치 1을 ON 한 화면

스위치 1(%I0.0.0)에 의해 MOVE 명령이 실행되어 출력모듈 1(%QW0.2.0)의 값이 12345(16#3039)가 되었다. 그러나 출력모듈 1(%QW0.3.0)의 값은 아직 00000(16#0000)이 유지되었다.

•스위치 2(%I0.0.1) ON 시 모니터 화면

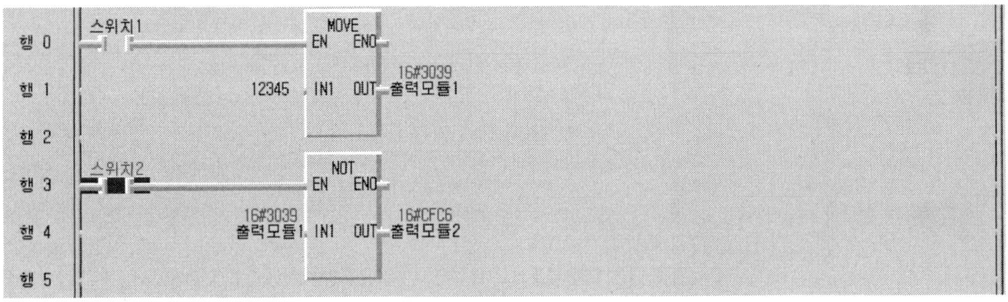

그림 7.122 스위치 2를 ON 한 화면

스위치 2(%I0.0.1)에 의해 NOT 명령이 실행되어 출력모듈 2(%QW0.3.0)의 값이 53190(16#CFC6)이 되었다. 즉, NOT 명령의 입력값 12345(16#3039)에 1의 보수(반전)를 취하여 출력되었다.

13.10 선택펑션

1 SEL(Select)

표 13.26 SEL 펑션

기호	내용
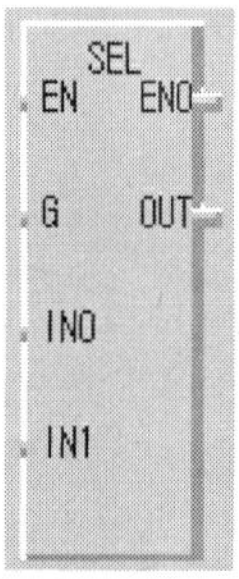	• EN : 명령어 실행 접점 • G : 출력 선택 신호(BOOL) • IN0 : 데이터가 저장되어 있는 Device명 • IN1 : 데이터가 저장되어 있는 Device명 • ENO : 실행 접점이 ON 될 때 입력이 그대로 출력 • OUT : 출력값이 저장될 Device명

1) 예제프로그램(FILE NAME : sel.prj, sel.src)

(1) Ladder 화면

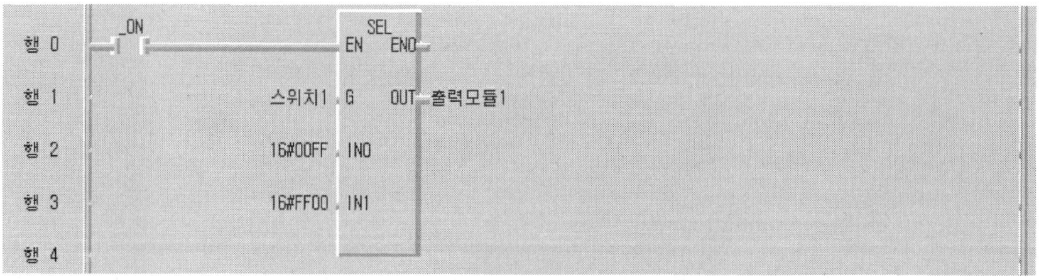

그림 13.123 SEL 펑션을 이용한 Ladder 프로그램

(1) 지역변수 목록

	변수 명	데이터 타입	메모리 할당	초기 값	변수 종류	사용 여부	설명문
1	스위치1	BOOL	%IX0.0.0		VAR		
2	출력모듈1	WORD	%QW0.2.0		VAR		

그림 13.124 지역변수 목록

(3) 동작 설명

위 프로그램은 IN 0와 IN 1에 어떠한 값을 각각 세팅한 다음 G 단자의 상태에 의해 출력모듈 1(%QW0.2.0)에 IN 0, IN 1의 값을 출력하는 프로그램으로, G 단자가 0(OFF)이면 IN 0의 값이, G 단자가 1(ON)이면 IN 1의 값이 출력모듈 1에 출력된다.

(4) 모니터링

• 프로그램 전송 후의 Ladder. 모니터 초기화면

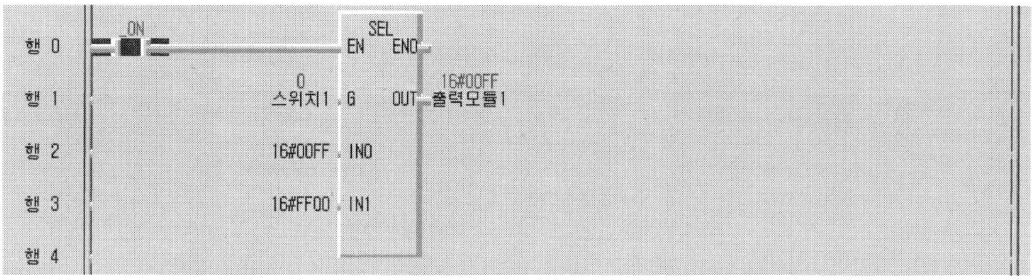

그림 13.125 프로그램 전송 후 SEL 펑션을 이용한 Ladder 프로그램

최초 PLC가 RUN 되었을 때 G 단자(스위치 1)의 상태가 0(OFF)이므로 IN 0의 값(16#00FF)이 출력모듈 1(%QW0.2.0)에 출력되었다.

• 스위치 1(%I0.0.0) ON 시의 모니터 화면

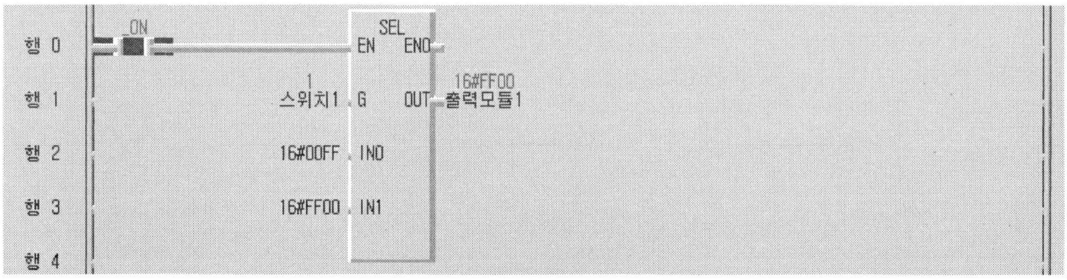

그림 13.126 스위치 1을 ON한 화면

스위치 1(%I0.0.0) ON 시 G 단자의 상태가 1(ON)이 되어 IN 1에 입력값(16#FF00)이 출력모듈(%QW0.2.0)에 출력되었다.

② MIN, MAX(Minimum, Maximum)

표 7.27 MIN, MAX 펑션

기호	내용
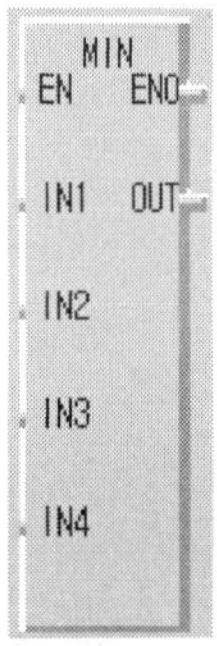	• EN : 명령어 실행 접점 • IN1 : 입력값 또는 값이 저장되어 있는 Device명 • IN2 : 입력값 또는 값이 저장되어 있는 Device명 • IN3 : 입력값 또는 값이 저장되어 있는 Device명 • IN4 : 입력값 또는 값이 저장되어 있는 Device명 • ENO : 실행 접점이 ON 될 때 입력이 그대로 출력 • OUT : 입력채널 중 최솟값이 저장될 Device명 ※ 입력채널은 최대 8개임
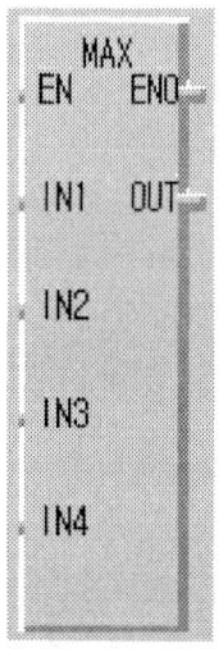	• EN : 명령어 실행 접점 • IN1 : 입력값 또는 값이 저장되어 있는 Device명 • IN2 : 입력값 또는 값이 저장되어 있는 Device명 • IN3 : 입력값 또는 값이 저장되어 있는 Device명 • IN4 : 입력값 또는 값이 저장되어 있는 Device명 • ENO : 실행 접점이 ON 될 때 입력이 그대로 출력 • OUT : 입력채널 중 최댓값이 저장될 Device명 ※ 입력채널은 최대 8개임

1) 예제프로그램(FILE NAME : minmax.prj, minmax.src)

(1) Ladder 화면

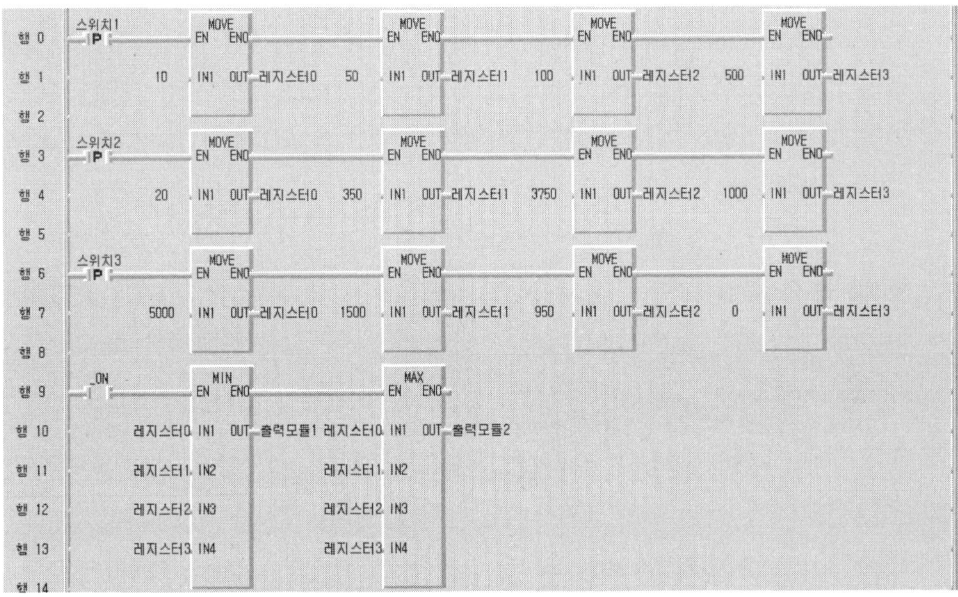

그림 13.127 MIN, MUX 펑션을 이용한 Ladder 프로그램

(1) 지역변수 목록

	변수 명	데이터 타입	메모리 할당	초기 값	변수 종류	사용 여부	설명문
1	레지스터0	INT	<자동>		VAR		
2	레지스터1	INT	<자동>		VAR		
3	레지스터2	INT	<자동>		VAR		
4	레지스터3	INT	<자동>		VAR		
5	스위치1	BOOL	%IX0.0.0		VAR		
6	스위치2	BOOL	%IX0.0.1		VAR		
7	스위치3	BOOL	%IX0.0.2		VAR		
8	출력모듈1	INT	%QW0.2.0		VAR		
9	출력모듈2	INT	%QW0.3.0		VAR		

그림 13.128 지역변수 목록

(1) 동작 설명

위 프로그램은 MIN 선택펑션, MAX 선택펑션에 대해 동작을 확인하기 위한 프로그램으로 레지스터를 4개 준비하여 스위치를 누를 때마다 레지스터의 값을 바꾸고 이들 레지스터의 값들 중에 가장 작은 값과 가장 큰 값을 뽑아내는 프로그램이다. 우선 스위치 1(%I0.0.0)을

ON 하면 레지스터 0에 10을 레지스터 1에 50을 레지스터 2에 100을 레지스터 3에 200을 각각 세팅하고 레지스터 0에서 레지스터 3까지의 값 중에서 가장 큰 값을 뽑아 출력모듈(%QW0.2.0)에 또한 가장 작은 값을 뽑아 출력모듈(%QW0.3.0)에 출력하게 된다.

스위치 2(%I0.0.1)를 ON 하면 레지스터 0에 20을 레지스터 1에 350을 레지스터 2에 3750을 레지스터 3에 1000을 각각 세팅하고 레지스터 0에서 레지스터 3까지의 값 중에서 가장 큰 값을 뽑아 출력모듈 1(%QW0.2.0)에 또한 가장 작은 값을 뽑아 출력모듈 2(%QW0.3.0)에 출력하게 된다.

스위치 3(%I0.0.2)을 ON 하면 레지스터 0에 5000을 레지스터 1에 1500을 레지스터 2에 950을 레지스터 3에 0을 각각 세팅하고 레지스터 0에서 레지스터 3까지의 값 중에서 가장 큰 값을 뽑아 출력모듈 1(%QW0.2.0)에 또한 가장 작은 값을 뽑아 출력모듈 2(%QW0.3.0)에 출력하게 된다.

(4) 모니터링

• 프로그램 전송 후의 Ladder. 모니터 초기화면

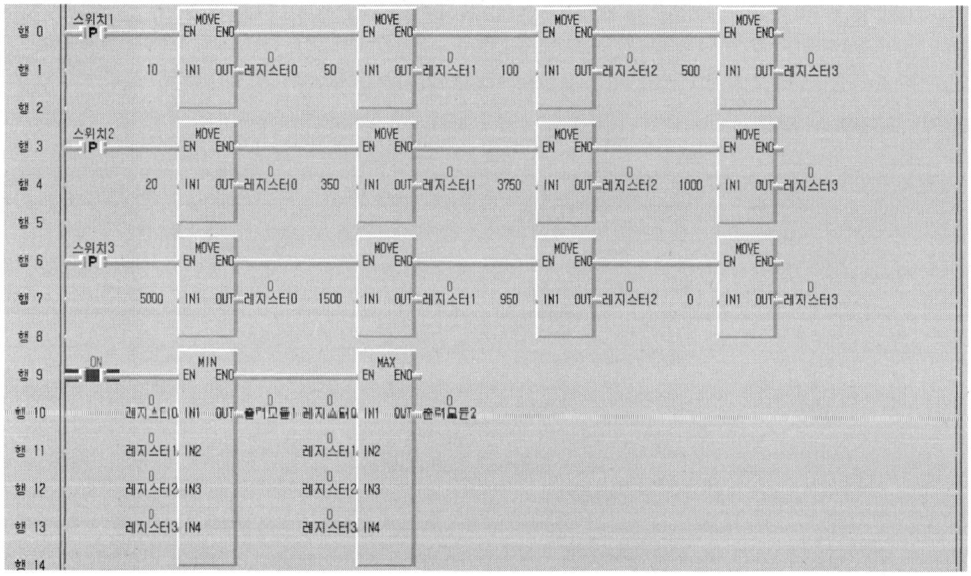

그림 13.129 프로그램 전송 후 MIN, MUX 펑션을 이용한 Ladder 프로그램

최초 PLC가 RUN 되었을 때 모든 레지스터의 값은 0이 되므로 레지스터 0, 레지스터 1, 레지스터 2, 레지스터 3, 출력모듈 1, 출력모듈 2의 값이 모두 0이 되었다.

• 스위치 1(%I0.0.0) ON 시의 모니터 화면

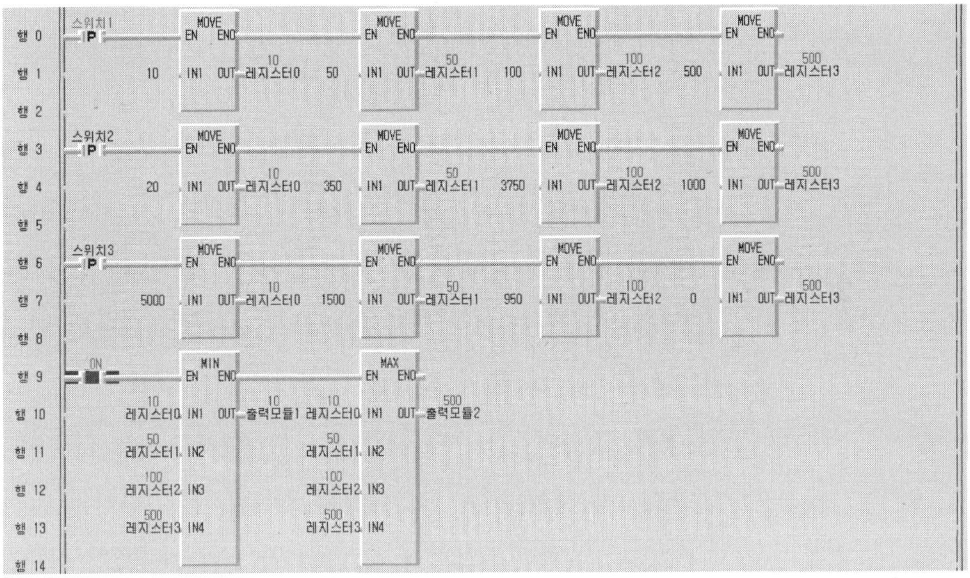

그림 13.130 스위치 1을 ON 한 화면

스위치 1(%I0.0.0) ON 시 전송펑션에 의해 레지스터 0에는 10이 레지스터 1에는 50이 레지스터 2에는 100이 레지스터 3에는 200이 각각 저장되었고, 이들 레지스터의 값 중 가장 큰 200이 출력모듈 1(%QW0.2.0)에 출력되었으며, 가장 작은 10이 출력모듈 1(%QW 0.3.0)에 출력되었다.

• 스위치 2(%I0.0.1) ON 시 모니터 화면

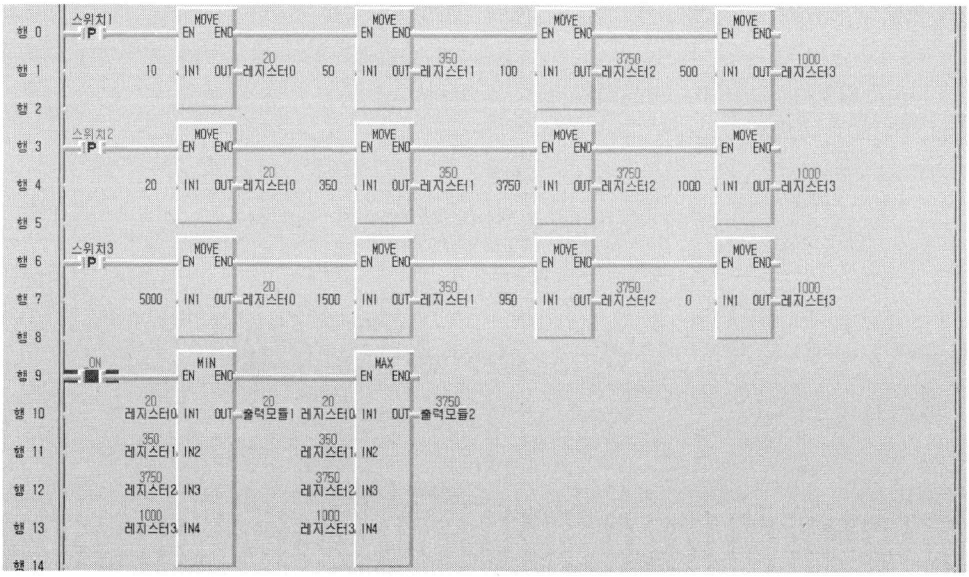

그림 13.131 스위치 2를 ON 한 화면

스위치 2(%I0.0.1) ON 시 전송펑션에 의해 레지스터 0에는 20이 레지스터 1에는 350이 레지스터 2에는 3750이 레지스터 3에는 1000이 각각 저장되었고, 이들 레지스터의 값 중 가장 큰 3750이 출력모듈 1(%QW0.2.0)에 출력되었으며, 가장 작은 20이 출력모듈 (%QW0.3.0)에 출력되었다.

• 스위치 3(%I0.0.2) ON 시 모니터 화면

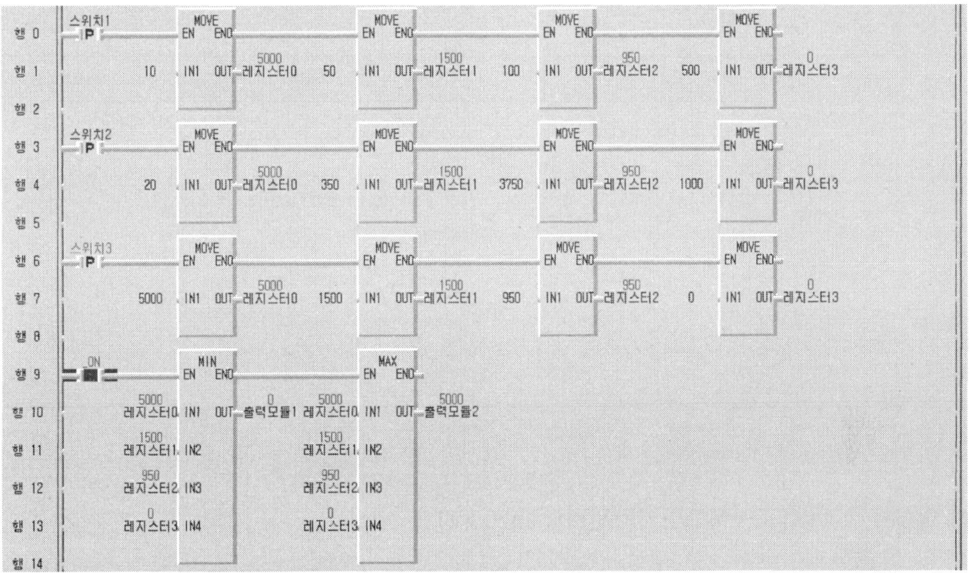

그림 7.132 스위치 3를 ON한 화면

스위치 3(%I0.0.2) ON 시 전송펑션에 의해 레지스터 0에는 5000이 레지스터 1에는 1500이 레지스터 2에는 950이 레지스터 3에는 0이 각각 저장되었고, 이들 레지스터의 값 중 가장 큰 5000이 출력모듈 1(%QW0.2.0)에 출력되었으며, 가장 작은 0이 출력모듈 1(%QW0.3.0)에 출력되었다.

③ LIMIT(Limit)

표 13.28 LIMIT 펑션

기호	내용
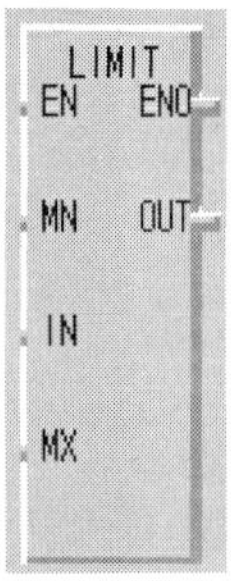	• EN : 명령어 실행 접점 • MIN : 하한값이 저장되어 있는 Device명 • IN : 입력값이 저장되어 있는 Device명 • MAX : 상한값이 저장되어 있는 Device명 • ENO : 실행 접점이 ON 될 때 입력이 그대로 출력 • OUT : 결과가 저장될 Device명

1) 예제프로그램(FILE NAME : limit.prj, limit.src)

(1) Ladder 화면

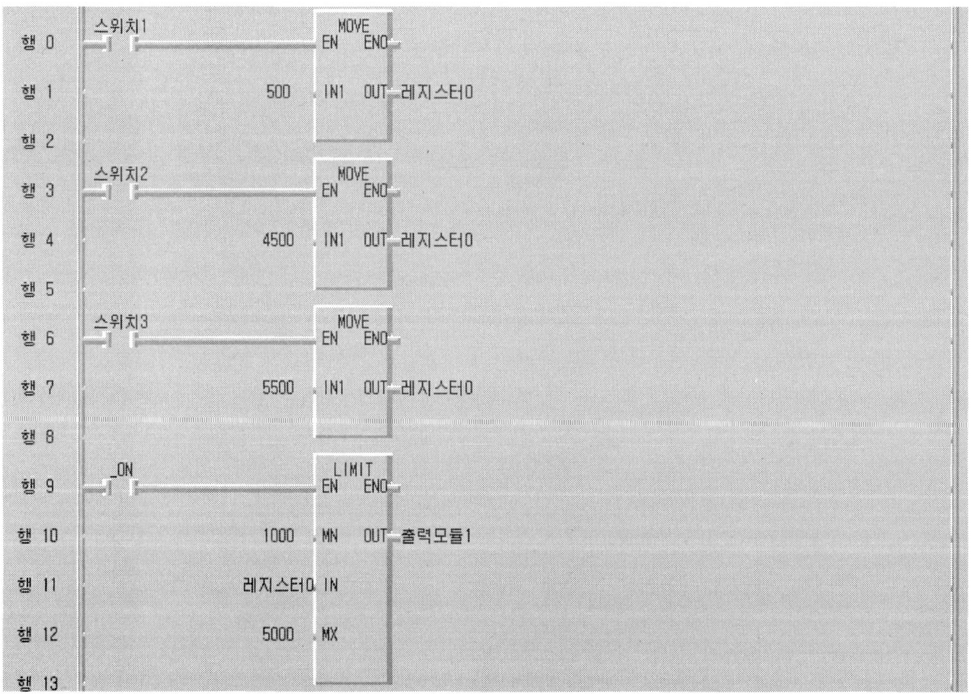

그림 13.132 LIMIT 펑션을 이용한 Ladder 프로그램

(2) 지역변수 목록

	변수 명	데이터 타입	메모리 할당	초기 값	변수 종류	사용 여부	설명문
1	레지스터0	WORD	<자동>		VAR		
2	스위치1	BOOL	%IX0.0.0		VAR		
3	스위치2	BOOL	%IX0.0.1		VAR		
4	스위치3	BOOL	%IX0.0.2		VAR		
5	출력모듈1	WORD	%QW0.2.0		VAR		

그림 13.133 지역변수 목록

(3) 동작 설명

위 프로그램은 출력값의 범위를 최소 1000에서 최대 5000까지 정해놓고 입력되는 값이 이 범위에 들 경우만 입력을 그대로 출력시키고, 만일 입력이 1000보다 작으면 무조건 1000을, 입력이 5000보다 크면 무조건 5000을 출력시키는 프로그램이다.

스위치 1(%I0.0.0) ON 시 전송펑션을 이용해 레지스터 0에 500을 스위치 2(%I0.0.1) ON 시 전송펑션을 이용해 레지스터 0에 4500을, 스위치 3(%I0.0.2) ON 시 레지스터 0에 5000을 각각 저장한 다음 이 레지스터 0를 LIMIT(상하한 제한) 선택 펑션의 입력에 넣는다. LIMIT 펑션에서는 하한값(1000)과 상한값(5000)을 각각 설정해 놓고 입력값이 하한설정값보다 작으면 최소 1000이라는 값을 출력시키고, 입력값이 상한 설정값보다 크면 최대 5000이라는 값을 출력하게 된다.

(4) 모니터링

• 프로그램 전송 후의 Ladder. 모니터 초기화면

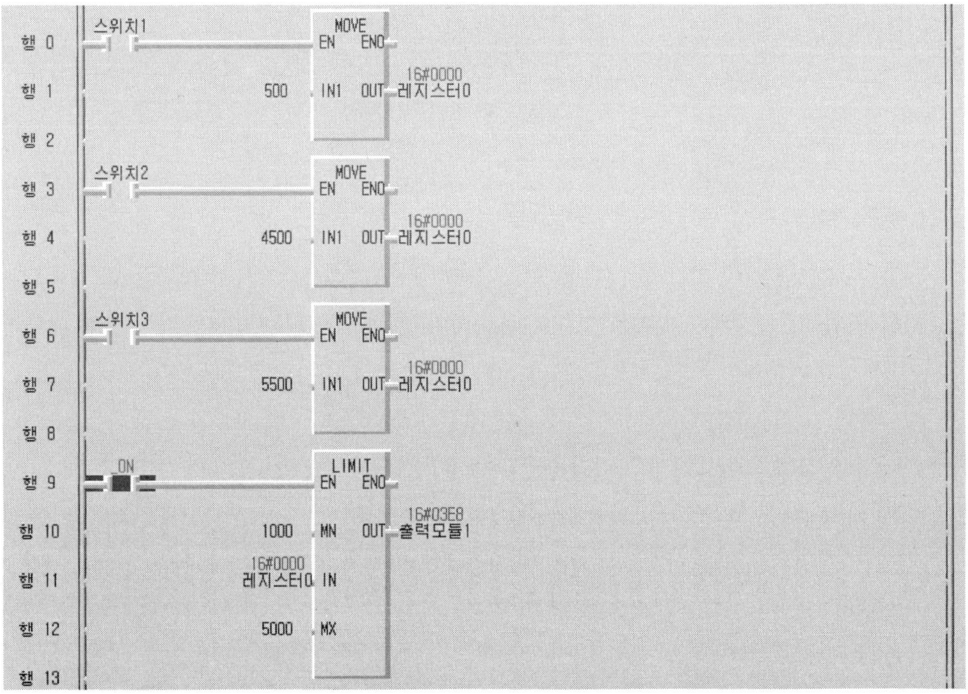

그림 13.134 프로그램 전송 후 LIMIT 펑션을 이용한 Ladder 프로그램

최초 PLC가 RUN 되었을 때 모든 레지스터의 값은 0이 되므로 레지스터 0의 값이 0(16#0000)이 되었으며, 이 값이 LIMIT 선택펑션에 입력되었으나, 선택펑션의 하한 설정값인 1000(16#03E8)보다 작으므로 출력모듈 1(%QW0.2.0)에는 LIMIT 선택펑션의 하한 설정값인 1000(16#03EB)이 출력되었다.

• 스위치 1(%I0.0.0) ON 시의 모니터 화면

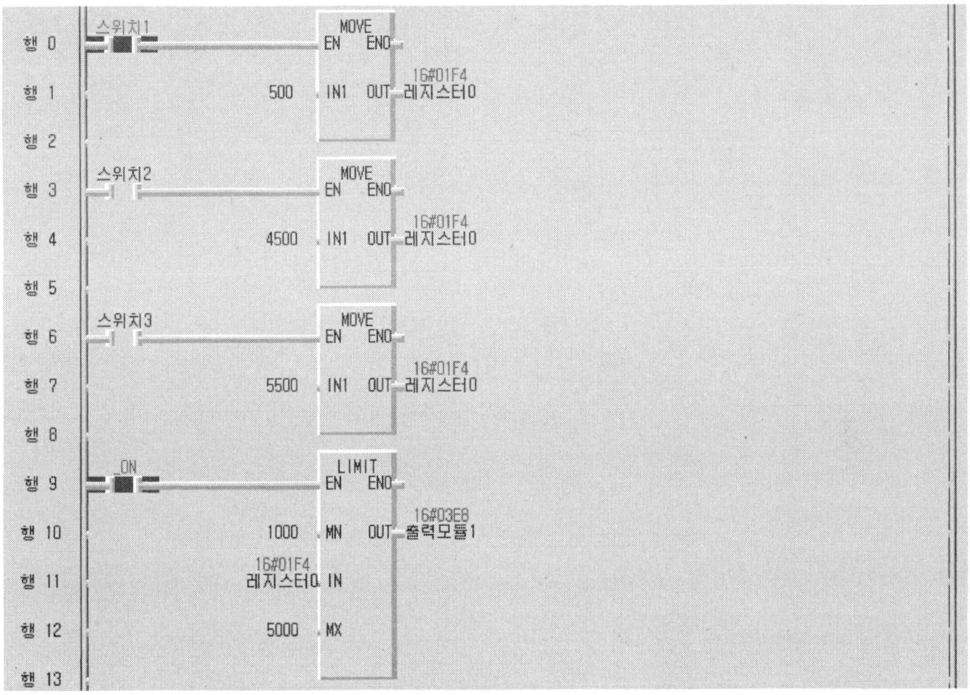

그림 13.135 스위치 1을 ON 한 화면

스위치 1(%I0.0.0) ON 시 전송펑션에 의해 레지스터 0에 500(16#01F4)이 저장되었고, 이 값이 LIMIT 선택펑션에 입력되었으나, 선택펑션의 하한 설정값인 1000(16#03E8)보다 작으므로 출력모듈 1(%QW0.2.0)에는 LIMIT 선택펑션의 하한 설정값인 1000(16#03E8)이 출력되었다.

• 스위치 2(%I0.0.1) ON 시 모니터 화면

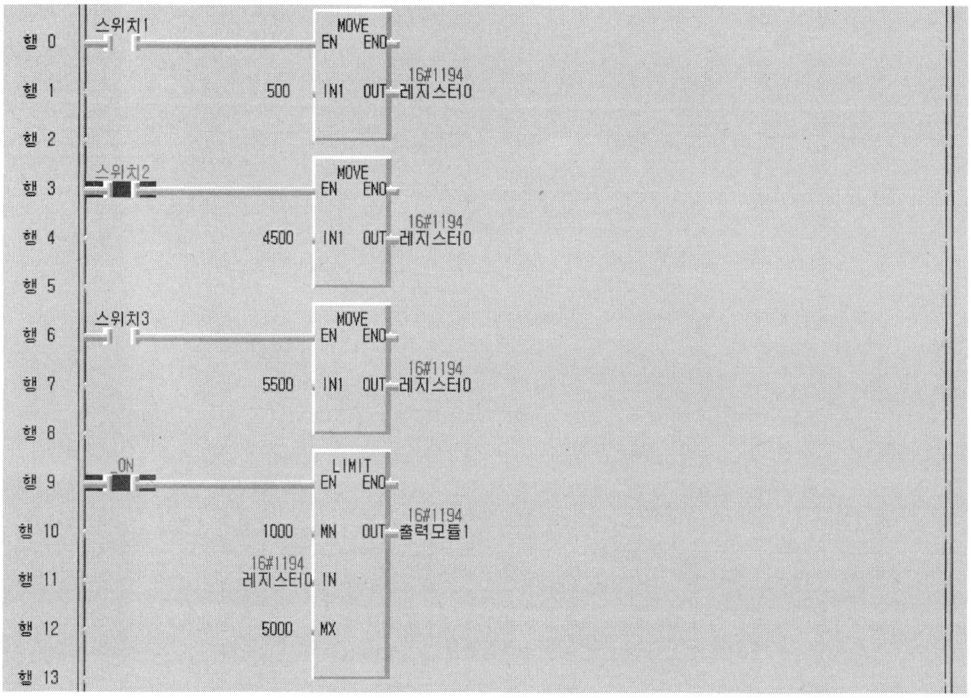

그림 13.136 스위치 2를 ON 한 화면

스위치 2(%I0.0.1) ON 시 전송펑션에 의해 레지스터 0에 4500(16#1194)이 저장되었고, 이 값이 LIMIT 선택펑션에 입력되었으며, 선택펑션의 하한 설정값인 1000(16#03E8)보다 크고 상한 설정값인 5000(16#1388)보다 작으므로 출력모듈 1(%QW0.2.0)에는 입력값인 4500(16#1194)이 그대로 출력되었다.

• 스위치3(%I0.0.2) ON 시 모니터 화면

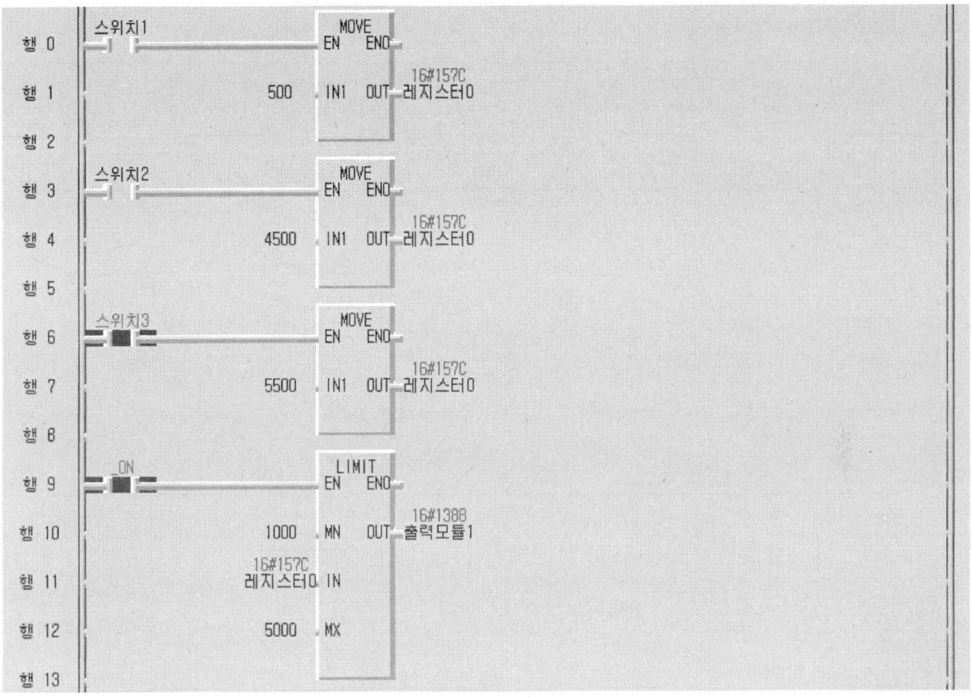

그림 13.136 스위치 3을 ON 한 화면

스위치 3(%I0.0.2) ON 시 전송펑션에 의해 레지스터 0에 5500(16#157C)이 저장되었고, 이 값이 LIMIT 선택펑션에 입력되었으며, 선택펑션의 상한 설정값인 5000(16#1388)보다도 크므로 출력모듈 1(%QW0.2.0)에는 LIMIT 선택펑션의 상한 설정값인 5000(16#1388)이 출력되었다.

4 MUX(Multiplex)

표 7.29 MUX 펑션

기호	내용
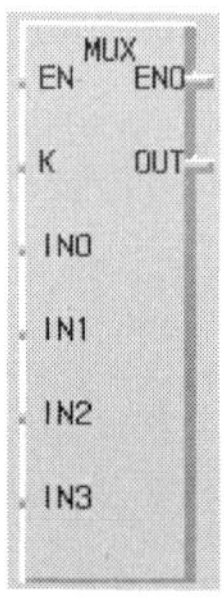	• EN : 명령어 실행 접점 • K : 선택 입력 번호 • IN0 : 데이터가 저장되어 있는 Device명 • IN1 : 데이터가 저장되어 있는 Device명 • IN2 : 데이터가 저장되어 있는 Device명 • IN3 : 데이터가 저장되어 있는 Device명 • ENO : 실행 접점이 ON 될 때 입력이 그대로 출력 • OUT : 출력값이 저장될 Device명 ※ 입력은 최대 7채널임(IN0~IN6)

1) 예제프로그램(FILE NAME : mux.prj, mux.src)

(1) Ladder 화면

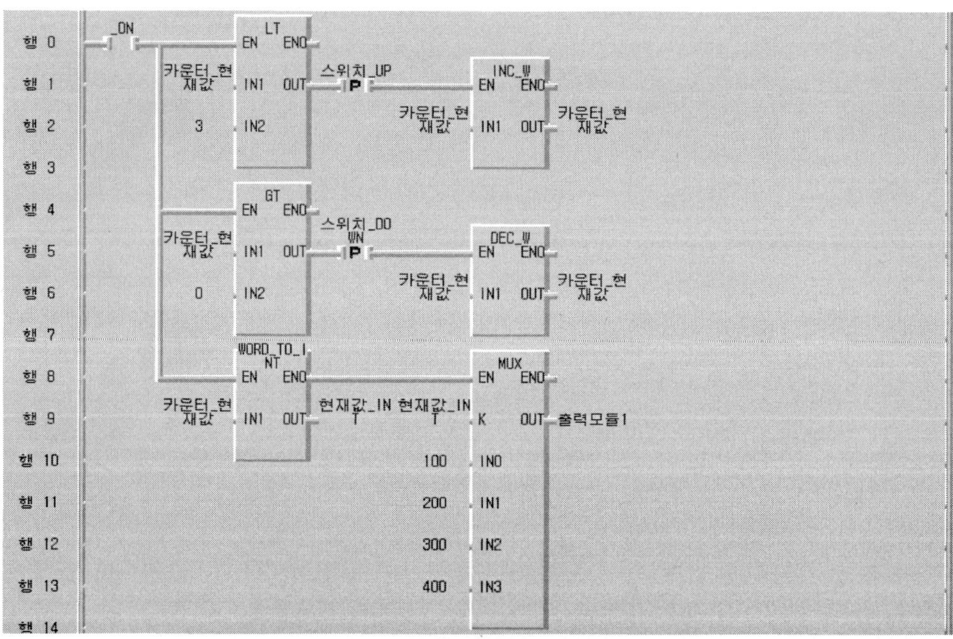

그림 13.137 MUX 펑션을 이용한 Ladder 프로그램

(2) 지역변수 목록

	변수 명	데이터 타입	메모리 할당	초기 값	변수 종류	사용 여부	설명문
1	스위치_DOWN	BOOL	%IX0.0.1		VAR		
2	스위치_UP	BOOL	%IX0.0.0		VAR		
3	출력모듈1	INT	%QW0.2.0		VAR		
4	카운터_현재값	WORD	<자동>		VAR		
5	현재값_INT	INT	<자동>		VAR		

그림 13.138 지역변수 목록

(2) 동작 설명

위 프로그램은 다중선택 펑션인 MUX를 이용하여 IN 0에서부터 IN 3까지 각각 다른 값을 설정한 다음 K 단자에 해당 채널의 번호를 설정하여 출력모듈 1(%QW0.2.0)에 해당 채널의 입력값을 출력시키는 프로그램이다. MUX의 IN 0에 100을 IN 1에 200을 IN 2에 300을 IN 3에 400을 각각 설정한 다음 K 단자에 채널 값을 바꿈으로써 해당 채널에 설정된 값이 출력모듈 1(%QW0.2.0)에 출력되게 된다. K값은 앞에서 설명한 INC_W(Word 값 증가 펑션)를 이용하여 스위치_UP(%I0.0.0)을 ON 할 때마다 카운터_현재값이 1씩 증가하게 되고, 스위치_DOWN(%I0.0.1)을 ON 할 때마다 카운터_현재값이 1씩 감소하도록 하였다.

(4) 모니터링

- 프로그램 전송 후의 Ladder. 모니터 초기화면

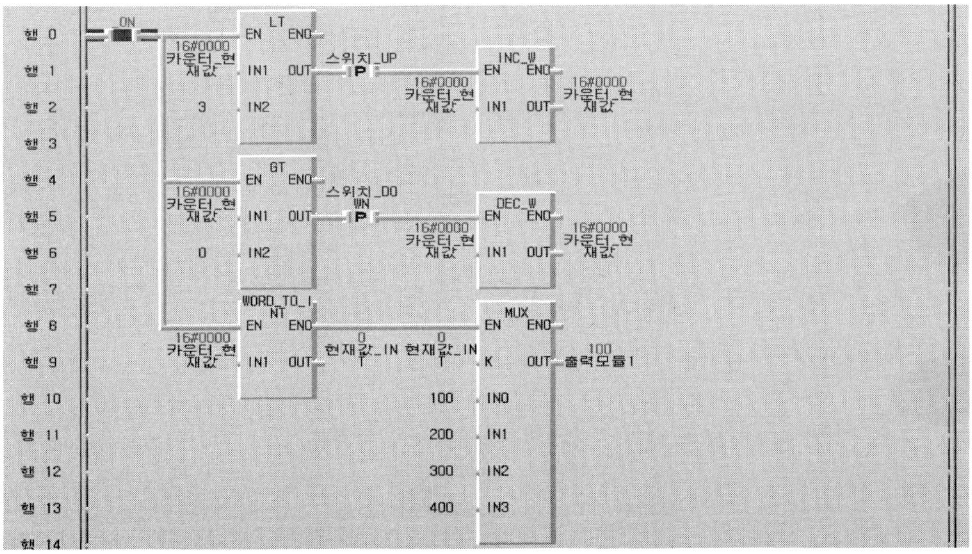

그림 13.139 프로그램 전송 후 MUX를 이용한 Ladder 프로그램

최초 PLC가 RUN 되었을 때 모든 레지스터의 값은 0이 되므로 카운터_현재값이 0이 되어 K 단자의 값이 0이므로 MUX IN0에 설정된 값 100이 출력모듈 1(%QW0.2.0)으로 출력되어 출력모듈 1(%QW0.2.0)의 값이 100이 되었다.

• 스위치_UP(%I0.0.0) 1회 ON 시의 모니터 화면

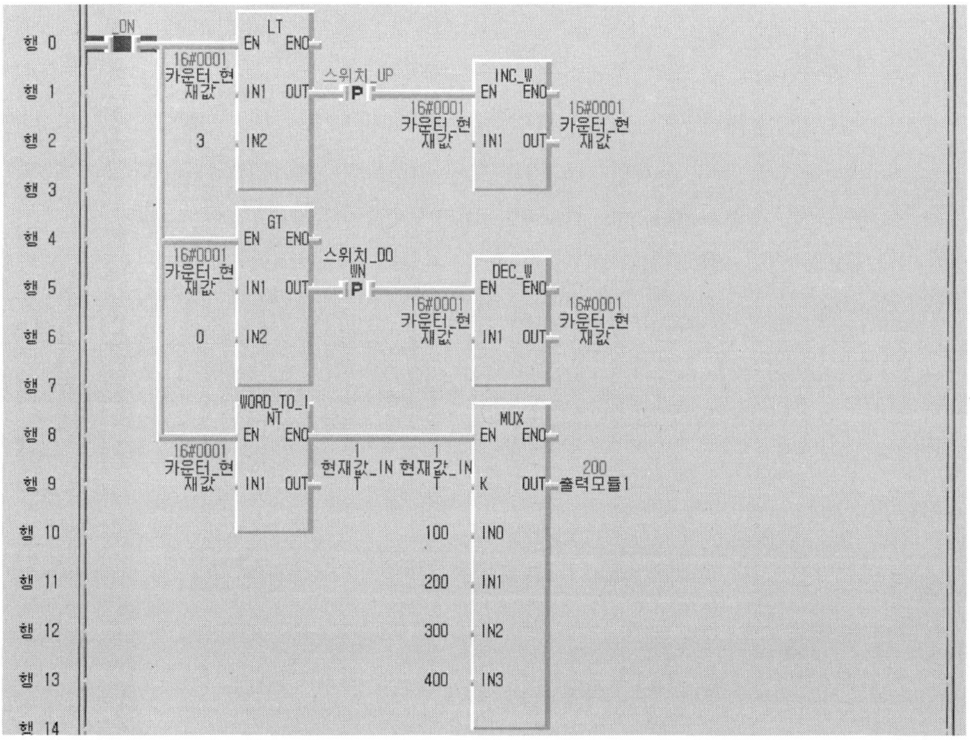

그림 13.140 스위치 UP 1회 ON한 화면

스위치_UP(%I0.0.0) 1회 ON 시 증가펑션인 INC_W에 의해 카운터_현재값이 1(16#0001)이 되었다. 결국 K 단자의 값이 1이 되므로 MUX IN 1에 설정한 200이 선택되어 출력모듈 1(%QW0.2.0)에 200이 출력되었다.

• 스위치_UP(%I0.0.0) 2회 ON 시 모니터 화면

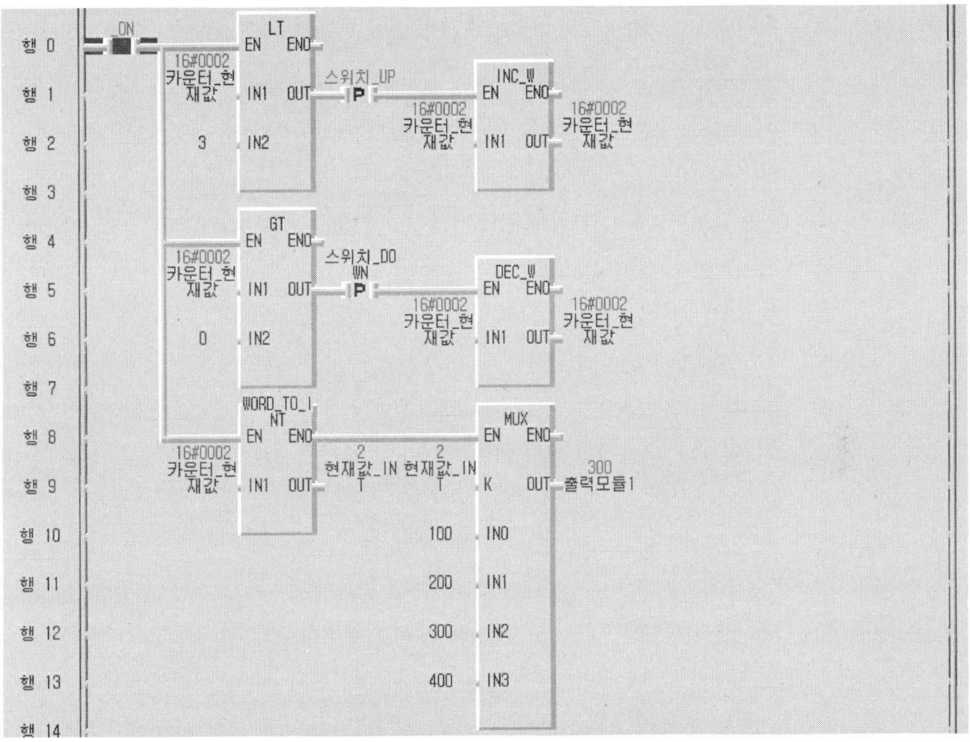

그림 13.141 스위치 UP 2회 ON 한 화면

스위치_UP(%I0.0.0) 2회 ON 시 증가펑션인 INC_W에 의해 카운터_현재값이 2(16#0002)가 되었다. 결국 K 단자의 값이 2가 되므로 MUX IN2에 설정한 300이 선택되어 출력모듈1(%QW0.2.0)에 300이 출력되었다.

• 스위치_UP(%I0.0.0) 3회 ON 시 모니터 화면

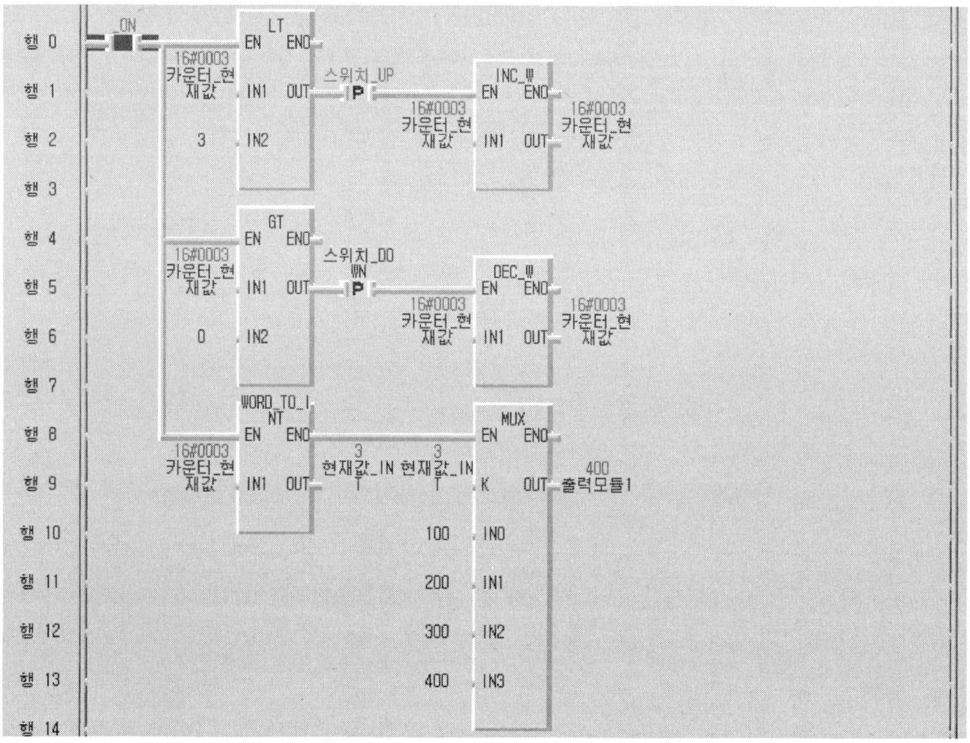

그림 13.142 스위치 UP 3회 ON 한 화면

스위치_UP(%I0.0.0) 3회 ON 시 증가펑션인 INC_W에 의해 카운터_현재값이 3(16#0003)가 되었다. 결국 K 단자의 값이 3이 되므로 MUX IN3에 설정한 400이 선택되어 출력모듈1(%QW0.2.0)에 400이 출력되었다.

• 스위치_DOWN(%I0.0.1) 1회 ON 시 모니터 화면

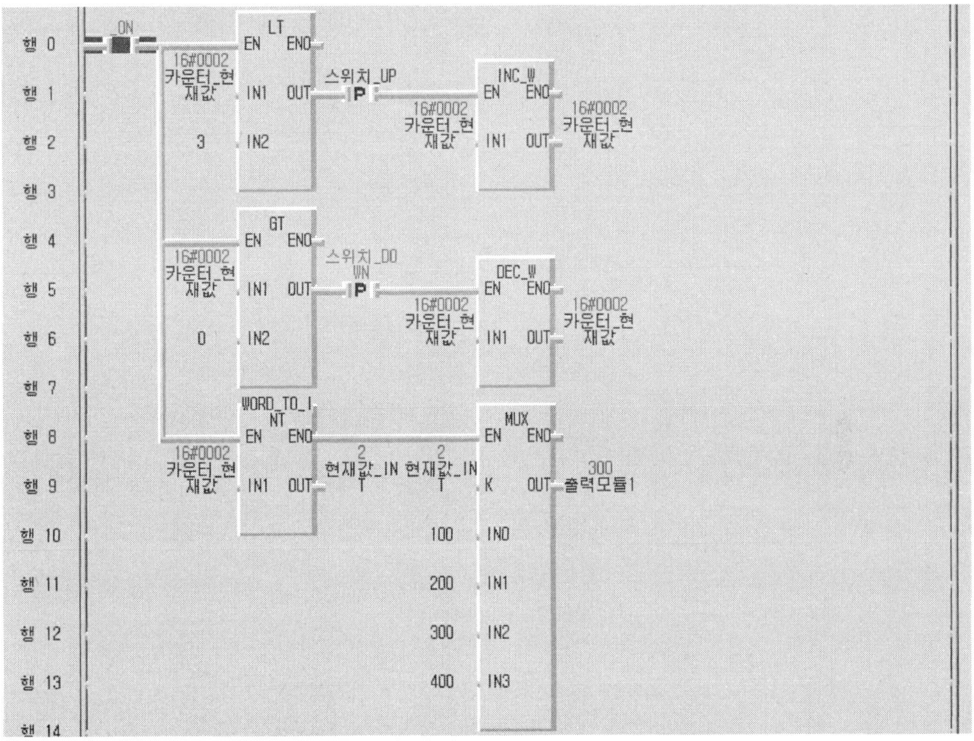

그림 13.143 스위치 DOWN 1회 ON 한 화면

스위치_DOWN(%I0.0.1) 1회 ON 시 증가펑션인 INC_W에 의해 카운터_현재값이 2(16# 0002)가 되었다. 결국 K 단자의 값이 2가 되므로 MUX IN 2에 설정한 300이 선택되어 출력모듈 1(%QW0.2.0)에 300이 출력되었다.

• 스위치_DOWN(%I0.0.1) 2회 ON 시 모니터 화면

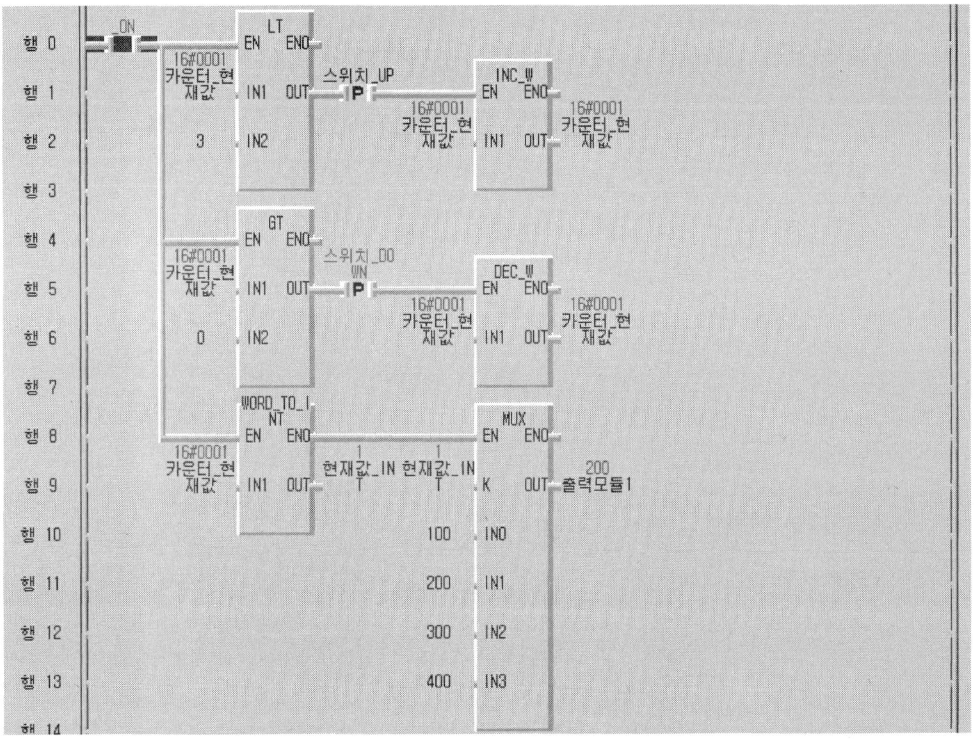

그림 13.144 스위치 DOWN 2회 ON 한 화면

스위치_DOWN(%I0.0.1) 2회 ON 시 증가펑션인 INC_W에 의해 카운터_현재값이 1(16# 0001)이 되었다. 결국 K 단자의 값이 1이 되므로 MUX IN1에 설정한 200이 선택되어 출력모듈 1(%QW0.2.0)에 200이 출력되었다.

• 스위치_DOWN(%I0.0.1) 3회 ON 시 모니터 화면

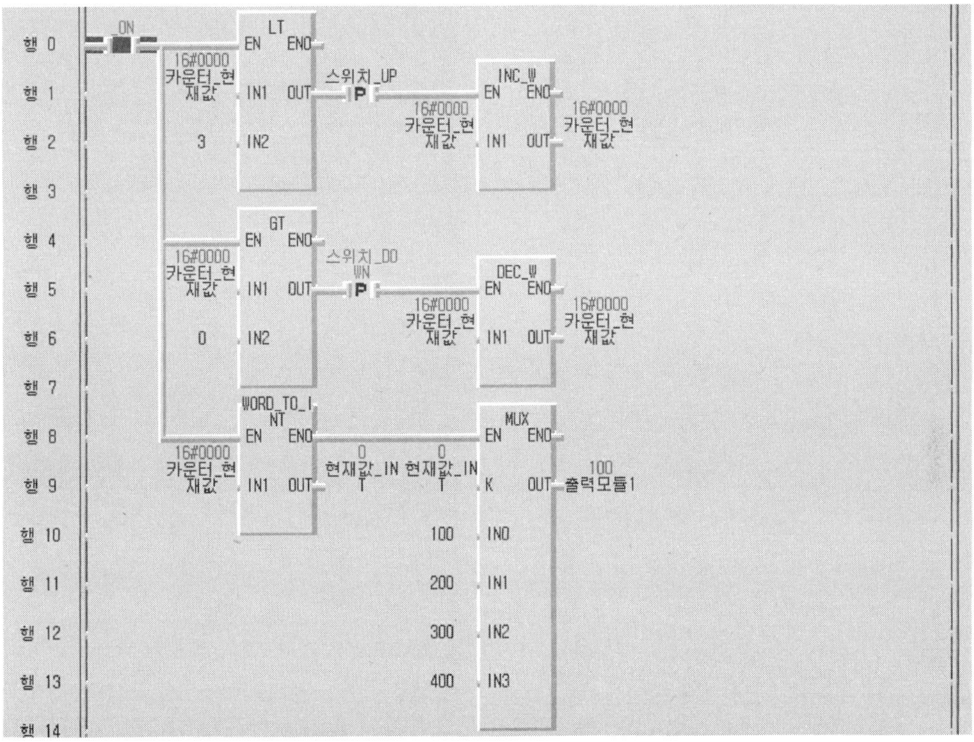

그림 7.145 스위치 DOWN 3회 ON 한 화면

스위치_DOWN(%I0.0.1) 3회 ON 시 증가펑션인 INC_W에 의해 카운터_현재값이 0(16# 0000)가 되었다. 결국 K 단자의 값이 0가 되므로 MUX IN 0에 설정한 100이 선택되어 출력모듈 1(%QW0.2.0)에 100이 출력되었다.

제 14 장

응용 프로그램

14.1 램프제어

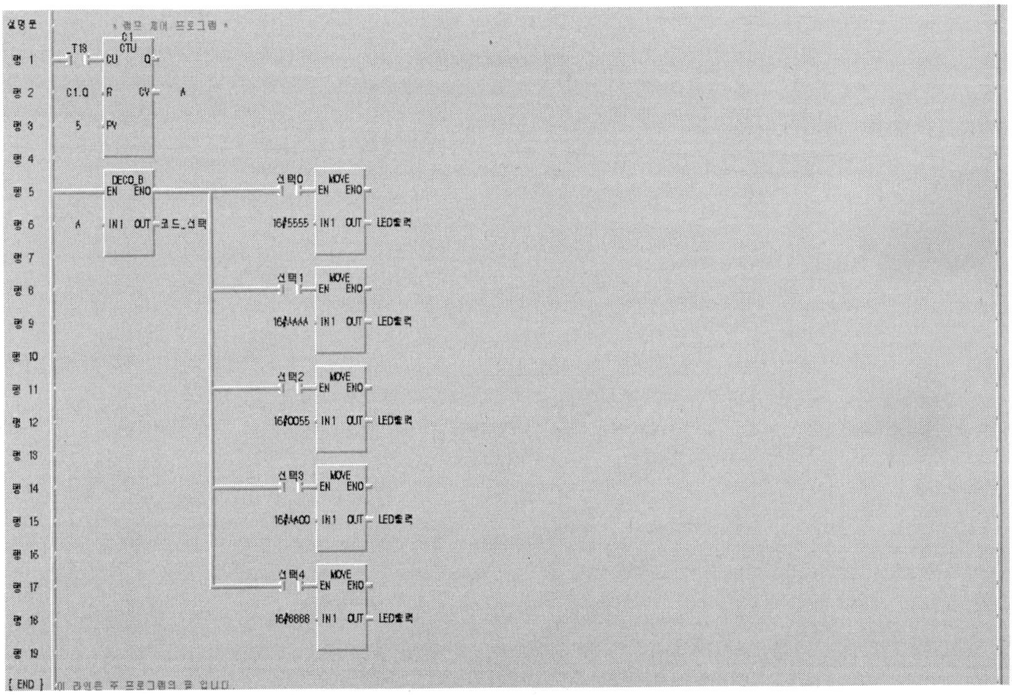

그림 14.1 램프제어 프로그램

변수명	변수 종류	메모리할당	사용여부	데이터 타입
선택0	VAR	%MB0.0	*	BOOL
선택1	VAR	%MB0.1	*	BOOL
선택2	VAR	%MB0.2	*	BOOL
선택3	VAR	%MB0.3	*	BOOL
선택4	VAR	%MB0.4	*	BOOL
코드_선택	VAR	%MB0	*	BYTE
A	VAR	<자동>	*	INT
C1	VAR	<자동>	*	FB Instance
LED출력	VAR	%QW0.2.0	*	WORD

그림 14.2 변수 목록

14.2 배열(Array)에 의한 램프제어

그림 14.3 배열에 의한 램프제어 프로그램

변수명	변수 종류	메모리할당	사용여부	데이터 타입
A	VAR	<자동>	*	INT
C1	VAR	<자동>	*	FB Instance
LED상태	VAR	<자동>	*	ARRAY[5] ...
LED출력	VAR	<자동>	*	ARRAY[5] ...

그림 14.4 변수 목록

14.3 물탱크

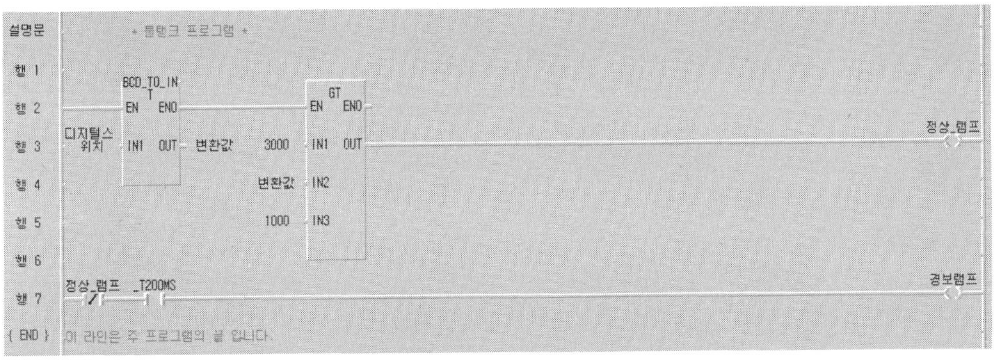

그림 14.5 물탱크 수위 조절 프로그램

물탱크의 수위(Level)를 나타내는 변환 값이 A/D 모듈을 사용하여 매 스캔 저장되고 있다. 1000 < 변환값 < 3000이면 정상상태 램프 %QX0.0.3가 점등되고 그 외는 경보램프 %QX0.3.1을 200 ms 주기로 점멸시키는 프로그램이다.

변수명	변수 종류	메모리할당	사용여부	데이터 타입
경보램프	VAR	%QX0.3.1	*	BOOL
디지털스위치	VAR	%IW0.1.0	*	WORD
변환값	VAR	<자동>	*	INT
정상_램프	VAR	%QX0.3.0	*	BOOL

그림 14.6 변수 목록

14.4 계산기

B = 1000 · A + 500

B ; 좌/우 디지털 표시기

A ; 우측 디지털 스위치(0~9999)

디지털 표시기(左) 디지털 표시기(右)

	9	9	9	9	5	0	0

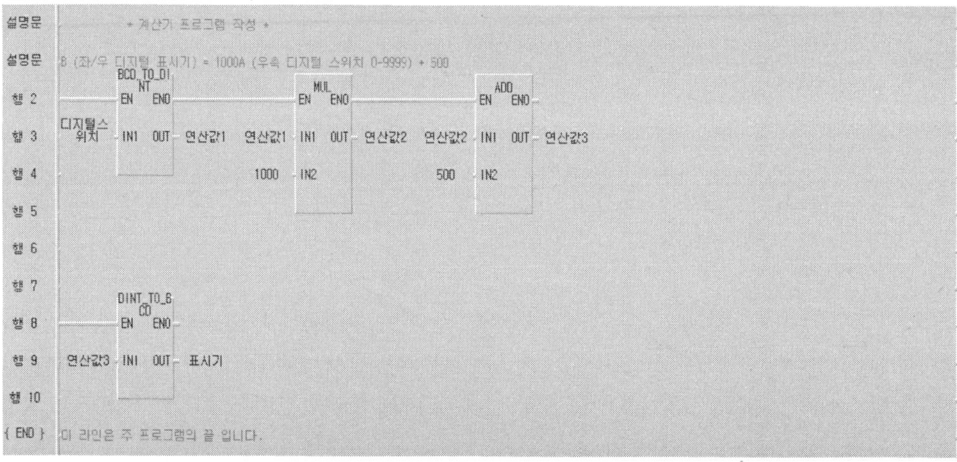

그림 14.7 계산기 프로그램

변수명	변수 종류	메모리할당	사용여부	데이터 타입
디지털스위치	VAR	%ID0.1.0	*	DWORD
연산값1	VAR	<자동>	*	DINT
연산값2	VAR	<자동>	*	DINT
연산값3	VAR	<자동>	*	DINT
표시기	VAR	%QD0.2.0	*	DWORD

그림 14.8 변수 목록

14.5 Program Up Load 하기

압축된 프로젝트 파일과 소스 파일을 PLC의 RAM(프로그램 영역) 또는 플래시 메모리에 저장한 후 PLC로부터 프로그램을 업-로드한다.

❶ 업- 로드 파일 만들기

옵션에서 메이크 할 때 업-로드 파일을 만들도록 하고, 메이크 메뉴를 선택하면 업-로드 파일을 생성한다. 업-로드 파일은 프로젝트, 프로그램, 프로그램에서 사용한 사용자 펑션, 펑션 블록이 포함되어 있다.

1. 메뉴 프로젝트-옵션을 선택하여 옵션 대화상자를 부른다.

2. 메이크 옵션 대화상자에서 업-로드 프로그램 선택하고 확인 단추를 누른다.
변수 테이블은 선택할 필요가 없다(추후 타 기기로 변수를 모니터하기 위해 마련). 이때 PLC 프로그램 실행 파일과 업-로드 프로그램을 생성한다.

② PLC에 쓰기(다운-로드)

PLC에 프로그램을 쓸 때 업-로드 프로그램을 선택한다.

1. 메뉴 온라인-쓰기를 선택한다.
2. 쓰기 대화상자에서 파라미터와 프로그램, 업-로드 프로그램을 선택한다.

프로그램 크기에 따라 다음과 같이 실행한다.

표 14.1 프로그램 크기에 따른 저장 공간

프로그램 크기	업-로드 프로그램이 저장되는 곳
실행 프로그램 + 업-로드 프로그램 크기 < 프로그램 램 크기	CPU의 램(RAM)에 쓴다.
프로그램 램 크기 < 실행 프로그램 + 업-로드 프로그램 크기	플래시 메모리가 장착된 경우 사용자에게 확인한 후 플래시 메모리에 쓴다.

③ PLC로부터 읽기(업-로드)

1. 메뉴 프로젝트 - PLC로부터 열기를 선택한다.

PLC로부터 업-로드 파일을 읽어서 프로젝트, 프로그램 파일, 사용자 라이브러리를 생성한 후 프로젝트를 연다. GMWIN에 이미 같은 이름의 프로젝트나 프로그램이 있을 경우 Overwrite 시키거나, 사용자가 지정한 다른 디렉토리 또는 다른 이름으로 저장한다.

14.6 카운터의 현재값 변경

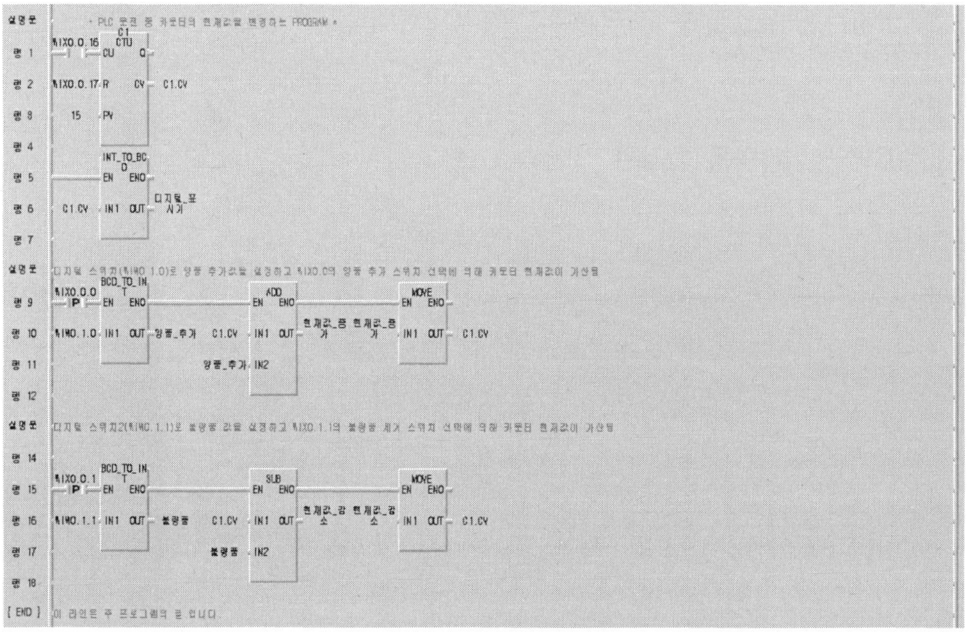

그림 14.9 카운터의 현재값 변경 프로그램

변수명	변수 종류	메모리할당	사용여부	데이터 타입
디지털_표시기	VAR	%QW0.2.0	*	WORD
불량품	VAR	<자동>	*	INT
양품_추가	VAR	<자동>	*	INT
현재값_감소	VAR	<자동>	*	INT
현재값_증가	VAR	<자동>	*	INT
C1	VAR	<자동>	*	FB Instance

그림 14.10 변수 목록

14.7 타이머를 이용한 깜빡이

그림 14.11 깜빡이 프로그램

변수명	변수 종류	메모리할당	사용여부	데이터 타입
기동스위치	VAR	%IX0.0.0	*	BOOL
램프	VAR	%QX0.3.0	*	BOOL
T0	VAR	<자동>	*	FB Instance
T0_경과시간	VAR	<자동>	*	TIME
T1	VAR	<자동>	*	FB Instance
T1_경과시간	VAR	<자동>	*	TIME

그림 14.12 변수 목록

14.8 포장기

10개 단위로 제품을 포장하는 프로그램을 작성하는 프로그램이다.

그림 14.13 포장기 프로그램

변수명	변수 종류	메모리할당	사용여부	데이터 타입
광센서1	VAR	%IX0.0.16	*	BOOL
광센서2	VAR	%IX0.0.17	*	BOOL
수동_리셋_PB	VAR	%IX0.0.18	*	BOOL
스톱바	VAR	%QX0.3.1	*	BOOL
포장기	VAR	%QX0.3.0	*	BOOL
C1	VAR	<자동>	*	FB Instance
C1_리셋	VAR	<자동>	*	BOOL

그림 14.14 변수 목록

14.9 글로벌 변수를 사용한 복수 program

GLOFA-GM은 하나의 리소스(CPU)에 대하여 복수 개(최대 180개)의 프로그램 블록을 등록하여 사용할 수 있다. 오직 하나의 프로그램 블록에서만 사용할 수 있는 변수를 직역 변수(Local Variable)라 하고, 하나의 리소스에 등록된 전 프로그램 블록에 대하여 사용할 수 있는 변수를 리소스 글로벌 변수라고 한다. 프로그램에서 글로벌 변수를 사용하기 위해서는 변수의 종류를 VAR EXTERNAL로 선언해야 한다.

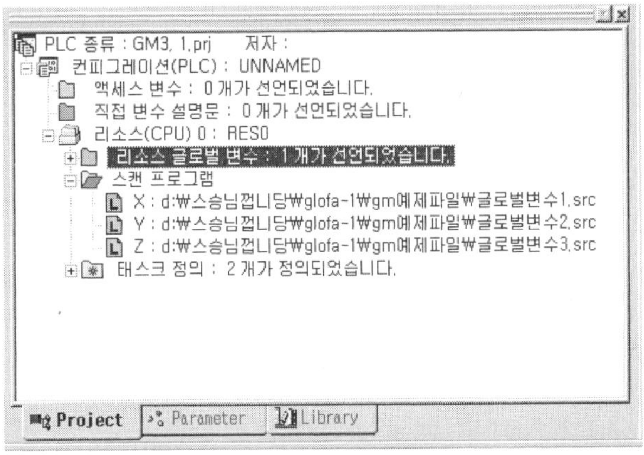

그림 14.15 프로젝트 화면

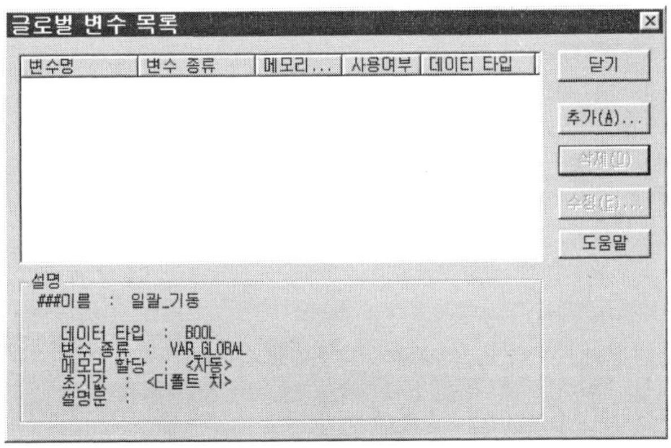

그림 14.16 변수목록 대화상자

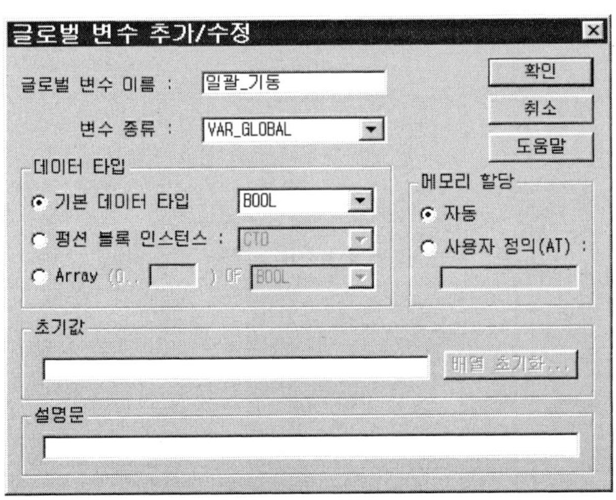

그림 14.17 글로벌 변수 추가/수정 대화상자

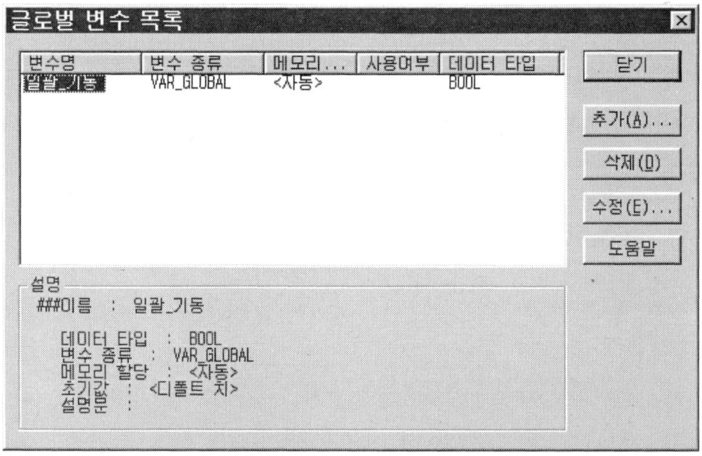

그림 14.18 글로벌 변수목록 대화상자

그림 14.19 글로벌 변수를 사용한 프로그램(1)

그림 14.20 글로벌 변수를 사용한 프로그램(2)

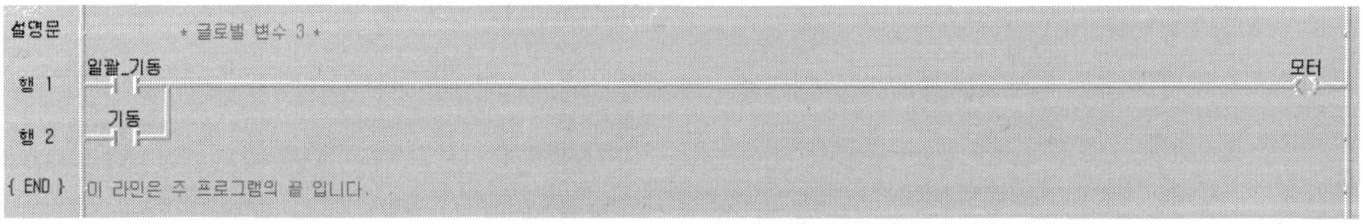

그림 14.21 글로벌 변수를 사용한 프로그램(3)

변수명	변수 종류	메모리할당	사용여부	데이터 타입
기동	VAR	<자동>	*	BOOL
모터	VAR	<자동>	*	BOOL
일괄_기동	VAR_EXTERNAL	<자동>	*	BOOL

그림 14.22 변수 목록

14.10 리소스(Resource)

리소스는 하나의 CPU 모듈을 의미한다. 따라서 GM1의 경우는 컨피그레이션 안에 4개의 리소스를 정의할 수 있다. GM2~GM5는 리소스를 1개만 정의할 수 있다. 이 리소스도 이름을 가지고 있다. 이 이름도 역시 통신 시에 사용한다. 리소스는 프로그램과 리소스 글로벌 변수, 태스크 정의를 가지고 있다.

1 리소스 글로벌 변수(Resource global variable)

리소스 글로벌 변수에서 정의한 변수는 리소스 안의 어떤 프로그램에서도 사용할 수 있다. 즉 프로그램과 프로그램 간에 공유할 데이터들을 리소스 글로벌 변수에서 정의해 둔다. 프로그램에서 이 변수를 사용하기 위해서는 변수를 정의할 때 변수형을 VAR_EXTERNAL로 선언하여야 한다.

2 변수의 선언

프로그램 구성 요소 (즉 프로그램, 펑션, 펑션블록)는 그 구성 요소에서 사용할 변수를 선언할 수 있는 선언 부분을 가지고 있다. 프로그램 구성 요소에서 변수를 사용하기 위해서는 우선 사용할 변수를 선언해야 한다. 변수의 선언에서 설정해야 할 사항은 다음과 같다.

1) 변수 형 : 변수를 어떻게 선언할 것인가를 설정한다.

표 14.2 변수형의 종류

변수형	내용
VAR	읽고 쓸 수 있는 일반적인 변수
VAR_RETAIN	정전 유지 변수
VAR_CONSTANT	읽기만 할 수 있는 변수
VAR_EXTERNAL	VAR_GLOBAL 로 선언된 변수를 사용하기 위한 선언

리소스 글로벌 변수와 컨피그레이션 글로벌 변수의 선언에서는 변수형이 각각 VAR_GLOBAL, VAR_GLOBAL_RETAIN, VAR_GLOBAL_CONSTANT로 되며 VAR_EXTERNAL 은 선언할 수 없다.

2) 데이터 타입

변수의 데이터 타입을 지정한다.

3) 메모리 할당

변수가 차지할 메모리를 할당한다.

표 14.3 메모리 할당

자동 할당 (Auto allocation)	컴파일러가 변수의 위치를 자동으로 지정 (자동 배치 변수)
강제 할당 (At allocation)	사용자가 직접 표현 변수를 사용하여 강제로 위치를 지정 (직접변수)

자동 배치 변수는 그 실제 위치가 고정되어 있지 않다. 예를 들어 VAL 1이란 변수를 BOOL 데이터 타입으로 선언하였다면 그 변수가 내부 데이터 영역의 어느 위치에 있는지 고정돼 있지 않다는 것이다. 그 위치는 프로그램을 다 작성한 후 컴파일러와 링커에 의해 정해진다.

만약 프로그램을 수정 후에 다시 컴파일 하였다면 그 위치가 다시 변할 수 있다. 자동 배치 변수의 장점은 사용자가 내부 변수로 사용하는 것들의 위치를 신경 쓰지 않아도 된다는 것이다.

다른 이름으로 선언한 변수들은 결코 데이터 메모리에 중복되어 위치하지 않기 때문이다.

직접변수는 선언하지 않고 사용할 수 있다. 직접변수는 변수의 위치가 정해지기 때문에 % I와 % Q를 제외하고는 될 수 있으면 사용하지 않는 것이 좋다. 직접변수는 자동 배치 변수가 아니므로 사용자가 잘못 사용할 경우 중복될 수 있다.

4) 초기값 지정(Initial value)

변수의 초기값을 지정한다. 지정을 하지 않으면 3.2.2항 값이 초기값으로 지정된다. VAR_EXTERNAL의 선언 시 초기값은 줄 수 없다.

PLC의 전원이 끊긴 후에도 데이터의 값을 유지할 필요가 있는 변수는 정전 유지(RETENTION)의 기능이 제공되는 VAR_RETAIN을 써서 선언할 수 있으며 다음의 규칙을 따른다.

① 정전 유지 변수는 시스템의 웜 리스타트 시 그 값이 유지되어야 한다.

② 시스템의 콜드 리스타트 시에는 초기값이 주어진 경우 그 초기값이 적용된다.

VAR_RETAIN으로 선언되지 않은 변수는 콜드 리스타트나 웜 리스타트 등 어느 경우에도 사용자가 정의한 초기값이나 기본 초기값으로 초기화된다

변수 선언의 유효 영역 (Scope), 즉 변수를 사용할 수 있는 영역은 그 변수가 선언된 프로그램 구성 요소에 한한다. 따라서 다른 프로그램 구성 요소에서 선언된 변수는 사용할 수 없다. 글로벌 변수로 선언된 변수는 이와 달리 모든 곳에서 VAR_EXTERNAL선언에 의해 변수 접근이 가능하다. 즉 컨피그레이션 글로벌 변수는 모든 리소스의 모든 프로그램 구성 요소에서 사용할 수 있고 리소스 글로벌 변수는 그 리소스의 모든 프로그램 구성 요소에서 사용할 수 있다.

③ 리소스(Resource) 편집

리소스는 PLC의 CPU에 해당합니다. 그러므로 다중(multi) CPU 구성 시의 GM 1의 경우는 리소스가 4개까지 사용될 수 있다(그 이외의 기종에는 리소스가 1개이다).

1) 리소스 이름 보기

프로젝트 윈도우 내의 목록 중 리소스 항목은 사용자가 지정한 리소스 이름을 보여주는 곳이다.

리소스 이름의 수정은 “기본 파라미터 편집”에서 행할 수 있다.

2) 리소스 추가(GM 1만 해당)

1. 프로젝트 윈도우내의 목록 중 컨피그레이션을 선택한다.
2. 메뉴 프로젝트-프로젝트 항목 추가 -리소스를 선택한다.
3. 리소스 이름 대화상자에서 리소스 이름을 입력한다.
4. 확인 단추를 누른다.
5. 새로운 리소스가 프로젝트 윈도우내에 삽입되고 프로젝트 생성 시와 마찬가지로 프로그램 정의 대화상자가 나타난다.

3) 리소스 삭제(GM 1 만 해당)

1. 삭제하려는 리소스를 선택한다.
2. 메뉴 프로젝트-프로젝트 항목 삭제를 선택한다.

14.11 운전 중 입출력 강제 on/off

그림 14.23 운전 중 입출력 강제 ON/OFF 프로그램

14.12 Ten_key

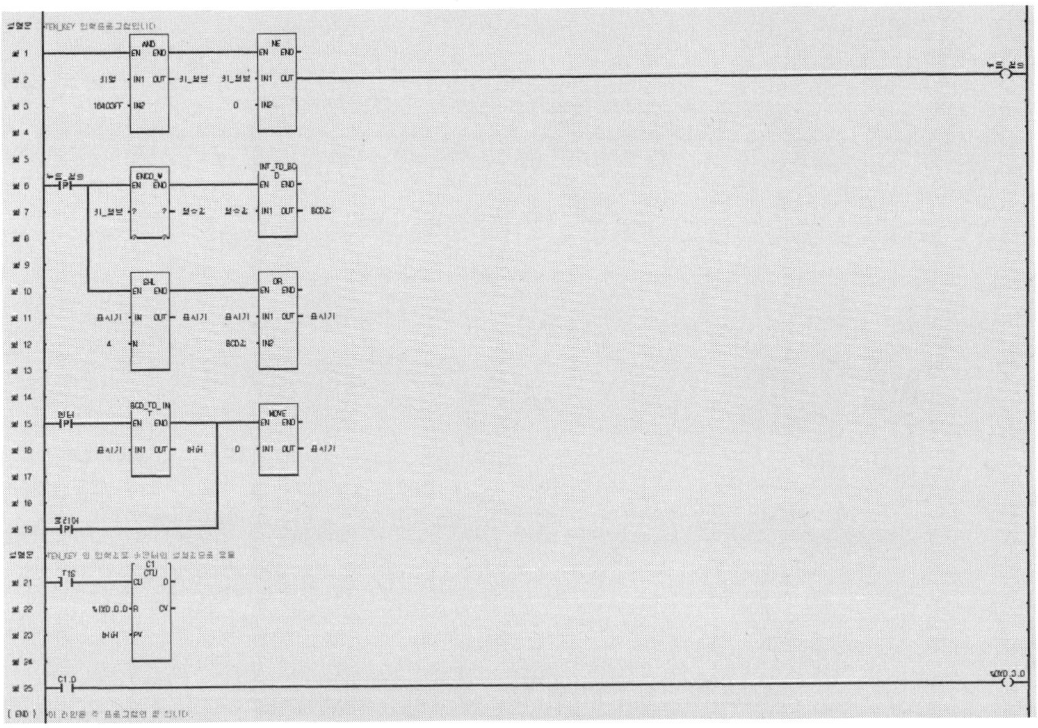

그림 14.24 TENKEY 프로그램

변수명	변수 종류	메모리할당	사용여부	데이터 타입
누름_검출	VAR	<자동>	*	BOOL
버퍼	VAR	<자동>	*	INT
엔터	VAR	%IX0.0.26	*	BOOL
정수값	VAR	<자동>	*	INT
클리어	VAR	%IX0.0.27	*	BOOL
키_정보	VAR	<자동>	*	WORD
키열	VAR	%IW0.0.1	*	WORD
표시기	VAR	%QW0.2.0	*	WORD
BCD값	VAR	<자동>	*	WORD
C1	VAR	<자동>		FB Instance

그림 14.25 변수 목록

14.13 태스크

1 프로젝트

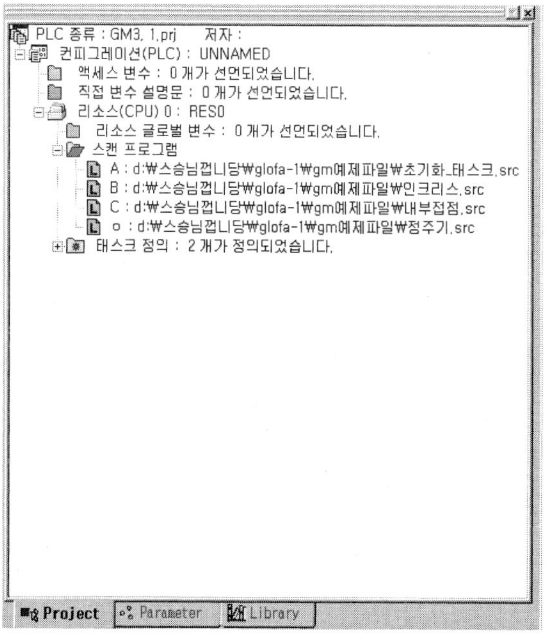

그림 14.26 프로젝트 화면

2 초기화

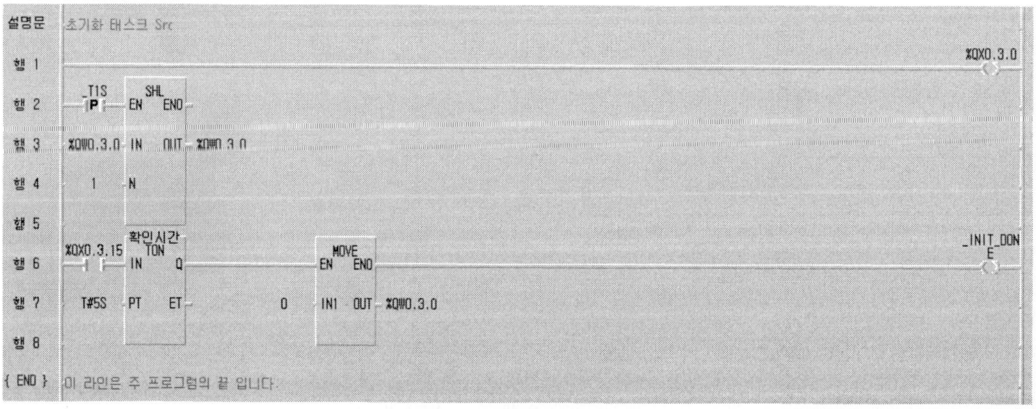

그림 14.27 초기화 프로그램

변수명	변수 종류	메모리할당	사용여부	데이터 타입
확인시간	VAR	<자동>	*	FB Instance

그림 14.28 변수 목록

❸ 인크리스

그림 14.29 인크리스 프로그램

변수명	변수 종류	메모리할당	사용여부	데이터 타입
값1	VAR	<자동>	*	INT

그림 14.30 변수 목록

❹ 내부접점

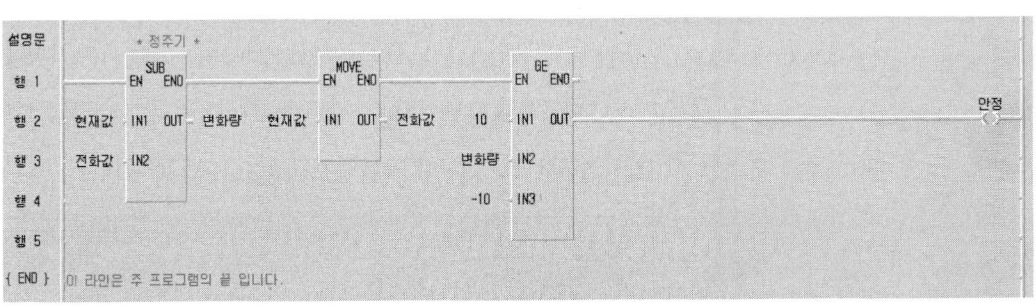

그림 14.31 내부접점 프로그램

변수명	변수 종류	메모리할당	사용여부	데이터 타입
변화량	VAR	<자동>	*	INT
안정	VAR	<자동>	*	BOOL
전화값	VAR	<자동>	*	INT
현재값	VAR_EXTERNAL	<자동>	*	INT

그림 14.32 변수 목록

5 정주기

그림 14.33 정주기 프로그램

변수명	변수 종류	메모리할당	사용여부	데이터 타입
적산값	VAR	<자동>	*	INT
현재값	VAR	<자동>	*	INT

그림 14.34 변수 목록

14.14 A/D 변환

아날로그 입력 모듈을 사용하기 위하여 "초기설정"에 의한 설정값으로 초기화 처리가 완료(초기설정.DONE=1)되면 "채널읽기"에 의하여 0번 채널이 변환 값을 읽는다. 변환 값 읽기기 완료(채널읽기.DONE=1)되고 "변환 값_0"가 6000 이하 -200 이상이면 "정상값이 ON 된다. 초기화 처리가 완료(초기설정.DONE=1)되면 "전체읽기"에 의하여 0~15번 채널을 읽어 배열변수 "변환 값"에 저장되며 "배열 값"의 배열원소 "변환 값[0]"~"변환 값[15]"에 저장된 데이터 중 0번 채널인 "변환 값[0]"을 비교 평션으로 판단한다. "변환 값[0]"이 6000 이하, -200 이상일 경우에 그 값을 표시기에 출력한다.

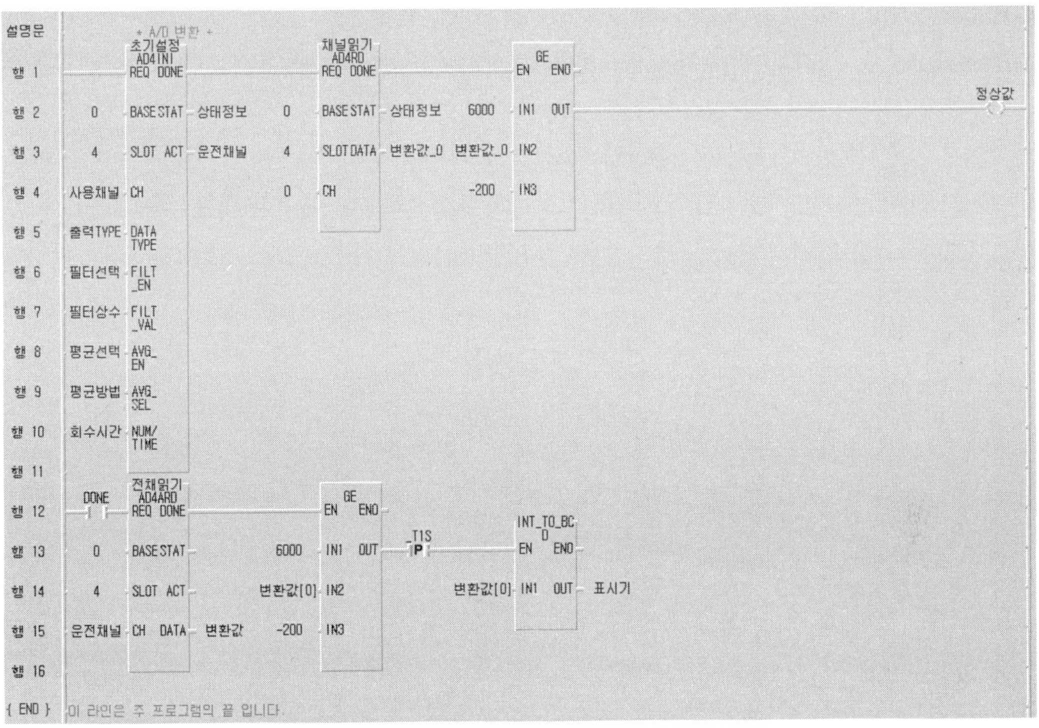

그림 14.35 A/D 변환 프로그램

변수명	변수 종류	메모리할당	사용여부	데이터 타입
변환값	VAR	<자동>	*	ARRAY[16]...
변환값_0	VAR	<자동>	*	INT
사용채널	VAR	<자동>	*	ARRAY[16]...
상태정보	VAR	<자동>	*	USINT
운전채널	VAR	<자동>	*	ARRAY[16]...
전채읽기	VAR	<자동>	*	FB Instance
정상값	VAR	<자동>	*	BOOL
채널읽기	VAR	<자동>	*	FB Instance
초기설정	VAR	<자동>	*	FB Instance
출력TYPE	VAR	<자동>	*	ARRAY[16]...
평균방법	VAR	<자동>	*	ARRAY[4] ...
평균선택	VAR	<자동>	*	ARRAY[4] ...
표시기	VAR	%QW0.2.0	*	WORD
필터상수	VAR	<자동>	*	ARRAY[4] ...
필터선택	VAR	<자동>	*	ARRAY[4] ...
회수시간	VAR	<자동>	*	ARRAY[4] ...
DONE	VAR	%IX0.0.0	*	BOOL

그림 14.36 변수 목록

14.15 D/A 변환

아날로그 출력모듈을 사용하기 위하여 "초기설정"에 의한 초기화한다. 초기화 처리가 완료(초기설정. DONE=1)되면 "수치입력"의 BCD 값을 INT형으로 바꾸어 0번 채널 "출력값_0"에 쓴다. 배열변수 "출력값"의 원소 2에 2번 채널의 출력값을 쓴다.

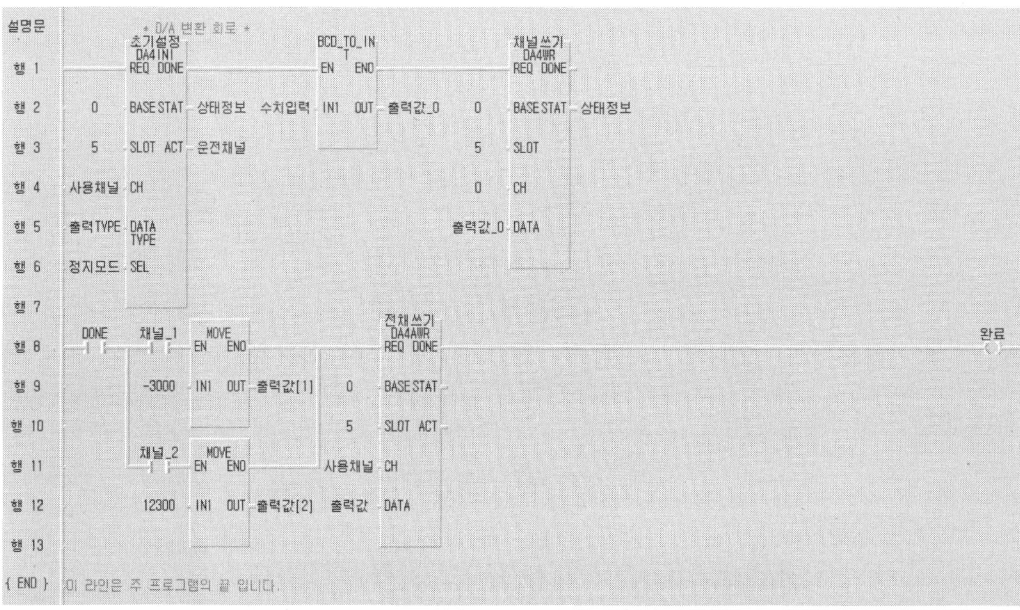

그림 14.37 D/A 변환 프로그램

변수명	변수 종류	메모리할당	사용여부	데이터 타입
사용채널	VAR	<자동>	*	ARRAY[16]...
상태정보	VAR	<자동>	*	USINT
수치입력	VAR	<자동>	*	WORD
완료	VAR	<자동>	*	BOOL
운전채널	VAR	<자동>	*	ARRAY[16]...
전채쓰기	VAR	<자동>	*	FB Instance
정지모드	VAR	<자동>	*	ARRAY[16]...
채널_1	VAR	<자동>	*	BOOL
채널_2	VAR	<자동>	*	BOOL
채널쓰기	VAR	<자동>	*	FB Instance
초기설정	VAR	<자동>	*	FB Instance
출력값	VAR	<자동>	*	ARRAY[16]...
출력값_0	VAR	<자동>	*	INT
출력TYPE	VAR	<자동>	*	ARRAY[16]...
DONE	VAR	%IX0.0.0	*	BOOL

그림 14.38 변수 목록

14.16 ROTATE

그림 14.39 ROTATE 프로그램

변수명	변수 종류	메모리할당	사용여부	데이터 타입
동작_런	VAR	<자동>	*	BOOL

그림 14.40 변수 목록

14.17 리스타트 모드

그림 14.41 리스타트 모드 프로그램(1)

변수명	변수 종류	메모리할당	사용여부	데이터 타입
HOT_END	VAR	<자동>		BOOL
V_A2	VAR	<자동>		INT

그림 14.42 변수 목록

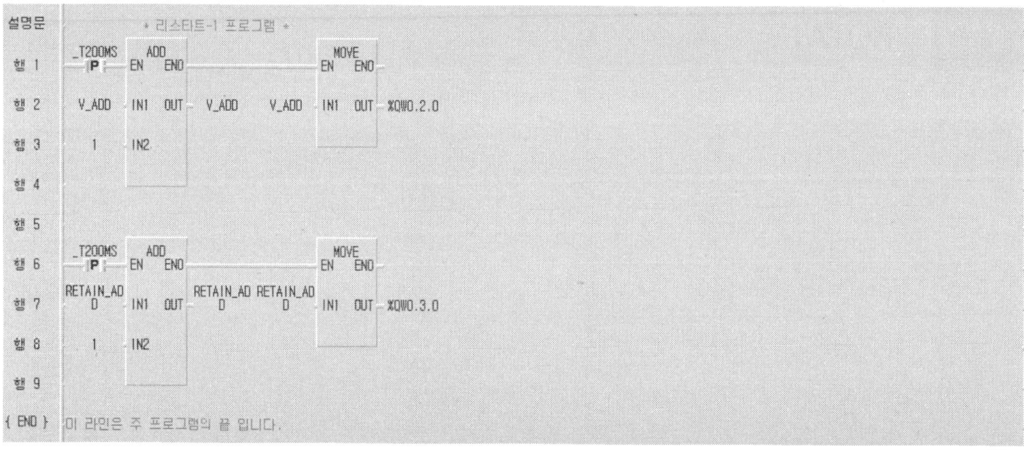

그림 14.43 리스타트 프로그램(2)

변수명	변수 종류	메모리할당	사용여부	데이터 타입
RETAIN_ADD	VAR RETAIN	<자동>	*	INT
V_ADD	VAR	<자동>	*	INT

그림 14.44 변수 목록

14.18 외부기기 경·중 고장 검출

그림 14.45 경·중 고장 검출 프로그램

변수명	변수 종류	메모리할당	사용여부	데이터 타입
로보트A_고장_100	VAR	<자동>	*	UINT
로보트B_고장_200	VAR	<자동>	*	UINT

그림 14.46 변수 목록

14.19 서브루틴

그림 14.47 서브루틴 프로그램

변수명	변수 종류	메모리할당	사용여부	데이터 타입
서브루틴_네번째	VAR	<자동>		BOOL
서브루틴_두번째	VAR	<자동>		BOOL
서브루틴_세번째	VAR	<자동>		BOOL
서브루틴_첫번째	VAR	<자동>		BOOL
출력2_0	VAR	<자동>		INT
출력2_1	VAR	<자동>		INT
출력3_0	VAR	<자동>		INT
출력3_1	VAR	<자동>		INT

그림 14.48 변수 목록

제 15 장

예제

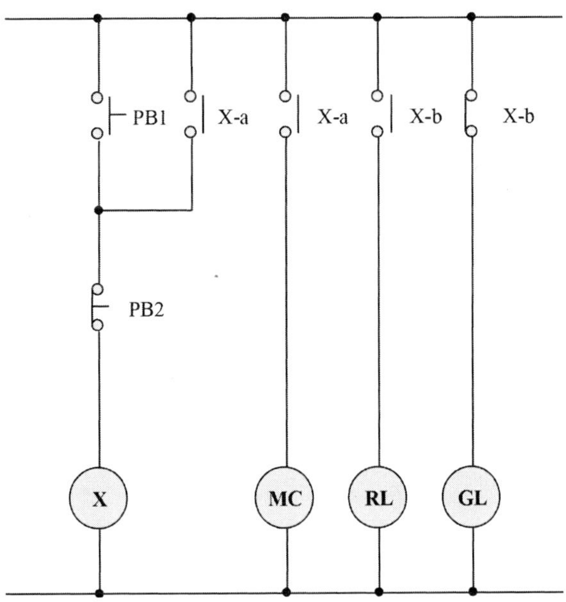

릴레이 시퀀스

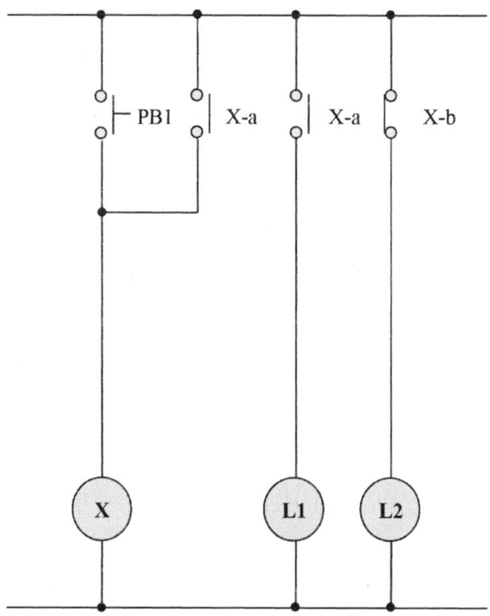

전자 계전기

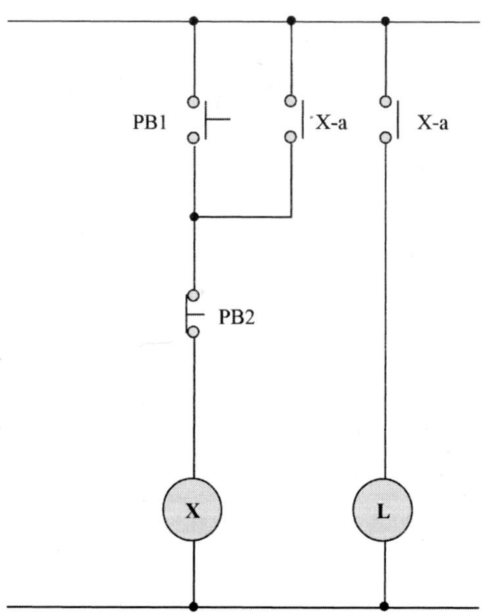

자기유지 회로 1

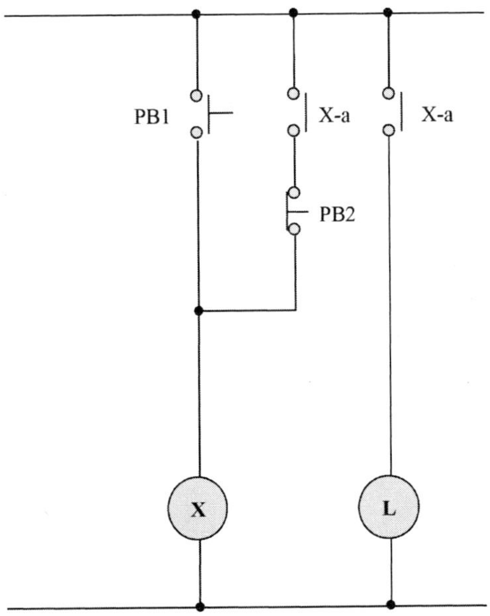

자기유지 회로 2

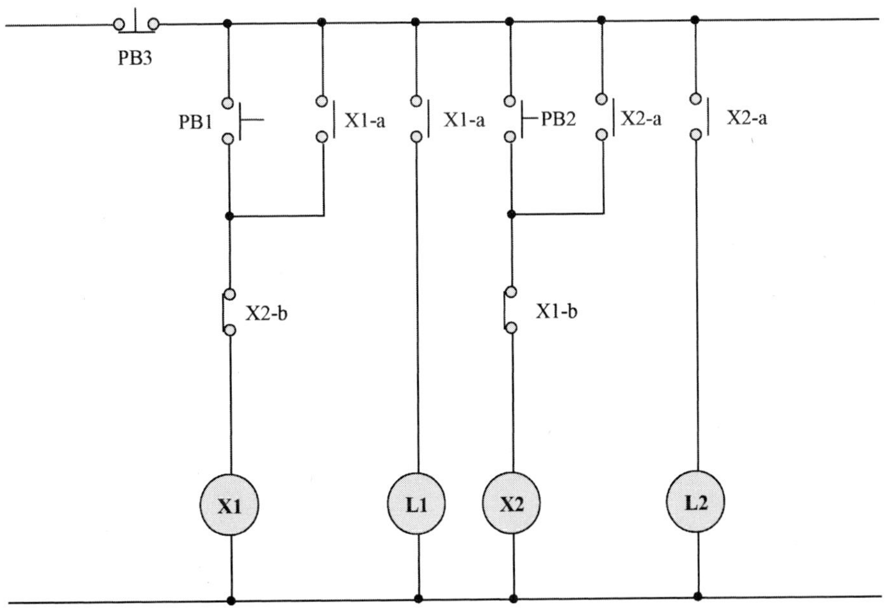

인터록 회로

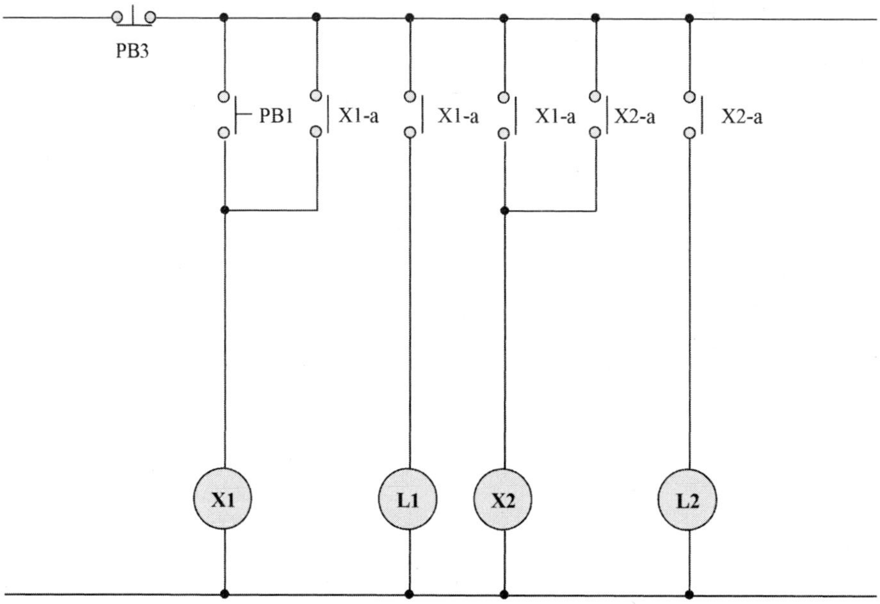

우선회로 4

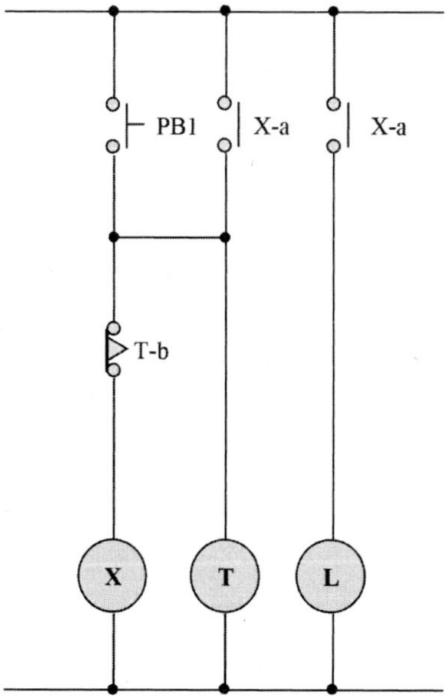

시간제어 회로 1

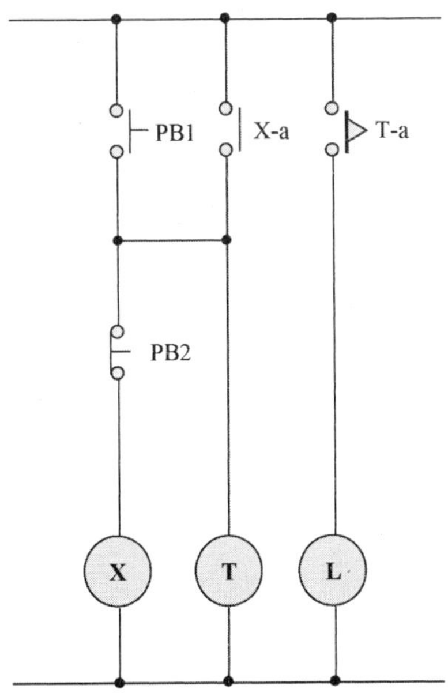

시간제어 회로 2

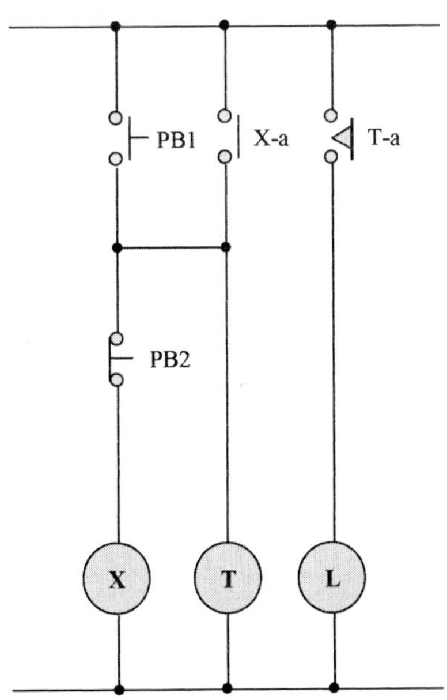

시간제어 회로 3

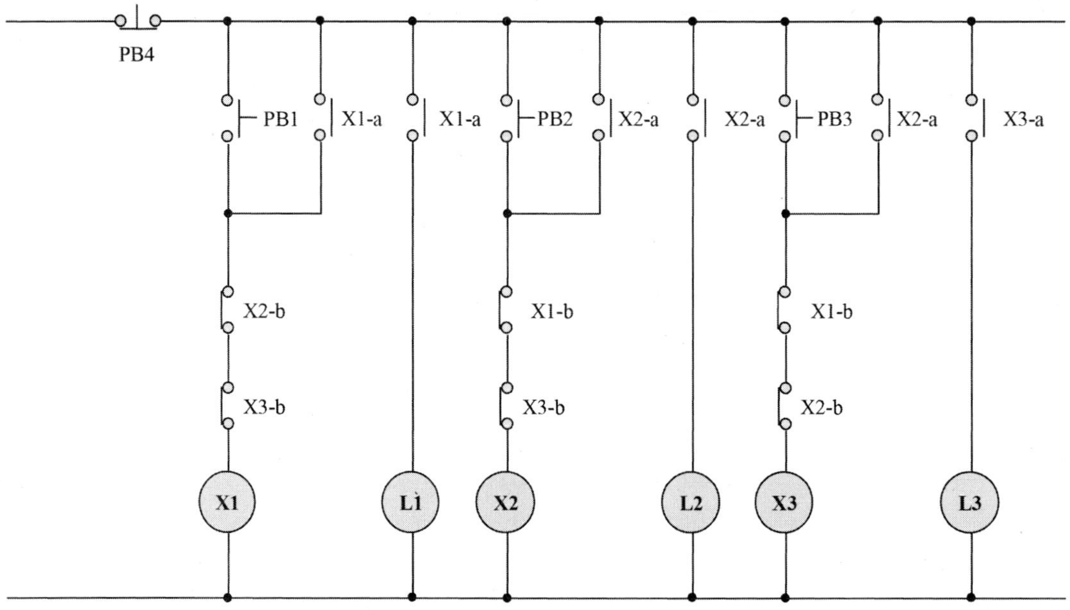

우선동작 회로 1

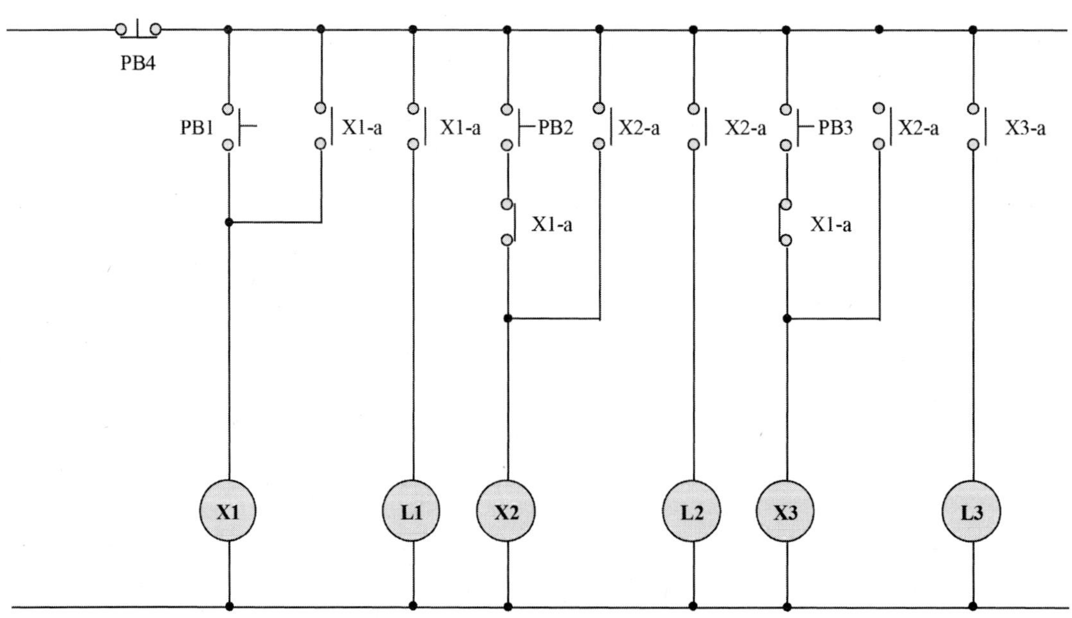

우선동작 회로 2

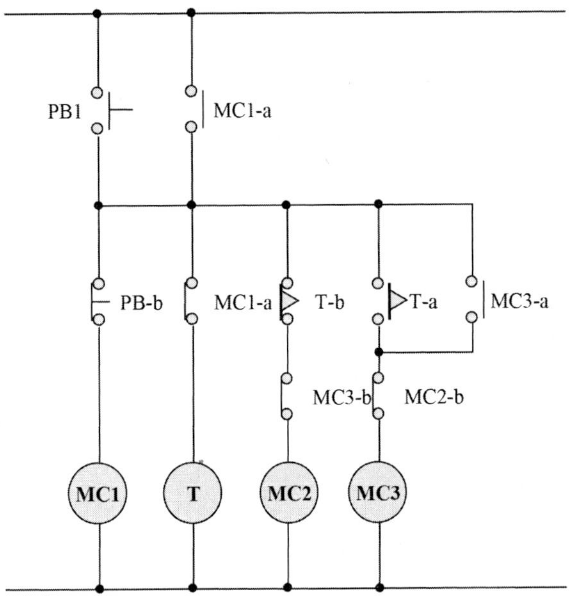

유도 전동기의 스타-델타 운전

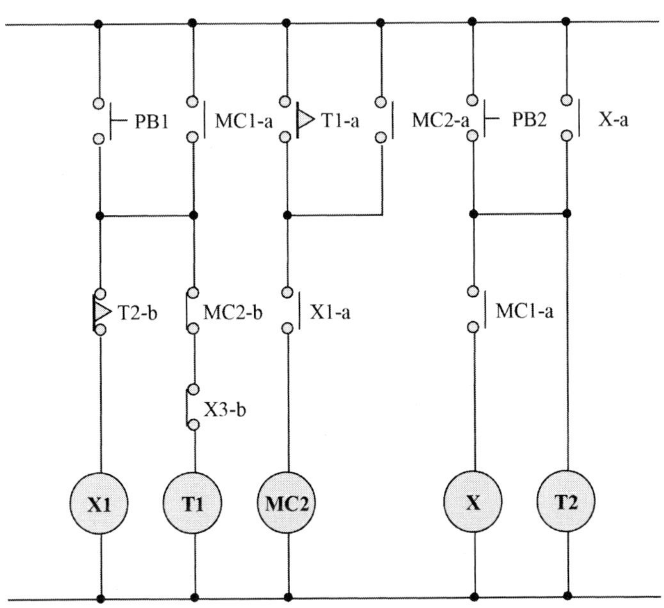

절연 온풍기 회로

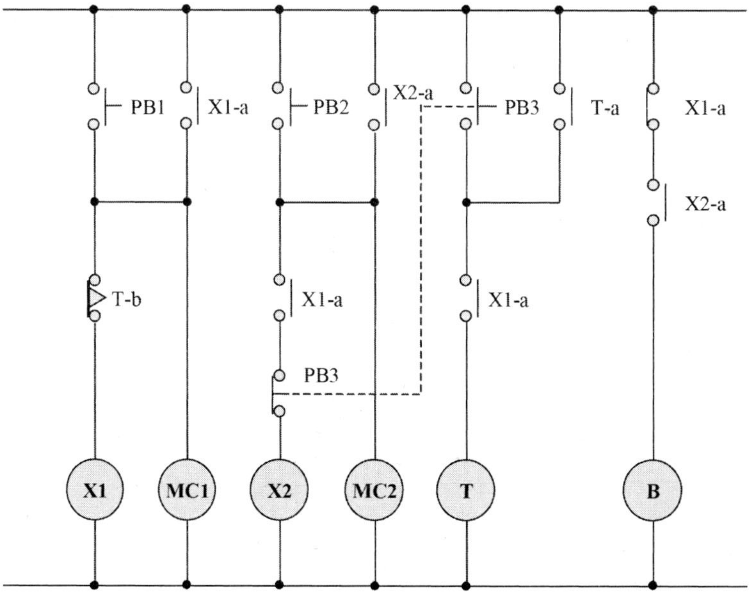

릴레이 시퀀스-1

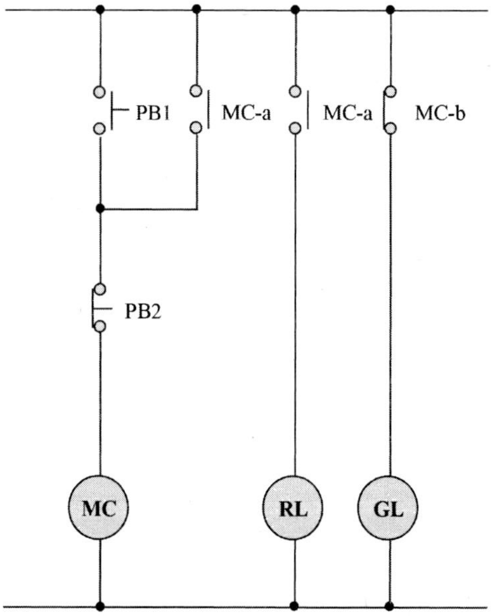

전전압 기동 회로

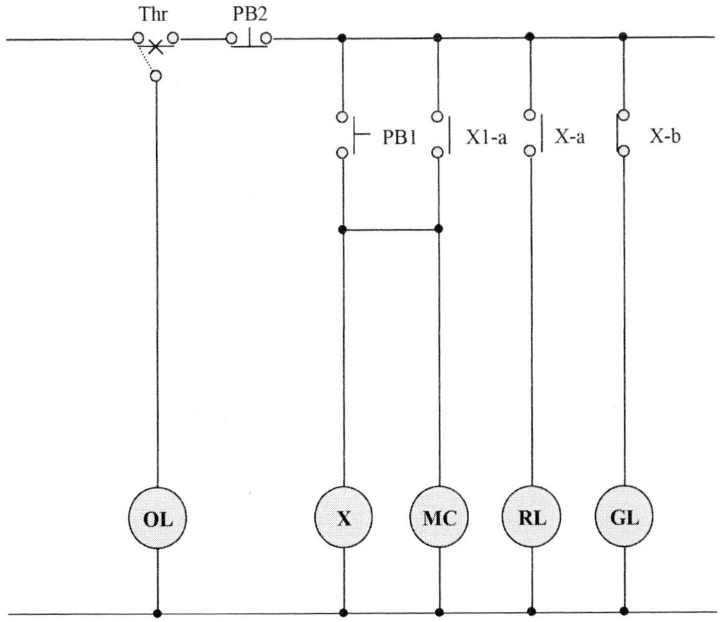

직입 기동 회로

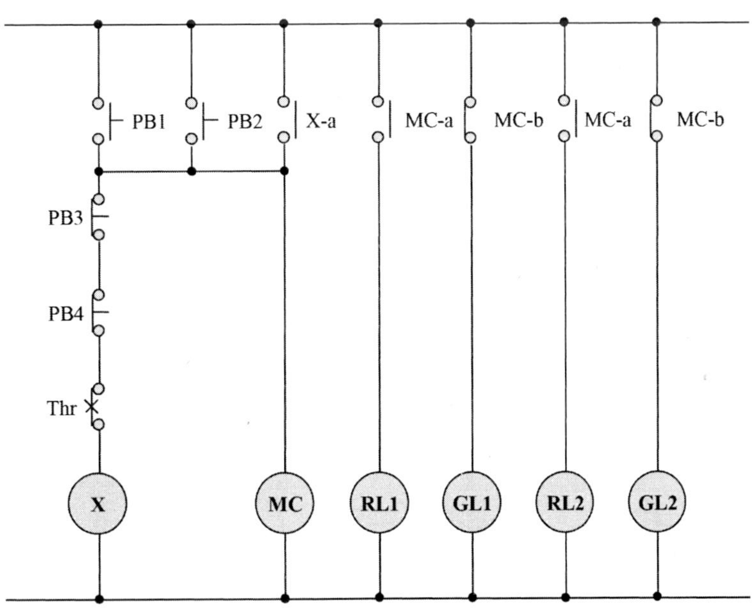

2개소 제어 회로

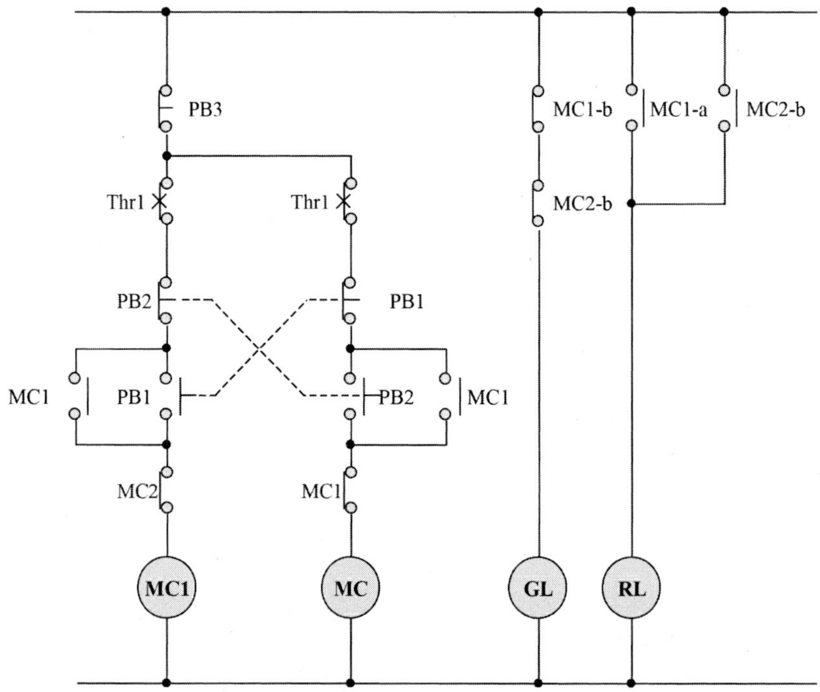

2개소 수전 회로

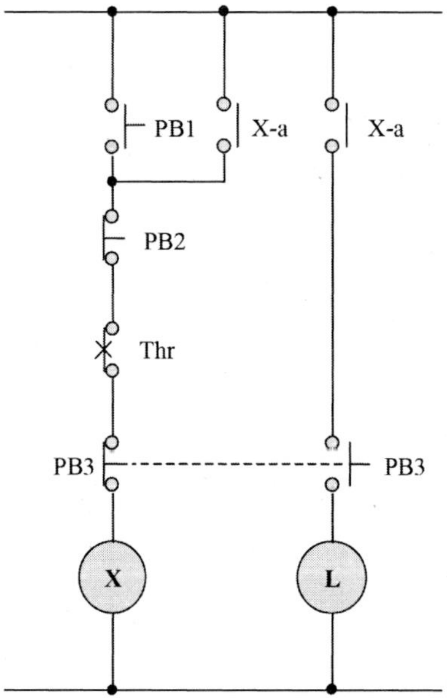

촌동 운전 회로

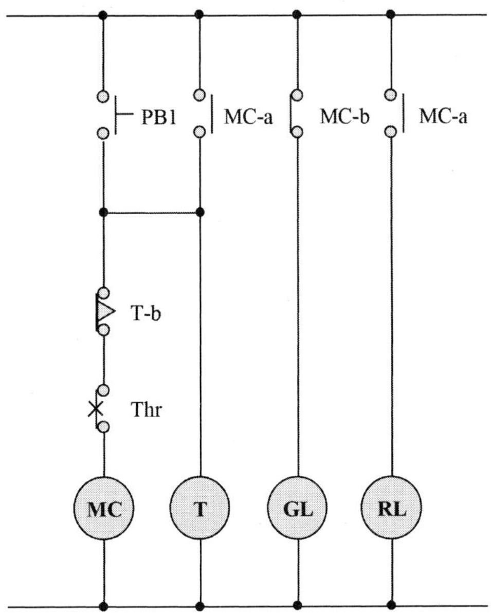

시한 제어 회로

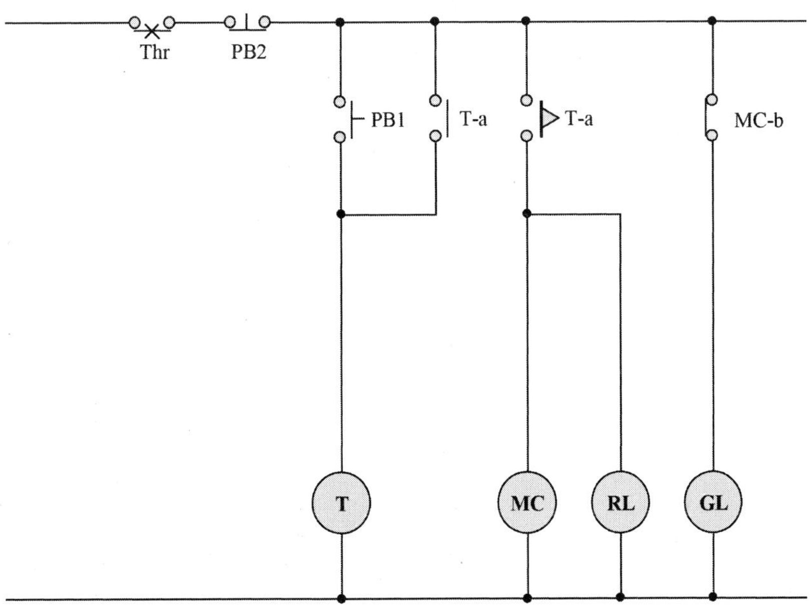

시한 제어 회로 1

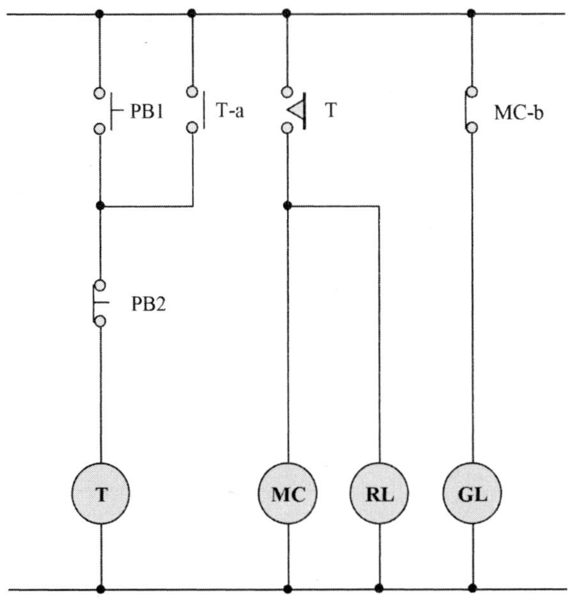

시한 제어 회로 2

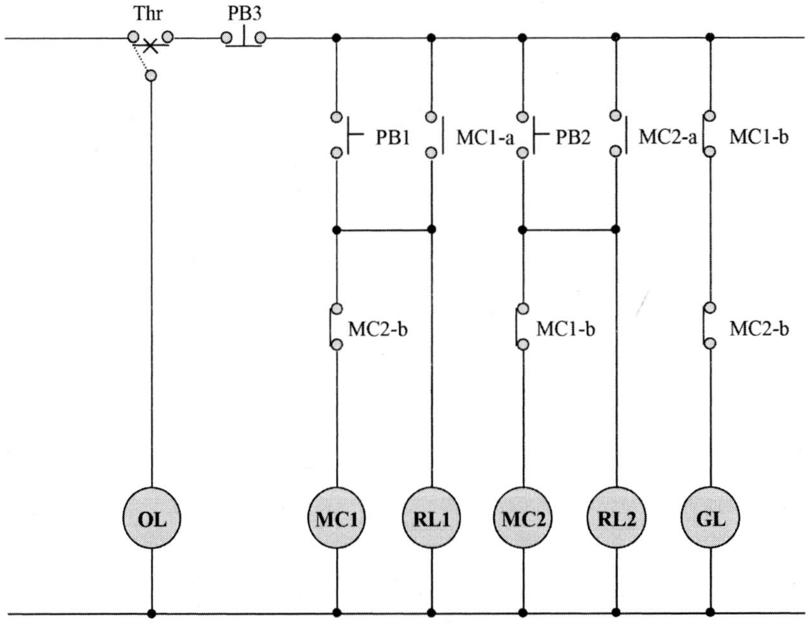

정-역회전 운전 회로

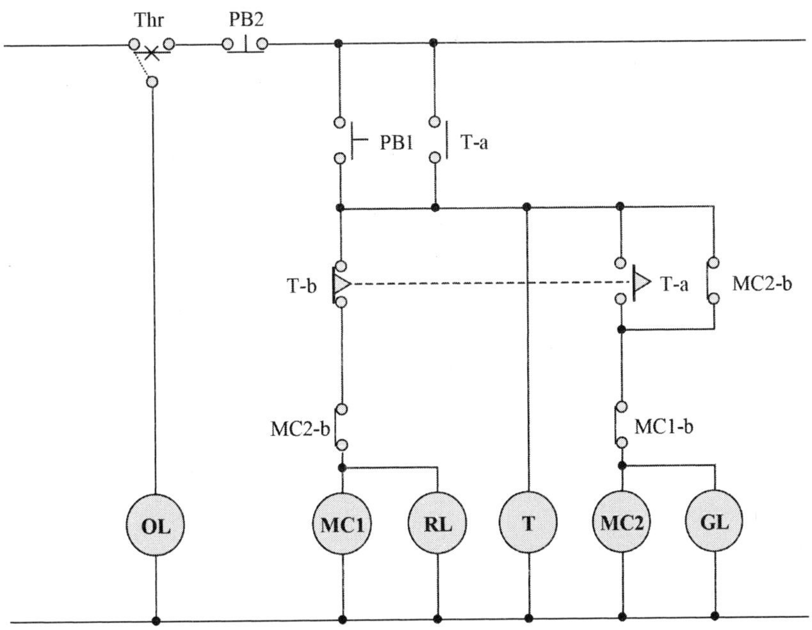

정-역회전 운전 회로 1

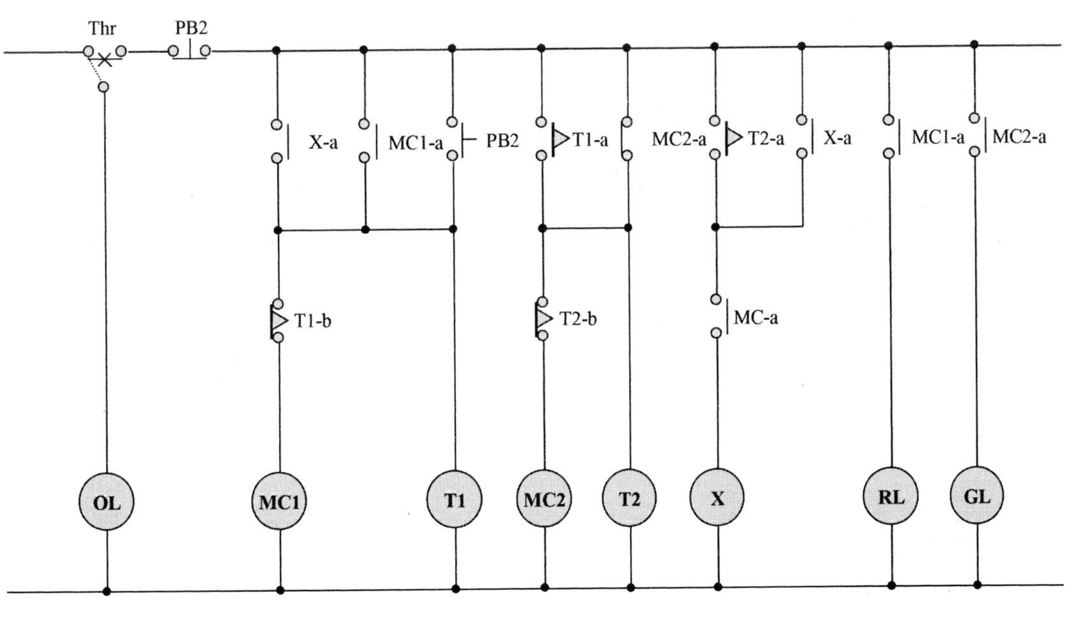

정-역회전 운전 회로 2

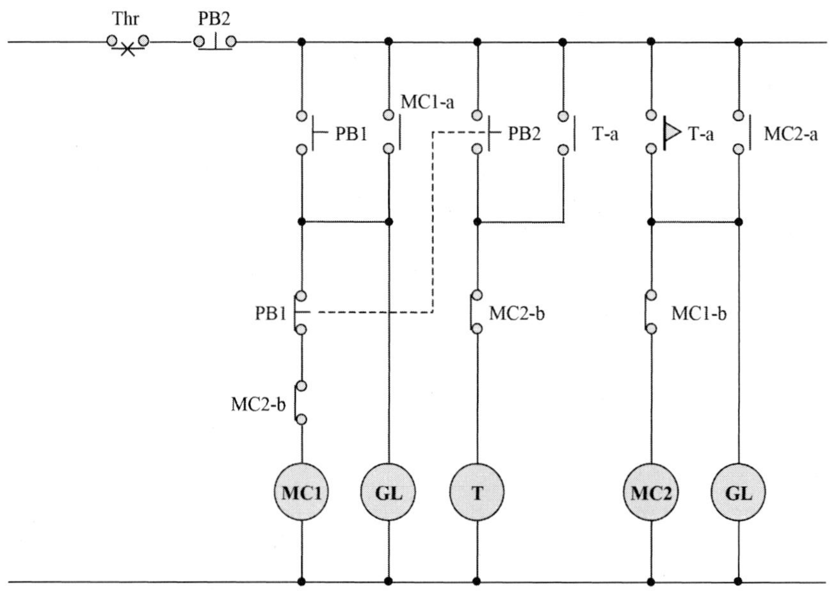

정-역회전 운전 회로 3

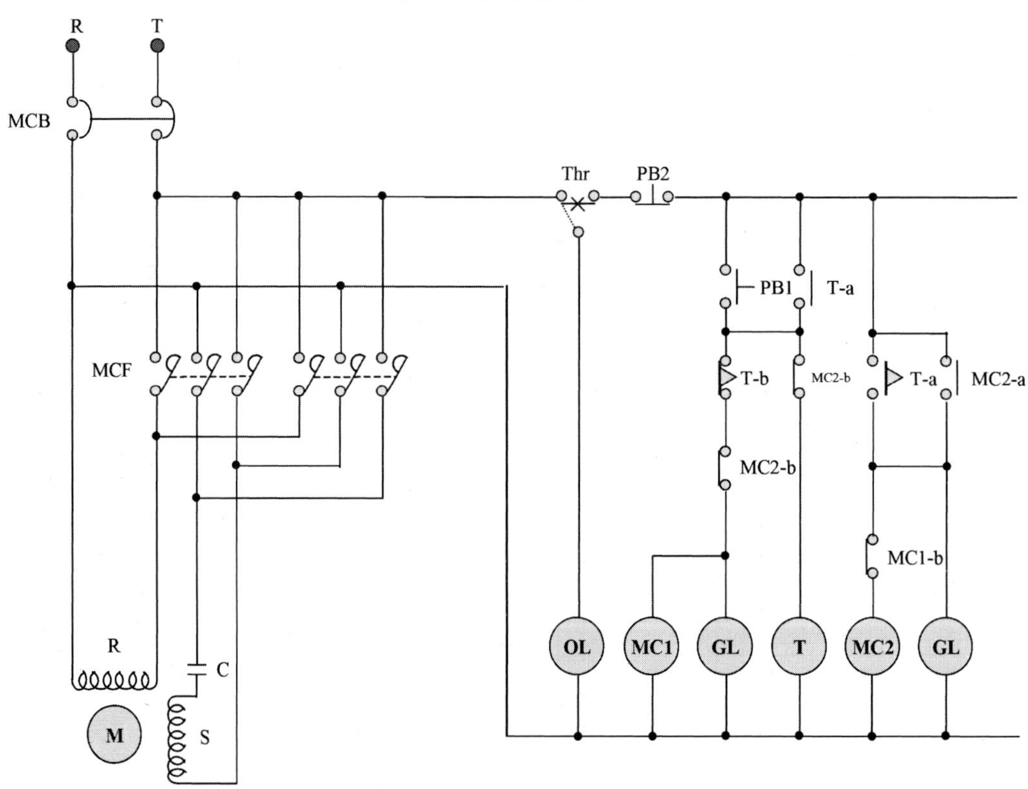

정-역회전 운전 회로 4

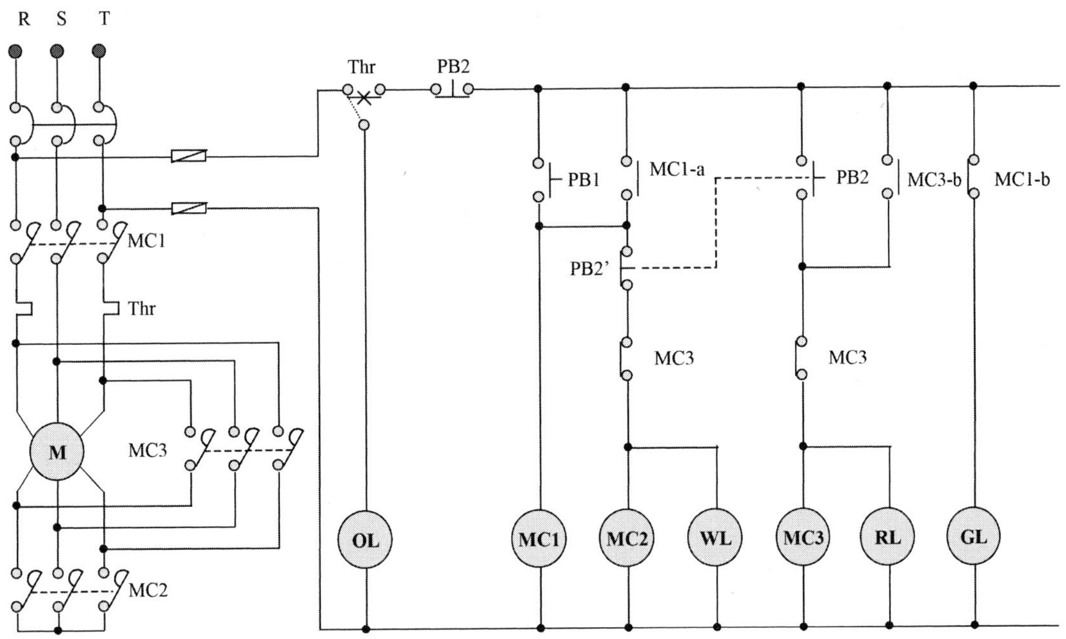

스타-델타 기동 회로

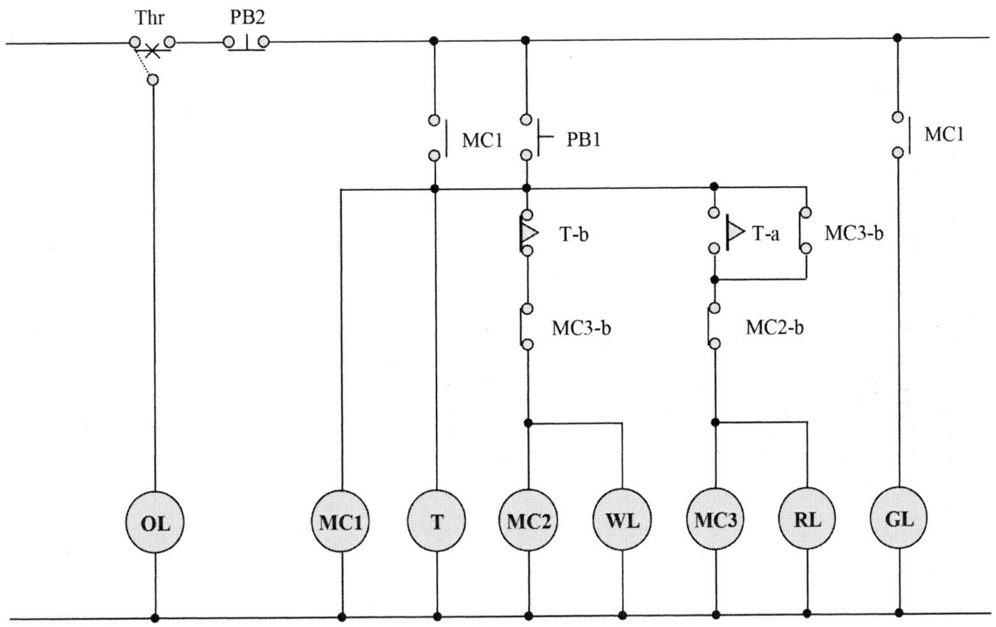

스타-델타 기동 회로 1

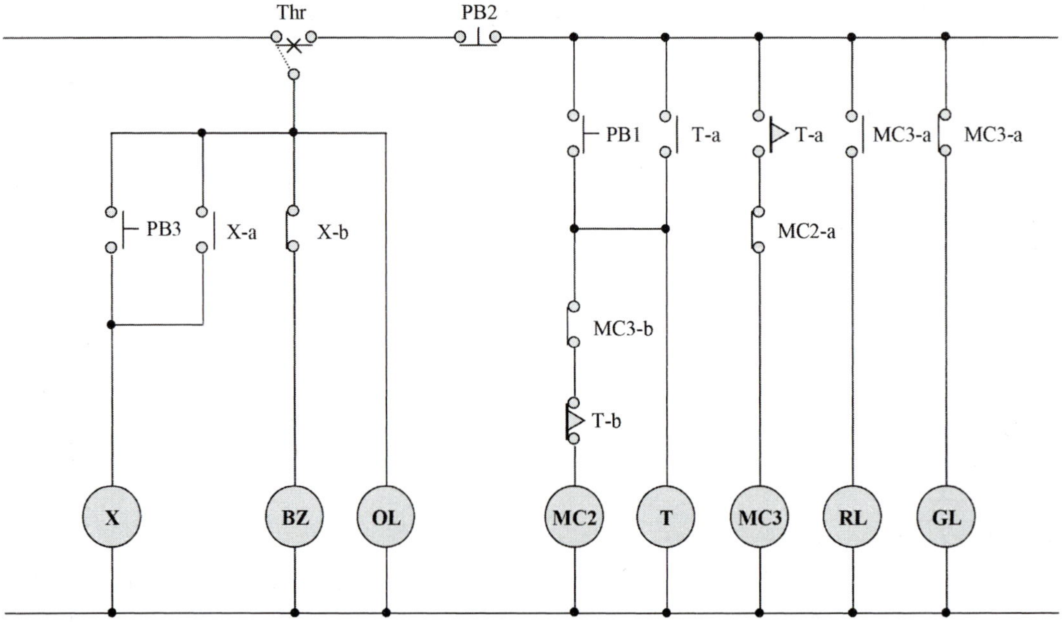

스타-델타 기동 회로 2

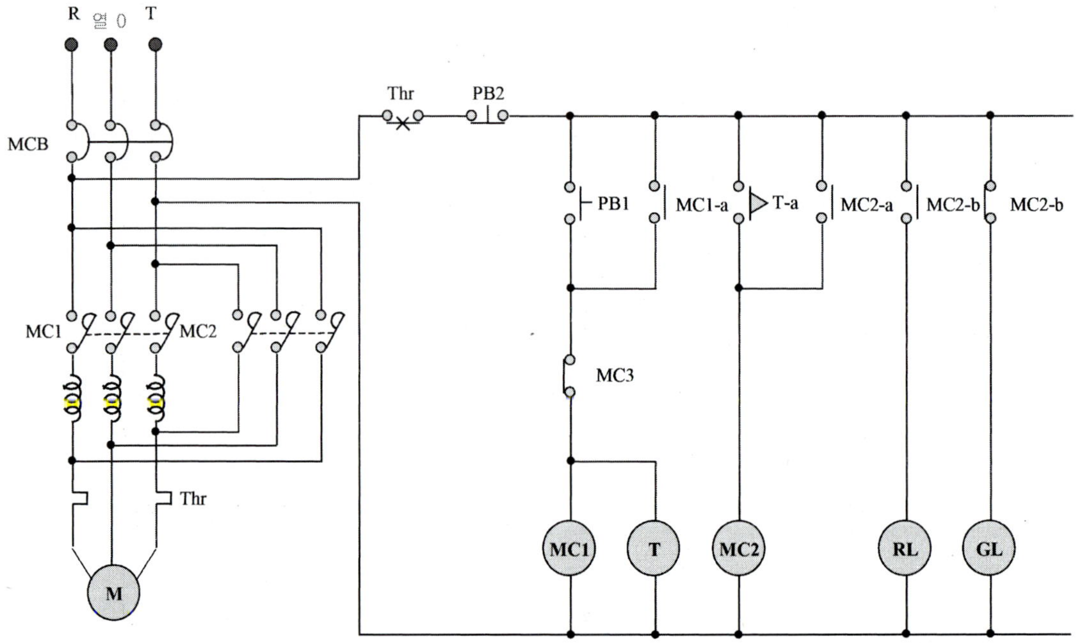

리액터 기동 회로

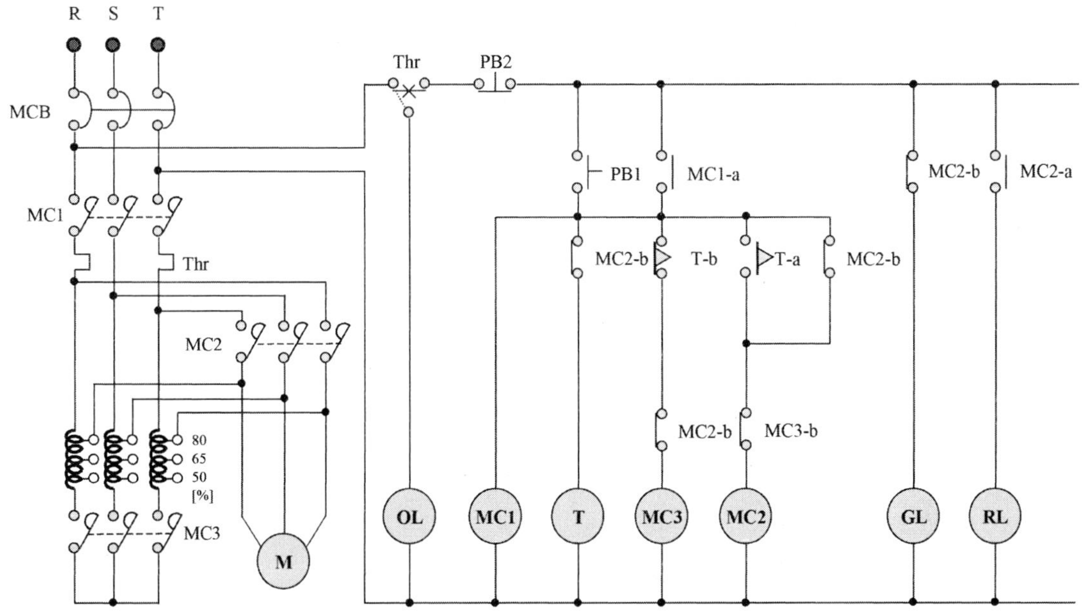

기동 보상기 회로

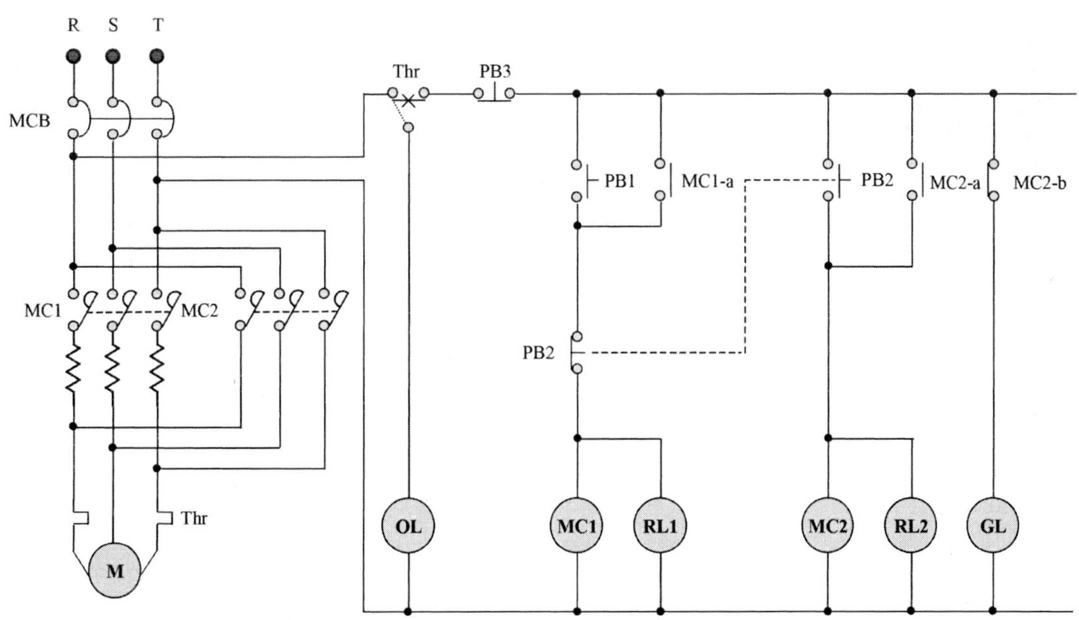

저항 기동 회로

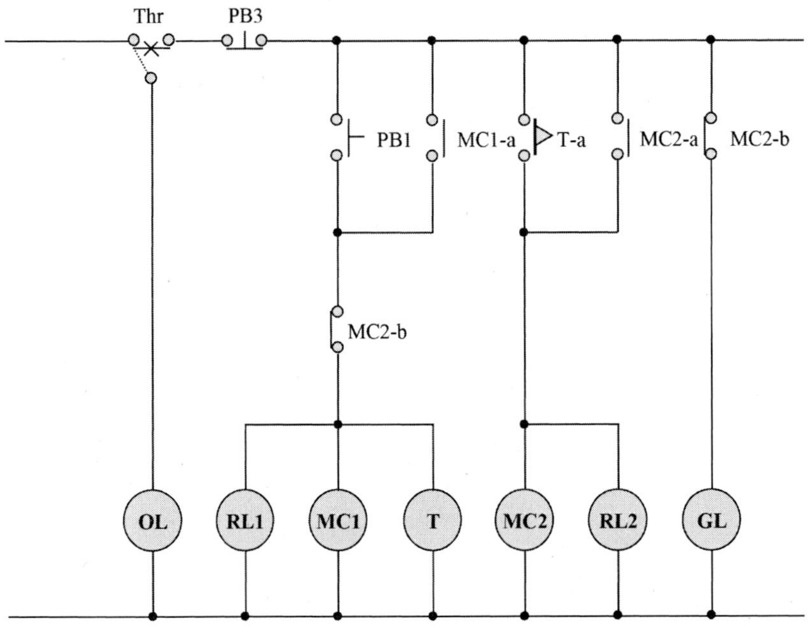
Thr
PB3
PB1
MC1-a
T-a
MC2-a
MC2-b
MC2-b
OL
RL1
MC1
T
MC2
RL2
GL

자동 저항 기동 회로

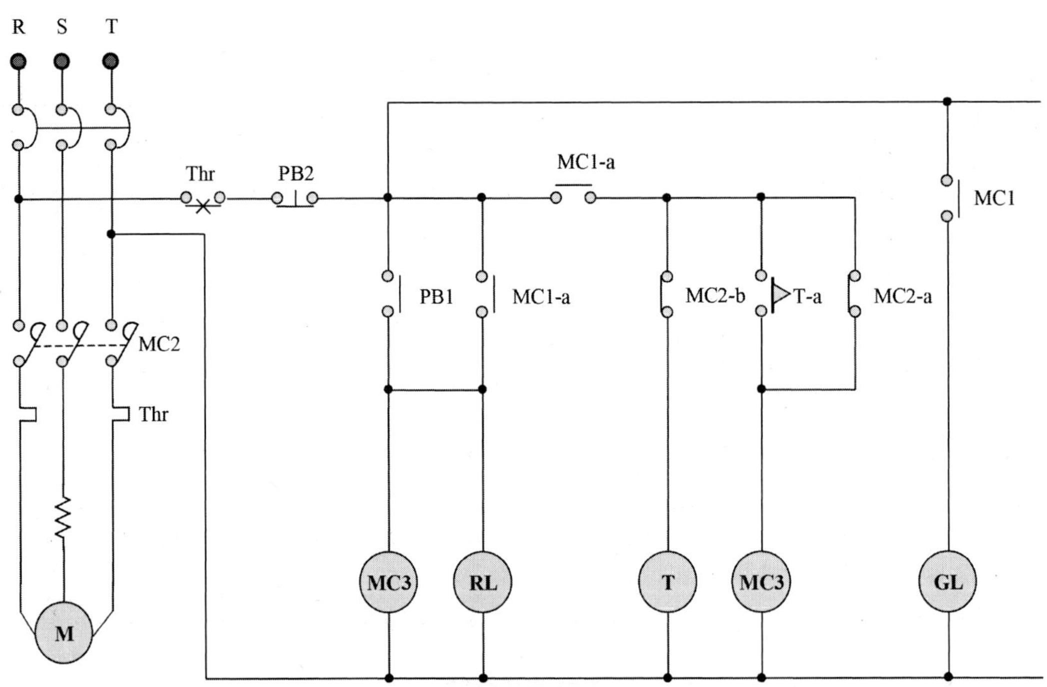
R S T
MC2
Thr
M
Thr
PB2
MC1-a
MC1
PB1
MC1-a
MC2-b
T-a
MC2-a
MC3
RL
T
MC3
GL

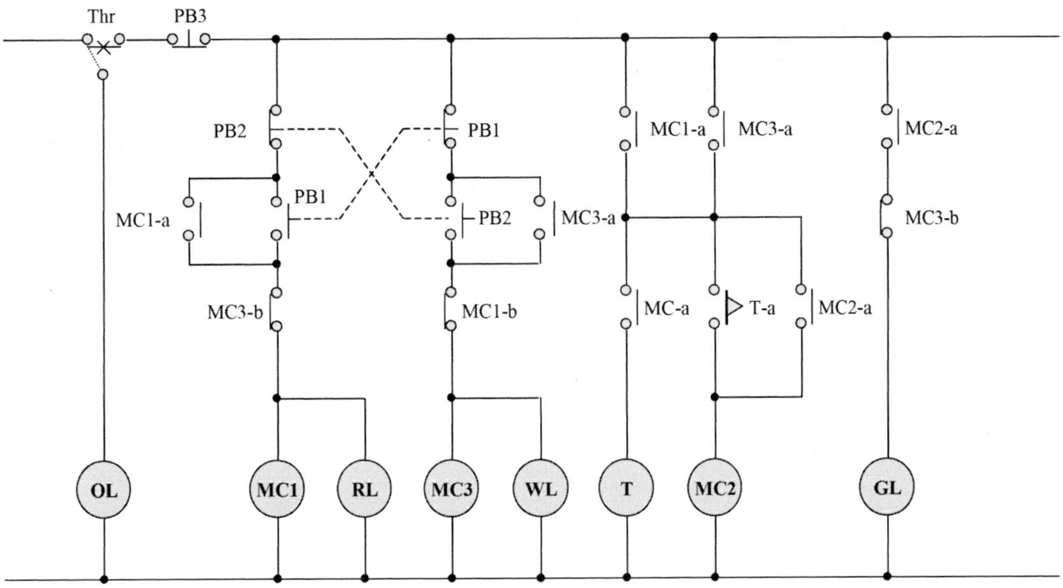

역회전 회로

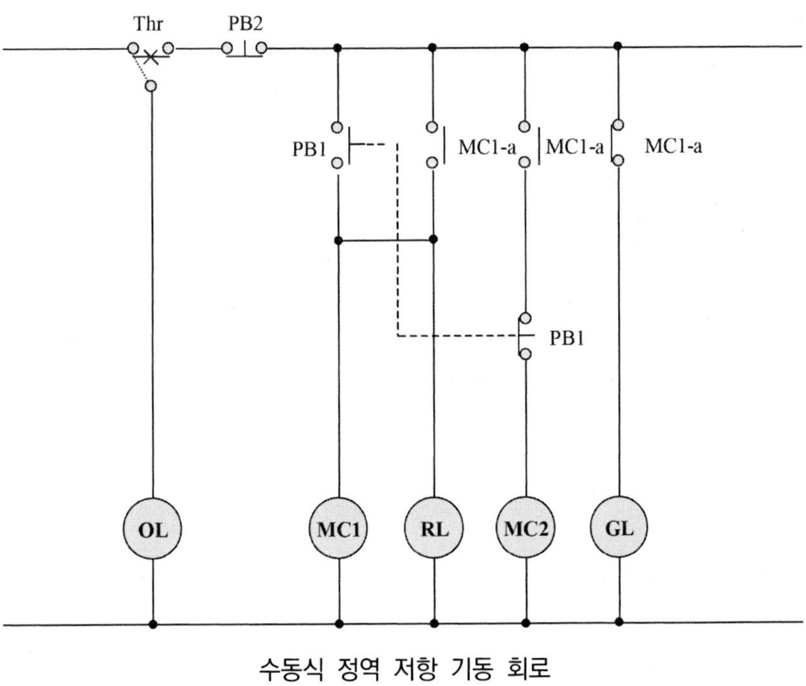

수동식 정역 저항 기동 회로

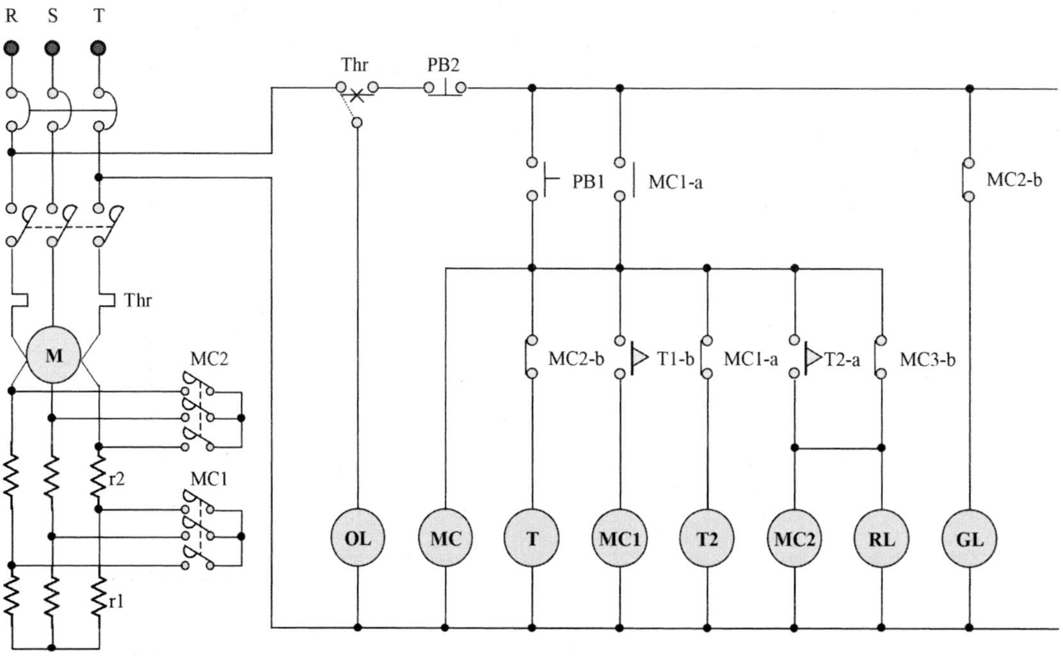

2차 저항 기동 회로

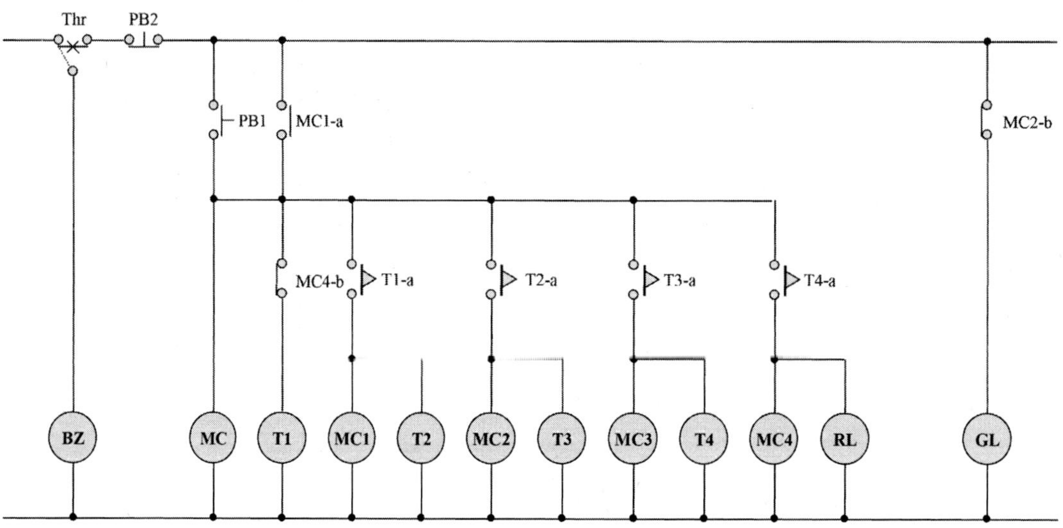

2차 저항 기동 회로 1

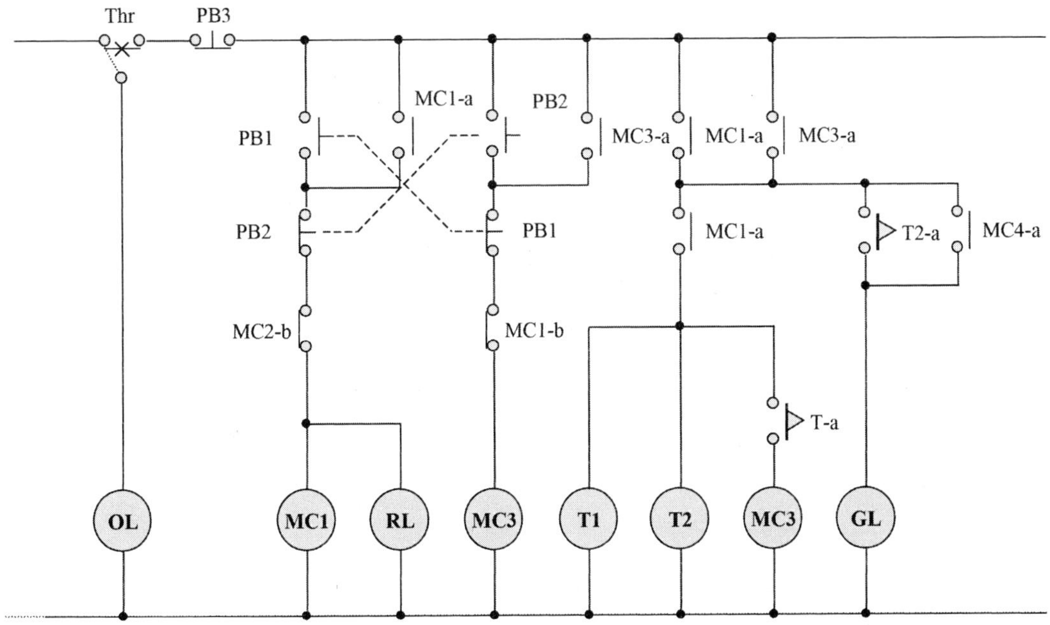

2차 저항 기동 회로 3

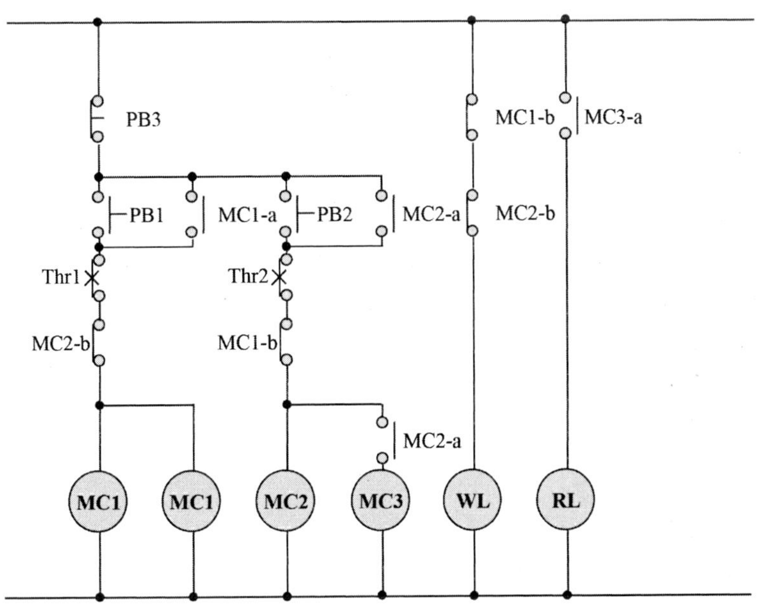

극수 변환 속도 제어 회로

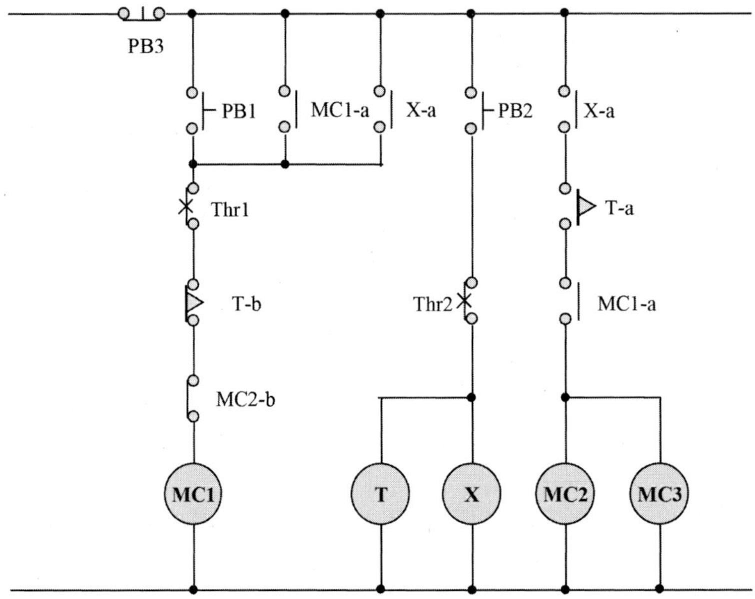

극수 연환 속도 제어 회로 1

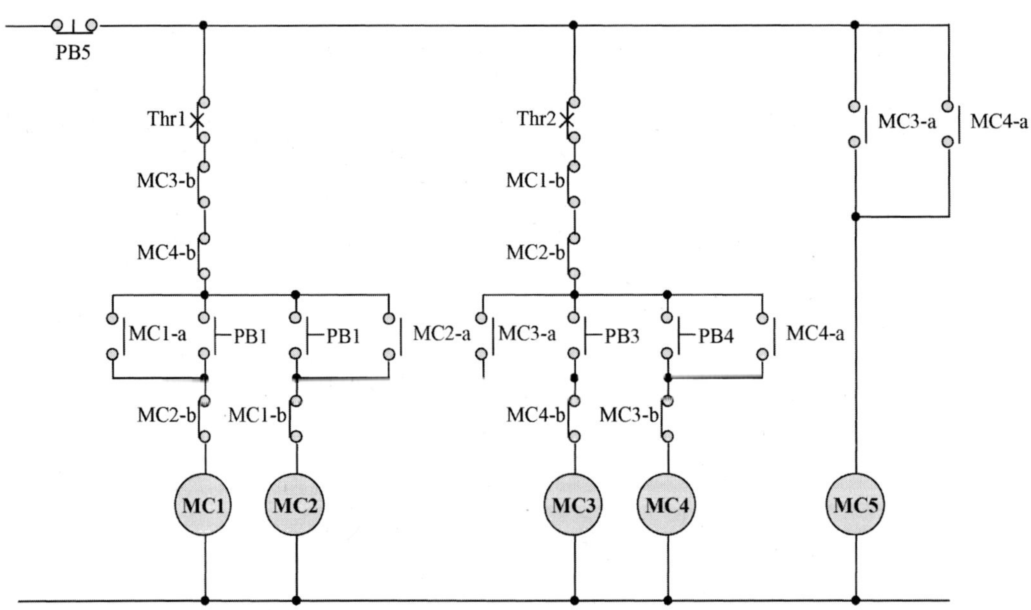

극수 연환 속도 제어 회로 2

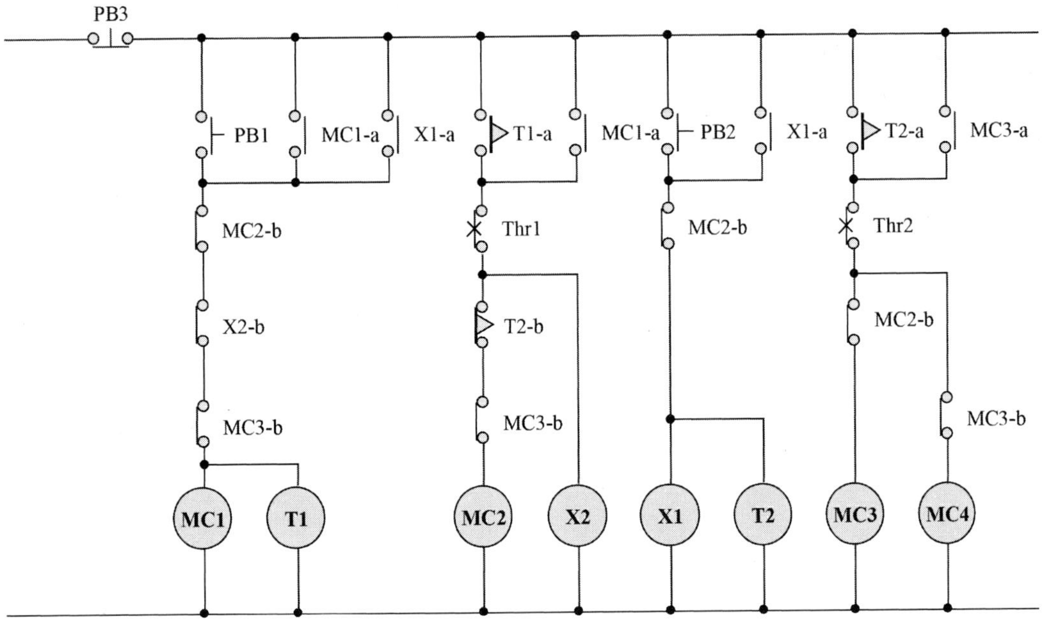

극수 연환 속도 제어 회로 3

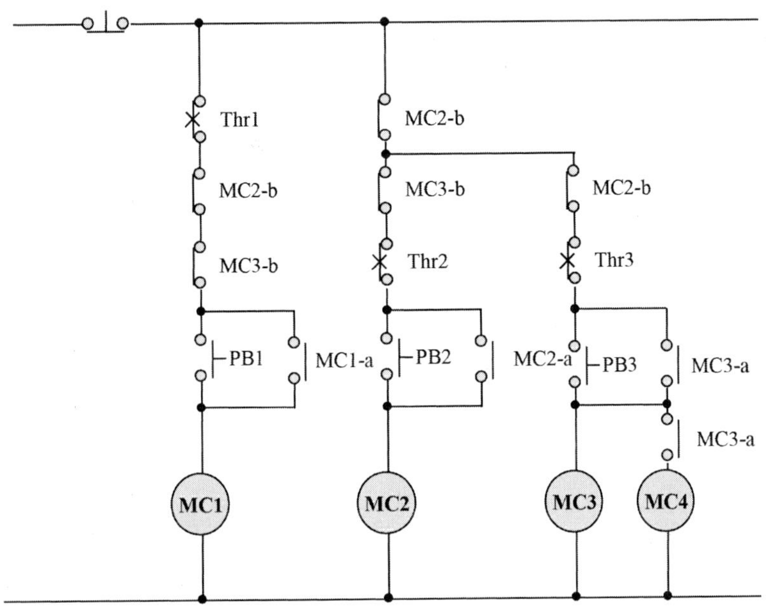

극수 연환 속도 제어 회로 4

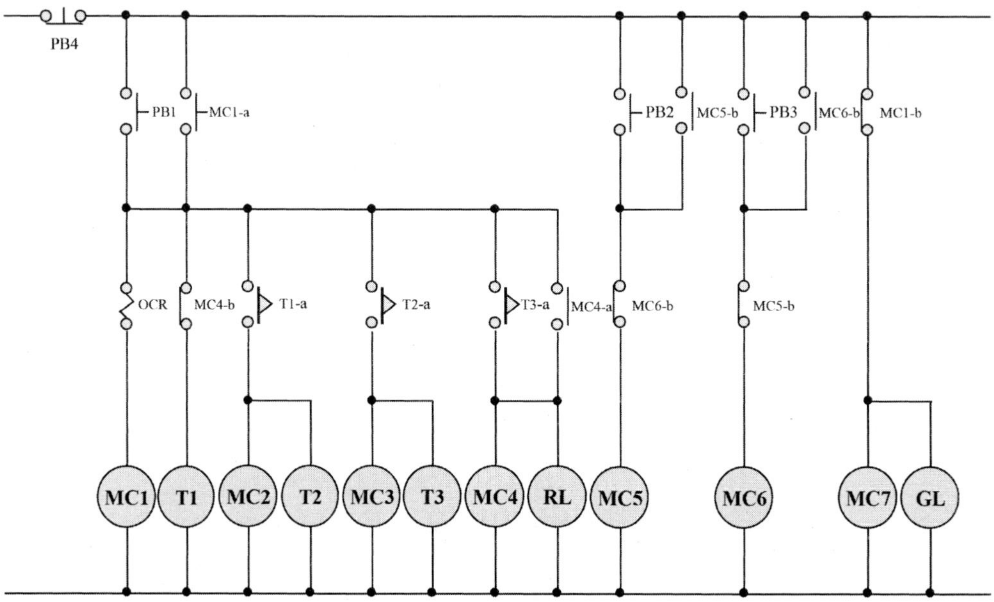

직류 전동기 제어 회로

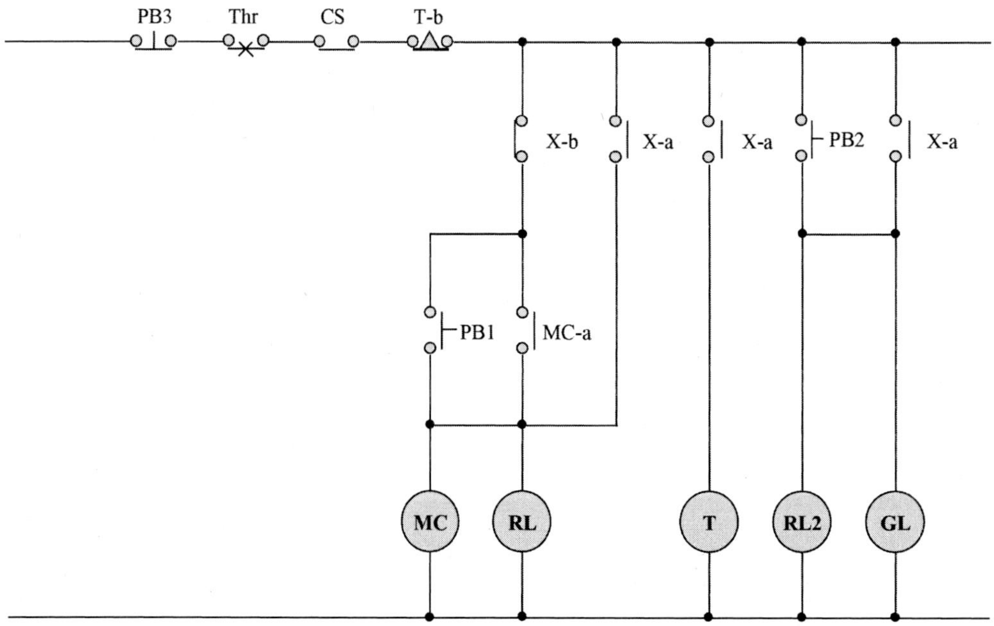

간단한 전동기 제어 회로 1

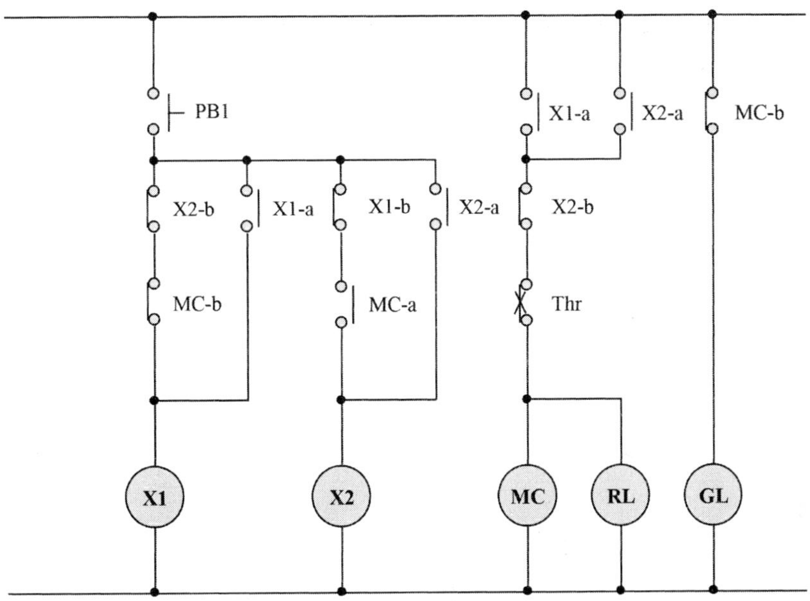

간단한 전동기 제어 회로 2

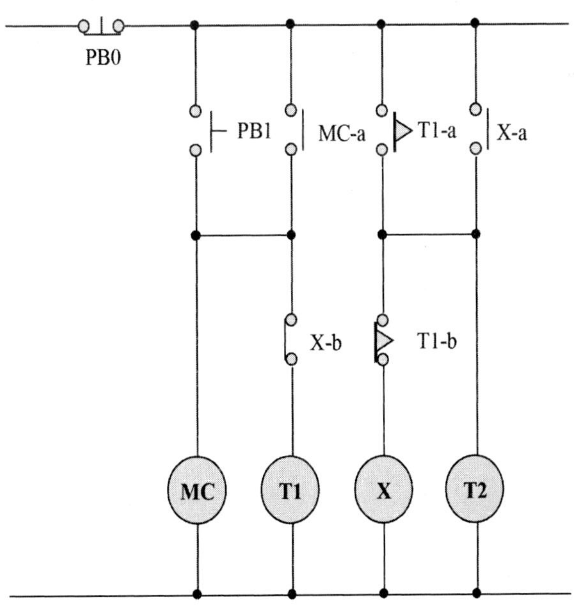

간단한 전동기 제어 회로 3

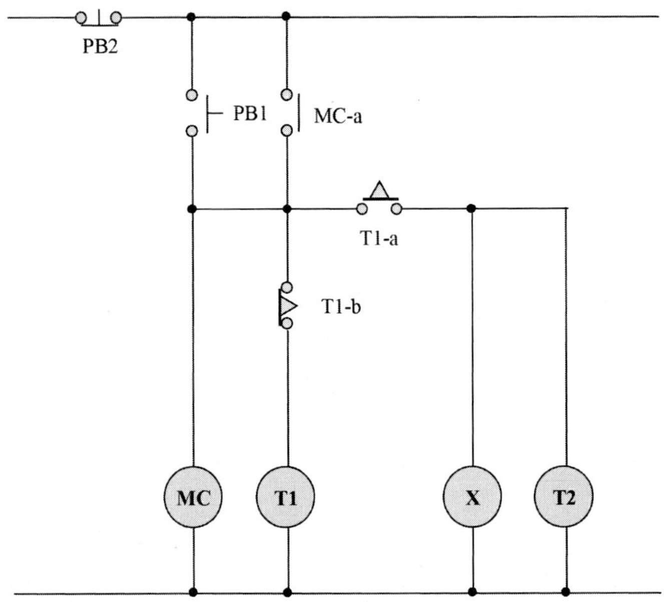

간단한 전동기 제어 회로 4

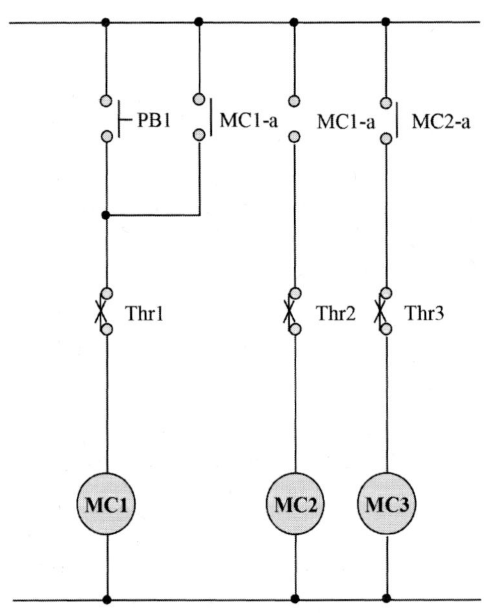

순서 제어 회로

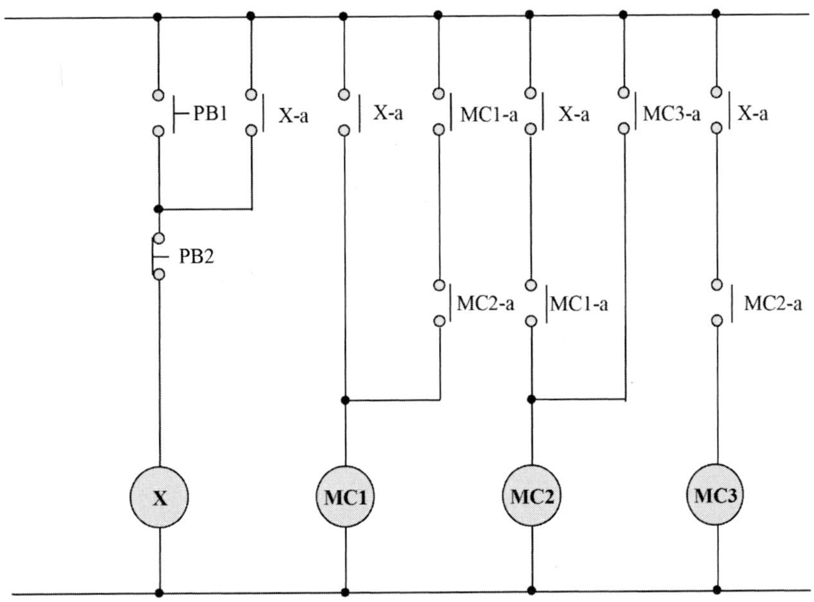

순서 제어 회로 1

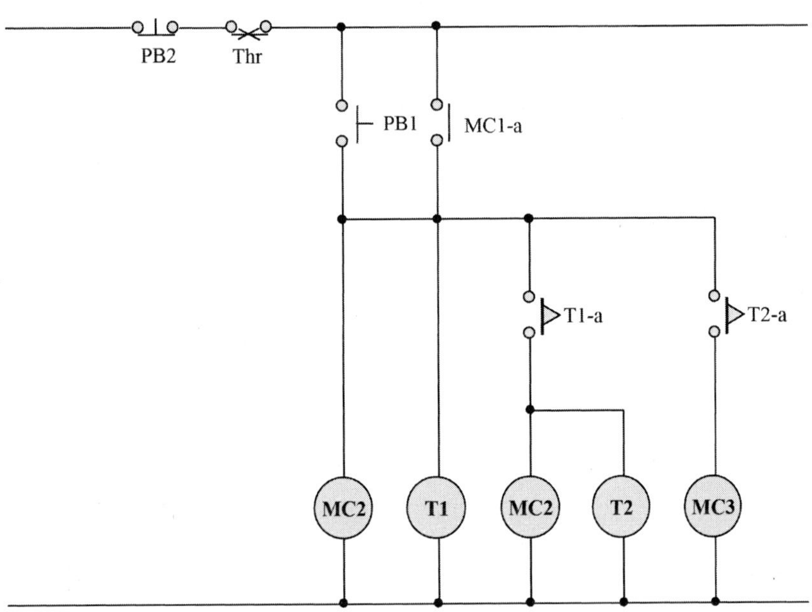

타이머 순서 제어 회로

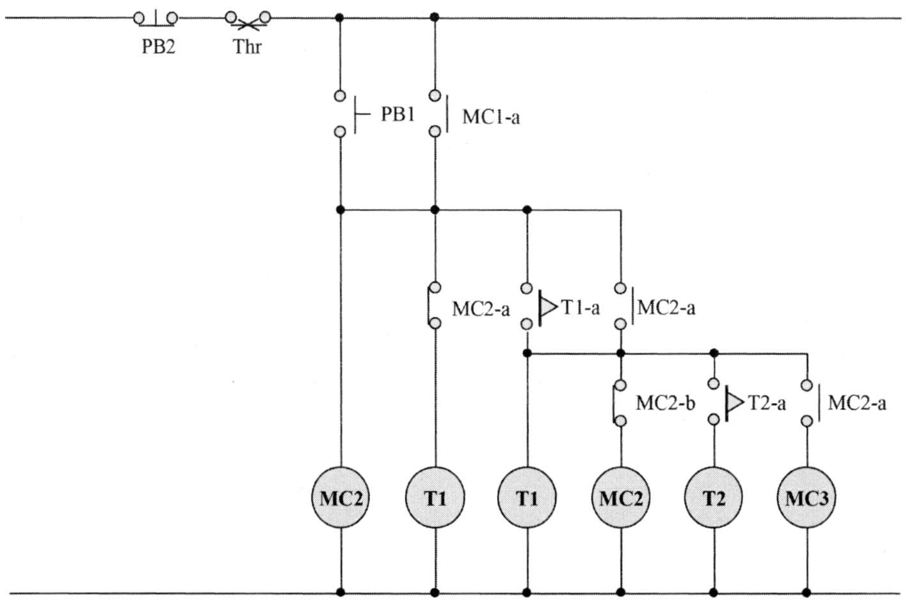

타이머 순서 제어 회로 1

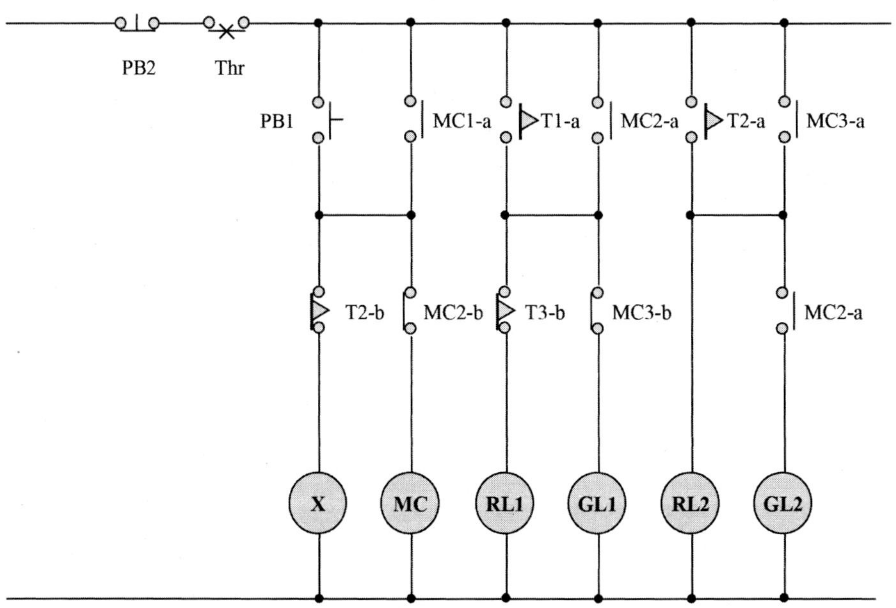

타이머 순서제어 회로 2

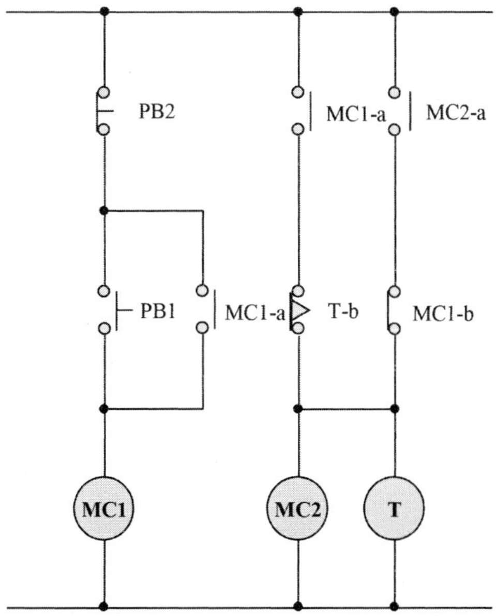

타이머 순서 제어 회로 3

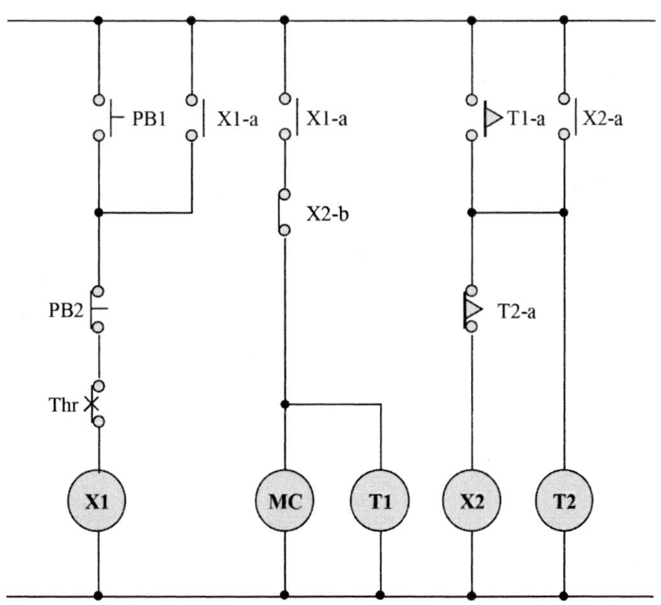

교대 제어 회로

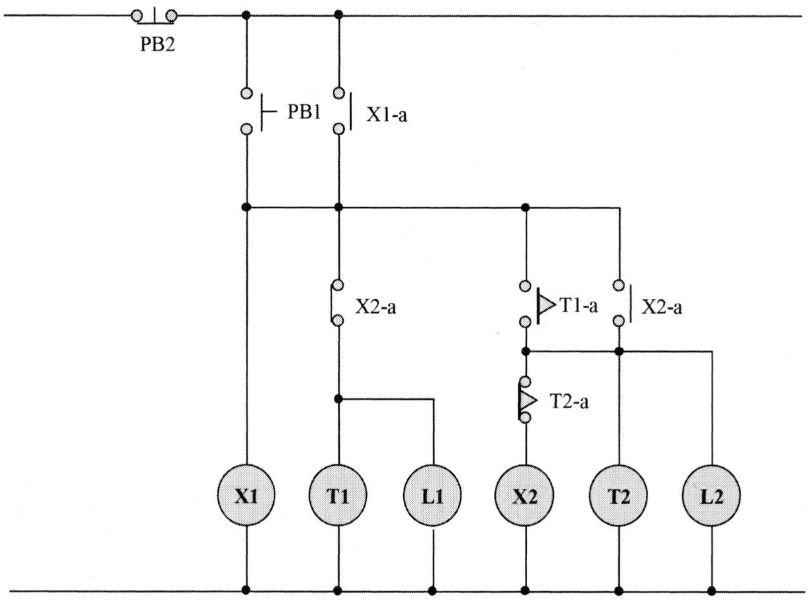

교대 제어 회로 1

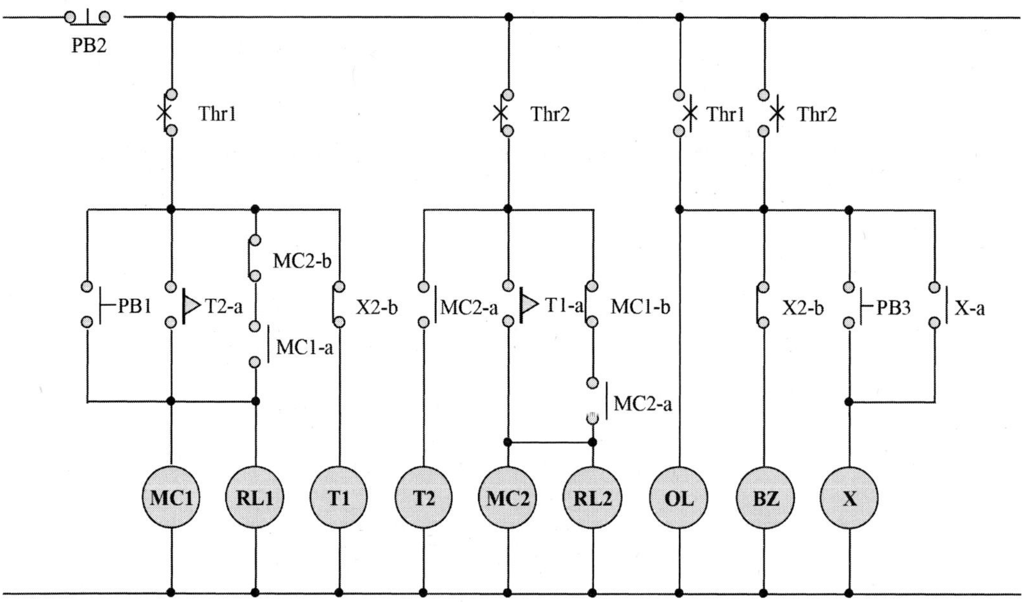

교대 제어 회로 2

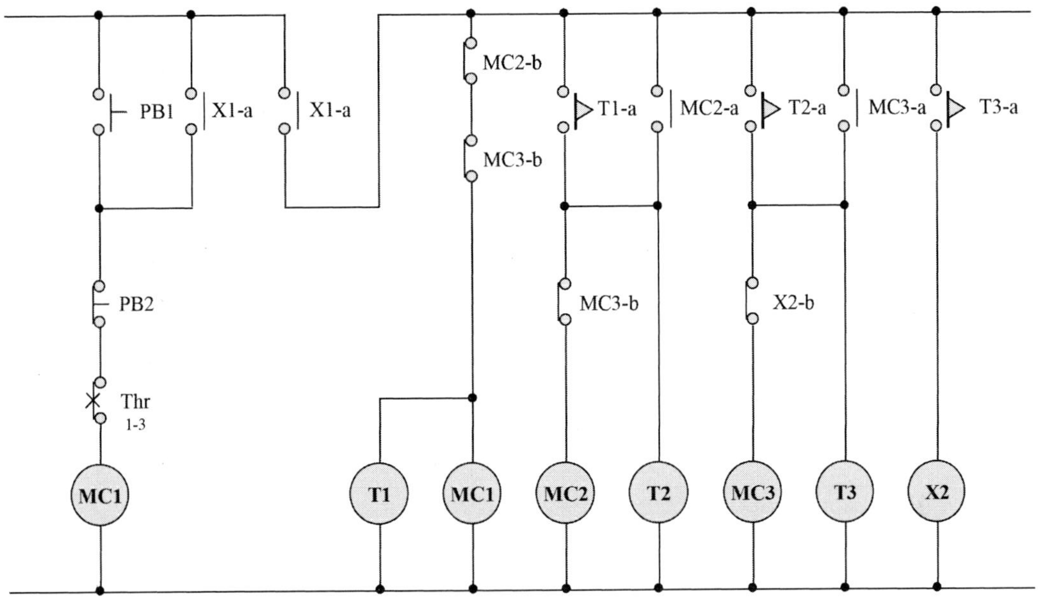

교대 제어 회로 3

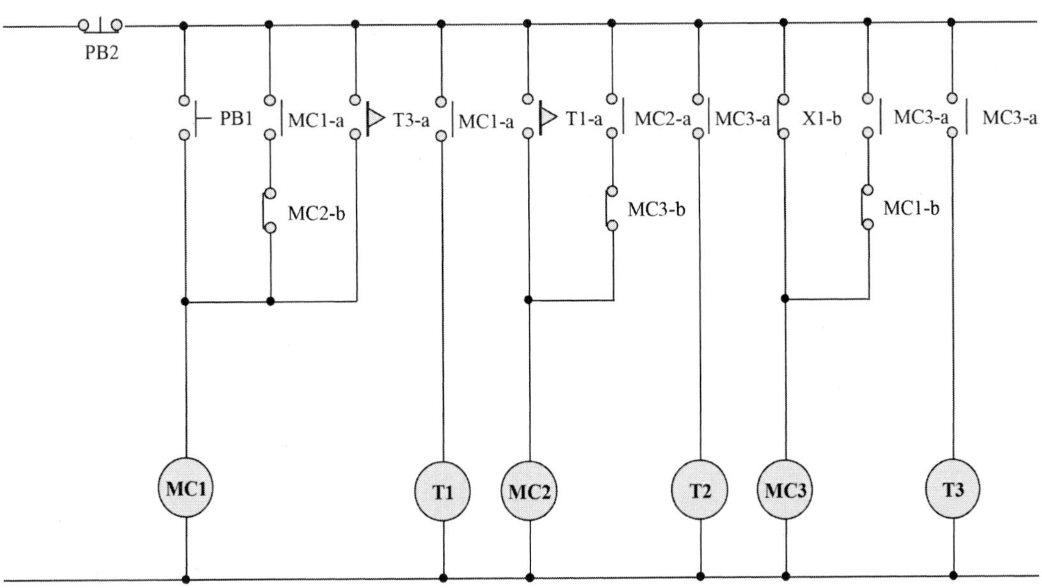

교대 제어 회로 4

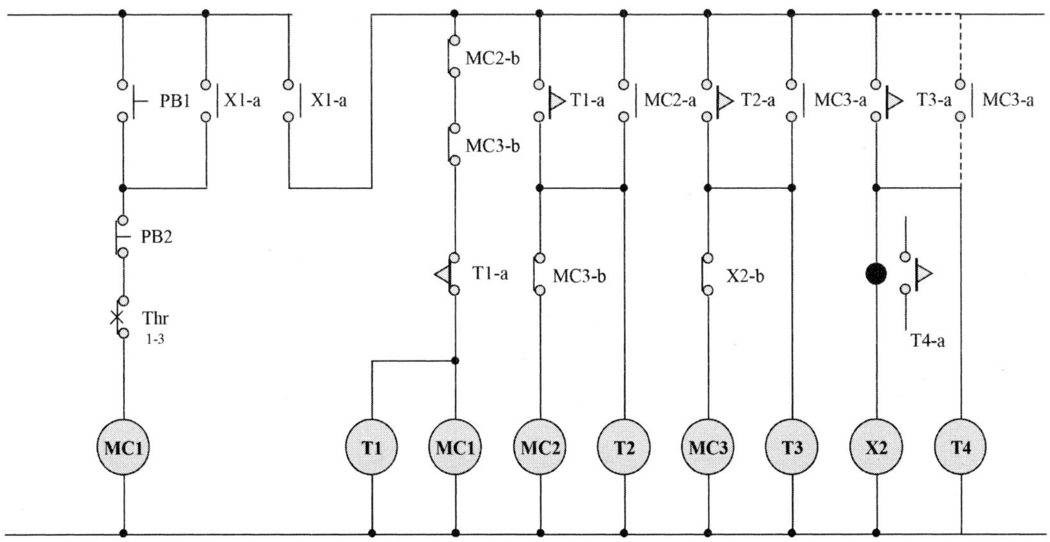

교대 제어 회로 5

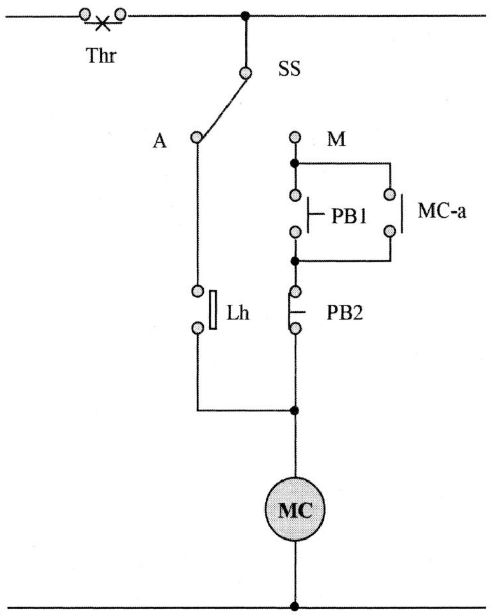

펌프 제어 회로

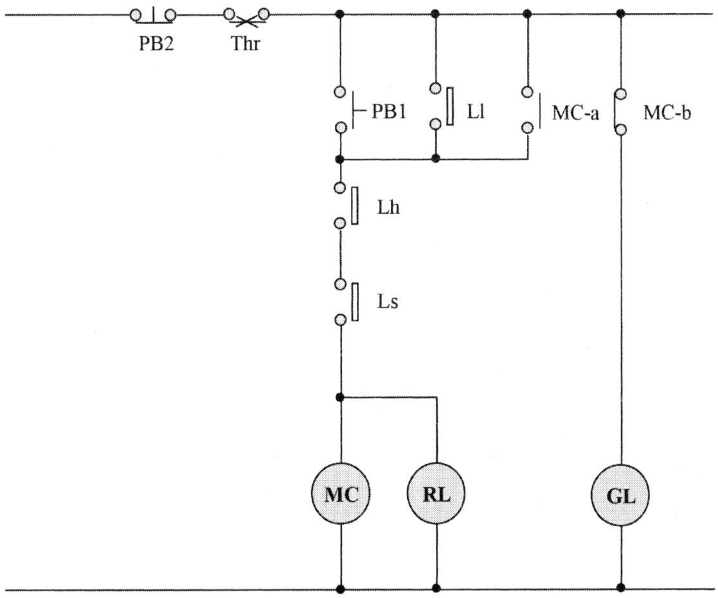

펌프 제어 회로 1

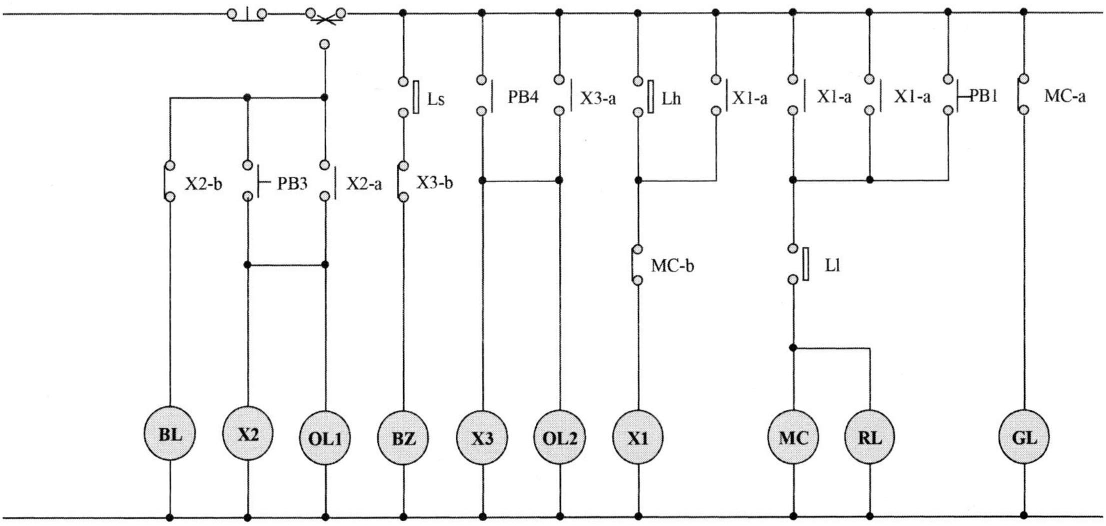

펌프 제어 회로 2

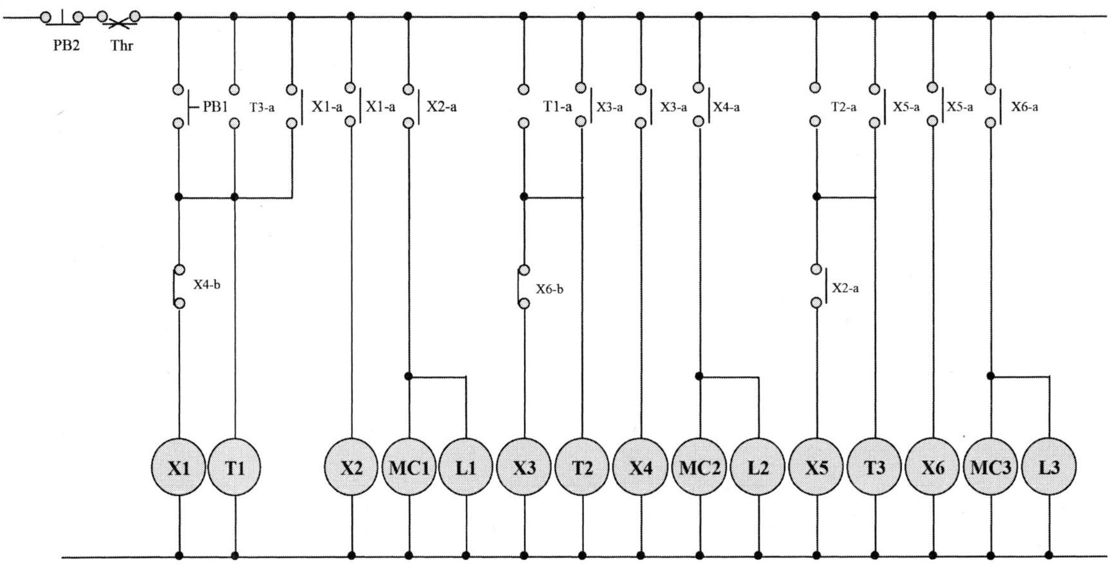

펌프 제어 회로 3

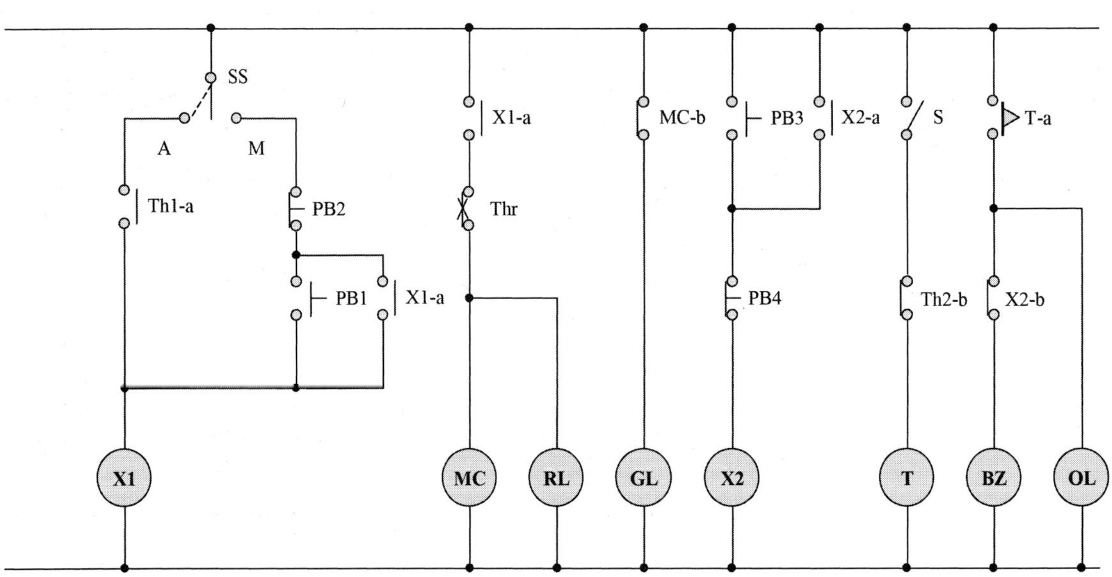

펌프 제어 회로 4

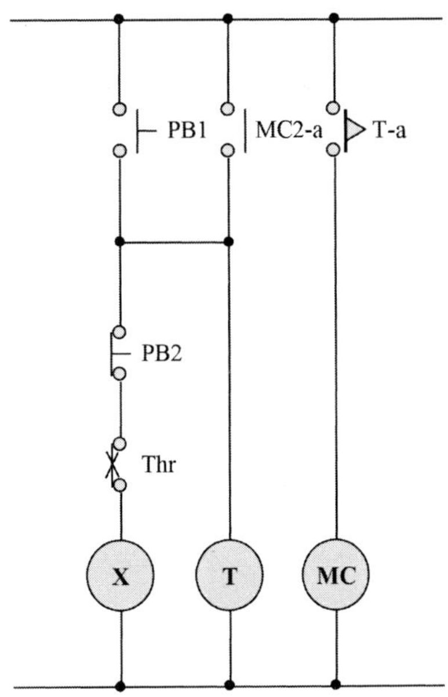

팬 모터 운전 회로

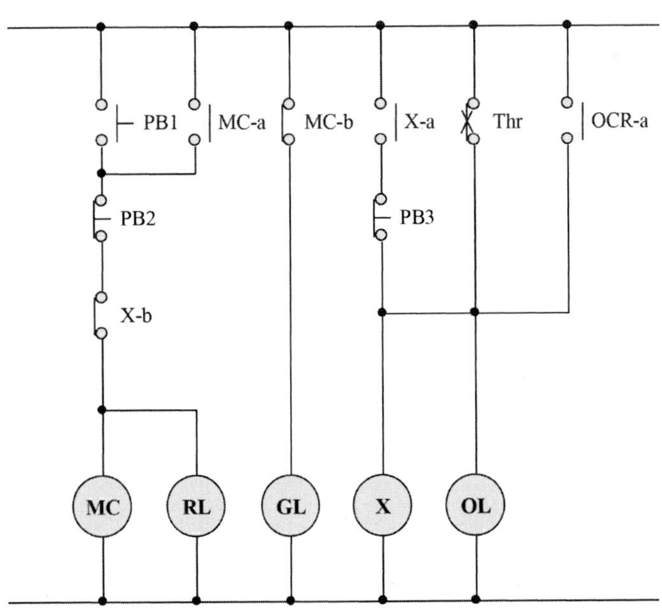

팬 모터 운전 회로 1

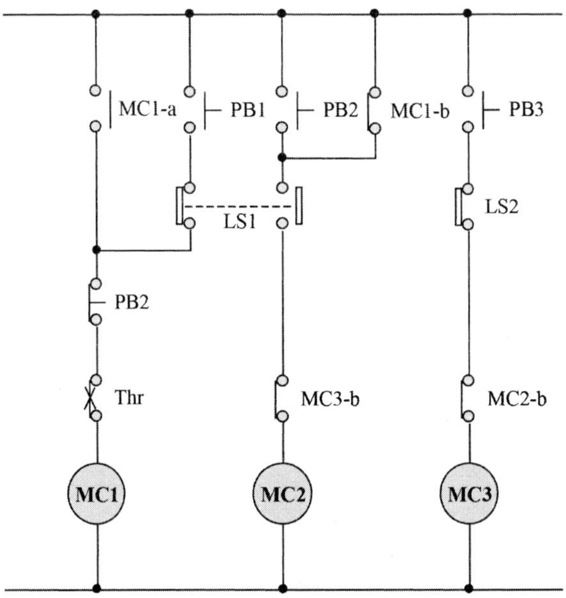

팬 모터 운전 회로 2

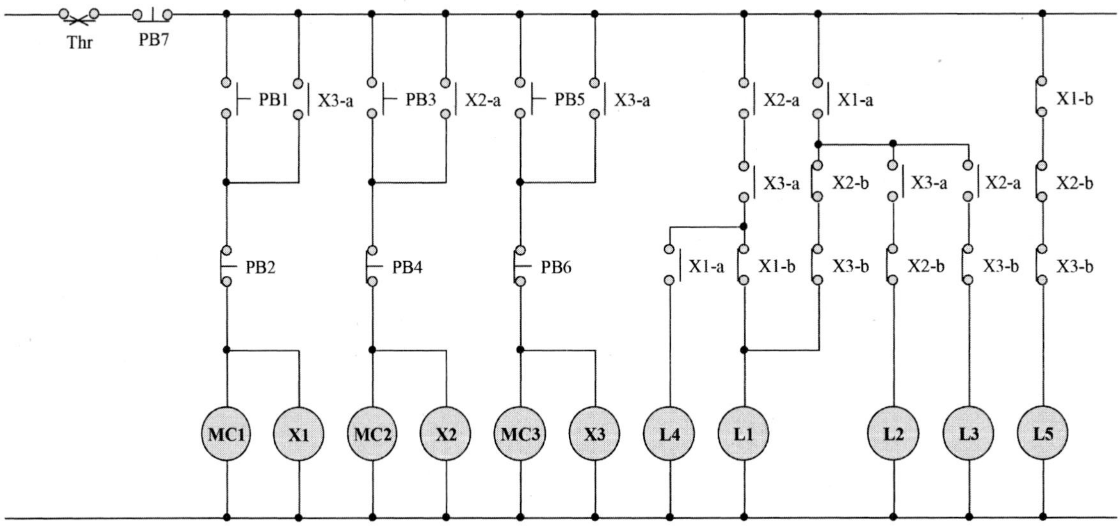

팬 모터 운전 회로 3

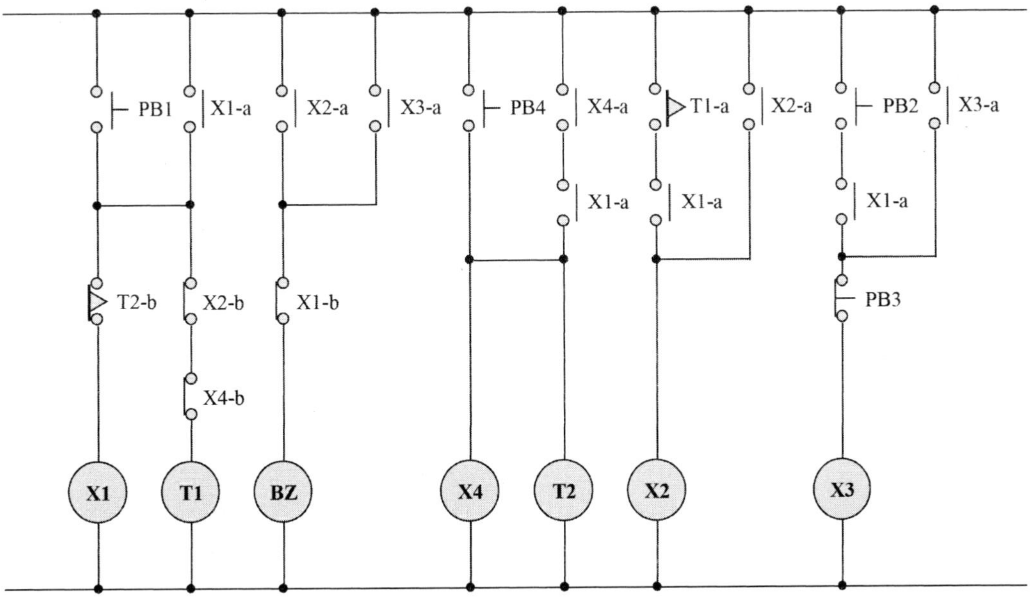

팬 모터 운전 회로 4

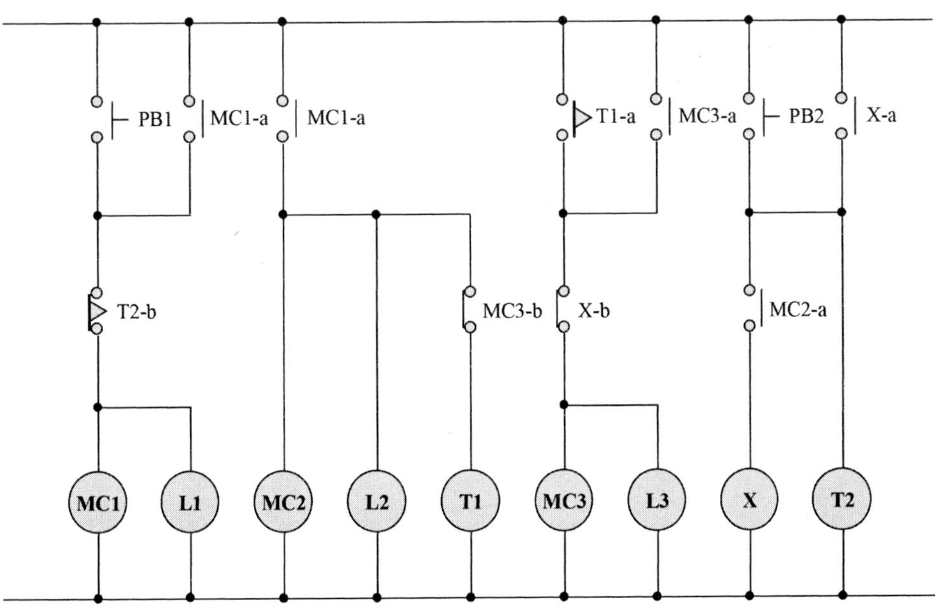

컨베이어 회로 7

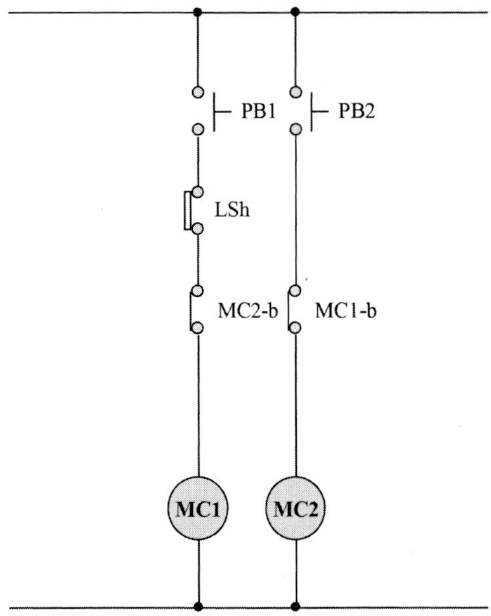

권상 제어 회로

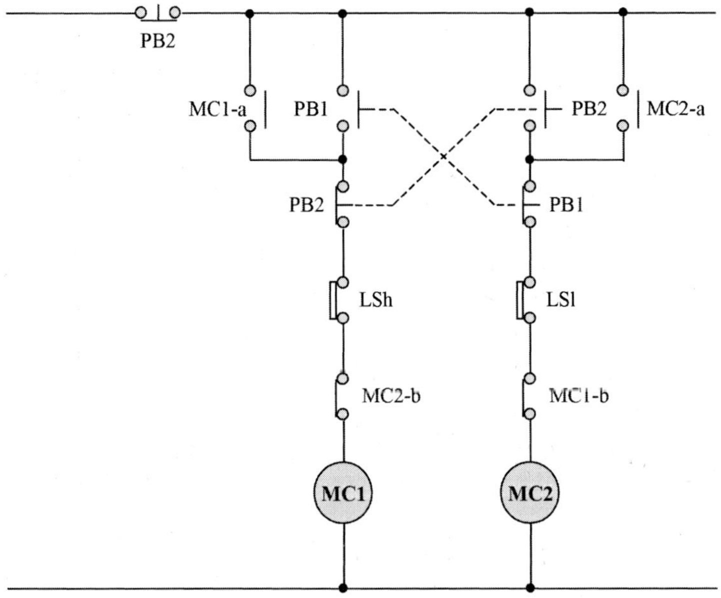

권상 제어 회로 1

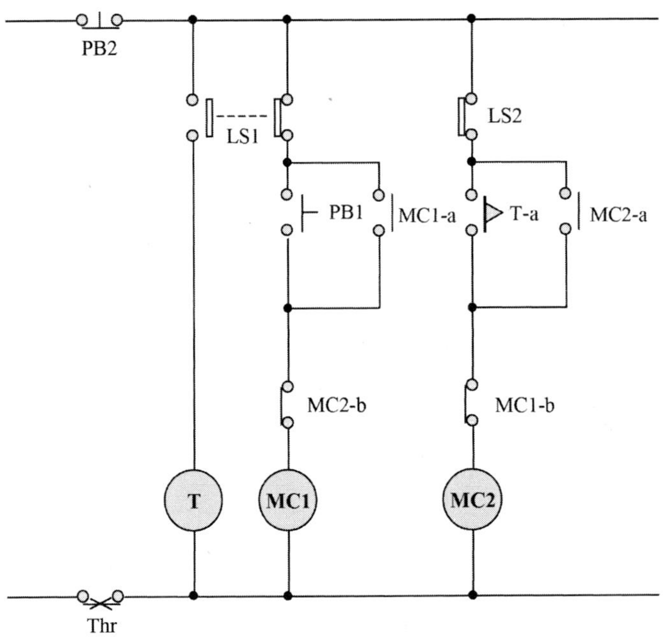

권상 제어 회로 2

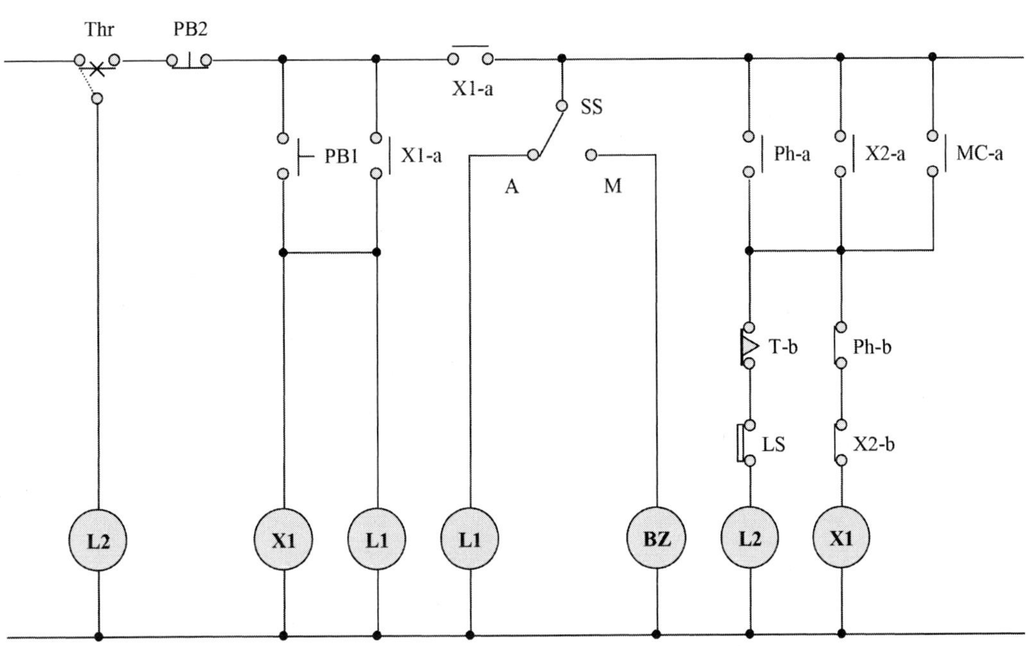

권상 제어 회로 3

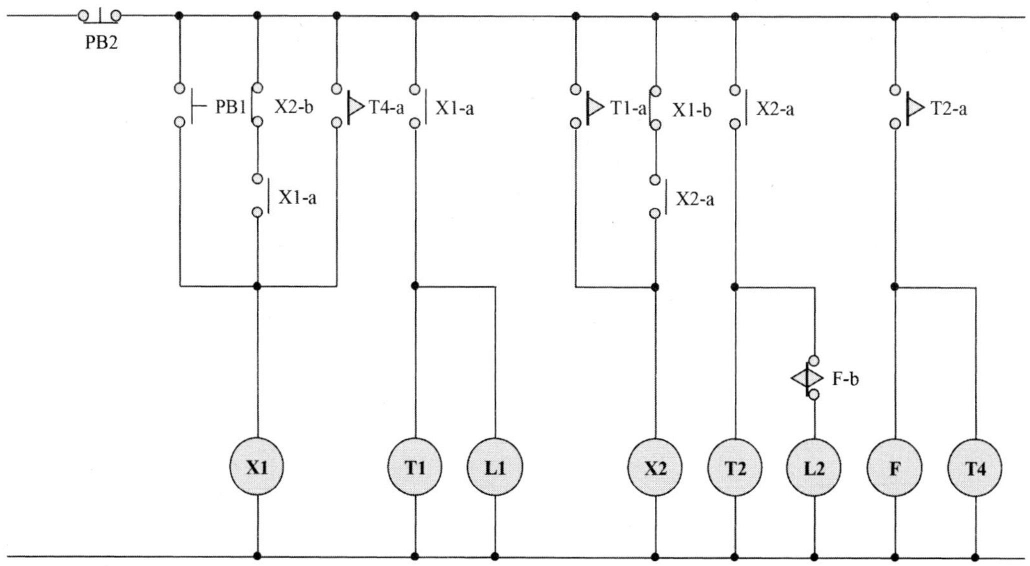

신호등 제어 회로

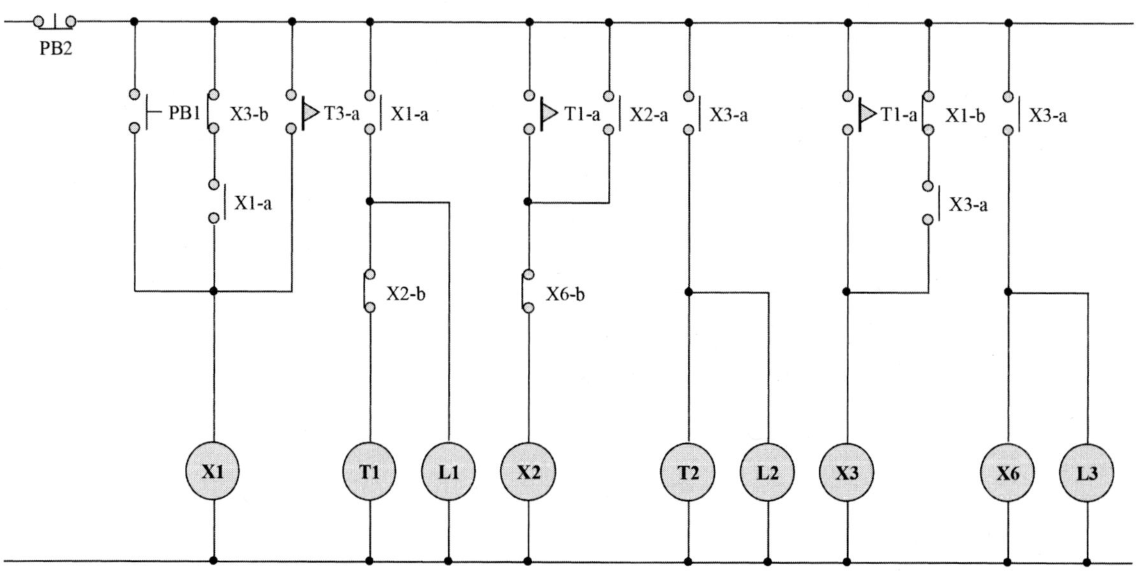

신호등 제어 회로 1

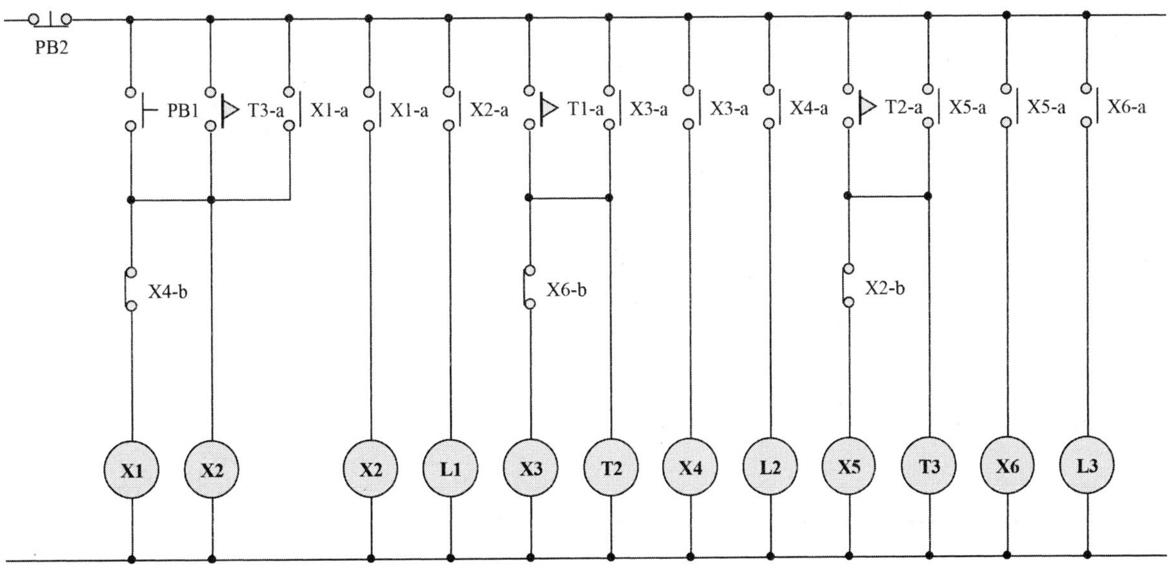

신호등 제어 회로 2

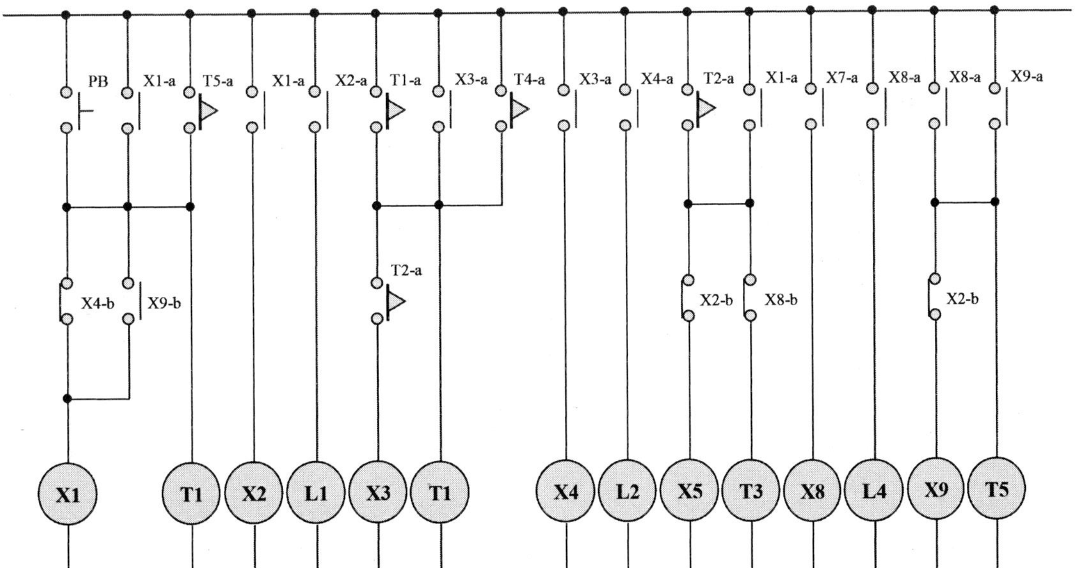

신호등 제어 회로 3

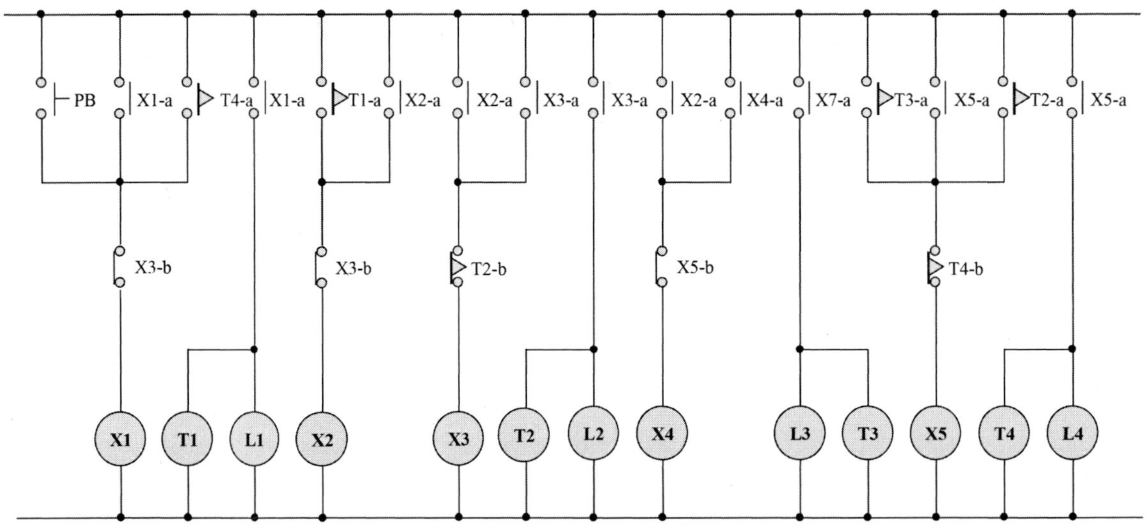

신호등 제어 회로 4

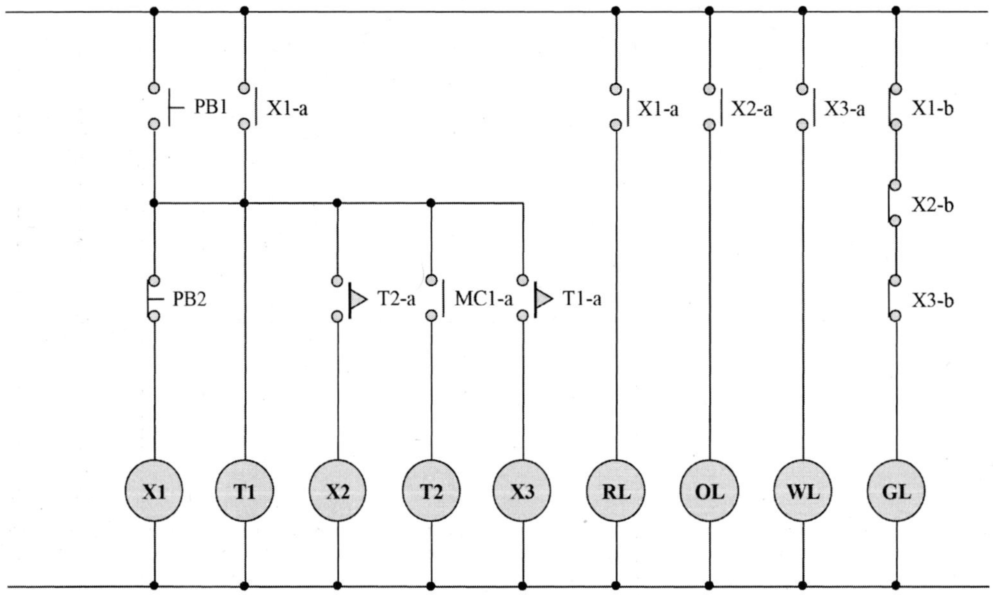

기타 제어 회로

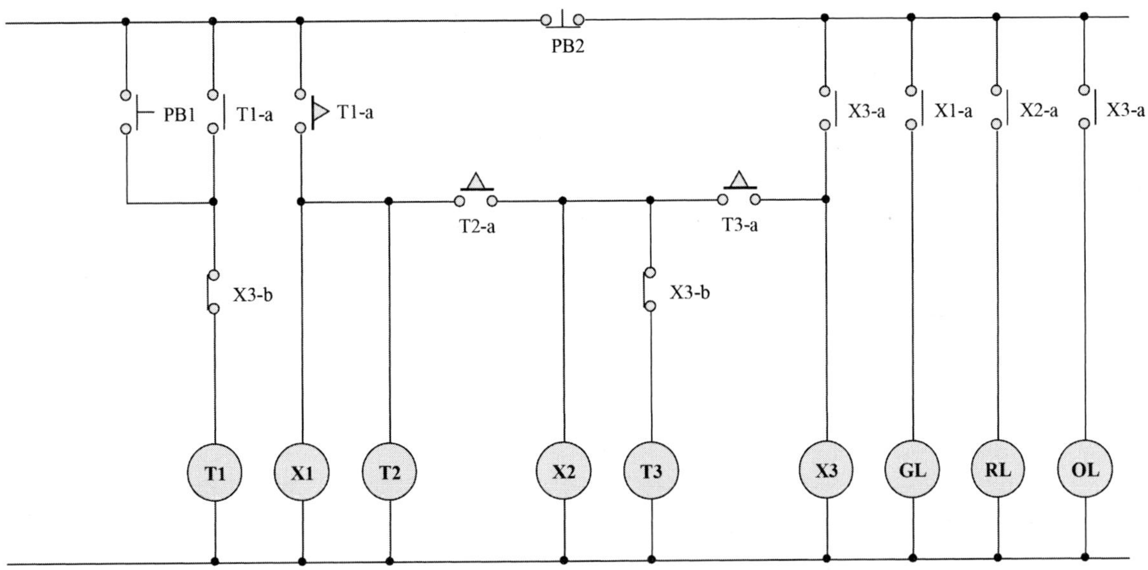

기타 제어 회로1

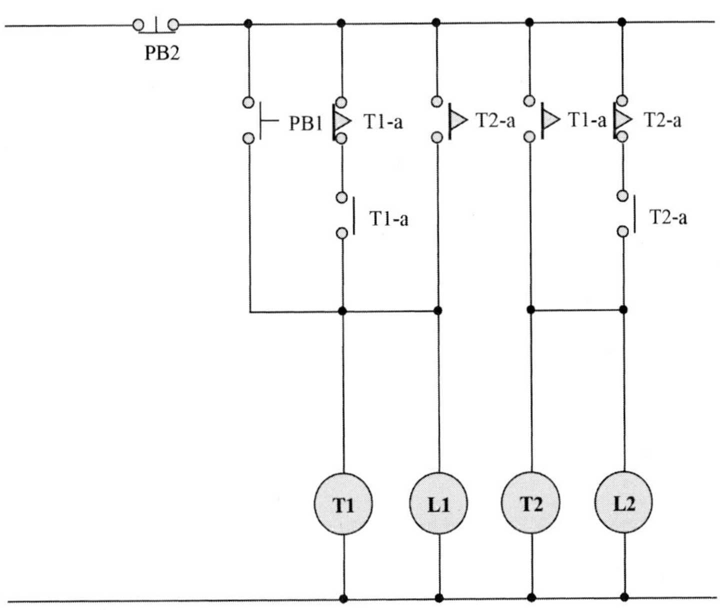

기타 제어 회로 2

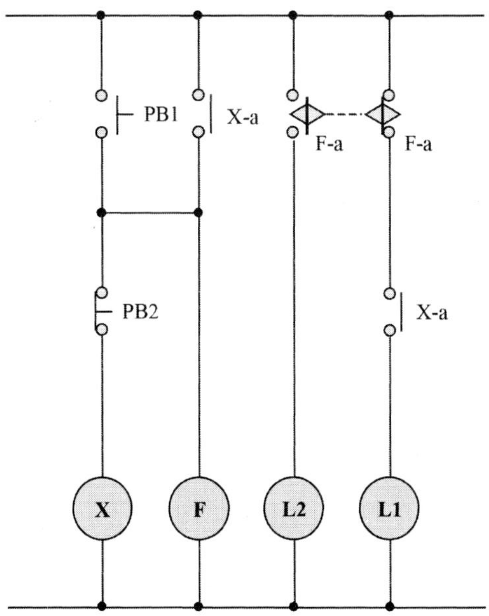

기타 제어 회로 3

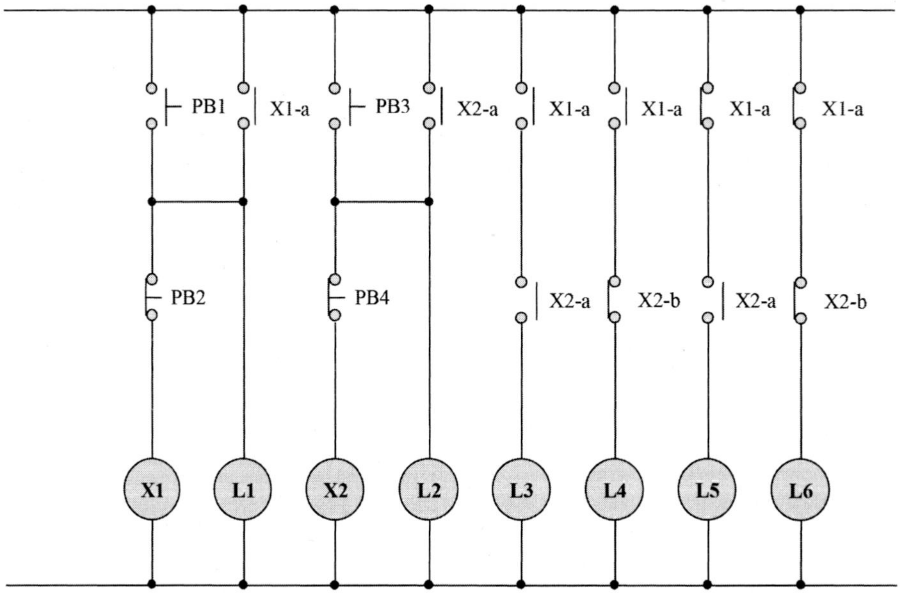

기타 제어 회로 4

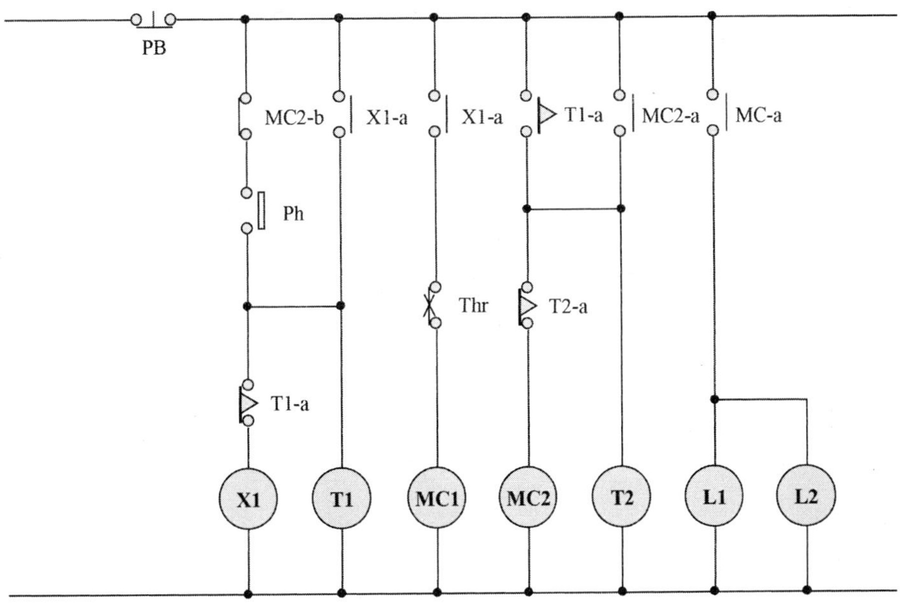

기타 제어 회로 5

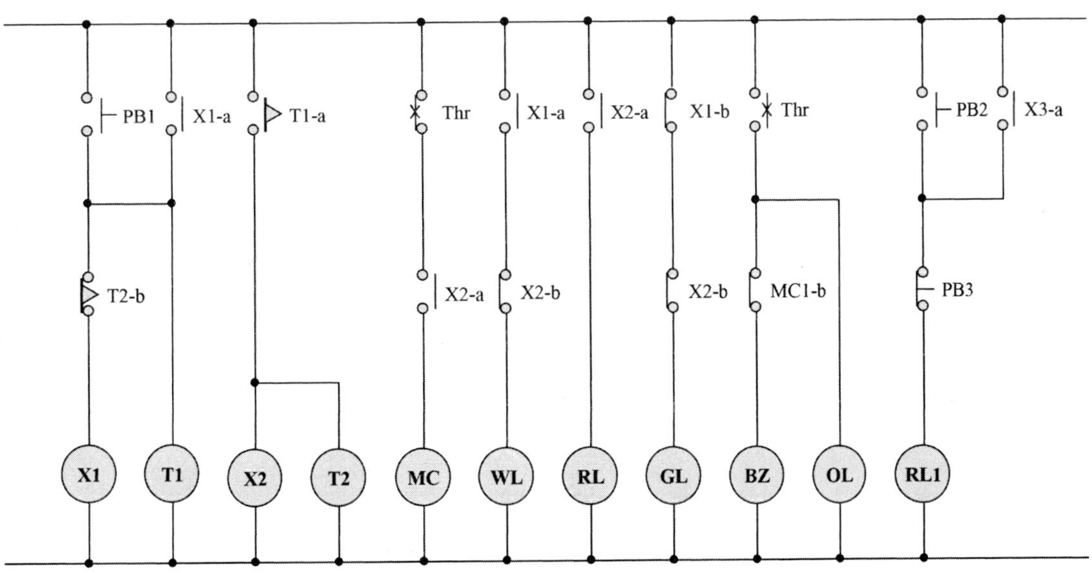

기타 제어 회로 6

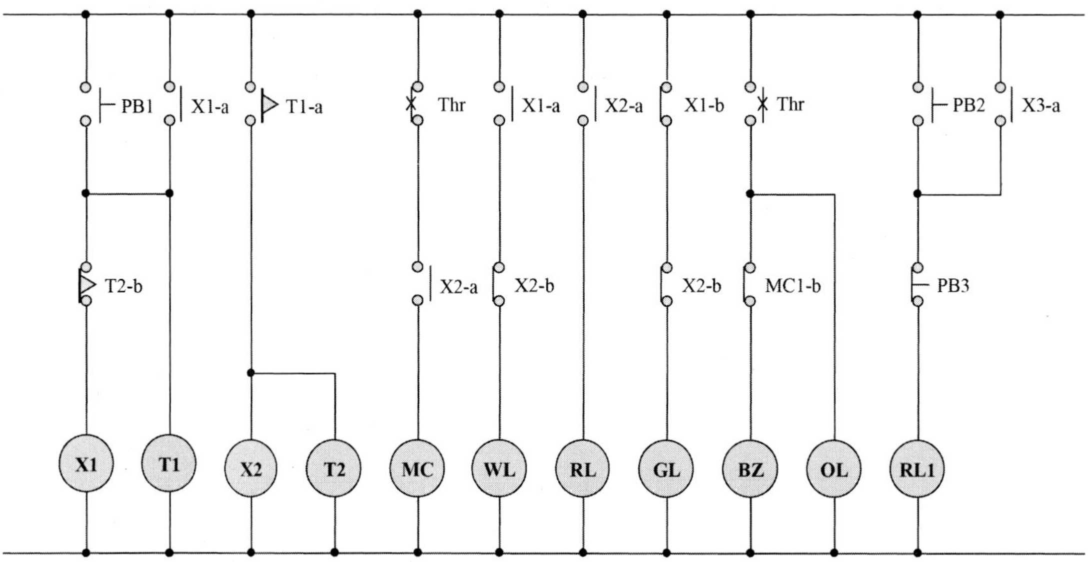

기타 제어 회로 7

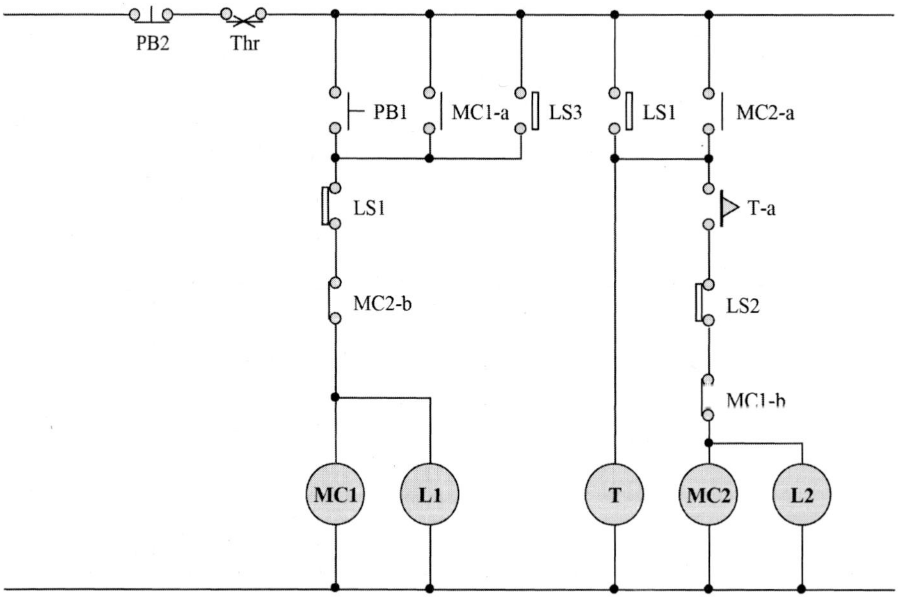

기타 제어 회로 8

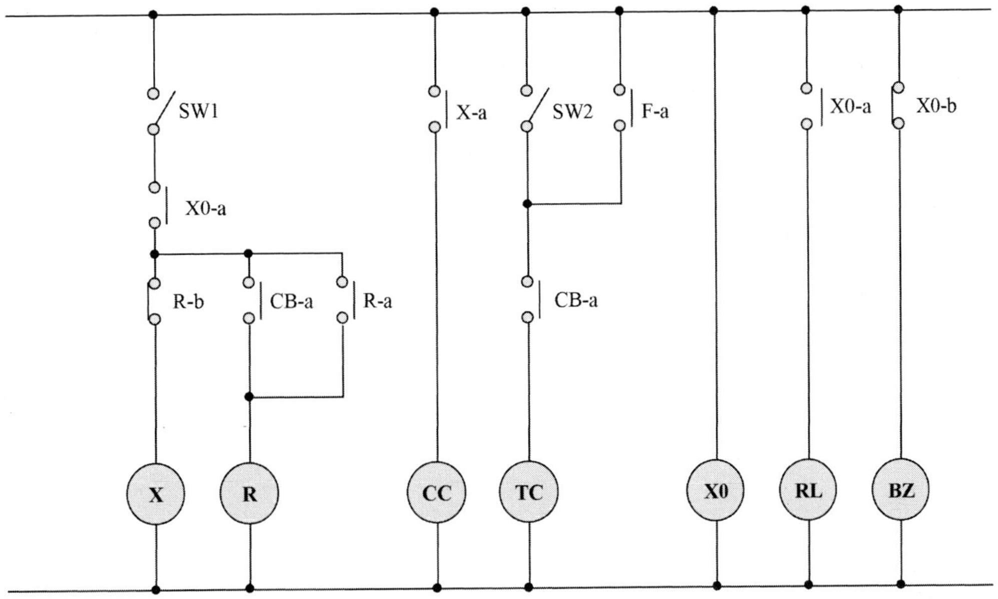

기타 제어 회로 9

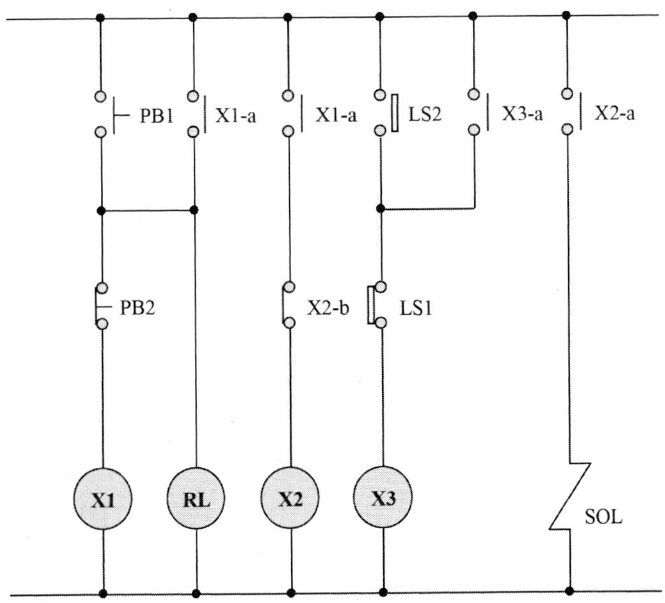

기타 제어 회로 11

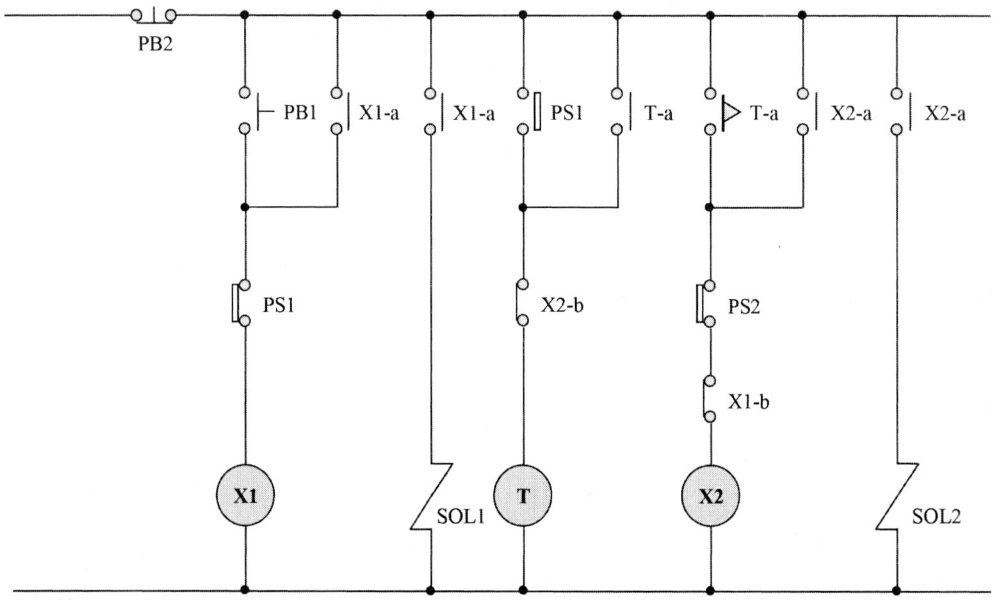

기타 제어 회로 12

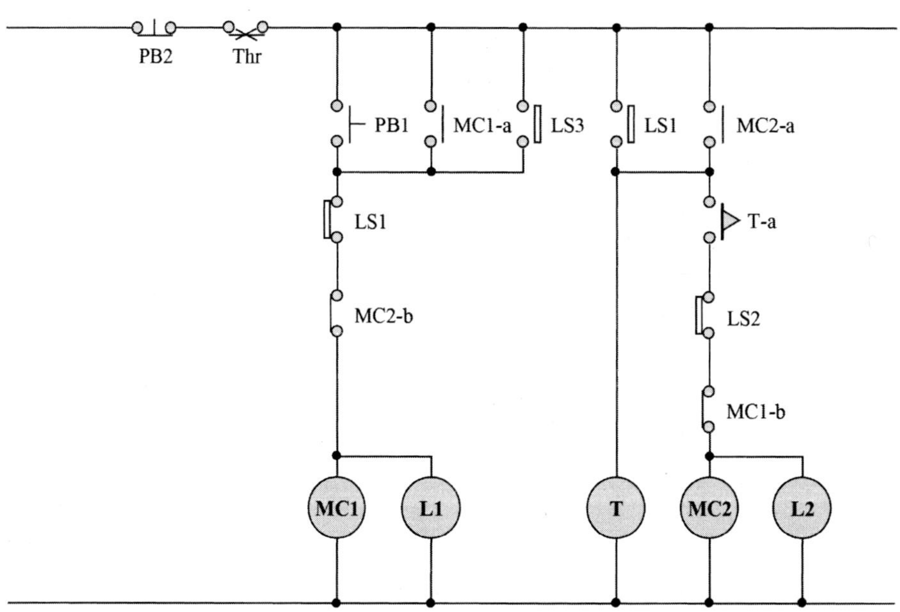

기타 제어 회로 13

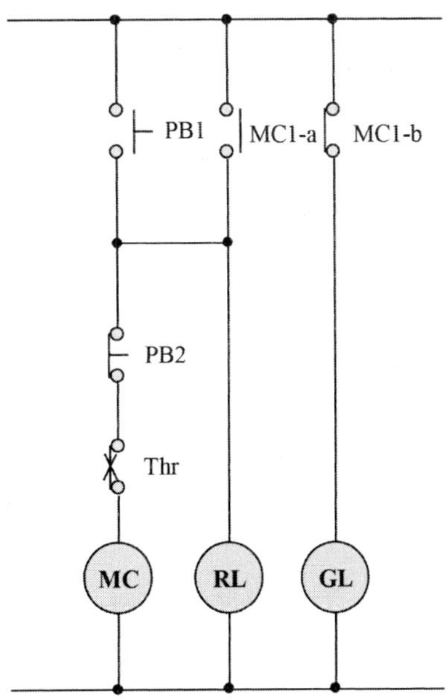

프로그램 연습

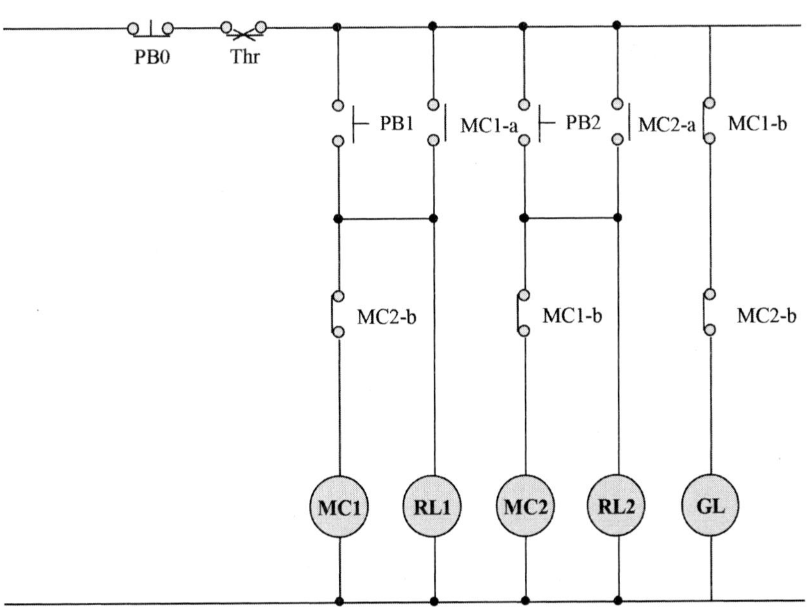

프로그램 연습 1

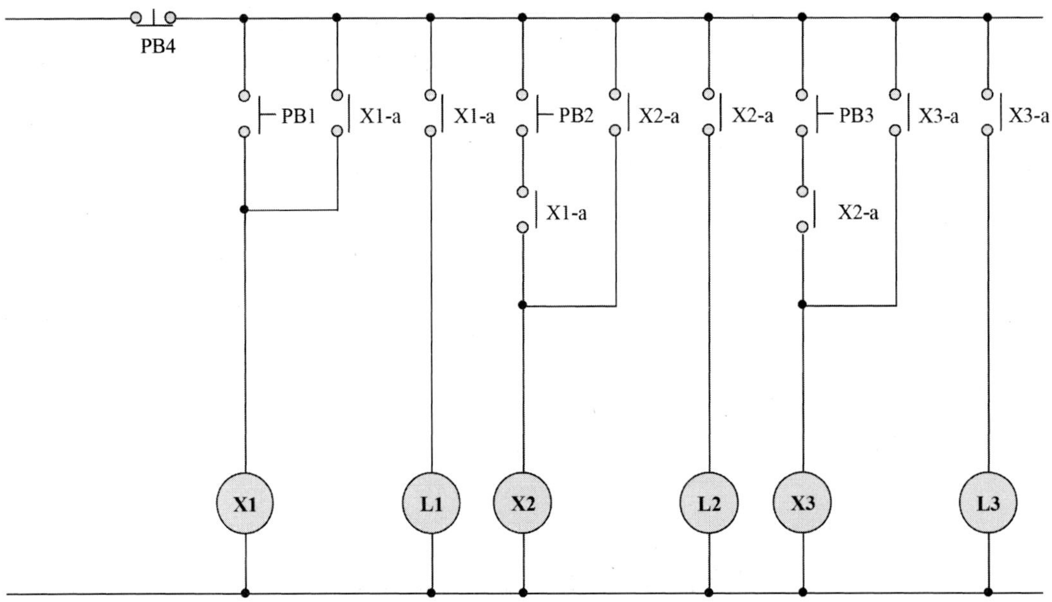

프로그램 연습 2

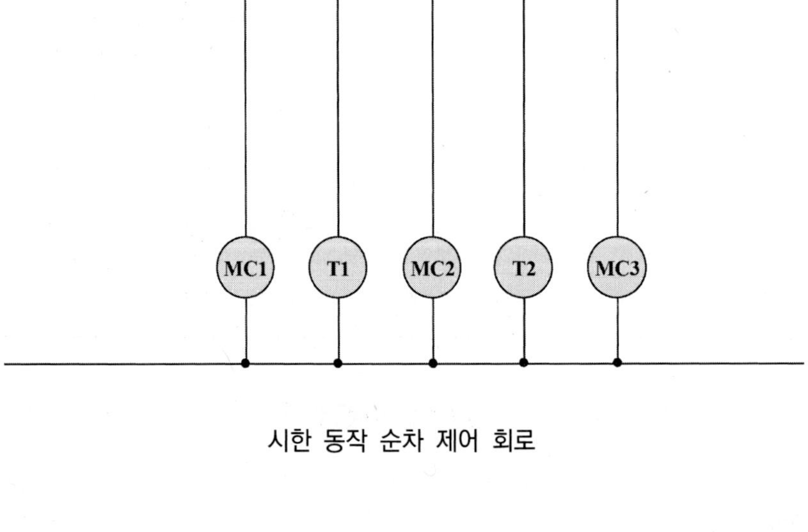

시한 동작 순차 제어 회로

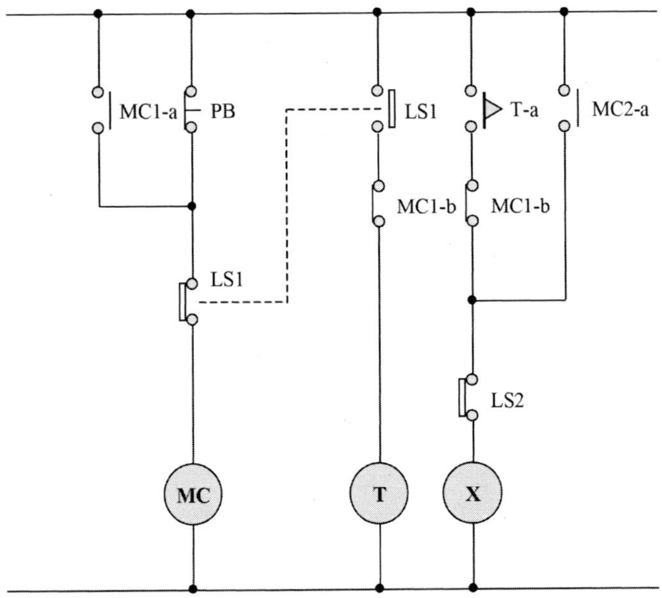
MC1-a
PB
LS1
T-a
MC2-a
MC1-b
MC1-b
LS1
LS2
MC
T
X

시간제어 1

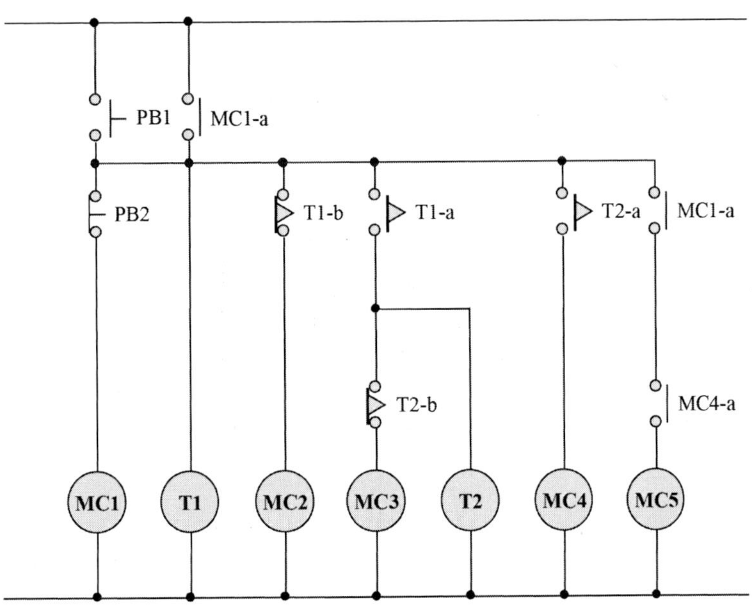
PB1
MC1-a
PB2
T1-b
T1-a
T2-a
MC1-a
T2-b
MC4-a
MC1
T1
MC2
MC3
T2
MC4
MC5

시간제어 2

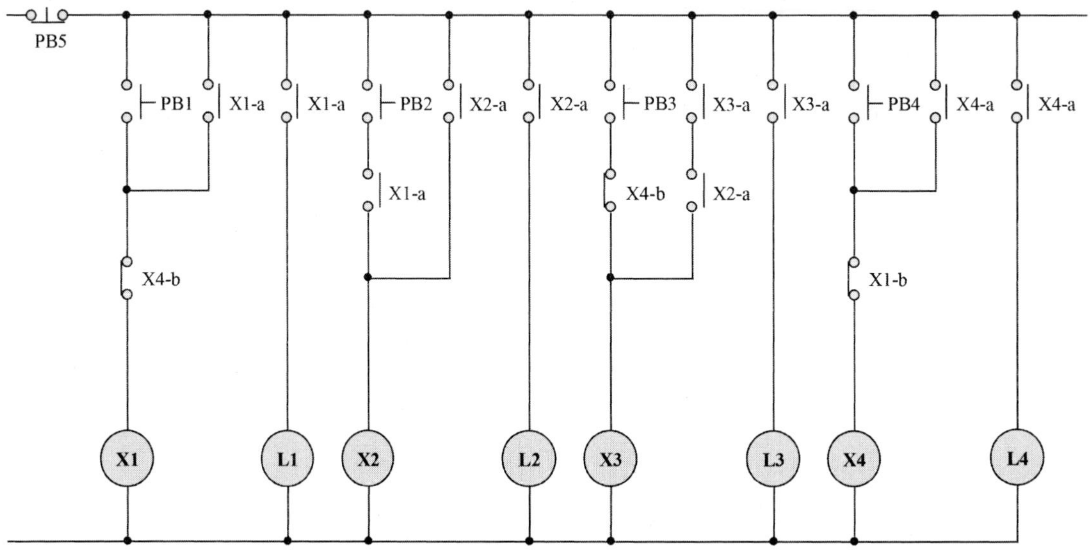

릴레이 회로

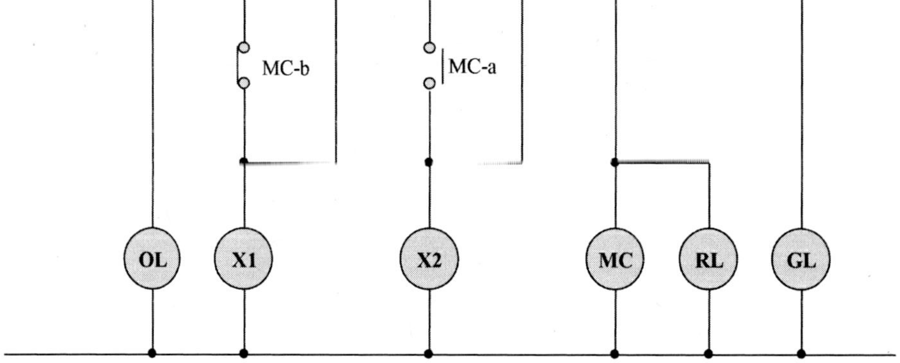

릴레이 회로 1

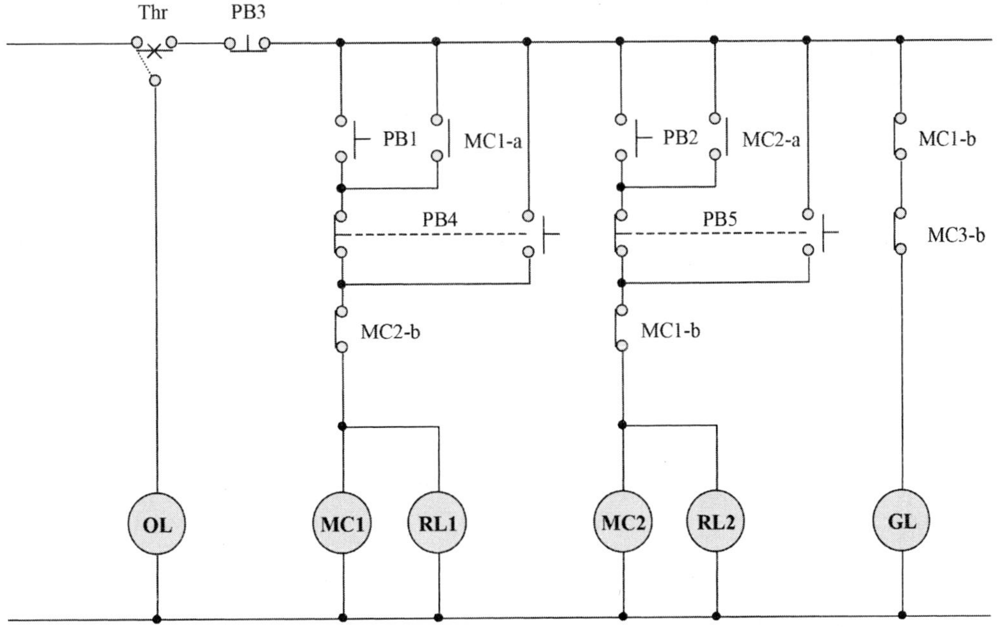
Thr
PB3
PB1
MC1-a
PB4
MC2-b
PB2
MC2-a
PB5
MC1-b
MC1-b
MC3-b
OL
MC1
RL1
MC2
RL2
GL

연동 회로

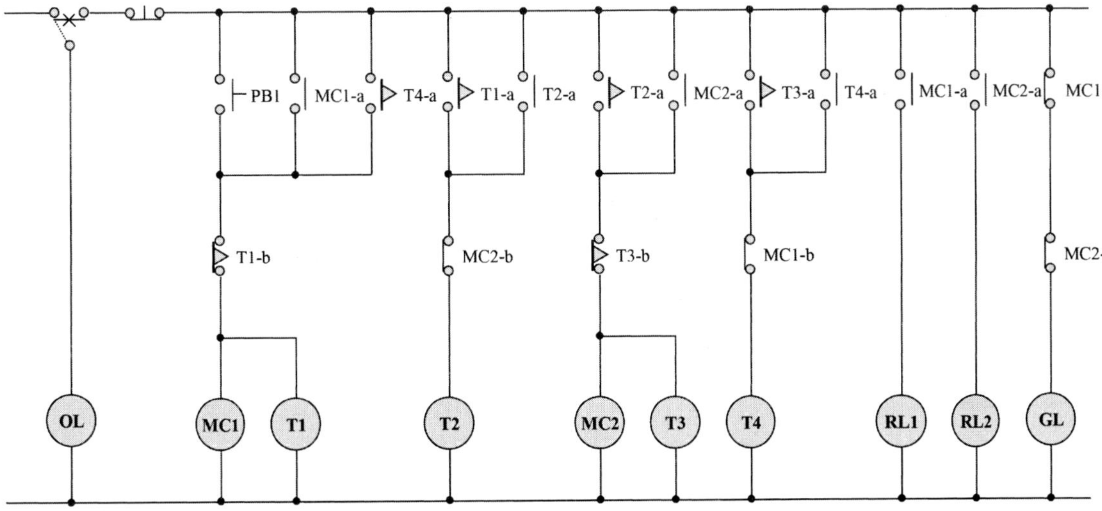
PB1
MC1-a
T4-a
T1-a
T2-a
T2-a
MC2-a
T3-a
T4-a
MC1-a
MC2-a
MC1-b
T1-b
MC2-b
T3-b
MC1-b
MC2-b
OL
MC1
T1
T2
MC2
T3
T4
RL1
RL2
GL

회로연습 1

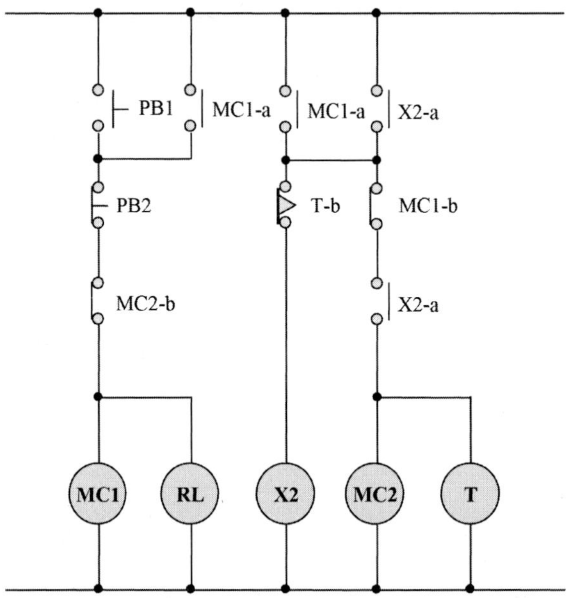
PB1
MC1-a
MC1-a
X2-a
PB2
T-b
MC1-b
MC2-b
X2-a
MC1
RL
X2
MC2
T

회로연습 2

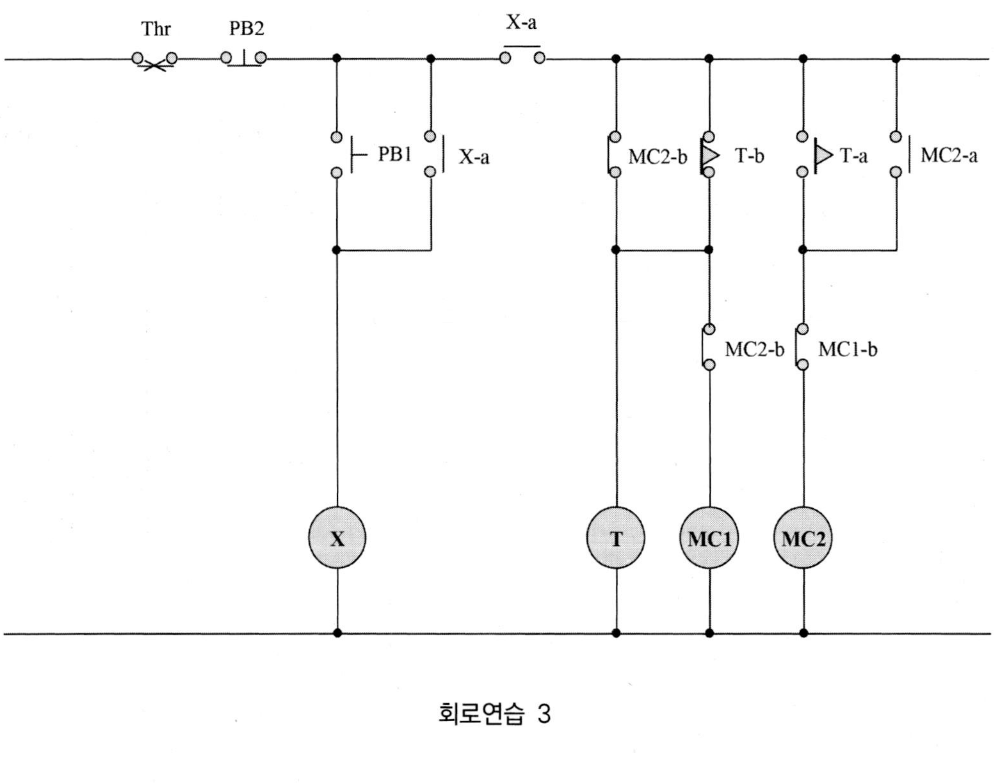
Thr
PB2
X-a
PB1
X-a
MC2-b
T-b
T-a
MC2-a
MC2-b
MC1-b
X
T
MC1
MC2

회로연습 3

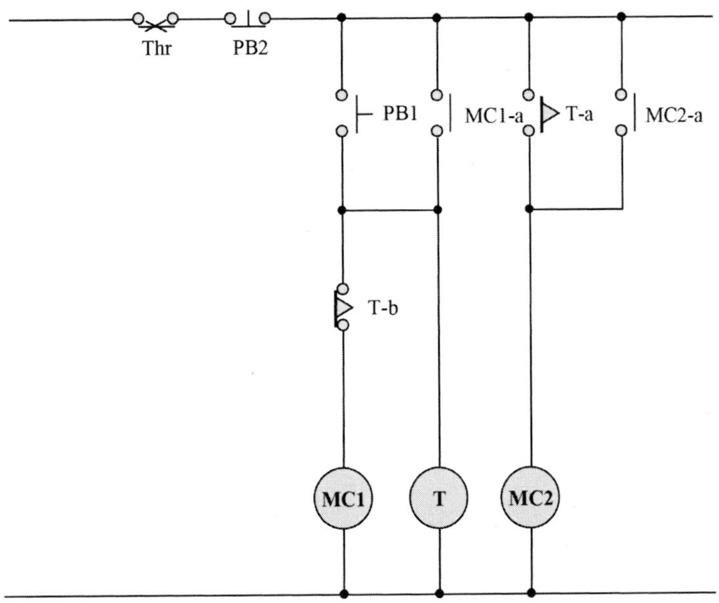
Thr
PB2
PB1
MC1-a
T-a
MC2-a
T-b
MC1
T
MC2

회로연습 4

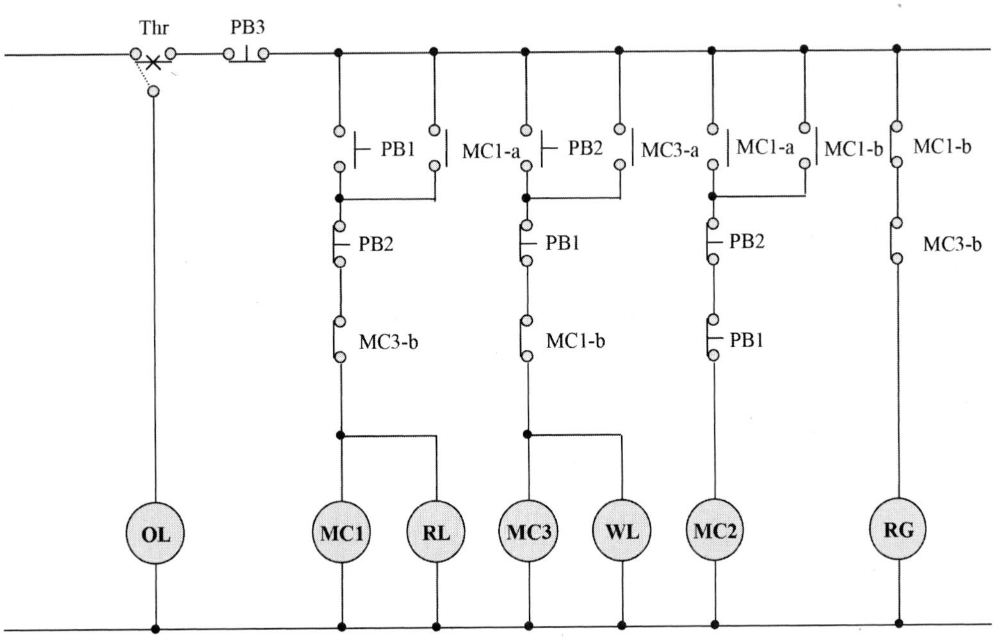
Thr
PB3
PB1
MC1-a
PB2
MC3-a
MC1-a
MC1-b
MC1-b
PB2
PB1
PB2
MC3-b
MC3-b
MC1-b
PB1
OL
MC1
RL
MC3
WL
MC2
RG

회로연습 5

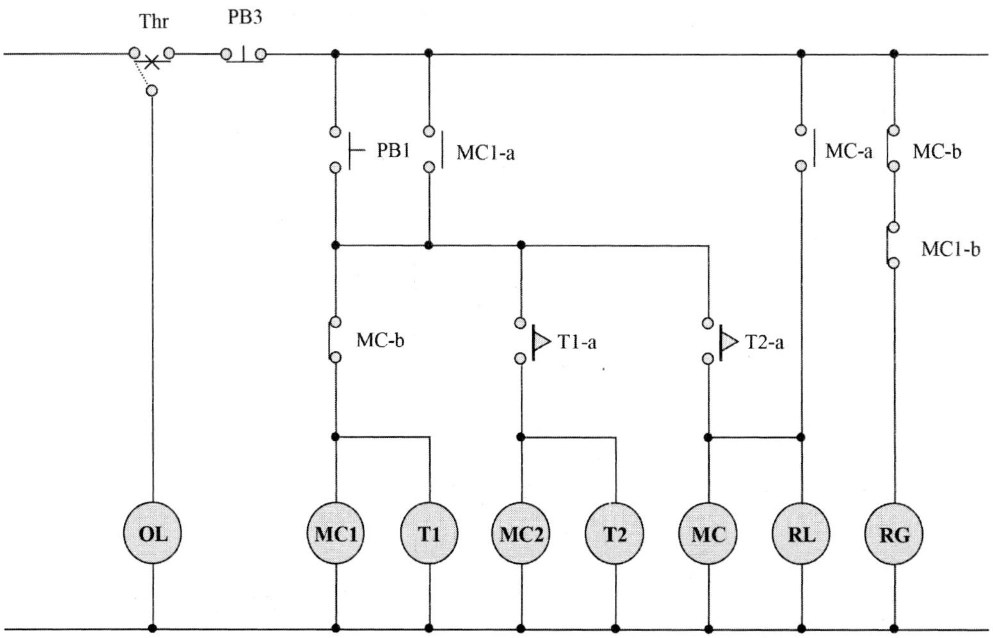
Thr
PB3
PB1
MC1-a
MC-a
MC-b
MC1-b
MC-b
T1-a
T2-a
OL
MC1
T1
MC2
T2
MC
RL
RG

회로연습 6

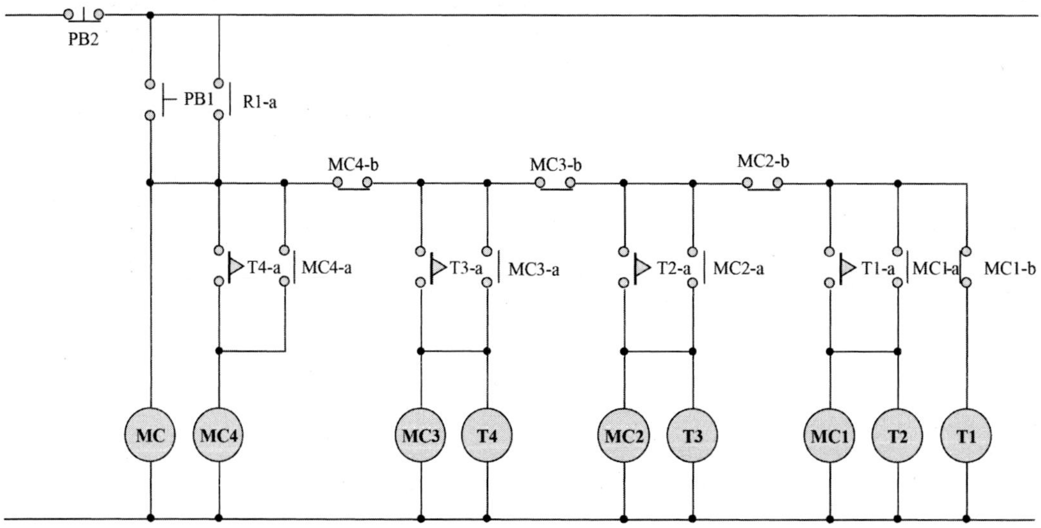
PB2
PB1
R1-a
MC4-b
MC3-b
MC2-b
T4-a
MC4-a
T3-a
MC3-a
T2-a
MC2-a
T1-a
MC1-a
MC1-b
MC
MC4
MC3
T4
MC2
T3
MC1
T2
T1

회로연습 7

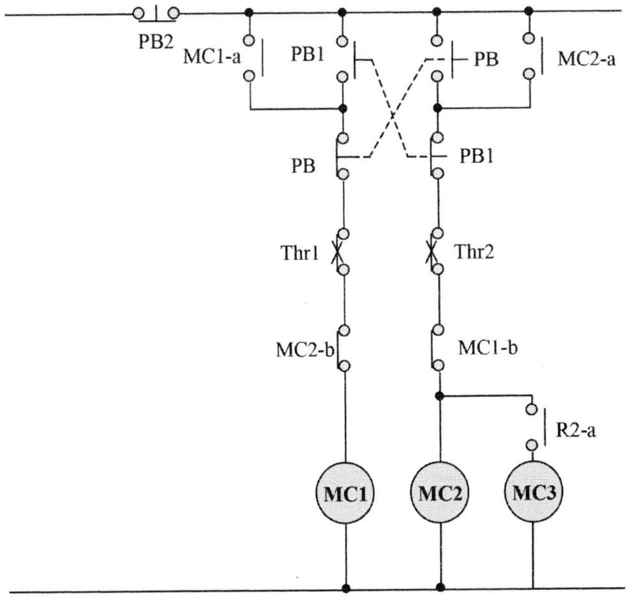
PB2
MC1-a
PB1
PB
MC2-a
PB
PB1
Thr1
Thr2
MC2-b
MC1-b
R2-a
MC1
MC2
MC3

회로연습 8

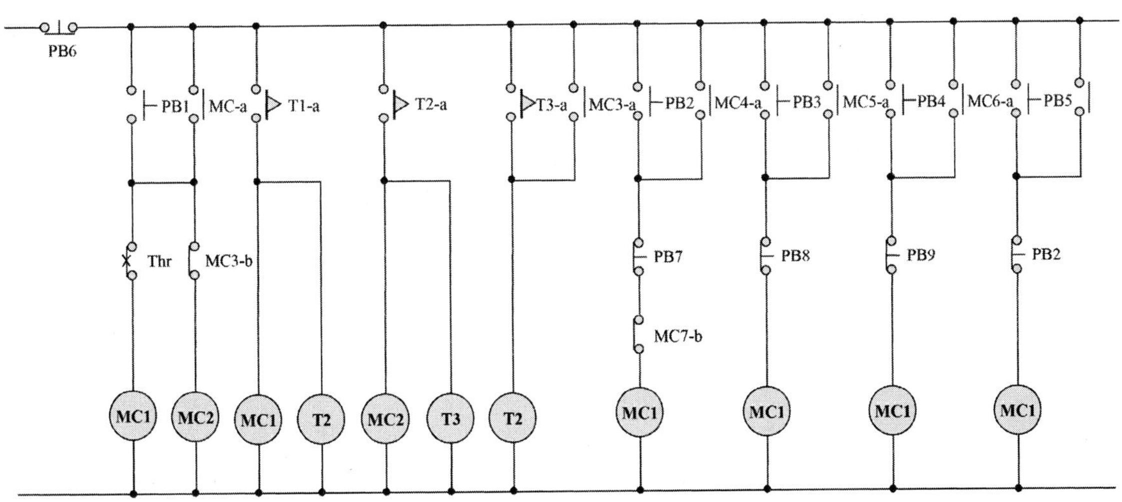
PB6
PB1
MC-a
T1-a
T2-a
T3-a
MC3-a
PB2
MC4-a
PB3
MC5-a
PB4
MC6-a
PB5
Thr
MC3-b
PB7
PB8
PB9
PB2
MC7-b
MC1
MC2
MC1
T2
MC2
T3
T2
MC1
MC1
MC1
MC1

회로연습 9

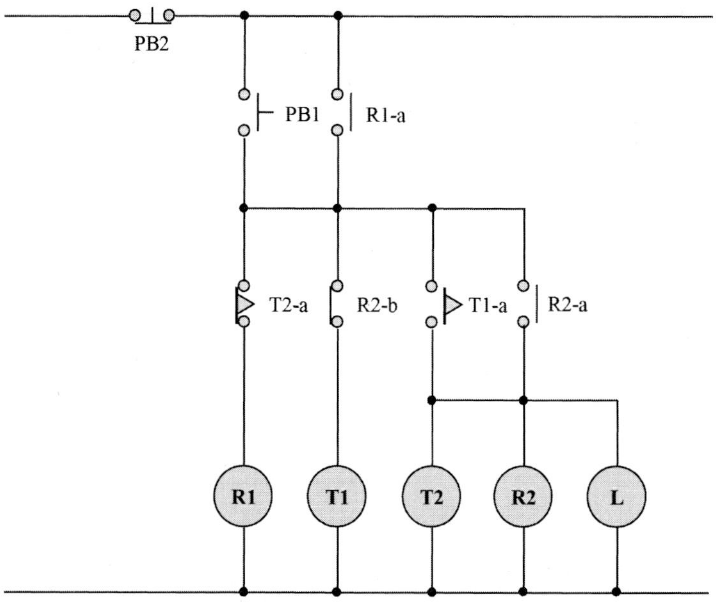

회로연습 10

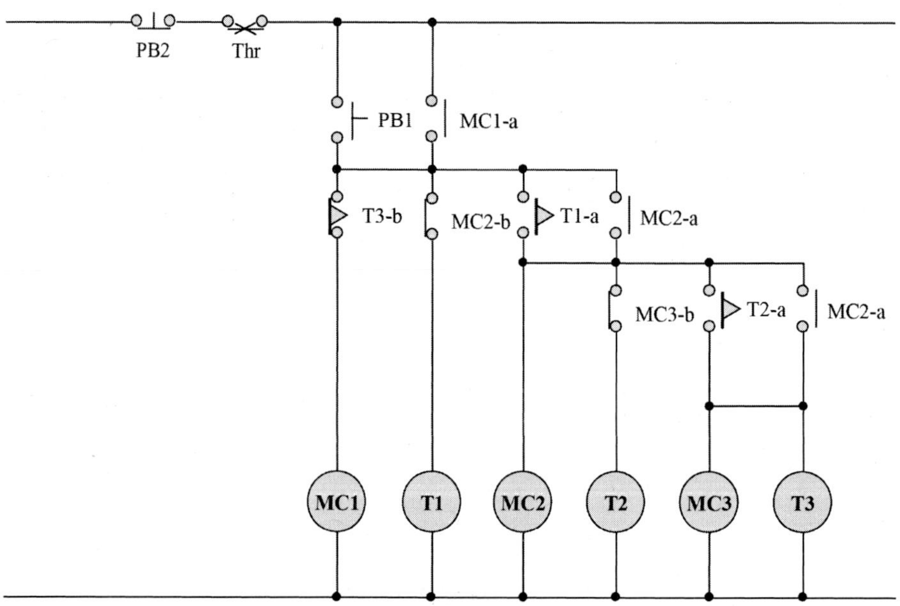

회로연습 11

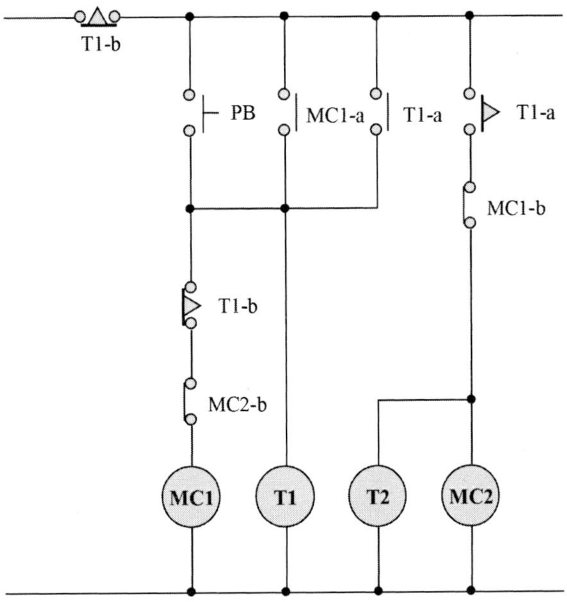

회로연습 12

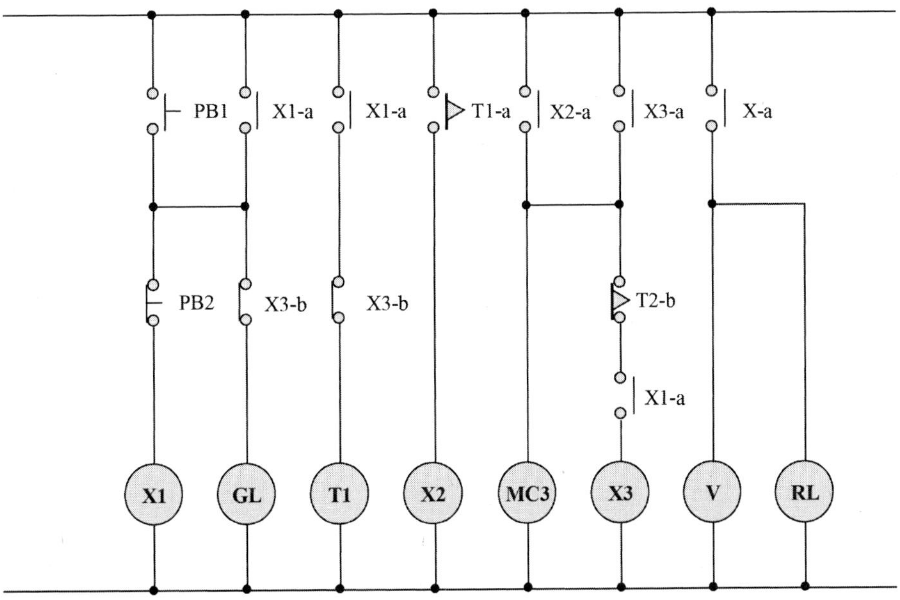

회로연습 13

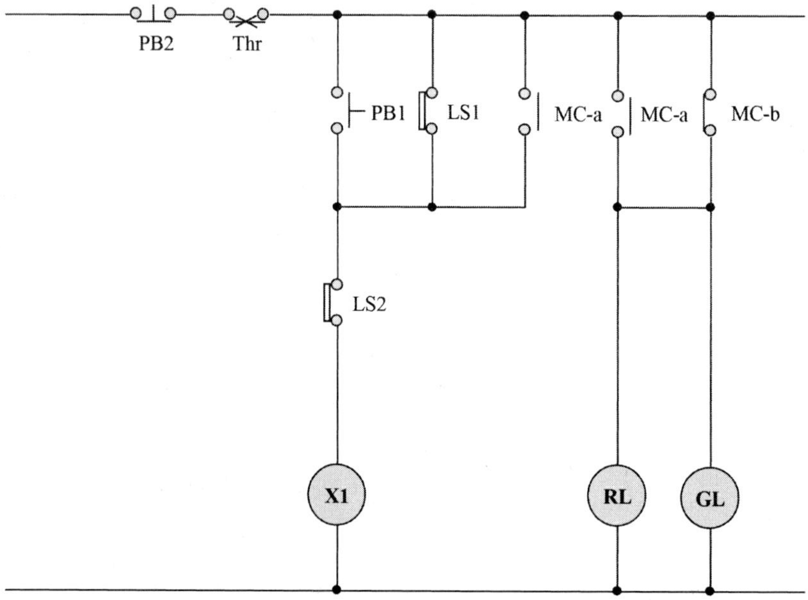

회로연습 14

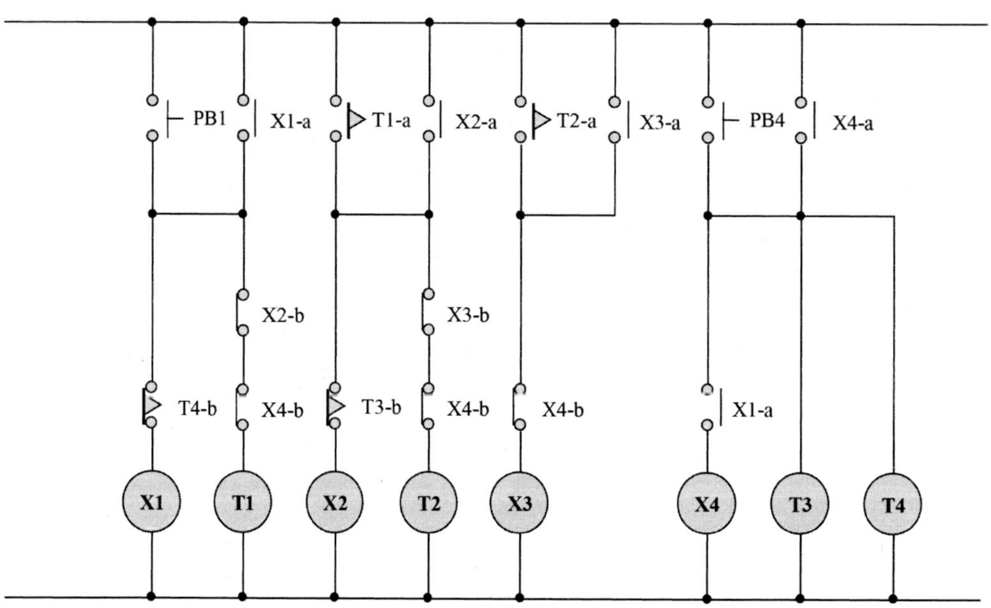

회로연습 15

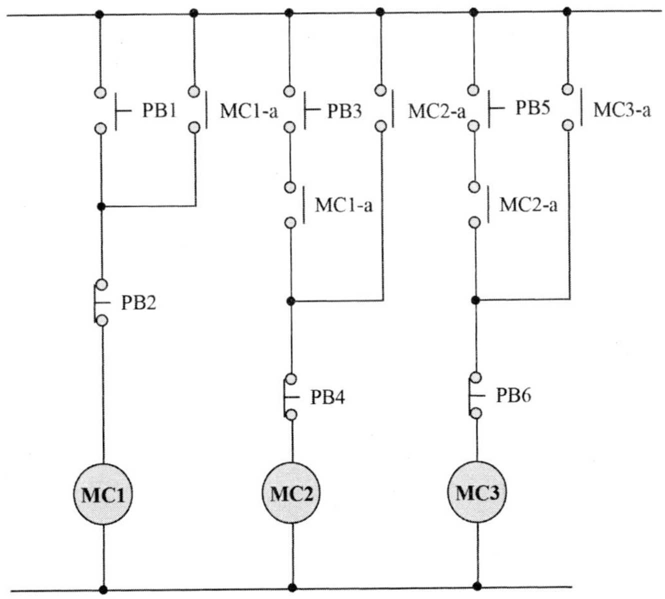

회로연습 16

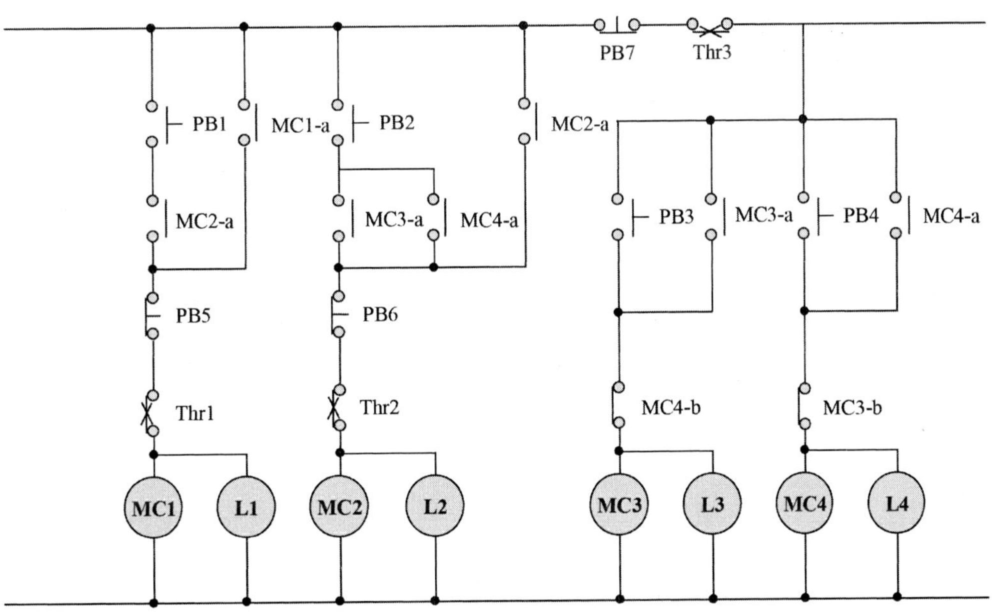

회로연습 17

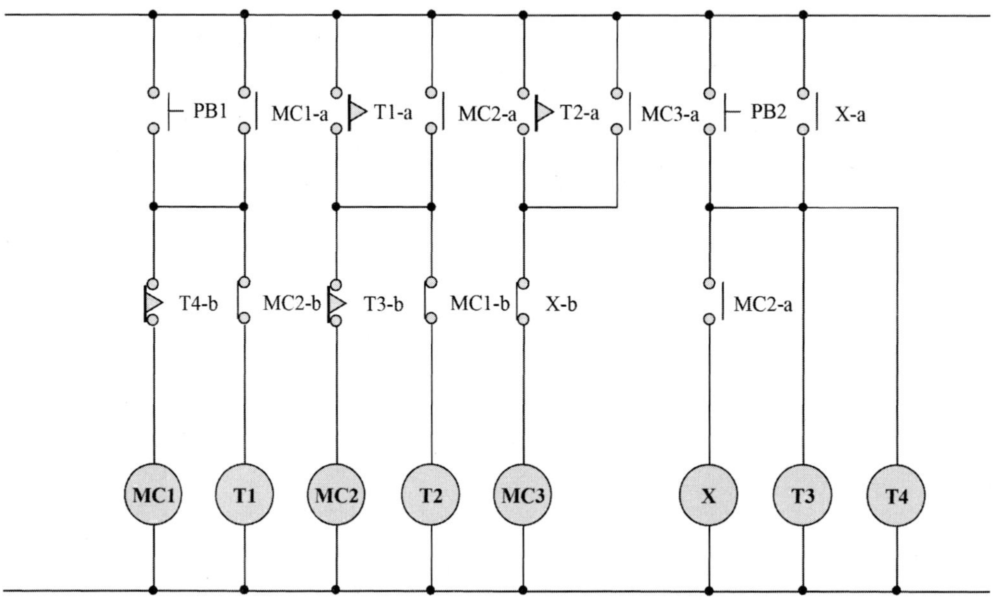

회로연습 18

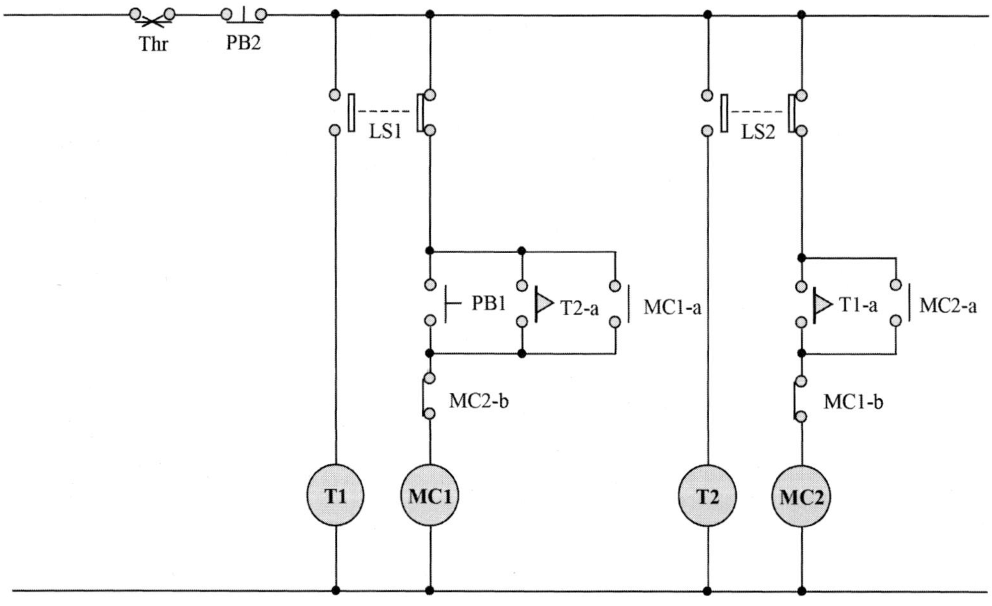

회로연습 19

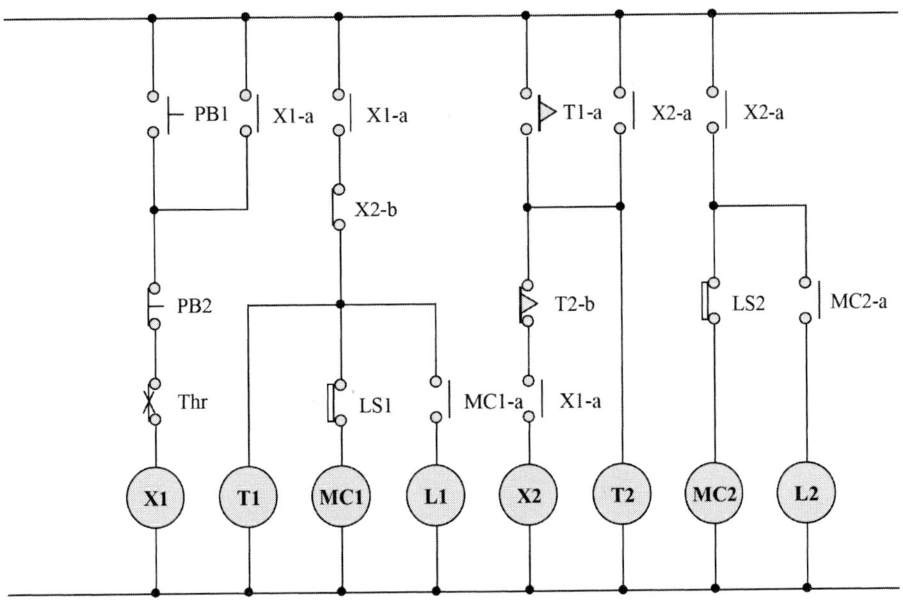

회로연습 20

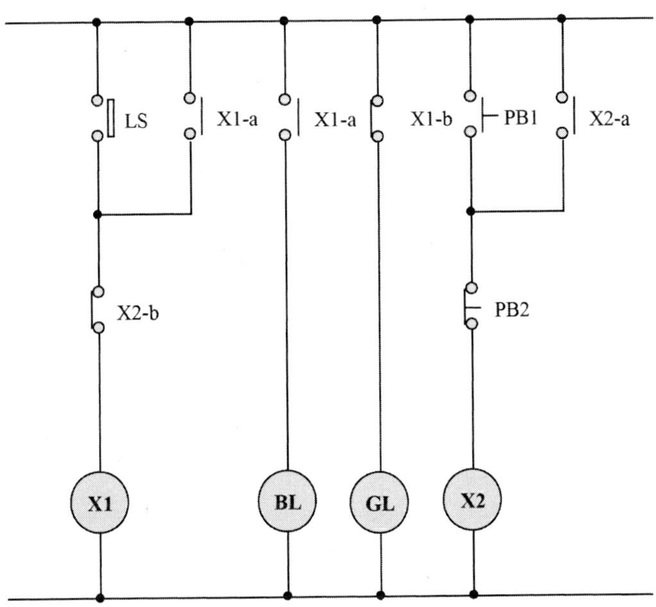

회로연습 21

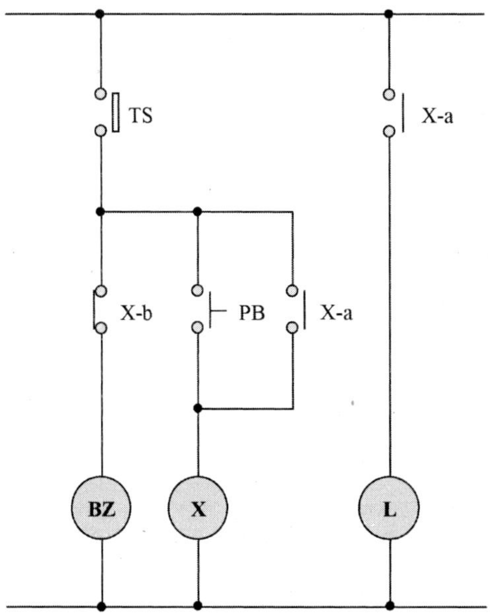

회로연습 22

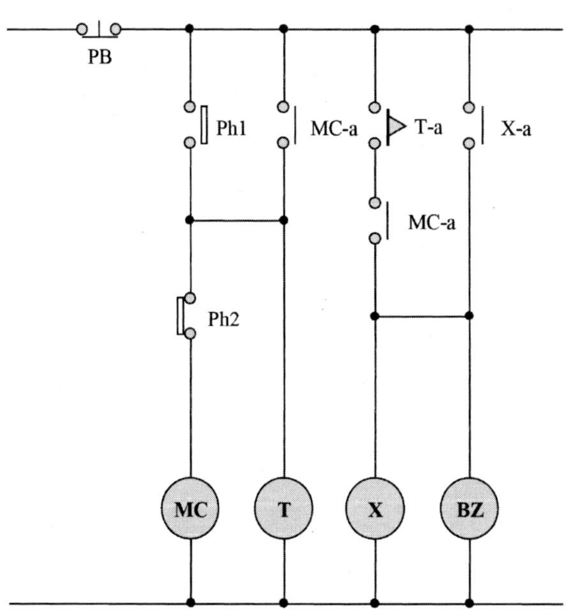

회로연습 23

| 지은이 소개 |

홍진기

- 발송배전기술사
- 광주 폴리텍 전기과 외래교수
- 전주 신기술교육원 스마트 전기과 외래교수
- 전주비전대학 전기과 실습 조교

PLC제어 이론과 실습

1판 1쇄 발행 2023년 2월 10일

지은이 홍진기
발행인 서철종
발행처 도서출판 지우북스
주소 경기도 파주시 문발로 115 세종출판벤처타운 209호
전화 031-915-6670(代)
팩스 031-915-6671
이메일 jwbooks@nate.com
홈페이지 www.jwbooks.co.kr
출판등록 제406-251002017-000032호
ISBN 979-11-92639-05-5 93560

정가 32,000원